可怕心理学大全

小枝 /编著

中国華僑出版社
北 京

图书在版编目（CIP）数据

可怕心理学大全 / 小枝编著 . — 北京 : 中国华侨出版社 , 2017.12

ISBN 978-7-5113-7249-9

Ⅰ . ①可… Ⅱ . ①小… Ⅲ . ①心理学—通俗读物 Ⅳ . ① B84-49

中国版本图书馆 CIP 数据核字（2017）第 298979 号

可怕心理学大全

编　　著：小　枝
出 版 人：刘凤珍
责任编辑：笑　年
封面设计：李艾红
版式设计：王明贵
文字编辑：史　翔
美术编辑：杨玉萍
经　　销：新华书店
开　　本：889mm × 1194mm　1/32　印张：22　字数：552 千字
印　　刷：北京市松源印刷有限公司
版　　次：2018 年 2 月第 1 版　2018 年 2 月第 1 次印刷
书　　号：ISBN 978-7-5113-7249-9
定　　价：39.80 元

中国华侨出版社　北京市朝阳区静安里 26 号通成达大厦 3 层　邮编：100028
法律顾问：陈鹰律师事务所
发 行 部：（010）58815874　　传真：（010）58815857
网　　址：www.oveaschin.com
E-mail：oveaschin@sina.com

前言

人的言行总是在无意识中受到“深层心理”的影响，一举一动都在“泄漏天机”，无意识、下意识、潜意识，无不暴露内心真意识。

从内心产生的愿望、不安和孤独感，到针对他人的攻击和敌意，等等，在我们的内心深处，存在着连我们自己都不知道的某种力量在支配着这一切。在这种“深层心理”面前，我们往往无能为力，很难读懂人们内心深处的秘密。作为一门研究人类行为和心理过程的科学，心理学却能知晓人类内心深处的想法，找到内心深处支配我们行动的力量。

其实，日常生活中很多看似平常的行为，人们司空见惯的现象，人生中的各种问题，都与心理学有着千丝万缕的联系。不论是日常交往，还是求职社交；不论是婚恋教子，还是职场博弈，都深深地受到心理学的影响。正如冯特所说：“一块石头，一棵植物，一种声音，一束光线，就观念而论，都是心理学的对象。”

每个人都希望了解自己，了解他人，但是这并不容易做到。心理学的出现让这一切都变得简单起来，它可以帮助人们认识自己，看透别人，破解生活中的许多难题，从而让你更好地驾驭自己的人生。

如何分辨人的真心话、客套话和谎言，在人际交往中能如鱼得水、左右逢源？恋爱和婚姻中的心理学规律有哪些，如何才能收获美满的爱情和幸福的婚姻？梦的真相如何，人的深层心理究竟是怎样的？怎样做才能知人识心，也更加了解自己？内心的黑暗及与之相关的心理疾病要如何祛除？怎样才能拥有更加健康的心态和幸福的生活？怎样才能提高自我认知水平，发现未知的自己？《可怕心理学大全》就给了你明确而透彻的回答，从人际交往、男女关系、梦和深层心理分析、现代人的心理问题和精神病理及自我心理分析五个方面，阐述了人们普遍存在的心理规律，并通过大量的心理个案与实验案例，全面剖析了心理学在社会生活各个领域的广泛应用和心理学规律对人类发展的巨大作用，以及各种心理问题产生的原因和解决方法等。帮助读者轻松掌握心理学的智慧与奥秘，从而更好地了解自己、读懂他人、认识社会，拥有融洽的人际关系、良好的心态和幸福的生活。

要洞察人心的秘密，先要分析人的行为，而了解他人其实就是为了了解自己。读完这本《可怕心理学大全》，并学会在学习、工作、生活中运用“可怕”的心理学，就没有做不成的事。

目录

第一篇

可怕的交际心理学

第一章　所有的人都可能说谎

第三章　懂心理，职场更成功

第二篇

可怕的男女心理学

第一章　恋爱需要技巧

第二章　婚姻也讲策略

第三篇

可怕的梦和深层心理学

第一章　梦的真面目

第四篇 可怕的心理问题和精神病理

第一章 特异行为、不良嗜好的心理透视

第二章　突破意志障碍，轻松前行

第五篇

可怕的自我心理分析

第一章 透视身心，发现以前不知道的自己

第一篇

可怕的交际心理学

第一章
所有的人都可能说谎

谎言，我们必须面对的事实

谎言，我们必须面对的事实

我们的大脑从接收到信息到指挥身体各个部位发出信息的刹那之间，经过了高速而缜密的思维过程，掌握语言中枢的新皮质大脑会根据不同的情况分析出最佳的对话策略，于是就出现了所谓的“口是心非”“言不由衷”等情况。如果有人宣称他这辈子从来没有撒过谎，想必任何人都不会相信。我们无法否认也无法拒绝我们生活在一个充满谎言的世界里这一事实，正如法国的沃尔纳格所说，人人生来都是纯真的，每个人死去时都是说谎者。的确，人人都会撒谎，撒谎可以说是人类天性的表露。

例如，一个年年都是“三好学生”的小学生为了获得一次和同学去郊外野餐的机会，他会理直气壮地告诉父母，周末的作业习题他都已经完成了，而事实上他才做了一半；一个刚毕业不久的大学生，虽然只进入了一家普通的公司，拿着微薄的薪水，为了不让家人担心，会夸口说他进了一家声名显赫的大公司，一个月的薪水有多少多少，而事实上他的薪水只有他说的一半。

心理学家告诉我们，说谎是人类区别于其他动物的重要特点之一，是人类社会生活中不可缺少的部分。有研究结果表明，大多数人平均每天会撒两次大谎，人与人的交谈中有三分之一的部分存在某种形式的谎话，但是，其中只有五分之一被人们察觉到了。

可见撒谎在我们的生活中比比皆是。甚至有位西方哲人说，社会就是由谎言组成的，人与人之间就是互相撒谎的关系。这句话当然有些偏激，但不可否认，撒谎的确是人类日常生活的一个组成部分。只要我们稍稍留意一下，就会发现在我们的生活中，随时随地都会听到各种各样的大大小小的谎言，其中有一些只是善意的欺骗，还有一些是恶意的谎言，会对我们造成伤害，因此我们必须学会如何面对谎言，从而有效地保护自己。虽然我们无法阻止别人说谎，但是我们可以学着永远不上当。

为什么会出现“口是心非”

大家普遍认为，口头语言是人际沟通的唯一途径，但许多人却忽略了口头语言并不是“百分之百”准确。在很多情况下，口头语言并不能将人们内心的真实想法完全表达，即所谓的“心口不一”，当然也包括了人际交往中常出现的“口是心非”。

我们已经知道，人体所有的行为都受到大脑的控制。不论是弯腰、挠痒，还是三级跳、后空翻，这些动作都是通过大脑掌控的。长久以来，在大多数人的印象中，我们每个人都只有一个大脑，实际上，在我们的大脑中，有三个截然不同的部分，或者说每个人其实有三个大脑，每个大脑都具有不同的特点和功能，它们合起来构成了完整的人脑，给人体的每个部位下达指令，这三个部分分别是脑干、边缘系统和大脑新皮层。

其中，边缘系统对人类的非语言行为起着重要的作用，它主管人类的情绪和感觉功能。其他哺乳类动物和人类一样也有“边缘系统”，这是大脑最古老的一部分，使得人类得以成为一个存活了数百万年的物种。边缘系统的主要功能是对我们的听觉、视觉、感觉和触觉作出反应。这些反应是即时的一瞬间的无须经过思考的；因此，它就能对环境作出最诚实的回应。

相比起来，“新皮层”则是人脑这一“宝库”的最新成员，掌管记忆、计算、分析、解析和直觉等高级思维活动，而这些能力的高级程度是人类这一物种独有的。由于它具备复杂的思维能力，所以这一部分的大脑和“边缘系统”不同，它并不总是老老实实的，相反，它会经常撒谎，是大脑构成的三个部分中最不可信的。当有个令人讨厌的人走过身边，老实的“边缘系统”可能会迫使人们做出斜视的动作，这是下意识的，而聪明的“新皮层”则很善于对真实的感受撒谎。掌控大脑语言运动中枢的“新皮层”也许会让我们在看到那个讨厌的人时，一脸笑容地说：“好久不见，真高兴再见到你。”尽管这话一听完全就是假的。由于“新皮层”擅长说谎，所以别指望能从它那得到既可靠、又准确的信息。

对于语言系统本身而言，这套符号系统若要传播人们内心的想法，首先要进行编码，把思想转换为语言符号。当信息传递给别人时，他人在领会意义时又要进行解码，也就是把语言符号重新转化为思想。但由于存在个人表达和他人理解的偏差，往往就容易让接受者在信息传输上产生与本意有异的现象。

语言并非天生，而是经过后天的学习才能掌握的技能。对于一项客观存在的技能，必然有人掌握得好，有人掌握得差。就像生活中，我们常会形容一些人口齿伶俐，而另一些人笨嘴拙舌，这个区别就来自他们对口头语言技能的掌握。当然，这并不能作为判断一个人聪明或愚蠢的标准，但往往容易让人产生误解。

人们刻意地歪曲了内心的真实想法，这就导致了谎言的产生。在很多情况下，人们在说话时，会出于一定目的地隐藏自己的本意。无论是基于什么原因，这些话都会对沟通和交流的效果大受影响，交流的时间被浪费，语言传递信息的作用被削弱。

现实生活中，也许你还没有意识到口头语言的局限，相信看到下文列举的场景后，你一定会觉得熟悉。

场景一：他接受你的观点了

你试图劝说一个顽固的人，虽然他表面上满口答应，但目光斜视地面，双手抱肩，一副十分犹豫的样子。实际上，他内心也正在抵触你的观点，甚至可能计划着明天依然照旧，绝不改变。与其继续浪费时间，你还不如早些结束劝说。

场景二：孩子的谎言

一些小朋友们因为犯了错误而害怕受到家长的惩罚，便向家长说谎。虽然他们言辞上没什么漏洞，但由于内心充满了不安与愧疚，往往会在脸色、小动作或睡眠方面表现出异常。而这些反常的变化，就是孩子不诚实理由的最好证据。

场景三：朋友在说真心话

同朋友去特卖场买衣服，当穿上自认为漂亮的衣服问对方时，对方可能说："不错，还可以，你喜欢就行。"仔细观察他的表情你可能会发现，他的鼻子和嘴像快挤到一起了，眉毛皱得都打了结。这些表情都说明他没有说真话，实际情况是——这身打扮在你身上真是糟糕透了。但为了避免伤害你的自尊和心情，你的朋友只能选择一种举动，那就是口头上赞扬，身体上抗拒。这个时候，如果不是很为难，你最好考虑换一身衣服。

场景四：你到底有多高兴

有时候，言语不能完整地表达出内心所想。例如，在我们长久梦想的事情实现时，当时的心情根本无法用词来表达。因为，内心的感触要远比这些能说出的词汇更加丰富。而那些快乐与幸福更将成为人们"只可意会，不可言传"的心灵感触。

综上可见，人们内心与语言的不一致相当普遍。所以，我们在洞察人心的时候，不能完全依靠语言这一途径。

谎话大王的四张面孔

虽说人人都会说谎，没有一个人敢声称自己是绝对清白的，但人们说谎的频率确实有所差别，的确有那么一些人，是可信度极低的谎话大王，对于他们所说的话一定要秉着"批判主义的精神"，当然，你也可以把他们当作你练习识破谎言技巧的最佳教材。

心理学家为我们总结出了最爱说谎的 4 种人：

虚荣心重的人

生活中的很多谎言都是因为虚荣而产生的，虚荣心重的人十分在乎他人对自己的评价，喜欢受到关注和赞美，不愿意别人看低自己，因为他们太注重外在的东西，而对个人的素质与气质疏于培养，但又渴望得到别人的喝彩，于是，他们凭内在的实力无法达到这种目的时，撒谎便成了他们使用的最便利的手段。这类人常常在不熟悉的朋友面前编造一些美好的谎言。例如自己的家庭条件有多好，身上戴的首饰值多少钱，甚至自己是哪所名牌大学毕业的。当然，这些谎言仅仅是为了满足个人的虚荣心，如果你识破了也大可不必揭穿它。

自卑感强的人

严重自卑的人通常敏感而脆弱，既能敏锐地感受到自己许多不如别人的地方，同时，又极容易把周围一切人对自己的注意——哪怕是关心和帮助——看成是对自己的怜悯。因此他们需要一些谎言来安慰自己，或者是借助谎言来逃避，在别人面前树立完美的形象，以谎言为武器来调整自己在他人心目中的位置和形象，用谎言来安慰、麻痹自己，在幻想中获得满足感和认同感。

过分争强好胜的人

争强好胜在一定程度上说是一种有益的品质，说明一个人积极进取、不甘落于人后，这样的人也更容易在事业上有较大的成就和作为。但任何事情都有个限度，超过这个限度便走向它的反面。要强也是如此，事事要强，时时要强，总想高出别人一头，这作为一种理想是很不错的，但如果把它落实在生活中，则太困难了。过分好强的人活得很累，他们事事都想出类拔萃，对自己要求很高。一旦失败或者遭遇挫折，往往没有勇气面对，只能用谎言编织理由为自己寻找退路，维护面子和自尊，虚构成功的情景、蒙骗他人或欺骗自己，便常常成为他们的拿手好戏。

过分以自我为中心的人

趋利避害是人的本性，我们每个人在思考问题、处理事情时，都不免会以自我为中心，首先考虑保全自己的利益。但这种以自我为中心的心理应有个限度。如果没有损害他人的生活，大家自可相安无事。但如果一个人以自我为中心的心理严重到过分的地步，在与他人发生利益冲突的时候，在任何时候都只考虑自己的利益，损人利己的谎言也就随之而来。

身体语言如何泄露谎言

可能很多人都会认为说谎是一件很容易的事，其实并不是这样。说谎，尤其是想成功地说一次谎，是一件非常困难的事。为什么说谎就这么困难呢？主要原因在于当一个人撒谎时，他的潜意识不会听从他的“指挥”，而会独自行动。如此一来，他的身体语言就会使他的谎言不攻自破。这就是为什么那些平常很少说谎的人，一旦说谎，无论其谎言多么完美，显得多么真实可信，都会很容易被对方识破。因为从他开始说谎的那一刻起，他的身体就会发出一些自相矛盾的信号（身体语言和有声语言处于相互矛盾的状态之中），这就会让对方觉得他一定在撒谎。而那些职业说谎家，比如某些骗子，他们之所以说谎时不容易被别人识破，关键就在于他们能够有意识地将自己的身体语言和有声语言协调到较为完美的境界。因此，当他们向人撒谎时，人们往往会深信不疑。

看到这儿，有些读者可能会好奇地问，那些职业骗子是如何让自己的身体语言和有声语言达到较为完美境界的？一般来说，他们常用以下两种方法来实现这一目的。其一，平日反复练习说谎的时候做出正确的身体姿势，长时间的反复练习是必不可少的，一般为 2 ~ 3 年。其二，尽可能地减少身体语言，尤其是自己潜意识不能控制的身体语言，这样，他们在说谎的时候，就会很少做出一些负面动作了。不过，要想做到这一点，往往是非常困难的。

下面的这个实验也证明了这一点。实验中，心理学家让参加实验的人故意向他撒谎，并让他们尽量压抑一切身体姿势，不管是正面的，抑或是负面的。然而，那些故意撒谎的人虽然控制住了主要身体语言，但仍有不少的细微动作表现了出来。比如，瞳孔缩小、用手触摸鼻子、拽衣领、脸色潮红、鼻子出汗，以及其他一些细微动作，而这些细微的动作已经暴露了一个人在撒谎。

由此可见，要想成功地欺骗他人，最好的办法就是将自己的身体隐藏起来，让别人只能“闻其声，而不能见其人”。也正是因为这个原因，审问嫌疑犯时，审讯人员往往会将疑犯置于一个空旷屋子的中间，或是置于较为强烈的灯光之下，以便让他们的全身都暴露在自己的视线之中。这种情况下，嫌疑犯任何一个细微动作都逃不过审讯人员眼睛，如果他们一旦说谎，就会非常容易地被揭穿。

一般来说，当你坐在桌子的后面，并借用桌子部分抵挡住自己的身体，或是从关着的门后面露出脑袋对人撒谎就较为容易成功了。当然，辅助撒谎的最好工具还是电话，或者是 QQ 等聊天工具。

对方直视你的眼睛，也未必在说真话

人们往往相信，当一个人说谎时，他会因为心虚而不敢正视对方的眼睛，而是将自己的视线移向一边。那么我们是否可以就此认定，当一个人和另一个人谈话时只要他敢于直视对方的眼睛，他就一定没有对对方撒谎呢？先不着急回答这个问题，一起来看下面这个实验。

实验中，心理学家把参加实验的人员分为甲、乙两组，并让甲组的人对乙组的人撒谎，同时，心理学家还要求甲组中 85% 的人在撒谎时一定要看着对方的眼睛。随后，心理学家把甲、乙两组人员的撒谎过程进行了录像。录像完毕后，心理学家来到一家电视台做了一期“你能识别哪些人在撒谎”的谈话节目。让台下观众看完录像节目后，心理学家便开始让他们来识别哪些人在撒谎，并让他们说明各自的理由。

结果发现，很多观众都中了心理学家的“圈套”。在那些撒谎时注视对方眼睛的“骗子”中，有95%的人没有被观众识破，他们认为那些“骗子”在实话实说。因为“骗子”们在说话时敢于注视对方的眼神。而在那些事先没有被心理学家叮嘱过在撒谎时要注视对方眼神的“骗子”中，有80%的人都被观众识破了。可见，“注视对方的眼睛”正是说谎者用来伪装的有力道具之一。

由此，我们也就可以回答刚才提出的问题了。长久以来，变幻莫测的眼神、频繁的眨眼、不敢对视，都被认为是说谎的信号。这些看法都有道理，但是由于大多数人都这么想，所以很多人在说谎时就利用了这种心理，故意盯着对方的眼睛，显得那么从容不迫、游刃有余，以此表明自己没有撒谎。视线的转移确实会显露出一个人的情感状态。例如，悲伤时，我们的眼睛会向下看；羞愧时，我们会低下头。如果不同意对方的观点，则会直接把视线从对方身上移开。但说谎的人绝不会这么做，因为他们害怕被你看穿。

一整天，小洁男朋友的手机都处于关机状态，小洁很着急。第二天见面时，小洁装作很随意地问男朋友，昨天是怎么了，一整天都关机？男朋友为了掩盖自己的紧张，认真地看着小洁说：“哦，昨天手机没电了就自动关机了，我还不知道呢，晚上想给你打电话才发现的。”男友说话时一直看着小洁的眼睛，一副坦诚认真的样子，可小洁还是觉察到了异样。

说谎者的骗术固然高明，但也不是完全没有破绽，因为这种可以的“盯”和自然的凝视眼神是不同的。仔细观察就会发现，这种凝视很不自然。所以，即使对方直视你的眼睛，也未必在说真话。

用“不争”来获得别人的信任

道光皇帝老迈之后，欲立皇子，奕詝年龄最长，但各方面都不如奕䜣，于是一直拿不定主意。这天风和日丽，道光要带领六个皇子去南苑打猎，意在考验皇子们的文才武略和应变能力，以便确立皇储。奕䜣和奕䜣都摩拳擦掌欲一较高下。

四皇子奕詝的老师杜受田足智多谋，他在四皇子身上下的工夫很大，希望他能登上皇位，自己也跟着沾光。可他也掂量过，奕詝与其他皇子比较起来，除了排行第四占了个有利的条件之外，其他方面都平常，甚至略逊一筹，如若稍一让步，这皇位定然被六皇子夺去，为此急得他直打转。

安德海看出了门道，上前问道："你老人家满脸愁容，定有为难之事，莫不是为明日南苑采猎之事？"杜受田心想，这孩子能看出我的心事，看来是个有心计的人，随口道："说下去！"安德海道："我曾听人讲过，三国时曹操的长子曹丕和三儿子曹植也有相似之处，不过奴才记不太清了。"

杜受田顿时眼前一亮，知道该怎么做了。杜受田吩咐奕詝：你到时候就如此这般……

次日，道光带领六个皇子来到南苑，传旨开始围猎。诸位皇子各显身手，六皇子奕䜣，几乎箭无虚发，满载而归，而四皇子奕詝却是两手空空，一无所获。道光帝不由得龙颜大怒，大声呵斥。奕詝不慌不忙地奏道："儿臣以为，目前春回大地，万物萌生，禽兽正是繁衍之期，儿臣不忍杀生害命，恐违上天好生之德，是以空手而回，望父皇恕罪。"

道光听罢，心想这倒是我没有想到的，倘若让他继位，必能以仁慈治天下，不禁转怒为喜，当下夸奖了四皇子的仁慈之心。又过了几年，道光帝忧虑成疾，自知不久于人世，急唤诸皇子到御榻前答辩。消息传开，四皇子和他的老师杜受田都知道这是最关键的一次较量了，能否登基就在此一举。

安德海又献上一计说："万岁爷病重，到御榻前之后什么也不用说，只说愿父皇早日康复就行，剩下的就是流泪，却不要哭出声来。"二人一听大喜。次日，六位皇子被召至龙床前。果然，道光提出一些安邦治国的题目让诸皇子回答，六皇子答得头头是道，道光甚为满意，却发现四皇子一言不发。道光一问，他头一扭，泪如雨下说："父皇病重，龙体欠安，儿臣日夜祈祷，唯愿父皇早日康复。此乃国家之幸、万民之福。此时儿臣方寸已乱，无法思及这些。倘父皇遇有不测，儿臣情愿伴驾而行，以永侍身旁。"说完泪水涟涟，越擦越多。

道光听了心中深受感动，心想此真孝子仁君，于是决定立四子奕詝为太子，这就是后来的咸丰皇帝。

可见，"不争"也是一种资本，用"不争"来获得别人的信任和感动，这怕是自以为是的"聪明人"难以做到的。所以，在人际场中切忌为了竞争而太过表现自己，有时候示弱也是一种能力。

大智若愚，谬释其意解责难

美国第九届总统威廉·哈里逊，小时候家里很穷，他沉默寡言，人们甚至认为他是个傻孩子，他家乡的人常常拿他开玩笑。比如拿一枚五分的硬币和一枚一角的银币放在他面前，然后告诉他只准拿其中的一枚。每次，哈里逊都是拿那枚五分的，而不拿一角的。

一次，一位妇女问他："孩子，你难道真的不知道哪个更值钱吗？"

哈里逊回答说："当然知道，夫人。可要是我拿了一枚一角的银币，他们就再不会把硬币摆在我面前，那么我就连五分也拿不到。"

看得出来，哈里逊表面"傻"，装作不知道一角比五分多，可他的"傻"里面蕴含着智慧，从而使自己总能拿到钱。

大智若愚运用在语言诘难中，是指对对方的谬论假装不明白，故作曲解，谬释其意。

在某机场售票厅里，旅客们正在排队买票，突然，一位绅士粗暴地挤到售票窗口指责售票员工作效率太慢，当人们要他排队时，他又嚷道："你们叫什么？不知道我是谁？"

对此，售票员平静地向旅客说；"各位，这位绅士有些健忘，已经不知道自己是谁了，不然，我想他不会做出有失身份的举动的。谁能帮助他回忆一下，他是谁呢？”

售票员的话引来了阵阵笑声，绅士羞得满脸通红，悻悻地走了。

售票员面对绅士的粗野，假装不知，顺势糊涂，实则机智幽默，大智若愚。

大智若愚是曲线型思维的结果，即采用拐弯抹角的进攻方式，因此，运用此法可以产生强大的嘲讽和幽默效果，是辩论家常用的雄辩技巧。

有一次，一个银行家揶揄地问大仲马说：“听说你有四分之一的黑人血统，是吗？”

“我想是这样。”大仲马说。

“那令尊呢？”

“半黑。”

“令祖呢？”

“全黑。”

“请问，令尊祖呢？”

“人猿。”大仲马一本正经地说。

“阁下可是开玩笑？这怎么可能？”

“真的，是人猿，”大仲马怡然地说，“我的家族从人猿开始，而你的家族到人猿为止。”

这里，大仲马开始用“假痴”佯装自己的真实目的，麻痹银行家，然后反守为攻，突然出击，使对方猝然不防，陷于窘境。

现实交际中，懂得顺势装憨，可以轻松麻痹对方，从而让对方陷入被动境地。然后再采取反攻举措，便可以轻松制胜了。

静中韬光养晦，退中方求圆满

唐朝大将郭子仪戎马一生，屡建奇功，可谓是功高盖主。他的王府建在首都长安的亲仁里。汾阳王府自落成后，每天都是府门大开，任凭人们自由进出，郭子仪却不允许其府中的人对此加以干涉。有一天，郭子仪帐下的一名将官要调到外地任职，来王府辞行。他知道郭子仪府中百无禁忌，就一直走进了内宅。恰巧看见郭子仪的夫人和他的爱女正在梳妆打扮，而王爷郭子仪正在一旁侍奉她们，她们一会儿要王爷递毛巾，一会儿要他去端水，使唤王爷就好像奴仆一样。这位将官当时不敢讥笑郭子仪，回家后，他禁不住讲给他的家人听，于是一传十，十传百，没几天，整个京城的人都把这件事当成笑话来谈论。郭子仪听了倒没有什么，他的几个儿子听了却觉得太丢父亲的脸，于是决定劝说父亲。

他们相约一起来找父亲，要他下令，像别的王府一样关起大门，不让闲杂人等出入。但郭子仪对他的儿子们语重心长地说："我敞开府门，任人进出，不是为了追求浮名虚誉，而是为了自保，为了保全我们全家人的性命。"

几个儿子感到十分惊讶，忙问其中的道理。

郭子仪叹了一口气，说道："你们光看到郭家显赫的声势，而没有看到这声势有丧失的危险。我爵封汾阳王，往前走，再没有更大的富贵可求了。月盈而蚀，盛极而衰，这是必然的道理。所以人们常说要急流勇退。可是眼下朝廷尚要用我，怎肯让我归隐？再说，即使归隐，也找不到一块能够容纳我郭府一千余口人的隐居地呀。可以说，我现在是进不得也退不得。在这种情况下，如果我们紧闭大门，不与外面来往，只要有一个人与我郭家结下仇怨，诬陷我们对朝廷怀有二心，就必然会有喜欢落井下石、嫉贤妒能的人从中添油加醋，制造冤案，那时，我们郭家的九族老小都会死无葬身之地的。"几个儿子听了之后方才明白老父亲的一番苦心。

郭子仪以不世之功，"权倾天下而朝不忌，功盖一代而主不疑"，于建元二年（公元 781 年）六月十日，以 85 岁的高龄辞世。

郭子仪能够一生常荣而不衰，是因为他懂得于最盛日掩藏自己锋芒的道理。正所谓："小隐隐于野，中隐隐于市，大隐隐于朝。"能够在危险的环境中伏藏，以谦卑的姿态做一名朝中的隐者，既得上级欢心，又能建自己的功业，还能保全自己及家人。如此才是最高明的隐者之道。

在我们的一生中，也许不会如郭子仪那样成就惊天伟业，但是也会遭遇各种各样的境遇，如何于变幻繁复的环境中保护自己，真的需要高人一筹的智慧。郭子仪的立身之道给我们展现了韬晦智慧的精妙，值得我们去领悟、去思考。

学会识别“谎言的信号”

眼睛向右上方看，大脑正在制造想象

神经科学的研究告诉我们，当我们思考时，大脑中的不同区域会被激活，导致眼睛向不同的方向运动。眼睛向左上方看时，表明大脑正在回忆过去的情景或事物；眼睛向右上方看时，表明大脑正在想象一幅新的画面；眼睛向左下方看，表明大脑正在回忆某种味道或感觉；眼睛向右下方看，表明正感受到身体上的痛苦。也就是说，眼珠转动的方向会暴露我们的思想。借助这个线索，我们可以从对方眼睛运动的方向来判断对方是否在说谎。

具体来说，眼睛向左上方看，意味着大脑正在搜索记忆，所说的是真话；眼睛向右上方看，意味着大脑正在创建想象，所说的可能就是谎话。如果你周一早上问你的同事周末是怎样度过的，对方回答:“带儿子去游乐场了。”此时，如果他的眼睛向左上方看，说明他脑海中正在浮现昨天和儿子在游乐场玩乐的情景，并没有撒谎；而如果他的眼睛向右上方看，则说明游乐场一事可能是他临时编造出来应付你的谎言。

人们在思考时，眼睛的运动方向是由大脑内活动的区域决定的，很难人为控制，因此，观察眼睛的运动方向来判别谎言不失为一个很好的办法。不过，为了确保判断的准确性，使用这个方法还有两个很重要的注意事项。

事先编造好谎言的人眼睛不会转动

眼睛的转动必须和相应的思维活动相联系才有意义，如果人们已经事先准备好了一套说辞，就等着你问他了，那你就不会看到他的眼睛运动有什么不同。因为即使谎言是虚构的，此时也变成了一种记忆。因此，只有在人们没有准备的情况下，一边说话一边构造谎言的时候，才能采用这种方法来判别。

眼睛解读线索并不适用于所有人

科学研究总结了大多数人的眼睛运动方式，但它并不适用于所有人，现实生活中总是存在着许多例外情况。例如，惯用左手的人眼睛转动的方向可能正好相反，往左上方看不是回忆而是编造谎言的表现。为了确保判断的准确，可以先提一些试探性的问题，找准对方眼睛转动的规律。例如，你可以先问对方“你觉得二十年后你会是什么样子？”这是一个关于想象的问题，仔细观察可以确定他在创建想象时眼睛转动的方向，然后就可以进行正确的判断了。

避免眼神接触，因为害怕被人看穿

大多数人在说谎时心中难免会有愧疚之感，以及担心谎言被揭穿的恐惧，愧疚和恐惧都会从他们的眼睛里流露出来，比如回避目光交流，或是低头不看对方，或是明显地把头偏向一侧，这些都可以说明这个人不坦诚。说谎时如果与别人对视，心里会更加紧张，然后就反映在眼睛里，因此说谎者本能地转移视线，以消除紧张感。

避免眼神接触或很少直视对方是典型的欺骗征兆。人在潜意识里觉得别人会从他的眼睛里看穿他的心思，因此，很多人会尽量避免和对方眼神接触，因为心虚所以不愿意面对你，眼神闪烁、飘忽不定，或者不停地眨眼。影视剧中经常可以看到这样的片段，一个人怀疑别人在对他撒谎，于是对那个人说：“看着我的眼睛，告诉我，到底是怎么回事。”而对方却把头低下或者撇开，不敢直视对方。的确，眼睛很容易泄露谎言，持续长久和躲躲闪闪的目光接触都是对方在说谎的重要标志。

揉眼睛则是另一种避免眼神接触的方式。当一个小孩不想看到某些人或某些事情的时候，他可能会用一只或两只手来揉自己的眼睛。成人也一样，当他们看到某些不愉快的东西时，也可能会用手揉自己的眼睛。揉眼睛这个动作是大脑不想让眼睛看到欺骗、疑惑或是其他不好的东西，或者是不想让自己在说谎时与别人发生眼神接触，以免自己因心虚而露馅。一般来说，当一个男性撒谎时，他可能会用力揉自己的眼睛。如果谎撒得较大，他会转移视线，通常是将眼睛朝下；当一个女性撒谎时，他不会像男性那样用力揉自己的眼睛，相反，她仅会轻揉几下眼部下方，同时将头上仰，以免和对方发生眼神接触。

频繁眨眼也是说谎的标志之一。科学家通过暗中观察记录，发现人们在正常而放松的状态下，眼睛每分钟会眨 6 ~ 8 次。而这种间隔在非正常状况下被打破。所谓非正常状态就是说你的内心情绪有较大起伏，比如因为说谎而紧张，这个时候眨眼睛的频率就很可能会显著提升。撒谎的人内心无法平静，承受着担心谎言被识破的巨大压力。在这种压力下，说谎者或许可以控制自己的口头表达，但却很难控制身体语言，于是眼睛因为巨大的紧张感而不停地收缩。

当一个人心理压力忽然增大时，他眨眼的频率就会增加。比如，正常条件下（职业骗子除外），当一个人撒谎时，由于害怕自己的谎言被对方揭穿，他在说完谎话后，其心理压力会骤然增大，相应地他眨眼的频率会增加，最高可达每分钟 15 次。所以，你在和某个人谈话时，如果你发现他总是不断地眨眼睛，说话也变得结结巴巴，你就得留心他所说的话内容的真实性了。

此外，英国动物学家戴斯蒙德·莫里斯在观察警察审讯的过程中发现，当人们说谎或努力掩饰某种情感时，他们眨眼时眼睛闭上的时间会比说真话时更长，这是另一种避免眼神接触的方式，说谎者在无意识中通过延长眨眼时间给自己关上“一道门”，从而减轻内心因说谎而产生的愧疚感。

假表情总是慢半拍、持续时间长

人的面部表情可以说实话也可以说谎话，而且常常是在同一时间内既说实话又说谎话。在现实生活中，人们时常利用面部表情来作为掩饰和伪装其真实思想感情的“面具”。例如，因违章而受到交警训斥的司机为了避免把事情弄得更糟，往往故作笑脸，表现得服服帖帖；一对正在家中赌气的夫妻，一旦有贵客来访，便会装出没事的样子，笑脸相迎。当人们撒谎时，也会制造虚假的表情来掩盖真相，为了识别谎言，我们必须学会如何识别虚假表情。

虚假表情包括两种：伪装的表情和克制的表情。伪装，即假装出一种与自己真情实感相反的情感。例如小学生假装肚子疼请假回家时脸上装出的表情。克制，即为了不让别人发现我们真实的情感，努力控制自己的脸部肌肉，故作镇定。善于撒谎的人往往会小心翼翼，不让他们真实的情感以这种方式偷偷显露出来。无论是伪装还是克制，虚假表情的表现方式毕竟与自然流露的表情有所不同，最重要的区别即虚假表情总是慢半拍，而且持续时间长。情绪出现的时间快慢是很难人为控制的，由于刻意制造的假情绪不是自然发生的，因此它出现的时间总是会稍微延后，持续时间也会比真实的表情要久，然后就“突然”消失了。

假表情总是慢半拍

反映内心真实感受的表情被称为“最初的反应表情”，会在情感产生的一秒钟之内立刻流露出来，之后才能进行人为的掩饰或伪装。因此，如果对方话还没说出口，或者刚开始说话时看起来就很生气，那么他可能确实被激怒了。相反，如果他说完之后才开始表现出很生气的样子，撇着嘴、瞪大了眼睛，这就是刻意加上的表情，并非出于内心的真实情感，对方只是想表现出很生气的样子。

假表情持续时间长

表情持续的时间长短也可反映出说谎的印迹。停顿时间长的表情通常是假的，比如10秒钟或10秒钟以上的时间，甚至停顿5秒钟的表情也可能是不真实的。除了那种极其强烈的情绪感受，比如欣喜若狂、勃然大怒、悲痛欲绝等，自然的表情都不会超过4～5秒钟。而且，即使是非常激动的情绪，其表情也不可能持续太久，而是一阵阵地短暂地出现。只有象征性表情和嘲弄式表情是长时间存在的。例如，真正的惊讶表情从形成到消失不到1秒钟，如果有人对你说的话展现出长达3秒的惊讶表情，他多半是在故意假装自己不知道这件事。

面部表情是说谎者最容易作伪的部位，这给判断一个人是否在撒谎带来了麻烦。好消息是，面部表情中总有一部分是人为无法控制的情不自禁流露出来的，因此，我们可以通过识别对方脸上掩饰不住的真实表情来揭穿谎言。面颊肤色变化就是典型的紧张征兆。面颊的颜色会随着情绪的变化而发生相应的变化。面颊肤色的变化是由自主神经系统造成的，是难以人为控制或掩饰的。最明显的是变红和变白。人们最常见的面颊变红经常出现在害羞、羞愧和尴尬等情形中，脸红也是愤怒的表现，愤怒时，面颊瞬时转为通红而不是由面颊中心慢慢扩散开来。当愤怒中的人们想极力抑制自己的怒气和克制自己的攻击性冲动时，其面颊肤色会变得苍白，当人们处于惊骇的情绪状态下，面颊肤色也会变得苍白。可见，由面颊肤色的变化我们可以观察到对方真实的情感。类似的线索还有很多，只要在生活中留心观察，定能有所收获。

突然放大的瞳孔揭示隐藏的情感

人类瞳孔的变化是不由人的主观意志控制的，完全是下意识的反应，因此可以真实地反映人的情绪变化。前面已经提到，人的瞳孔会随着情绪的变化而相应地放大或缩小。无论说谎者的演技多么高超，他也无法掩盖这一点。瞳孔的这种变化是人无法控制的，因此只要我们留意观察对方的瞳孔，就能断定他是否在说谎。

当我们对眼前的事物或者谈话内容感兴趣的时候，瞳孔就会放大。如果一个人的瞳孔变化和他试图表现出来的情绪不相符，就可以怀疑他所说的真实性。警察在询问嫌疑人时经常会用到这个方法。例如，警察想要知道嫌疑人和另一名疑犯是否相互认识，会把许多张照片一张一张地给嫌疑人看，其中只有一个是目标人物，嫌疑犯看到目标人物的照片时，瞳孔会突然放大然后恢复，警察如果能够观察到这个细节，基本上就可以下结论了。

关于瞳孔与谎言的关系，俄国有一个故事。

一个叫卡莫的俄国人在外国被警察抓获，沙皇政府要求引渡他。卡莫知道，一旦他回到俄国，无疑将面临死刑。于是他装成疯子，企图以此逃过惩罚。他的演技骗过了一位又一位经验丰富的医生，最后他被送到德国一个著名的医生那里进行鉴定。这位医生把一根烧红的金属棒放在他的手臂上，为了逃避惩罚，卡莫忍受着巨大的疼痛，没有喊叫，也没有露出任何痛苦的表情，但是他的瞳孔因为痛苦和恐惧而放大了。聪明的医生看到了这一点，完全明白了他不是丧失了知觉的疯子，而是一个正常人。

可见，演技再高超的骗子也无法控制自己瞳孔的大小变化。故事中的医生正是利用瞳孔与恐惧情绪之间的联系发现了这个俄国人的破绽。反过来，人们也可以利用瞳孔变化与兴奋情绪之间的联系来识破谎言。

第二次世界大战期间，盟军反间谍机关抓到一个可疑的人物，此人自称是来自比利时北部的流浪汉。这位流浪汉的言谈举止十分可疑，眼神中露出一种机警、狡黠，不像普通的农民那么朴实、憨厚。法国反间谍军官吉姆斯负责审讯此人，吉姆斯怀疑他是德国间谍。

第一天，吉姆斯问这位流浪汉：“你会数数吗？”流浪汉点点头，开始用法语数数，他数得很熟练，没有露出一丝破绽，甚至在德国人最容易露馅的地方也没有出错，于是，他过了第一关。

吉姆斯设计了第二招，让哨兵用德语大声喊："着火了！"然而流浪汉似乎完全听不懂德语，一动不动地坐在椅子上，脸上也没有任何表情。吉姆斯心想，这个间谍果然不简单。

吉姆斯冥思苦想，想出了一个特别的办法。第二天，士兵将流浪汉押进审讯室，他依然是一副无辜的样子，十分冷静。吉姆斯看见他进来，假装非常认真地阅读完一份文件，并在上面签字之后，故意用德语说："好了，我知道了，你的确就是一个普通的农民，你可以走了。"

流浪汉一听到这话，误以为他骗过了吉姆斯，不自觉地卸下了防备，于是抬起头深深地呼吸，瞳孔突然放大，眼睛里闪过一丝兴奋。吉姆斯从这短暂的表情中看出了端倪，看来这位流浪汉确实会讲德语，而且之前一直是在伪装。吉姆斯抓住这个细节，对流浪汉进一步审讯，终于揭穿了他的谎言。

总之，瞳孔放大必然和恐惧、兴奋等情绪有联系，即使对方的身体一动不动、一言不发，仅从瞳孔的变化也可以发现他企图掩藏的情绪，从而揭开谎言。

硬挤出来的笑容嘴巴紧闭

欺骗的表情常常出现在最不常用来掩饰情感的面具就是微笑。达尔文曾经作过相关的研究，他声称，人们通常企图掩饰消极的情感，而微笑所使用的肌肉与消极情感所使用的肌肉最无关。因而谎言往往伴随着虚假的笑容，笑容具有极强的感染力，也有极大的欺骗性，虚假的笑容有时甚至比恶语相向更有杀伤力，因为它戴着善意的面具。我们可以通过对方脸上的细节来识别虚假的笑容。

真正的笑容总是最全面的，能够让整张脸都亮起来。如果只是嘴角动了动，嘴巴紧闭，眼睛周围的轮匝肌和面颊拉长，这就是假笑，也就是所谓的皮笑肉不笑。假笑时面颊的肌肉松弛，眼睛不会眯起。狡猾的撒谎者将大颧骨部位的肌肉层层皱起来以弥补这些缺憾，这一动作会影响到轮匝肌和松弛的面颊，并能使眼睛眯起，从而使假笑看起来更加真实可信。一个人发出真心的灿烂笑容时，眼角和嘴角都会浮现出细细的纹路。

要知道为什么脸部纹路成为真笑与假笑的区别之处，就要先知道人的笑容运作的科学道理。人的笑容是由两套肌肉组织控制的：以颧肌为主的肌肉组织可以控制嘴巴的动作。使嘴巴微咧，露出牙齿，面颊提升，然后再将笑容扯到眼角上；而眼轮匝肌可以通过收缩眼部周围的肌肉，使眼睛变小，眼角出现皱褶。

我们的意识可以控制以颧肌为主的肌肉组织。也就是说我们自己可以命令这部分肌肉运作，即便我们的内心没有感觉到愉快，也能制造出嘴部的笑容。而眼部周围的眼轮匝肌的收缩却是完全独立于我们意识之外的，我们不能自主地控制。只有内心真正的愉悦才能激发它的运作。所以在一张不真诚的笑脸上，细纹只会出现在嘴的四周。

此外，假笑时，面孔两边的表情常常会有些许的不对称。习惯于用右手的人，假笑时左嘴角挑得更高，习惯于用左手的人，右嘴角挑得更高。而真实的笑容，两边的嘴角都会被最大限度地抬起，而且从来不会不对称。

笑容的时间长短也可以作为判断的依据。假笑保持的时间特别长。真实的微笑持续的时间只能在2秒到4秒之间，其时间长短主要取决于感情的强烈程度。而假笑则不同，它就像宴会后仍不肯离去的客人一样让人感到别扭。这是因为假笑是刻意伪装的，所以人们就不知道应该什么时候收起笑容，无形中延长了笑容的时间，露出了破绽。而且，假笑常常可以在很短的时间里被堆出来，而真实的笑容往往需要更长的时间才能展现出完整的笑容。

总之，如果一个人不想暴露内心的真实感受，他可能会带上“我很快乐”的面具，你只需切记，不是发自内心真实感受的笑容，是不会在脸上完全绽开的。

看透他人内心，识破谎言

看透他的虚荣心，不必碰灰办成事

哈伯博士原来是芝加哥大学的校长。他是那个时代最好的一位大学校长，曾为学校筹募了数额庞大的基金。洛克菲勒捐款百万美元以支持芝加哥大学就是由他筹资的。

一次，哈伯博士需要一百万美元来兴建一座新的建筑。他拿了一份芝加哥百万富翁的名单，研究可以向什么人筹募这笔捐款。

哈伯博士选了其中两个人，他们都是千万富翁，而且是生意场上的死对头。其中一位当时是芝加哥市区电车公司的总裁。哈伯博士选了一天的中午时分——这时候，办公室的人员都已外出用餐了——悠闲地走入总裁办公室。

因为哈伯博士知道如果通过正常方式向这位总裁发出请求并约定见面的时间，这期间一定会浪费很多时间，并使这位总裁有时间准备充分的理由来拒绝这个让他花钱的请求。而现在对方对于他的突然出现，大吃一惊。

哈伯博士自我介绍说：“我叫哈伯，是芝加哥大学的校长。请原谅我自己闯了进来，外面办公室没有人，我只好自己决定，走了进来。”做完简短的自我介绍后，哈伯博士继续说：“我曾多次想到你，以及你们的市区电车公司。你已经建立了一套很好的电车系统，赚了很多钱。但是，每一想到你，我总是要想到，总有一天你就要进人那个不可知的世界。在你走后，你并未在这个世界上留下任何纪念物，因为其他人将接管你的金钱，而金钱一旦易手，很快就会被人忘记它原来的主人是谁，每当想到这里，我都不禁会为你惋惜。

“我常想提供你一个让你的姓名永垂不朽的机会。我可以允许你在芝加哥大学兴建一所新的大楼，以你的姓名命名。我本来早就想给你这个机会，但是，学校董事会的一名董事却希望把这份荣誉留给 ×× 先生（电车公司老板的敌人）。不过，我个人在私底下一向欣赏你，而且我现在还是支持你，如果你能允许我这样做，我将去说服校董事会的反对人士，让他们也来支持你。

“今天我并不是来要求你作出决定，只不过是我刚好经过这儿，想顺便进来坐一下，和你见见面，谈一谈。你可以考虑一下，如果你希望和我再谈谈这件事，麻烦你有空时拨个电话给我。再见，先生，我很高兴能有这个机会和你聊一聊。”

说完这些，他把自己的名片放到总裁的办公桌上并低头致意，然后退了出去，不给这位电车公司的老板表示意见的机会。事实上，这位电车公司老板根本没有任何机会说话，都是哈伯先生在说话，这也是他事先计划的。他进入对方的办公室只是为了埋下种子，他相信，只要时间来到，这颗种子就会发芽，成长壮大。

果然，正如他所预想的那样，他刚回到办公室，电话铃就响了，是电车公司老板打来的电话。他要求和哈伯博士定个约会，具体谈谈这件事情。第二天早上，两人在哈伯博士的办公室见了面，一个小时后，一张一百万美元的支票就交到哈伯博士的手上了。

哈伯博士的高明之处就在于：第一，利用合适的时间。午休时，办公室的文职人员都不在，省去了不必要的程序，而那位总裁的精神状态也处于放松阶段。第二，合理的理由。让这位成功的总裁永垂不朽，准确地抓住了总裁的心理需求。第三，巧妙的方法。他以特殊的方式提出说词，而制造出机会。他使这位电车公司老板处于防守的地位（似乎是哈伯在给他帮忙，而不是有求于他）。他告诉这位老板说，他（哈伯博士）不敢肯定一定能说服董事会接受这位老板想使他的姓名出现在新大楼的欲望，这样就在那位老板脑中灌输了这个念头：如果他不予捐款的话，他的对手及竞争者可能就要获得这项荣誉了，由此激起了那位老板好胜的虚荣心，以至不捐款反而不痛快了。

每个人都有或多或少的虚荣心，如果巧妙地运用，可能更容易完成任务。所以你应该记住：必要时，善意的谎言更能让事情顺利解决。

别人的“危言”，可以听但不能“耸听”

一只老鹰飞到一棵大橡树上筑起了巢，将家安在树枝上。一只猫在这棵树的树干上找到一个树洞，稍加整理后也在那里安家，并且生下了小猫。母野猪不会爬树，但是在树底下找到一个洞，于是带着小猪住在树根的洞里。刚开始时，三家互不侵犯，相安无事。

后来，猫想独占这块地方，把老鹰和野猪都赶走。缜密计划后，猫便实行她的诡计。她先爬到老鹰巢边，哭丧着脸说：“哎！你们真不幸啊！不久你的家将要被毁灭，甚至连命也会丢掉，而我们也很危险。你往下看看，树下的野猪天天挖土，想把这棵树连根拔掉。树一倒下，她就可以轻而易举地把我们的孩子抓去，喂给她的孩子吃。树下的洞越来越大，我们该怎么办啊？”听了猫的哭诉，老鹰吓得心惊胆战，惊惶失措，绞尽脑汁想办法躲避危机。

猫见自己的话起到了作用，心里暗自偷笑，她来到野猪洞里说：“野猪妈妈，你怎么还这么安心地住着啊？危险来了你还不知道！你的孩子们非常危险，只要你出去为小猪找食，树上的老鹰就会把他们叼了去。你没见老鹰天天站在树上盯着你等候时机吗？你可千万别大意啊。”野猪连连感激猫的提醒，心里也非常害怕。

猫狠狠地吓唬了老鹰和野猪后，假装自己也很害怕，躲进了她的树洞，以此来迷惑老鹰和野猪。到了晚上，她却偷偷地跑出去为自己和孩子寻找食物。白天，她仍装出一副恐惧的样子，整天躲在洞口守望着。

于是，老鹰害怕野猪把树挖倒，伤到自己的孩子，每天都静静地坐在枝头，不敢乱走；野猪也害怕老鹰趁自己不在叼走小野猪，每天不敢走出洞来，在家保护孩子。

过了不久，老鹰和野猪以及他们的孩子都饿死了。猫便把老鹰和野猪作为自己和孩子的食物了。

在上面的故事中，猫是一个挑拨离间的恶人，为了独占大树，她恶化了老鹰和野猪的关系，引起了它们的心理恐慌。老鹰和野猪不经过证实便相信了猫的话，为了躲避不存在的危机连命都搭上了，让猫的诡计得逞。坏人无端的“提醒”其实是迷惑你的烟雾，你不能保持心里的镇定，不经过思考，便会成为坏人渔利的工具。

与人交往之初，在没有利益纷争的时候，都是各司其职，相安无事。一旦出现竞争，涉及利益冲突的时候，有的人为了在竞争中占据有利地位，或者妄图独霸利益，就绞尽脑汁给别人制造恐慌，唯恐天下不乱。对于这样的人，绝对不能被他们唬住，自己要具备辨别真伪的能力，不要因为别人的三言两语便提心吊胆，诚惶诚恐。世界没有那么多纷争，真正乱的是我们的内心。

心虚易露马脚，悄无声息辨别谎言

说谎者因为难以消除的害怕感和心虚感，将会让我们成功地识破谎言。

宋宁宗年间，刘宰出任泰兴县令。一次，一个大户人家丢失了一支金钗，四下寻找不见，告到县上。刘宰调查后，了解到金钗是在室内丢失的，当时只有两个仆妇在场，但谁也不承认拿了金钗。

刘宰将两人带到县衙，安置在一间房子里，也不审问。众人都很困惑，刘宰却像没事人一样，饮酒散步，与大家闲谈。

到了天黑以后，刘宰拿着两根芦苇走进关押仆妇的房间，每人给了一根，说道：“你们好好拿着芦苇，明天我要根据芦苇决案，谁要偷了金钗，芦苇就会长出二寸来。”说罢关门走了。

第二天，仆妇被带到堂上。刘宰取过芦苇审视，果然有一根长出二寸。刘宰嘿嘿一笑，却指着手持短芦苇的仆妇大声喝道：“你如何盗得主人金钗？还不从实招来！”那个仆妇战战兢兢，当即跪倒在地，口中喃喃道：“是我拿了金钗，大人如何知道？”

刘宰答道：“我给你们二人的芦苇是一样长的，你若心中没鬼，为何要偷偷截去一节？”仆妇方知上了当。

刘宰正是因为知道撒谎的仆妇有恐惧和心虚感，才用这个测试办法使其自我暴露，辨识出了说谎者。

现实生活中，有很多时候，我们都希望悄无声息地查出别人有没有对我们说谎。如果直接去问，对方即便说了谎也很难承认；如果对方没有说谎，我们又会因为错怪对方而让其受了委屈。所以，这种情况下，最行之有效的策略就是在不知不觉中测试一下对方是否心虚。当然，在这个过程中一定要表现得自然，不要让对方知道你是在测谎。

虚设一条底线，让对方产生危机感

一次，我国某市与一家外国公司代表就建立化肥厂事宜进行接触，几次会议都很顺利，双方确定了利用港口优越条件的项目。后来，另一家外国公司也参加进来。在第一次三方谈判中，第三家外国公司的董事长出席，在听过中外双方已经进行的一些筹备工作介绍之后，他断然表示：“你们前面所做的一切工作都是没有用的，要从头开始！”

听到这话，中方和先前一家外国公司的代表都感到很为难。因为，在此之前，双方已经做了大量细致的工作，花费了大量的人力、财力。但是，这位董事长有着很高的权威性，他的公司在前面那家公司的所在国拥有许多企业的大量股份，他的话没有人敢于反驳。但是，如果按照这位高傲的董事长的建议从头开始的话，不仅前面的工作成果会付之东流，更重要的是会无谓地浪费更多的时间，甚至会使这个项目搁浅。

人们沉默着……

中方一位地方政府代表打破了沉默，他说："我代表地方政府声明：为了建立这个化肥厂，我们确定了接近港口、地理位置优越的一块地作为厂址。也为了尊重我们的友谊，在其他许多合资企业向我们申请这块土地的使用权时，我们都拒绝了。如果按照董事长今天的提议，事情将要无限期地拖延下去，那我们只好马上把这块土地转给别人了。对不起，我还有别的重要的事，我宣布退出谈判，下午我等你们的消息。"

说完，他拎起皮包就走出了谈判厅，躲到别的房间看报纸去了。半小时以后，中方一位代表跑来报告好消息："董事长说了，快请你回去。他们强烈要求迅速征用港口的场地……"接下来，谈判进行得非常顺利。

由于谈判对手有一定声望，当面唱反调会让对方很尴尬，不利于谈判，于是，中方代表用"谎言"描画出一幅竞争激烈、时不我待的情景，对方自然就不会再坚持己见，心甘情愿地作出了让步。

这位代表打破僵局，讲明事实，虚设底线，使高傲的外商有危机感，不得不作出让步。他敏锐地找到对方的底线，并且提高了自己的底线，这位代表本意是希望促成这场谈判的，但在关键时刻他敢于站在客户的立场上果断离开谈判桌，可谓有勇有谋。"大不了我们不做了，"有了这样的心态就不会再有负担，而没有负担的谈判往往是效率最高的、结果最好的谈判，而在充分了解对方利益需求的基础上，来设置自己的底线，往往可以达到这一效果。最终使谈判顺利进行。

事情往往就是这样，在一定条件下。与其苦口婆心地解释、诉说不起实际作用的真话，莫不如虚实一条底线，用个小策略让对方遵从自己的意愿。

制造“机会”，让说谎者自露破绽

唐朝初年，李靖担任岐州刺史时，有人向当朝者告他谋反。唐高祖李渊派了一个御史前往调查此事。

御史是李靖的故交，深知李靖的为人，他心里很清楚李靖是遭到了奸人的诬陷，因此便想办法要救李靖，替李靖洗清不白之冤。于是便向皇帝请旨，请告密者共同前去查办此案。皇帝准奏，告密者也高兴地答应下来。途中，御史假说检举信丢失了，观察告密者以后的动作反应。

御史佯装害怕的样子，不停地向陪伴的告密者说：“这可如何是好！身负皇上之托，职责所在，却丢失重要证据，我可真的难辞其咎了”！说着，御史便发起怒来，鞭打随从的典吏官。他的举动使告密者确信检举信已丢失。

御史无奈地向告密者请求：“事已至此，只好请您重写一份了。否则，不仅我要担负不能办成查访之任的罪责，您的检举得不到查证，就没办法让皇上论功行赏了。”

那人一想不错，赶紧去重写。根据想象，又凭空捏造出一份来。

御史接到信件，拿出原信一比较，只见大有出入：除了告李靖密谋造反的罪名一样，而所举证据都换了模样，细节更是大相径庭，时间、人物都难以对上号，一看即知是胡编乱造的诬告信。御史笑笑，立刻下令把告密者关押起来。随后拿着两封检举信赶回京城，向唐高祖禀告原委。

上述整件事情的峰回路转，完全都要归功于御史巧妙地引出说谎者前后不一的证据，成功地揭穿了诬告谎言，惩治了撒谎者。

因此，我们就要为说谎者创造这样的“机会”，让他的谎言露出破绽。

釜底抽薪，从根本上瓦解谎言

从事实的逻辑关系来说，论点来自论据，论据孕育论点。论据真实，则论点正确；论据虚假，则论点谬误。所以，驳倒了论据，有如釜底抽薪，刨根倒树，是从根本上揭穿了对方的谎言。

运用釜底抽薪揭穿谎言的技巧在于紧扣论据与论点之间辩证统一的逻辑关系。多问几个问题，分析一下论据之间是否有相互矛盾的地方。

美国第十六任总统亚伯拉罕·林肯年轻时是一位律师，一次，他得悉朋友的儿子小阿姆斯特朗被控为谋财害命，已初步判定有罪。林肯以被告律师的资格，到法院查阅了全部案卷，知道全案的关键在于原告方面的一位证人福尔逊。福尔逊发誓说在10月18日晚11时，清楚地看到小阿姆斯特朗用枪击毙了死者。

对此，林肯在经过了全面了解和周密分析后，要求复审。复审中，有以下一段对话：

林肯问证人："你发誓说看清了小阿姆斯特朗？"

福尔逊："是的。"

林肯："你在草堆后，小阿姆斯特朗在大树下，两处相距二三十米，能认清吗？"

福尔逊："看得很清楚，因为月光很亮。"

林肯："你肯定不是从衣着方面看清他的吗？"

福尔逊："不是的，我肯定看清了他的脸。"

林肯："你能肯定时间是在11时吗？"

福尔逊："充分肯定，因为我回屋看了钟，那时是11时15分。"

林肯问到这就转过身来，对法官和旁听者说："我不能不告诉大家，这个证人是一个彻头彻尾的骗子。他一口咬定10月18日晚上11时在月光下看清了被告的脸。请大家想想，10月18日那天是上弦月，晚上11时漆黑一片，哪里还有月光？退一步说，也许他时间记得不十分精确，时间稍有提前。但那时，月光是从西往东照，草堆在东，大树在西，如果被告的脸面对草堆，脸上是不可能有月光的！"

大家先是一阵沉默，紧接着掌声、欢呼声一起迸发出来。福尔逊傻了眼。

在这里，林肯运用了釜底抽薪的反驳技巧抓住细节、步步为营，终于戳穿了福尔逊的谎言，澄清了事实，还小阿姆斯特朗以清白。

釜底抽薪是一招很有效的破谎技巧，通过全面、细致地了解情况，分析情况，找出谎言的破绽予以致命的还击，用确凿的事实来反驳对方。这样，对方精心构筑的言论布局就会因基础瓦解而全面崩盘。

全面分析，识破离间之举

离间之举在生活中有多种表现，如创造条件造成同事之间、上下级之间的误会；或将误会加以渲染，扩大他人之间的分歧；或编造谎言，制造矛盾，破坏他人团结等。离间之举的外在表现虽然多种多样，但它的内在本质却是唯一的，那就是：抑人扬己，损人利己。我们如何识破敌人的离间之举呢？

一般来说，离间之举主要有以下三个特征：

目的性强

任何离间之举都有其明确的目的。只有在目的的驱使下，离间的所有行为才可以表现出实际意义。离间者的目的是自我的、本位的，是建立在实际自我利益基础之上的。有时为的是获取个人的某种利益，有时则表现为满足个人的某种欲望，有时也可能是为了一些人的利益。但无论如何，它都是建立于私欲、颓废、反动之上的。离间者的目的不在离间过程本身，而在于达到离间之后的结果。

隐蔽性好

离间者的目的决定了行为的隐蔽性。因为伴随着离间之举的实施，离间者对被离间者的侵害行为已经开始，而这种侵害又是巧借被离间者之间的摩擦力量进行的。一旦离间成功，被离间者的利益受损则是绝对的。所以，离间者只有使被离间者在表面上知情，而不能在根本上知底，才能达到离间的目的。因此，隐蔽性贯穿于离间活动的始终。

欺骗性大

离间的隐蔽性决定了离间手段的欺骗性。因为离间是一种侵害行为，且要借助客体之间的摩擦力量实施，又要做到隐蔽。所以，离间者往往会制造假象欺骗客体，使其产生错觉、作出错误的判断、形成错误的认识，以便使其在不知不觉中失败。尽管离间之举具有隐蔽、诡诈的特点，但还是可以识破的。

识破离间之举，要从以下三个方面进行分析：

首先，是联系分析。任何离间者要想达到离间他人的目的，必然要与被离间者发生这样那样或明或暗的联系。没有联系就无法借助客体之间的摩擦力量，再高明的离间之举也无法得以实施。因此，谁突如其来地与你发生联系，谁就有可能在实施离间之举。

其次，是利益分析。一般说来，离间之举通常是伴随着利益冲突而实施的，而离间者往往又是被离间者发生矛盾后的直接或间接受益者。因此，对人际冲突制造者的利益得失进行分析，有利于识破离间者的真面目。

再次，是反常分析。任何离间之举，无论它怎样高明绝伦，只要它付诸实施，总要留下一些反常的痕迹。因此，对反常的蹊跷行为进行认真分析，进而反向思维，弄清人际冲突的来龙去脉，对于破译离间之举很有帮助。

总而言之，离间之举的破译应建立在对其行为特征的综合分析上，既不能盲目猜疑，又不可掉以轻心。

将计就计，顺势破谎解危

魏文侯时，西门豹为邺令，初到辖地，免不得各处走访。在访问老人的时候得知这里每年为河伯娶妻给老百姓带来的苦难。河伯是漳河的神，地方上管事的人串通巫婆，每年借着给河伯办喜事以减少水患的名义，强迫老百姓出钱。他们每年从老百姓身上搜刮数百万钱，仅用二三十万为河伯娶妻，其余的就坐地分赃。

光捞钱也还罢了，他们还以为河伯娶妻的名义残害少女。谁家的闺女年轻、漂亮，巫婆就带着人到哪家去选，有钱的人花点钱也就过去了，没钱的可就遭殃了。他们在河上扎起斋宫，布置举行仪式的大场地，将弄来嫁给河伯为妻的少女放入河里的斋宫。选好一个日子，就将载着少女的斋宫放入河水中漂走了，行数十里而灭，显然少女难免溺水而死。好多有闺女的人家都跑到外地去了，这里的人口越来越少，地方也越来越穷。

西门豹得知了这一情况，便有了主意，说等到那天也去送河伯的新娘子。

河伯娶妻那一天，各种人物都来了，围观的群众数千人。西门豹首先拿大巫开刀。那是个七十岁的老女人，带着十个女弟子。西门豹表现得仿佛比那些人更热心，说:“这个新娘子不太理想，请你去给河伯说说，让他等几天，我们再选个好的送去。”接着不由分说，让兵卒将那个老女人扔进了水里。

过了一会儿，他又说，怎么去了这半天还没回来?

再让人去催吧。于是将大巫的女弟子扔下去一个。过一会儿，就再扔一个。连扔了三个了，西门豹又说，可能去的都是女人，不会办事，便挑了些地方管事的扔到河里。

一连扔了好几个了，毕竟都是怕死的家伙，剩下的怕被扔进河里，马上跪下磕头，恳求大人饶命。

为恶的人自己向人们证实了那是谎言。后来，西门豹发动老百姓开凿了十条河渠，把河水引入田里，灌溉庄稼。从此，年年丰收。

这是一个典型的“将计就计”揭穿谎言的例子。西门豹作为地方官，为了让人们相信他也尊重他们的习俗，效仿那些行迷信之事的人们，也一本正经地假戏真唱，作为一方父母官，他必须让谎言不攻自破，必须让那些以迷信愚昧老百姓的人原形毕露，才能达到根除恶习的效果。假如他事先就去进行什么破除迷信的宣传，绝不会有人相信，老百姓也不会站到他这一边，那样难免会让自己陷入被动的局面。于是西门豹就将计就计把他们一个个除掉，是开刀问斩都难以达到的效果。

“将计就计”最关键的两个环节，第一是识破对方的谎言，第二是让对方相信自己已被他的谎言骗住了。这样，才可能行使策略。如果不能识破对方的谎言，抓住主动，“将计”就无从谈起；如果不能使对方确信自己已经受骗，对方就会起防备之心，“就计”也无从实施。

推理有法，抽掉谎言的支柱

燕王有收藏各种精巧玩物的嗜好。有时他为了追求一件新奇的东西，甚至不惜挥霍重金。“燕王好珍玩”的名声不胫而走。

有一天，一个卫国人到燕都求见燕王。他见到燕王后说：“我听说君王喜爱珍玩，所以特来为您献上棘刺尖上刻的猕猴。”燕王一听非常高兴。虽然王宫内有数不尽的稀世珍宝，可是从来还没有听说过棘刺上可以刻猕猴。因此，燕王当即赏赐那个卫国人。

随后，燕王对那卫人说：“我想马上看一看你在棘刺上刻的猕猴。”那卫人说：“棘刺上的猕猴不是一件凡物，有诚心的人才能看得见。如果君王在半年内不近女色，戒酒戒肉，并且要在一个雨过日出的天气，抢在阴晴转换的那一瞬间才能看到那棘刺上的猕猴。”

为了能看到棘刺上刻的猕猴，燕王只好拿俸禄先养着那个卫人，等待有了机会再看。

有个铁匠听说了这件事以后，觉得其中有诈，于是去给燕王出了一个主意。匠人对燕王说：“在竹、木上雕刻东西，需要有锋利的刻刀。被雕刻的物体一定要容得下刻刀的锋刃。我是一个打制刀斧的匠人，据我所知，棘刺的顶尖与一个技艺精湛的匠人精心制作的刻刀锋刃相比，其锐利程序有过之而无不及。既然棘刺的顶尖连刻刀的锋刃都容不下，那怎样进行雕刻呢？如果那卫人真有鬼斧神工，必定有一把绝妙的刻刀。君王用不着等上半年，只要现在看一下他的刻刀，立即就可知道用这把刀能否刻出比针尖还小的猕猴。”燕王一听，拍手说道：“这主意甚好！”

燕王把那卫人招来问道：“你在棘刺上刻猴用的是什么工具？”卫人说：“用的是刻刀。”燕王说：“我一时看不到你刻的小猴，想先看一看你的刻刀。”卫人说：“请君王稍等一下，我到住处取来便是。”燕王和在场的人等了约一个时辰，还不见那卫人回来。燕王派侍者去找。侍者回来后说道：“那人已不知去向了。”

其实，只要注意观察，细加分析，就会发现他的漏洞，这时只要点出说谎者的破绽，抽掉谎言赖以成立的支撑点，即可让谎言无处藏身。

第二章
讲究技巧，把话说到人心里

不能不会说的客套话

拉近感情，先要学会客套

客套、谦卑，处处显示出对别人的尊重，还显示出你的平和与内敛。

客套是语言艺术中的一种。我们往往在教育孩子的时候会说“见了大人要打招呼，借了同学的橡皮要说谢谢，不小心碰倒了人家要说对不起”等，这是最基础的礼貌教育。

客套的书面文字是那么枯涩、乏味，但是变成语言之后，却是那么地悦耳和动听。

一次，李女士去看重病中的好朋友，看到对方非常痛苦的样子，她没有说一句话。她没有说话是因为当时有许多的顾虑：说客套气吧，不能表达自己的心情；不说话吧，又被认为冷眼旁观。她太内向了。

这种“内向”要比虚情假意和口是心非的做法诚实得多。但是，由于不能充分地表达自己的内心，在他人看来一切都等于零。一个人如果连一句最普通的客套话都不会说，探望病人的时候，连一句“没事吗”都说不出口，这种人会给人一种冷酷的感觉。

所以，生活中要学会说客套话，用自己的语言表达出自己的感情，比如“没事吗”这句话，你并不是只把字面的含义说给对方，这里面，你可以加进去自己的真实感情，比如“有什么我能帮你的？”“我看到你难受的样子非常难过！”“没事吗？好了之后，我们一起去打保龄球。”这样，更有益于促进彼此之间的关系。

客套不是低声下气，是尊重；客套不是虚伪，是礼貌。生活、工作，哪一样都需要语言作为纽带。人要衣装，佛要金装，语言也要靠包装。语言的魅力，在于使人心悦诚服，语言的运用，在于修养气度。

会客套的人，说出来的话叫人喜欢听、愿意听，别人也会欣然接受；不会客套的人，常常面临许多的尴尬，造成许多的误解，出现人际关系的障碍，导致自己的人际关系恶化。

有的人说，客套多，朋友多；朋友多，好事多。这句话一点都不假。因为客套和寒暄可以帮助你认识很多朋友，缩短人与人之间的距离，从而促成两人的交往。

在生活当中，我们往往会听到如“谢谢您”“多谢关照”“劳驾”“拜托”之类的客套话。这样的客套话可以向别人表示感谢，能沟通人与人的心灵，建立融洽的人际关系。在求人做事以后，应真诚地说一声“谢谢”。如果你不说一声“谢谢”，只把感激之情埋在心底，对方会有一种不快的感觉，他的劳动没有得到肯定，或认为你不懂礼貌，今后也不会再帮助你。同样，在打搅别人，给别人添麻烦时能真诚地说一声“对不起”，对方的气就会减少一半。所以，在人际关交往、求人办事的过程中，我们千万不要忽视客套的作用。

许多时候，客套就是表现出对对方的尊重、礼节和谦虚，比如有人做报告或讲话，总会说“我资质不高，研究不够，恐怕讲不好”，或者是“我讲得不好，请大家批评指正”。诸如此类的客套话，看起来是随口而出，实际上起着表达讲话者谦恭愿望的作用。

客套必须要自然，要真诚，言必由衷，富有艺术性。

小王是上海某大饭店里的服务员。著名美籍华裔舞蹈家孟先生第一次到该饭店，小王向他微笑致意："您好！欢迎您光临我们酒店。"第二次来店，小王认出他来，边行礼边说："孟先生，欢迎您再次到来，我们经理有安排，请上楼。"随即陪同孟先生上了楼。时隔数日，当孟先生第三次踏入酒店时，小王脱口而出："欢迎您又一次光临。"孟先生十分高兴地称赞小王："不呆板，不制式。"

小王之所以会受如此表扬，在于他并不是鹦鹉学舌，见客只会一声"欢迎光临"，而能根据交际情境的变化运用不同的方法，表现出他对工作的热爱和说话的艺术。

"人有礼则安，无礼则危。故曰，礼者不可不学也。"可见，人类从很早以前就开始呼唤礼仪，呼唤文明。有的人总是说，礼仪中的寒暄是人际交往的废话，其实这句话是不正确的。在人际交往中往往少不了客套，客套会使我们彼此之间的关系更加和谐。要把"谢谢、对不起、请"常挂嘴上。通知人做事，说一声"劳驾"；送客临别，讲一句"慢走"。这些都能显示出你礼貌周到、谈吐文雅。擅长外交的人们像精通交通规则一般精于客套，得体的客套同我们美好的仪容一样，是永久的荐书。以下是总结出的一些日常生活中常用的客套话：

初次见面说"久仰"，好久不见说"久违"。

请人评论说"指教"，求人原谅说"包涵"。

让人做事说"劳驾"，求给方便说"借光"。

麻烦别人说"打扰"，向人祝贺说"恭喜"。

请人改稿称"斧正"，请人指点用"赐教"。

求人解答用"请问"，赞人见解用"高见"。

看望别人用"拜访"，寻求帮助用"拜托"。

宾客来到用"光临"，送客出门称"慢走"。

招待远客称"洗尘"，陪伴朋友用"奉陪"。

请人勿送用"留步"，欢迎购买叫"光顾"。

与客作别称“再见”，归还原物叫“奉还”。

对方来信叫“慧书”，老人年龄叫“高寿”。

得体的“致谢”会更加温暖对方的心窝，也能使你的语言更加充满魅力。得体的“道歉”是你送给对方的最廉价的礼物，也是调和可能产生紧张关系的一帖灵药……有的人往往容易把客套、寒暄甚至是聊天这些基础的交往行为看作是虚伪、庸俗和毫无意义的东西，在思想上加以排斥，在行动上加以抵制。这样的人违背了人类的群体性特征，在交际上会屡屡受挫，连连吃亏。

客套并不一定是在语言上，一个眼神、一个手势，点一下头，微笑一下，或给对方送些小礼物，凡此种种，都属于客套的范畴。换句话来说，客套是一个比较宽泛的概念，客套是一种礼节，如果客套运用得好，会使你收到意外的惊喜。

日本松下电器公司的松下幸之助是个很讲客套的人。他在交托下属去执行某一件事时，会说：“这件事拜托你了。”遇到员工时，他会鞠躬并说“谢谢你”“辛苦了”之类的客套话，有时会亲自给员工斟一杯茶，或者送给员工一件小礼物。就是因为这种客套，员工才毫无怨言地为他尽心竭力。

人类是一种感情的动物，从某种意义上说，人际关系正是出于人类感情交流的需要。客套是温暖的，能加深对方的了解、亲切关系，增加友谊，彼此之间的关系因为客套而发生变化，心理距离也会随之缩短，感情自然有了呼应和共鸣。

在人际交往中，要想使别人怎么对你，你首先就要学会如何对待别人。客套一下，看似平常，可它却能引起人际间的良性互动，成为交际、办事成功的促进剂。

没话也要找话说，营造热络的气氛

话题是初步交谈的媒介，是深入细谈的基础，是纵情畅谈的开端。没有话题，谈话是很难顺利进行下去的。要想营造热络的气氛，没话题也要找话题。

不善言谈在交际场中很容易陷入尴尬局面。要想成为好人缘的人，首先必须掌握没话找话的诀窍。没话找话说的关键是要善于找话题，或者根据某事引出话题。

好话题的标准是：至少有一方熟悉，能谈；大家感兴趣，爱谈；有展开探讨的余地，可深谈。那么，怎么找到话题呢？

众人都关心的话题

面对众多的陌生人，要选择大家关心的事件为话题，把话题对准大家的兴奋中心。这类话题是大家想谈、爱谈又能谈的，人人有话，自然能说个不停了。

借用新闻或身边的材料

巧妙地以彼时、彼地、彼人的某些材料为题，借此引发交谈。有人善于借助对方的姓名、籍贯、年龄、服饰、居室等即兴引出话题，常常收到好的效果。“即兴引入”法的优点是灵活自然、就地取材，其关键是要思维敏捷，能做由此及彼的联想。

提问的方式

向河水中投块石子，探明水的深浅再前进，就能有把握地过河。与陌生人交谈，先提一些“投石”式的问题，在略有了解后再有目的地交谈，便能谈得更为自如。

找到共同爱好

问明陌生人的兴趣，循趣发问，能顺利地进入话题。如对方喜爱足球，便可以此为话题，谈最近的精彩赛事、某球星在场上的表现，以及中国队与外国队的差距等，都可以作为话题而引起对方的谈兴。引发话题，类似“抽线头”“插路标”，重点在“引”，目的在导出对方的话茬儿。

循序渐进，由浅入深

孔子说“道不同，不相为谋”，只有志同道合，才能谈得拢。我国有许多“一见如故”的美谈。陌生人要能谈得投机，要在

“故”字上作文章，变“生”为“故”。下面是变“生”为“故”的几个方法：

适时切入。看准情势，不放过应当说话的机会，适时地“自我表现”，能让对方充分了解自己。

交谈是双边活动，光了解对方，不让对方了解自己，同样难以深谈。陌生人如能从你“切入”式的谈话中获取教益，双方会更亲近。

借用媒介。寻找自己与陌生人之间的媒介物，以此找出共同语言，缩短双方距离。如见一位陌生人手里拿着一件什么东西，可问：“这是什么？……看来你在这方面一定是个行家。正巧我有个问题想向你请教。”对别人的一切显出浓厚兴趣，通过媒介物引发表露自我，交谈也会顺利进行。

留有余地。留些空缺让对方接口，使对方感到双方的心是相通的，交谈是和谐的，进而缩短距离。

有经验的记者能通过观察和分析，迅速与对方套上近乎，找到一个可以引起双方话题的共同点，打破那种不知从何谈起的场面。

一位记者去采访一位教师，行前有人说这位老师性格有点古怪，经常三言两语就把人打发了。记者到学校去找时，他正在跟传达室的人发脾气。记者一听他说话的口音是山西人，心里暗暗高兴，因为他也是山西人。后来，他们的交谈就从家乡谈起，越谈越热乎，这一段题外话也为正题作了很好的铺垫。

在交际过程中，谈话时要善于寻找话题，这样才能很快熟悉起来。有位交际大师指出：交谈中要学会没话找话的本领。

交际中要有情感共鸣点

要拉近双方感情，使得场面更和谐，就一定要找到对方感情的突破口，只有情感上有了共鸣，交谈才能继续下去。

日常交往并不是总在熟人间进行，有时你甚至要闯入陌生人的领地。当进入一个陌生的家庭、环境时，要迅速打开局面，首先要寻找理想的“突破口”。有了“突破口”，便可以以点带面或由此及彼地发挥开去，从而实现让对方在感情上接受你的效果。

纽约某大银行的乔·理特奉上司指示，秘密进入某家公司进行信用调查。正巧理特认识另一家大企业公司的董事长，这位董事长很清楚该公司的行政情形，理特便亲自登门拜访。

当他进入董事长室，才坐定不久，女秘书便从门口探头对董事长说：

“很抱歉，今天我没有邮票拿给您。”

“我那12岁的儿子正在收集邮票，所以……”董事长不好意思地向理特解释。

接着理特便开门见山地说明来意，可是董事长却含糊其词，一直不愿作正面回答。理特见此情景，只好离去，没得到一点儿收获。

不久，理特突然想起那位女秘书向董事长说的话，同时也想到他服务的银行国外科每天都有许多来自世界各地的信件那上面有各国的邮票。

第二天下午，理特又去找那位董事长，告诉他是专程替他儿子送邮票来的。董事长热诚地欢迎了他。理特把邮票交给他，他面露微笑，双手接过邮票，就像得到稀世珍宝似的自言自语：“我儿子一定高兴得不得了。啊！多有价值！”

董事长和理特谈了40分钟有关集邮的事情，又让理特看他儿子的照片。之后，没等理特开口，他就自动地说出了理特要知道的内部消息，足足说了一个钟头。他不但把所知道的消息都告诉了理特，又招来部下询问，还打电话请教朋友。理特没想到区区几十张邮票竟让他圆满地完成了任务。

人常说：要讨一个母亲的欢心，那就去赞扬她的孩子。找到情感共鸣，沟通自然会顺畅。

面对不同人有不同的客套话

不同的人所关注和喜欢的东西也会不同，面对不同的人，我们要学会说不同的客套话。只有说话得当，客套话才能引起对方的兴趣，谈话才能持续下去。

有一个年轻的渔夫，一天收网的时候，发现网里有一个旧瓶子。他把瓶塞打开，突然一阵浓烈的烟雾喷出来，很快变成一个比山还大的巨魔。

这时，巨魔突然笑着说“哈哈！年轻人，你把我救出来，本来我应该感谢你的，可是，你做得太迟了，倘若你早几年把我救出来，你就可以得到一座金山啦！唉，又让我等了500年，我太不耐烦了，我已经许了恶愿，要把救我出来的那个人一口吃掉！”

那年轻人吃了一惊，但立即镇定地说：“哟，这么小的一个瓶子，怎么能把你盛下呀，你一定在说谎，你再回到瓶子里让我看看吧。”

那巨魔听后，竟大笑说：“哈哈哈哈，我不会上当的！《天方夜谭》早把这个古老的故事说过了，我如果再钻入瓶子里，你把塞子塞上，我不就完蛋了吗？”

“你看过《天方夜谭》？真是一个博学多才之士呀！你看过苏格拉底的哲学著作吗？”

“哼！这500年来，我躲进瓶子里，穷读天下的经典著作，苦苦修行，莫说是西方的巨著，连中国的《大学》《中庸》《论语》《孟子》我都念得熟透了。”

“啊，那么《史记》你也颇有研究吧？墨子的著作也有涉猎吗？”

“别说了，经史子集无一不通！”

“不过，我想你一定没有见过《红楼梦》的手抄本，这是一部难得一见的版本呢！”

“哼！你这个小子太小觑我了，这本书的收藏者正是我呀！让我拿出来给你开开眼界吧！”

刚说完，只见巨魔立即又化作一阵浓烟，徐徐进入瓶子里。这时候，年轻的渔夫不再迟疑，连忙用瓶塞堵住了瓶子。

每个人都有可能是他兴趣所在领域的专家，激发对方的兴趣，你不仅会获得新知，有时加以利用，还能够逢凶化吉。年轻的渔夫就是因为这一点降服了巨魔。

与对方能够畅谈的原则，就是能够顺着对方的喜好，与他人融洽地交谈。心理学家告诉我们，对于不同类型的人要用不同的交谈方式。

人际关系型

如果对方时常提到自己和某个人的关系，或是某个人和另一个人的关系，就代表他对人际关系很有兴趣。如果你让他知道你也懂得人际关系学，那么，他就会很喜欢和你谈下去。

逻辑思维型

如果这个人说话有条理、很利索，而且用词精确，这种人通常喜欢有逻辑性地去思考，谈话滴水不漏。因此在对话时，你不能只是说出自己的感觉，尽量调动自己的“分析”因子，去分析事物背后的道理。

情感丰富型

当你讨论到对于某个人或某件事情的想法，如果对方说出“这个人好可怜……”之类的话，代表他情感丰富，凡事凭感觉，而且好恶分明。面对这种人，不要谈理论、讲求逻辑分析，他对此可能一点兴趣也没有。

艺术欣赏型

这种人喜欢谈论美术或音乐等话题，你可以和对方讨论最近最热门的商品设计或是音乐表演等，请教对方的意见，不仅让对方有一个表现的机会，你也能从中学到一些知识。

有一位学者曾说过：“如果你能和任何人连续谈上10分钟而让对方产生兴趣，那你便是一流的说话高手。”两个陌生人初次见面，如果不能善用机会，找出话题，说不好该说的客套话，必然不能取得交谈的成功。谈论别人感兴趣的事物，会使人感觉受到尊重，同时也是一种深刻了解别人，并与之愉快相处的方式。

公众场合的致词要体面

不管是什么样的演讲，即兴的还是事先有准备的，说话人都是为了达到一些目的。在公众场合致辞是有一定技巧的，当你掌握好了这些技巧，便会赢得他人的掌声。

在各种正式场合，与会者都要发表演讲，无论何种演讲，说话人都是为了达到一些目的。例如，在欢迎外宾的招待会上，主人要致欢迎辞，外宾要致答谢辞；在宴会上，主人要致祝酒词，外宾要致答谢辞；在欢送外宾的会议或酒宴上，主人要致欢送辞，外宾要致告别辞等。这些致辞根据各自的特定场合，各有其特定目的和表达方式。

热情洋溢、语言明快、词句精练、全文紧凑是欢迎辞、欢送辞和祝酒词的特点。当你的言辞里流露出朴实的感情，那么一定可以增进宾主之间的友谊，从而为自己树立一个良好的形象。这类致辞常由“引言”“正文”和“结语”三部分组成。“引言”部分首先对远道而来的贵宾表示欢迎；“正文”部分根据特定情况，或介绍对方来访的原因、事情的安排，或赞扬对方的才华、功绩，或强调宾主双方的关系等；“结语”部分是再度表示欢迎或祝愿之类的言辞。

答谢辞和告别辞中，“引言”部分对主人的欢迎（欢送）表示感激。答谢辞的“正文”部分应阐明来访者的友好来意和做好某事的愿望；告别辞的“正文”部分应着重说明在访问或出席会议期间受到东道主的欢迎和款待使自己深受感动。最后再次表示感谢或对未来表示良好的祝愿。

迎送致辞

致辞一般由主人或单位领导、集体代表先致，然后由被迎送者致答谢宾辞。欢迎时，主辞可代表组织或在场者表达对新增成员的喜悦与日后团结共事的愿望；宾辞则要对热忱地欢迎表示感谢，申明自己希望在大家的支持和帮助下作出贡献的决心。欢送时，主辞应充分肯定被送者的成绩和优点，勉励被送者继续进步，表达依依不舍的心情。需要指出被送者不足之处时，可视对象和会议气氛，有的率尔直言，有的则以提出希望的方式暗示。宾辞则要以感谢大家长期以来的关怀和帮助为主，陈述事实、抒发感情，以惜别之心怀、寄意于未来。无论迎送，致辞均应热情、诚挚，以互相勉励为主。

贺庆致辞

贺庆活动中，通常先致宾辞，表示祝贺与勉励；再致主辞，表示感谢与“百尺竿头，更进一层”的决心。有时，也可倒过来，譬如在贺庆宴会上，往往先由主人致祝酒词，尔后再由宾客致答谢辞。贺辞宜热烈而有分寸，祝酒词须凝练而不含糊，答谢辞要情意真挚，朴实动人，不说空话。

婚丧致辞

婚丧致辞时，气氛迥然有异。祝贺新婚，宾辞可突出婚姻之美满，并祝愿新婚夫妇相亲相爱，白头偕老。语词可幽默俏皮一些，以增添欢乐气氛，但不要庸俗油滑。主辞则要陈谢意赞友情，由衷而出，落落大方。丧事上，宾辞可深情缅怀死者、激励后人；主辞于答谢之外，要让人看到从悲痛中振作精神的姿态。

联谊致辞

联谊活动的目的在于融洽感情、增进彼此之间的友谊。除了事先已经有安排的情况外，双方都应该争取先行致辞，以示主动。主辞、宾辞要分别为客人的到来与主人的盛情表示荣幸或感谢。同时，都要畅叙友谊，展望未来更密切的合作，祝贺联谊活动圆满成功、与会者健康欢乐。联谊致辞要有鼓动性、语言亦庄亦谐，但“庄”不可说教，“谐”不可无聊，均以“雅俗共赏”为佳。

评聘致辞

主辞一般先致，再答以宾辞。评聘致辞通常以严肃为主，但也不须过于刻板，造成沉闷空气。主辞对受评聘者可多予褒奖，并表示殷殷之期望，使受评聘者从鼓励中看到自身的价值，萌生努力工作的意愿和激情。宾辞则要表达这种感受和决心。必要时，双方可简要提出一些希望或建议。

参观、检查致辞

参观者与检查者身份不同，但“入乡随俗”，都要表示对被参观、检查一方的尊重。因此，宜主辞先致，宾辞后致。主辞表示欢迎，希望参观、检查者多提批评意见，措辞要诚恳，不能有虚情假意。宾辞贵在实事求是，要报以诚挚；多予赞扬，以公正的语言评是论非，同时勿忘感谢热情的接待或对被检查者提出希望。参观、检查致辞，有参观、检查之前与后的区别，致辞内容要考虑这个因素。

致辞是一种公开的表白，你既有表现口才的机会，也有暴露弱点的可能。所以，就是即兴致辞，也要尽量细拟腹稿。致辞时，神态要自然、落落大方，不能扭扭捏捏，也不要故意卖弄。要尽量减少口头禅。

引起亲切感的说话方法

对于初次见面以及了解不深的人，如何借语言消除彼此之间的陌生感，缩短隔阂，以获得信赖，是一门大学问。

借由关心对方的家人或使用流行语引起强烈的亲切感，产生“同伙意识”，别人当然乐意与你交往。自古以来，许多政治家都具有使人觉得亲切的本事。他们懂得运用人性的各项特点，使人心悦诚服，无条件地接受领导。

河野一郎是日本一位政治家，十分懂得利用人们的微妙心理，借巧妙的客套话使人大受感动。

1959年，他在纽约旅行时，巧遇了多年不见的好友米仓近。

他乡遇故知，两人非常高兴地握手寒暄，互道近况，畅谈甚欢。各自回到旅馆之后，河野一郎立刻拨了一通国际电话给米仓近在东京的妻子："我叫河野一郎，是米仓近的老朋友，你先生在纽约一切都很好。"

米仓近的妻子感激莫名，顿时热泪盈眶。一直到后来，米仓夫妇还经常向人谈论起这件事。

人在潜意识里，总是会特别惦念自己的父母、妻子等关系亲近的人。一旦发现对方也在关心着自己关心的人，或者具有相同的关心心态，大都会产生认同感。利用这种共同的心理倾向，先使人产生亲切感，接下来，自然能够成为受人欢迎的人物。

在日常生活中，常把"令尊好""嫂夫人好""孩子们可好"等问候语挂在嘴边，必能使他人觉得备受关心，深深感动。

有位知名播音员非常受观众欢迎，经常率团到各地巡回演出。每到一个新的地方，他一定要套用一两句当地的用语，以拉近和观众之间的距离。

这些事例，都基于同一原则——赢取亲切感。借由关心对方的家人，或是使用流行语、当地的方言，可以引起强烈的亲切感，产生同属一个团体的归属意识，强调"同伴""同伙"的关系，别人当然乐于与你交往。此外，巧妙选择称呼对方的方式，也能够成功营造同伙意识，增加亲切感。

由于工作的关系，日本心理学家多湖辉经常和美国人往来。

在谈话当中，他发现西方人讲话时有一个共同点，就是他们习惯把对方的名字挂在嘴边，例如"谢谢您，多湖先生""多湖先生，你的英文还不太行呢。""再见了，多湖先生"等。但是东方人多半只喊对方的官衔或职名，在交际应酬中，总是不习惯直呼名字。

两种不同的称呼方式会导致不同效果，在与人交谈时，西方人透过称呼对方的名字，能够轻易获得亲切感，进一步促进彼此之间情感的交流。

称呼别人的名字，不以官衔、地位、职位等面具的虚饰称呼，多能够缩短彼此之间的心理差距，于无形中产生亲切感，是把话说得更巧妙的有效技巧。

抓准说客套话的时机

在交际场合说点客套话是非常必要的。恰到好处的客套话，可以赢得他人的欢心，从而增加彼此的感情。但是，客套话并不是说得越多越好，有时候说客套话也得注意场合。如果不分场合地说客套话，很可能给别人留下轻浮与虚伪的印象。

社会是由人组成的，人与人之间相处、交往是再正常不过的事情了。一踏入社会，交际的机会就多了，这些交际包括去别人家里做客、赴宴、会议，以及其他聚会等。不管你对交际满不满意，客套话一定要讲。

什么是客套话呢?

客套话就是让主人高兴的话。既然说是客套话，必须十分得体中听，这种话不一定代表你内心的全部想法，也不一定完全合乎事实，但讲出来之后，就算主人明知你“言不由衷”，也会感到高兴。

客套话是日常交际中常见的现象之一，而说客套话也是一种交际的技巧和生存智慧。从日常社交来看，你至少需要学会以下几种客套话。

当面赞扬他人的话。你可以称赞别人的孩子聪明可爱，称赞别人的衣服大方漂亮，称赞别人教子有方等。这种客套话所说的有的是实情，有的则与事实存在相当的差距，有时正好相反，但这种话说起来只要不太离谱，听的人十有八九都会感到高兴。

当面答应他人的话——如“我会全力帮忙的”“这事包在我身上”“有什么问题尽管来找我”等，这种话有时是不说不行，因为当面拒绝场面会很难堪，不时甚至会让人不高兴。用客套话先打发一下，能帮忙就帮忙，帮不上忙或不愿意帮忙再找理由，总之，有缓冲的作用。

在很多情况下，客套话我们不想说还不行，因为不说，会对你的人际关系造成影响。

到别人家做客时，一定要感谢主人的邀请，并盛赞饭菜的精美丰盛可口，并看实际情况，称赞主人的室内布置，小孩的乖巧聪明……

赴宴时，要称赞主人选择的餐厅和菜色，当然感谢主人的邀请这一点绝不能免。

参加酒会，要称赞酒会的成功，以及你如何有“宾至如归”的感受。

参加会议，如有机会发言，要称赞会议准备得周详。

参加婚礼，除了夸奖菜色丰富之外，一定要记得称赞新郎新娘的“郎才女貌”。

生活中的“场面”当然不只以上几种，至于客套话的说法，也没有一定的标准，要视当时的情况决定。客套话切忌讲得太多，要点到为止，太多了就显得虚伪而且令人肉麻。

总而言之，客套话就是感谢加称赞，如果你能学会讲客套话，对你的人际关系必有很大的帮助，你也会成为受欢迎的人。

分清别人说的客套话

客套话大家都在说，但究竟哪些客套话是真的，那些客套话是虚言的应酬，我们要做到心中有数。

走入社会后很多人就会发现，虽然自己名片盒里的名片越来越多，真正无话不谈的朋友还是那么几个。绝大多数的朋友，迎来送往，无非是个“你好”加上“再见”。苦恼的是，若是真正的朋友，就算相对无语，彼此也不觉得尴尬。但社交上的朋友就不同了，毕竟从见面到分手之间的一段空白还是要去填的。善于应酬的人，也就是公认的社交高手，总能漂亮地完成使命，让彼此轻松愉悦地度过一段时间；反之，则空留尴尬的笑脸和一段难熬的时间。

一个法资公司的大老板每年环球巡游一次，听各国首席执行官们述职。当然，也顺便见一下各国雇员。只是全球数万张面孔，哪儿记得过来？于是他每年都问同样的三个问题：你是哪个大学毕业的？学的是什么专业？何时来到我们公司的？除了首席执行官们之外，公司其余的人每年要回答一次。

大多数员工对待这三个问题就像对待元首阅兵一样，把答案像口令一样喊出来而已，从不奢望自己能被大老板记住，除了一个信息技术工程师。他每次回答完“我的专业是建筑设计”之后，都会解释一下为何原来的建筑设计师会转行到信息技术领域。这是个漫长的故事，但大老板老是记不住，于是他连续讲了三年。第四年，当他又开始讲第四次的时候，大老板制止了他：“好像有个挺长的故事是吗？无论如何，我代表公司感谢你的努力工作。”可怜的人只好把他那感人的奋斗史收了起来。

老板只是在客套一下，谁知他竟当了真。

坐上大老板的位置后，也许不用再花心思设计机灵的客套话；但下属就不同了，场面上反应机敏与否，直接关系到将来的前程。

一次会议的中场休息之后，许多人迟到。大老板面露愠色。大部分人默默地进来，默默地入座，空气十分凝重。只有一个中层女经理人未到，话先到：“哎呀呀，卫生间的队好长啊。老板，你怎么雇了这么多女人啊！”一句话把大老板逗乐了。

在一个鸡尾酒会上，有个商人模样的外国人过来打招呼，琳达马上放下冰橙汁，与他握手。他笑问琳达：“为什么你的手冰冰的呀？”她忙着解释，朝那杯冰橙汁乱指。他马上摇头：“不不不，你只需要说‘但我的心是热的’就行了。”

一句话提醒了琳达。

其实他并不关心为何琳达的手是冷的，而琳达也并无义务解释为何自己的手是冷的。不过是两个陌生人找个话题混个脸熟而已，什么话开心，什么话可以博个笑脸，就讲什么话。

客套话人人都在说，但究竟所说的客套话那些是真的，那些只是基于社交的礼节虚言的应付，我们的心中要有个数，这样就不至于因为没有分清对方的客套话而造成尴尬的局面。

给别人面子就是给自己面子

说话一定要给别人留情面，要知道给别人面子就等于是给自己面子，这样彼此之间才好相处。

“人要脸，树要皮”，让你有面子的最有效方法：先给别人一点面子。

有位文化界朋友，每年都会受邀参加某单位的杂志评鉴工作。这项工作虽然报酬不多，但却是一项荣誉，很多人想参加却找不到机会，也有人只参加一两次，就再也没有机会了。有人问这位文化界人士，为何他能年年有此“殊荣”。他在年届退休，不再参加此项工作后才公开秘诀。

他说，他的专业眼光并不是关键，他的职位也不是重点，他之所以能年年被邀请，是因为他很尊重别人。

他说，他在公开的评审会议上一定把握一个原则：多称赞、鼓励而少批评。但会议结束之后，他会找来杂志的编辑人员，私底下告诉他们编辑上的缺点。

因此虽然杂志有先后名次，但每个人都保住了面子。正因为他顾虑到别人的感受，因此无论是承办该项业务的人员还是各杂志的编辑人员，都很尊敬他、喜欢他，当然也就每年找他当评审了。

在现代社会中，面子是一件很重要的事。如果你是个对面子无所谓的人，那么你必定是个不受欢迎的人；如果你是个只顾自己面子，却不顾别人面子的人，那么你必定是个要吃亏的人。

人们可以吃闷亏，也可以吃明亏，但就是不能吃没有面子的亏，要在社会上求生存，必须了解到这一点。这也就是很多人不轻易在公开场合说一句批评别人的话的原因。

年轻人常犯的错误是，自以为有见解，自以为有口才，逮到机会就大发宏论，把别人批评得脸一阵红一阵白，他自己则大呼痛快。如此下去，总有一天会吃到苦头。

事实上，给人面子并不难，也无关乎道德，大家都是在社会上生活，给人面子基本上就是一种互助。

初次见面，赞美的话要说得准

对于初次见面的人，最好避免以对方的人品或性格为谈话内容，即使是赞美对方“你真是个好人”，对方也容易产生“才第一次见面，你怎么知道我是好人”的疑念及戒备心。

通常情况下，不是直接称赞对方，而是称赞与对方有关的事情，这种间接赞美在初次见面时比较有效。打个比方，如果对方是女性，她的服装和装饰品将是间接赞美的最佳对象。

唐码和不少朋友的家人都相处得很好，其中与一位夫人的友谊甚至超过和她丈夫的友谊。本来唐码只认识她的丈夫，那么他怎么成了她全家的朋友呢？起因是在与她初次见面的那次宴会上唐码随便说出的一句话。

当时，唐码被介绍给这位朋友的夫人，由于当时没有适当的话题，就顺口说了一句“你佩戴的这个坠子很少见，非常特别”。唐码说这句话完全是无意的，因为他根本不懂女人的装饰品。出人意料的是，这个坠子果然很特别，只有在巴黎圣母院才买得到，这是她的心爱之物。随便说出的这句话，使夫人联想起有关坠子的种种往事，从此他们便成了好朋友。

要恰如其分地赞美别人是件很不容易的事。如果称赞不得法，反而会遭到排斥。为了让对方坦然说出心里话，必须尽早发现对方引以为自豪、喜欢被人称赞的地方，然后对此大加赞美。在尚未确定对方最引以为自豪之处前，最好不要胡乱称赞，以免自讨没趣。试想，一位原本已经为身材消瘦而苦恼的女性，听到别人赞美她苗条、纤细，又怎么会感到由衷的高兴呢？

赵明长得很像一位演员。每当他和朋友一起到饭店去，初次见到他的服务小姐都会对他说：“你长得真像电影明星！”的确，无论是赵明的容貌还是气质都与那位演员非常相似。一般而言，说某人很像名演员，是一种恭维之词，被称赞的人通常不会不高兴。赵明的反应却不同，他听了服务小姐的赞美后，原本不喜欢开口的他，变得更加沉默了。

对于赵明的反应，服务小姐很是诧异。赵明的反应一点也不奇怪，因为服务小姐的赞美根本不得法。赵明了解自己的缺点，就是容易给人冷漠的印象，而那位电影明星在屏幕上所扮演的正是冷酷无情的角色。所以，如果说他酷似那位电影明星，这哪里是在赞美，分明是指出了赵明的缺点。

另外，从第三者口中得到的情报有时在初次见到对方时能起到重要的作用。因此，利用所得到的情报当面夸奖对方，当然也会为自己赢得主动。但是，如果你将这些情报、传言直接转述给对方，恐怕只会遭到冷遇。所以，赞美之词一定要说得准确，才能帮助你进一步开展人际关系。

夸就夸到人心坎里的赞美话

赞美的话要发自内心

如果你的赞美之辞不是发自于内心的，那么，你的赞美很难达到预期的功效。

赞美别人就是发现别人的美，并且用恰当的语言表达出来。赞美的语言稍微夸张一点是可以的，但是倘若言过其实，便会让人怀疑你赞美的诚意和动机了。

有这样一个人，在单位里经常赞美同事，见到领导时，赞美的话更是滔滔不绝。见到身材魁梧的领导，他就说：“一看就知道您是有福之人啊！”当见到秃顶的领导时，他就说：“贵人不顶重发，聪明绝顶啊！”这些话倒是不伤大雅，倒还能让领导开心，只是有一次，因为他过分夸大的赞美言词让领导对他有了重新的认识。

某领导在宴席上，酒喝多了，走路时一不小心摔了一跤，这时，这位经常赞美领导的“赞美家”赶紧过来扶起领导，嘴里说道：“领导为了工作，连自己的身体都不顾了，就算是喝出胃出血也没有任何怨言。”喝醉了酒的领导一听到有人这样“赞美”自己，一下子就火了，指着这位时时不忘赞美领导的人破口大骂：“你到底会不会说话，你那是称赞我吗？你是盼着我死吧？”这次，平日伶牙俐齿的他再也说不出任何赞美之词了。

他的赞美之所以得不到听者的认可，是因为他的赞美之词不是发自内心的赞美。在他的赞美中，有很重的趋炎附势、惺惺作态的成分。这样的赞美是无法打动人心的。

小王是建筑公司的拆迁办主任，在拆迁工作顺利进行的时候，一家钉子户使拆迁工作不得不停下。小王了解了这家的基本情况后得知，这家的主人是一名曾参加过抗美援朝的老军人，他之所以不肯搬家，是因为这套四合院是在他光荣离休后政府赠予他的。

随后，小王亲自拜访了这位老人。他进入到老人的书房，看见墙上都是老人身穿军装的照片，不由得说道：“您老年轻时一定是名强悍的军人。因为我在您身上仿佛见到了你当年奋勇杀敌的勇猛和果断。”老人没有作声。小王继续说：“我小的时候就愿意和我爷爷在一起，他总有许多战场上的故事可以讲，后来他年纪大了，有的故事甚至都讲20遍了，可是每次他像是第一次讲一样，眼中充满了激动的泪水。我想您所知道的故事一定和我爷爷知道的一样多，甚至比他的还多。而这其中的辛酸不易，我想只有您自己体会得最深刻了。”

说到此，小王起身说道：“老先生，打扰您这么久，真是对不住啊！”说完他就走出了屋子，往大门外走去。当他即将迈出大门时，老人在背后喊道：“明天过来时把拆迁的公文带来，让我好好瞅瞅。”小王心里的大石头终于落了地，老人要看公文，证明拆迁的事情有戏了。

从头至尾，小王只字未提拆迁的事，只是和老人聊了会家常话。其实，正是小王的家常话打动了老人。小王称赞老人勇敢，称赞老人阅历丰富，这都是发自于内心的赞美。他的赞美之词在老人的心中也激起了层层涟漪。因为小王真诚的赞美，打开了老人的心房。

有的人非常吝啬对他人的赞美，认为那是阿谀奉承的表现，是令人不齿的做法，其实赞美有时是一种美德。人人都喜欢听到他人的赞美，都以得到他人的赞美为荣。因为，如果能得到别人的赞美，说明自己的行为得到了他人的认可，对赞美他的人自然就会产生好感。无论何时，赞美都拥有神奇的力量，能帮助他人走出困境，是交际中最有效的手段之一。发自内心的赞美，是任何人都喜爱的。

有些人不是出自真心而是随大流，跟着别人说重复的赞美话，或者附和别人的赞美，这会引起对方的反感。因为这样的赞美会令对方认为你是在溜须拍马。

哈佛大学弗尔帕斯教授经历过这样一件事：有一年夏天，天气又闷又热，他走进拥挤的列车餐车去吃午饭，当服务员递给他菜单的时候，他说：“今天那些在炉子边烧菜的小伙子一定是够受的了。”那位服务员听了后吃惊地看着他说：“上这儿来的人不是抱怨这里的食物，便是指责这里的服务，要不就是因为车厢内闷热而大发牢骚。19 年来，你是第一个对我们表示同情的人。”

总能找到赞美的理由

我们常会碰到一些难缠的人，讲道理不听，软说强求也无效，而且有时他还对你抱有一种固执的敌意。对这样的人你肯定不会去赞美他。然而此时此刻，恰恰只有赞美才能解开这个死结。

费城华克公司的高先生懂得从对方身上找到赞美的理由，借由赞美达到自己的目的。

华克公司承包了一幢办公大厦的建筑工程，必须在合同规定的日期内完工。开始一切顺利，眼看工程就要完工了，突然负责供应楼内装饰材料的供应商声称，他不能按期交货。如果这样，整个工程都将受到影响，不能按期交工，公司的麻烦可就大了。

高先生于是去找这个供应商。高先生径直走进那家公司董事长的办公室，但是高先生并没有责备对方，而是从赞扬开始，他说对方的姓在这个地区是独一无二的。这让那位董事长很意外，也打开了话匣，他用了很长的时间谈论他的家族及祖先。等他说完了，高先生又赞扬他一个人支撑那么大一个公司，并且比其他同类公司生产的铜制品都好。于是董事长坚持要请高先生吃饭。在吃饭的过程中高先生又说了一些其他的事情，始终没说来访的目的。

午饭后，还是那位董事长主动提到了实质问题，由于高先生给他带来了很多的快乐，董事长答应按合同交付产品。

高先生甚至没有提出要求就达到了目的。那些材料准时送到，他们也按期交工。

找到赞美的理由，从赞扬和欣赏开始更容易说服他人。做鱼有腥味，可以加料酒去腥，肉骨头炖不烂，可以滴几滴醋，这些都是一物降一物的道理。在追求成功的道路上，善用这个道理的人，事半功倍，不善用这个道理的人，吃力不讨好。

柯达公司创始人伊斯曼，捐出巨款要在罗彻斯特建造一座音乐堂、一座纪念馆和一座戏院。为承接这批建筑物内的座椅，许多制造商展开了激烈的竞争。但是，找伊斯曼谈生意的商人无不乘兴而来，败兴而归。在这样的情况下，优美座位公司的经理亚当森前来会见伊斯曼，希望能够得到这笔价值 9 万美元的生意。

伊斯曼的秘书在引见亚当森前，就对亚当森说：“我知道您急于得到这批订货，但我现在可以告诉您，如果您占用了伊斯曼先生 5 分钟以上的时间，您就完了。他是一个很严厉的大忙人，所以您进去后要快快地讲。”亚当森微笑着点头称是。

亚当森被引进伊斯曼的办公室后，看见伊斯曼正埋头于桌上的一堆文件，于是静静地站在那里仔细地打量起这间办公室来。过一会儿，伊斯曼抬起头来，发现了亚当森，便问道：“先生有何见教？”秘书把亚当森作了简单的介绍后，便退了出去。这时，亚当森没有谈生意，而是说：“伊斯曼先生，在我们等您的时候，我仔细地观察了您这间办公室。我本人长期从事室内的木工装修，但从来没见过装修得这么精致的办公室。”

伊斯曼回答说：“哎呀！这间办公室是我亲自设计的，当初刚建好的时候，我喜欢极了。但是后来一忙，一连几个星期我都没有机会仔细欣赏一下这个房间。”

亚当森走到墙边，用手在木板上一擦，说：“我想这是英国橡木，是不是？意大利的橡木质地不是这样的。”

“是的，”伊斯曼高兴得站起身来回答说，“那是从英国进口的橡木，是我的一位专门研究室内橡木的朋友专程去英国为我订的。”

伊斯曼心情极好，便带着亚当森仔细地参观起办公室来了。他把办公室内所有的装饰一件件向亚当森作介绍，从木质谈到比例，又从比例谈到颜色、从手艺谈到价格，然后又详细介绍了他设计的经过。此时，亚当森微笑着聆听，饶有兴致。

亚当森看到伊斯曼谈兴正浓，便好奇地询问起他的经历。伊斯曼便向他讲述了自己苦难的青少年时代的生活，母子俩如何在贫困中挣扎的情景，自己发明柯达相机的经过，以及自己打算为社会所做的巨额的捐赠。亚当森由衷地赞扬他的功德心。

本来秘书警告过亚当森，谈话不要超过5分钟。结果，亚当森和伊斯曼谈了一个小时又一个小时，一直谈到中午。最后伊斯曼对亚当森说：“上次我在日本买了几张椅子，放在我家的走廊里，由于日晒，都脱了漆。昨天我上街买了油漆，我打算自己把它们重新漆好。您有兴趣看看我的油漆表演吗？好了，到我家里和我一起吃午饭，再看看我的手艺吧。”午饭以后，伊斯曼便动手，把椅子一一漆好，并深感自豪。直到亚当森告别的时候，两人都未谈及生意。最后，亚当森不但得到了大批的订单，而且和伊斯曼结下了终生的友谊。

赞美要具体

赞美可以是抽象的，也可以是具体的，然而抽象的赞美远没有具体的赞美来得实在，具体的赞美也更易为人所理解和接受。

抽象的东西往往很难确定它的范围，难以给人留下深刻印象。赞美应该是看得见、摸得着的，是具体的。

赞美的话只有说得细致具体、符合实际，才能让对方感觉到你是在真心地关注他。空洞的赞美不但没有任何意义，还会让对方觉得你是在敷衍他。

在赞美别人的时候，千万不要使用模棱两可的表述，像“挺好”“没那么糟”这样的话都不要用。含糊的赞美往往起不到应有的作用，而且还会适得其反。因此，在与人交往的时候，应该从具体事件入手，善于发现别人哪怕是最微小的长处，并不失时机地予以赞美。

赞美越具体越好，这样可以说明你对对方非常了解，对他的长处和成绩很看重，让对方感到你的真挚、亲切和可信。比如你的同事今天穿了一件新衣服，打扮得很漂亮，你如果仅仅是说“你今天很漂亮”，效果显然会比“这件连衣裙真是不错，尤其是和你的气质特别搭配”差很多。

当你只针对一件事情进行赞美时，赞美会更有力量。赞美的对象越庞杂，它的力量就越弱。因此，在赞扬别人时，要针对具体的某一件事情。例如，我们在社交场合，常听到的赞美不外乎“你今天好漂亮”“你看起来气色很好”等话语，这些赞美太过含糊笼统，会使你的赞美大打折扣。

1975 年 3 月 4 日，卓别林在英国白金汉宫被伊丽莎白女王封为爵士。封爵仪式开始，正当卓别林非常兴奋的时候，女王赞美卓别林说：“我观赏过你的许多电影，你是一位难得的好演员。”可是这位伟大的艺术家似乎对这个赞美并没有什么特别的感觉。

事情过后，有人向卓别林询问当时的感想。可是，卓别林的回答令人大吃一惊：“女王陛下虽然说她看过我演的许多电影，并称赞我演得好，可是她没说出哪部电影的哪个地方演得最好。”当女王知道了卓别林这样说后，感到非常遗憾。

从这个故事中，我们可以看出，如果赞美别人就得说出具体的事实，尽量针对某人做的某件具体的事情，这样才会产生良好的效果。

美国社会心理学家海伦·克林纳德认为：正确的赞美方法是将赞美的内容详细化、具体化。其中有三个基本因素需要明确：你喜欢的具体行为，这种行为对你有何帮助，你对这种帮助的结果有无良好的感觉。有这三个基本因素为依托，赞美才不会空泛笼统，才能给人留下好印象。赞美对方就要先了解对方，了解得越多越好。只有了解对方，你的夸奖和赞扬才会有针对性。只有当你的话说到了点子上，才会让对方感受到你的真心。一般情况下，对方不仅仅想要你说他好，而且很想知道为什么说他好，好到什么程度。

赞美要自然

每个人都不会拒绝别人真诚的赞誉之词，而我们在赞美人时也要表现得自然。

在人与人的交往中，任何人都喜欢被人赞美。事实上，面对别人自然的赞美，相信世界上没有人会无动于衷。

在尼克松为法国总统戴高乐举行的宴会上，尼克松夫人费了很大的心思布置了一个鲜花展台：美丽的喷泉旁是一张马蹄形的桌子，鲜艳的热带鲜花在阳光的照射下显得娇艳无比。

戴高乐将军一眼就看出这是主人为欢迎他而精心制作的，不禁赞不绝口："女主人真是用心，这么漂亮、雅致的计划与布置一定花了很多时间吧。"尼克松夫人听后，觉得非常开心。

也许在其他人看来，尼克松夫人布置的鲜花展台不过是她作为一位总统夫人的分内之事，没什么值得赞美的；但戴高乐将军却能领悟到她的苦心，并向夫人表示了特别的肯定与感谢，从而也使尼克松夫人异常高兴。

赞美是打开心门的钥匙，它不但会把老相识、老朋友团结得更加紧密，而且可以把互不相识的人联系在一起。

戴维和法拉第二人的友谊至今仍被世人所称道。虽然有一段时间，法拉第的突出成就引起戴维的嫉妒，但这份情缘的取得少不了法拉第对戴维的真诚赞美这一原因。法拉第未和戴维相识前，就给戴维写信："戴维先生，您的讲演真好，我简直听得入迷了，我热爱化学，我想拜您为师……"

收到信后，戴维便约见了法拉第。后来，法拉第成了近代电磁学的奠基人，名满欧洲。

无论如何，任何赞美的话都一定要切合实际。赞美要看对象：像爱漂亮的女孩子你就赞美她的打扮，有小孩的母亲最好赞美她的小孩，工作型的女孩可赞美她的工作能力；至于男人，最好赞美他的实力。到别人家做客，可赞美其房子布置得别出心裁，或赞美一个盆景的精巧或去欣赏那些鱼的美丽；等等。

当你自然真诚地赞美了对方后，对方表现出满意的态度时，你的赞美就成了促进你与主人关系的润滑剂。

给他最想要的赞美

有的时候并不是什么伟大举动才值得让人赞美，相反一些微乎其微的小事别人会期望得到你的肯定和称许。

在一个人所走过的人生道路中，有无数让他们引以为自豪的事情，这些都是一个人人生的闪光点。这些东西又会不经意地在他们的言谈中流露出来，例如，"想当年，我在朝鲜战场上……"，

“我年轻的时候……”，等等。对于这些引以为荣的事情，他们不仅常常挂在嘴边，而且深深地渴望能够得到别人由衷的肯定与赞美。对于一位老师而言，引以为荣的往往是由他授过课的学生在社会上很有出息，你为了表达对他的赞美，不妨说：“您的学生××真不愧是您的得意门生啊！现在已经自己出书了。”对于一位一生都默默无闻的母亲，引以为荣的往往是她那几个有出息的孩子，你如果对她说：“你有福气啊，两个儿子都那么有出息。”她一定会高兴不已。对于老年人来说，他们引以为荣的往往是他们年轻时的那些血与火的经历。

真诚地赞美一个人引以为荣的事情，可以更好地与之相处。

乾隆皇帝喜欢在处理政事之机品茶，论诗。对茶道颇有见地，并引以为荣。有一天，宰相张廷玉精疲力竭地回到家刚想休息，乾隆忽然来访，张廷玉感到莫大的荣幸，称赞乾隆道：“臣在先帝手里办了13年差，从没有这个例，哪有皇上来看下臣的！真是折杀老臣了！”张廷玉深知乾隆好茶，命令把家里的隔年雪水挖出来煎茶给乾隆品尝。乾隆很高兴地招呼随从坐下，“今儿个我们都是客，不要拘君臣之礼。坐而论道品茗，不亦乐乎？”水开时，乾隆亲自给各位泡茶，还讲了一番茶经，张廷玉听后由衷地赞美道：“我哪里晓得这些，只知道吃茶可以解渴提神。一样的水和茶，却从没闻过这样的香味。”李卫也乘机称赞道：“皇上圣学渊深，真叫人瞠目结舌，吃一口茶竟然有这么多的学问！”乾隆听后心花怒放，谈兴大发，从“茶乃水中君子、酒乃水中小人”开始论起“宽猛之道”。真是妙语连珠，滔滔不绝，众臣洗耳恭听。乾隆的话刚结束，张廷玉赞道：“下臣在上书房办差几十年，只要不病，与圣祖、先帝算是朝夕相伴。午夜扪心，凭天良说话，私心里常也有圣祖宽、先帝严，一朝天子一朝臣这个想头。我为臣子的，尽忠尽职而已。对陛下的旨意，尽力往好处办，以为这就是贤能宰相。今儿个皇上这番宏论，从孔孟仁恕之道发端，譬讲三朝政治，虽然只是三个字‘趋中庸’，却振聋发聩，令人心目一开。皇上圣学，真是到了登峰造极的地步。”其他人也都随声附和，乾隆大大满足了一把。张廷玉和李卫作为乾隆的臣下，都深知乾隆对自己的杂经和“宏论”引以为豪。而张李二人对其大加赞美，融洽了君臣关系。

没有人不会被真心诚意的赞赏所触动。

抓住他人最胜过于别人的，最引以为豪的东西，并将其放在突出的位置进行赞美，往往能起到超乎意料的效果。在这一点上，有一个很经典的实例。

在镇压太平天国起义的过程中，一次，曾国藩用完晚饭后与几位幕僚闲谈，评论当今英雄。他说：“彭玉麟、李鸿章都是人才，为我所不及。我可自许者，只是生平不好谀耳。”一个幕僚说：“各有所长：彭公威猛，人不敢欺；李公精敏，人不能欺。”说到这里，他说不下去了。曾国藩又问：“你们以为我怎样？”众人皆低头沉思。忽然走出一个管抄写的后生过来插话道：“曾师是仁德，人不忍欺。”众人听了齐拍手。曾国藩十分得意地说：“不敢当，不敢当。”后生告退而去。曾氏问：“此是何人？”幕僚告诉他：“此人是扬州人。入过学，家贫，办事谨慎。”曾国藩听完后说：“此人有大才，不可埋没。”不久，曾国藩升任两江总督，就派这位后生去扬州任盐运使。

他人最想要的赞美一定是真诚的，不是那种公式般的赞美，千篇一律，最让人反感。

“久仰大名，如雷贯耳，您的生意一定发财兴隆”“小弟才疏学浅，一切请阁下多多指教”，这些缺乏感情的，完全是公式化的恭维语，若从谈话的艺术观点看来，非加以改正不可。而言之有物是说一切话所必备的条件，与其泛说久仰大名，如雷贯耳，不如说您上次主持的讨论会成绩之佳，真是出人意料等话。若赞扬别人生意兴隆，不如赞美他推销产品的努力，或赞美他的商业手腕；泛泛地请人指教是不行的，你应该择其所长，集中某点请他指教，如此他一定高兴得多。赞美的话一定要切合实际，到别人家里，与其乱捧一场，不如赞美房子布置得别出心裁，或欣赏壁上的一张好画，或惊叹一个盆栽的精巧。若要讨主人喜欢，你要注意细节，主人爱狗，你应该赞美他养的狗，主人养了许多金鱼，你应该谈那些鱼的美丽。赞美别人最近的工作成绩，最心爱的宠物，最费心血的设计，这比说上许多无谓的虚泛的客套话更佳。

有的时候并不是什么伟大举动才值得让人赞美，相反一些微乎其微的小事别人会期望得到你的肯定和称许。

如果某天早晨，你的丈夫偶然一次早起为你准备好了早餐，你不妨大大赞美他一番，那他今后起床做早餐的频率也许会更高。如果你的小孩，有一天非常小心地在家做好了晚饭等你回家，当你回到家中，不要吃惊孩子脸上的污渍，也不要惋惜已经摔碎的碗碟，先要将孩子赞美一番，即使孩子所炒的菜让人难以下咽。因为你的赞美可以让孩子所做的下顿或者是下下顿饭变成美味。在公司，如果某位职员，记述你口述的信件，速度比你想象的要快，不妨表扬她一下，今后她的工作就一定会更加卖力。

从一件小事上去赞美他人必须注重细节，不要对他人在细节上所花费的时间和心血视而不见，而要特别地对他人的这番煞费苦心表示肯定和感谢。因为对方所做的一些小事，既说明对方对你的偏爱，也说明他渴望得到肯定与赞扬。

真诚是赞美的必要元素

真实的赞扬是拂面清风，凉爽怡人；虚假的赞扬让人烦腻不堪。

有一次一群朋友在一起聚会，吃饭的时候，大家交换名片，其中有一位来自报社，另一位试图对其进行称赞，一看是报社的，便稀里糊涂地说：“哇，您是有名的大作家！”人家问：“我怎么有名？”他说：“我每次都看见你写的文章。”人家说：“我的文章都在哪里？”他说：“每次都是头版头条啊！”然后人家告诉他：“真的吗？我是专门写讣告的。”讣告能在头版头条吗？显然是虚假的赞扬引起了别人的反感。但是这位先生仍然没有意识到自己的错误，看到旁边有一位小姐，聊了没几句，本来这位小姐长得很胖，他说：“小姐，您真苗条！”小姐说：“什么？说我苗条，我知道你是在骂我。”

不真诚的赞扬，给人一种虚情假意的印象，或者会被认为怀有某种不良目的，被赞扬者不但不感谢，反而会讨厌。言过其实的赞扬，不能实事求是，会使受赞扬者感到窘迫，也会降低赞扬者的水准。虚情假意的奉承对人对己都是有害而无利的。

赞扬他人是一种能力，是根据心理学和组织行为学研究出来的，这是职场上的一种能力，不等于溜须拍马，溜须拍马可以说虚假的，但赞扬必须是真诚的发自于内心的实话。有一句话是这样说的：真实的赞扬是拂面清风，凉爽怡人；虚假的赞扬让人烦腻不堪。

真诚的赞美和“拍马屁”最大的区别在于是否发自内心。真诚的赞美起源于内心深处的一种“美感”，一种冲动，它反映了一个人对另一个人的认可：外表漂亮、言谈合自己的口味、行动敏捷、品格高尚……即在两个人之中，其中一个人在另一个人身上发现了符合自己理想和价值标准的可贵之处。我们认识这个人、了解这个人的时候，已经有一种无形的力量促使自己要去赞美他的一些优点。

但是“拍马屁”却不同，它不是发自内心地对另一个人的认可和钦佩，而是基于内心世界早已存在的一种目的，一种对眼前或日后能够收到“回报”的投资。“拍马屁”者在“赞美”他人的时候，脸上虽眉飞色舞，但却有几分不自在；他的词语是火辣辣的，但他的内心却是一片冰冷。他在赞美一个人的时候，心里想着的只是如何顺利办完对自己利益攸关的事，如何获得自我满足。

因此，真诚成了赞美与拍马屁的区分线，它是赞美的必要组成元素。

真诚的赞美应该是合乎时宜的，在合适的氛围里发出的赞美会让人内心明亮，灿烂无比。当别人感觉到你的赞美是由衷的，那赞美的话就很容易被接受。

大音乐家勃拉姆斯是个农民的儿子，生于汉堡的贫民窟，没有受教育的机会，更无从系统地学习音乐，所以，对自己未来能否在音乐事业上取得成功缺乏信心。然而，在他第一次敲开舒曼家大门的时候，他一生的命运就在这一刻决定了。当他取出他最早创作的一首C大调钢琴奏鸣曲草稿，手指无比灵巧地在琴键上滑动，弹完一曲站起来时，舒曼热情地张开双臂抱了他，兴奋地喊道："天才啊！年轻人，天才……"正是这发自内心的由衷赞美，使勃拉姆斯的自卑消失得无影无踪，也赋予了他从事音乐艺术生涯的坚定信心。在那以后，他便如同换了一个人，不断地把心底里的才智和激情流泻到五线谱上，成了音乐史上一位卓越的艺术家。

正是这一句由衷的赞美，创造了一位音乐大师。

在合适的氛围里，发出由衷赞美，会有意想不到的效果。

由衷的赞美是源于心灵深处的，它是深刻而强烈的；要入木三分地表达出来，将是绝佳之语。

对于发自内心的由衷之感，尽量用准确、贴切、深刻、生动、完整的赞美语言去说出来。

出其不意的赞美让人喜出望外

赞美的新意很重要，但更需要我们综合各方面的因素来翻出恰当的"新"意，否则便会弄巧成拙、适得其反。

一些人在公共场合赞美别人时，自己想不出怎样赞美，只能跟着别人说重复的话，附和别人的赞美。常言道：别人嚼过的肉不香。朱温手下就有一批鹦鹉学舌拍马的人。

一次，朱温与众宾客在大柳树下小憩，独自说了句："柳树好大！"宾客为了讨好他，纷纷起来互相赞叹："柳树好大。"朱温听了觉得好笑，又道："柳树好大，可作车头。"实际上柳木是不能做车头的，但还是有五六个人互相赞叹："可作车头。"朱温对这些鹦鹉学舌的人烦透了，厉声说："柳树岂可作车头！"于是把说"可作车头”的人抓起来杀了。

在整日聚首的人际关系中，一家人之间或一个科室的同事之间，有些赞美很可能多次重复，已经形成某种公式和习惯了，这就没什么意义和作用，比如，领导不要每次开会总结工作的时候，都像例行公事一样对大家赞扬几句，其内容和说法总是笼统的那么几句话，就像是同一张唱片或同一盘录音带只是在不同的时间播放一样，让人感觉乏味。

赞美加一点新意，鼓励作用会更大。正如有人所说：“一点新意，一片天空。”这样的话，赞美之术会更趋完美。

赞扬要有新意，当然要独具慧眼，善于发现一般人很少发现的“闪光点”和“兴趣点”，即使你一时还没有发现更新的东西，也可以在表达的角度上有所变化和创新。

对一位公司经理，你最好不要称赞他如何经营有方，因为这种话他听得多了，已经成了毫无新意的客套了；倘若你称赞他目光炯炯有神，潇洒大方，他反而会被感动。

赞美是所有声音中最甜蜜的一种，赞美应该给人一种美的感受。新颖的语言，是有魅力的，有吸引力的。简单的赞扬也可能是振奋人心的，但是一种本来是不错的赞扬如果多次单调重复，也会显得平淡无味，甚至令人厌烦。一个女人就曾说过，她对别人反复说她长得很漂亮，已经感到很厌烦，但是当有人告诉她，像她这样气质不凡的女人应该去演电影，她笑了。

几乎所有的女人，都是很质朴的，但仪态万方这一目标，却是她们孜孜以求的。这是她们最大的努力方向，并且常常希望别人赞美这一点。但是对那些有沉鱼落雁之容、闭月羞花之貌的倾国倾城的绝代佳人，就要避免对其容貌的过分赞誉，因为对于这一点她已有绝对的自信。你可以转而去称赞她的智慧、她的品格。

赞美的新意很重要，但更需要我们综合各方面的因素来翻出恰当的“新”意，否则便会弄巧成拙、适得其反。马克·吐温曾经说过："一句好的赞美能当我十天的口粮。"我们每天都让新鲜的赞美流淌入他人的生活中，那么彼此对生活的积极性就会增强。

夸人要夸到点子上

把话说在点子上，往往能收到意想不到的效果，而夸人夸到在点子上，更会令对方喜出望外。

赞美是人们生活中不可或缺的生活调味剂，有了它，人与人之间的距离则会变得越来越近。如果要消除两人间的隔阂，真心地赞美对方是你最理想的方法。但如果我们的赞美没有针对性，没有赞美到点子上，那么很可能会引起对方的厌恶。

当你与年老的长者交谈时，可以多称赞他引以为豪的过去，因为老年人一般都希望别人能够记住他当年的业绩和往日的雄风；当你与年轻人交谈时，不妨语气稍为夸张地赞扬他的创造才能和开拓精神，并举出几点实例证明他的确能够前程似锦；当你与商人交谈时，可以称赞他头脑灵活，生财有道；当你与知识分子交谈时，可以称赞他知识渊博、宁静淡泊。当然，这一切要依据事实，切不可虚夸。

因为赞美过度，会让人觉得你是在说假话。所以，在赞美别人时一定要善于寻找到对方最希望被人赞美的地方。

云莉从升入大学的第一天，就被同学们评为"班花"。云莉自己也知道，从小到大她听到的称赞最多的就是关于她漂亮的外表，对于这样的赞美，云莉是感觉有点儿"疲劳"了。其实在她内心深处最希望听到别人说她"有才华，将来肯定会有所成就"。云莉的男朋友就是靠着"别具一格的赞美"才赢得了她的芳心。"在我身上，他总能发现别人发现不了的优点。"云莉开心地说。

由此可见，赞美就得"赞美"到点子上。这样的赞美才不会给人虚假和牵强的感觉，这样的赞美往往会使对方听来十分亲切真实，使对方产生一种遇到"知音"的感觉，从而增进友谊，缩短彼此间的距离。

巧说赞美之词助你成事

恰如其分地称赞别人，绝不可夸大其词，只有这样才能赢得别人的信任和好感。

办事过程中，要想顺利地将一件事办好，必不可少的就是适当的赞美。赞美的话谁都会说，但是能否说得巧妙、自然，让对方从内心产生认同，心甘情愿地助自己成事，这里面就有一定的学问了。

美国黑人富豪约翰逊要修建一幢办公楼，但在资金上还有300万美元的空缺，他出入多家银行都没有贷到这笔款。

建造开工后，到所剩的钱仅够花一个星期的时候，约翰逊终于找到了一家银行肯贷款给他，但是他还有一个要求，就是当天就要拿到贷款，银行主管却对约翰逊说："你一定在开玩笑，我们从来没有在一天之内就办妥的事的先例。"

约翰逊稍一沉思，回答："你是这个部门的主管。也许你应该试试看你有无足够的权力把这件事在一天之内办妥。"

这样一下子就挑起了对方的好胜心，这个银行主管试过以后，本来他说办不到的事终于办到了，约翰逊也如愿以偿地拿到了这笔贷款。

这类似激将法，是一种隐蔽的赞美方法，就像你说："这件事对你来说简直是小菜一碟"，这时，即使对方办到这件事有一定的难度，他也不会直接告诉你："我做不到"，而是想办法达到你的期望，以免被你看扁，这是人们普遍存在的好胜心。

比尔·派克是佛罗里达州得透纳海滩一家食品公司的业务员，他对公司新出的系列产品感到非常兴奋；但不幸的是，一家大食品市场的经理取消了产品陈列的机会，这令比尔很不高兴。他对这件事想了一整天，决定下午回家前再去试试。

他说："杰克，我今天早上走时，还没有让你真正了解我们最新系列的产品，假如你能给我些时间，我很想为你介绍我漏掉的几点。我非常敬重你有听人说话的雅量，而且非常宽大，当事实需要你改变时你会改变你的决定。”

杰克能拒绝再听他谈话吗？在这个必须维持的美誉之下，他是没办法这样做的。

办事过程中，要使赞美的语言产生效果，除了注意一些技巧外，更重要的是有一份诚挚的心意及认真的态度，不要轻易草率地发表看法。即使是赞美一个人也不要太夸张离谱，否则就变成了谄媚，对方也会觉得你很虚伪。

赞扬是对下属最好的奖赏

一句赞扬可以提高下属的积极性，使其努力地工作，但一句批评可能让他站到你的对立面，与你对着干。

人们发展的需要是全面的，不仅包括物质利益方面，还包括名誉、地位等精神方面。在单位里，每个人都会非常在乎领导的评价，领导一句不经意的赞扬会是下属最好的奖赏。

首先，领导的赞扬可以使下属意识到自己在群体中的位置和价值，在领导心中的形象。而领导的表扬往往具有权威性，是确立自己在本单位同事中的价值和位置的依据。

有的领导善于给自己的下属就某方面的能力排座次，使每个人按不同的标准排列都能名列前茅，可以说是一种皆大欢喜的激励方法。比如，小王是本单位第一位博士生；小李是本单位“舞”林第一高手；小刘是单位计算机专家，等等，人人都有个第一的头衔，人人的长处都得到肯定，整个集体几乎都是由各方面的优秀分子组成，能不说这是一个生动活泼、奋发向上的集体吗？

其次，领导的赞扬可以满足下属的荣誉感和成就感，使其在精神上受到鼓励。如果一个下属很认真地完成了一项任务或作出了一些成绩，虽然此时他表面上装得毫不在意，但心里却默默地期待着领导来一番称心如意的嘉奖，而领导一旦没有关注，不给予公正的赞扬，他必定会产生一种挫折感，对领导也产生看法，

“反正领导也看不见，干好干坏一个样。”这样的领导是不能调动起下属的积极性的。

再次，赞扬下属还能够密切上下级的关系，有利于上下团结。领导的赞扬不仅表明了领导对下属的肯定和赏识，还表明了领导很关注下属的事情，对他的一言一行都很关心。有人受到赞美后常常高兴地对朋友讲：“瞧我们头儿既关心我又赏识我，我做的那件连自己都觉得没什么了不起的事也被他大大夸奖了一番。跟着他干气儿顺。”互相都有这么好的看法，能有什么隔阂？能不团结一致拧成一股绳把工作搞好吗？

最后，对下属成绩和良好思想品格的肯定和赞扬，实际上就是对另一种与之相对立的倾向的有力的否定和批评。直接指斥某种倾向的危害，明白地提出某种诫令，不失为一种可行的常规办法。但这只能是一种辅助手段，其效力不会更深远。倘若及时向下属说明“什么好”“应该干什么”“怎样干”，那就从根本上解决了带有过程意义的问题。所以对于规范下属的行为，肯定、赞扬要比否定、批评来得更为直接。

下属的活动一般来说，都是自觉地指向上级确定的目标，遵循着上级的规定展开的，主观上是希冀成功的。然而，由于受个人的智力、学识、经验以及种种随机因素的制约，其活动结果不尽如人意甚至出现大的差异也是不可避免的。在失误、败绩面前，上级该作如何处置呢？简单的方法当然是论过行罚。但是，这并不明智。更为远虑的处置应该是宽容。在必要的批评和处罚之外，要言辞中肯、情意温馨，对其过失之外的成绩、长处予以肯定，对其深切的负疚感、追悔心予以彰明，对其振作图进的心意予以抚慰和信赖。当事人就会从不安中看到希望，决心日后努力工作，将功补过。

所以，即使作为有一定权力的领导，也不要随意地批评你的下属。在任何时候，赞美、鼓励都会比批评更有效果，都更能把人团结在你的周围。

倾听是对讲话者的高度赞美

赞美他人我们往往用的是语言。其实倾听也是对讲话者的高度赞美。

倾听不仅是一种对别人的礼貌与尊重，也是对讲话者的高度赞美。每个人都希望获得别人的尊重，受到别人的重视。当我们专心致志地听对方讲，努力地听，甚至是全神贯注地听时，对方一定会有一种被尊重和受重视的感觉，双方之间的距离必然会拉近。所以，懂得倾听可能会直接决定你要办的这件事能否成功。

经朋友介绍，重型汽车推销员乔治去拜访一位曾经买过他们公司汽车的商人。见面时，乔治照例先递上自己的名片："您好，我是重型汽车公司的推销员，我叫……"

才说了不到几个字，该顾客就以十分严厉的口气打断了乔治的话，并开始抱怨当初买车时的种种不快，例如，服务态度不好、报价不实、内装及配备不对、交接车的时间等待得过长……

顾客在喋喋不休地数落着乔治的公司及当初提供汽车的推销员，乔治只好静静地站在一旁，认真地听着，一句话也不敢说。

终于，那位顾客把以前所有的怨气都一股脑地发泄了。当他稍微喘息了一下时，方才发现，眼前的这个推销员好像很陌生。于是，他便有点不好意思地对乔治说："小伙子，你贵姓呀，现在有没有一些好一点的车种，拿一份目录来给我看看，给我介绍介绍吧。"

当乔治离开时，已经兴奋得几乎跳起来，因为他的手上拿着两台重型汽车的订单。

从乔治拿出产品目录到那位顾客决定购买，整个过程中，乔治说的话加起来都不超过10句。重型汽车交易拍板的关键，由那位顾客道出来了，他说："我是看到你非常实在、有诚意又很尊重我，所以我才向你买车的。"

只是几分钟的倾听，就做成了一笔业务，这就是倾听的魅力。

玫琳凯·艾施在《玫琳凯谈人的管理》一书中，就曾对倾听的影响作了如此说明："我认为不能听取别人的意见，是自己最大的疏忽。"

玫琳凯经营的企业能够迅速发展成为拥有20万名美容顾问的化妆品公司，其成功秘诀之一就是她相当重视每个人的价值，而且很清楚地了解员工真正需要的除了金钱、地位外，还有一位真正能"倾听"他们意见的知心人。因此，她严格要求自己，并且让所有的下属铭记这条金科玉律：倾听，是最优先的事，绝对不可轻视倾听的作用。

所以，当你说话办事时，不要一味地只顾着表达自己的想法和观点，留一点时间给别人，沉静下来听别人说一会儿话，你的倾听会给你带来更多的收获。

男人与女人，不同的赞美

人们都说女人是用耳朵来生活的，赞美是女人生命中的阳光。其实，男人也一样，他们一样喜欢听到他人对自己的肯定和赞美，因为这会让他们有一种价值感，并由此充满自信。

人人都渴望被别人赞美，但男人和女人的需要是不同的。

男人的自尊千万不要去伤害、破坏，否则便万事皆休一切都了——友谊中断，恋爱告吹，生意不成，升官无望，职称泡汤。

因此赞美他人时也要"量体裁衣"。

比如，赞美一个女人漂亮就大有学问。对于容貌绝佳的女性，她已习惯了别人的赞叹，不妨用些新颖的方式，如用比喻去赞美她；对于一个明显较丑的女性，如果你虚假地夸赞她的容貌，她会认为你在讥讽她，而引起她的反感。你最好是去发掘她的气质、能力或性格；而普通的女性是最需要赞美的，因为她身上也有美，并且也最向往美，最渴望被人肯定。

你可以赞美女人的修养。有许多女人，虽然长得漂亮，但是缺乏修养，没有内涵，稍一相处，便会让人感到俗不可耐。因而，花瓶式的女人虽然可赢得一时的赞美，却不能使男人长久地爱慕她，更无法获得男士的尊敬，而一种好的气质，则可以使一位非常普通的女人变得十分迷人，令人心驰神往。因为一个人的修养是一种内在美、精神美、升华美，它可以永久地征服一个男人的心。

作为男人更要会赞美女人。能够做到恰如其分的赞美，这样，你才能在女人面前受欢迎，使你魅力无穷。

男人赞美女人是对女人价值的肯定，更是对女人魅力的一种欣赏。在男人眼里，女人身上总有美丽动人之处，或者是皮肤细腻，或者是身材苗条，或者是眉目含情，或者是穿着得体。所以你一定要善于去发现、去捕捉她的美。许多女人都会对自己的缺憾有所了解，但她们却十分了解自己的最动人之处，只要你能慧眼独具，赞美得体，你一定会博得她的赏识与青睐。

现在注重个性，夸赞一个女人有个性已成了一种时尚。固执的性格可当此人有个性来赞，孤傲的性格也可以用有个性来赞，像男人一样不拘小节，有些泼辣的女性也能用有个性来赞。只要是稍稍区别于大众的性格，你用个性二字来赞她，无论是哪种女性，她都会觉得你这个人很有品位。

最后，谈一谈女人的能力。现代社会，在各种事业中女人都表现出了她非凡的能力。她们不仅能把自己分内的事完成得十分得体，还会凭她们细心的洞察力去发掘工作中出现的问题，把各部门的事情都安排得十分妥当，有时的工作能力大大地超越了男性。而女人在取得很大的成就时，她是需要被这个社会所肯定的。她们希望这个社会能认同自己，肯定自己的能力，也希望在男人眼中她们不再是处处依附于男人的人，而是能够独当一面，把事情处理得完美无瑕有能力的人。于是，她们就需要男人的赞美，希望自己所做到的，能够得到男人的认同与赏识。如果你是她的老板或是同事，你可千万别忽视她的业绩，常常激励她、赞美她，换取她更大的工作积极性吧。

除此之外，生活中女人们的能力也值得你一赞。日常家务，如烧饭做菜，收拾房间，照顾孩子，这些虽是一些细小的事情，但却能表现出女人的动手能力、审美能力、教育能力。只要你在日常生活中也不忘记赞美一下女性，你定会得到女性们一致的好评。

最后要记住的是，女人喜欢甜言蜜语，但并非是喜欢太过花哨的话，所以赞她时多用些实际的语言，不用刻意去修饰，不然会让人觉得你很肤浅。

人们都说女人是用耳朵来生活的，赞美是女人生命中的阳光。其实，男人也一样，他们一样喜欢听到他人对自己的肯定和赞美，因为这会让他们有一种价值感，并由此充满自信。可以说，恰到好处的赞美是打在男人身上的一剂强心剂。你可以从以下几个方面来打造对男人的赞美之词：

赞美他是成功的男人

由于传统社会对男性角色的定位——立业者，使得男人非常在乎自己在别人心目中的形象，任何人对他的工作作出的评价都会让他反应敏感。因此，无论男人从事的是怎样的工作，他都希望能得到别人的认同。

不过你得注意，不管一个男人有多成功，多得意，他内心深处最渴望的还是别人的理解和关怀。一般的理解和关怀都是无可厚非的，可一定要注意把握“度”的原则。过犹不及，说得太夸张、太过分、太直白就会被人当成追逐名利、爱慕虚荣的女人，会成为男人心底讨厌的势利女人。因此，即使是赞美，也要掌握分寸。通常从以下几个方面入手来赞美别人，是比较容易被接受，而且会收到预期效果的。

首先，在赞美男人的同时，注意表达关心与体贴。关心与体贴是女人善良天性的表现，也是女人细腻温柔的体现。女人的关心，有如吹面而过的柔和的春风，又如沁人心脾的淡淡花香，会在不知不觉中悄悄渗入男人的心灵之中，融化他们的心怀。男人们最喜欢的是那种会关心、会体贴、善解人意的女人，女人的关心和温柔会让男人从心底感激她。以前，曾有人这样赞美过别人：

“张老师，您那本书写得真好，没少花工夫吧？您可得注意休息了，瞧您现在比以前瘦多了。”

“刘总，这么大的工程，您一个人给敲定了，可真了不起！不过您可要注意身体呀，别光为了工作，累坏了自己。”

这些又温馨又充满敬仰与关切的语句，怎么能让男人不动心，不打心底感激，不视女人为自己的好友呢？

其次，在赞美男人的时候，恰当地表达出崇拜的思想。不管男人还是女人，都希望有人崇拜自己，都希望被人用尊敬、仰视的眼光看待，这也是人之常情。被人崇拜是无法拒绝的，被人崇拜意味着对“自我”的肯定，是一种人生价值的体现。对一个春风得意的人来说，他最自豪的是“自我”，也就是他的成功之源。

最后，别忘了在赞美的同时予以鼓励。一个女人鼓励一个男士，既是对他过去的肯定，对他以前创业生涯的一种肯定，又是对他未来充满信心的一种表现。人在任何情况下都是希望有支持和鼓励的，人不仅对自己有信心，更需要别人对自己有信心。现在的社会，竞争激烈，压力大，成功是需要付出很大代价的。一个成功的、春风得意的男士，即使在一定程度上达到了自我价值的展现，但也还是需要鼓励的，尤其需要别人对他有信心。

还有一些男士，春风得意的时候，往往会在别人的一片颂扬声中沾沾自喜、自高自大、忘乎所以，而女性的委婉的激励，有时就像一剂良药，给头昏脑热的春风得意者一点不动声色的提醒，进一步激发起他的冷静和投入下一次竞争的热情。

赞美他是一位绅士

所谓风度，是男人在言谈举止中透出的一种味道。不要以为男人真的是散漫随意、潇洒不羁，其实他们是很在乎别人对自己举止的评价。曾经有一位女友说起她和男友分手的原因，只因为她在一次朋友聚会上调侃了男友的局促，就大大伤了对方的自尊心，扔了句：“既然你认为我没风度，那么分开好了。”

事实也如此，行动比语言更有说服力，只有当女方对对方的举止言谈很满意、很欣赏时，女方才会爱上他。而在这方面赞美男人的聪明之道，也是拿他和别的男人比较，表现出你的欣赏。一位范先生说："有一次，我和女友乘出租车，下车后我替她打开车门，她说她以前遇到的男人从不知道什么是绅士风度。这句话极大地满足了我的自尊心，也让我觉得自己是个很受欢迎的男人。"

赞美他仪表堂堂

许多男性承认，他们在关注女人闭月羞花之貌的同时，也希望自己貌比潘安。但是同样因为社会角色定位，男人特别害怕女人把他们当作绣花枕头，因而他们对女人对他们外在形象的夸赞是特别敏感的，让女人兴奋的"你长得真漂亮""你穿得真好看"之类的话，会让男人觉得特别不舒服，按他的理解，这里透着一种嘲讽，好像说："你有些娘娘腔，你怎么像女人一样爱打扮。"

所以说，要真的想对男人表达你对他外形的欣赏，还需审时度势。但你可以对他的某个部位作出较高的评价，例如，你的鼻子好有个性等。

另外，在赞美一个男士的时候，有一点特别忌讳的是，不要当着这位男士的面大肆指责他的竞争对手，这样做也许当时能让这位春风得意的男士十分高兴，但过后，他就会清楚地意识到这种以贬低一个人来衬托另一个人的手法是多么笨拙，并且让人感到的只是巴结和恭维。所以，建议那些想要锦上添花的朋友，一定要注意，添花要小心，要把握好分寸，不要弄出笑话来，以免遭人反感。

让人心服口服的拒绝技巧

给你做的每件事一个说法

很多时候，我们需要为自己所做的事找一个借口，这样，我们所做的事才更容易得到别人的认同。

做任何事情都要有正当的理由，至少是表面上的。古往今来，凡是成大事的人，都懂得为自己做的事找一个能够为人所接受的借口。

人与人交往，我们有时难免要借助善意的借口、美丽的谎言，因为它是关心对方、理解对方的一种表示，对人际关系的和谐大有裨益。如果我们懂得运用这种真诚和善意来处理相互间的关系，我们与他人的交往便更具艺术性。

戴尔·卡耐基在《人性的弱点》一书中，有这样一个例子：

一个妇女应老师的要求，回到家中请她的丈夫给自己列出六项缺点。本来，她丈夫可以给她列举出许多缺点，但是，他却没有这样做。而是借口说自己一时还很难想清楚，等次日想好后再告诉她。第二天，他一起床，便给花店打了一个电话，要求给他家送来六朵玫瑰花，并附了一张字条："我想不出有哪六项缺点，我就喜欢你现在的样子。"结果，他妻子不仅非常感激他那善意的宽容，而且自觉、自愿地改正了以前的缺点。

日常交往中，我们每个人都在有意、无意地用着这样或那样的借口。比如，朋友来家做客，不小心打碎了茶杯，这时，你马上会说："不要紧，你才打了一只，我爱人曾经打碎了三只。相比起来，你的战绩平平。"这种幽默的借口，既打破了尴尬的局面，也避免了对方陷入难堪的境地。

可见，在日常生活中，要处理好人与人之间的关系，做到善解人意、与人为善，有时就需要寻找合适的借口，因为这种善意的借口既能满足对方的自尊心，维护对方的颜面，又可以让自己摆脱不必要的尴尬和难堪。

你的说辞不能损害对方的利益

从对方的利益出发，掌握好说"不"的分寸和技巧，给对方一个能够接受的，并且不会伤害对方的托辞十分重要。

我们每个人都希望能够得到他人的关注与理解。因此在职场上，我们要学会理解他人，要把握处理事情的分寸，尤其是我们因为各种原因而不能配合对方时，一定要从对方的利益出发，说好托辞。

例如，在办公室里，你在拒绝别人请求时，如只是说“我很忙”，对方则会说你不爱帮助别人。所以，拒绝别人时，要具体地说明一下理由。再如，你正忙着整理第二天重要会议的资料时，你的上司走过来对你说：“先处理这份文件。”这时，你可以明确地告诉他自己正在为第二天重要会议准备资料，然后让上司判断哪个工作更加急迫。“是这样啊！你正在做的工作不尽快完成可不行，我的这份之后再弄。”

每个人总会有需要别人施以援手的时候，所以，多一个敌人绝对不是什么好事情。虽然我们避免不了拒绝的发生，却可以采取适当的拒绝方式，最大限度地避免因为拒绝而树敌。

经常有人会说出这样的话：“这件事情恕难照办”“我们每天都一样地工作，凭什么要我帮你的忙”……如果你听到这些话，会是什么反应呢？你会很客套地说“既然如此，那我就不打扰你了，对不起”，但同时你也可能会有被直接拒绝的不适感。

一般情况下，我们在拒绝别人的时候要注意以下几点。

积极地倾听

当你要拒绝别人的请求时，不要随口就说出自己的想法。过分急躁的拒绝最容易引起对方的反感，应该耐心地听完对方的话，并用心弄懂对方的理由和要求，让对方了解到自己的拒绝不是草率做出的，是在认真考虑之后才不得已而为之的。

用和蔼的态度拒绝对方

不要以一种高高在上的态度拒绝对方的要求，不要对他人的请求流露出不快的神色，更不要蔑视或忽略对方，这都是没有修养的具体表现，会让对方觉得你的拒绝是对他抱有成见，从而对你的拒绝产生逆反心理。拒绝对方要保持和蔼的态度，要真诚。

明白地告诉对方你要考虑的时间

我们经常碍于情谊不愿意当面拒绝他人的请求，而是以“需要考虑”为借口来避免直接拒绝对方，其实希望通过拖延时间使对方知难而退，这是错误的。如果不愿意立刻当面拒绝，应该明确告知对方考虑的时间，表示自己的诚意。

用抱歉的话语来缓和对方的情绪

对于他人的请求，表示出无能为力，或迫于情势而不得不拒绝时，一定记得加上“实在对不起”“请您原谅”等抱歉用语，这样，便能不同程度地减轻对方因遭拒绝而受的打击，舒缓对方的挫折感和对立情绪。

说明拒绝的理由

在拒绝他人的请求时，不要只用一个“不”字就想使对方“打道回府”，而应给“不”加上合情合理的注解，以使对方明白，自己的拒绝并非是毫无理由，而是确有苦衷。真诚地说出你拒绝的理由是非常必要的，它有助于你们维持原有的友好关系。

提出取代的办法

当你拒绝别人时，肯定会影响他计划的正常进程，甚至使他的计划搁浅。如果你帮他提供一些建设性的意见，当然更能减轻对方的挫折感和对你的怨恨心理。

对事不对人

你要想方设法地让对方知道你拒绝的是他的请求，而不是他这个人。

总而言之，成功地拒绝别人的请求不仅可以节省自己的时间和精力，还可以免除由不情愿行为所带来的心理压力。但前提是，拒绝时必须不损害对方的利益。

说辞要真诚

当你不得不拒绝别人时，要想好一些真诚的说辞，让别人打从心眼里觉得的确是你能力有限从而不得不拒绝。

拒绝总是会让人感到不愉快。委婉拒绝无非是为了减轻双方，特别是对方的心理负担，并非玩弄“技巧”来捉弄对方。特别是上司拒绝下属的要求时，不能盛气凌人，要以同情的态度，关切的口吻讲述理由，使之心服。在结束交谈时，一定要表示歉意。一次成功的拒绝，也可能为将来的重新握手、更深层次的交际播下希望的种子。

从事销售的小刘遇上一位工作狂的上司，很多同事都因此而“逃离”了，而她却能始终保持极佳的工作状态，她是怎么做的呢？

小刘说：“一开始我也像他们一样以办公室为家，日日夜夜伏案工作，在我的字典里‘休息’这个词似乎早就不存在了。后来我发现，工作狂的老板通常有一个思维定式：他们一般疏于考虑自己分配下去的任务量有多少，下属需要花费多长时间可以搞定，他们想当然地认为你应该没问题。所以，以后如果我觉得工作量过大，超出了个人能力所能达到的范畴时，我不会一味投身于工作中蛮干，要知道，不说出来的话，工作狂的老板是不会体会到你的负荷已经到了警戒线的。这也不能怪他，每个人的承受能力不同，老板又如何能体会到下属执行当中的难度与苦衷？这个时候，下属应该主动与老板沟通交流。口头上的陈述困难或许有故意推托之嫌，书面呈送工作时间安排与流程，靠数据来说明工作过多，让他相信，过多的工作令效率降低。合理正确的沟通会令老板了解你的需求，从而适当调整任务量及完成时间，或选派更多的同仁来帮你分担。”

试想一下，如果小刘怕得罪上司而勉强接受所有任务，到时完不成任务更会受到上司的指责，如果因为自己不事先说明难度，最后又耽搁公司整体事务的进展，罪过就更大了。这种坦诚拒绝的方法不仅适用于上司，也适用于周围的同事。当然，坦诚拒绝也要讲究方式。

当别人向你提出请求时，他们一定会担心你会不会马上拒绝自己，或者给自己脸色看。所以，在你决定拒绝之前，首先要注意倾听他的诉说。比较好的办法是，请对方把处境与需要讲得更清楚一些，这样，自己才知道如何帮他。

倾听能够让对方感受到你的尊重和真诚，在你委婉地向对方表达了自己的拒绝时，这可以避免使对方的感情受到严重的伤害。倾听的另一个好处是，你虽然拒绝他，却可以针对他的情况，建议如何取得适当的支援。若是能提出有效的建议或替代方案，对方一样会感激你，甚至在你的指引下找到更适当的解决方案。

直接的拒绝只会伤害彼此的感情，而委婉地说“不”却更容易让人接受。当你仔细倾听了别人的要求、并认为自己应该拒绝的时候，说“不”的态度必须是温和而坚定的。

例如，当对方提出的要求不符合公司或部门的规定，你就要委婉地让对方知道自己帮不了这个忙，因为它违反了公司的相关规定。在自己工作已经排满而爱莫能助的前提下，要让他清楚地明白这一点。一般来说，同事听你这么说一定会知难而退，再想其他办法。

拒绝除了需要技巧，更需要耐性与关怀。若只是敷衍了事，这样只会伤害到对方。

对领导说“不”时一定要把握好时机

“不管什么事情只要交给安娜，我就放心了。”安娜进公司3年，这是领导常挂在嘴边的话。开始安娜很高兴，但时间一天天过去，交给她的任务越来越多。安娜，这个方案你盯一下；安娜，这个客户恐怕只有你能对付；安娜，上海的那个项目人手不够，你顶一下。老总为某事抓狂时，必会打开房门大叫安娜。

安娜手里的事情多到了加班加点也做不完，可周围有些同事却闲得很，薪水也并不比她少多少。安娜想，也许自己再忍一忍就会有升职的机会。然而，机会一次次地走到了她面前却又一次次地拐了弯。后来，安娜从人事部的一位前辈口里得知，关于她升职的事中层主管讨论过很多次了，每次都被老总否决了，说安娜虽然业务能力不错，但管理能力不足，需要再锻炼锻炼。

安娜很气恼，回家跟丈夫抱怨。丈夫居然也说："如果我是你们老总，我也不会升你的职。一个不懂拒绝的人，怎么去管理别人？"安娜仔细想了想，觉得这话真的很有道理。

往后，当老总给她加工作量时，安娜鼓足勇气说："我手里有3个大项目，10个小项目，我担心时间安排不过来。"老总一听，脸立刻变了色："可是，这个项目只有你去做我才放心。"

"那好吧，我赶一赶。"说完这句话，安娜恨不得咬掉自己的舌头。看到老总的脸，一个大胆的念头突然冒了出来："不过，要按时保质完成，我需要几个帮手。"安娜轻描淡写地说。老总惊讶地看着她，继而笑着说："我考虑一下。"

原来安娜想，如果老总答应给自己派助手，就相当于变相给自己晋升，自己的工作也有人可以分担了；如果不答应，老总也不好把新任务硬塞给自己了。

果然，老总再也没提过加派新任务的事，还破天荒地经常跑来关心安娜的工作进展，并叮嘱她有困难就提出来，别累坏了身体，等等。

当领导把砖头一块块地往你身上叠加时，他也并不是不知道砖头的重量，但是他知道把工作加给一个不懂拒绝的人是件再省心不过的事。你不要因此就梦想你理所当然比别人薪水更高或升迁更快。

有的时候，你并不需要大张旗鼓地拒绝领导，只需要摆出自己的难处，领导也不会觉得你的拒绝很过分。要拒绝领导，就必须告诉他你在时间或精力上的困难，让他明白你既不是傻瓜也不是超人。

不想加班，就必须找个恰当的理由

"世界上最痛苦的是什么？加班！比加班更痛苦的是什么？天

天加班！比天天加班更痛苦的是什么？天天无偿加班！”这些关于加班的种种看似戏言和怨言的说法，在调侃之余，也真实地反映了职场中人的生活和工作现状，因为加班已经成为他们生活中的必要组成部分。

身在职场，加班是很多人最痛恨的一件事。面对领导要求的加班，做下属的就只能听之任之吗？是不是也可以找到合适的理由，既不得罪领导，又能够少受一点加班之苦呢？

小李和女友相识3周年的纪念日就在这个周五，可是当离下班还有10分钟时，小李听到了部门领导的MSN呼叫：“今天晚上留下来吃饭，约好了一位客户谈目前这个项目的事情。”顿时，小李不知所措。

小李肯定是不想错过今天这个重要日子里的约会的，但是，他又不能得罪领导。他琢磨了一会儿，心想凭着自己几年来和领导的关系，再加上自己幽默风趣的性格，相信领导能够放他一马。于是小李通过MSN和领导说：“本人是公司著名的妻管严，地球人都知道，要不是为了她，俺哪敢和领导讲条件，再说俺要敢放俺那口子鸽子，俺可能会有生命危险。”等了一会儿，MSN上传来了领导的回复：“你不用加班了，这事我来做，你去陪你的女朋友吧，代我向她问好！”

看到这句话，小李以最快的速度关掉电脑，拎起包飞奔出了办公室。

“适者生存，不适者淘汰”已成为企业中很多人士坚定不移的座右铭，也是上班族命运的真实写照。虽然如此，但每个人的生活中除了工作中的8个小时，还有亲情、友情、爱情需要时间去维护，若因为工作而将其他的统统放弃，实在是得不偿失。而要实现这一目标，就需要多学一些拒绝的技巧。小李的做法也许并不适合每一个人，但也不失为一种借鉴。其实，每个人在拒绝加班时都可以找到恰当的理由，让8小时以外的时间真正属于自己。

助你驰骋商场的实用说辞

当作业务的你没法满足顾客所提出的要求时，不要直截了当说“不”，因为这样会伤害顾客，进而失去很多潜在的顾客。为了让顾客心理平衡，要找好说辞，于无形中驳回顾客的要求，这样即使交易失败，也会赢得顾客的好感，进而为自己留住潜在顾客。

顾客就是上帝，在销售场合中，当我们需要否定顾客的意见时，应尽量避免使用“不”“不行”“办不到”等词语。可是如果必须要说出这些字眼时，就要找到适当的说辞，并且予以顾客另外的补偿，以使他心理平衡，从而让他对你产生好感。

提出建议，介绍新去处

假如你的商品已售完，可以向他介绍其他有这种商品的地方。这种处处为顾客着想的做法可以提升你的形象，从而赢得顾客的再次光临。

“真抱歉，这种商品正好卖完了。您来看看这种，或许正是您所需要的。”

“真是很不好意思，我找遍了都没有找到您所需要的号码，这样吧，您明天再过来，我提前给您准备好。”

“您来得真是不凑巧，我们这儿正好没有这种商品了，您可以去某店，那里很可能会有。”

做出否定回答的同时，给顾客提出建设性的建议，也就相当于他在你那里得到了需要的满足，可以留给他一个好印象。

补偿安慰拒绝法

当在价格上无法接受顾客提出的要求时，若断然予以否定定会破坏推销的气氛，打击顾客的购买欲，甚至可能会惹恼顾客，从而导致交易的失败。为避免这种情况的发生，推销员在拒绝顾客的时候，应在其可以承受的范围内，予以适当的补偿，并以此来满足顾客想买到便宜货的心理。

“价格不能再降了，这样吧，在价格上您作一些让步，我给您再配上一对电池，怎么样？”

“抱歉，这已经是全市的最低价了，要不这样，我们免费给您送货，如何？”

在商品本身以外给予一定的利益，以此来拒绝顾客减价的要求，使交易不至于因为遭到否定而中断。

寓否定于肯定

顾客的要求假使你满足不了，你的拒绝中并没有包含任何一个否定的词语，而顾客却能听出你的弦外之音。这种方法让你的否定含义隐含在肯定句中，顾客一听就可以明白，既可以避免顾客的难堪，也不会使人觉得你的拒绝很唐突。

（笑着说）“周经理，光天化日之下您这是要抢劫啊！”

“您开出的价格有点那个，您看是不是……”

在肯定句中包含有否定的意思，指出顾客的要求有欠妥当之处，像这样软弱的否定一般不会轻易伤害顾客的自尊心，并比较容易被顾客所接受，从而也能使交易顺利地进行下去。

对于那些不论产品质量如何，看到价格就先“砍一半价”的消费者，推销员应该不卑不亢，学会拒绝。

消费者：“这东西是很好，不过价格太贵了，便宜点吧。”

推销员：“不好意思，这是公司定的价格，我们是不能随意改动的，公司有规定既不允许我们故意抬高价格来欺骗顾客，也不准我们随便打折。说实在的，我们公司的产品从来不在品质上有所折扣，因此在价格上也从不打折。”

这样既可以表明产品在质量上的可靠性，说明它物有所值，同时也向顾客说明了产品的价格是很合理的，也是比较便宜的，所以不可能再降了。

对于那些比较善“缠”的顾客则可以使用“重复”的说服方法，坚守“不”的立场，把握住“好货不便宜”的消费心理，你越是不降低价钱，就越能证明你的商品好，不愁没人要。当然用这种方法要慎重，态度不能过于强硬而把消费者吓跑。

消费者："做生意灵活些嘛，你做些让步，我给你再加点钱，咱们就成交了嘛。"

多数时候这是消费者希望推销员能够降价的最后尝试了，这时推销员一定要更加耐心，诚恳地对待你的准客户。

推销员："实在很抱歉，我们的售价就是这样了，质量上乘的产品价格都是不便宜的。如果价格低，但是产品不好，不是欺骗消费者吗？"

这种重复说"不"的方式，能够加深顾客认为你推销的商品质量好的印象，相信这样一来他一定不会再在价格上为难你了，只要是好东西，即使多花一点钱，消费者从心理上也是可以接受的，并且会有踏实的感觉。学会说"不"并善于利用"不"，你就一定不会再让价格成为你推销的障碍了。

幽默拒绝很管用

用幽默的方法拒绝别人，既可以缓解紧张的氛围，又不会影响彼此的友谊。

玛丽抱怨她的丈夫说："你看邻居 W 先生，每次出门都要吻他的妻子，你就不能做到这一点吗？"

丈夫说："当然可以，不过我目前跟 W 太太还不太熟。"

玛丽的本意是要她的丈夫在每次出门前吻自己，而丈夫却有意地曲解为让他吻 W 太太，委婉地表达了自己不愿意那样做的本意。

直接拒绝别人很容易伤害对方，甚至造成许多误解，破坏彼此间的友谊。但是，利用幽默，巧妙拒绝，却能使很多问题迎刃而解。

有位员工代表向老板谈加薪的问题，并使出了眼泪战术，苦苦哀求道："老板，请你一定要帮帮忙，现在这点薪水我实在无法和我太太继续在一起生活下去呀！"上司回答说："好吧！那么我会出面来说服你太太，要她跟你离婚的。”

在工作当中，要懂得拒绝的技巧，下面的例子很有借鉴意义。

大个子瑞克是一位被公司冷落的老主任。有一天，某部门经理拍着他的肩膀说：“瑞克，你看是不是要早日把你的职位让给年轻人！”

“好啊！就这么办！”

“唉！你愿意？”

“是啊！不过俗话说，‘鸟去不浊池’，所以我有一个请求，希望能让我把正在进行的工作彻底做好再走。”

“哦！这是理所当然的。不过，你那个工作预计什么时候可以完成呢！”

“我想，大概还要10年。”

在拒绝别人时，采用幽默的方式不但不会伤害到对方，而且还可以避免不必要的尴尬。

对领导要这样拒绝

当领导提出某种要求而属下又无法满足时，设法造成属下已尽全力的错觉，让领导自动放弃其要求，这也是一种好方法。

领导委托你做某事时，你要善加考虑，这件事自己是否能胜任？是否违背自己的良心？然后再作决定。

如果只是为了一时的情面，即使是无法做到的事也接受下来，这种人的心似乎太软。纵使是很照顾自己的领导委托你办事，但自觉实在是做不到，你就应该很明确地表明态度，说：“对不起！我不能接受。”这才是真正有勇气的人。否则，你就会误大事。

如果你认为这是领导拜托你的事不便拒绝，或因拒绝了领导会使其不悦而接受下来，那么，此后你的处境就会很艰难。因畏惧领导报复而勉强答应，答应后又感到懊悔时，就太迟了。

领导所说的话有违道理，你可以断然地驳斥，这才是保护自己之道。假使领导欲强迫你接受无理的难题，这种领导便不可靠，你更不能接受。

尽管部下是隶属于领导的，但部下也有他独立的人格，不能什么事不分善恶是非都服从。倘若你的领导以往曾帮过你很多忙，而今他要委托你做无理或不恰当的事，你更应该毅然地拒绝，这对领导来说是好的，对自己也是负责的。

当然，拒绝领导的要求不是一件容易的事。但是，知道一些拒绝领导的技巧，就能两全其美，既不冒犯领导，又可以表明拒绝之意。不过要强调的是，这些技巧仅限于那些领导的非合理要求。

当领导提出一件让你难以做到的事时，如果你直言答复做不到时，可能会让领导有损颜面，这时，你不妨说出一件与此类似的事情，让领导自觉问题的难度而自动放弃这个要求。

当上司要求你做违法的事或违背良心的事时，你要平静地解释你对他的要求感到不安，你也可以坚定地对上司说："你可以解雇我，也可以放弃要求，因为我不能泄漏这些资料。"如果你幸运，老板会自知理亏并知难而退；反之，你可能会授人以柄。但假若你不能坚持自身的价值观，不能坚持一定的准则，那只会迷失自己，最终会影响工作的成绩，以致断送自己的前途。

当上司器重你并将你连升两级，但那职务并不是你想从事的工作时，你可以表示要考虑几天，然后慢慢解释你为何不适合这工作，再给他一个两全其美的解决方法："我很感激你的器重，但我正全心全意发展营销工作，我想为公司付出我的最佳潜能和技巧，集中建立顾客网络。"正面地讨论，可以使你被视为一个注重团体精神和有主见的人。

当领导提出某种要求而属下又无法满足时，设法造成属下已尽全力的错觉，让领导自动放弃其要求，这也是一种好方法。

比如，当领导提出不能满足的要求后，就可采取下列步骤先答复："您的意见我懂了，请放心，我保证全力以赴去做。"过几天，再汇报："这几天 ××× 因急事出差，等下星期回来，我再立即报告他。”又过几天，再告诉领导：“您的要求我已转告 ××× 了，他答应在公司会议上认真地讨论。”尽管事情最后不了了之，但你也会给领导留下好印象，因为你已尽力而为，领导也就不会再怪罪你了。

通常情况下，人们对自己提出的要求，总是念念不忘。但如果长时间得不到回音，就会认为对方不重视自己的问题，反感、不满由此而生。相反，即使不能满足领导的要求，只要能做出些样子，对方就不会抱怨，甚至会对你心存感激，主动撤回已让你陷入困境的要求。

你也可以利用群体掩饰自己说“不”，这不失为一大妙招。

例如，你被领导要求做某一件事时，其实很想拒绝，可是又说不出来，这时候，你不妨拜托两位同事和你一起到领导那里去，这并非所谓的三人战术，而是依靠群体替你作掩护来说“不”。

首先，商量好谁是赞成的那一方，谁是反对的那一方，然后在领导面前争论。等到争论一会儿后，你再出面含蓄地说“原来如此，那可能太牵强了”，而靠向反对的那一方。

这样一来，你可以不必直接向领导说“不”，就能表明自己的态度。这种方法会给人“你们是经过激烈讨论后，绞尽脑汁才下结论”的印象，而包括领导在内的全体人士都不会有哪一方受到伤害的感觉，从而领导会很自然地自动放弃对你的命令。

对于超负荷工作的要求，你即使是力不能及，也不能马上面露难色。不妨先动起手来做，让事实来证明领导的要求是不可能达到的。

下面是发生在职场中的一件事情：

“小康，请你今晚把这一叠讲义抄一遍。”经理指着厚厚一叠稿纸对秘书小康说。小康听到此言，面对讲义，面露难色，说：“这么多，抄得完吗？”“抄不完吗？那请你另觅轻松的去处吧！”也许经理正在气头上，于是小康被“炒了鱿鱼”。

小康的被“炒”实在令人惋惜。像她这样生硬直接地拒绝上司的要求，给上司的感觉是她在对抗，不服从指示，因而扫了上司的威信，被“炒”也就难免了。其实，她可以处理得更灵活些。她不妨这样，立即搬过那一堆稿子埋头就抄起来，过一两个小时后，把抄好了的稿子交给经理，再委婉地表示自己的困难，那么经理肯定会很满足于自己说话的威力，并意识到自己的要求的不合理处，而延长时限，小康就不至于被解雇。

拒绝上司必须把握以下 3 点。

要有充分的拒绝理由

首先设身处地，表明自己对这项工作的重视；然后再表明自己的遗憾，具体说明自己为什么不能接受。如说：“我有件紧急工作，必须在这两天赶出来。”充足的理由、诚恳的态度一定能取得上司的理解。

不可一味地拒绝

尽管你拒绝的理由冠冕堂皇，但是上司也许仍坚持非你不行。这时，你便不能一味地拒绝，否则，上司可能会以为你是在推脱，从而怀疑你的工作干劲和能力，以致失去对你的信任，在以后的工作中，会有意无意地使你与机会失之交臂。

提出合理的接替方法

对上司所交代的事，你不能接受，又无法拒绝，这时，你可得仔细考虑，千万不可怒气冲天，拂袖而去。你可以与上司共商对策，或者说：“既然这样，那么过两天，等我手头的工作告一段落，就开始做，你看怎么样。”你也可以向上司推荐一位能力相当的人，同时表示自己一定会去给他出点子，提建议。这样，你一定能进一步地赢得上司的理解和信任，也会为你以后的工作、生活铺开一条平坦的大道，因为上司也是和你一样是个普普通通、有血有肉、有感情，也当过职员的人。

把握好以上要点，才能不让自己难堪，也不会失去上司的信任。

适当保持沉默

对一些不合理的要求，无法做到的要求，或自己不愿意允诺的要求，本来是应该拒绝的，只是由于情谊等，很难说出一个“不”字。

你可以以沉默来表示拒绝。狭义的沉默就是徐庶进曹营一言不发，即缄口不语。广义的沉默则是不通过言语，而是综合运用目光、神态、表情、动作等各种因素，或明或暗地表达自己的思想感情，这是拒绝艺术中一种最常见的手段。

在处理问题时，沉默具有丰富的内涵，作用也十分明显。一是沉默可以用来避免冲突升级。当人们被拒绝时难免会产生不良的情绪，甚至会与拒绝人产生激烈冲突。当一方怒火冲天，严厉责备时，另一方应保持沉默，即使有理也暂时不争，以免火上浇油，使冲突进一步升级。这样既维护了对方的尊严，又避免了矛盾激化，还为进一步向对方陈述自己的观点留了余地。保持沉默，不仅可以避免矛盾激化，保全对方的尊严，而且也可以显示出你的豁达大度和良好修养。有时，面对一些难处理的问题，如果保持沉默，并伴以严厉的目光、严肃的神情，就可能会产生一种威慑作用，使对方迅速警醒，从而很快明白自己的要求不够合理。二是沉默可以用来做暗示性表态。沉默在有时候是模糊语言，不置可否，但在特定的背景下，其实就是明确表态。如果对方提出一种意见或处理办法，而你却不敢苟同，但出于全面平衡关系考虑，你又不能明示反对，这时的沉默看似不偏不倚，但聪明人却可意会神通，知道自己的要求令你为难，十有八九办不成，其实沉默就是不同意、不支持。此时彼此心照不宣，也不用固执己见，伤了和气。

在有的场合，对对方的提问不管作出怎样的回答，都于己不利，这时不妨佯装没有听见，没有看到，不作任何表示，也是一种行之有效的方法。

1953 年 6 月，年已 79 岁的英国首相丘吉尔到百慕大参加英、法、美三国会谈。他以自己年事已高为借口，时常装聋，在需要回避的问题上就装作没有听见，不予回答，在感兴趣的问题上就与美国总统艾森豪威尔和法国外交总长皮杜尔讨价还价，使与会者颇感头痛。艾森豪威尔幽默地说："装聋成了这位首相的一种新的防卫武器。"

然而有的时候采取一种答非所问、话不投机的做法，比光是沉默来得更有效。

有这样一个例子：

一位名叫宫一郎的青年去拜访广源先生，想将一块地卖给他。

广源听完宫一郎的陈述后，并没有作出"买"或者"不买"的直接回答，而是在桌子上拿起一些类似纤维的东西给宫一郎看，并说："你知道这是什么东西吗？"

"不知道。"宫一郎回答。

"这是一种新发现的材料，我想用它来做一种汽车的外壳。"广源详详细细地向宫一郎讲述了一遍。谈论了这种新型汽车制造材料的来历和好处，又诚诚恳恳地讲了他明年的汽车生产计划。广源谈的这些内容宫一郎一点也听不懂，摸不着头脑，但广源的情绪感染了宫一郎，他感到十分愉快。广源在送宫一郎时顺便说了一句：不想买那块地。

广源的高明之处在于他没有一开始就回拒宫一郎。如果那样，宫一郎就一定会滔滔不绝地劝说他买那块地。而广源采取了答非所问的做法，装作没有听见宫一郎说的事情，把话题引到其他地方，没有给他劝说的时间，在结束谈话时才拒绝，这不失为拒绝他人的好方法。

最后，要说明的一种婉拒的方法：将问题丢给时间。当无论如何实在无法拒绝对方的时候，你就先接受他的要求，然后再假装忘记。

"对不起，我忘得一干二净了！"

"你叫过我帮你什么吗？"

这一招只要一句“忘了”就能轻松搞定一切，因此我们常会用上它。然而，虽然它用法简单，但如果仔细想想，这招实在不值得推荐。这招容易使对方不悦，甚至会被人认为是一个“随随便便、马马虎虎”的人。再说，别人会请你帮忙做的事，多半都是非做不可的事，因此在他对你死心，转而去找其他人帮忙之前，要“一直”忘记，似乎也不太容易。不过，不管是真忘还是假忘，在公司里像这种“忘记委托”的人，其实还真不少。

总的来说，沉默是最常见的拒绝办法之一。沉默所掩盖下的是一种圆融大智，迂回之道，我们在社交中所需要的正是这样一种为人处世之法。

用延时法巧妙拒绝

对方提出请求后，不必当场拒绝，可以采取拖延的办法。

在大学的课堂上，有一名学生提出与正课毫无关联的问题，几乎让那位教授失态。起初那位教授很用心地答复他的问题，但不料却与学生的意见发生了冲突。其实这时教授大可拒绝对方的质问，同时不必正面拒绝，可以用“像你这种问题我们不妨等下了课再谈”这句话轻易带过。

如果是在私人场合，就可以说：“像你这样的问题我们还是等会儿再谈，怎么样。”轻松愉快地将话带过。若在会议中不幸形成了一场火爆的局面，此时主席不妨暂时承认对方所言的重要性，同时也让他感觉此问题事关重大，难以解决，无法立刻作答，于是你便说：

“关于这一问题我们日后再作讨论，今天我们还是讨论会议的本题。”

至于“日后”，此刻也不甚为人关心，这种做法也比直接拒绝回答来得恰当，容易让人接受，虽然表面上你是在对他摆出低姿态，实际上却是拒绝正面作答，以保持他心理的平衡。

发言者若来势汹汹，你不妨说“像这样的难题我们日后再谈”

来缓和当时的紧张气氛。

在别人向你提出请求时，如果你能做到，就可以答应别人，但如果你感到这一请求超出了你的能力范围时，你当然可以立即回绝："不行，这个忙我帮不了！"但是你如果用延时法来说："嗯，我来想想办法，是不是能办成我一定尽快给您一个回音，您看怎么样？"如果你过一两天再打电话表示无能为力，那至少你不是"一口回绝"，你是已经尽心尽力了。有时候，被拒绝的人耿耿于怀的往往是别人回绝时的态度，或是官腔十足，或是盛气凌人，或是漫不经心。若是别人已经尽心竭力，那么即使事情最终没有办成，也不至于牢骚满腹。

对方提出请求后，不必当场拒绝，可以采取拖延的办法。你可以说："让我再考虑一下，明天答复你。"这样，既为你赢得了考虑如何答复的时间，又会使对方认为你是很认真对待这个请求。

张艳一心想当一名记者，于是想从学校调到某报社工作，她找到了同事的丈夫——某报社黄总编，黄总编知道报社现在严重超编，但又不好直接拒绝，于是对张艳说："刚刚超编进来一批毕业生，短期内社里不会考虑进人的问题了，过一段时间再说吧。"黄总编没说这事绝对不行，而是以条件不利为理由，虽然没有拒绝，但为后来的拒绝埋下了伏笔。

有时，在直接拒绝时也可使用"延时"法。

小张想观摩一位特级教师上课。那位教师出于谦逊婉言谢绝了，他说："行啊，说开课就开课。不过这课要开得成功，让学生、老师都满意，还得符合教改精神，得让我好好考虑考虑教学方案。看来你得给我一年时间。这365日我得天天想，多痛苦啊！"

这位教师对小张的请求采用延时法予以拒绝，本来，别人慕名来观摩自己的课对自己来说是一种尊重，如果直接拒绝，会使对方认为自己不识抬举。而采用"拖延"的技巧来拒绝对方，先爽快地答应，然后把时间推到一年之后。谁都知道，准备一堂课怎么也用不了一年的时间。因此，请求者也明白这位教师是在间接地谢绝，当然也不会勉为其难了。

知己知彼，方能正确拒绝

要想说好让对方心服口服的拒绝之辞，要先了解对方，根据对方的脾性说出合理的能让对方接受的拒绝之辞。

什么样的拒绝之辞才能够让对方欣然接受呢？如果你对对方不够了解的话，显然你很难说好拒绝之辞。

应先了解对方的一些经历及生活状况。思维方式不同，人的观念也不同，因此，要了解他的人生观、价值观。

必须注意对方的心境。如果在交谈当中，不顾对方的心理变化，而一味地将想法统统搬出来，那么，你是得不到他的认同的。一厢情愿的谈话往往会让对方厌恶。不该说话的时候说了，则犯了急躁的毛病；该说话的时候却没有说，从而失掉了说话的时机；不看对方的态度便贸然开口，叫作闭着眼睛说瞎话。在交谈过程中应兼顾对方的心理活动，使谈话内容和听者的心境变化同步，这样才能引起共鸣。

性格外向的人易于“喜形于色”，和他可以侃侃而谈；性格内向的人多半“沉默寡言”，与其交往时则应注意委言婉语、循循善诱。

拒绝的话要合情合理

如何拒绝别人是一门艺术，这门艺术的关键点就在于拒绝别人的话要怎么说才能让人觉得合情合理，进而让别人更容易接受。

人的一生就是在不断地接受和拒绝中度过的。如果拒绝未采用合适的方法和相应的技巧就容易伤害对方，引发怨恨和不满，从而导致人际关系的破裂，让自己陷入非常被动的境地之中。即使不至于闹到很严重的地步，因拒绝而引起的疙瘩也会使对方耿耿于怀。

“我实在没有钱借给你，否则，我就不必如此地拼命了”“我们非亲非故的，凭什么要帮你”……在遭受这样的拒绝后，你会有怎样的反应呢？你一定会感到恼羞成怒，用犀利的言语回击对方。

有时，对方与我们反目成仇，并非完全是由于我们拒绝了他，更多的是我们拒绝的语言和方式伤害了他。那么我们要如何拒绝呢？

借口要实在

小李 24 岁，才貌双全，大学毕业后分配到一家公司工作。不料，她的顶头上司——部门经理对她一见倾心，便发起了猛烈的攻势。小李怕直接回绝会伤了上司的自尊，给自己以后的工作带来不便。考虑再三，最后小李决定实话实说，于是彬彬有礼地告诉经理：“我已另有所爱，只是男友暂时在外地工作。”如此一来，经理在“恨不相逢未嫁时”的深深遗憾中打消了自己的念头，以平常心对待小李。

借口要合适

小林陪女友逛商店，女友在某时装店看中了一件风衣，价格不菲，而小林觉得这件衣服很普通，不值这个价。但是在女友面前不便说，否则女友会认为自己是个小气鬼，两人免不了要闹一阵子情绪。只见小林鼓动女友试衣，左看右看后对女友说：“很合身，但我觉得你穿上它气质不如从前了。主要是款式太新潮，不适合你的职业特点，倒更像是较前卫的女孩穿的。”女友一听此话，忙不迭地脱下风衣，拉着小林离开了商店。

小林巧用衣服与气质的关系，让女友主动放弃了这件价格“不菲”的风衣。

先承后转避直接

对对方的请求最好避免一开口就说“不行”，而是要表示理解、同情，然后再据实陈述无法接受的理由，获得对方的理解，自动放弃请求。

有时对方提出的要求有一定的合理性，但因条件的限制又无法予以满足。在这种情况下，拒绝的言辞可采用“先肯定后否定”的形式，使其精神上得到一些满足，以减少因拒绝而产生的不快和失望。例如，一家公司的经理对一家工厂的厂长说：“我们两家搞联营，你看怎么样？”厂长回答：“这个设想很不错，只是目前条件还没有成熟。”这样既拒绝了对方，又给自己留了余地。

对对方的请求最好避免一开口就说“不行”，而是要表示理解、同情，然后再据实陈述无法接受的理由，获得对方的理解，自动放弃请求。

李刚和王静是大学同学，李刚这几年做生意虽说挣了些钱，但也有不少的外债。两人毕业后一直无来往，忽一日王静向李刚提出借钱的请求，李刚很犯难，借吧，怕担风险；不借吧，同学一回，又不好拒绝。思忖再三，最后李刚说：“你在困难时找到我，是信任我，瞧得起我，但不巧的是我刚刚买了房子，手头一时没有积蓄，你先等几天，等我过几天账结回来，一定借给你。”

先扬后抑这种方法也可以说成是一种“先承后转”的方法，这也是一种力求避免正面表述，而采用间接拒绝他人的一种方法。先用肯定的口气去赞赏别人的一些想法和要求，然后再来表达你需要拒绝的原因，这样你就不会直接地去伤害对方的感情和积极性了，而且还能够使对方更容易接受你，同时也为自己留下一条退路。一般情况来说，你还可以采用下面一些话来表达你的意见，“这真的是一个好主意，只可惜由于……我们不能马上采用它，等情况好了再说吧”“这个主意太好了，但是如果只从眼下的这些条件来看，我们必须要放弃它，我想我们以后肯定是能够用到它的”“我知道你是一个体谅朋友的人，你如果对我不十分信任，认为我没有能力做好这件事，那么你是不会找我的，但是我实在忙不过来了，下次如果有什么事情我一定会尽我的全力来支持你”，等等。

有的时候对方可能会很急于事成而相求，但是你确实又没有时间，没有办法帮助他的时候，一定要考虑到对方的实际情况和他当时的心情，一定要避免使对方恼羞成怒，以免造成误会。

拒绝还可以从感情上先表示同情，然后再表明无能为力。

黄女士在民航售票处担任售票工作，由于经济的发展，乘坐飞机的旅客与日俱增，黄女士时常要拒绝很多旅客的订票要求，黄女士每每总是带着非常同情的心情对旅客说："我知道你们非常需要坐飞机，从感情上说我也十分愿意为你们效劳，使你们如愿以偿，但票已订完了，实在无能为力。欢迎你们下次再来乘坐我们的飞机。"黄女士的一番话，叫旅客再也提不出意见来。

让对方换位思考

在寻求拒绝的技巧过程中，要知道，拒绝对方的最有力武器，往往是对方自身。

在交际过程中，当自己处于不利态势，为了寻找转机，加强己方的立场，也需要找借口拒绝对方。这时，如果你能灵活机智地用对方的话来拒绝对方，就能使对方不再坚持，从而达到自己拒绝对方的目的。

有一次，萧伯纳的脊椎骨出了毛病，需从脚上取一块骨头来补脊椎的缺损。手术做完后，医生想多拿一点手术费，便说：

"萧伯纳先生，这是我们从来没有做过的新手术啊！"

萧伯纳当然听出了医生的言外之意，但向病人收取额外的手术费，显然是不合规定的，萧伯纳不愿意再给医生额外的费用，但又不便明确拒绝，便装傻卖愚地顺着另一层意思说下去：

"这好极了！请问你们打算支付我多少试验费呢？"

医生顿时窘住了，只好讪讪离开。萧伯纳的思维是：既然你要强调这是从来没有做过的新手术，那我的身体便变成试验品了！萧伯纳合理地从对方的话里引出了一个合乎逻辑的相反结论，巧踢"回传球"，让对方哑巴吃黄连——有苦说不出。

有很多的问题，我们还可以巧妙地把对方设置在同样的情景，以此来促使对方作出他的判断，从而让对方明白自己的处境或意思，巧妙地拒绝对方的要求。

在历史上就有一个这样的例子：

有一次，一个人问艾森豪威尔将军一个有关军事机密的问题，艾森豪威尔将军做耳语状说："这是一个机密问题，你能替我保密吗？"于是那个人就连忙说道："我一定能！"艾森豪威尔将军则回答道："那我同样也能！"

这样的例子在我们的日常生活中也屡见不鲜。

小李从一个朋友那里借了一架照相机，他一边走一边摆弄着，这时刚好小赵迎面走来了。他知道小赵有个毛病：见了熟人有好玩的东西，非得借去玩几天不可。这次看见了他手中的照相机又非借不可了。尽管小李百般说明情况，小赵依然不肯放过。小李灵机一动，故作姿态地说："好吧，我可以借给你，不过我要你不要借给别人，你做得到吗？"小赵一听，正合自己的意思。他连忙说："当然，当然，我一定做到。""绝不失信？"小赵还追加一句说："失信还能叫作人？"小李斩钉截铁地说："我也不能失信，因为我也答应过别人，这个照相机绝不外借。"听到这，小赵也是目瞪口呆了，这件事也只有这样算了。

通过设问，抛砖引玉，以对方的回答来作为拒绝依据，使对方就此作罢。因为人不可以出尔反尔，自我推翻。

小陈是小杨的一个好朋友。有一天，小陈来到小杨的单位，找小杨帮他一件事，为他的未婚妻报仇。原来小陈的未婚妻被车间主任欺侮了，小陈发誓要为未婚妻报仇，而且还买了一把锋利的弹簧刀，想杀掉那个车间主任，但考虑到车间主任人高马大，自己一个人对付不了他，于是就想请小杨帮忙。小杨听后，心中很明白，尽管那个车间主任不是好东西，应该教训教训他，但如果感情用事，将他杀了，那是会犯罪的。因此，小杨决定拒绝小陈，也不能让他办错事。他问小陈："你爱你的未婚妻吗？"

"爱，当然爱，如果不爱我才不管这事呢。"小陈回答说。

"这就好，爱一个人不容易，真正爱上一个人，是不管她遇上多么大的不幸，都会永远爱她，相反，在她遇到不幸时还要帮她解脱出来。如果你将主任杀了，只是感情用事，并不是爱她，这是在伤害她，使她更伤心。她也不会为此而感谢你，相反会恨你。坏人总是要受到惩处的，这要靠法律。车间主任的行为是犯法的。这样吧，我帮你和你的未婚妻运用法律的手段来惩处车间主任吧，我相信，法律会给你们一个满意的答复的。”

小陈听了小杨的一番话，放弃了报仇的想法，最终运用法律惩处了那位车间主任。而小陈也非常感谢小杨对他的帮助。

小杨先拿到一个肯定的答案：小陈爱自己的未婚妻。既然是爱，那就应该采取一种正确的态度和方式来帮她摆脱困境。小杨透彻地阐释了什么才是真正的爱，如果小陈还不放弃报仇的想法，那就说明他并不爱自己的未婚妻。因此，小陈只好放弃了找小杨协助犯罪的念头。

在寻求拒绝的技巧过程中，要知道，拒绝对方的最有力武器，往往是对方自身。我们应该懂得引导对方的谈话，从对方口中拿到自己拒绝对方的理由。

推荐能人

假如你抽不开身，实事求是地讲清自己的困难，同时热心介绍能提供帮助的人。这样，对方不仅不会因为你的拒绝而失望、生气，反而会对你的关心、帮助表示感谢。

有一次，约翰的一位好朋友的孩子，4 岁的毛毛，一手拿苹果，一手拿橘子，跑到约翰面前炫耀。约翰故意逗他说：“毛毛，伯伯的嘴好馋。你看，你是愿意把苹果给伯伯吃呢，还是愿意把橘子给伯伯吃？”他听了约翰的话，很快就出人意料地回答：“伯伯你快去，妈妈那里还有！”啊，这小家伙的回答真是绝了！他没有直截了当地拒绝，但让人无法从他那里捞到一点油水，因为他想到了一个替代方案来拒绝人。这个例子，显示了替代方案的妙用。他没有正面表示拒绝，你也没有得到任何东西，彼此既不伤和气，也不会丢什么面子。

这种方法就叫替代法。工作中常常会有人来请你帮忙，而你又因为种种原因不想插手，你应该怎么谈呢？

“我对电脑没办法，不过小王对电脑很熟，你去拜托他看看怎么样？”

“我对计算工作最头大了，小芸好像是簿记二级的，她应该做得来！”

像这样举荐出一位在这方面能力比自己强的人，然后要对方去请教他就行了。

不只能力的问题，像下面这个例子中的场合也能适用。

“我如果要做这件事，恐怕要花掉不少时间。小范好像说他今天工作量不怎么多！”

只有在大家都知道那个人的确比较胜任时才能用此法。

这个办法有一个前提，即被举荐者不会对举荐者的行为产生负面情绪，且被举荐者确实更擅长此事。

尤其当需要帮忙的工作内容，是人人都不想做的事情的时候，更要慎用。所以，最好在多数人都知道“某某事情是某某最擅长的”，这样的场合才用此法。

当然，这一方法不仅仅是可以用在工作中，还能用在日常生活中，假如你抽不开身，实事求是地讲清自己的困难，同时热心介绍能提供帮助的人。这样，对方不仅不会因为你的拒绝而失望、生气，反而会对你的关心、帮助表示感谢。

伶牙俐齿，日常交往中必学的说话之道

说好皆大欢喜的祝贺话

当亲朋好友遇到大喜事时，我们都会表示祝贺。但倘若我们没有针对性地胡乱祝贺，没有说好祝贺话，那么我们的“热心”换来的很可能就是对方的“白眼”。

祝贺是人们在生活中经常遇到的，是人与人之间交往的一种礼仪。每当我们遇到人生中的大喜事时，如婚姻嫁娶、生儿育女等，亲戚、朋友都会通过某些方式表达祝贺。祝贺时要注意仪表端庄，举止适度，祝词应视对象、场合和内容而定。祝贺送礼要注意三点：

第一，男女之间不可送贴身衣物。

第二，除非对病人，一般不要送药物。

第三，送礼只是表示友情，并不是显示阔气，要量力而行，适可而止。切忌互相攀比，耗财伤情。

从语言表达的形式看，祝贺语可以分为祝词和贺词两大类。祝词是指对尚未实现的活动、事件、功业良好的祝愿和祝福之意，比如某重大工程开幕、某展览会剪彩要致祝词，前辈、师长过生日要致祝寿词，参加酒宴要致祝词，等等。贺词是指对于已经完成的事件、业绩表示庆贺的祝颂，比如毕业典礼上，校长对毕业生致贺词；婚礼上亲朋好友对新郎新娘致词；对同事、朋友取得重大成就或获得荣誉、奖励致贺喜词，等等。祝贺要注意以下几点：

情景性

祝贺一定要考虑到特定的环境、特定的对象、特定的目的，使之具有明确的针对性，因为祝贺一般是在特定的情景下进行的。

鲁迅有篇散文叫《立论》，讲到这样一个故事：一家人家生了个男孩，合家高兴透顶。满月的时候，抱出来给客人们看，大概自然是想得到一点好兆头。一个说："这孩子将来要发大财的。"他于是得到一番感谢。一个说："这孩子要做大官的。"他于是收回几句赞扬。另一个说："这孩子将来是要死的。"他于是得到大家合力的痛打。

在这个故事中，这个说孩子将来是要死的人，他的话从理论上来说是没有错误的，可是他的话不适合此种情景。所以惹人厌恶是必然的事情。不顾当时的特定情景，讲不合时宜的话会招人唾弃。

祝贺总是针对喜庆之事，因此，不应说不吉利的话，应讲使人快慰的话。

情感性

祝贺语要达到抒发感情，增进友谊的目的，必须有较强的感染力，因此要求语言富有感情色彩，语气、语调、表情等都要带情感。

简括性

祝贺语简洁有力，才能产生强烈的感染力。

有些祝词、贺词是人们的临时发挥，但必须紧扣中心，点到为止，给听众留有回味的余地。

某人主持婚礼。婚礼一开始，主持上前致词：

我今天接受爱神丘比特的委托，为这对爱人主持婚礼，十分荣幸。新郎新娘交换礼物。新郎为新娘戴上金戒指，新娘送给新郎英纳格手表。黄金虽然贵重，不及新郎新娘金子般的心；英纳格手表虽计时准确，也不及新郎新娘心心相印永记心间。

主持人的即兴贺词，得体而又热情，简洁而明快，博得了阵阵掌声。

礼节性

祝贺词一般需站立发言，称呼要恰当。不要看稿子，双目要根据讲话内容时而致礼于祝贺对象，时而含笑扫视其他听众。要同听者做有感情的交流。

增加话语储备量

在社交场合，为了使自己的语言更具有说服力，我们不仅要针对不同的场合储备相应的话语，还要学会巧妙地运用。

在社交活动中，最主要的事情就是“说”，即用语言去表述自己的观点。因此，掌握好说话技巧，让语言更具说服力，就得储备些具有征服力的词汇，并巧妙地运用这些词汇，以达到说服的目的。一次成功的社交，是绝对离不开具有说服力的语言的。

很多人之所以成功，很大程度上是因为他善于辞令。在人际交往中，第一印象显得非常重要，而口才好的人很容易给人留下美好的第一印象，优雅的谈吐可以使自己广受欢迎，更有助于事业的成功。

无论在什么样的场合，如果你能够用词简洁、表达清晰，再加上抑扬顿挫的语调，就能够吸引听众、打动他人。如果你善于辞令，再加上优雅的举止，在任何场合，你都会受到欢迎。从而，这也可能成为你的秘密武器，能在不经意中助你成功。

拥有远大理想的人们，应该掌握谈话的技巧，提高驾驭语言的能力，在各种场合，做到谈吐优雅、应对自如、从容不迫。

不管你有什么样的梦想，首先必须掌握驾驭语言的能力，拥有让人羡慕的好口才。你也许不会成为律师或商界精英，但你每天都要说话，也就必然要借助语言的独特力量。要培养这方面的能力，就要研究修辞，尽力增加自己的词汇量，随时查阅工具书，注重平时的积累。如果你思想贫乏、词汇量少得可怜、阅历有限，是无法做到谈吐优雅、口才出众的。

语言表达能力是一个人综合能力的反映，从中可以看出他的才能、阅历和修养。不管他思维敏捷、条理清楚，还是思想懒散、不求上进，不管他治学严谨还是做事马虎，都能从他的语言中看出来。

在国会参议员竞选中，林肯与种族歧视者道格拉斯展开了辩论，林肯说："我想，耶稣基督并不真正渴望任何一个凡人能和天父一样完美，但是他说：'由于你天上的父是完美的，但愿你也完美。'他把这个树立为标准，谁尽最大努力达到这个标准，谁就达到了道德完美的最高境界。所以我们要尽可能实现'人人生而平等'这个原则。即使不能给予每个人自由，至少不要做奴役人的事情。让我们的政府回到宪法制定者们最初安放的轨道上来吧！

让我们把所有关于某个人或某个种族因为劣等所以必须受歧视的诡辩统统扔掉吧！让我们扔掉这一切，在这块土地上团结得像一个民族，直到我们再一次站起来宣布：人人生而平等！”

一个健谈者会表现出各方面的素养：判断准确、思维敏捷、机智灵活、精力集中等等。健谈者还必须慷慨大度、心胸开阔。在交谈时，他应该充满爱心，不随意公开别人的缺点与不足，不触及对方的难言之隐，对听者表现出强烈的兴趣，而不是用语言来伤害对方。善于辞令者应该表现出丝丝入扣的分析能力、缜密的逻辑推理能力，有自己的独到见解。

在谈话前作好充分的准备，才能增强自己的自信心，才能拥有一种感染人的魅力。因此，平时就要加强语言储备。

礼尚往来不可说错的祝福语

逢年过节我们都要送礼，如果送礼时能够辅助一些恰当的祝福语，那么我们所送的礼将更有分量。

中华民族是一个礼仪之邦，送礼对中国人来说是一件再平常不过的事情了。但是，送礼是有讲究的，送礼的时候也要说对话。在与人交往时，赠送他人一些小礼物，既能营造出和谐的气氛，又显示出对他人的尊敬之情。

朋友过生日、结婚、设宴请客，主人邀请你参加时，都应备些适宜的、有纪念意义的小礼品。朋友的生日，送上一束鲜花，或是其他象征友谊天长地久的礼品，或是生动有趣的小工艺品等，会使他感到分外高兴，因为这些小礼品代表了你的祝福而显得格外珍贵。

在送礼物时，应了解对方的生活习惯、喜好，要了解对方的心理特点。这样就可以避免因送错礼物而引起的尴尬。

送的礼物，并不一定以价值的高低作为标准，只要能够让主人高兴就好。具有特色的礼物则是很好的礼物，因为人人对新鲜事物总是有一种向往之情。

送礼是讲究方法与技巧的。送的方法得当，会皆大欢喜；送得不好，让人挡回，定会堵心数日。所以，只有巧妙掌握送礼的技巧，才能把整个送礼过程画上一个圆满的句号。

锦上添花

小李受老师恩惠颇多，一直想报答老师，却没有机会。一天，他偶尔发现老师红木镜框中的字画竟是一幅拓片，跟屋里雅致的陈设不太协调。正好，他的叔父是全国小有名气的书法家，家里正有叔父赠的字画。小李马上把字画拿来，主动放到镜框里。老师不但没反对，而且喜爱非常。

借花献佛

如果你送的是土特产品，就可以说是老家捎来的。一般来说，对方会收下你的礼物的。

暗度陈仓

如果你送给朋友的是酒一类的东西，不妨避谈“送”字，就说是好久未见，甚为想念，自己今天来是和朋友对饮共酌，请他准备点菜。这样喝一瓶送一瓶，礼也送了，关系也近了，还不露痕迹，岂不妙哉。

殡葬场上巧说安慰人的话

丧葬场合本是气氛低迷的场合，家属的心情更是悲痛，在丧葬场合说好安慰人的话十分重要。

关怀及安慰对于亡者的亲属很必要，一些过当的举动例如号啕大哭应避免，在措辞上也应注意，慰问语一般可以说：“这次事情真令我悲痛，请节哀顺变。”“这次事情太突然了，请保重身体。”

丧事时忌讳使用“死”“惨”等使人联想到不幸的词汇。葬礼会场是肃穆的，吊唁者言辞应收敛，高谈阔论、嬉笑打闹都是对亡者及家属的不敬。说话压低声音，举止轻缓稳重，才能显出你的诚意和风度。除了说话，葬礼上还须遵守以下一些礼仪：

参加葬礼的服装要求

各个国家在丧礼的具体形式上，根据死者生前的宗教信仰不同而有不同的规矩。但是无论怎样，如果应邀参加丧礼，女性应穿深色正式服装，内穿白色或暗色衬衣，不可穿红戴绿，不用花手帕，切忌浓妆艳抹。不戴鲜艳的围巾，尽量避免佩戴饰物，如需要可考虑白珍珠或素色饰品，避免佩戴黄金。

葬礼致意的礼数

接到“讣告”的亲友熟人，可以写唁函、发唁电给死者的家属，以示哀悼。

送花可在葬礼举行前，通过葬礼承办人或花店办理。送花时，应附上写有悼唁字句或“献给 ×××”字样的飘带，并附有赠花者的姓名，要注意外国习惯不用纸花。也有的人写挽联、诗或文章以纪念死者。很亲近的亲友可以登门吊唁，并帮助家属治丧。但如死者的亲人不愿接见亲友，则应当不登门致哀。

在公墓的礼堂或墓地举行的葬礼应始终保持庄严肃穆的气氛。人们深思默祷，向死者沉痛致哀。在西方参加葬礼一般不号啕大哭，不要过分流露悲伤，因为那会增加死者亲属的悲痛。同死者家属握手时，可以不说话，也可以低声说几句表示悼唁和慰问的话，如“请节哀”“多保重”等。在葬礼进行时，不要目不转睛地注视着哀伤的死者亲属。吊唁者不可三五成群，窃窃私语，不可漫不经心，东张西望，行礼时动作要真挚自然。

宴会结尾细节决定成败

当宾客离去时，宴会主人应像迎接宾客一样站在门口与他们一一握别。

俗话说：“编筐编篓，重在收口。”宴会也不例外。宴会虽然结束了，但并不意味着你就可以完全放松下来了，你还需要做好很多细节性的事情，才能让你的好形象留在宴请对象的心里。有很多人就是因为不重视宴会结束时的几个小细节，因此使得自己之前费尽心思保持的好形象瞬间崩溃，公关办事也变得一波三折。

那么，宴会结束时应该注意哪些细节呢？

宴会结束的时间

一般来说，当主人把餐巾放在桌子上或者从餐桌旁站起身来，即表明宴会结束。只有看到这种信号以后，宾客才可以把自己的餐巾放下，站起身来。

正餐之后酒会的告辞时间按常识而定，如果酒会不是在周末举行，那就意味着告辞时间应在晚间十一点至午夜之间。若是周末，则可晚一些。除非客人是主人的亲密朋友，否则一般都不应该在酒会的最后阶段还坐在那里。

离席的先后顺序

当宴会结束，离开餐桌时，不应把座椅拉开就走，而应把椅子挪回原处。男士应该帮身边的女士移开座椅，然后再把坐椅放回餐桌边。要注意，有些餐厅比较拥挤，贸然起身，或使手提包、衣服等掉落在地上，或碰到人，打翻茶水、菜肴，失礼又尴尬！离席时让身份高者、年长者和女士先走，贵宾一般是第一位告辞的人。

热情话别

当宾客离去时，宴会主人应像迎接宾客一样站在门口与他们一一握别。当宾客成群离去时，也应送至门口，挥手互道晚安，并应致意说："非常感谢各位的光临，真谢谢你们把宴会的气氛维持得这样好。"不要以时间过早为由挽留客人，如果是星期天晚上，你尤其不宜说："现在还早得很，你绝不能这么早走！"要知道多数人次晨都要早起。对于迟迟还不离去的客人，他们明显地热爱这气氛，这时你可停止斟酒或停止供糖果瓜子等，以此暗示客人该是离去的时候了。

有的主人为每一位出席者备有一份小纪念品。宴会结束时，主人招呼客人带上。除主人特别示意作为纪念品的东西外，各种招待品，包括糖果、水果、香烟等都不能拿走。

商务宴会上的不宜话题

不是你不坦率，坦率是要分人和分事的，从来就没有不分原则的坦率，什么该说什么不该说，心里必须有谱。

不恰当的话题会招来不必要的麻烦，以下话题是在宴会上不宜涉及的：

薪水问题

很多公司不喜欢职员之间谈论薪水，因为同事之间工资往往有不小的差别，“同工不同酬”是老板常用的手法，用好了，是奖优罚劣的一大法宝，但用不好，就容易引发员工之间的矛盾，而且最终会矛头直指老板，这当然是他所不想见到的，所以他对好打听薪水的人总是格外防备。

首先你不要做这样的人。其次如果你碰上有这样的同事，最好早作打算，当他把话题往工资上引时，你要尽早打断他，说公司有纪律不谈薪水；如果不幸他语速很快，没等你拦住就把话都说了，也不要紧，用外交辞令冷处理：“对不起，我不想谈这个问题。”有来无回一次，就不会有下次了。

私人生活

无论你是失恋还是热恋，都别把情绪带到工作中来，更别把故事带进来。不要说起来只图痛快，不看对象，事后往往懊悔不已。可惜说出口的话如同泼出去的水，再也收不回来了。

工作场合，把自己的私人问题圈起来当成商务话题的禁区，轻易不让公域场上的人涉足，其实是非常明智的一招，是竞争压力下的自我保护。“己所不欲，勿施于人。”如果你不先开口打听别人的私事，自己的秘密也不易被打听。

千万别聊私人问题，也别议论自己公司或客户公司里的是非短长。你以为议论别人没关系，用不了几个来回就能“烧”到你自己头上，引火烧身，那时再“逃跑”就显得被动了。

家庭财产

不是你不坦率，坦率是要分人和分事的，从来就没有不分原则的坦率，什么该说什么不该说，心里必须有谱。

就算你刚刚新买了别墅或利用假期去欧洲玩了一趟，也没必要拿到宴会上来炫耀，有些快乐，分享的人越少越好。

无论露富还是哭穷，在宴会上都显得做作，与其讨人嫌，不如知趣一点，不该说的话不说。

低俗笑话

有些人为了活跃气氛，喜欢说一些低俗笑话，实在是不雅的做法，造成对方的尴尬。除了尽量避免说低俗笑话外，还要学会如何应付对方向你开黄腔。许多女性对于男同事的黄腔采取好言相劝或不理不睬，装作自己“耳背”没听见，这样会使男同事认为你软弱好欺负。理想的方式是巧言以对，既对他们的话表示抗议，又运用机智和幽默的口吻含蓄地进行还击。识趣的男同事会自讨没趣地走开。

千万别装作听不懂，越是听不懂，对方基于捉弄的心理，越会说给你听。如果无法阻止对方住口，干脆起身避开，来个耳不听为净。

警惕有失礼仪的交谈方式

有急事打断他人的谈话时，则务必要先讲一句“对不起”。

以下几种方式是不合礼仪的：

在交谈之中“闭嘴”

所谓的“闭嘴”，是指交谈中一言不发，从而使交谈变相地冷场，导致不良的后果。在交谈对象侃侃而谈的过程中，自己始终保持沉默，会被视为对交谈对象的话不感兴趣。本来双方交谈甚欢，一方突然“打住”，会被理解成对对方“抗议”，或对话题感到厌倦。

所以，但凡碰上无意之中所出现的交谈“暂停”，商务人员一定要想办法尽快地引出新话题，或转移旧话题，以激发交谈者的情绪。

转换话题也需要一定的技巧，最好能不着痕迹，巧妙自然地将对方导向新话题；而成功运用这个要领的关键，则在于会话双方对新的话题应当有较多的共同语言。

这样，会话才能拓展交谈天地，维持融洽气氛。为此，在有意转换之前，充分估计对方心态和审慎选择比原来话题更有新意的、在需求上更能满足对方的话题，无疑十分重要。

在交谈之中“插嘴”

所谓“插嘴”，是指在他人讲话的中途，突然冒出来插上一句，打断对方的话。

商界人士在一般情况下，都不应该打断他人讲话，上去插上一嘴，这样有喧宾夺主、自以为是之嫌。如果确实想对他人所说的话发表见解，也需要等对方把话讲完。

如果打算对他人所说的话加以补充，应先征得其同意，先说明“请允许我补充一点”，接下来再插话。不过插话不宜过长、次数不宜过多，免得打断对方的思路。有急事打断他人的谈话时，则务必要先讲一句“对不起”。

当与不相识者、异性、长者或上司交谈时，更不宜“不邀而至”，上去就插上一嘴。

在交谈之中“杂嘴”

交谈之中的“杂嘴”，就是语言不标准、不规范。比如说，在国内的商务交往中，应使用汉语普通话，因为它是国人彼此之间理解与沟通的最佳手段。如果开口方言，闭口俚语，不仅可能被他人误解，弄不好还会被视为做人不够真诚。在对外商务交往中，应使用双方均能够接受的语言。

商务宴会的沟通技巧

餐桌是交流感情、拉近彼此距离的一个重要场所，聪明的人在餐桌上要巧说话，拉近彼此之间的距离。

无论在哪个国家，参加宴会决不只是为了吃东西，而是在交流。既然是交流，就少不了要说话，那么餐桌上应当怎样说话呢？

在正式用餐之前，通常主人会先招待客人喝点餐前酒，吃些小点心，一方面开开胃，另一方面也可等到客人来齐了再上桌。这是你与其他客人建立联系、交流信息的最佳时刻！不妨趁此机会主动与其他人交流，帮助主人照顾好别的客人，使聚会的气氛更加活跃。

在一场由营销业人士参与的宴会上，幽默的宴会主持人说：“我们得先规划一下市场，大家千万不要喝出状况了，请各位先对自己做好定位啊！”宴会上少不了作自我介绍，刘先生第一个开口：“我来做一下前期话题营销吧！”老朋友李先生也站起来：“来来来，我们做个联合话题营销，一起推销吧！”其他人一听，乐了：“你们蛮会做关系营销嘛！不过，可千万别搞恶性竞争啊！”

并非每个人都有新闻发言人那样的口才，也不可能“上知天文下知地理”，所以在与人交流时，难免会遇到一时答不上来的问题，这时不要感到太难为情，也不要不懂装懂，应该先弄清楚对方的意图，然后尽你所能地帮助对方解疑释惑。

不管是商业交流，还是朋友聊天，都要注意语言表达的得体。同时，要尽量使自己的语言表达具有幽默感，营造一个和谐、轻松、愉悦的氛围。

点菜是一项“硬功夫”

如果你是作为赴宴者出现在宴席上，在点菜时，不应该太过主动，而要让主人来点菜。

点菜是摆在众人面前一道严峻的选择题。如果菜点安排太少，会怠慢客人；反之安排太多，则会造成浪费，引起他人误解。所以，点菜是一个人饮食文化修养的集中表现，是一项复杂的工作，值得大家探讨。

作为请客者，若时间允许，应等客人到齐之后，将菜单给客人传阅，并请他们来点菜。当然，如果是公务宴请，要控制预算，最重要的是要多做饭前功课，选择合适的请客地点非常重要。一般来说，如果由你来埋单，客人也不太好意思点菜，都会让你来做主。

如果你是作为赴宴者出现在宴席上，在点菜时，不应该太过主动，而要让主人来点菜。如果对方盛情要求，你可以点一个不太贵、又不是大家忌口的菜，最好征询一下同桌人的意见，特别是问一下“有没有哪些是不吃的”，或是“比较喜欢吃什么”，要让大家有被照顾到的感觉。点菜后，可以请示“我点的菜，不知道是否合几位的口味”“要不要再来点其他的”，等等。

点菜水平的高低直接影响进餐的心情和氛围，在点菜时一定要做到心中有数，牢记以下三条原则：

第一，一定要看人员组成，人均一菜是比较通用的原则。如果是男士较多的餐会可适当加量。同时，要看菜肴组合。一般来说，一桌菜最好是有荤有素，有冷有热，尽量做到全面。如果桌上男士多，可多点些荤菜，如果女士较多，则可多点几道清淡的蔬菜。

第二，若是普通的商务宴请，可以节俭些。如果这次宴请的对象是比较关键的人物，则要点上几个够分量、拿得出手的菜。

第三，点菜前要对价格了解清楚，点菜时不应该再问服务员菜肴的价格，或是讨价还价，这样会让你在对方面前显得有点小家子气，而且被请者也会觉得不自在。

中餐宴席菜肴上桌的顺序，各地不完全相同，但一般普遍依循下列六项原则：即先冷盘后热炒；先菜肴后点心；先炒后烧；先咸后甜；先味道清淡鲜美，后味道油腻浓烈；好的菜肴先上，普通的后上。一般情况下，点菜也要遵循这个顺序。

得意忘形是大忌

成大事者不会轻易受情绪制约，纵使有厌恶与愉悦的心情，也绝不会轻易流露出来。

人生中有许多得意事，比如事业有成、乔迁升职等，这些当然是值得庆贺的，但这种庆贺应适可而止，切忌得意忘形而无所顾忌地表现出自己的喜怒哀乐。特别是在言辞上，那种“上嘴唇顶天，下嘴唇顶地”的高谈阔论，还是少一些为妙。因为在你的身边，还有一些失意的人，你的张扬会引起他们的心态失衡，以至于给你带来麻烦。在失意的朋友面前，更要注意自己的言行，只有在言辞上低调，才能融入朋友之中，从而更好地呵护友谊。

一只野兔被老鹰捉住了，大哭大叫。这时，一只乌鸦飞了过来，得意忘形地对野兔说：“你平时不是跑得挺快吗？这次怎么不跑了？看，还是我们有翅膀的好啊。”接着便大谈自己有翅膀的好处，还手舞足蹈起来。正在这时，另一只老鹰突然飞下来捉住了它，它将有和野兔一样的命运。野兔在断气之时，对乌鸦说：“啊，你方才还在为自己的平安而得意忘形，现在你也该哀叹和我有着同样不幸的命运了吧！”

一个人的心里再怎么高兴，也必须加以控制，否则，自己的心意岂不全被别人猜透了。喜怒形于色，易于冲动，思想偏激，生出的古怪念头，稍稍过量便会使我们的判断处于病态，使我们因失控而幼稚、肤浅。感情用事不会有好结果，你要做到不管是大顺之时还是大逆之际，都不会有人批评指责你情绪不稳定。

谨慎的人总是试图保持自我控制能力。成大事者不会轻易受情绪制约，纵使有厌恶与愉悦的心情，也绝不会轻易流露出来。对于极端厌恶的人，能把嫌恶之情深深隐藏起来，见面时，仍然显出十分亲善的样子，礼貌而诚挚地问候对方。

在交际中，感情用事，得意忘形，是人生之大忌。踌躇满志、春风得意，是人人向往的人生境界。如果被一时的得意冲昏了头脑，就会故步自封、停滞不前。要随时保持清醒的头脑，时刻反省自己，这样才能获得成功。

看准领导情绪，把握时机说对话

我们去商店买东西时会观察到营业员的推销方法。好的营业员不是一开始对谁都热情，他会找准你对商品已经表现出喜爱之情的时候适时向你推销。例如“这件衣服跟您的蓝色裙子很搭配，您穿上更显得皮肤白皙了”。这时候心花怒放的顾客多半会爽快地买下商品。

同样地，和领导说话时，下属的身份无异于商品推销员，只不过我们向领导推销的是我们的想法和理念。看准领导的情绪再适时说话，是向领导成功推销的主要秘诀之一。

刚毕业的高明怀着满腔热忱进入了现在的公司，他不仅天生好学，而且作为新人热情高涨，想尽快在工作中做出一番成绩，所以他每天都向领导请教，不仅请教自己的项目组长，而且常常直接去问部门经理。大家看见这个新人如此肯上进，都愿意毫无保留地教给他各种工作技巧。

这一天，项目组长张大姐正在上小学的儿子病了，接到班主任的电话，张大姐急坏了，跟领导请了假正收拾背包打算去学校接儿子去医院。碰巧高明有一张图纸看不懂，而这张图纸是张大姐画的，一定要请教她才行。

高明赶紧拦住了行色匆匆的张大姐：“张姐，这个图例是什么意思啊，我半天都没看懂。”

张大姐头也没顾得上抬，说：“小高，我得赶紧去孩子学校一趟，等我回来告诉你啊。”高明却仿佛没看出来张大姐着急的样子，仍旧紧跟了上去：“不行啊，您看这都 3 点了，等您回来都下班了，就一个小图例，您就现在告诉我吧。”

“你这孩子，真是的！”张大姐丢下这一句话，头也不回地走了。

高明还摸不到头脑。这时他决定直接去问经理，走到经理办公室门口却正好听见经理在发火："这么简单的一个报告，居然有6处错误，还有一个错别字，你的4年大学就是这样读的吗！"随后看见一位女同事脸色难看地抱着文件走出来。

高明紧跟着就进去了，把图纸往经理办公桌上一摊，指着图纸问："经理您看，这个图例是什么意思？"

正在气头上的经理没好气地说："学校制图课没学过吗，回去看教材！"

不明所以的高明只好灰溜溜地出来了，他问坐在身边的一位老同事："今天领导们都是怎么了？"

老同事意味深长地说："小高，先放下手中的图纸，好好学习一下怎么选择合适的时间跟领导说话吧。"

高明之所以接连在两位领导那里碰了钉子，原因就在于他没有找准和领导说话的时机，说的又都是当时领导不想听的话。我们可以想象，在张大姐那里，接孩子看病比教高明看图纸重要而且紧急；在经理那里，正为错误百出的报告发火的领导当然也没有心情指导高明图例的小问题，况且上一位挨批评的同事刚刚被经理认为在学校没有好好学习，高明无论如何不应该拿着书本上最基础的问题去问经理，正可谓是撞在枪口上了。

那么我们如何才能找准合适的时机和领导说话，做一名识趣的下属呢？

首先，在说话之前，要注意观察领导。正常情况下，领导的脸色既不会太阴沉也不会太高兴，而是面色平静，正在有条不紊地做自己的工作。同时还要注意观察环境，看是否有客人在领导的办公室里，是否有紧急情况正需要领导去处理，要先确定当时领导有时间、有精力和你谈话后再敲门进入领导的办公室。

其次，如果进入领导办公室后才发现领导情绪不好时，也不需要急于退出来。可以先给领导倒一杯茶，如果是平日里关系不错的领导还可以适当安慰几句。如得知了领导情绪不好的原因，可以尽量帮助领导解决问题。

当然，揣摩领导情绪，找准时机，挑领导感兴趣的事情说话，并不等同于整天察言观色、逢迎拍马，而是要掌握一种工作中和领导交往的方法，看准领导情绪，把握好时机说对话。

职场套路深，说话讲分寸

各类是是非非每天都在办公室里发生着，你可能是个很有正义感的人，忍不住要挺身而出“匡扶正义”；也可能是个外向的人，眼里看不惯嘴里要说出来；还可能是个闲事少管的人……但不管你是个什么样的人，都要和同事们日复一日、年复一年地相处下去。这就需要你掌握一些与同事有分寸地说话的方式，在他们中间塑造受欢迎和受欣赏的说话形象与风格。

与同事相处，也要讲究一定的分寸。话太少不行，人家会认为你不合群、孤僻、不善交际。话多了也不行，容易让别人反感，而且也容易让别人误解，认定你是个大嘴巴。所以说，既不多说一句，也不少说一句，才是与同事相处最理想的说话分寸。

如果，某部门主管与你十分要好，有一天，他突然向你求助，说他有一个计划希望与某公司合作，而你与该公司老板或有关人士十分熟稔，请你做中间人，向这位人士推荐一番，说几句好话。

不错，你与这人的交情很好，但是，你要切记：公私分明。

你不妨婉转、间接一些回答他，例如对方要求你伸出援助之手时，可以打趣地说：“其实这件事很简单，你一定可以应付自如的，被我的意见左右，可能不好。”这番话是间接提醒他：一个成功人士，必须独立、自信，而且，这样说也不会损及大家的情谊。

不管同事怎样冒犯你，或者你们之间产生什么矛盾，总之得饶人处且饶人。多一句不如少一句，凡事忍让一点，日后你有什么差错，同事也不会做得太过分，推你走向绝境。至于如何才能培养出这种豁达的情操，也是有办法的，比如让心思意念集中在一些美好的事情上，当你的报复或负面的思想产生时，叫自己停止再想下去！

与重要人物见面，说话时阵脚不可乱

重要人物也是人，与重要人物见面时首先要克服羞怯畏惧的心理，说话的时候才能不自乱阵脚。

很多人都有这样的困扰——在生活或工作中遇上了名人、领导或者对自己有帮助的重要人物，心里十分想迅速接近他们，进行一场融洽的交谈，但始终找不到一个突破点，或者交流过程中总觉得非常僵硬。其实，与这些重要人物交流也有一定的技巧。“大人物”也是人，他们也有和平常人一样的感情世界。

所以，与这些重要人物交往，不要有羞怯畏惧的心理，只要真正表现你内心的想法，你就能与任何重要人物开口说话。这一点是与重要人物交往最基本的要领。当然，要想顺利地与这些人进行交谈的话，我们还需要对不同类型的重要人物进行了解与分析，做足准备工作。

1. 与名人说话

名人往往比寻常人有更多的成就，而且也有各自的嗜好。当你准备去拜访某位名流时，你可以预先就谈话内容做点儿准备。遇到有名的作家、诗人、画家、音乐家等从事创作的人，我们可以准备一些他们感兴趣的话题来与他们探讨，因为这类人往往有广泛的兴趣。他们在社交场合或许不活跃，但往往也有启发人们思想的独到之处。与他们讨论一些问题，可以让他们将独特的见解表达出来。与这些人交谈，必须耐心，不要轻易动怒，也不要太热切，要温和、冷静和体贴。

在多数情况下，与名人谈孩子是不会错的。从孩子入手，谈话就容易进行，但要注意话题不要扯得太远，要适可而止，更不要试图打探别人的隐私。

2. 与专业人士说话

在社交场合中，我们不宜向各种有地位的专业人士要求提供免费的建议。即使你的问法很有技巧，那也是一种冒犯。你问得再有技巧也瞒不过专业人士的眼睛。各界专业人士的职务便是他们向客户出售的商品。我们应该在他们营业的时候咨询各种建议。

3. 与商务谈判对象的说话

（1）避免言行不一。不做夸张动作，或露齿强笑，给人留下矫揉造作、虚假的印象。

（2）多以答问的方式引出对方的需求，然后把他的问题加以澄清。往往一个问题可以传达一个人的思想，引导谈判的方向，使彼此更了解对方的立场与重点。

（3）注意倾听，分析对方的话，再加以回答。避免打断对方说话，或同他们唱反调，形成对立局面。

（4）谈判内容要有弹性，不要死咬住一点不放。要看情势而适时提出有创见的新方案。

与重要人物说话，最基本，也是最重要的是自然和真诚。有些人看到名人、富人等大人物只是一味地说些奉承话和空话，这是不能和对方交流愉快的。面对这些重要人物，你大可不必紧张，所谓的“重要人物”也像普通人一样，抵不过疲倦，也承受不住伤害。

第三章
懂心理，职场更成功

不可不知的职场硬道理

技能不是升迁的唯一砝码

诸多技术纯熟的雇员，似乎对于公司具有很大价值，但是每天又被公司所忽视，与之相反，获得晋升机会的职员其技术未必出类拔萃，他们只是花费了大量成本及时间，令公司认为自己远比其他人更值得信赖而已。

当然，技能与才干非常重要。但是有太多的职场人自认为自身职位安全，完全是拜技能熟练且工作努力所赐。不过，一定没有人告诉你人事部门及公司主管们早已就“技能问题”研究多年，他们并未说出有效雇用的真实用意。为什么呢？这是出于安全考虑。探讨技能是一个主观过程，如果他们对员工提出“你的技能或才干不适应公司此时的需求”，他们不会因此而起诉你。这种误导带来的严重后果是员工过于强调技能，但是技能与才干并不能完全保护你，也不是你未来职业生涯中唯一重要的因素。

即使你在公司中属于技术尖兵，但是若得不到上层信任，也会面临失业危险，你的需求同样得不到满足，你同样会走投无路。信任基于公司对于你的理解。无论公司怎样评价你，理解才是决定你的职位安全与否以及你是否具有价值的重要因素。

你感觉公司此刻会对你抱有怎样的看法呢？你的主管及高层

领导会对你作出怎样的评价？如果你并未感受到自己拥有工作动力，不清楚自己处于什么位置，亦未曾得到应有待遇，那么公司对于你的看法也许远不如你想象的那般好。

若要认清公司对于自己的看法，你就必须懂得去发现其动机。这涉及你对公司的真正保护对象、奖赏及价值持有怎样的认知，在形成正确认知的同时你亦可为自己竖起一面镜子，由此随时审视自己在工作场合中的行为。

站在雇主的角度上审视自身行为：你平时的行为看上去究竟是不是一个支持公司政策、保护公司利益所应有的？你平日的言谈举止给予人的感觉究竟是对公司具有强烈归属感并充满激情，还是只关心自己工资条上的数字？在他人眼中，你的行为与真实意图之间究竟是否存在差距？外界对于你的看法决定了你的职位安全系数。

假如你正在为一家视“保护”为己任的公司效力，在一次职业课程中，你遭遇到上司的骚扰，你声称要公开此事。当然，从法律上讲你完全有权利这么做，与此同时你却触犯了公司的秘密规则，为自己醒目地贴上了“公司的叛徒”的标签。

对于公司而言，它完全可以利用合法手段处理这种情况，甚至可以依据法律规定使你仍然居于原职，但是你将永远得不到信任。在绝大多数公司，出现这种情况将意味着你的这份工作就此结束。而这件事之后，大部分公司必然会尽快将你清除。他们绝不会因为维护一个将自身利益看得比保护公司利益还要重要的雇员，而将公司置于危险境地。

然而，如果你选择私下处理此事，未使公司处于窘迫境地，亦不致令公司为之付出昂贵代价或耗费大量时间，那么你仍然可以继续安心地在这里工作。

公司的这类行为令许多人为之异常恼火，看上去也非常不公平。但换个角度思考一下，如果你是老板，也不会发表公开声明使公司陷入困境之中，除非该问题确实非常严重，没有其他的方法可以解决。同样，如果你身为既得利益者，也会采取这种做法。为什么呢？因为一旦通过烦琐的法律手段解决问题，其产生的负面作用要远远超过私下解决带来的不适感。即便绕过正式法律程序，公开解决依然需要耗费大量金钱，还会耗损高层领导的时间成本。所以你必须使自己持有这样一种认知：要关心自己公司及其收益人的利益，而不是只关注个人利益及感受，这两者之间存在重大区别。

将自身利益置于公司之上，就等于为自己贴上“自私者”的标签。公司不会再信任你，亦不会继续在你身上进行投资。倘若你已经陷入类似状况中，客观地询问一下自己，如果你是雇主又该怎样处理类似问题，如此一来你便会明白自己应该怎样去做，如何去应对自己所面临的挑战。你将自身决策与公司利益联系愈深，公司对于你的印象就会越好，你在公司的位置便会越有保障。那么，你要如何才能看出自己这样做的效果呢？事实上，那些能够站在公司角度看问题的雇员已经得到了认可——赞赏及升迁，即使他们的技能并不是最好的。

任何一个人都可以去学习工作技能。公司需要的绝不仅仅是技术，他们所要寻找的是能够全心全意维护公司利益的人，而其唯一的判断标准就是你的外在举动——日常行为。

聪明过头并非明智之举

职员往往认为，正是出于自己的聪明才智公司才对其加以雇用的，因此他们急于表现自己的知识和阅历，毫不吝啬地大提建议、畅言自身想法，但在公司看来，这些提议除了对现实工作不满外，毫无其他意义。

难道公司不希望得到聪明的员工，借以改进自己的工作方式？是的，准确地说，这样的公司至今为止尚未诞生。

张阳明怀着激动的心情开始他的工作生涯，他急于向老板展示自己对此行业以及所负责项目的了解。他是因为对此行业具有丰富经验才受到公司聘用的，并且这一领域对于公司而言尚很陌生。公司上司看上去对张阳明十分满意，在其入职的第一天便向他咨询问题，随即又告诉他，倘若有任何的建议，不要犹豫，尽可大胆提出。由于急于表现自己的能力，张阳明严重误解了上司的意思。

他发现该部门在组织方式、任务分配，以及项目执行上均存在诸多问题，自认为公司必然希望他能够将此提出。为了引起公司注意，他开始频繁地公开提出自身建议，急于获得老板的好感。不幸的是，他所面对的是一位极力使一切按部就班的上司，他当然不会对张阳明的建议产生兴趣。

张阳明感到非常惊奇，因为上司不再重用他。令他更为诧异的是，上司非但没有采纳自己的建议，反而将他调往另一部门。张阳明并不喜欢新的部门，在那里，他一点技术基础都没有。处于陌生领域，张阳明感到毫无希望可言，而他的工作表现也极为糟糕。一年之中一切完全变了模样，他初来时所期待的荣耀与机遇并未如期而至。

职员有时会在会议上纠正老板的错误；为使事情发展更好而贡献另类策略，指明如何改进流程，等等。

这些行为非常不理智，因为公司并不希望你只是表现出自己的聪明才智，除非你能够对老板表现出足够的尊重。

员工总是希望与同事分享自己的观点，最大化地表现出自己的能力和经验，为公司面临的问题提供各类解决方法。

在你准备表现自己的聪明才智时，不要将注意力从上司身上移开，不要认为自己会比上司更高一筹。即便你确实能够做得更好，也要通过合适的方式表现。倘若自己做不到这一点，那么就应该换一种形式。公司只会鼓励那些利用自身聪明才智支持上司的员工。

表现自身聪明才智的合适方法：

只有在被问到时才提出建议，永远不要自告奋勇。

应记得对于上司此前的努力给予充分尊重与欣赏。就处事方法而言，每个人都会具有不同见解。因此公司必须安排一个人负责最后决策，他就是你的老板。所以他们一旦开始工作，你便必须尊重并支持其一切行动。除非老板向你征求建议，或者要求你帮助他们开展抑或改进其工作。

如果你准备提出某事的整改建议，确定上司能够给予你足够信赖。你所提出的任何建议均应自“有利于团队整体发展”的角度出发，而并非是个人荣耀。你的上司清楚下一阶段该怎样去做，该怎样去补偿你——一个更好的职位在等待你呢。

表现自身聪明才智并不是为了使自己“冒尖”或者引人瞩目，而是为了赢得老板永远的支持。

一旦你成功证明自己值得信赖，并且是团队中不可或缺的一员，他们便会恳请你提出建议。这时你的上司将会为倾听你的良策作好一切准备，并全力对其加以支持。

认清升职加薪的充分条件

努力工作是升职的必要条件，但请记住这不是第一条件。如果你不懂得适当地表现自己，那就是在堵死自己的成功之路。

努力工作是成功的基础，但不是获得成功的充分条件。人们应该学会经营自己，这是成功的推进器。有时候，表现自己更关键，特别是当你顺利完成一件工作后，让老板知道你的贡献更重要。

越是大的公司，竞争越激烈，出人头地越难。现实中我们常会看到一些人在一个公司一干就是几年，为公司作出了很多的贡献，但得不到老板的重用。在现实社会中，光是埋头做事是不够的，想要有一番作为，既要能埋头苦干，又要懂推销自己。

有人将各种影响事业成功的因素作了如下的划分：工作表现只占 10%，给人的印象占 30%，而在单位里曝光机会的多少则占 60%。你工作做得好不一定就可以获得更多的奖励。晋升加薪的关键在于老板知道你的存在和你工作的内容，以及你在单位里的地位和影响力有多大。所以，在适当的时机，找到表现自己的方式，巧妙地让老板看到你的努力，可以让你少走一些弯路，及早得到老板的赏识。

有的人常犯的一个错误就是相信只要自己努力工作，总有一天老板会发现自己的努力的。这些人犯了主观认识的错误。老板每天有很多工作要做，很有可能忽视你的努力。如果你不懂得适当地表现自己，那就是在堵死自己的成功之路。

在外贸公司工作的郭嘉嘉最近一段时间比较郁闷。几个月前，公司进行人事调动，那些和自己能力、业绩不相上下的同事都被提升了，调到更有发展前景的职位上工作，甚至刚进来的一个新员工也被调到了比较好的岗位，但她仍是一没升职二没加薪。

其实，郭嘉嘉是一个非常有才气的人，但她的性格有点内向、敏感，还有一点不自信，在平时的工作中只顾着埋头苦干，很少与上司去沟通、交流。有些同事好心提醒她要多在老板面前表现表现自己，使领导对她有所重视，但她不以为然，反而觉得这样有意地与领导接近不是很好，认为只要自己将领导安排的工作认认真真地做好了，总有一天老板会看到的。

敬业、勤奋的员工是为任何一个老板所欣赏的，努力工作是升职的必要条件，但请记住这不是充要条件。有的时候要想尽方法让老板知道你的努力。谁不想在事业上有更多的收获？所以想得到老板的器重，升职加薪，就不要仅仅闷头做事，还要适当地表现自己。

吃苦耐劳，努力工作是你的优势。我们也不能否认，很多人获得成功是努力打拼出来的，但是努力工作不等于埋头苦干。努力工作是你成功的基础，适当地表现自己可以增加你在老板心中的价值和地位。

如果你真的是一个有能力的员工，得到老板的赏识，不仅可以使自己的事业上一层台阶，也会为公司创造更多的价值。

在职场上你做了很多，当然有权利让别人知道你做了什么。人在职场切不可只做一个沉默的智者，一副让人猜不透、不屑与人交流的样子，更不能做一个只会闷头做事不会为自己“叫好”的傻子。当然，这种表达要尽量委婉，不要因为急于表现自己而伤害到同事。

懂得适当地表现自己体现了一个人的综合素质。职场如战场，你要想找到理想的职业前途，要想打造一份理想的职业生涯，享受取得成功的喜悦，必须学会经营、推销自己。成功不是偶然，而是需要精心的准备。

不要被动等待伯乐，职场只能靠自己

现代社会人才济济，竞争激烈，机遇转眼即逝，若是日日苦等“伯乐”来发现，大好时机很快就灰飞烟灭。每一个人只有大胆地做自己的伯乐，才不会被埋没。

在职场生活中，凡是顺境时教导新人、欣赏其长处，或者逆境时无条件表示支持的人都可以作为“伯乐”。在职场中，伯乐通常指发现、推荐、培养和使用人才的人，比如招聘经理、上司。能够帮你指点迷津的人从某种层面讲也是伯乐，同事，客户，甚至萍水相逢的人也许都能做到这一点，助你一臂之力。

初出茅庐的职场新人，对职场缺乏了解，对工作也不熟悉，在日常工作中遇到棘手的任务，如果有个伯乐在旁边指导，“修行”将远比依赖自身尝试、磕碰的效率来得更高，而且会获得更加长足的进步。

“世有伯乐，然后有千里马。”一千多年前韩愈就精辟地论述了“伯乐”与“千里马”的关系，人们知道了伯乐对人才的重要性。受这种观点的影响，众多“千里马”都渴望“伯乐”把自己挖掘出来纵横天下，在“人治”的封建社会，伯乐对于“千里马”确实有着举足轻重的作用。可是“千里马常有，伯乐不常有”，残酷现实让众多的千里马只有“骈死于槽枥间”，一生碌碌无为，无所作为，实在是可悲可叹！

今天这个开放、民主的社会，“伯乐”可以让“千里马”少吃苦走捷径不容置疑，但是“伯乐”也已经不是“千里马”能否“出道”的决定性因素了。所以。假如你是“千里马”的话，要相信“是金子就会发光”，要把握好机会，做自己的伯乐。

某人上班上到无聊，便想到人生的虚无，从此痛不欲生。一天，他决定自杀。他来到一片空旷的野地里，给自己挖了一个坟。他看这坟太光秃，便在周围种上树木和花草。种啊种，他渐渐迷上了园艺，醉心于培育各种珍贵树木和奇花异草。他的劳作终于吸引来一批又一批的游人。

有一天，这个人听见一个小女孩问她的妈妈：“妈妈，这是什么呀？”妈妈回答：“我不知道，你问这位叔叔吧。”

小女孩的小手指着这个人从前挖的坟坑问他那是什么，这个人脸红了，他想了一想，说：“小姑娘，这是叔叔特意为你挖的树坑，你喜欢什么，叔叔就种什么。”小女孩和她的妈妈都高兴地笑了。

点石成金的职场，上帝是没有的。如果一定要寻找，它其实就是你自己。我们只有做自己的伯乐，不断发展自身潜能，从灵魂深处“钻探”出生命底蕴中的清泉，唤醒潜意识中的大智慧，使之焕发出超常的生命原动力，职场命运才会服从于你。

在职场中，别人是一面镜，你便是镜中的风景；别人是一堵墙，你便是墙外的世界。没有理由欺骗自己，没有理由否定自己，自己是一棵松，就该具有松的高大；自己是一座山，就该具有山的威严。做自己的伯乐，即使自己是一道残景，也应努力让阳光撒落。

做自己的伯乐，我们才能始终保持一颗闲适的心，从容应对人生的跌宕起伏。做自己的伯乐，不断钻探出自己的潜能，我们终会拥有化蛹成蝶、迎向朝阳的那一天。

意识不到危险是最大的危险

职场中没有永远的红人，也不可能永远以逸待劳。职场中的危机感是职场人进取心的源泉，也是职场人成长发展的重要动力。一个失去了危机感的员工会变得安于现状、裹足不前，等待他的就只有被淘汰的命运。

在谈论职场危机感之前，让我们先来看一个著名的实验。

19 世纪末，有人将一只青蛙放在煮沸的大锅里，青蛙立即窜了出去。后来，人们又把它放在一个装满凉水的大锅里，然后用小火慢慢加热，青蛙虽然可以感觉到外界温度的变化，却因惰性而没有立即往外跳，直到后来热度难忍失去逃生能力而被煮熟。

经过分析，科学家们认为，青蛙第一次之所以能逃离险境，是因为它受到了沸水的剧烈刺激，第二次由于没有明显感觉到刺激，因此，这只青蛙便失去了警惕，没有了危机意识，它觉得这一温度正适合，然而当它感觉到危机时，已经没有能力从水里逃出来了。

后来，这个实验的结论被人们称为青蛙效应。青蛙效应告诉我们：一个人要想不像青蛙那样在安逸中死去，就必须要保持危机意识。在现实生活中，危机是个人成长的信号。如果安于现状，看不到自己所面临的竞争和危机，那么你必定会被未来社会所淘汰。一个人应当让自己跟得上时代前进的步伐，要学会和自己比赛，每天都要淘汰掉那个已经落后的自己。如果你不主动去淘汰自己、超越自己，那么你必将被别人超越和淘汰。

很久以前，恐龙和蜥蜴共同生活在古老的地球上。

一天，蜥蜴对恐龙说，天上有颗星星越来越大，很有可能要撞到我们。恐龙却不以为然，对蜥蜴说：“该来的终究会来，难道你认为凭咱们的力量可以把这颗星星推开吗？”

几年后，那颗越来越大的行星终于撞到地球上，引起了强烈的地震和火山喷发，恐龙们四处奔逃，但最终很快在灾难中死去。而那些蜥蜴则钻进了自己早已挖掘好的洞穴里，躲过了灾难。蜥蜴的聪明之处，在于知道虽然自己没有力量阻止灾难的发生，却有力量去挖洞来给自己准备一个避难所。

这虽然只是一个寓言故事，却给每一个职场人士都带来了很好的警示和启迪，故事中的灾难在我们身边也会发生。随着时代的变化和企业的发展，企业对于员工的要求越来越高。职场中，很多人都听说过这样的话，“今天工作不努力，明天努力找工作”，“脑袋决定钱袋，不换脑袋就换人”。如果不提前为自己的未来作好各种准备，不努力学习新知识，那么，正如故事中的恐龙一样，被淘汰的命运很快就会降临到你的身上。如果你不主动淘汰自己，最后结果就只能是被别人所淘汰，哪怕你已经是公司高管，也不会例外。

新年上班第一天，某公司的销售副总汤姆斯就收到一封公司的辞退信。

尊敬的汤姆斯先生：

非常遗憾地通知您，经过董事会的讨论，本公司已经决定与您解除雇佣关系。请速到财务部和人力资源部办理相关手续。

董事会

汤姆斯感到非常困惑，自从他担任销售副总以来，一直兢兢业业地工作，虽然几年来销售业绩不太理想，但基本上都能保持递增状态，为什么突然就被炒鱿鱼呢？于是，疑惑的汤姆斯敲开了总经理办公室的门。

面对他的疑问，总经理告诉他，公司辞退他的原因并非因为去年业绩不理想，而是担心今年的业绩会更糟。公司人力资源部对威廉的评估表明，汤姆斯的工作态度和管理能力都没有问题，但由于缺乏危机意识和进取心，不能及时掌握领域新动态，所以董事会一致认为他无法应付今年激烈的竞争状况。

在竞争日益激烈的当今职场，不是自己淘汰自己，就是被别人淘汰。一个主动超越自我、淘汰自我的人一定是一个充满危机感的人，正是这种危机感成为他们不断超越自我的动力。相反，一个骄傲自满的人一定是很少有危机感的人，这样的人只会故步自封，一生也很难有很大的作为。我们只能主动出击，抓住一切机会提高自己，让自己逐渐强大，否则将会失掉竞争和生存的能力，留给自己的只有满腹的遗憾。

价值是一个变数，也会随着竞争的加剧而“打折”，今天，你可能是一个价值很高的人，但如果你缺乏危机意识，故步自封，满足于现状，明天，你的价值就会贬值，面临生存危机。

东明是某公司的一名员工，他刚到公司的时候非常努力，加上聪明能干，年轻好学，很快就成了老板面前的“红人”。老板非常赏识他，进入公司不到两年，东明就被提拔为销售总监，工资一下子涨了两倍，还有了自己的公司配车。

刚做上总监那阵子，东明还是像以前那样努力勤勉把每件事情都做得尽善尽美，并且经常抽出时间学习，参加培训，弥补自己知识和经验方面的不足。但是时间长了，经常会有朋友对他说：“你犯什么傻啊？你现在已经是总监了，还那么拼命干吗？要学会及时行乐才对啊，再说老板并不会检查你做的每一件事情，你做得再好，他也不知道啊。”

这样的话，一次两次听到，东明还含笑不语。但是在多次听到别人“犯傻”的话后，东明也开始盘算起来，慢慢地，他开始变得“聪明”起来了，不但学会了投机取巧，还学会了察言观色和想方设法迎合老板。如果他认为某件事情老板要过问，他就会将它做得很好；如果他认为某件事情老板不会过问，他就不会做好它，甚至根本就不做。东明不再把主要的心思放在工作上，也放弃了很多的学习计划，他已经逐渐不再是以前勤奋努力的那个东明了。

终于，在公司的一次中高层领导会议中，老板发现东明隐瞒了工作中的很多问题。在年底的业务能力考核上，他也有几项考评成绩也大不如前。失望之余，老板忍痛把东明解聘了。东明也为自己的堕落悔恨不已。

生于忧患，死于安乐，一味沉湎于过去的成绩，躺在过去的功劳簿上不思进取，只能让自己停滞不前，很可能像东明那样从云端跌落。一个个本来很有前途的年轻人就因为丧失了危机感，而失去了事业发展的大好机会，真是一件让人遗憾的事情。

必须跨过年龄的“障碍”

公司信赖那些能够跟随时代发展的员工，他们希望自己的员工思想超前、具备时代意识。如果员工看起来已然“落伍”，他们则会担心公司也会随之落伍。

公司不会直接提出你的年龄问题，但是一旦涉及晋升或退休，年龄确实是一个非常重要的影响因素。但是，令人感到吃惊的是，年龄考量并不是针对你的实际年龄产生的，而是受处理某事时你表现出的心态老迈与否所影响。

事实是，年龄问题不会影响你的事业，除非你出现了什么过错，令公司将你的错误与年龄联系起来。此时你需要了解的是雇主究竟害怕什么，以及对此该如何加以应付。

对于年轻员工来说，公司非常重视年轻雇员的热情、激情、新颖活跃的思维、旺盛的精力以及相对较低的支付成本。但是他们同样惧怕诸多问题，希望你能够避免以下这些状况出现在自己身上。

避免表现出不成熟的一面

公司的主要决策者必然要年长于你，并且对于你们这一代人所追求的时尚不会表现出令人愉悦的宽容。为了博取他们的信任与支持，你的表现必须令他们感到满意、舒适，而不是我行我素。这就意味着你需要避免穿着过于新潮的衣裤，避免俚语以及蓄留彰显年轻的长发（无论男或女），避免文身与佩戴过多饰品，避免在办公桌上摆设孩子气十足的饰品。为了获得他人的尊重，无论为之付出多少时间及精力，你都要与自己所扮演的职业角色保持一致。

对于工作要极度认真负责

公司往往认为年轻雇员轻浮、易于分心、不负责任。因此，作为一名年轻职员，你必须极尽所能地表现出一副专心负责的态度。那么该如何去表现呢？提前15分钟来到公司，推迟15分钟离开公司，无论付出怎样的代价，都要准时、圆满地完成工作任务。最后一定要记住，圆满的人物应该以公司满意的方式完成，而不是依照自己的标准。

应该认识到热心的建议也可能被视为威胁

年轻职员总是带着豪迈的激情及伟大梦想登场，准备征服整个世界，至少也要重组公司。公司非常喜欢这份热情，但是同时也会被其他因素所吓倒。你不能在自己尚未具备改革权力的情况下，便疾风骤雨般地改变自己认为需要更改的东西。你应该通过尊重公司高层决策、学习商业流程，来证明自己的能力，借以赢得必备的权力。倘若没有经过上述准备，你的激情只会被视为威胁。

作为一名年轻员工，潜在的层级制度会令你处于不利位置，但是对此你也只能顺其自然。年轻职员即使已经具备相应能力，并曾作出过一定贡献，亦可能无法成为主管。幼稚的行为及外表往往会成为年轻职员进入高层的障碍。

对于老员工来说，公司十分看重老员工的经验、知识、专业精神、协调性及稳健的性格，但同时也会担心老员工过多，公司会因此失去机动性，思想停滞不前，并会为老员工的健康问题感到顾虑重重。

注意保持一个健康的形象

担心健康问题是公司针对老员工产生年龄焦虑的首要原因。你应该怎样做才能避免这一问题影响自己的工作状况呢？非必要情况绝对不要请病假，在工作场合中不要谈论自身健康问题。听起来也许会令人感到有些震惊，如果有可能，年纪大的员工尽量将自己的病假次数控制在公司限定范围的一半以内。当然，这会使老员工感到非常郁闷，但是千万要牢记一点，无论法律怎样规定，保持一个积极的形象对于保住自己的工作，可谓至关重要。

不要被时代抛弃

一定要确保自己走在技术及商业潮流的前端，尽量避免发表过时言论，诸如“在我那个时代”“我就是不善使用电脑”或“我已经追赶不上当今潮流了”，等等。公司信赖那些能够跟随时代发展的员工，他们希望自己的员工具备现代意识、思想超前。如果员工看起来已然“落伍”，他们则会担心公司也会随之落伍。

塑造一个良好形象

公司认为员工的外表是其思维的外化方式，穿着过时衣装会被人看作是思想过时。不要佩戴一副20世纪70年代的眼镜或是身穿十年之前的服装，无论你在工作上的表现如何优秀，过时的外在装扮都会令人感觉你非常落伍，因而你便会被当作阻挡公司前进的绊脚石。倘若你不清楚老板对于自己此时的形象持有怎样的看法，那么可以请一位设计师帮助自己评估一下衣着装扮，或是请他帮助你塑造一个全新形象。而在工作技能方面，每间隔五至六年需进行一次创新。

成就只代表昨天

如果人们让昨天的成就如铁一般死死裹住自己，便不可以全身心地投入到现在的工作中。把过去的事情都清空、归零，我们就不会成为职场上那只背着重壳爬行的蜗牛；把过去“归零”，我们才能像天空中的鸟那样轻盈地飞翔。

一位媒体工作者，因原单位不景气跳到另一家媒体，却发现没有想象中那么好。由于两家媒体的性质和方向截然不同，她以为根本不可能有啥交集，就随口抱怨新公司福利待遇平平，还炫耀似的说："以前我们单位经常组织大家出去玩，同事关系亲如一家。"

没想到，她以前的媒体做了一个选题，恰巧和他们正在策划的选题思路一模一样。这下好了，从老板到同事都认为是她告密的，觉得她是以前公司派来"卧底"的。现在，她已沦为公司边缘人，不得不准备下一次跳槽了。

在职场中，常有一些人喜欢对别人炫耀以前的往事，拿现在的公司和以前的公司相比。他也许并不知道，这是非常危险的举动，无论是让同事还是公司领导听到，这无疑都是一个愚蠢的行为，是不讨好的。

在工作中，不管做任何事，都应将心态回归到零。把自己的位置摆正，抱着学习的态度，将每一次任务都视为一个新的开始，一段新的体验，一扇通往成功的机会之门。千万不要视工作如鸡肋，食之无味，弃之可惜，结果做到心不甘情不愿，于公于私都没有益处。

现代公司犹如店铺，人来人往，进进出出，与你同事的人有可能在这里做了五年以上，更有可能三年内换过五家公司。对于你身边的同事，你真的了解他们吗？

和同事朝夕相处，无论是有心还是无意，你会聊起别人的陈年往事，或者自己的光辉历程。下面的谈话内容，是值得细细推敲琢磨的。

"我以前的公司人才济济，海归啊、MBA 啊，遍地都是，我们团队的人都特别牛，为了搞定一个大项目，大家两天两夜没合眼……"这是自夸型人才的聊天术语。

"你在这里工作多久了，你以前在哪家公司做过？他家的待遇如何？你为什么决定转行呢？"这是八卦型人才的聊天术语。

"我以前的东家福利特别好，逢年过节什么都发，哪像现在啊，就算我离开了，以前同事聚会还经常叫上我，大家感情还是很好。唉，真怀念那种温馨的人际氛围。"这是多情型人才的聊天术语。

“我以前的那家公司，简直不是人待的地方！对员工是赤裸裸的剥削，没有半点人性。”这是无脑型人才的聊天术语。

自夸也好，八卦也好，讲话是你的权利，但最好考虑后果。自夸多了，会让人感到厌烦——既然你以前公司那么牛，你干吗还要跳到这里来；八卦多了，别人会对你加强戒心，谁愿意跟一个大嘴巴什么都说呢；追忆往事多了，别人会觉得你身在曹营心在汉，不满现状牢骚不断；抨击前东家力度大了，别人会觉得你是一个斤斤计较、小肚鸡肠的人，认为你不易交往和相处。

其实，很多人都在跳槽，但一个行业的交际范围往往就那么大，晃来晃去碰到的可能都是熟脸。就算你换了新公司，也会莫名其妙地和前尘往事攀上关系。所以，说话一定要留口德，给自己留够回旋的余地。

以往的日子包含了多少个昨天，昨天又有多少失败和成功的事情发生，没有人能够说清楚。但是人们应该记住，无论在逝去的昨天，你取得了多么辉煌的成就，你都不必为匆匆而过的昨天牵肠挂肚。

也许有的人会因为昨天的成就而沾沾自喜，但昨天是喜，明天也许是悲；昨天是甜，明天也许是苦，但昨天不代表今天，更不代表明天。人们应该学会把昨天的辉煌放到一旁，把经历过的成功抛到身后，不要陶醉在昨天而失去向前看的冲动。

如果人们让昨天的成就如铁一般死死裹住自己，便不可以全身心地投入到现在的工作中，让昨天的成就如美酒一般灌醉自己而不能精神百倍地迎接新的挑战。一个人只关注昨天的成败是相当愚蠢、相当糊涂的做法，这种被动工作的心态必然挡住了你的去路，遮住了你的天空，扼杀了你的自由与愿望！

每个人都希望自己在职场上有所作为，但不是每一个人都能对自己有一个清楚的认识。人的成长呈现了一种阶段性的特点，在任何一阶段，人们都要有合适的定位，都要从零开始，充分地认识自己，这样才会有更高的价值。

当你通过自身努力，充分认识自己，提升自我，自我价值才会得以实现。但是，你不能因此轻视别人，而是应该寻找自己在这个阶段还存在怎样的不足，把这些经验带到下一个阶段中。

开口说话前一定要用心思考

祸从口出

古语道：君子慎言，祸从口出。就是说，作为一个有德行的人，不要对人、对事妄加评说。有些事自己心里明白就行，有些话不经大脑考虑就顺口而出，容易失言，甚至在无意中伤害了别人，或者给别人留下反击自己的口实。说者虽无心，听者却有意的事，是最常见不过的。

古人曾说过这样一番劝世名言："十语九中未必称奇，一语不中则怒尤并集；十谋九成未必归功，一谋不成则訾议丛兴。君子所以宁默勿躁，宁拙无巧。"这段话的意思是说：做人要谨言慎行，即使十句话你能说对九句也未必有人称赞你，但是假如你说错了一句话就会立刻遭人的指责；即使十次计谋你有九次成功也未必得到奖赏，可是其中只要有一次失败，埋怨和责难之声就会纷纷到来。所以一个有修养的君子，为人宁肯保持沉默寡言的态度，不骄不躁，宁可显得笨拙一些，也绝对不自作聪明，也不会喜形于色。

有时你以好心规劝别人，不料却惹恼别人，轻则伤和气，重则引火烧身。一个人有缺点，有错误，你不妨指出来，让他改正，但前提是你必须了解他，知道他能接受你的批评。不然，你说也是白说。

俗语道：害人之心不可有，防人之心不可无。在言辞上，也应如是。为人过于忠厚，不存戒心，把心里的话都掏出来，逢人便是知己，也是不理智的。

阿黄忠厚老实，他刚到一个单位工作时，对公司的很多做法看不惯。他不是过于挑剔的人，只是一些事表现太明显了。于是，阿黄对几个平常关系还不错的同事讲，可别人总是附和，或想方设法把谈话引向深入，结果阿黄的一肚皮牢骚一字不差地传到单位领导的耳朵里。慢慢地，别人都不再与他交往了。阿黄呢，也把自己封闭起来了。祸已从口出，水已泼地上，还能收回来吗？

当人人都存有戒心时，会对别人说的话仔细品味，误解的时候很多。同样一句话，在不同场合，对不同的人，会产生不同的效果。

吕坤在《呻吟语》中说："到当说处，一句便有千钧之力，却不激不疏，此是言之上乘，除此虽十缄也不妨。"这是说，保持沉默比说许多废话有益处。

在办公室里，和同事每天见面的时间最长，谈话可能涉及工作以外的各种事情，"讲错话"常常会给你带来不必要的麻烦。与同事间的谈话，如何拿捏分寸就成了人际沟通中不可忽视的一环。

办公室不是互诉心事的最佳场所

有许多爱说话、性子直的人，喜欢向同事倾吐苦水。虽然这样的交谈富有人情味，能使你们之间感情变得深厚，但是研究调查指出，只有不到1%的人能够严守秘密。所以，当你的个人危机如失恋、财务超支等发生时，你最好不要到处诉苦，不要把同事的"友善"和"友谊"混为一谈，以免成为办公室的注目焦点，也容易给老板造成问题员工的印象。

办公室里最好不要辩论

有些人在说话的态度上有"不自觉性"的坏习惯，比如喜欢争论，一定要胜过别人才肯罢休。假如你实在爱好并擅长辩论，那么建议你最好把此项才华留在办公室外去发挥，否则，你在口头上胜过对方，就是损害了他的尊严。

不要成为“耳语”的散播者

耳语，就是在别人背后说的话，是沟通不良的后果。只要人多的地方，就会有闲言碎语。有时，你可能不小心成为“放话”的人；有时，你也可能是别人“攻击”的对象。这些耳语，比如领导喜欢谁，谁又有绯闻等，就像噪声一样，影响人的工作情绪。聪明的你，要懂得该说的就勇敢说，不该说的绝对不要乱说。

当众炫耀只会招来妒恨

有些人喜欢与人共享快乐，但涉及你工作上的讯息，譬如，即将争取到一位重要的客户，老板暗地里给你发了奖金等，最好不要拿出来向别人炫耀。

对不同的人说不同的话

见什么人说什么话，其实并不是为了讨好对方，而是尊重对方，为了与之更好地交流。以对方喜欢的方式与他交流，会让对方有一种被人接受，被人承认的感觉，更重要的是能达到自己的目的。

在交际中遇到不同的人要说不同的话，以便适合对方的心理，从而赢得对方的好感。只有赢得对方的好感，才可能获得所要获得的东西。这也是成大事的一大技巧。

跟人说话，先要明白对方的个性。对方喜欢婉转，应该说含蓄的话；对方喜欢率直，应该说急切的话；对方崇尚学问，就说高深的话；对方喜谈琐事，就说浅显的话。说话方式能与对方个性相符，自然能一拍即合。

要懂得“该文即文，该俗即俗”“到什么山上唱什么歌”。根据对象的不同而采取不同的言语方式，不会制造对立，产生麻烦。而有的人不分对象，心里想什么，就直接道出来，常常是说者无意，听者有心，不知不觉就冒犯了许多人，给自己无形中制造了很多不必要的麻烦，甚至制造成无可挽回的后果。

想要摆脱这种尴尬的场面，就要学会与不同对象谈话的技巧。

唐高宗李治要立武则天为皇后，遭到了长孙无忌、褚遂良等一大批元老大臣的反对。一天，李治又要召见他们商量此事，褚遂良说："今日召见我们，必定是为皇后废立之事，皇帝决心既然已经定下，要是反对，必有死罪，我既然受先帝的顾托，辅佐陛下，不拼死一争，还有什么面目见先帝于地下！"

李勣同长孙无忌、褚遂良一样，也是顾命大臣，但他看出此次入宫，凶多吉少，便借口有病躲开了。而褚遂良由于当面争辩，当场便遭到武则天的斥骂。

过了两天，李勣单独谒见皇帝。李治问："我要立武氏为皇后，褚遂良坚持认为不行，他是顾命大臣，若是这样极力反对，此事也只好作罢了。"

李勣明白，反对皇帝自然是不行的，而公开表示赞成，又怕别的大臣议论，便说了一句："这是陛下家中的事，何必再问外人呢！"

这句回答真实巧妙，既顺从了皇帝的意思，又让其他大臣无话可说。李治因此而下定了决心，武则天终于当上皇后。以后长孙无忌、褚遂良等人都遭到了迫害，只有李勣一直官运亨通。

职场中，你所遇到的人是各种各样的。因此，他们的心理特点、脾气秉性、语言习惯也各不相同，这些因素决定了他们对语言信息的要求是不同的。所以，不能用统一的、通用的标准语的说话方式来交流。置身于一个环境，必先弄清人和人的关系，弄清身边每个人的所好所忌，弄清人们喜欢听什么，厌恶听什么。说贴心的话，便可与其产生共鸣，拉近距离。

在与同事交往时，如果不了解对方，甚至连对方的姓名都没弄清，就不能信口开河，乱谈一通，那样很容易弄得对方不高兴，在以后的工作中也就无形多了一个障碍。

刚进公司时，你可能对你的同事和上司不甚了解，这时可以通过语言、工作环境、屋中摆放的物品来了解对方的性格，从而打开突破口，切入话题，可收到意想不到的效果。

一向精明的张胜非常生气，因为他最喜爱的一件新外套被洗衣店的人熨了一个焦痕。他决定找洗衣店的人赔偿，但麻烦的是那家洗衣店在接活时就声明，洗染时衣物受到损害概不负责。与洗衣店的职员做了几次无结果的交涉后，张胜决定见洗衣店的老板。

进了办公室，看到高高在上的老板面无表情地坐在那儿，张胜心里就没了好气。

“先生，我刚买的衣服被您手下不负责任的员工熨坏了，我来是请求赔偿的，它值1500元。”张胜大声地说道。

老板看都没看他一眼，冷淡地说：“接货单子上已经写着损坏概不负责的协定，所以我们没有赔偿的责任。”

出师不利，冷静下来的张胜开始寻找突破口。他突然看到老板背后的墙上挂着一支网球拍，心中便有了主意，

“先生，您喜欢打网球啊？”张胜轻声地问道。

“是的，这是我唯一的也是最喜欢的运动了。你喜欢吗？”老板一听网球的事，立刻来了兴趣。

“我也很喜欢，只是打得不好。”张胜故作高兴且一副虚心求教的样子。

洗衣店的老板一听更高兴了，如碰到知音一样与他大谈起网球技法与心得来。谈到得意时，老板甚至站起身做了几个动作，而张胜则在这大加称赞老板的动作优美。

激情过后，老板又坐了下来。

“哎哟，差点忘了！你那衣服的事……”

“没关系，跟您上了一堂网球课，我已经够了！”

“这怎么行！”老板招来一个年轻人，“小刘，你给这位先生开张支票吧……”

见什么人说什么话，其实并不是为了讨好对方，而是尊重对方，为了与之更好地交流。以对方喜欢的方式与他交流，会让对方有一种被人接受、被人承认的感觉。而那些不管对方好恶，信

口开河，甚至拉扯，会使双方产生不快，甚至厌烦，很难使双方意见达成一致。

就算被人误会，也不要急着立刻反驳

当上司或前辈情绪比较激动时，你最好耐心听完他的批评，之后再把自己应该说的话说出来。如果你急于反驳，他很可能会认为你态度恶劣。

通常即使我们确实有错，受到上司或前辈的斥责时还是会不高兴，甚至一张脸立即垮下来；如果是自己没有错，却无缘无故受到上司或前辈的批评呢？相信没有一个人能咽得下这口气吧！

绝大多数的人遇到这种情况，第一个反应绝对是气得跳脚，急着想为自己澄清，就怕自己被误会要背黑锅。不过，也因为遭受冤枉的心态使然，往往这时候反弹的力道以及辩驳的态度也会更加强烈，到最后即使洗刷了自己的冤情，却也因为情绪问题和上司闹得很不愉快。

刘华丽是公司里的前辈，有一次她被主管叫进办公室劈头就是一顿痛骂：

“你怎么做这么久了，还会出现这种小错？”

“这种很基本的处理程序也处理不好，像你这样还怎么带新人？”

“这就是为什么你都做了五年，还只是当基层，一点上进心也没有……”

斥骂的声音大到外面的人都听得一清二楚。

没想到这时候刘华丽突然重重拍了下桌子，开始回骂。虽然事后主管发现是自己弄错了，出错的并不是刘华丽负责的业务，但是也因为和她吵翻了，硬是把她调走了。

像这种情况，不仅是考验你情商的时候，事实上也是考验你会不会做人的时候。

主管犯了错，误会了你，如果你当着大家的面指正他的错误或是误解，那就让他没有台阶可下，到最后即使证明你真的是无辜的，他也可能会很尴尬。

因此，这时候你如果能一声不吭地忍受批评、接受批评，就是给自己也给对方预留退场的台阶。当主管最后发现是自己误会了你时，对你的印象会更好，佩服你的大气量。

因此，当上司或前辈情绪比较激动时，自己绝不能意气用事。有必要的话不妨做一下深呼吸，使自己冷静下来。

批评的一方（上司或前辈）应该也预想到了你会反驳，从而有了如何对付你的反驳的心理准备。因此，你最好耐心听完他的批评，之后再把自己应该说的话说出来。如果你急于反驳，他很可能会愈发变本加厉地批评你。耐心地听完批评，结果会好一些。

其次，在主管或前辈训斥完之后，也先不要急着反驳，最好去搜集所有相关资料，让文件和数据说话，这会比你空口驳斥要有力得多。有了这些客观的证据，上司或前辈才能对此事作出客观的分析和评价，进而冷静地回应你。

因为每个人都有强烈的自尊心，所以能虚心地接受批评是很难做到的。

要做个“会听”的人。首先，要深刻认识“听”在与朋友或其他人交谈时的重要作用。如果你深深了解“听”在交谈时的重要作用，在与别人谈话时，要表现出愿意与对方交谈的态度和诚意。与别人交谈时如果能做到“会听”，谈话双方就不易发生摩擦了。

有时候人们并不喜欢“真实”

有些人习惯直来直去，他们不管在什么场合，也不问对象是谁，不考虑会引起什么后果，心里有什么就说什么，结果无意中便冒犯了别人。

许多人都以为，有什么话就说什么话便是做人实在，可是物极必反，有时候人们并不喜欢真实。相反，过于实在，往往就成了死心眼儿的代名词。

有些人习惯直来直去，他们不管在什么场合，也不问对象是谁，不考虑会引起什么后果，心里有什么就说什么，结果无意中冒犯了别人。

某护士刚从医学院毕业，怀着满腔热情到市里的一家医院去实习。实习的第一天，指导她的医生让她到6床通知病人，把病情好好跟病人说一下，告诉病人只剩下6个月的时间了。

护士听完医生的话，就拿着6床病人的病历到了病房。一进病房她就大声喊道："6床的病人作好心理准备啊，你只剩下六个月的时间了。"病人听完后一下子承受不住，当场就昏了过去。

主治医生知道后狠狠地教训了她一通："病人因为身体的疾病已经很痛苦了，你怎么可以这样直接就告诉他呢？万一出现什么后果，你负责任吗？"

喜欢直言直语的"老实人"时常只看到现象或问题，而不去考虑旁人的感受、观念、性格。他的话有可能是一派胡言，但也有可能是事实，甚至鞭辟入里；一派胡言的"直言直语"，对方明知，却又不好发作，只好闷在心里；符合事实或鞭辟入里的直言直语因为直指核心，让当事人招架不住，有时反而令人不快。所以，直言直语不论是对人或对事，都会让人受不了，于是人际关系就出现了障碍，别人宁可离你远远的，眼不见为净。

直来直去的人很多都具有"正义倾向"，言语的爆发力很强。所以，有时候这种人也会深陷非理智的情绪而不能自拔。

如果做人总是直来直去，只会给自己制造一大堆麻烦，甚至会与整个社会格格不入。

现实生活中也不乏这样的例子。比如，某甲认为同事乙小姐的衣服难看，便马上对她说：腿短而粗的人不适合穿这种裙子。结果，乙小姐脸一沉，扭头便走，留下某甲站在那儿发愣。同事小李当着处长的面指点小王说："你的稿子里错别字很多，以后要仔细些。"实话固然是实话，但不久后，公司却隐约有人传言：小李惯于在上司面前打击别人，抬高自己……小李恐怕不难意识到自己的实在并不那么受人欢迎，既然这样，又何苦呢？

我们并不反对实在，但是实在并不等于把自己所有的想法都说出来，甚至不作任何修饰地说出来。过于真实只会让你身边的人"吃不消"，对你敬而远之。既然我们生活在人群之中，做人时就需要机灵一点，与人交流时，不要以为内心实在便可以不拘言辞，一句话到底应该怎么说，一定要想好了再开口。

撒点善意的谎，等于送上一束鲜花

善意的谎言是必要的，没有善意的谎言，世界将会失去朦胧的美丽。撒点儿善意的谎等于送上一束鲜花，带给人的是美感，收获的则是良好的关系。

自古以来，人们对谎言都避之不及，对于撒谎者更是深恶痛绝，然而大家也都知道，世间还有一种谎言是动人的，那就是善意的谎言。善意的谎言就是在不伤害对方的前提下，为使事情控制在一定范围和一定程度内，从而说的一些无恶意的谎言。在很多情况下，巧用善意的谎言能够解决一些棘手的问题。

解缙是明代有名的大才子。有一次，他陪明太祖朱元璋在金水河边钓鱼，结果，整整一个上午，朱元璋都没有钓到一条鱼。

朱元璋十分懊丧，便命解缙写诗记下这件事情。解缙心想没钓到鱼已经够扫兴了，还要作诗记下这件扫兴的事情，如果这诗直录其事，皇帝一定不高兴，弄不好自己就要掉脑袋。这诗怎么写呢？

解缙不愧为才子，稍加思索，立刻信口吟道："数尺纶丝入水中，金钩抛去永无踪，凡鱼不敢朝天子，万岁君王只钓龙。"这诗写得好，把一件不好的事情写成了一桩妙事。朱元璋一听，龙颜大悦，便对解缙大加赞赏。

很显然，解缙诗中所叙其实就是谎话，不过，这谎话说得好，说得妥当，很对皇帝的胃口，所以大受皇帝的赞赏。解缙的谎话就是善意的，更为绝妙的是，这个善意的谎言还解决了皇帝尴尬和不开心的棘手问题。

事实上，说善意的谎言是一种职场常用的方法，有时还是处理上下级关系的润滑剂。

在职场中，总有些不能讲的事情存在，完全的诚实是不利于处理所有事务的。不管于公于私，善意的谎言都是必要的。如果你是一个管理者，你多半希望下属对你诚实，但下属太诚实的时候，只怕你也会受不了。一个人闯荡于职场，少不了有辞职、跳槽的时候，这时也需要说些善意的谎言。在跳槽的过程中，而有的人则不顾上司的颜面，直愣愣地提出辞职，这样结果往往不太好。如果考虑到上司的处境，再提出自己的要求，则能收到皆大欢喜的结果。

善意的谎言是必要的，没有善意的谎言，世界将会失去朦胧的美丽，独留苍白而残酷的现实，这会让人失去美好的感觉，也会破坏人们之间的感情与良好的关系。职场中的交往是人际关系的重要方面，而且其复杂程度远远超过其他人际关系，因此要特别注意言语的修饰，千万不能马虎了事。撒点儿善意的谎等于送上一束鲜花，带给人的是美感，收获的则是良好的关系。

与人交流多留一些余地

交谈是为了人与人之间更好地沟通与协调，因此，谁都希望交谈的氛围能够融洽，而不会希望将彼此的关系搞僵。这就使得我们在交谈过程中，去照顾对方的自尊、虚荣心等，考虑对方的心理承受能力和尊严，甚至还要为对方准备好台阶。

对于大多数人来说，直接的批评都会使之感到不适和难堪，进而产生巨大的抵触情绪。这时候我们就需要发挥一下迂回语言的魅力，给对方留一些余地。因为，如果交谈中对方下不来台，甚至在众人面前丢脸难堪，恐怕以后你的社交也不会太顺畅。

在交谈中，有些话并不是随口说出来的，特别是那些尖锐、可能会伤害人的语言，我们必须思考应该以什么样的方式把它说出来而不会让对方难堪。对于那些有自知之明的人，最好采用暗示的方式，因为这样做就可以达到劝说的目的了。

美国大出版家赫斯脱在旧金山办报时，曾经请著名漫画大师纳斯特为该报创作了一幅漫画，内容是唤起公众意识，促进电车公司尽快在电车前面装上保险栏杆，防止意外伤人。然而，纳斯特的这幅漫画完全是失败之作。发表这幅漫画，有损报纸质量。但不刊登这幅画，怎么向纳斯特开口呢？

当天晚上，赫斯脱邀请纳斯特共进晚餐，他先对这幅漫画大加赞赏，然后一边喝酒，一边自言自语："唉，这里的电车已经伤了好多孩子，多可怜的孩子，这些电车，这些司机简直不像话……这些司机真像魔鬼，瞪着大眼睛，专门搜索着在街上玩的孩子，一见到孩子们就不顾一切地冲上去……"听到这里，纳斯特从座椅上弹跳起来，大声喊道："我的上帝，赫斯脱先生，这才是一幅出色的漫画！我原来寄给你的那幅漫画，请扔入纸篓。"

在这里，聪明的赫斯脱通过自言自语的方式暗示纳斯特，并让纳斯特欣然地接受了意见。

交谈中的暗示可以用语言，也可以用身体动作。当一个人想拒绝对方继续交谈时，可以转动脖子、用手帕拭眼睛、按太阳穴以及按眉毛下部等漫不经心的小动作。这些动作意味着一种信号：我较为疲劳、身体不适，希望早一点停止谈话。显然，这是一种暗示拒绝的方法。还有，微笑的中断、较长时间的沉默、目光旁视等也可表示对谈话不感兴趣、内心为难等心理。

在现实生活中，造成尴尬的原因很多，有些是无法预见、难以避免的，但有些却是可以通过自己的努力加以避免的。从办事的角度来看，避免尴尬也是办事能力的组成部分。懂得并力争避免不必要的尴尬场面的出现，是每一个办事高手都应该掌握的。

某天，记者宋路外出采访，他计划着甲公司的访问在中午以前结束，然后下午到乙公司去拜访。但是，甲公司的负责人提出了邀请："你看都中午了，我们一起吃中饭吧？"

宋路与甲公司这位负责人平常交情不错，又是非常重要的客户，不好轻易地拒绝。但是，和这位爱聊天的负责人一起吃中饭，最快也要磨蹭到下午一点才能走，那样就耽误乙公司的采访时间了，宋路就这样陷入了两难境地。

其实，消除这种尴尬处境的答案很简单，就是在对方表示"要不要一起吃饭"之前，宋路就不经意地用身体语言表示出匆忙的样子，如说话语速加快或自然地看看表等。

在办事时，你还可能会遇到这种情况：当你满怀希望地向他人提出建议时，却当场遭到对方的拒绝，碰了钉子，那场面是很令人难堪的。这种被拒绝而产生的尴尬，往往使你感到心灰意冷、失落、心理失衡。办事若想避免碰钉子，便得委婉地去讲一些话；有些人不易接近，就少不了逢山开道、遇水搭桥。

举个简单的例子：某些以鱼类为生的鸟类，其嘴的形状，直直的，上下两部分又长又宽阔。吞吃食物时，有的常常把捕到的鱼儿往空中一抛，让那条鱼头朝下尾朝上落下来，然后一口接住咽了下去，这样的吃法可以使鱼在通过咽喉时，鱼翅的骨头由前向后倒，不会卡在喉咙里。

办事也一样会碰到各种"刺儿"，这个时候便不能"直肠子"，而应该想办法绕个弯子，避开钉子，这是办事应该具备的策略和手段。连鸟都会"把鱼倒过来吃"，聪明人怎么能让"刺"卡在喉咙中呢？

有位编辑向一位名作家约稿。那位作家一向以难于对付著称，已经有好多人在他面前碰了钉子，所以这位编辑在去他家之前，感到既紧张又胆怯。

刚开始时，这位编辑失败了，因为不论作家说什么话，这位编辑都说"是，是"，或者"可能是这样的"。无法开口说明要求他写稿的事，于是他只好准备改天再来向他说明这件事。

就在他起身准备告辞时，脑中突然闪过一本杂志，这本杂志上刊载了有关这位作家近况的文章，于是就对作家说：“先生，听说你有篇作品被译成英文在美国出版了，是吗？”作家猛然转身说道：“是的。”“先生，你那种独特的文体，用英语不知道能不能完全表达出来？”“我也正担心这点。”他们滔滔不绝地说着，气氛也逐渐变得轻松，最后作家竟平破天荒地答应为这位编辑写稿子了。

这位不轻易应允的作家，为什么会为了编辑的一席话，而改变了初衷呢？因为他认为这位编辑并不只是来要求他写稿，还读过他的文章，对他的近况十分了解，这使得作家不得不对他刮目相看了。

为了避免办事碰钉子，你可以运用必要的试探方法。比较常见的方法有：

自我否定法。自己对所提问题拿不准时，如果直截了当提出来恐怕失言，造成尴尬，这时，就可以使用既提出问题，同时又自我否定的方式进行试探。这样在自我否定的意见中就隐含了两种可能供对方选择，而对方的任何选择都不会使你感到不安和尴尬。

投石问路法。并不直接提出自己的问题和方法，而是先提一个与自己本意相关的问题，请对方回答，如果从其答案自己已经得出否定性的判断，那就不要再提出自己原定的想法，这样可以避免尴尬。

触类旁通法。当你想提一个要求时，还可以先提出一个与此同属一类的问题，试探对方的态度。如果得到肯定的信息时，便可以进一步提出自己的要求；如果对方的态度是明确的否定，那就免开尊口以免碰钉子。

顺便提出法。有时提出问题，并不用郑重其事的方式，因为这种方式显得过分重视，至关重要，一旦被否定，自己会感到下不来台。而如果在执行某一交际任务过程中，利用适当时机，顺便提出自己的问题，给人的印象是并未把此事看得很重，即使不满足也没有什么感觉。

开玩笑法。有时还可以把本来应郑重其事提出的问题用开玩笑的口气说出来，如果对方给予否定，便可把这个问题归结为开玩笑，这样既可达到试探的目的，又可在一笑之中化解尴尬，维护自己的尊严。

打电话法。打电话提出自己的要求与面对面提出有所不同，由于彼此只能听到声音而不见面，即使被对方所否定，其刺激性也较小，比当面被否定更易接受些。

漫谈拉近关系，巧妙创造新话题

每一个人的生活里都有许多可以打动别人的事情，倘若其中有些事情正和大家谈的题材有关，把它拿出来作为谈资，这时，交谈的内容就因为加进了个人的亲身经历而更使人觉得有兴趣。

在人际交往中，不善于聊天，实在是一个相当尴尬的局面。找到恰当的聊天话题是打破这一尴尬局面最好的前提。对新近接触、开始交流沟通的同事，可以采取漫谈法，也就是在回答问题透露多点漫谈资料，使对方能发掘更多话题，否则就会令谈话变得枯燥无味。

聊天的话题就在你身边

假如你在码头上碰见一个熟人，大家一起上船，一时没有话说，这时最方便的办法，就是从当前双方都同时看到、听到或感到的事物中，找出几件来谈。在码头上，在船上，耳目所及，正有成百上千的事物，如果你稍为留意，不难找出一些对方可能感兴趣的话题，也许是码头上面巨幅的广告，也许是同船的外国游客，也许是海上驶过的豪华游艇，也许是天空飞过的新型客机……甚至在对方的身上，都可以找到谈话的题材。如果他打的领带很漂亮，你可以问他在什么地方买的；如果他身上穿着某个品牌的衬衫，你可以问他这种衬衫究竟好不好，和广告上的宣传是否相符；如果他手上拿着一份晚报，看到晚报上的头条新闻，你可以问他对当前时局的看法等，不一而足。

如果你到了一个同事的家里，在客厅里看到孩子的照片，你就可以和他谈谈他的孩子；如果他买了一架新的钢琴，你就可以和他谈谈钢琴；如果他的窗台上摆着一个盆景，你就可以跟他谈谈盆景；如果他正患着牙痛，你就可以跟他谈谈牙和牙医，关怀对方的健康，往往是亲切交谈的话题。凡是这一类眼前的事物，最容易引起人们的注意，只要其中有一样碰巧对方很有兴趣，那么，谈话就可以进行下去。

在联想中切入话题

当我们的聊天中断的时候，我们怎样寻找新的话题呢？在这种时候，不要心急，也不要勉强去找，否则会引起不必要的紧张，反而什么也想不出来了。要知道我们的脑子，只要是我们醒着，它总是在活动着的。你没有要它想，它还是不停地想，由东想到西，或者由天想到地，这种作用，我们叫它“自由联想”。

譬如说，当我们看到书桌上摆着一盏灯，我们的脑子就会从“电灯”出发，很快地联想到许多别的东西。也许我们联想到“发明”，从“发明”联想到“电影”，然后是“演员”，等等。这一切，都是在瞬间发生的，也许只是半分钟内的事。

如果我们继续探究就可以发现，因为我们看见一个电灯，就联想到它是爱迪生发明的，又由爱迪生想到我们看过的电影《爱迪生传》，又由《爱迪生传》想到科学影片，又由影片想到电影明星……在刹那之间，我们已经有了不少交谈的题材。

当然，话题有时引不起对方的兴趣，但是只要我们不心急，不紧张，让头脑在静默中自由地去联想，再过一会儿，我们就可能想到别的话题。

围绕中心由点及面

倘若你要更进一步，不想东谈一点、西谈一点，从一个主题跳到另一个主题，而是想抓住一个主题，把它谈得详尽一点、深入一点、充分一点，那么，也有一个好办法可以帮助你思考。

这时你就不要让你的思想自由地联想，如果一个主题已经引起对方的兴趣，那么，你就以这个题材为中心，让你的思想围绕着这个中心去联想，然后再分门别类，整理出鲜明的系统。

例如，你刚刚参观过自然艺术摄影展，有了启发性的联想，已经找到一个使对方有兴趣的题材——植物。如果你想在这个题材上多停留一会儿，你就把“植物”作为中心，尽量去想与它有关的事物。

在这样做的时候，你的头脑也要保持着轻松活跃状态，那么，就会自然地想出许多与植物有关的事物，例如，热带植物、盆景，就可以谈到植物的研究与栽培……

如果你的中心题材是“树”，你就可以想到风景树、花果树、著名的大树、与树有关的成语，以及树的各部分的用途……

如果你的中心题材是“交通”，你就可以想到陆上交通、水上交通、空中交通以及交通工具如喷气机、火箭、太空船……

培养这种思考的习惯，无论何种题材你都能把它分解出无穷无尽的细节，而每个细节都可以用来发展你的话题，丰富交谈的内容。

倘若把你所想到的一切与你的生活经验结合，那么，你的交谈内容就更真切生动了。每一个人的生活里都有许多可以打动别人的事情，倘若其中有些事情正和大家谈的题材有关，把它拿出来作为谈资，这时，交谈的内容就因为加进了个人的亲身经历而更使人觉得有兴趣。

灵活地转换话题

在交谈中，灵活地转换话题也是一件很重要的事情。即使一个最好的话题也会有让人兴趣低落的时候，这时，善于交谈的人懂得在适宜的时机转换话题，不使别人生厌。

转换话题有三种很自然的方法：

第一，让旧的话题自行消失。当你觉得这个话题已经没有什么新的发展的必要，你就停止在这方面表示意见，让大家保持片刻的沉默，然后就开始另一个话题。

第二，把旧话题打断。可以在谈话进行当中不经意地插入别的话题，把旧的话题打断，但不要使人觉得太突然，也不要在别人还有话要讲的时候打断它。

第三，从旧的话题往前引申一步，转换到新话题上。例如，大家在谈一部正在上映的好电影，等到谈得差不多的时候，你就说："这部电影卖座不坏，听说有一部新片就要开映。"新片又将吸引大家的注意力，这几句话就把话题转变了，可是大家的思想与情绪却还是连贯着的，所以，这是一个比较灵活妥善的办法。

有时候，交谈本身到了应该结束的时候，即使最有趣味的谈话有时也会因为客观条件的影响，非要结束不可。这时候，你要及时结束你的谈话，让大家高高兴兴地分手，不要等到对方再三地看表，不要忽略对方有结束交谈的暗示。

巧妙地让对方答"是"

在说服他人赞同自己的过程中，巧妙提问也是实现目的的一种重要手段。我们通过使用"只能回答是"的问题，可以轻而易举地让对方首肯。

心理学有个原理叫作"刻板印象原理"，说的是一个人在一定的时间内所形成的某种心理倾向会影响他随后的思维方式和言行举止，从而使其认识问题、解决问题带有一定的倾向性与专注性。为了更形象地说明，我们来列举苏联心理学家曾做过的一个关于"刻板印象"的实验：

主持实验的科学家把同一张照片出示给参加实验的两组大学生看。不过，心理学家事先告诉第一组的学生：照片上的人是一个无恶不作的罪犯；而告诉第二组的学生：照片上的人是一位伟大的慈善家。然后，心理学家让这两组学生分别用文字来对照片上这个人的相貌特征进行描述。

结果，第一组学生描述道：此人深陷的双眼表明其内心充满了仇恨，突出的下巴昭示着他充满恶念的内心……第二组学生描述道：此人深陷的双眸表明其对人类有深刻的怜悯与同情，突出的下巴表明他在做慈善的道路上不畏艰难险阻的意志……

明明是同一个人的相貌，之所以会得到如此截然不同的描述，其实完全是因为描述者之前得到的关于此人身份的提示有区别。究其本质，这种刻板效应说的就是人们心理定式。

在职场中说服他人的过程中，如果我们能够巧妙利用这种刻板效应的心理定式，就可以轻而易举地让他人对你点头称“是”了。试看下面一段对话：

“今天的天气真不错啊！”

“是啊！”

“夫人和孩子也都好吧？”

“是的，很好。”

“今年是你的本命年吧？”

“是的，我属鼠。”

其实就是这么简单，开始的时候提出彼此认同的问题，让他只能答“是”，时间一长对方就会形成一定的心理定式，接下去的话题也往往能得到对方肯定的答复了。

社交大师卡耐基曾经讲述了这样一个很有趣的故事：

假设你们两人在一间屋子里。你站在或坐在房间的里端，而他在房间的外端。你希望他从房间的外端走到房间的里端。

不妨来做这个游戏。在游戏中，你问他问题。每次你问他一个问题，如果他答“是”，他就向房间里迈进一步。如果每次你问问题，而他回答“不是”，他就向外退一步。

如果你想让他从房间的外端走到房间的里端，你最好的策略是不断地问他一系列他只能回答“是”的问题。你必须避免提出可能导致他回答“不是”的问题。

可见，在说服他人赞同自己的过程中，巧妙提问也是实现目的的一种重要手段。我们通过使用“只能回答是”的问题，可以轻而易举地让对方首肯。

“只能回答是”的问题也叫封闭性问题，人们对它们的回答99.9%是肯定的。你让某人越多地对你说“是”，这个人就越可能习惯性地顺从你的要求。而人们如果有一位通常都会同意其意见的朋友，往往对他已经习惯于作出肯定的表示，因此当这个朋友想劝说人们做某事时，即使他还没有开口说出他的请求，人们往往已经决定赞同他了。提出只能回答“是”的问题有个好办法，就是问你知道那个人会作肯定回答的事情。如果你愿意的话，你可以在问话里加上以下词语，如：

“是这样吧？”

“你会同意吧？”

“对吧？”

举例来说，一位推销员问一位可能的买主：“你是否会买这件产品的关键考虑是价格，没错吧？”价格无疑是交易关键的因素，对这样一个问题，几乎人人都会回答“是”。因此，这样的问题肯定会带来客户“是”的回答。或许就这样开始了让可能的买主对销售人员养成作肯定回答的习惯。

再如，当一位职员想提醒同伴开始进行一个项目时，这位职员可能提出这样只能回答“是”的问题：“我们需要尽快完成这个项目，是吧？”这里，一个明确的声明“我们需要尽快完成这个项目”跟着一个只能回答“是”的问题。“是吧？”它必然会得到一个“是”的肯定回答。

在职场生活中，这种只能回答“是”的问题已被反复证明是非常有用的。所以，下次你需要说服人的时候，不妨试一试。

及时转移话题，解除尴尬危机

在社交场合，有时候会遇到一些让人左右为难的境况，此时，为了不让自己尴尬，我们不妨赶紧转移话题，用其他的话题引开别人的思路。这样你就跳出了尴尬。

当你在与人交谈的过程中，是否因无意间触碰对方的痛处而束手无策？是否因话题不合而冷场？是否曾不顾忌别人感受、直言不讳地指出对方确定而造成场面尴尬……这些状况都会给我们的谈话带来不快。每当突发状况来袭时，一个巧妙的话题转移，或许都会化干戈为玉帛，拉近彼此的距离，使事情发生戏剧化的转折。

在社交场合，我们有时候会遇到一些让人左右为难的境况，回答这些问题，无论怎么回答，回答什么，都会遇到困难。此时，就需要人们有非凡的反应能力，最好能够借助周围的环境，迅速转移话题，以有效地避免自己的尴尬。我们还可以用模糊法来回答，这样既绕开了问题，又不会给自己带来不必要的麻烦。

在交流中，还可能因话不投机也往往会造成一些尴尬，令气氛骤然紧张。话不投机有多种情况，

第一种情况是有人有意或无意地挖苦你，使你窘迫甚至生气。如你的头发脱落许多，快成秃子了，有人很可能挖苦你是“电灯泡”“不毛之地”。在这种情况下，你不可恼羞成怒，伤了和气；也不能忍气吞声，硬装没事。最好是一笑置之，豁然大度地来两句：“好啊！这说明我是绝顶聪明。没听说吗？热闹的大街不长草，聪明的脑袋不长毛！”这样答复，话题未转，内容却引申、转折了，既摆脱了窘境，又自我表扬，岂不妙哉？

话不投机的第二种情况是你的某种言谈举止使人为难，这时候要及时转换话题，以缓和气氛。例如：

两个年轻的学生去拜访老师，在谈话中提到：

“老师，听说您的夫人是教英语的，我们想请她指教，行吗？”

老师为难地沉默了片刻，说：“那是我前妻，前不久我们刚刚离婚了。”

“啊？对不起，老师……”

“没什么，吃点水果吧。”

“老师，您的书什么时候出版？快了吧？……”

这样转换话题，特别是提出对方很愿意谈的话题，就会使谈话很快恢复正常，气氛活跃起来。

第三种情况是双方意见对立，但问题还要解决，不能回避。这种话不投机的情况就需要绕路引导。

例如，妈妈和儿子在找对象问题上有矛盾。儿子不愿也不能和母亲闹僵，只好等待时机再说。这天吃饭时，母亲又唠叨起来：“你这孩子，怎么就不听妈的话呢？人家李局长的女儿，人又好看，家里条件又好，你为什么不和人家谈，偏要……”“妈，快吃饭吧，菜凉了不好吃……”儿子先回避话题，意在引导话题走出僵局。

我们在联系工作和洽谈生意时，也可能话不投机陷入僵局。只要还有余地，就可提出新的话题，绕弯引导。如甲方要推销四缸汽车，而乙方不需要四缸的，只想要两缸的。这时，甲方若硬着头皮争执，只会越谈越僵，不欢而散。如能转移话题，绕弯引导，从用途、性价比与车辆寿命长短等各种因素来促使乙方考虑只用两缸的弊病，或许能“柳暗花明又一村”，开辟新的途径。

美国有一位推销员叫伯特，有一次为了推销一套可供一座40层办公大楼用的空调设备，与建设公司周旋了几个月还是无法谈成。伯特很是着急。

一次，伯特偶然得知购买与否的最后决定权握在买方的董事会手中。

有一天，董事会通知伯特，要他再一次将空调系统向董事们介绍。伯特强打起精神，把不知讲过多少遍的话又重述了一遍。但董事们反应冷淡，只是连珠炮似的提了一大堆问题，似乎有意刁难。伯特心急如焚，眼看几个月的心血就要付诸东流，他浑身发热。这时，他忽然想到“热”这个妙计。

突然间，他不再正面回答董事们的问题，而是很自然地改变了话题。他泰然自若地说：“哟！今天天气还真热，请允许我脱去外衣，好吗？”说罢，还掏出手帕，煞有介事地擦着前额的汗珠。

就这样，他的话、他的动作立刻引发了董事们的连锁反应，或许这是一种心理学的暗示作用，董事们似乎一下子也感受到了闷热难耐，一个接一个地脱下外衣，又一个接一个地拿出手帕擦汗。这时，终于有一位董事开始抱怨说：“这房子没有空调，闷死了。”

就这样，董事们再也不需要伯特推销，自动地考虑起空调的采购来。令人不可思议的是，拖了几个月之久的买卖，竟然在短短十分钟内就签了单子。

当然，这种及时转弯的应变能力是靠不断的实践培养出来的，但也并不是遥不可及的。只要平时多加锻炼，一定会有所收获。

巧妙相处，融合同事关系

别让同事以为你很虚假

一个人初入职场，他可以不懂很多事情，甚至不会用传真机都不会引起别人的反感，但是一定不要给人留下虚假的感觉。

阿伦森是一位著名的心理学家，他总结了人们这样的一种心理，对于初入职场的人来说，具有非常重要的借鉴意义。这就是阿伦森效应，讲的是人们的接受心理，就是说人们非常尊敬那些把事情越做越好，赢得赞赏越来越多的人，而反感那些好事做得越来越少的人。

这样的心理很容易理解，有这样一个故事，讲的是：

有一群孩子周六、周日的时候常常在楼下大吵大闹，这对于一楼的老大爷来说是非常难受的，他劝了孩子们好几次，但是这些孩子转身就忘了。有一天，老大爷想了一个方法，他对孩子们说：“以后你们还这样热热闹闹的，我就给你们每人两块钱。”果然，这一周孩子们更加高兴，吵闹声更大。第二周，老大爷说：

“不给钱了，给两块糖吧。”孩子们显然就不大高兴了。第三周的时候，老大爷说：“今天，我决定给你们发两颗瓜子。”这让所有的孩子都非常气愤，大家说：“我们不玩了，我们要回家。”就这样，老大爷终于巧妙地利用孩子们的心理恢复了安宁的生活。

人与人之间，想要拿到自己要的，就要知道别人要什么。谁不想让自己成为一个受欢迎的人，但是一味地取悦别人并不是最好的方法，关键还是要了解别人的心理。

有一个非常漂亮的女孩，她的名字叫一辰。大学毕业后，她很幸运地被一家大型企业录用，对于刚毕业，没有任何工作经验的她来说，她对工资待遇没有任何要求。所以，对于第一份工作，她表现出了强烈的热情。上班第一天，漂亮的一辰就给大家留下了深刻而良好的第一印象。为了珍惜这份工作，她每天第一个来公司打水、扫地，帮大家把办公室的电脑桌擦得干干净净，同事们有什么要求她做的事情，一辰总是放下自己手头的活，帮大家处理得稳妥得当。不久，所有人提起一辰，都竖起大拇指。

但是，逐渐地，烦琐的工作细节让一辰有点吃不消了，有时候自己正忙着还要给同事处理事情，自己的工作有时候就出现了错误，又因为她给同事们留下的印象非常好，她更加紧张自己的失误，更加进入不了放松的工作状态，以至于形成了恶性循环，工作越来越不出成果。

领导对一辰也开始有了意见，觉得她虽然长得非常漂亮，但是缺少内涵，于是，她的美丽也成为一种轻浮，而且加上一辰给同事们做的服务太多了，领导又觉得她做事情不但不稳重，还总是想走捷径，不好好工作，反而把时间和精力放在讨好同事上，不能正确地对待自己的本职工作。领导对她的意见越来越大，后来有一次就直接批评了她。

这给一辰的打击就更大了，后来，她索性采取了相反的行动，有同事再找她帮忙的时候，她就冷冰冰地拒绝了，地也不扫了，水也不打了。终于有一天，有个同事小张让一辰帮忙打印一份文件遭到拒绝的时候，小张开玩笑地说了一句：“一辰，你可真变了，漂亮女孩本来就骄傲，你刚来的时候对我们那么好，当时就有人说你是装的，我还不信呢。”听了这话，一辰痛哭失声，她觉得职场充满了困惑和痛苦，竞争是那么残酷无情，就连以往建立的良好人际关系都经不起一丁点儿波折，一切令她无所适从。巨大的落差让一辰顿时失去了信心，甚至对职业生涯产生了放弃的念头。

如果你是刚入职场的年轻人，那么你一定要注意，无论最初，这份工作令你多么开心，你都要放稳自己的心态，一定要有平常心，告诉自己一切只是刚刚开始。要知道，作为一个年轻人，领导很容易认为，你的热情和激情都不缺，但是领导最担心的就是年轻的弊端，那就是没有常性。所以，你可以恰好表现出另一面，以稳重和谨慎的做事风格，以长期的始终如一的表现，赢得领导的肯定。

除此，在和同事交往的过程中，也要懂得别人的心理，不必苛求自己呈现给别人的形象多么完美，那样别人对你的“期望越大，要求越高”。可以把真实的自己呈现出来，将自己的缺点暴露出来，这样也会得到别人的信任。因为一般人都是想方设法掩饰自己的缺点，所以有人如果有意暴露自己的缺点，大家会觉得这个人很诚实，从而产生信任感。

和比你强的同事多接触

谁都承认同事之间存在竞争关系，但是好的竞争氛围会带给你更加积极的思考习惯，和比你强的同事多接触，反应再迟钝，时间一久，也会总结出自己的道理。没有谁天生就比别人聪明，与其关注那些闪亮的明星，还不如约上比你强的同事一起吃午饭，从身边的人那里汲取长处再尽力弥补自己的不足。

我们可以做这样的一个尝试，将同一种蔬菜，放在不同的水中浸泡一段时间，然后将这两种泡过的蔬菜分开煮，就会发现因为在不同的水里浸泡过，蔬菜煮出来的味道是不一样的，这就是人们常说的“泡菜效应”。

这一点是非常值得思考的。在生活中，人与人之间更是如此，人的心情、气质，甚至看待同一件事情的心理都是会相互影响的。而且，这种影响是潜移默化，完全让人在没有觉察的情况下发生。

工作中也是如此，长期在一起共事的两个人，看法会惊人的一致，对待工作的态度也可能出奇地相似。职场中，你选择谁作为你的朋友，就默认你愿意接受来自于他的影响。人，有的时候会过高地估计自己的定力，殊不知，多少习惯都是在被别人感染的情况下，不知不觉中潜入进来，成为自己的习惯。让我们作个简单的分析，如果一个人在工作中非常认真，可是旁边的人偏偏又用短一倍的时间完成了工作，虽然工作马虎点，但是老板误认为他效率高，给予了高度的评价，但是对认真的人颇有微词，他能波澜不惊吗？再例如，有很多人，在工作中总是选择和比自己弱势的人交朋友，觉得这样不会有在强势的人面前的自卑，而且，两个弱势的人走到一起，更加能够得过且过，互相安慰。当然，也有可能互相抱怨和指责老板和公司的不对，这种交往唯一的走向就是“一损俱损”，两个人当中有一个犯错误，老板心里就会留下阴影，总觉得另一个人也有类似问题，导致两个人同时出局！

要谨慎选择在工作中和你一起吃饭的人，谨慎选择平常你最亲近的人，如果不想离职，想在自己的岗位上有好的发展，就不要总和濒临开除的同事凑在一起，也不要和那些随时准备离职的人凑在一起。和比你强的同事一起吃午饭吧，坚持一个月，你就会明白这样做的好处。

孙清丽在单位里一直很快乐，可是，有一天，随着一名新员工的到来，她的快乐就不那么强了。这名新员工的名字叫李君心，李君心来到公司的第一天就大出风头，主管亲自带她来认识各位同事，向大家介绍时，毫无避讳地说李君心是公司为了拓展北方市场从其他公司挖来的市场推广精英。

李君心也自信满满，非常大方地和众人打招呼，这让孙清丽感觉到巨大的压力，这个很强的同事就和她在一个部门，而且，每天中午的时候总会约孙清丽一起去吃饭。每当李君心抛出“橄榄枝”的时候，孙清丽总是找借口回避了。

她对这类自信满满的人说不出有一种什么样的抵触感，可是，第一次的策划会，让孙清丽重新认识了李君心。领导说完方案后，让李君心发言。谁都知道第一个发言的人，是最为难的人，而且也不知道该从哪里说起对这个策划案的意见。可是李君心平静的表情震慑了当时所有的人，她不慌不忙地讲自己的看法，条理清晰，思路新颖，关键之处还作了详尽周到的说明，令在场的所有人都如沐春风。待她发言结束，领导抑制不住兴奋的心情总结道：“感谢李君心给我们带来了新的思路和更广阔的信息来源，大家给她鼓个掌吧！”这给孙清丽留下了深刻的印象，而且重要的是李君心的确比自己强多了。有一个让孙清丽苦恼了三个月的方案，李君心用一天的时间就摸清了来龙去脉，联系了各个媒体帮助孙清丽推动方案。

中午的时候，孙清丽主动约上李君心一起吃饭了，吃饭的时候，两个年轻女人在一起，难免闲聊，孙清丽真诚地说：“那一天，你提的意见太精彩了，在短短的时间把问题回答得那么好。”李君心也坦诚地说：“其实有时候并不是那么简单的，今天我用十几分钟陈述的问题，是我以往对类似问题的思考和总结。”李君心没有讲她平常怎么努力工作和思考，但是短短的一句话让孙清丽受益匪浅，她开始关注李君心的优点。

得出的结论是，李君心得到的一切都因为她是个自强不息、奋发向上的人。孙清丽在工作上把李君心当神话，用李君心激励自己做事，慢慢地也走上了一条薪水飙升的职业道路。开年会时，领导端起酒杯向李君心致谢，也没有忘记对孙清丽举杯！

不必感觉自己遭受了巨大的压力，因为压力大并不一定是坏事，处理好了，压力可以转变为动力。不要为别人的能干而担忧，关键是重整旗鼓，学习别人的优点，用事实证明自己的能力，创造更好的业绩。

这里还要注意的是，对于直接存在激烈竞争的强劲对手，要注意冷静观察，建议你从正面的角度看，并至少持续三个月，这不但能让你充分了解他们的优势，更能了解他们是抱着怎样的心态工作的，这样可以弥补自己的不足，发展好自己的强项。

小明和小王两个人是好朋友，他们同时从一所大学的中文系毕业了，而且都找到了秘书的工作。不同的是，小明的老板比较和蔼，他的工作也比较清闲，而且工资很高；小王的老板比较严格，他的工作任务十分繁重，经常需要加班，但工资反而没有小明高。

小明劝小王不要继续做这份工作，再另找一份，但是小王坚决不同意，他有自己的想法。他对小明说："虽然公司现在的情况不太好，但是我觉得我的老板是一个很有发展前途的人物。他以前在一家大的出版集团担任过重要的领导职位，看问题的眼光和做事的方式都与众不同，我相信他必定会有一番作为，而且最重要的是，我在这样一个老板的身边工作，能学到许多在别处学不到的东西。"

小明听了之后不以为然，为小王没有接受他的劝告而感到遗憾。接下来的两年时间里，小王确实生活得很累，很辛苦，小明则既轻松又宽松。但是在他们毕业六年后，情况发生了变化——小明仍然是那位和蔼老板的秘书，而小王则自己开了一家公司，当上了老板。

与比你强的同事一起共事，就要向他们学习，下面的一些做法可以供你参考：

多与优秀的人一起行动

人对环境有一种本能的适应，如果你总是与杰出的人、有发展潜力的人在一起，那么久而久之，耳濡目染之下，你的素质也会得到一定程度的提高。

留意优秀之人的做事习惯

这一点也很重要，优秀的人可能行动力强，可能从来不拖延，可能有长远的眼光，这些都是你要学习的地方。不要以为他们只是凭借高学历或者人际关系才崭露头角的，一些他人不留意的细节可能就是他们成功的原因。

学习优秀之人的好心态和思维方式

优秀之人的思维方式一般都会与众不同，这也正是“思路决定出路”的道理。可是思维方式不是天生的，也不会归某个人所独有，所以，他们可以用，你也可以用。学到了这些，你也有可能成为优秀之人。

别抢不属于你的功劳

身在职场，为人首先要正派。不是自己的功劳，就不要挖空心思去占有。要想真金不怕火炼，在职场中获得真正的认可，就要凭自己的真本事去创造，投机取巧的做法终究会害人害己。

彼得原理是美国学者劳伦斯·彼得总结出的结论，他在对组织中人员晋升的相关现象研究后得出这样的结论：在各种组织中，大家都习惯了对在某个等级上称职的人员进行晋升提拔，因而员工们能够在自己本职工作上称职和胜任了之后，就开始趋向于晋升到其不称职的职位。

这个原理有时候也被人们称为“向上走”原理。“向上走”的说法更加生动，这种现象在现实生活中也无处不在。例如，一名称职的教授在本职工作上非常出色，于是他就认为自己可以晋升到大学校长的位子，可事实是，当他到了理想的职位后才发现自己无法胜任。或者，一个优秀的员工被提升为管理他人的领导者后，就表现出了能力上的欠缺。世界上每一种工作，都会碰到无法胜任的人。总会有能力不足的人被调到一个不胜任的职务上，他会在这个位子上原地踏步，把工作搞得一塌糊涂。对于组织而言，一旦组织中的相当部分人员被推到了其不称职的级别，就会造成组织中人浮于事，效率低下，导致组织发展停滞的恶劣后果。

张杰和赵宇的同事关系非常好，在公司里也是被领导格外器重的两个人。

年终，公司搞推广策划评比，每个人都可以做出 PPT 展示自己的成果，胜出的人不但会有优厚的年终奖，而且领导会给一个意外的惊喜。

张杰非常积极，为了一个创意，他常常想好久，他对细节的把握已经做到了唯美和极致，他满心欢喜地准备好了要展示的 PPT。

赵宇长时间里并没有重视这次的推广策划方案，而且，他也不擅长去做市场调研，他知道对于公司那些严谨的领导来说，没有精确的数据，再好的设计也缺少说服力，而且最让他郁闷的是，居然在最后一天，他才知道，由于部门领导的欠缺，大领导的神秘惊喜是，评比第一名的人，可以代理该部门的领导者。怎么办？怎样拿到那笔做策划的数据呢？方案征集截止日的最后一天，赵宇突然叹了一口气说："张杰，这个推广怎么做呀，让我一时半会儿去想，还真的没有什么好的创意，我做了一个 PPT，你帮提提意见，我好修改一下。"

张杰连想都没想就答应了。赵宇做得太一般了，没有什么创意，张杰就只能和赵宇说说字体颜色等小细节的问题，说的时候，赵宇很谦虚地听着，听完了，就很随意地对张杰说："让我也看看你的方案吧。"这让张杰踌躇了，但是因为赵宇的态度非常诚恳，而且一想明天就要开大会了，赵宇想改也来不及了。

第二天开会，赵宇因为资历老，按次序先发言，赵宇的 PPT 所用的推广创意居然和张杰的一样，在讲解时，赵宇对老板说："数据的那部分 PPT 拷在另一台电脑上，电脑发生了故障，我不能够提供精确的数据，就提供一个简单的情况吧。"

接着，赵宇就将张杰研究的数据结果当众分析了出来，张杰听得目瞪口呆，他没想到赵宇会抢自己的功劳，他不敢把自己的方案交上去，也不敢申诉，只好弃权。后来，赵宇的方案获得老板的认可，终于可以代理处理部门的事务了。

赵宇偷了张杰的创意，而且抢了不属于自己的功劳，终于有一天出事了。由于推广不是他自己的，虽说他知道数据的增长趋势，但是具体数据他还是没有查清楚，在执行方案时出现了漏洞，又无法及时修正，结果方案还是失败了。后来领导得知这个方案不是他自己做的，而且导致了重大的工作事故，就无情地将赵宇边缘化了。

对于个人而言，不是你的功劳，你不要去抢，不管别人知道也好，不知道也好，抢别人的功劳总不是成功的捷径。世上没有不透风的墙，一旦你抢别人功劳的事情被人发现，你将会无脸见人，不仅被抢者会成为你的敌人，而且更会影响所有人对你的看法。

对个人而言，虽然我们每个人都期待着不停地升职，但不要将往上走作为自己工作的唯一动力。与其在一个无法完全胜任的岗位勉力支撑、无所适从，还不如找一个游刃有余的岗位好好发挥自己的专长。

身在职场，不是自己的功劳，就不要挖空心思去占有。不抢功，不夺功，这样的人不仅人际关系好，而且会长久立于不败之地。

不要设立职场“假想敌”

仔细分析我们就会发现，职场中的人对于某些事情或者某个人的不满，常常混杂着属于自己情绪的东西。其实，这些负面的东西都是自己的情绪表现。

许飞如今已经是一家公司市场部的总监，工作顺风顺水，老板对他也是青睐有加。但是，在这份让人羡慕不已的大好状况下，许飞却犹豫着要不要辞职。

如今的市场不景气，想要寻找一份这样好的工作是非常困难的。因此许飞在这种矛盾心理的影响下，经过多番考虑，最后寻找了一家专业的心理咨询机构寻求帮助。

咨询师问起许飞想要辞职的原因，他支吾了半天才说，是因为他很不喜欢公司的人事部总监。这位总监和他是平级，许飞非常看不惯他的言行。他觉得这个总监有些装腔作势，常常会跑到老板那里打小报告。前几天，有个同事因为一件小事被老板辞退了，许飞就觉得很可能是这位人事部总监暗中使坏造成的。

许飞因为工作的原因需要经常和这位总监打交道，这让本来就厌恶这个总监的许飞非常痛苦，觉得自己无法和这样的人相处，于是他很想离开这家公司。但是如果就这样离开公司，他还有些不甘心，因为到了新公司一切就得从头开始，收入和地位都会受到很大的影响，这对他的职场生涯是很不利的。

咨询师还发现，许飞的上一份工作也遇到了类似的情况。本来和许飞同级的一个同事被提升成了他的上司，但是许飞觉得这个人喜欢阿谀奉承，做人很虚伪。他还觉得这位同事常常把别人的功劳据为己有，因此才会爬得这么快。许飞无法忍受这样一个人来领导自己，在忍无可忍的情况下选择了辞职。

许飞自己也很纳闷，怎么自己无论到哪家公司都会遇到这种类型的同事呢？咨询师经过分析认为，许飞所遇到的这些问题并不是别人的问题，而是他自身出现了问题，因此才会导致这样的情况接二连三地出现。咨询师将许飞不喜欢的这几个人称为他所设置的“假想敌”，那么，这样的假想敌是如何出现的呢？

职场中的人经常会遇到一些自己认为不公平的现象，因为我们无论怎样的中立和客观，都难免会受内心好恶的影响。于是，我们就经常会如同许飞一样把自己的愤怒转移给他人。

像许飞这样的情况要想恢复到正常的工作状态，最好的办法就是主动向这些同事表示友好，对他人的接纳就是对自己的接纳，完全地接纳自己是一个人走向成熟的标志。

职场中如果对周围的人心存戒备，用自己的主观意识来评价他人和事情，结果给同事或者上司都打上了有色光环，对他们的评价也就不客观了。不妨放下心中的偏见，尝试着去接受他人，一切问题便不再成为问题。

不当炮灰，也不过度防卫

很多时候，因为惧怕自己成为“炮灰”，人们容易夸大自己的价值，坚持自己的声音，在这个过程中，将别人反对的声音和不同的意见，上升为对自己的否定、排斥，甚至是压制。

很多时候，人们都常常假设他人与自己具有相同的特性、爱好或倾向等，常常认为别人理所当然地知道自己心中的想法，这就是所谓的投射效应。

在职场中，有很多人觉得自己被别人当了职场炮灰，不能实现自己的价值。从投射效应的角度来说，这种现象的出现反而意味着有这种想法的人可能本身的思想有了偏差，例如过度防卫。

随着社会的发展，个体之间的竞争越来越激烈，总有一些人败下阵来，再加上自身性格、家庭、社会等多重因素的影响，有些人就会产生怯懦和很强的自卑感，极易导致紧张不安、烦躁、焦虑或抑郁，为达到心理平衡，他们往往采用了过度的防卫手段，把“我讨厌自己”转嫁成“别人讨厌我”，从而形成工作、生活中的“心理过度防卫”。

人们变得像刺猬一样面对别人，看到别人的时候，还以为别人是刺猬，要知道，当以这样一种满身盔甲的状态面对职场环境时，很容易让人劳心伤神，耗掉了轻松，耗掉了坦然，耗掉了工作效率和好人缘。

当然，职场中人应该根据自己的情况分析自己的心理状态和周围的形势，才能得到属于自己的最好的答案。

小齐和同事小孙激烈地争论了起来。

小齐非常大声地说：“这套方案你提出质疑的理由不充分，因为一套方案还没有实行就否定，这才是冒险的行为，而且，在方案没有实行以前，谁都不能保证成功或者失败，如果你有更好的方案，而且你能保证你的方案一定能够创造价值，那我听你的！”说完最后一句话的时候，小齐明显感觉到，自己的心跳加快了，脸上的温度也在升高。

可是，小孙也有自己的坚持，他说：“根据公司以往的经验包括客户反馈，都说明了这套方案的问题，况且，现在只是让你改进一下，也不是完全彻底推翻旧方案，只是作了调整和优化，你应该冷静点。”

小齐更加愤怒，他说：“改来改去，我没法冷静。”说完，他重重地将记录本扔到桌子上，气鼓鼓地坐在椅子上不再说话。最后，其他同事打了圆场，说考察一番再决定。

同事们三三两两地离开了办公室，小齐却依然坐在电脑前。坦白地讲，方案存在的问题，小齐更加了然于心，但是当小孙真正提出来的时候，他还是非常激烈地维护自己的观点，仿佛不想马上被击倒。

所以，他不由得较起了劲。别人越是反对，他就越是要没有理由地坚持。小齐能感觉到，自己最近的职场人际糟糕透了，不但工作时和大家合不来，平时在一起也容易起分歧。无论是没有理由地坚持旧方案，还是和同事们业余时间的争论，自己都表现得很固执。

咨询了心理医生之后，他懂得了造成这种固执的原因，是由于自己内心的防卫过度。因为怕被别人当作职场“炮灰”，于是处处提防人，甚至先出手。这才是真正的问题所在。小齐发现，问题不仅仅出在方案上，还出在自己的心理上，而越反抗，也就越证明了自己的信心不足，担心别人抓住自己的弱点进行攻击，证明已经把自己定位于一个弱者的地位，因为不相信自己的力量，所以只能过度武装面对一切。

小齐下定决心改变自己，调整推广方案的同时，也调整自己的心理状态，战胜“过度防卫”。

在职场中，大家要处理很多工作，同事之间产生不同意见是常有的事，但如果其中某个人将工作的分歧理解成对自己的否定，就会出现很多无谓的争执，也就是过度的防卫，结果不但影响工作效率，还伤害了人际关系。

这种在很多人身上出现的过度防卫却能耗掉人们的心理能量。一般来讲，如果一个人总是莫名其妙的感觉周围人对自己有敌意，却列举不出充分的证据，而我们的内心又因为这种感觉而焦虑、紧张，并为此时时提防别人时，就有必要警惕自己陷入过度防卫的怪圈了。

要防止心理防卫过度，应该注意以下四点：

要培养自我认识和自我接受能力，客观地评价他们，全面看待自己的优缺点，找出自身存在的不足，正确处理成功与失败的关系。

根据自身环境和具体情况，不好高骛远，确立一个符合自己的目标，充分发挥自我优势，做一些自己满意的事，以求平衡。

要注意建立良好的人际关系，同事之间应以诚相待，避免形成过强的嫉妒心理，多向有经验的人学习请教，努力克服自卑、怯懦的不良情绪。

自我解嘲，就是当自己的需求无法得到满足产生不良情绪时，为了消除或减轻内心的苦闷和烦恼，有意丑化得不到的东西，以此进行自我安慰，求得心理平衡，以防思想和行为出现偏差。

借助同事监督提升自己

在挪威，很多人喜欢吃沙丁鱼，但有一个问题就是，人们常常吃不到活的沙丁鱼。经过长途的运输之后，沙丁鱼都死掉了，很多人想了无数的方法都不能改变这样的状况。

但是，有一条船里的沙丁鱼大部分总是活的，这让人们非常吃惊，而这个渔夫采用的方法也让人们非常的震惊。原来渔夫在装满沙丁鱼的鱼槽里放进了一条鲶鱼，要知道，鲶鱼是专门以沙丁鱼为主要食物的。

当把鲶鱼放到沙丁鱼中的时候，沙丁鱼就会四处游动，一直保持着高度戒备和自卫状态，这让一条条沙丁鱼一直欢蹦乱跳地回到了渔港。心理学家就把这样的现象总结为“鲶鱼效应”。

“鲶鱼效应”非常值得人们思考，想一想，让沙丁鱼活下来的居然是它们的“天敌”，如同在大草原上，正是因为有了“天敌”狼的存在，兔子才能够按照正常的生态繁衍、生存。这让我们想到了职场。职场中，你有没有“天敌”，有没有处得不太愉快的同事，或者遇到过让你特别头疼、需要提高警惕的同事？如果你对周围的环境感觉很糟糕，压力很大，而且，有几个同事让你简直有头疼的感觉，那么也要恭喜你，也许，你遇到了让你迸发更大活力的“鲶鱼”。很多人都发现，工作相对来说是非常枯燥的一件事情，在工作中控制自己的情绪和心理实在是太难了，比如说，很多人知道自己工作的时候偷懒，效率非常低，但是不能及时地纠正和改正自己，可是如果在偷懒的人身边放一个监督者，那么，结果会怎么样呢？

公司重新调整了格局，肖青和孙丽坐对桌，这让肖青如坐针毡。

她和孙丽是大学同学，她非常了解孙丽，孙丽在大学的时候和舍友的关系处得非常不好，还常说自己舍友的坏话，而且每当有利益的时候，就不惜一切代价打压别人。她知道自己坐在孙丽的对桌，一定会受到孙丽的监控。肖青进入了时时戒备的状态，她感觉工作非常辛苦。以前上班的时候，有时候忘记打卡，她就悄悄地溜到座位上，也没有人深究过，但是想到对面坐的是孙丽，肖青就每天定好手机铃声，从不迟到，当她准时踏入办公室，看到对面坐的孙丽的时候，内心就会非常坦然。

以前，肖青常常会在网上浏览一些娱乐新闻，娱乐新闻往往有很多有意思的链接，可是肖青自从坐在孙丽对面，就克制自己永远不要打开娱乐的网页，因为孙丽会突然地、装作很随意的样子走到自己的身后。

更让肖青感到苦恼的是，正因为对面坐了这样的一个人，工作有困难的时候，她根本就得不到孙丽实质性的帮助，工作出现了问题，肖青只能自己解决，面对领导的时候，她也必须独自斟酌好应该怎样汇报工作，再没有人给她商量或者出谋划策。肖青在短短一个月的时间里迅速地独立了起来。

由于孙丽带来的巨大压力，肖青一直心情不是特别好。直到有一天，她觉得自己也许应该感谢孙丽，因为领导对她说："肖青，最近你的表现非常突出，我发现大家都爱上网，有时候上班时间一玩就一个小时，只有你，兢兢业业地工作，从来不做和工作无关的事情。"肖青看了一眼对面竖起耳朵的孙丽，微微一笑，内心释然。

背后的眼睛有时候的确会让你成长更快。对于这只背后的眼睛，你可以理解为他在监督你，更正你行为的纰漏，让你不会轻易犯错误。

所以，应该用冷静、宽容的心态来看待这样的人和现象，要提醒自己没有必要逃避和惧怕这样的人，你担心自己会在工作中开小差，控制不了自己吗？有人可以不用你支付工资，无偿帮助你。

也不必对这样的人愤怒，为一点小事搞坏关系。想一想，假设有一天，你正在上班时间做着不应该做的事情，背后没有那双盯着你的眼睛，取而代之的是老板的一脸盛怒和一封解聘书。哪种情况，更糟？

当然，这里也要提醒的一点是，和这种人永远不要走得太近。如果走得太近，小心自己有一天成为一条为别人无偿服务的"鲶鱼"。对这样的人，需要敬而远之，从规范自己的言行开始，不给对方可乘之机，就能变祸为福走稳职场路。

用微笑化解同事间矛盾

良好的人际关系、适当的情绪管理，是为工作加温的良方！一个人在工作中要学会发现别人的优点，欣赏别人的优点，如果真的讨厌某个人，那就用微笑去化解矛盾。

“凹地效应”是一种非常形象的形容，指的是某个事物因为具有某些特征或优点，从而对一些事物产生一种吸引力，导致这些事物向这个地方聚集。例如在工作中，如果你想拥有好人缘，提高自己的人气指数，聚集一批好朋友，那么就要让自己成为一片“凹地”。

同事之间的关系，是很多职场中人的心结。曾有一份调查显示，约六成的职场白领每星期都会生一次气，甚至还有一成半的人每天都在生气。原因是许多上班族每天都有烦心事，例如和同事抢车位，看不惯同事居功诿过等，造成职场上的怒火一点就燃。这项调查也发现，每天生气的人除了有健康上的困扰，还伴随着忧郁、焦虑、恐惧，并且对别人较有敌意。

这样的职场心理绝对是病态的，应该找到解决问题的方法。怎样处理同事关系呢？那就是宽容。打个比方说，和同事一起搬运文件，一个同事突然半路溜了，理由是身体不舒服，那么，哪怕即使他前一秒钟还是活蹦乱跳，也不必质疑他，给他一个微笑，一切尽在不言中才是最好的回答。对于这样没有伤及原则的事情，不必较真，因为看透不说透，才是好朋友，也不必把同事想得太坏，你的宽容，相信他不傻，他能懂。

陈光和江源是同一部门的两个职员，由于两个人的能力非常强，有时候领导征求意见的时候，两个人就互相不以为然，都感觉自己很有道理。

后来，两个人互相成为竞争对手，谁会先升任科长是部门内十分关心的话题。这让两个人的关系更加白热化，总是互相提反对意见。

快到人事变动时，他们的矛盾已激化到了不可收拾的地步，好几次互相指责，揭对方的短，科长及同事们怎么劝也无济于事。有一次，两个人大吵，陈光对江源说：“别以为你常常利用职位之便，单独约见一些在工作中认识的人，让他们为你办事别人不知道，这属于假公济私，你为了给自己办事，还让领导以为你有多么积极地配合工作。”

江源听到陈光的指责之后，恼羞成怒，他说：“你做得就好吗？平时，你在同事面前是怎么骂领导的，每当出台新政策，你都在同事面前表现得义愤填膺，事后，你又单独到领导办公室大赞政策的英明。”这一次的吵架让两个人风度尽失，各自把最狠的话都说了出来，他们彼此都认为即使传到领导耳朵里，对方的失误也比自己大很多。

令人意外的是，两人都没有被提升，科长的职位被其他部门资质平平的一个职员获得了。因为他们在争执中互相揭短，在众人面前暴露了各自的缺点，领导非常恼火，认为两人都不够提升资格。

该怎样去补救呢？陈光感到后悔不已，因为毕竟是他先在大庭广众之下抖搂江源隐私的，他希望扭转这一状况，并愿意向对方道歉。这时，江源似乎也处于极度失望中，他也觉得自己做得有些过分，但是碍于脸面也没有先去找陈光。

后来，思前想后斗陈光想了一个方法，他简单地向陈光道歉：“对不起，我实在有点过分，我保证不会有下一次。”江源本来以为陈光还会为自己狡辩，可是，看到陈光并不缺乏诚意，也没有重提旧事，于是也和陈光缓和了关系。当然，工作中还是有意见不合的时候，但是在领导看来，他们已经能够放弃个人恩怨，齐心协力为公司做事，而同事们因为陈光和江源的强强合作，也不再为难该站在谁的一边了。

终于，两个针尖对麦芒的对手被消灭掉，部门出现了共同进步的新气象！

对于个人来讲，如果跟某个同事大吵大闹起来，对个人的专业形象和信心会有无形的坏影响，因为这显示了此人对控制人事问题有欠成熟，不但会让领导在心理上对此人的印象大打折扣，就连同事都会觉得这个人难以相处并敬而远之。

没有一个领导对员工不和导致的内耗不头疼，没有哪个领导不希望自己的手下能够放下成见，共同为自己好好做事。这就要求一个人在工作中要学会发现别人的优点，欣赏别人的优点。不改变自己就难以改善同对方的关系，按照自己的标准来改造对方是一件难于上青天的事。尤其是不要戴有色眼镜看对方，把别人当作敌人，丢掉了自己的“人气”。

一定不要轻易评判“最懒”的同事

一个看起来一无是处的人，却能安安稳稳继续工作，一定有其过人之处。

“懒蚂蚁效应”是日本北海道大学进化生物研究小组的发现，他们对三组分别由 30 只蚂蚁组成的黑蚁群的活动进行了观察。他们发现，大多数的蚂蚁都是非常辛勤的，它们忙忙碌碌地寻找食物，找到食物之后就急急忙忙地搬运储藏起来。在这部分蚁群里，还有几只蚂蚁非常奇怪，它们和伙伴们完全不同，它们什么都不干，的确是蚂蚁队伍里的“懒蚂蚁”。可是，一个惊人的现象出现了，研究者们发现，这些懒蚂蚁并不像它们的外表显示出来的那么无所事事，它们在非常时期能够发挥出重大的作用。

研究者们发现，突然出现蚁群断绝食物来源的时候，那些平时辛辛苦苦搬运粮食的蚂蚁顿时失去方向感，不知道怎么办了，这时就是“懒蚂蚁”大显身手的时候了。这几只懒蚂蚁，可以带领众蚂蚁向它们早已侦察到的安全食物源转移。

原来，“懒蚂蚁”把大部分时间都花在侦察和研究上了。它们在这个蚁群中的作用是非常巨大的，只不过没有跟着大家的步伐走而已，它们暗自观察着组织的薄弱之处，保持对新食物的探索状态，在危急时刻，发挥着重大的作用。工作中，也是如此，有没有发现自己的周围总有几个“懒得出奇”的同事，每天日上三竿的时候来上班，似乎并不感到有职业上的危机感，也不担心会被开除，逍遥地行走于职场？这会不会让你感到非常费解，或者你会不会想：我是不是也可以这样？看了下面的案例你就不再有疑问了。

小郭是一个非常上进的销售人员，他在公司里的表现有目共睹，有一次，他能够连续三个月给公司搞定几十万元的大单子。

平时小郭就把自己全部的精力都用到了工作上，他从来不关心同事的八卦隐私，也不关心其他人的心情，一心想把自己的业绩提上去，他最不喜欢部门里的一些同事，上班的时候上网，也没什么追求。他尤其不喜欢小徐，这个女同事简直令他鄙视，居然一整天不给客户打一个电话，大模大样地在办公室里看韩剧。有一次居然还带着爆米花来单位，上班的时候，咯吱咯吱的声音让小郭觉得很烦。

小郭从来不和小徐接触，他也不想管别人的事情，他只用实力说话。后来他做出了良好的业绩，领导于是给了他提升的空间，让他管理一个部门。小郭知道，这是领导层的重用，他不想让看重他的人失望，同时，他也认为作为领导，就不能和以前一样，不关心别人，而是要关注自己手下每一个人的发展情况。

于是，小徐被列入他考虑的开除人员名单，在他看来，不积极进取的人就不能待在部门里，他喜欢的员工包括他自己，都是兢兢业业实干派的作风。他开始在上层和领导交流的时候，透露自己想开除小徐的想法。

小郭希望能够得到领导的支持，毕竟小徐是从公司开业就一直待在公司里的老员工，没有领导的支持，他缺乏底气。可是每一次提起这件事的时候，领导都微笑不语。他内心暗暗纳闷，为什么领导一直非常支持自己的很多决定，唯独对这件事情持有保留态度。

他耐心地又对小徐观察了一段时间，得出的结论是：小徐的确属于混日子的类型。于是小郭决定，只要时机成熟，就一定会坚持开除小徐。可是，小徐并没有被开除，经历了一次突发事件之后，小郭彻底知道自己犯的错误有多严重。

公司的产品进入了销售淡季，可是，小徐的客户是对口的采购人员，于是进行了一次大规模的采购，短短的两个星期，小徐给公司带来了500万元的经济收入，足以抵得上小郭整个团队的季度销售额。原来这个懒员工对公司的发展居然起到了如此重要的作用！

想要长期发展的人必须把自己的心态摆正，应该允许自己的同事有独特的放松方式，即使有出格的地方，也不必气恼并欲处置之而后快。哪怕自己是领导，也不要用苛刻的尺子衡量别人，即使内心是，也要宽厚可亲，领导也不可轻易开除。

所以，任何时候不要轻易评判你认为不重要的人。一定不要反感“最懒”的同事，做好自己应该做的事，这才是对自己最安全的保护。

看人识心理

先识相，后做事

俗话说，知心才是最重要的。

为人处世最难的莫过于“知人心”，从心理学角度讲，人心既有可知的一面，又有不可知的一面，既有共性，也有特性。由于社会的复杂性和个人经历的复杂性，人心具有一些特殊性，即有悖常理的心思、心态和心情，如莫名恼怒。

人的复杂性并不仅仅表现在生理构造上，更重要的还在于心理上表现出的复杂性，而这种复杂则具有抽象意义和不确定因素。因此，当你不了解某人时，最好不要轻易被他的表象左右了你的判断。因为，这种表象很可能是一种假象。

美国心理学者奥古斯特·C.伯伊亚曾经做过一个实验，让几个人用表情表现愤怒、恐怖、诱惑、漠不关心、幸福、悲哀，并用录像机录下来，然后，让人们猜哪种表情是表现哪种感情的。

结果是，每人平均只有两种判断是正确的，当表演者做出愤怒的表情时，看的人却认为是悲哀的表情。

人是一个矛盾的综合体。人们的喜怒哀乐，远非自身所表现出来的那么简单。欢笑并不一定代表高兴，流泪并不一定代表伤心，鞠躬并不一定代表感谢，拍手并不一定代表赞赏……为此，你要认真分析，学会识别人心，掌握一些辨识他人行为的本领。而这种本领是你轻松掌控别人，进而掌控生活主动权的必备武器。

人是形形色色的，有刚直的人，有勇悍的人，有懦弱的人，有豪侠的人，有木讷的人，有果断的人，有诚实的人……面对形形色色的人，你只有用“心”审视他，观察他，明辨他，而后慎用他，才能在人际交往中始终立于不败之地。

假如和我们交往的是位品德高尚、见义勇为、助人为乐的人，即使其外表并不英俊潇洒，我们也会与之和谐相处。但假如我们所见到的是一个虚伪而自私的人，尽管此人仪表堂堂，举止文雅，我们也只会觉得他道貌岸然、虚伪狡猾。

人的本质看不见又摸不着。你必须看到他的行为，又要看清他的意图，才能了解他的心。既看到他的外表，又要看到他的内心，才能吃透他的本意。

唐玄宗时，有李适之和李林甫两位宰相共同辅政，李适之为左相，李林甫为右相。

当时，唐玄宗沉湎酒色，穷奢极欲，弄得国库日渐空虚。满朝文武都很着急，日夜思谋开源节流之计。最后，皇上也感觉到了财政危机，下诏让两位宰相想办法。

形势所迫，二人都很着急。但李林甫最关心的是如何斗倒政敌，独揽大权。看着李适之像热锅上的蚂蚁，李林甫生出一条计策来。

散朝之后，二人闲扯，李林甫装作无意中说出华山藏金的消息。他看到李适之眼睛一亮，知道目的达到了，便岔开话题说别的。

李适之性情疏率，果然中计，忙不迭回家，洗手磨墨写起奏章来，陈述了一番开采华山金矿，以应国库急用的主张。

唐玄宗一见奏章大喜，忙召李林甫来商议定夺。李林甫看了奏章，装出欲言又止的样子："这个——"

玄宗急催："有话快讲！"

李林甫压低了声音装作神秘地说："华山有金谁不知？只是这华山是皇家龙脉所在，一旦开矿破了风水，国祚难测，那——"

"噢，"玄宗听罢一激灵，"是这样。"继而低头沉思。

那时，风水之说正盛行，认为风水龙脉可泽及子孙，保佑国运。今听得李适之出了这样的馊主意，玄宗心中当然不高兴。李林甫见有机可乘，忙说："听人讲，李适之常在背后议论皇上的生活末节，颇有微词，说不定，这个开矿破风水的主意是他有意……"

"别说了！"玄宗心烦意乱，拂袖到后宫去了。李林甫见目的达到，心中暗喜，点着头走了。

自此，玄宗见了李适之就觉得不顺眼，最后找了个过错，把他革职了。朝廷实权，便落在了李林甫手中。

李林甫是典型的口是心非之人，对这种人一定要多长心眼，多加提防。李适之显然知道他与李林甫之间的利害冲突，但他就是"性情疏率"，才会轻信了李林甫的话，结果被革职了还不知道所以然。

古希腊有句话："很多显得像朋友的人其实不是朋友，而很多是朋友的倒并不显得像朋友。"很多人在危难的时候才发现，那些曾经被怀疑的人有时却成了自己的救星，真是可笑又可悲。

成功离不开一定的社会环境，离不开你每天所要交流的那些人。在现代职场中也是如此，牢记"先识相，后做事"，在人际关系中才会有胜算。

不要窥探他人隐私

身在职场，不应该窥探他人的秘密，对上司同样如此。即使你和上司的关系再好，他也不希望你知道他的秘密，即使那已经是一个公开的秘密。

安娜是营销经理丹尼尔的助手兼秘书，因为做事有板有眼，认真负责，所以一直都受到丹尼尔的器重。有的时候，丹尼尔甚至会把一些决策权交给安娜。

出差的时候，如果有人先向他请示工作上的事情，丹尼尔一般会说："你交给安娜先让她看看，稍后我会给你答复。"

通常的情况都是安娜看完，把自己的意见以及文件的主要内容通过电子邮件发给丹尼尔。但是，这样的情况也局限于一些重大的事情上。一些小的事情，有时丹尼尔就让安娜作了决定。跟着丹尼尔做了几年的助理，她已经对处理一些小问题有相当的经验了。

对于丹尼尔的器重，安娜非常感动。她知道主管之所以会让她处理一些事情，是对她的一种器重。所以，安娜不仅在工作上非常忠于主管丹尼尔，甚至有时候会把自己的一些私事与主管商量。

一个人在外面漂泊，除了男朋友以外，安娜也没有什么要好的朋友。亲人都在千里以外，在不知不觉中，安娜把主管丹尼尔作为哥哥一样崇拜和对待。

公司的很多人都知道丹尼尔和另一位女主管有感情纠葛，而丹尼尔是一个有家室的男人。这段感情无疑是人们口中的婚外情，这已经是公开的秘密了。

作为丹尼尔这么倚重的助手，安娜当然知道这样一份感情的存在。最近她看见主管总是在办公室里小声地打着电话，从只言片语之中，她已经知道可能是那位女主管和自己的主管在闹矛盾。打完电话以后，丹尼尔常常抱着头，在座位上显出痛苦的样子。

看到主管这样，安娜非常难过。她想起自己有什么事情请主管帮忙的时候，主管总是很热心。现在他遇到这样的事情，自己应该去帮帮他。

在下班以后，安娜走进了主管的办公室，并说明了自己的来意。她询问说："如果有什么我能帮助你的话，我会尽最大的努力帮助你的。”丹尼尔看着安娜忽然说：“你怎么知道我是为了这件事情，你对这件事情很了解吗？算了，不用你费心，我会处理好的。”

听到这样的话，安娜只好无奈地走出了主管的办公室。过了两天，安娜因为处理公事，很晚才回家。在走出办公室以后，忽然忘记自己有一份重要的文件没有锁好，又转头回到公司。

这个时候，天已经很晚了。安娜回到办公室的时候，看见主管办公室的灯竟然还亮着。她敲敲门，没等里面答应就进去了，然后就看见了主管正和那个女主管拥抱的画面。

三个人都非常尴尬，安娜赶紧道歉，随即锁好文件就离开了办公室。第二天上班的时候，她看见主管已经坐在了办公室里。安娜发了一条短信给主管说：“看昨天的情形，事情已经解决了吧？是不是应该庆祝一下？”

但是，主管始终没有回复她的短信。又过了几天，安娜收到了调遣的命令，让她到一个偏远的地方做行政主管。

丹尼尔这样对她说：“你做我的助手这么长时间，我相信你已经有能力去做这个行政主管了。希望你可以把它做好。”

听到这话的安娜简直哭笑不得，她不想去那个地方。她一直不明白的是，为什么公司会有这样的调令，为什么丹尼尔会同意这样的调令，难道只是因为要她有更好的发展吗？那么为什么不让她去更好一点的地方？

不管主管怎样器重你，不管你对这个上司有没有感激之情，你对上司说你私人的事情是你自己愿意的，但这并不代表你的上司就愿意你洞悉他的秘密。即使这是一个公开的秘密，你也不要自以为是地将它说破。因为说破之后，简单的工作关系会变得难以为继。

不同性格的同事，采用不同交往方法

漫长的职场生涯中，我们会碰到各种不同性格之人，你要熟悉和包容不同类型同事的性格特征，从而在与他们交往中如鱼得水。

职场大了，什么性格的人都有。不可否认，漫长的职场生涯中，我们会碰到各种不同性格之人，你可以不喜欢这些同事，但是一定不可以因为他的性格而影响你们的沟通，毕竟你们的职责就是共事。

对傲慢无礼的同事

有些人自视甚高，目中无人，时常表现出一副“唯我独尊”的样子。这种举止无礼、态度傲慢的人，实在叫人看了生气。但是，当你不得不和他接触时，你需要如何对待他？对付这一类的人，说话应该简洁有力才行，最好少跟他啰唆，所谓“多说无益”。

对草率决断的同事

这种类型的人，乍看好像反应很快，他常常在交涉进行到高潮时，忽然作出决断，给人“迅雷不及掩耳”的感觉。由于这种人多半是由于性子太急了，因此有时候为了表现自己的“果断”，决定就会显得随便而草率。

由于“反应”太快，这样的人每每会对事物产生错觉或误解，其特征是：没有耐心听完别人的谈话，往往“断章取义”，自以为是地下决断，如此虽使交涉进行较快，但草率作出的决定，多半会留下后遗症，致使意料不到的枝节发生。

从事交涉，倘若遇到这种人，最好把话题分成若干段，说完一段之后，马上征求他的意见，没问题了再继续进行下去，如此才不至于发生错误，也可避免不必要的麻烦。

对过分糊涂的人

这种人一开头就没弄懂你的意思，你就是与他长时间交涉下去，也是枉然。经常犯错误的人不外两种：一种是从来不知反省；另一种则是理解能力太差，完全没听懂别人的谈话。对于这种人，你还是少和他接触，另外寻找出路吧。

对固执的人

顽固不化的人是难应付的，因为无论你说什么，他都听不进去，只知坚持己见。跟这种固执的人打交道，是最累人且又浪费时间的，结果往往徒劳无功。因此，在你与他交涉的时候，千万要注意“适可而止”，否则，谈得愈多、愈久，心里愈不痛快。

对自私自利的人

世上自私自利的人为数不少，无论你走到哪儿，总会遇到几个。这种人心目中只有自己，凡事都将自己的利益摆在前头，要他做些于己无利的事，他是断然不会考虑的。

但是，当我们不得不与其接触时，只有暂时抑制自己的厌恶之情，姑且顺水推舟。当他发现自己所强调的利益被肯定时，自然就会表示满意。如此，交涉就会很快获得成功。

避免先入为主的臆断

认识一个人，切忌以自己的主观想象作为衡量别人的标准。主观意识太强，经常会造成识人的错误与偏差。

识人是我们必须掌握的一项本领，但识人时难免会掺杂一些个人主观因素，先入为主地以自己的尺子去度量他人。从根本上来讲，这不利于我们对某个人作出客观、准确的判断。

当我们喜欢一个人时，就会忽略他的缺点而肯定他的一切；当我们讨厌一个人时，就会忘掉他的优点，只看到他的缺点而否定他的一切。看到一个人衣着整洁，则很可能认为他做事细心，有条理，甚至负责任；反之，如果某个人形象欠佳，就往往让人忽视他的优点。

韩非子曾讲了一个很耐人寻味的故事：卫灵公非常宠爱一个叫弥子瑕的美貌少年。一天夜里，这位少年家中传来他母亲患急病的消息，弥子瑕撒谎说已得到卫灵公的允许，就乘王室的牛车赶回家探望母亲。按理说，不经允许乘国王的车是要被处以刖刑的，卫灵公知道这事后却说：“冒刖刑之险，赶赴母亲病床前，是好样的。”

有一天，弥子瑕同卫灵公在花园里散步。花园里的桃子看上去甜得很，弥子瑕就尝了一口，果真非常好吃。弥子瑕把咬过的桃子递给卫灵公，卫灵公又大加赞赏说："有好吃的东西不一个人独吞，而是让给我，真是好样的。"三年过去了，长大了的弥子瑕渐渐失去了少年时代的美貌，卫灵公对他也不那么宠爱了。卫灵公想起过去的事来："谎称得到我的允许，乘了我的牛车，让我吃你吃过的桃子，该当何罪？"于是处罚了弥子瑕。卫灵公对弥子瑕前后态度的转变，说明了个人的主观喜好对评价一个人的重要作用。

切忌想当然地去识别一个人，没有事实根据，跟着感觉走。

从前有一个人遗失了一把斧头，他怀疑被隔壁的小孩偷走了。于是，他就暗中观察小孩的行动，不论是言语与动作，或是神态与举止，怎么看都觉得那小孩像是偷斧头的人。因为没有证据，所以也就没有办法揭发。隔了几天，他在后山找到遗失的斧头，原来是自己弄丢的。从此之后，他再去观察隔壁的小孩，再怎么看也不像是会偷斧头的人。

切忌以自己的主观想象作为衡量别人的标准，主观意识太强，经常会造成识人的错误与偏差。

识人难，但也有规律可循，重要的是我们应该学会客观而辩证地看待一个人。仅凭原有的印象或者经验就给他人下结论，显然有失公允，也不是一种正确的识人方式。

好奇心理透露出的秘密

利用好奇心来掌握如何激励某人做某事，你需要利用一个诱因来刺激他。他投入的精力越多，说明他的兴趣越大。

"好奇心泄露了秘密"是一项很厉害的技术，它可以适用于大多数场合。基本的前提是：对某事或某人感兴趣的人比起不感兴趣的人来说，会想得到更多的信息。应用这个技术，我们先吊起他的胃口，如果他想深入地了解，那我们就可以说，他至少是有那么一点儿兴趣的。如果他并不感到好奇，那他就是不感兴趣的。

这其中的秘密就是吸引出一个人无聊的好奇心，因为他为了满足自己对某种事物的兴趣，总是会做些什么。你可以在很多方面利用这项技术的心理要素。

在一家小公司里，杉杉想知道一位同事是否有兴趣转到另一个部门。她觉得不应该直接去问，而是应该这样说："大刚，我听说财务部门在招收新人。"当然，他可能为了满足自己无聊的好奇心，会进一步打听薪水、工作时间等。如果大刚真的感兴趣的话，他不得不自己花费时间和精力去获取更多的信息，因此，她继续说："我听说他们想要一个效率高的，并能为了完成工作宁愿加班的人。"现在，她只要注意他是否会像往常一样下班走人，还是会在公司停留一段时间就能明白他的真实想法了。

一个人的自信心和他的兴趣水平是成反比的。例如，一位自以为很有魅力的女士对自己的外表很有自信。如果她非常想给一位男士留下好印象时，她就会变得缺乏自信，并对自己没有把握。另一个例子是关于一位失业多年的男士。如果他最后获得了一个面试机会，这时的自信心水平比有工作或是准备跳槽时的自信心水平要低得多。

我们对某事或某人越感兴趣，就越会消耗我们的精力去获得。我们的视角会变窄，注意力也会变得高度集中。我们会依据自信心来测定兴趣水平，反之亦然。例如，某个人有几个工作机会，他可能就会很耐心地、客观地去了解并评估每一个机会。然而，如果一个人在两年内都无所事事，忽然得到了一个面试的机会。这时，他的观点就会完全不同了。他会反复地琢磨这个面试，不停地想，细细地分析每一个细节，唯恐会失去这个工作机会。因此，当一个人的选择受限制时，他就会表现得心神不安。

只要你能跟某人交谈，这项技术就可以让你对这个人的兴趣程度有一个详细的了解。下面是每个步骤的细节概要。我们探寻每个步骤的更多细节并用例子来说明它们的整体运用。

第一步：初步观察。在你说或是做任何事情之前，判断他表现的兴趣浓厚程度。

第二步：现实转换。向他介绍一些信息，让他相信能获得自己想要的机会减少了。

第三步：观察反应。你只需观察他的行为。如果他变得烦恼或是困扰，他很可能是感兴趣的。然而，如果他的机会减少了，但他看上去并没有感到紧张忧虑，这时你就可以确定他并不是特别感兴趣。

第四步：不受限制的。他也可能以为自己不可能有获得某种东西的机会了，因此，不会表现出懊恼的表情。为了避免理解错误，我们可以采用另一种“战术”，告诉他如何能够得到他想要的。现在，如果他表现得很激动，你就能得知，其实他是很感兴趣的，只是不相信自己能够轻而易举地获得。

一位销售代理商想判断客户的想法。客户看上去对产品很感兴趣，但是很多人都会如此，因此这个代理商想进一步确认。首先这个代理商需要转换视角，然后观察客户的兴趣水平是上升还是下降。他可以这样问：“先生，你应该知道融资比其他大多数投资有更多的限制性。”现在就来观察客户的反应，如果他看上去漠不关心，就明显地表明他对自己的偿还贷款能力没有信心。但是，如果他变得烦恼，他可能有兴趣，并在之前对自己的偿还能力有足够的信心。此时，就要进行最后一次试探。如果这时代理商还是没有观察到客户的举止有任何变化，那么，有可能是因为客户愿意接受任何条款或是对于这次成交没有一点儿信心。

代理商告诉他的客户可以尝试利用无首期贷款来购房。如果客户开始问各种问题并变得欣喜若狂、激动不已或是更活跃了，代理商就可以猜到，对于这个客户来说，购房已经成了一种现实。最初，根据条款，他对于自己的购房能力开始失去了信心。这就决定了他的高兴趣和低信心。

用心交流，办公室内好人缘

尽量不要跟同事有债务关系

“同事”是以挣钱和事业为契机走到一起的，若离开了办公室这一亩三分地，终究是相对独立的个体。因此，如果不想和同事的关系错位或变味，最好不要向同事借钱。

我们都有急着用钱或缺钱的时候，有时开口向朋友或同事借钱可能是常有的事。但在现实中，我们要尽量避免向同事借钱。

经常向同事借钱，会让同事觉得你是一个没有计划的人。如果借钱不还的话，那后果就更严重了。有的时候，并不是故意不还钱，而是忘了还或者是资金一时还没有周转过来。如果在和同事借钱的时候，说了一定的还钱日期，超过了这个时间还没有还钱的话，就会让人怀疑你的人格。所以，尽量不要跟同事有债务关系。

赵莉在一家公司担任客户主任，她是典型的月光族，每到月底就把上一个月的工资花得一分不剩。

有一次，正好到了要交房租的时候。赵莉当月本来就超支了，哪里有钱用来交房租？思来想去，她只能向同事张潮借钱。

第一次借钱，赵莉有些不好意思。但是，没想到的是，张潮很爽快就答应了她，借给了她 3000 元钱。赵莉很感激张潮，但是 3000 元钱毕竟不算少，而且也不可能一次还清。

赵莉没有改掉月光的习惯，又要每个月还张潮的钱。本来，她和张潮讲好了，两个月之内把这 3000 元钱都还给张潮，但是三个月过去了，赵莉仍然欠了张潮 800 多元。

张潮本来是个爽快人，但是看到赵莉这样未免也有些生气。一个欠钱的人，怎么还敢做月光族呢？第四个月的时候，赵莉还是欠着张潮 500 元钱。张潮终于忍不住了，有一天午休的时候他对着很多同事说道："我女儿开学的时候，我工资卡里钱不够了，我厚着脸皮从我婆婆那里拿了几百块钱。"

这话当然是说给赵莉听的，她何尝不明白张潮的想法？而且她借钱的事情，同一部门的同事都知道。同事们听见张潮这样说，当然也知道是什么情况了。有好事的同事在背后议论说："借人家钱，每天还一身名牌。不知道这个借钱的人心里在想些什么！"

另一个同事说："有些人就是这样，借债也要过好日子。反正她不还钱，债主也不能把她怎么样，谁会因为几百块和一个人打官司啊。"

这样的话被赵莉听见，她心里当然不是滋味。但是，因为自己月光的习惯，根本没有余钱还给张潮，忍受同事们的嘲讽是一回事情，这边还得不停地厚着脸皮和张潮请求再宽限一些日子。

赵莉的要求引起了张潮的不满。有一次，张潮对一个同事说，"老是这样零零碎碎地还钱，弄得我都有点迷糊了。我真不相信，一身名牌的人怎么会还不起这剩下的几百元钱呢？"

同事也说："不会是不想还给你了吧，这样的人，你当初就不应该借钱给她。"

这样的议论让赵莉难以忍受，她只能向自己的同学又周转了几百元钱，把张潮的钱还上。

她已经明白，自己这次借钱的事情过后，办公室里恐怕已经没有人再愿意借钱给自己了。虽然把张潮的钱还上了，但是赵莉知道自己和张潮的关系再也不会回到以前那样了。

有句谚语说人间三件事可以使关系中断："背后说人坏话，娶了朋友的妻，借钱不还。"两个关系不错的朋友或同事，一旦与金钱有了关系，他们的关系就可能受到损害。

在办公室里总是抬头不见低头见，如果和同事之间因为金钱闹得不愉快，会给自己的工作带来很多不便。如果出现借钱不还的情况，或者不能及时还的话，影响同事之间的关系是小，影响自己的名誉是大。故而不到万不得已，千万不要借同事的钱。

有一个人因家里急需，向一个要好的同事借了1万元钱。此后，他的同事就在他面前趾高气扬，还经常将自己该做的事推给他去做，在工作中他有了好主意或好创意时，那个同事就占为己有。因为他向那个同事借了钱，欠了那个同事一份人情，所以说话做事都放不开手脚，连平日里敢说的话，也不敢出声了。即使心里有怨言，也是埋在心里。这样的工作还有意思么？

富兰克林说："欠债就相当于我们把我们的自由交给了别人。如果我们不能到时偿还，我们将羞于见到我们的债主，和他说话时心里会十分害怕，我们会找出种种借口来推托，渐渐就失去了我们的诚实。"

富兰克林的话道出了借钱对一个人的危害，它可以影响我们的人际关系，影响我们的人格。从另一方面说，借钱会使我们养成不良的习惯，因为我们仿佛会觉得别人的口袋是自己的，因此可能不断地去掏，这会使我们难以自立。然而，自立是成功的前提，一个不自立的人无法想象他会取得成功。

因此，我们要记住：债务往往是一个人不能自立的开始，而随便向同事借钱则是我们的人际关系开始恶化，事业走向毁灭的开始。

如何应对专横型上司

当专横型上司向你提出一项不可能完成的要求，而你判断当天不可能完成此项工作时，就应该清楚地对上司说："请再多给我一天的时间！"

专横型的人，个性非常好胜，总是希望下属对自己唯唯诺诺，不允许有任何意见。但如果为了讨好这种类型上司，勉强自己该说"不"时而不说，则会让自己难办。所以，不要畏惧，勇敢地说出自己的心声吧！

在这种情况下，当下属以毅然决然的态度，向上司说出"不"时，专横型上司会有所收敛。所以，清楚地说出"不"字，等于是保护了自己。

必须先礼后兵

专横型上司虽然喜欢下属唯唯诺诺，内心却暗暗嘲笑这些唯命是从的下属是没有骨气的家伙，所以你若能一反惯例，以先礼后兵的态度大大方方地说出正当的理由时，虽然他内心可能感到不舒服，但也会暗自流露钦佩的感情并且会告诉自己说："他这家伙还真不赖！"从而可能对你刮目相看。

切莫阻断他的话

当专横型的人大发雷霆时，千万不要阻断他的话，也不要立即加以反驳，最好的对策是先让他把话说完，然后再摆出反击的姿势加以"攻击"。

因为当此类人怒气冲天大发脾气时，若加以阻挡，就等于是火上浇油，只会使事情闹得更僵。所以应该让他把话说完了，而且有疲倦感时，再心平气和地将自己的话表达给他听。

语意不要暧昧不清

通常专横型的人脑筋都很好使，所以当你想以语意不清的方式来躲避时，对方一定会很快地发觉且对你怒吼："你的结论究竟是什么？是……还是……你给我说清楚行不行？像你这种含糊不清的话，鬼才听得懂！"

当对方怒吼时，你往往会感到畏惧，甚至于发抖，所以语意要清晰，不要让对方抓住把柄。例如清楚地告诉对方"我认为应该这样"或"我认为不应该这样"，使对方对你的魄力感到钦佩。

具有充分的礼貌

由于专横型的人自尊心非常强，所以态度若稍有不礼貌，很可能会使对方恼羞成怒。

说话是否委婉对于事情未来的发展有很大的影响。例如在进行讨论主题之前，应该先说"我并不想冒犯您……""我不敢冒犯经理您……"或"我也了解您的意思，但……"等客套话。此外，你也可以把自己当成熟稳健的大人，而在内心将对方当作无知的孩子，意即装出顺从的样子。专横型的人，自尊心比任何人都要强，所以如果其自尊心受到伤害时，想要应付他则是难上加难。除此以外，也可以瞧准机会给专横的上司一些苦头吃吃，令他的一些错误的指挥和想法成为事实，然后用铁的事实告诉他一个简单的道理：人无完人，多听听下属的意见并没有坏处。大多数的下属都是极力维护自己上级的尊严的，上司不相信下属实是不相信他自己。

办公室不该是你的浪漫小屋

很多白领喜欢选择办公室恋情，的确，办公室是了解异性的好地方。但是，虽然老板不会以公司规章制度的形式禁止办公室恋情，但公司不希望员工之间谈恋爱，作为一种职场风俗习惯，或者职场规则而存在着。

诗语去年刚失恋的时候，发毒誓这一辈子再也不找男朋友了！就在那时，办公室新来了一个小伙子，他的办公桌正对着诗语的办公桌。这小伙子除了有些老练，从外貌到谈吐都非常一般。因为是同事，诗语没有对他进行心理设防。一来二去，她对他竟然有了一种特殊的感觉。有了这么一个同事，诗语很快从失恋的阴影里走了出来。由于可以天天见到他，对他有细致入微的了解，终于，诗语不仅确认了自己对他的那份感情就是爱情，而且她对这份感情很放心。于是，办公室成了最佳约会地点，并且，办公室约会并没有影响她的工作。现在她每天都盼着早一点上班，清晨她会早起半小时打扮自己。每当他俩越过写字台的隔板相视一笑时，那是诗语一天中最快乐的时光。

读书的时候，你可能觉得一见钟情很浪漫；工作后，你的想法可能会变得具体一些，觉得还是在长期的接触中建立起的感情更牢靠，也更有魅力。一些人甚至认为，与外面的人约会，经常会有很多假象，因为对方追你的时候自然会掩饰很多东西，包括他的缺点。有时候两个人相处很长时间还像雾里看花，如果有一天你忽然发现他竟然做出一件让你无法容忍的事情，便会感到措手不及，有一种上当受骗的感觉。而在自己的办公室观察一个同事，就比较客观。作为同事，双方一开始没有想到将来会成为恋人，彼此的关心都是真诚的，不是刻意表现出来的，所以，能以客观的眼光观察对方。两人都是轻松上路，在办公室里能比较放松地展示真我，通常一句脏话、一个小动作是掩饰不了的。观察恋人对别人的态度也很重要，往往会暴露出人性中最真实的品质。

然而，作为职场中人，你必须更加现实一点，尽管一般的公司并不会明文规定不准公司员工之间谈恋爱，但是，绝大多数的老板并不喜欢办公室恋情。

从本质上来说，爱与不爱都是个人情感的表现，是一种个人隐私，与工作无关。但是，办公室恋情是发生在“办公室”，而办公室是工作的场合，所以，这种个人感情不可能对工作没有一点影响。办公室里，如果你对他有好感，你就会竭尽全力在工作中帮助他，有时甚至不留神，超越自己的职权。现实中，有很多恋爱不成反成仇的故事，一旦发生那种情况，你的工作更受影响。因此，“办公室恋情”可能会给你带来不少麻烦和是非。

作成为职场中人，你必须收敛自己的感情，要尽量控制“办公室恋情”的出现。特别是作为女性，如果你希望自己能有所作为，最好不要在办公室里放“电”。

别把隐私带到办公室

不要混淆公司和家的功能，天底下没有几个老板希望员工把私人情绪带到办公室。懂得生活的人，应该尽量把工作和生活的界限划清楚。

家是很多人的避风港，有什么不愉快的事情、不如意的事情，回到家以后，就等于是找到了一个发泄的出口，可以大哭、大叫、大喊，也可以向你的家人诉说，让他们和你一起分担。

职场人士随时会遇到一些私人危机，如失恋、家人生病、夫妻关系不和睦等，这都是稀松平常的事情，但是，这样的事情不应该带到办公室和同事“分享”。

每个人遇到烦恼的时候、工作不如意的时候，都想要找个人倾诉，但是，无论如何，都不要在办公室里到处找人倾诉。

刚到一家公司财务部工作两个月的会计周慧，因为男朋友和她分手哭了一个晚上。第二天，她眼睛红红地上班去了。公司的前台看到周慧就问她怎么了，周慧平时和这个前台相处得还算不错，于是就告诉她自己失恋了，前台忍不住安慰了她几句，结果她就喋喋不休地向前台哭诉她男朋友如何不好。

中午在食堂吃饭时，周慧又和公司一个相熟的同事说起自己失恋的事情，又向同事诉苦半天。下班之前公司的绝大部分同事都已经知道了周慧失恋的事情。

公司下午照常是要开例会的，在例会快要结束的时候，经理说:“有些人将自己的私事都四处宣扬，公司怎么能放心地将重要的事情交给她处理呢？”

这个时候，参加例会的人都把讽刺的目光投向了周慧。没过几天，周慧就接到公司的调令，让她到另一个部门工作，而且薪水也被减了一大半。

失恋这样的事情属于私人问题的范畴，这样的问题一概不能带到公司里来说。可以和自己的家人、朋友共同承担，但就是不能随便和自己的同事说，因为这样不仅会影响自己的形象，也会影响领导对自己的印象。

工作场合是利益场合，同事关系是合作和利益的关系，在这样的关系面前，不存在什么私人问题。所以，工作归工作，私人问题是私人问题，不能混为一谈。

不要说自己的隐私，也不要打探别人的隐私。如果知道了别人的隐私，势必也要把自己的隐私呈现给别人。别忘了，你想要打探别人的隐私，别人也想知道你的。所以，最好的做法是不随意打探别人的事情。

不要和同事谈论家里的经济情况。无论是家财万贯，还是一贫如洗，都不要当着同事的面说这样的事情。

也许有人会说，这样和同事交谈会显得自己十分有诚意，也可以搞好自己和同事之间的关系。其实，和同事相处的诚意并不是要拿自己家庭的情况作为代价的。就算你刚刚买了别墅或利用假期去欧洲玩了一趟，也没必要拿到办公室来炫耀。

你的雄心壮志也不要在公司同事面前说。你的工作计划、未来目标或跳槽的打算等，说出来没有什么意义，也没有什么用处，说不定传到上司的耳朵里，对你更是没有好处。

你在以领导的理想为理想吗

以领导的理想为理想，就容易看不到自己的理想，与其等待着企业发展壮大，不如让自己的壮大为企业发展增加活力！

心理学的研究揭示，人很容易相信一个笼统的、一般性的人格描述特别适合他。即使这种描述十分空洞，他仍然认为反映了自己的人格面貌。

曾经有心理学家用一段笼统的、几乎适用于任何人的话让大学生判断是否适合自己，结果，绝大多数大学生认为这段话将自己刻画得细致入微、准确至极。下面是心理学家使用的材料，现在也看着这段话来对照我们自己，他说得对吗？

你很需要别人喜欢并且你渴望得到别人的尊重，你有许多可以成为你优势的能力，但是还没有发挥出来，同时你也有一些缺点，不过你一般可以克服它们。你与异性交往有些困难，尽管外表上显得很从容，其实你的内心，有时候焦急不安。你有时怀疑自己所作的决定或所做的事是否正确。你喜欢生活有些变化，厌恶被人限制。你以自己能独立思考而自豪，别人的建议如果没有充分的证据你不会接受。你认为在别人面前过于坦率地表露自己是不明智的。你有时外向、亲切、好交际，而有时则内向、谨慎、沉默。你的有些抱负往往很不现实。

这其实是一顶套在谁头上都合适的帽子，容易让人迷失自己，个人在认识自我时很容易受外界信息的暗示，从而常常不能正确地认识自己。认识自己，心理学上叫自我知觉，是每个人了解自己的过程。在这个过程中，人更容易受到来自外界信息的暗示，从而出现自我知觉的偏差。

职场中，人们同样如此，人们既不可能每时每刻去反省自己，也不可能总把自己放在局外人的位置来观察自己，于是只能借助外界信息来认识自己。正因如此，每个人在认识自我时很容易受外界信息的影响，迷失在环境当中，受到周围信息的暗示，并把他人的言行作为自己行动的参照。

雅琦是一位特别的老板，她幽默风趣，而且有着北方女性特有的豪爽。

上班的时候，她到各个部门视察，有时候，看到气氛沉闷的部门，她就非常痛快地和大家开玩笑，说："行啦，都停下手里的活儿，别我一来，你们就装出很忙很投入的样子，聊会儿天吧！"

公司在她独特的领导力和活跃的气氛的带动下生机勃勃，但是这并不意味着她不会管理，对于管理，她向来的口号是：行霹雳手段，方显菩萨心肠。对于员工的失误，她从不心慈手软。

这让所有的员工都觉得她高不可测。有一天，雅琦在中层的管理者中开了一次会，她想通过这次会议，让中层领导从基层管理者中产生。每一个管理者都想得到更好的发展，可是大家都在想：开会会讲些什么呢？

令大家感到震惊的是，开会的时候，雅琦非常洒脱从容，她随意地问了大家这样的一个问题，那就是：你在为谁工作呢？

这句话是很多基层管理者经常问员工的，也有很多人在给新员工培训的时候，就贯彻这样的观念，那就是站在一个为公司工作的高度上，为了公司更好地发展，理解公司的每一个决策。

她问了几个人，第一名基层管理者的回答是："为公司工作。"

听到这里，雅琦哑然失笑，她平静地说："大家都在为公司工作，那么，我问你们，你们愿意这样吗？每天必须按照公司的时间上班，按规定的时间下班，每到下班的时候就拖着自己疲惫的身体，如释重负地回家，这一切的付出都只为了月底的工资。"

第二名管理者心想，应该更加表达自己的忠诚，于是说："为老板工作。"这几乎让雅琦失望了，她做了一个崩溃的表情，说："为老板工作，你愿意吗？利益来了的时候，我什么具体的工作不做，反而把利益的大头拿走，而你，操心伤神，天天还要安抚员工，还要接受领导的检查，你对这样的工作状态能够开心面对吗？"

问到最后一名手下，他知道这样正式的场合，不应该作"出格儿"的回答，可是，他还是鼓足勇气说："我为自己工作。"

这个回答让大家面面相觑，而雅琦的脸上乐开了花儿，她笑着说："为什么呢？"

这名手下说："每个人做事都是为了自己，这是根本的生存和工作态度，我清楚自己在做什么，而且，这样的工作才不会觉得迷失。"

雅琦终于听到了自己满意的答案，她说："你的回答是对的，为自己工作，做好自己岗位的事，这才是我想要的理性管理者。"

如果此刻，你没有自己的职业规划，相反，你过多地关注了公司的理想和领导们的八卦，你就容易忘记自己的职责，也会因为目标模糊而迷失了自己。

那么，就请一定记住，以领导的理想为理想，就容易看不到自己的理想，与其等待着企业发展壮大，不如让自己的壮大为企业发展增加活力！

不要成为办公室绯闻的主角

职场中的男女关系远远不只是异性交往那么简单。所以千万要小心行事，别让它毁了你的前程甚至是爱情。

办公室是个很普通的地方，但它又有特殊的一面。因为所有人都在这个狭小的空间里工作，异性之间的交流也是不可避免的，如果把握不好尺度，就很可能会成为绯闻的主角。

男女授受不亲的说法在性别差异日渐模糊的今天几乎已经不存在了，但这并不是说男女在一间办公室工作就可以百无禁忌。

职场中的绯闻不外乎两种情况。其一，大家在闲暇时间没找到能互相调侃的话题，于是就制造“绯闻”来交流，说得多了，假相就变成了“真相”；其二，看到两人交往过于密切，或真或假，虽然真相只有当事人知道，但旁人也能感觉得出来了，于是绯闻的男女主角就出现了，而且绯闻的杀伤力往往会超出当事人的想象。

蒙蒙对刚空降来的帅哥上司焦龙产生了好感。其实，蒙蒙不过是因为焦龙长相酷似她的前任男友，所以才对他有好感。焦龙因为刚到公司，对公司情况不是很熟悉，蒙蒙的热情帮助他当然也不会拒绝。除了工作上的交流以外，蒙蒙吃午饭的时候，总为焦龙叫上一份快餐。焦龙甚至还告诉蒙蒙他正因为和女朋友分手的事感到沮丧，正在蒙蒙犹豫是不是该以朋友的身份安慰他的时候，他们的绯闻已在办公室里传开了。

不过蒙蒙对此并不是很在意，有时，还会以他们两个人的绯闻开玩笑。有一次，在给上司提出意见和评价时，蒙蒙写的意见充满了挑逗意味，她本以为这是给上司看的，结果这次规矩改了，这些评价的结果被送到公司总部。“人尽皆知”的绯闻浮出水面，蒙蒙受了处分，同事们也都在背后议论，这让她好不尴尬，后来她还因为这件事与别人争吵过，人际关系也越来越差。

绯闻往往是容易产生，又不易消除的。因此，在办公室里一定要注意自己的一言一行。

朱婧是一位南方美人，大学毕业后在一家公司做会计。她身材匀称，皮肤白净，五官秀气，给人的感觉很舒服。但是她有一个毛病，就是喜欢在异性上司面前展示自己的美丽，比如路过男性上司的办公桌前，她总有意无意地拨动一下头发，然后回眸一笑。

一位男上司虽然知道她有男朋友，但仍然被她迷得神魂颠倒，每天上下班都主动与她打招呼，有时还会送她到车站。对上司的这些优待，她也乐于接受。上司见她并不拒绝自己的好意，便产生了进一步的想法，工作之余经常和她开玩笑或请她吃饭，有时还会碰碰她的手或肩膀，朱婧对此也没太在意。

一位和她很好的同事提醒她注意一下自己言行，她反而说因为自己漂亮，所以上司才给自己便利，不利用自己的漂亮就算是资源浪费了。后来，男上司得寸进尺，要求朱婧甩掉男友和自己交往，朱婧没同意。结果第二天单位里就有了她和这位上司私下交往的传言，男友知道了这件事，要和朱婧分手，而同事们也知道朱婧有男友，对她的“行为”也表示不齿，并开始怀疑她的人格。

俗话说，苍蝇不叮无缝的鸡蛋。有些人深受办公室绯闻的伤害，却不知道这些伤害多数是他们自己招来的。办公室绯闻缠身的人也许是因为没有注意自己的言行，一个动作、一句话甚至一个眼神就让对方或者别人想入非非，于是绯闻便产生了。

因此，绯闻的主角中如果一方对另一方产生感情，也很难得到真正的幸福，因为这会让人怀疑你的职业素质，如果是名花有主的人，更会在人品上留下污点。虽说也有日久生情的，但这种恋情只会让自己的前途大打折扣，因此很多大企业非常看重员工的品德，不欢迎办公室绯闻人物。很多办公室绯闻例子也告诉我们，为了进行一场办公室恋爱而抛弃前途是不明智的，因此，不要以身试法。

如果你不幸成为绯闻的主角，可以照以下方法来改变现状。

慎重和异性上司交往

男上司的大度也许会让你愿意去接近他们，但是你也须注意不要和他们交往过密，保持一定的距离，尤其是与已婚人士。在和异性上司交往的时候，你的表现要落落大方，不要因为一些细节让对方误会或让旁人产生错觉。

离喜欢制造流言的人远点

俗话说：物以类聚，人以群分。一旦与喜欢制造或传播流言的人靠得太近，你的事情很快就会被他们以讹传讹。如果你想让自己在职场中一路顺畅，最好不要亲近他们。

正面面对流言飞语

如果前两项你都做到了，但还是被办公室的流言中伤了，那你最好找到制造谣言的人，直接对他提出质问。

当然，你也可以忽视谣言，但在平时要注意自己的言行，不要引起旁人的误会，正所谓身正不怕影子斜，相信那些恶意的谣言最终会被人们忘记的。

被同事悦纳的有效说话方式

能被同事所悦纳的谈话方式有以下几种：

1. 主动承认错误

主动承认自己的缺点，比让别人批评要心情舒畅。如果你觉察到同事认为你有不妥之处，或是想指出你的不妥之处时，那么，你就要首先自己讲出来，主动承认自己的错误。相信他会宽宏大度，不计较你的过错，能原谅你。

所以，如果错了（这是在所难免的）就干脆认错，这种方法可产生意想不到的效果。

所以，当你要同事接受你的观点时，请遵循这条准则：只要错了，就坚决承认。

2. 耐心倾听

大多数人为使他人接受自己的观点，总爱侃侃而谈，同事之间相处更是如此。应该给别人把话说完的机会，因为他对事情和自己的问题比你知道得更清楚，所以最好是向他提些问题，让他告诉你他认为什么是正确的。

不要因不赞同他的意见而打断他的话，请不要这么做。在他言之未尽的时候，他会对你置之不理，因此请静心听他把话说完并尽量加以理解。要真心实意地听，要鼓励他把话说完。

法国哲学家拉罗什弗科尔说："如果你想树敌，就设法超过自己的朋友；如果你要朋友，就请为你的朋友提供超过你的机会。"

我们应该谦虚，因为我们自己没有什么了不起的。我们都会死亡并在百年之后就被彻底忘却。如果总是想在别人面前夸耀自己微不足道的成绩，那生活就太没意思了。最好是让别人讲话。请仔细想一想，你有什么值得自我吹嘘的呢？

所以，你如果想要别人依照你的观点办事，请遵照这条准则去做：给他人多说话的机会，自己尽量少说。

3. 在争论中不抢占上风

十有九次的争吵结果是，每人都更加相信自己是正确的。

实际上在争吵中是没有胜利者的。即使你在争吵中占了上风，说到底你还是失败了。为什么呢？即使你是胜利者，那又怎么样呢？你将洋洋得意。但你的对手会怎样？你让他觉得低你一头，你伤了他的自尊心，他当然恼火。而被迫放弃自己观点的人从来都很难一改初衷。

佩恩·马尔特霍人寿保险公司为其代理人定下的规矩是：不许争吵。

说服某人并不意味着要同他争论。因为争吵不能改变别人的看法。

好好思考一下，你更想看到什么呢，是想得到表面的胜利还是人的认同？二者兼得的事是很罕见的。

在争论中你的意见可能是正确的。但要改变一个人的看法，你的努力大概会是徒劳的。威尔逊内阁财政部长威廉·马卡杜声称，在多年的政治活动中他悟出了一个道理，就是："任何一个论据也不会说服一个不学无术的人。"

仅仅是不学无术的人不能被说服吗？这样说未免太简单了些。根据经验我们确信，任何一个人，无论其修养程度如何，都很难通过争论来说服他。

拿破仑的侍卫长康斯坦经常和约瑟芬打台球。他在《拿破仑生平回忆》一书中写道："尽管我台球打得很好，但总是设法让她赢，以此博得她的欢心。"

我们应牢记这一点：在非原则争论中要给予同事取胜的机会。误会是不能靠争吵消除的，它只能靠接触、和解的愿望和理解对方的真诚心愿。

有一次，林肯批评了一个年轻军官，原因是他同自己的一个同事进行了激烈的争吵。林肯说："任何一个想要有所作为的人，都不应在和人争吵上浪费时间，这不是说他不应该允许自己发火和失去控制，而是说在重大问题上如果你感到你和对方都正确，那你就应该让步。在枝节问题上即使你明明知道对方不对，你也应该让步。给狗让路总比让它咬你一口要好，因为即使把狗打死，也不能马上治好你的伤。"

所以，当你与同事发生争论时，请懂得这条准则：在争论中取胜的唯一方法就是避免在争论中占上风。

第二篇

可怕的男女心理学

第一章
恋爱需要技巧

恋爱要有策略，需要成熟地经营

邂逅来的真爱

“前世的一千次回眸，才换来今生的一次擦肩而过；前世的一千次擦肩而过，才换来今生的一次相识；前生的一千次相识，才换来今生的一次相知。”有人曾计算过爱情的概率，世界上有60亿人口，其中有两万个异性适合做你的伴侣。所以，单身又渴望爱情的女人们，为什么还要一味地守株待兔，何不出去寻找我们自己那30万分之一的机会，寻找到属于我们的真爱。

电影《向左走，向右走》中，金城武饰演的刘智康和梁咏琪饰演的蔡嘉仪两人居于同一幢公寓，却因彼此习惯不同：一个向左走，一个向右走，因而从未相遇。两人不曾相遇却不断擦身而过：在旋转门一进一出、在电梯一上一落、在月台上分站两旁……这么近，那么远，总是稍欠那一点点就会碰到。

终于，他们各因欠租逃避房东的追缠，同时来到公园。在水池的一端，他们遇上了。两人一见投缘，有如一对失散多年的恋人，一起玩旋转木马，在草地上倾谈，度过了一个快乐又甜蜜的下午。一段浪漫的爱情也悄悄在两人的心底开始发芽。

没有这次邂逅，他们永远只能擦肩而过，永远走不进对方的内心，永远不会知道爱情的缘分其实就在咫尺之遥。

电视剧里的情节总是令人神往，但是生活中却难有这么唯美浪漫的事情发生，浪漫的邂逅固然美妙，却终究是可遇而不可求，所以我们不要一味地祈祷上帝赐予自己缘分，我们需要适时地制造美丽的邂逅。当我们的周围出现了一个陌生的优质男或者优质女，扭扭捏捏可不是追爱所为，大大方方地介绍自己，和他聊些有意思的话题，获取有价值的爱情资讯，才是现代人的追爱之道。

如果没有缘分天注定的“巧遇”，那么，我们自己可以制造这种邂逅，人为地安排彼此的相遇，为更好地相知相识相恋打下完美的基础。

制造一些美丽的邂逅，走进心仪对象的生活，也就有了渐渐走进恋爱对象心扉的机会。这样，我们可以化被动为主动，大胆制造浪漫的邂逅，为自己的感情生活带来意想不到的甜蜜。

小清住在一家医院附近，她看中了医院里的一个年轻男医生，却苦于找不到合适的机会接近他，后来她终于想到了一个接近他的办法。

某一天，一个女孩双手抱满了东西，和迎面匆匆而来的一个男人撞了一个满怀，东西撒落一地。这个女孩是小清，男人是那个医生。男人在帮她捡拾起地上散落的物品之后，连声为自己的不小心向小清道歉。小清则是一脸害羞又通情达理的样子：“没关系，你也是有急事才赶成这样的。”

初次的计划成功之后，小清又每天在医院下班的时间牵着小狗在附近徘徊，几乎每天都能遇见那个年轻的医生，两个人熟识起来，发现彼此的性格很合拍，不久就成了恋人。

制造邂逅，从某个角度上来说，就是在人为地制造情分或缘分。自己制造的邂逅比真实的邂逅更能成就我们的爱情。在这场邂逅中，小清把主动权牢牢抓在手里，事先打探了对方的喜好，在衣着打扮上都迎合对方的喜好，仪态、风度会落落大方，自信优美，令人欣赏，能在对方心里留下一个美好的印象，甚至可能让对方惊喜不已。

制造爱情的邂逅更是要本着“不打无把握之仗”的原则，精心准备，做好每一个细节，才不至于弄巧成拙。

浪漫的邂逅需要精心准备，但又要让对方看不出一丝“人工操作”的痕迹，让他感觉像是上天的安排。想要学习高超的邂逅制造技巧，不妨向白娘子学习一番，当白娘子看上许仙的时候，为了制造浪漫的邂逅，她先施了一次法术，来了一场“人工降雨”，然后再去羞答答地跟许仙“借伞”。这样一来，她的美丽就从容并且自然地映入了许仙的眼帘，进而攻破了他的爱情心防。

如果我们已经明白了制造恋爱邂逅的技巧，那么就动点爱情的小心思，导演一场和优质男女的美丽邂逅，上演属于自己的爱情剧。

恋爱攻防，进退有度获邀约

知名作家张小娴曾说：“女人的追求其实只是用行动告诉这个男人，请你们追求我！意思是拉开架势，垂下鱼线，愿者上钩而已。”

我们遇见了心目中的白马王子，爱情的火苗在我们心中滋长，我们也能感觉到他心中的化学变化，但是他从不约我们出去，只是这么一味地在爱情的边缘暧昧着。很多时候，男人在决定工作执行方向时很果决，但碰上这种事情的时候，多数就会变成一块大木头，决断能力瞬间退化成情窦初开的中学生。他们往往容易忽视女人给他的爱情暗示，也忽视了自己内心的那些细微的化学变化。

这种时候，女人如果还只是一味地等待，就注定错失这段爱情。不妨要点小计策，不动声色地推他一把，他就会轻易地掉入我们的爱情之囊里。大家都知道，一杯温水，保持温度不变。另有一杯冷水和热水。先将手放在冷水中，再放到温水里，会感到温水热；而先将手放在热水中，再放回温水里，会感到温水凉。同一杯温水，出现了两种不同的感觉，这就是心理学上著名的

“冷热水效应”。如同女人的恋爱一样，如果一开始就对对方有足够的暗示和热情，忽然有一天这样的热度消失了，对方就会觉得自己没防备地被冷却了下来，从而有种怅然若失的感觉。

张青喜欢上了她的一位客户。有一回见面本来约好10点，但是那个男人临时有事推迟了一个小时，他们谈完已经到了午饭时间。男人说，不好意思让你久等了，不如我请你吃饭赔罪吧。张青压抑着咚咚乱跳的心，假装为难地考虑了一下，说：“对不起，我发个短信，本来和朋友约好一起吃饭的。”然后对着手机乱按了一气。

就这样，他们开始了非工作式的交往。张青当然要回请他。第二次一起吃完饭，他们之间随意了许多。三天后，张青买了条领带送给他，谢谢他对她工作的支持。再三天后，张青以自己生日为名请他出来吃饭。一个星期主动约了人家三次，这已经不是一个寻常的数字。如果他有意，该明白张青的心，如果无意，那么再努力也没有用。于是张青开始收手。

果然不出所料，一周后，男人终于约了她。见面的第一句话是：“你好像突然失踪了，我很不习惯。”瞧，她成功了！

在这场爱情的暗示中，张青正是不动声色地耍了一点小计策：矜持地传达出自己的好感，让对方意识到自己的心意，然后再见好就收，让对方不知所措，这才激起了对方的兴趣，为自己赢得了交往下去的机会。同时，恋爱风暴来临时，想让他开口约我们，其实很简单。比如我们可以装作不小心，寄错了一封E-mail给自己的暗恋对象，内容是有关周末的好玩行程。当他满心疑惑地回信，我们可以马上顺水推舟地说：“啊！我寄错了……但是你想不想一起来参加？”这样就可以顺其自然地划入他的生活，再加把劲，也许就可以顺利划入他的心河。

虽然有情，却在对方要求一起吃饭时适当矜持，并最后决定推掉别人的饭局。同样的，这个小花招对男人有两点暗示：有很多人想跟我一起吃饭，我的人缘很不错；我推掉了别人，说明我重视你。

一星期约人家三次，真可算死缠烂打。不过只要找到合情合理的理由，并在约会时保持矜持与可爱，让他觉得：这是个可爱的女人，对我也挺有意思的，我是不是应该追求她？主动几次后见好就收，无论如何他都会想：人家女孩子主动几次了，于公于私、于情于理，我们都应该主动一下。

重要的是，我们得让男人觉得是他在追我们，而非我们死皮赖脸地求着他。我们可以试想一下，如果他不费吹灰之力地就能够约我们吃晚餐，那两个人的约会，就很可能会跟路边发的赠品一样廉价。所以，我们必须学会不着痕迹地做出一些暧昧的暗示，既不说明也不沉默，而是在若有似无间徘徊。而这一份别样的暧昧和暗示，正好是挑起男人内心征服欲的开始。

所以，作为女人，我们不能当一条轻易上钩的鱼儿。我们需要学会让他先开口约自己，让他对自己更加无法自拔。男人通常会期待这个猎爱的过程，所以我们必须掌握这种若即若离的距离。

怎样让对方觉得自己不可或缺

当恋爱关系发展到一定程度时，我们已经如愿以偿地占领他的心，进入他的爱情领土，但我们依旧揣测自己在他心中的地位，依然对我们关系的稳定性惴惴不安。那么，该怎么办呢？

给对方一些惊喜，玩转一些小方法，让生活更加的多姿多彩，让他/她自然而然地沉浸在爱情旋涡里！一点一滴地融入他的生活，让他把我们当成一种习惯，每天的坚持，每天的爱恋，让我们成为他空气一般的存在，慢慢地让我们成为他生命的一部分。

心理学上有一个临界点效应，指的是冰在超过0℃之后就化成了水，水在超过100℃之后又变成了水蒸气。物理变化中往往存在这样的临界点，在其前后物质的状态和性质会发生很大的变化；在化学变化的过程中，刚开始往往难以看出变化的痕迹，但当温度等外部环境超过一定标准，达到临界点之后，往往就会产生新的物质。

恋爱也一样，从相知、相识、相恋，是一个过程，也是一个质的不断飞跃。同样，在恋爱中，慢慢让自己成为对方的不可或缺的意识，懂得巧妙地摆正自己在他/她心中的位置。如“临界点效应”一般，哪怕是冰，也让他化成水；哪怕是水，也让他蒸发成水蒸气，让他慢慢地改变，对我们产生新的依恋和感觉。

如何让他/她离不开我们，我们需要使出这些方法，不动声色地占据他的生活重心。

让对方感觉轻松

世界上没有十全十美的人，爱情里也没有十全十美的恋人。甜蜜的爱情不在于找到一个完美的恋人，而是与一个相当的人去努力建立一种完美的恋爱关系。太关爱他、太讨好他，会把他宠坏；但太自我、太高傲，又会令他心里惧我们三分。爱情需要适度的空气和氧分，我们永远是他身边不远不近、不离不弃的那个人。如果他打来电话，我们会如约前往；如果他送我们鲜花，我们要夸他潇洒；如果他想独自待着，我们掉头走开——但晚上会打来关切的电话。

做他/她时刻都需要的空气

对于爱情，我们有时候会胆怯、犹豫，有时又会显得孩子气，很少有勇气去承担爱的。大多数时候，恋人都希望做一只在水里游来游去的鱼，尽情享受恋爱的自由。所以我们只有慢慢渗透在他的生活里，令他身在其中，舒适而不自觉，既无压抑也无束缚，犹如水里的空气。早晚有一天，他会发现，如果没有了我们，就像空气抽离，他活不下去。

最大化发掘彼此的共性

情投意合是建立在许多共同的兴趣上面的，比如我们喜欢看书，他也喜欢；我们喜欢跑步，他也喜欢；我们喜欢吃水煮鱼，他也喜欢……这么多共同的爱好，我们想不心灵相通都难。进入爱情之后，我们要继续发掘两人之间的共性，将这份心灵相通的感动长长久久地持续下去。

时不时给他来点小惊喜

恋爱才开始3个月，彼此却都有一种相处了3年的感觉，这并非是走进了老夫老妻的相濡以沫，反而有可能是走入了爱情的枯萎区。日子就此开始平庸下去，我们在对方的心中也渐渐由美丽的王子公主般的童话沦落为无聊的平凡故事。如果我们的爱情正走向这样的噩梦，我们要赶紧刹车，挖空心思地给爱情增添一点小惊喜，化腐朽为神奇，重返爱情的美丽。比如，我们可以准备一顿精心的烛光晚餐，偶尔送对方一个小礼物，让浪漫、激情随处发生，在他眼中，我们永远是第一次见面时的心跳。

女人一撒娇，男人就心软

撒娇是女人的天性。从几岁可爱的小女孩到年过半百的老太太都在运用着这个软性武器，通过撒娇表现了女性的妩媚和柔情。

小时候，女孩、男孩都喜欢向大人撒娇。想吃什么东西，爬到爸妈的腿上一撒娇爸妈就会有求必应。长大以后，撒娇慢慢演化成绝大多数女孩子的“专利”，男孩也自然而然地成为女生撒娇的对象。学生时代，男、女生之间有了小摩擦，女生就会跺着脚，轻轻地晃着身子，捏着小嗓子喊“我告老师去……”保准把男生吓得不轻，连连道歉，这是女孩无意识地撒娇，也是对付小男生的“法宝”，且屡试不爽。然而，当女孩渐渐长大，由女孩变成了女人。这“娇”就不可随便撒了，目标逐步锁定在自己喜欢的、爱的人身上。

为什么女人都爱撒娇呢?

这可能跟心理学中提到的儿童自我状态有关系，儿童自我状态是人格结构中的“想要做”的成分，它以服从和任人摆布为特征。通常表现为像婴儿一样的冲动，一会儿逗人可爱，使人喜欢；一会儿大哭大闹，令人无语。所以，女人，尤其是恋爱中的女人跟孩子在某些方面有着共同的性情。一个有着幸福生活的孩子往往喜欢在宠爱他的父母面前撒娇，而一个有着浪漫感的女人，偶尔也会在自己深爱的男人面前撒娇献媚，以获得更多的爱抚。

撒娇是一门生活的艺术。因为天下没有比水更柔弱的东西了，但是任何坚强的东西也抵挡不住它，因为没有什么可以改变它柔弱的力量。

撒娇是女人的一种风情。一声娇柔的呼唤，会融化男人心中所有的原则，一句嗲嗲的话会让男人顿然觉出自己的伟大，看着身边的女人如花般美丽、如水般温柔可人，心里那份自豪、那份释然并非语言所能表达。

撒娇是一种本性，也是一种手段。对于女人的撒娇，男人大概没有多少抵抗能力，所以，聪明的女人知道以柔克刚的杀伤力，懂得在平淡的生活中如何运用撒娇演绎出一份浪漫，去化解生活中剑拔弩张的气氛，去成全男人保护女人的那种欲望。

然而，撒娇如果使用不当，也可能适得其反。所以女人要注意撒娇禁忌：

第一，公司场合不能撒娇。公司毕竟属于较为正式的场合，一般情况下，不要过多地介入私人性质的东西，尤其是女性在面对男性上司和男同事时，更是不能随意撒娇，以免被视为轻浮。

第二，心情欠佳惹烦厌。女人偶尔的撒娇是一种生活情趣，但是这也是需要看时间和地点来决定的，如果男友心情正处于低谷，却还有一个叽叽喳喳没完没了的声音在耳边娇嗔连连，恐怕脾气再好的人也会受不了的。

第三，见好即收最醒目。女人撒娇时也要注意一个度的问题，不要一天二十四小时都在撒娇状态中，撒娇只能作为情调的甜品，而不能作为生活的主菜，更多的时候，我们是应该表现自己独立有担当的一面。

恋爱中的“恶手段”

恋爱时，要想恋得有情趣，就不能总是走主干道，必要时刻，应该多走一些林荫小路——使一些趣味的手段，施展魅力、释放风情。这样一些看似小的方法实则能够带动感情发展的手段，则是两人长久相守的小秘诀。

偶尔刻意展示自己的“才华”

“书到用时方恨少”，这句话也可以适用到爱情范畴。许多调情高手便是深知个中三昧，才能在情场所向披靡。如果在人前展露自己的专业知识显得过于矫情，那么，最起码也可以展示一下每周时事与幽默笑话。特别是关键时刻，也可以让别人领教一下我们的特殊才华和知识领域。否则在这个自由开放的爱情市场，没有本钱，还谈什么与人竞争。

欲擒故纵博得正面评价

情人交往之初，保持一点距离，或者刻意给对方造成一种难以攻克的形象，反而有助于增添几分神秘感和对方的征服欲，酝酿对方的渴望及迷恋之情。如果我们想要掌握主导权。那么，偶尔让对方以为我们并不在乎他，就算放手也无所谓，同时，在关键时刻，即刻展现自己对对方的关爱程度和恋情强度，以此造成对方的心理反差，这种情绪反弹加强恋人对我们的正面评价。

偶尔说“真心的实话”刺激人心

在两性交往的过程中，轻易承诺往往是爱情最大的杀伤力。因此，偶尔用“真心的实话”适度地让对方刺激一下，乍一听可能并不会让人产生好感，但是，因为其中“真诚、可以信赖”的成分，则可以让彼此的关系更具有弹性。但切记并非让情人陷入绝望，其中的尺寸拿捏要视对方能够承受多少压力而定。例如，当恋爱的其中一方问起“你会爱我很久吗”这类问题时，我们若明知未来有许多未知变数，却反而对他唱起“爱你一万年”，只怕日后感情生变，徒然落入薄幸之名。然而，如果我们的回答是

“我会尽量，但不保证”，或许这种坦白的态度，将会助长情感转往更理性的路途发展，及避免不必要的争吵。

合理释放情绪

在过去的教育中，我们总是被告知“不可以随意地发脾气”“发脾气是没有教养的表现”，但是，在男女交往的互动关系上，有时候却是遵循“会闹的孩子有糖吃”这句话。如果有一方暗自生闷气或过度包容，只会更加招致心中怨气日渐郁积，终会爆发。其实，只要时间、地点、方式恰当，适时地发顿脾气可以发挥很大的效用，因为小小的怒，有助于管理及调整两性的关系。比起酸溜溜的冷嘲热讽，突如其来却适可而止的一顿气，对于爱情的主导权，反能收到立即见效的结果。

对待“感情劲敌”，适当地顺水推舟

恋爱时，我们需要以一种成熟、睿智的眼光去看待恋爱中出现的问题，不要一遇到感情上的挫折就开始主动放弃或者怨天尤人，我们应该密切而冷静地注视着周围的动向，沉着、理智地应对突如其来的变化。

当我们的恋情受到阻碍，而一般的方法已经无用时，我们需要用一些技巧把问题“艺术化”。何为艺术化，就是化被动为主动，化不利为有利，用与众不同的戏剧性手段来有效处理感情中出现的危机。这些计谋中比较有效的一招就是顺水推舟。它是指如果感情中出现了让自己觉得很棘手的感情劲敌，我们不妨适当地推动一下不利局面的发展，在人前塑造自己苦情的受害者形象，在恋人前表现自己大度得体的一面，将竞争对手置于进退维艰的局势，最好还能化劲敌为好友。

李江与妻子马莉新婚宴尔，两相依偎，小日子过得幸福美满，小两口活得轻松自在。夫妻俩很少干涉对方的兴趣爱好、人际交往，给彼此都留有适度的空间。

李江酷爱跳舞，经常与朋友相约去舞厅。有一次他们三男一女四个人去了舞厅。到了舞厅，那个女孩子在舞厅里转了一圈，便带来两个女孩。李江和其中一个漂亮可人的女孩跳了几曲。舞会中间，他们谈了各自的工作，彼此有了初步的了解，都对另一方有了一定的好感，于是他们互通了各自的姓名、电话。舞会散后，彼此高兴地道别。

一个陌生的姑娘就这样走进了李江的业余生活。李江频繁地给她打电话，约她一起跳舞。有时候李江带去舞厅的朋友多了，她也会义不容辞地把自己的女友张罗来。

起初，马莉不以为意，还经常与丈夫开玩笑打趣："唉！这么漂亮的姑娘被你'看'上了，她可真是太可怜了！"听了妻子的话，李江便马上露出一脸无奈。

可是，日子久了，马莉渐渐感觉到了一种无形的压力，丈夫与那位姑娘密切频繁的约会逐渐刺痛了她的心。她想强装大度，却无法掩饰那种从骨头里面渗透出来的酸意。马莉苦恼了一段时间，最后觉得与其自己在这里自怨自艾，不如想办法给丈夫制造舆论压力，让他心有顾忌，同时，还得找个机会认识一下自己的"情敌"，探其人品，如有可能就将她变成己方的战友，共同"抵抗"丈夫。于是，马莉提议请丈夫的舞友和那位女孩吃一顿饭。

之后，在饭局上，马莉不仅"篡位"成了主持人，让大家顺利入座开餐。还亲热又轻松地和女孩聊了起来，一场饭局下来，马莉和那位姑娘竟混得像老朋友一样。妻子的做法令李江很惊喜，觉得妻子不仅不限制自己和异性朋友交往，还能有这样的胸襟，着实让人敬佩。

此后，马莉经常把那个女孩带回家里来，并且为她创造了一个极不见外的环境和气氛。她们在一起动手做饭，一边吃一边说笑。渐渐地，她喜欢去找马莉，她下班后回家的路上总是绕到马莉的单位去，而马莉下班后，又会再绕一段把她送回家，两人亲密无比，成了很好的朋友。李江依然喜欢去跳舞，依然喜欢和她去跳。马莉对此极为大方，有时还通过她在宾馆工作的同学弄一些舞券来，让丈夫和她去跳舞，她却从来不去。李江的朋友们对此羡慕不已。李江也渐渐明白了妻子的“良苦用心”，以后对妻子也更加关爱，夫妻关系又如当初。

马莉这种顺水推舟的做法其实有种未雨绸缪的功效。既将有可能出现感情危机萌芽的“劲敌”拉到自己朋友的行列中，又可以在爱人面前展示自己温柔体贴的一面，让男人觉得自己拥有着绝对的自由。这种不被约束的感激，就会化成对妻子人品的肯定，以及对两人之间坚贞爱情的认可。

两人交往时，其中的一方总希望另一方能够坚守“男女授受不亲”的礼教，有一些独占欲较强甚至会因一时误会便盯梢、跟踪恋人；或听信流言蜚语无端怀疑恋人的交际；或不准恋人与异性接近，限制其社交；或捕风捉影、胡乱猜疑恋人的不轨。

与其做出这样的人身控制，给对方造成不必要的压力，还不如顺水推舟，要知道，人类的本性是越被禁止越想拥有的。这时，我们有技巧地顺着对方一些，暗下使出一些心思和方法。让平淡的日子变得丰富多彩，让恋人之间的关系变得越发融洽，让感情基础更加牢固。

女人眼泪有何绝妙作用

酸甜苦辣、喜怒哀乐，女人总是能用或明或暗的眼泪来描述，即使那些被人仰望的女英雄，也有一段不为外人所知的苦痛是由眼泪浸泡着的。没有被时间磨砺的女人是苍白的，有着真实眼泪的女人是美丽的。

对于怕看到女人掉眼泪的男人来说，那是致命的温柔武器。男人一看到女人梨花带雨，就有可能因此心生愧疚。不过，也正是因为这份我见犹怜和梨花带雨，恰恰能够激起男人的保护欲，他会在心里告诉自己，眼前这女人是我穷其一生要保护的女人，将尽我一切所能在往后的日子里不让她掉一滴泪。

根据流泪的动机，心理学上把流泪分为反射性流泪（如受到洋葱刺激）和情感性流泪。情感性流泪就是平常说的真哭，例如我们常常看到婚礼现场新人会哭、与人争执时会落泪、葬礼上会泣不成声等。从心理学上分析，真哭是基于人的四大基本情绪——喜、怒、哀、惧。这都是因为人的情绪受到了外界的刺激，作用于内心，当这些情绪积累到一定程度，必然呈现出情感的自然表达。而对于恋爱中的女人来说，流泪还是一种工具，在与人对峙或想要获得某种利益时，很多人都会借助眼泪表现自己已经放弃了防备，从而获取主动。

为什么女人的眼泪有这样绝妙的作用呢？

其实，从心理学的角度来说，当女人在泪眼婆娑的时候，她就已经是在向外界传达一个信息——我已经降低了我的防备。人类的舆论道德都是倾向于弱者一方的，这样的示弱恰好就将自己摆在了一个被动的位置，塑造了一个弱者的形象。

至于对女人的眼泪无动于衷的男人，同样可以归为两种，一是他不爱这个女人了，二是他早已习惯女人动不动就掉眼泪的习惯。

前者表现为郎心如铁，多数是在男人提出分手时。“我去意已决，你掉再多的眼泪也无济于事，我是不会因为脚下泪水泛滥而改变心意的。”而后者则表现为麻木。通常这种情况下，爱情不久后也将呜呼。一开始是视若无睹，跟着是有点烦，接下来是你哭你的我看我的世界杯，最后是干脆眼不见为净。女人在流泪时男人的反应固然重要，可女人要清楚地明白，在男人面前掉眼泪，那是昂贵而不是低贱的，再怎么爱你的男人也会厌烦你三天两头哭哭啼啼的。

有些女人常常在事业上强撑着与男人们竞争。如今，谁因为你是个女人而让你个车、马、炮？只有在晚上，独自面对自己，那强忍着的泪潸然而下，才能露出你柔弱的本来面目。生活中，日月轮回，与女人相伴的却是艰辛。她们常常是职员，是母亲，是妻子，还是女儿，身兼数职，哪一样都不敢怠慢，弄得身心疲惫，有泪只能往肚里流。正因为如此，女人只能把更多的脆弱抛洒在感情上。在爱人面前，看悲惨故事片或电视剧，哭得像个泪人儿，让他知道你有一颗脆弱善感的心。闹意见不可开交，与其硬碰硬两败俱伤，倒不如适时运用“泪弹攻势”化解僵局，生活中才少了许多惨烈。

恋爱是一场斗智斗勇的经历，眼泪是其中的语言，是情感游戏，有时还是对付男人的不二法宝。但是，眼泪更是女人内心情感的真实，穿过泪水的小河，我们看到的是完整的女人！

和恋人交流要因人而异

我们常说要把话说到对方心窝里，对方听着对了口，我们提出的意见他也能够及时吸纳，那么，我们最初的目的就达到了。恋爱中，也是如此，如果我们只是一味地对恋人唠唠叨叨、喋喋不休，哪怕我们的话本意是好的，对方也很难接受。一个好的意见，恋人却无法接受，不得不说也有传达不到位的因素。

而想要把话说到恋人心窝里，是需要一些小技巧的。我们可以通过爱人在无意中表现出来的态度，进而了解其心理，从而进行有针对性的谈话。例如，对方抱着胳膊，表示在思考问题；抱着头，表明一筹莫展；低头走路、步履沉重，说明他灰心气馁；昂首挺胸、高声交谈，是自信的流露；抖动双腿常常是内心不安、苦思对策的举动；若是轻微颤动，就可能是心情悠闲的表现等。了解了男人在当下的这些心理，我们就能很容易抓住他们的“要害”，让彼此的交流更容易、更顺畅。

当然，对恋人的了解还不能停留在静观默察上，还应主动侦察，采用一定的侦察对策，调动对方的情绪，迅速准确地把握对方的思想脉络和动态，从而顺其思路进行引导，使会谈更成功。

面对恋人，谈话时需要考虑以下几个方面：

年龄差异

不同的年龄层有不同的说话方式。年轻情侣交流应采用煽动的语言，可以结合当下流行词汇，话语里也可以带着几分幽默；中年恋人交流应真诚谨慎，情理结合。

地域差异

生活在不同地域的恋人，所采用的交流方式也应有所差别。如对我国北方人，可采用粗犷的态度；对南方人，则应细腻一些。

职业差异

要运用与对方所掌握的专业知识关联较紧密的语言与之交谈，对方对我们的共鸣感就会大大增强。比如，和编辑女友交流时，谈话中如出现一些时下热点图书，两人间就多了一些话题。

性格差异

和不同性格的恋人谈话，也需要不同的方式。若对方性格豪爽，便可单刀直入地说话，显得大方自然；若对方性格迟缓，则要“慢工出细活”，磨合好彼此的说话节奏；若对方生性多疑，切忌处处表白，应不动声色，使其疑惑自消等。

文化程度差异

一般来说，如果我们的恋人文化程度并不高，那么，我们在与之交流时就要尽量用一些言简意赅、简单明了的说法；而和文化程度高的人，我们可以雅俗共用，针对恋人的性格进行不同的对白。

兴趣爱好差异

与恋人交谈时，若谈起有关对方爱好这方面的事情，对方便会兴致盎然，同时无形中也会加深对我们的好感。多谈论彼此共同的兴趣，可以培养两人的共同话题，加强交流的深度和强度；同时，在谈论彼此相异的兴趣时，也可以尽量找到彼此爱好的共通点或者值得欣赏的某个闪光点。

别爱上不为你痴心的人

如果我们想要得到一份幸福美满的恋情，相对于自己喜欢的人来说，我们应该选择为自己痴狂的那个人。因为恋爱专家认为，痴狂是内心深处对恋人强烈的认可和依赖，只要这样，才能保证自己恋爱生活的幸福。

一般情况下，男人在真正坠入爱河的时候，会全心投入。即使是很内向的男人，一旦得到了爱情，也会表现得非常积极，为了取悦对方，宁愿上刀山、下火海，虽然不一定能实现这些承诺，但至少作好了赴汤蹈火的心理准备。但是，女人不一样，她们是慢热式的爱情方式，不会那么快就进入状态。女人不可能一开始就全心投入，她们会在仔细地观察和确认对方真诚度后，才开始慢慢地被融入那份感情，渐入佳境。

男人和女人选择婚姻的态度也是不一样的。80%～90%的女人如果对婚姻不是100%的满意，就不会轻易作出决定，而男人却不会这样思前想后。和女人比起来，男人不愿意去思考爱情和婚姻的细节，因此不会怀疑自己的决定。如果男人怀着犹豫的心情去结婚，那么这段婚姻注定会出现严重的问题。

这就是男人与女人恋爱方式的不同。虽然过程、态度、手段或许不同，但是，男女所期待的结果都是一致的，那就是想让感情有一个美好的结局，并且尽量避免在这份感情中受伤害。虽然，有很多老一辈认为，我们都应该趁着年轻的时候，多经历一些恋爱中的痛苦，以此磨炼心志。但是，这种恋爱观念其实并不应该被提倡，因为一味地感受爱情中的伤害，其实并不能给我们带来太多的思想成熟和收获，有时候可能甚至会消耗双方的精力，得不到任何经验和教训。

我们只有认清一个真相，那就是当对方肯为我们无私地付出时，我们也要有所感动和回馈，才能滋润彼此的爱。我们从对方看重自己的程度来确认我们在对方心中的地位——我们受伤，对方比我们更苦；我们难过，对方比我们更痛；我们的生活习惯和兴趣喜好，对方都记得清楚；当感情出现危机，对方也会忧心如焚……如此种种，我们应该爱上一个肯为自己付出时间、精力、感情和责任的人，一个肯为我们痴狂的人。

如果我们觉得对方明显地不重视自己，甚至有轻视、忽视自己的嫌疑，那么，就说明对方还没有彻底地陷入爱河。如果他/她经常以工作为借口拒绝见面，或者经常电话打不通，或者不关心你的健康，或者每次约会都迟到很久，那么就说明这份感情可能已经无药可救，有些时候，我们就应该当机立断处理好。许多人出于各种目的和想法，认为这种不重视自己的心态，只要经过天长日久地相处和心细入微地照顾，让对方感受到自己的爱意，就有可能提升自己在对方心中的重要度。其实，这样的想法很可能只是自己的自我感觉良好，因为对许多人来说，感情最重要的是感觉，这种感觉一消失，彼此之间该有的温存就会明显降温了，这种情况和对方的个人状况和性格没有必然的联系。

如果现阶段和我们在一起的人不会为自己疯狂，这说明两个人之间的爱情火焰还没有很高涨，所以，我们还需要再过一段时间深一步地确立彼此的感情关系。

“谎言”是恋爱的必要手段

人们都说，有爱情的地方，必定有谎言，一般情况下，对爱人撒谎的人潜意识中都有一种倔强的“完美意识”，为“完美”而撒谎。比如，刚谈恋爱的人在对方面前无意识地掩饰和伪装自己缺点的行为。如果撒谎是为了使情感更加完美，那么可以宽容些。为了不产生不必要的摩擦，为了让对方和自己都愉快，可以“撒谎”。如果以后因撒谎而感到内疚，可以从其他方面弥补对方。只要是对事件起着积极作用的，谎言也未尝不可。可是如果谎言伤及了爱情的核心，就不能再宽容它了。在爱情中完全不说谎似乎也不大可能，因为有些事情的真相会给人造成压力，所以才说谎。

只是，这个世界里，满口谎言的男人很多，但不见得都算得上“骗子”，因为有些谎言，不是目的，仅仅只是手段。

男人心里都有这样的“恋爱骗规则”：先骗上手，再坦白事实。大不了坦白从宽，抗拒从严。当然，一个已经钻进了恋爱圈套的女人，你想让她从容地走出来，那已经是不容易了。男人爱上一个女人，会用尽各种手段，不会只追求“光明磊落”。当你被他骗上手，会恨他，但也是无奈的恨：因为，那骗中，总有点爱。可惜，女人总是高估了男人营造情绪的能力。一般而言，男人想跟一个女人分手，只会用最快的速度速战速决。当一个男人心中没有了爱，他不再怕伤害。但即使一个女人心中没有了爱，她也希望能不受丁点儿伤害。

女人，不再爱一个男人，便会无所谓。男人，不再爱一个女人，会做到不再骗她。谎言和爱情，有时，就是这么水火不容。

一般的智力测试中，女生的得分普遍要比男生低，其原因是多方面的。大家比较认同的一点是：智力测试题多是沿用数学类知识。男生在数学方面天生比女生有优势。

真的是这样吗?

有这样的研究：具有同等数学能力的男生女生聚在一起进行一场高难度的数学考试，结果，女生的成绩普遍比男生差。但研究者又发现，如果在考试之前，女生受到了积极的心理引导，告诉她，她可以跟男生考得一样好，则女生的成绩又会有相应的提高。

女人，是最容易受刻板印象影响的动物。很多时候，她做不好，不是因为她没有能力做好，仅仅是因为，她认为身为女人，不可能做好。

女人比男人，更容易输给自己。同时还有这样的规律：在没有男生参与的考试中，女生总会成绩更高。可见：有男人在侧的女人，总是更像女人。没男人在侧的女人，总是更能成功。这从侧面反映出：男人天生对女人造成巨大的威胁感。

面对男人，女人生而是缺乏安全感的，当然，这是女人的“性弱势”原因。但凡一个女人进入到恋爱，就时刻需要男人的肯定和鼓励。如果，爱人不再天天把赞美挂在嘴边，女人会从心底，泛起很深很深的恐慌……女人自认抓不住的男人，一定是对她忽冷忽热的男人。这时，如果她能够战胜自己的心，那几乎可算是无敌了。

一个男人想要折磨女人，常常是：不“肯定”她。

一个女人要想战胜男人，前提是：“肯定”自己。

有些女人的谈话，是为了宣泄情绪；有些女人的谈话，是为了沟通情谊；更多女人的谈话，是为了确立自己在他心中的地位。

心理学家德博拉·泰南认为：男人通过交谈来强调地位，女人通过交谈来建立联系。这是男人女人沟通风格的最明显差异。

相处中，女人发现：男友总爱给自己提建议，且爱给她定规矩，事事要他来主导。男人发现：女友总爱反反复复谈论她自己，且反反复复强迫他认真倾听。男人的交谈，相当于一种争取地位的手段，他总会一步进一步地提出要求，以获得自己在这段“关系”上的主动权。女人的交谈，相当于一种人际谈判，在这个谈判过程中，女人最终希望获得对方的承诺。男人常有大男子主义情结，很多人把这个直白地理解为“男尊女卑的男权思维在作怪”。实际上，男性天生更尊崇等级规范制度，但女人渴望平等无阶级的生活方式。

谈恋爱的过程中，男人总爱以主导者自居，总希望女人能够配合他的步伐。女人总纠结于男人的不肯“承诺”，听不够的是男人对未来的许愿。万般纠结也无济于事，男人永远不可能达到女人理想中的标准。皆因，男人的终极理想还是希望能保持独立性，但女人最爱的是建立联系和亲密性。不论一开始，男人是怎样地死皮赖脸追求女人，到了最终，有可能会换成了女人缠磨追赶问男人要一个结局。很多女人说：“只要让他得到，便不会再在意我了。”其实，即便你不让他得到，一段时间后，他也不会再继续追赶下去了。男人的恋爱，总比女人先一步开始。女人的恋爱，永远比男人后一步结束。追求，是男人女人天天在做在想的事情。追求，是男人女人永远也玩不累的游戏。

爱不能一厢情愿，盲目付出

爱对人，才不会爱得绝望

随着人们观念的更新加快，婚恋观也随之发生着变化。在传统的观念里，我们在与一个人交往之前，总会在心理衡量：这个人应不应该爱，和他 / 她一起有没有未来，是交往的前提。

切忌高喊着“爱情至上”的口号，爱着不该相爱的人，不问结果，美其名曰为爱情付出一切也在所不惜。殊不知，最不过是以悲剧收场，受伤的是自己那颗脆弱的心，耽误的是自己的大好年华。

总有女孩子爱上了多情的已婚男人。也许一开始，她也拒绝也犹疑也冷若冰霜，但成熟体贴的他知道如何得到女人的心，于是他把礼物频频送来，他的问候日日传达，他的关切汇在点点滴滴……扛不住了，没有恋爱经验的年轻女孩子怎么会拒绝一个看起来还不错的男人的爱。

不合适的恋爱实在不应该开始，否则便是负累，是一辈子的债！虽然每个女人在涉足一个已婚男人家庭的时候总是会说：我不要结果，只要拥有过足矣。说这话的女人多半是还没有爱到深处。情，最怕不知足，但有情人却最是不知足，得一想二，得二想三……只是，命运，没有那么宽容大度的。

张华在幼年时，父母就因感情不和离婚了。跟着母亲生活的她，尽管学习成绩一直很优秀，加上她天生一张漂亮的脸蛋，苗条的身材，一直是学校众多男生追求的对象。可是她对同龄男生却没感觉，也许是因为张华人生中缺少父亲的角色，在她的潜意识中，总幻想着自己的另一半成熟稳重，懂得包容与呵护自己。

大学毕业后，张华凭着优秀的成绩考进了一所事业单位。报到第一天，她被分到办公室工作，在这里，她见到了第一个让自己心动的男人，他就是办公室主任姜伟。她清楚记得那天的情景，姜伟穿着一件方格衬衣，看样子不过三十出头。

姜伟把她介绍给各位同事说："我们办公室里来了一位漂亮的才女，以后大家工作起来更有信心了。来，让我们用掌声迎接新成员的到来。"短短的几句话，活跃了办公室的氛围。随着后来的接触，张华感到主任还是一个能力超强的人。工作起来很严厉，可对她的态度格外温和。一次，姜伟安排张华写篇会议材料，结果她连续忙了三天也没弄出像样的稿件。姜伟知道后，不但没责怪，反而手把手地教她，直至帮她把材料写好。张华心里很是感动，心里涌出一种莫名的情愫。

从这以后，张华开始关注主任的行为举止，有时竟不由得傻笑不止。后来，她从同事处了解姜伟的家庭情况。原来他已42岁，妻子是一个中学老师，一个女儿已经上中学。张华虽然时时提醒自己打消不应有的念头，却仍忍不住要接近他。

不久，单位来了两个外出培训名额，姜伟以张华新进人员需要学习为由，安排她和自己一起前往。到了外地，两人有了进一步的接触，姜伟主动向她讲起自己的家庭。他说妻子性格泼辣，不懂得温柔和体贴，他对这段婚姻深感疲倦，却无人诉说……

一次，姜伟的两个朋友听说姜伟来到自己所在的城市，提出晚上聚一下。张华以姜伟同事的身份随其前往，期间有人借着酒劲开玩笑说："姜伟，你小子是不是有私心，培训还带着这么漂亮的同事。"姜伟一脸尴尬的表情，忙着否认，可张华听到这话心中暗喜。

在回酒店的路上，姜伟把张华抱在怀里，说："其实他们说的都是真的，我从第一次见你，就喜欢上了你。可在单位人多嘴杂的。这次我带着你出来，只是想单独跟你待几天。"张华感动地说："其实，我也喜欢你。"

从那晚以后，两个人在单位装作什么都没发生，下班以后不是一起到偏远的地方吃饭，就是买些快餐到较远的海边野餐。正当她们一次次沉浸在这不光明的欢愉中时，姜伟的妻子突然撞破了这段私情。

一天，姜伟的妻子突然找到单位，当着单位众多同事的面，拿出他们在一起的照片。还趁机抢过姜伟的手机，读了几条他们的传情短信。姜伟只得当众向妻子保证以后不再发生这类的事情，张华一时羞愧难当。

后来，姜伟为了平息妻子的怒气，竟然给张华的实习评价为不合格。单位领导为了不让事态更严重，只好辞退了张华。姜伟本人对张华也是避而不见，甚至把手机都换了号码。

从这个故事我们可以看出，多情的男人未必重情，多情男人说到分手亦显得绝情。“小三”的爱情，唯一的维系就是“爱”，当爱消失了，我们将输得一无所有！别信已婚男人嘴里的“责任”，有爱的时候有责任，无爱的时候他比谁都能做到绝情。

越多情的男人越无情。想想看，这厢里跟你说着“爱”，那厢里另一个女人必然守着空房一盏孤灯难耐。仅凭这一点，这个多情的男人，所有优点都该打折扣。因为，他对一个女人的好，是建立在对另外一个女人的“坏”的基础上的。

人生有些经历很美很美，但并非所有经历都有结果。处在情感路上的人哪，如果爱错了，请及时回头，不要被坏男人们的花言巧语所迷惑，清醒一点，看清他虚伪的真实面目。

爱情可以付出，但不是盲目牺牲

很多人认为，爱情就是不问后果为对方做任何事情，好像只有我们为对方牺牲得越多，表明对爱人的爱就越深。于是，我们常常在电视剧看到这样桥段：一对正在热恋中的情侣，当女人遭遇了重大磨难，男人就不惜以自己的生命为代价去为对方做任何事情，结果是被帮助的女人顺利渡过难关，而男人却因此永远失去了生命，留下的女人沉浸在痛苦中无法自拔。如此一来，男人的牺牲虽然为女人换得了活在尘世的机会，女人却再也无法幸福、开心的生活。我们不禁怀疑：爱情是牺牲吗？如果是，付出这样代价值得吗？那么爱情到底是什么？

从科学的角度来说，爱情的产生缘于我们人体遭遇到某些刺激，而分泌出一种叫作多巴胺的物质，这种物质能够带给人非常“愉悦”的感觉，能够让人的幸福感和快乐指数飙升。

世间万物皆有度，多巴胺也不例外。它能够保持旺盛分泌的年限最多不会超过30个月，也就是说3年的时间。在两个人爱得昏天黑地的时候，一切的所谓的“自我牺牲”带来的弊端都隐藏在多巴胺的下面，我们只是看不到它的危害。

智慧的恋人，或者被多巴胺迷惑受到伤害的人们，在人生中学会防微杜渐，会让自己在满脑子都是多巴胺的时候也保存一丝理智，我们要清醒地意识到，爱情不拒绝付出，但不能盲目牺牲。

古人宰杀了牛羊，用“牺牲”来表示对祖先神灵的虔诚和敬畏，这种牺牲的本意是为了某种信仰，舍弃、捐弃重要财物的一种崇高的行为，后来人们把“牺牲”这个词引申成了正义的事业和伟大的目标而舍弃生命的一种不计报酬的自我毁灭。

恋人之间既不属于不计回报，也都好生生地不断制造着痛并快乐的感觉。牺牲从何而来？

恋爱是属于人际关系当中最为高级的形式。既然是人际关系，就属于人与人在相互交往过程中所形成的心理关系，人际交往中再亲密的两个人，也会有各自的私人空间。

适当的人际距离就好像传世的中国水墨画当中的留白，是画龙点睛必不可少的一抹精彩。不管男人女人，给自己的爱情留白，就像是给自己留点零花钱一样合情、合理、合法。

这个私人空间在我们的爱情世界中必须存在的。这不是为了让你给对方留下一个出去鬼混的空间，不要混淆概念，这是让你给对方留下一个压力释放的空间。这个压力或许来源于审美疲惫，或许来源于人际压力。

一对中年夫妻前去参加一个宴会，当妻子在得知丈夫要带自己出席这样的一个正式活动的消息之后，就在为自己策划着，穿什么衣服，做什么发型等。

整整一个星期，妻子不是逛商场就是去美容店，直到出发前，再次将自己从头发到指甲武装一新，她问在一旁百无聊赖地翻书等候的丈夫："亲爱的，我在你眼中还是那么美吗？"

丈夫用眼角瞟了一下妻子，对她说："还可以，但我感觉不明显。我们夫妻十年，别说你了，就算嫦娥让我看十年我也觉得她就是一个女人而已。"

也许我们觉得丈夫真不会说话，但不可否认他所说的是自己的真实感受。她的意思不是嫌弃妻子不如嫦娥那么漂亮，即使是再美丽的东西，时间长了，也会产生视觉疲劳。我们常说熟悉的地方没有风景。我们的视觉器官或者味觉器官在经受了一种物体的反复刺激之后，对这个物体不论以什么形式或者包装出现都不会显得惊讶。

爱情是双方的，并不一定牺牲一切，爱人之前先要学会爱自己，试问一个连自己都不爱的人，又拿什么去爱别人呢？爱人之间应该保持一定的距离，彼此间留有一方私人空间，这样能给对方新鲜感、神秘感。

过了恋爱观察期再交心

恋爱时，正确了解自己的恋人，是判断对方是否能给我们带来幸福的那个人，以及两人是否能长久交往下去的先决条件。恋人从确立关系到关系升温再到可定终生，其实是需要一个过程的，这个过程可长可短，主要是要看我们是否在这一个过程中用心观察，然后作出明确的关系裁定。

许多人在确立关系的开始对自己的恋人十分的欣赏，但是，随着两人相处时间的增加和对彼此了解的加强，我们会发现许多问题。两人可能逐渐有了矛盾，或许是生活习惯，或许是价值观。在这个磨合的过程中，有人走向长久，有人分道扬镳。坚持到最后的是因为自己对对方的观察和判断，而没有结果的则是在观察中发现了一些势必分离的因素。

那么，我们应该怎样观察对方及其生活，才能真正做到综合考虑、整体思量呢？

第一，从生活上观察他/她，看对方是邋遢还是整洁的人。比如，从他/她房间来看，有些什么摆设，干净还是脏乱。如果有些东西摆得整齐，床却凌乱，有可能只是这一段时间比较忙，没有收拾床铺。如果全都很脏乱，有些甚至堆满了灰尘，那我们就要小心了，这说明他/她可能是个有着邋遢恶习，并且生性极度懒惰的人，那么，我们就要想好了，恋爱时可以不用在乎，但是以后就难说了，自己有信心和这样的人生活在一起吗？自己能长期容忍或改变他这种脏乱的习惯吗？这是要付出很多精力的。

第二，从他/她的言谈举止观察他的个性。说话做事可以透露出一个人的性格。如果他喜欢在我们面前充满温情地谈起自己的家庭、朋友、同事，这种人往往有耐心。如果他喜欢对别人品头论足，看不起任何人，听信传言，甚至对别人的遭遇幸灾乐祸，这种人往往很自大、自私，不如趁早离他远点。说话爱讽刺别人的人，其实是借贬低别人抬高自己，这类的人心理可能会有不健康的地方，而且也从潜意识里表现着其对自己没有基本的自信。

第三，有些人爱无缘无故发火，有时冲着电视节目喊叫，还可能对餐厅服务员微小的失误大叫大嚷，咄咄逼人。这样的人对自我情绪的控制能力较差，也可能潜藏着精神方面的隐患，有发展成抑郁症的危险。

第四，如果他/她不是我们的初恋，那就要注意他/她对前任恋人的言谈了。一般来讲，总是会说自己前任情人坏话的人，人品是很值得质疑的。既然曾经相爱，为什么要诋毁其名誉？尊重自己以前的恋人，才是大度的人。但如果对方总是在我们面前说前任的好话，赞美之余似乎还有一些思念之情，这有可能说明他/她对前任仍旧情难忘。

第五，在行事上也可以观察对方。从某种意义上讲，人们对工作的态度就是对生活的态度。凡是在工作上稍不顺心就跳槽的人，几乎可以预料在感情关系中他不会是首先让步的一方，总要我们先作出妥协。所以，这样的人，我们就要从长考虑了。

第六，从他/她对孩子的态度观察他是否有爱心。有人说，喜欢孩子的人，是比较有爱心的。这个说法有一定的道理。通常嫌小孩麻烦，拒绝与小孩亲近的人，我们就有理由去质疑对方的责任心、仁爱心。

第七，从对方是否守时，观察他/她对我们的用心。如果两人每次约会，对方都总让我们等待，并且自觉这是理所应当的事情，发生这种情况，如果不是对方太没有时间观念，那就有可能是我们在对方心里的分量并不够，或许他/她觉得自己的时间比我们的时间更重要，无论是哪种解释，这都足以见得对方对我们缺乏最基本的尊重。说白了，就是对方可能并不是那么在乎我们。

韩剧《浪漫满屋》中，民赫对智恩说："可能你不知道，我是个很忙很忙的人，但每次见你，我都会空出时间来。"他的话说明了一个道理：一个人若真爱另一个人，绝不会以忙碌为借口阻挡两人的联系！

第八，从他/她的消费及对金钱的态度，观察他的处世态度。大方不一定是好事，但是小气到抠门、吝啬到绝情、抠门到不择手段，那么，对大多数人来说，这样的人就一定是不受欢迎的。小气的人一定会让我们难以忍受，他们会在感情方面斤斤计较，甚至有时会表现出钱比恋人更重要的行为。这样的人，我们怎么还能够求得与之安稳长久？至于挥霍无度，经常透支，甚至负债累累的人，更不可与之交往，这类人通常不会有什么家庭责任心，最后受伤害的只会是我们自己。

所以，在恋爱交往中，我们要学会理智地观察、分析、判断自己的恋人，看看对方是否是自己能够长久发展的恋爱对象。

选一个心中有爱的人恋爱

同一个心中有爱的人恋爱，也许有时候我们会觉得像是嫁给了一个导师，时时受教育，处处被挑剔，但是随着时间的流逝，我们慢慢会获得内心的满足，有切切实实的成长的感觉。同时，因为心胸的开阔和眼界的拓展，慢慢发现我们所爱的人还在我们仰望的山顶等待我们上进，在我们身边辅助我们成功，给予我们温暖，也给予我们越来越坚定的爱的信念和力量。同他在一起，生活中仿佛有了一所爱的银行，会持续不断地获得崭新的爱的原动力。

弗洛伊德的学生，著名的心理学家荣格提出，信念、希望、爱和洞察力是人类能力的四种最高的成就。它们是通过经验而来的。而经验是不能被制造出来的，只有慢慢地靠近它们。通往经验的道路是一种冒险，要求我们全身心地投入。

所以说能够爱是一种能力，我们必须承担全部付出而没有回报的风险，也必须意识到并且接受爱不能带来现实的利益，还必须了解爱甚至是要作出牺牲，给予别人自己所能给予的所有。爱是人类最高级的品质之一，能给人以终极的幸福，也会带来彻底的痛苦。所以当我们发现一个人懂得真正的爱，那他一定不会仅仅局限在狭小的视野和人生观上，他一定是个有大胸怀和大智慧的人。

其实，爱是潜藏在我们每个人的天性里的本能。人之初，性本善，说的就是人性之爱就像最纯洁的花朵一样，从我们一出生就绽放在我们和世界沟通的路途上。但是随着我们慢慢长大，这种人性之爱逐渐被经验所污染，所抹黑。我们看到了太多因为良善而被人欺骗、欺负的故事，就害怕再用真心待人。假情和假意试探的时候越多，就越不会让人相信世界上还有真诚和不求回报的付出。

只有不断学习和经历，丰富自己的心智，让内心获得强大的力量，在给予真诚的情感的同时不畏惧伤害，也不让别人伤害到自己，这样才是真正强大的爱。躲在温室中的单纯，并不是很保险的单纯。经历了所有的世间冷暖后，还能够坚持自己的正直与简单，那时候的温暖的笑容，才是真正的纯真，也是不会改变的。懂得爱的人有这样一些特征：

他们对家人有爱。他们的家庭关系融洽并且和谐，亲戚之间不会有钩心斗角，也不会有老死不相往来的局面。因为他们重视血缘和家族情谊，并潜移默化地把这种浓重的家族意识传播到整个家庭中。他们不仅能够自发地去爱，还教导和带动家庭成员都产生类似的意识，把家族传统传承下去。家人有需要的时候，他们会倾尽所有，不论是财力还是精力。一种强烈的家族共荣感笼罩着他们，并且他们会希望我们和他们拥有同样的共荣意识，并且为这个家庭作出贡献。

刘伟就是一个非常聪明的丈夫。他每次给母亲买东西的时候，就会借口说这是妻子送的。而母亲让他带东西回家，他又会对妻子说是母亲要送给儿媳妇的。有了他周旋在婆媳之间，一家的关系非常的融洽和睦，婆婆和媳妇之间也从来没有发生过争执，永远是和和气气，互敬互让。

他们对生活有爱。这样的人对生活充满热情，在每一天都充满感恩的情绪。他们善于营造生活情趣，懂得很多的生活小窍门。他们会主动承担家务，并且把枯燥的家务劳动转化成充满乐趣的事情。做饭就是演奏一曲锅碗瓢盆奏鸣曲，拖地就是拿着拖把的滑步舞蹈，洗衣服的时候可以唱“清粼粼的水来，蓝格莹莹的天，小芹我洗衣裳来到了河边”。他们常常说笑话，像个小孩子；也常常讲道理，像个大家长。他们把每天都过成不断花样翻新的情景喜剧，营造着源源不断的欢乐。

他们对自然万物有爱。他们会为春情感动，会为秋声哀鸣。他们对待一草一木都有感情，不随易采折，即使采摘下来也是善待地供着。他们喜欢小动物，善待宠物，即使看到流浪的小猫小狗也会给他们准备食物，包扎伤口，从不踢打他们。他们对待自然是如此，对待人更是如此。他们会细心照顾好自己的家人和伴侣，不愿让自己所爱的人感受到痛苦。他们感同身受的能力是如此之强，以至于不能独乐乐，非得和所有朋友众乐乐才感到获得真正的满足。

他们非常自爱。他们懂得没有人会比自己更爱自己，只有爱自己了，才会有人爱我们。他们服装整洁，言语得体，举止优雅，为人正派。他们为自己树立着优质的形象，希望自己能够成为榜样式的人物。他们对待他人温文儒雅，彬彬有礼，演绎着君子之风的现代篇章。他们懂得君子独善其身，永远不会停下自我完善、自我发展的脚步。他们的人生目标就是不断达到一个又一个新的心灵的深度和灵魂的高度，走向心灵发展的新阶段。

只有心里有爱，才有能力去爱别人。只有拥有了守护纯洁感情的强大内心力量，才能保证这份爱不被伤害与玷污。具备真正爱的能力的人不是沽名钓誉的登徒子，不是附庸风雅的等闲之辈，不是打着博爱名号的浪子，不是伪善的骗子，而是真真正正以人格魅力吸引着他人，证明自己存在的温善君子、修为大师。

所以，能够找到一个心中有爱的人恋爱，是一件幸事，因为这样会让我们的生活拥有更多的乐趣和内涵。

挑老公，多点务实少点浪漫

世界上有成千上万的男人，都可能成为某个女人的好丈夫。但这并不是说每个男人都是好男人，而是说只有那个与你相宜的男人才是你生命中的好男人，才能给你一生的幸福时光。作为女人，在挑老公时，务必要抛却浪漫不切实际的幻想，多点现实，只有植根于现实土壤的婚姻才能开出美丽的花朵。

女人知道只有嫁给一个好男人才能有幸福，那么什么样的男人才算好男人？根据无数女性的切身体会，总结出以下四种值得女人爱的男人：

不太在乎你容貌的男人

岁月是女人的敌人，男人四五十岁的时候魅力有增无减，而你，再美丽的脸也会起皱。相反，如果他首先在乎的是你的内在气质，他也会发现，你的魅力将随岁月渐增。

不太会谈恋爱的男人

人不是天生就会谈恋爱，太会谈恋爱的男人，说明其情场经验丰富，这样的男人更适合做朋友。如果一个男人为给你送花在楼下傻等半小时，而玫瑰又错买成月季，没关系，他心里送的是玫瑰。

诚实但不太呆板的男人

呆板的男人是为一种生存而活，他们只做自己应该做的事，而不是自己想做的事，大凡呆板男人都有太多的清规戒律，你若爱得深了，他会使你哀怨；你若爱得浅了，两人倒可以浅在一处，只是，这样的爱情不是生涩就是了无生趣。另外，呆板男人一走进办公室开始工作，就像一台已投入硬币的游戏机，短时间超能量地发挥着，如果这台游戏机突然停止了，那么一定是一枚叫懦弱的硬币错投了进去。

胆小、怕事、躲在墙角的男人只会招来领导和同事们的轻视，就算会给予一些同情，但也绝不会有人再为他投入硬币了。女人对过于呆板的男人，虽放一百二十个心，但会觉得他小家子气，女人大多喜欢男人为生活增添更多激情。虽然女人确实希望每件事都按程序走，生活安定而且舒适，但女人也愿意偶尔“浪漫”一下。

觉得你长不大不懂事的男人

他对你的呵护像盐入水一样化在生活细节里，他会把你看成是一个永远长不大、不懂事的孩子，凡事为你瞎操心，不是因为对你没信心，而是因为爱。如果哪次你因为不小心淋了雨，感冒发烧，他会发火，这更表明他是最疼你的。

婚姻是一般人的普通问题，适合做女人丈夫的男人，绝非前无古人后无来者的异类。就像我们是早已存在的普通女人，而那些普通的男人也已安稳地在地球上生活很多年了一样。我们不单单是一个人，更是一种类型，就像喜欢吃饺子的人，多半也热爱包子和馅饼。玫瑰花和百合种在一处，彼此都花朵繁茂，枝叶青翠。但甘蓝和芹菜相克，彼此势不两立；丁香和水仙花，更是水火不相容；郁金香干脆会置毋忘草于死地……如果你是玫瑰，只要清醒地坚定地寻找到百合种属中的一朵，你就基本上获得了幸福。

当然了，某一类人的绝对数目虽然不少，但地球很大，人又都在走来走去，我们能否在特定的时辰，遇到特定的适宜伴侣，也并不是太乐观的事。

女人不要把一生的幸福，寄托在婚前对男性千锤百炼的挑拣中，以为选择就是一切。对了就万事大吉，错了就一败涂地。选择只是一次决定的机会，当然对了比错了好。但正确的选择只是良好的开端，即使航向对头，我们依然还会遭遇风暴。海水没了，船橹漂走，风帆折了……种种危难如同暗礁，潜伏航道，随时可能颠覆小船。选择错了，不过是输了第一局。开局不利，当然令人懊恼，然而赛季还长，你可整装待发，蓄芳来年。只要赢得最终胜利，终是好棋手，这就需要你用更多的"心计"去经营爱情。

婚姻不是终生的平安保险单，爱情更是需要养护、需要滋润、需要施肥、需要精心呵护的鲜活生物。就像没有永远的敌人一样，也没有永远的爱人。爱人每一天都随新的太阳一同升起。越是情调丰富的爱情，越是易馊，好比鲜美的肉汤如果不天天烧开，便很快滋生杂菌以至腐败。

只要勤劳敬业，就有千千万万的职业适宜我们经营；只要善待他人，就有温暖的手在危难时接应；只要作好准备，希望就会顽强地闪光；只要有自知之明，就会找到适合自己的男人；只要真诚相爱，就会体验到相伴的幸福。

认识“好男人”的坏心思，不被表象迷惑

美国社会学家格雷尔指出：“人们通常可以通过两个途径了解一个人，一是所谓的路遥知马力，在长期交往中了解对方为人；另一个途径是，仅从一些简单的非语言性的迹象中看穿他。通过解读他的行为方式，就可以十拿九稳地确知他的本性。”显然，“路遥知马力”在女人识别男人这里是不管用的，因为男人会竭尽全力掩盖坏的一面，而第二个途径却不失为一个很好的选择。

每个人的性格中都会有好的一面和坏的一面，当男人和女人相遇、相恋时，许多男人会掩藏自己坏的一面，以好的一面去博得女友的欢心。一旦结了婚，男人的另一面就会自然流露出来，使许多女人大呼上当。那么，如何在恋爱时期就识别男人的好和坏呢？

第一，越爱炫耀自己如何能干的男人，越可能爱慕虚荣，比较偏激。美人配英雄，事业的成功是男人的勋章，也是许多女人给自己预订的彩礼。正因如此，男人喜欢夸夸其谈地讲述他的才能、成绩、聪明，这耀眼光环可以放大他在我们面前的形象，的确使自己为这光环倍感自豪，从而忽略了“一流”背后的脆弱。而事实是，许多时候，一个男人在一个女人面前炫耀自己的出众，只是为了强调自己比别的男人强，而这本身就反映了男人的自卑心理。

娟的男友不让她说他的任何不尽如人意的地方，否则他就感慨自己怎么找了个如此不懂欣赏的女人。久了，男友的这份“虚弱”让娟徒生厌倦，最终两人还是分手了。

第二，很讲究穿着打扮的男人，往往只会考虑自己的感受。许多女性认为：讲究衣着服饰的男人，常常给人一种热爱生活的印象，与这样的男性结合，家庭生活会有一份轻松。然而事实是，许多时候这样一个很关注自己的人，往往是很难把注意点投向别人的。也正因如此，他很少关照、理会别人的心理状态和感情世界。

梅与丈夫伟是高中同学，伟是某大型企业的经理，他们俩都已经接近50岁了，但伟依旧风度翩翩。每次朋友聚会，总有人说他吃了人参茶。但反观同为同学的梅，却是一脸的沧桑。对朋友“你也太不顾及夫人”的调侃，伟的回答总是“我自己都顾不过来呢”。这样的话正验证了梅的感慨：“他总是游离于生活之外，仿佛我和子女都与他不相干。他的任务只是照顾他自己。”

女人不要只看到男人的外在形象，在决定是否要和他进行深入交往时，要冷静地进行分析，他是在欣赏自己对我们的吸引力，还是被我们所打动，这关乎他以后在婚姻生活中会对我们采取何种态度。否则，婚姻中“引进”的可能只是一个中看不中“用”的模特儿，一个只要权利不尽义务的特权分子。

第三，越细腻、中肯的男人越可能是事事计较的人。言谈中肯、心思细腻的男人，女人常常觉得他细微和体贴，是一个可以托付终身的男人，而忘记了他细腻的“广泛”性，当他为我们准备出门的行装时，他也可能会因我们买了他不喜欢的服装而喋喋不休。他能领会我们最细微的情感，也就会为我们无意中说的厉害话而烦恼纠缠不已。他可能是主动下厨并以此为乐的男人，但也最可能为菜价的贵贱而唠叨不已。他的细腻“惠及”生活的每一个角落。

辩证法讲凡事都要看事物的两面，然而生活中最常犯的错误就是，我们只看到事物的一面，而忽略了另一面。如果我们是一个骨子里非常自主的女人，那我们定不可能容忍一个对生活每一个细节都要插手的男人。如果我们是一个大大咧咧型的女性，那他也许能弥补我们的某些粗心大意。

第四，喜欢强词夺理的男人，责任感往往不强。面对发生的错误事件，他能找出许多合理的解释，此时我们也许会为他的理性所打动。但要注意的是，这样的人常常是没有责任感的。一般来说，出现问题，人们通常的反应是就自己的错误道歉，请求原谅。而在这类人那里，他多半会寻找诸多的解释，为自己开脱。

二者的区别就在于一个能体谅别人，一个以自我为中心。不要小看了这种归罪于人的习惯，在恋爱甚至是婚姻中，它会让我们陷于“红颜祸水”的旧套。不要只欣赏他的能言善辩，更要了解对方在其个性中表现出的人情味，毕竟我们不是和律师生活在一起。

第五，小心过分体贴入微的男人，因为他们也有可能在某方面更加专横霸道。生活中，人们越宠爱、关切什么，也就越想占有什么。一个男人对我们百依百顺、殷勤备至，有可能是为了达到拥有我们的目的。什么样的动机产生什么样的结果，这是必然的。“小鸟依人”是这种男人的理想，如果我们是一个喜欢依赖别人的女性，也许这份“呵护”能让我们心醉。但如果我们个性很强，硬碰硬的结果自是争执不断。

所以，女人在情场上一定要擦亮双眼，识别那些“好男人”的坏心思，透过现象看本质，不要被外表所迷惑。

理智识别男人的眼泪

女人对爱的免疫力往往很低下，男人对自己些许的好就让女人看不清真相，总是被男人哄得很高兴。而当自己真的投入这份感情的时候，有些男人的好或许都是假象，但是，到了那个时候，自己已经被伤得体无完肤了。

在男人种种的“好”之中，最让女人觉得受宠若惊的恐怕就是男人的眼泪了。

有人说，真正爱你的男人，只可能在你一个人的面前流眼泪，当你触摸到它们时，也触摸到了那颗只为你跳动的心。但是，这仅仅是在纯真年代发生的事情，仅发生在极少部分深情男孩身上，并不是每个男人的眼泪都是那么纯洁友爱的。不少情场老手的泪只是用来哄骗女人的陷阱，都说英雄难过美人关，美人最难过的也是英雄的眼泪关。因为大多数女人的内心都是很容易被感动的，都以为男儿有泪不轻弹，看到男人流泪就以为是他已经对自己动了真情，那一瞬的感动就让自己的心莫名地沦陷了。

网上的大多数论坛、博客里，都在讨论真正爱我们的男人会怎么样怎么样的时候，第一条出现的就是如果那个男人为我们流泪了，那肯定是触碰到了他心里最深处的情愫，只有真正爱我们的男人才会为我们流眼泪。于是大多数女孩子都会将这点作为判断男人爱不爱自己的标准，如果发现那个男人真的为自己流过眼泪的话，说明他爱自己，然后女孩那颗原本就很感伤的小心脏立刻就会扑通扑通地无比心疼，开始义无反顾地去爱这个男人，他对她一倍的好，她就会以十倍的爱去偿还他。

不幸的是，女孩子的天真和感动往往成了很多感情骗子和老手们屡试不爽的绝招。

原本她并不爱他，但是他在追她的时候是双膝跪在地上求她嫁给他的，并且含泪对他说："请你嫁给我吧，如果你不嫁给我，我今生就不会再娶了。我真的很爱你，只要你答应嫁给我，我以后肯定对你好……"她开始心软了，因为这是她第一次看到一个男人在她的面前哭泣，她觉得一定是发自内心的。心里的防线慢慢崩塌，她鬼使神差地爱上了他。

于是，在他第三次流着眼泪求婚的时候，她嫁给了他。也不管他的工作有多差，能力与自己有多大的差距，对身边的朋友有多恶劣，更不管别人怎么诧异地看着她，她只想他们能超越一切的世俗。像两只小老鼠一样，笨笨地相爱，呆呆地过日子，咄咄地依偎，即便大雪封山，还可以窝在暖暖的草堆紧紧地抱着咬耳朵。可事实并不是像她想象的那样美好，结婚还没有几个月，那个口口声声说爱她，要一辈子呵护他的男人就按捺不住本性到处拈花惹草了。

很多女孩子都会很渴望一份感情，甚至会觉得已经等待了好几辈子，所以一旦看到爱神丘比特微笑着朝她射来了神箭，便义无反顾地想倾其所有地去爱那个人。她们总是天真地以为眼泪就可以代表一个人的真心，可是现实却是很残酷的，真实地东西往往比想象中的要残酷很多，从梦里跌进现实的万丈深渊更是痛不欲生。

小菲很爱她的男友。在听说了男友狂追另外一个女孩的绯闻之后，她第一反应就是匪夷所思，第二反应就是难以置信。于是她故意和他说分手，想测验他是否真的在乎她。他哭了，哭得很伤心，她相信了他。

结果，没过几天他们就分手了，因为他的男友在一个星期之后就追到了传闻中的那个女孩。这时她才知道，眼泪不过只是缓兵之计而已。退可攻，进可守，通过眼泪先将现任留在自己身边，继续享受她的好，如果追不到的话还不至于沦落到两边都没人要的悲惨境地。如果追到了那个更好的，就立即把小菲给甩了。

女孩子天真一点很好，但是千万不要过度天真，那种以为男孩子流泪就是在乎她，就产生欣慰和幸福的女孩应该提高警惕了。以前只说，女人的眼泪是征服男人的利器，很少有男人招架得住，其实男人的眼泪更厉害，但是我们绝大多数人都一厢情愿地误以为男人是有泪不轻弹的。

其实，男人也是人，流泪也是身体的机能之一，随时都可能释放。聪明的女人不要太相信男人的眼泪，那很可能只是一个陷阱，只是一种表象，要相信自己所看到的、所感受到的很理性的东西。所以，不管是男人对你的好，还是男人对你的泪，女人都要理智地对待，否则，到了后悔的时候就晚了。

尊重自己也是尊重爱情

有人爱得迷失，有人爱得失去自我，有人为恋人马首是瞻……其实，这样的爱情是会让人爱得很痛苦的。在恋爱时，懂得尊重自己，维护个人权利和人格独立，才是尊重爱情的表现。

对自己好一点，多爱自己一些，要像爱别人一样爱自己，这是许多经历过爱情的女人的感悟。但是，真正在爱情生活中，还是有很多女人常常想着别的：或情人，或父母，或工作，唯独忘了自己，忘了尊重自己的内心感受。可是，要知道只有会爱自己，才会爱别人。

我们不应该为了迎合别人而改变自己的风格。不应该为别的人介入而过度慌张，我们所要做的是找回我们自己，找回原来的那个独立和自信的自己，也给他相对自由的空间，给他一个机会远一点看我们，也给他一个机会欣赏我们。如果他爱我们，他会不再以被其他人关注为荣而回到我们的身边，这也是一个人的成长。

同时，有的人把恋爱看得至高无上，一旦失恋了，事业、前途也不顾了。这个时候我们不妨想想，渺茫、焦虑，不但于事无补，反而影响了我们其他的幸福。天涯何处无芳草，莫愁前路无知己，一扇幸福之门对你关闭的同时，另一扇幸福之门却在你面前洞开了。面对这种情况的时候，我们就应该努力把精力投入到事业、工作和学习中去。爱情是重要的，但它毕竟不是生活的全部，人生更重要的是对理想、事业的追求，是不断地探索。罗曼·罗兰失恋后写下了这样的日记："我明白，我能创作，我是自己的。一切属于我，包括我的那些锁链，我是我自己的各种痛苦的主人！"

人们之所以在爱面前迟疑，是因为害怕，一旦自己坠入爱河，就要受控与对方，得到很多羁绊和牵挂，难得自由。不要试图去改变对方，如果我们是真的爱着对方。真正的爱情是建立在两个自由的人的彼此了解和认可上的。爱人们应该去体会彼此间的相同点和不同点；任何一方都不应该改变另一方的个性存在。爱情要彼此给予，然后去丰富两人共享的世界。爱情的完善的答案在于用"爱"达到同另一个的结合。爱的结合，是一个人与另一个人依靠情感的链条结合在一起，但允许每个人有自己的个性，允许每个人保持自己的完整性。

成熟的爱是在保持一个人的完整性和一个人的个性的条件下产生的。所以，这就要求我们要懂得尊重和宠爱自己，宠爱自己的生活态度。

能够对他人说出自己的想法，而不是故弄玄虚地等另一人去猜。

积极地寻找生活的乐趣，用满腔的热情去对待生活，回报生活。

能够面对现实，接受现实。不想假如怎么样，而是积极地做好每件事，过好每一天。

温情而不虚伪，善解人意但不谄媚。

知道自己想要什么，想做什么，能大胆地说出来，并付诸实践。

能够勇敢地改变生活，从不为了“维持现状”，而不敢进行积极的冒险。

与恋人交往，要观察其对家人的态度

恋爱交往时，双方势必会接触到彼此的家人，在这个过程中，我们可以看到彼此的家庭状态，同时，我们也要学会观察恋人对自己家人的态度。男友或者女友对待自己家人的态度，可以十分间接地表现出恋人的某些观念或者想法，这对我们明确、理性地看待自己的恋人有较好的帮助。

从一个人对家人的态度，就能够看出对方对生活、对工作的态度。有些人关心家庭、爱护家人，即使工作再忙，也会抽时间和家人一起吃饭。家庭是他们心灵的港湾，家人带给他们快乐，他们会以家人为骄傲，在和同事出游、和朋友谈心、和领导聊天的时候，他们言语间总会不自觉地说起自己的家人。这样的人，对待生活很认真、很乐观，对待工作自然也不会差，因为有家人在背后支持着他们。

另外，还有一种人，他们很少提及家人，你几乎不知道他还有姐姐或者弟弟、妹妹。这样的人，一方面可能是由于其他的事情太多以至于忽略了家人，另一方面可能是因为受过伤害，比如，孤儿或者父母离异，或者家庭不幸福。就前者而言，在当今社会，现代人承受着巨大的工作压力，他们也许会因为工作而缺少对家人和家庭生活质量的关注，但如果因为工作而忽略了家人的感受，即使工作上再成功，也还是最大的失败者。

几乎每个成功的人，都会反复强调家人的重要性，他们对家人充满着爱与感激，可见家人在一个人的成功过程中起了多么重要的作用。但也有一些人，虽然也在不住地提及家人，但他们强调的不是对家人的爱及感激，而是向人炫耀自己家的显赫地位及巨额财富。这种人信奉“背靠大树好乘凉”，不想靠自己的努力，只希望借着家人的东风平步青云，事实上，他们永远不会有真正的成功，一旦家里的支柱垮了，他们就有可能变得一无所有。

一个人，在什么情况下提及家人，这与他对家人的态度、他对生活的态度是紧密相关的。有些人在外人面前表现得和蔼可亲、温文尔雅，而在家人面前却很容易发脾气，在外工作不顺或受气后，把这些坏情绪转嫁给家人，使家人的身心受到损害。他们认为，在外面不论喜欢不喜欢，都得忍气吞声，好不容易回到家里，终于可以舒一口气了。他们会认为家人就应该接纳自己的所有负面情绪，让自己发泄，如果家人稍有微词，他们就会觉得家人不理解自己，就会对家人产生怨气，就不再以家人为骄傲，也会很少对别人提及家人。

须知，家庭和工作同样重要，只有那些重视家庭的人，才能拥有快乐的家庭生活，也才会有良好的工作绩效。作为一个聪明人，要想走进对方的内心世界，判断他/她是否是自己心中的那个人，分析自己的眼光和选择是否正确，我们可以从观察恋人对家人的态度开始。

“经济适用男”成为女人新宠

“比我老公顾家的没有我老公有钱，比我老公有钱的没有我老公顾家”。我们的闺中密友这样评价她老公。没错，她的老公就是一位“经济适用男”。经济适用男，化名于经济适用房，这种男人身高一般、发型传统，相貌过目即忘；性格温和，工资无偿上缴给老婆；不吸烟、不喝酒、不关机、不赌钱、无红颜知己；月薪2000～10000元，有支付住房首付的能力；一般从事教育、IT、机械制造、技术类行业。

经济适用男走红的原因，是因为他们可以担当好儿子、好员工、好老公，是名副其实的潜力股。所以，恋爱的时候，我们要多观察，看自己的恋人是否是这样一只股，深度分析与其发展恋情的可能性。如果可以明确判断出这是一个值得深入交往的“经济适用男”，那么，我们就可以有方向地与之相处，让恋情并不是那么盲目。

“经济适用男”虽然比“奢侈品男”条件稍微差一些，可是比普通男人要有更多的优势。此股尽管眼下收益不多，但可持续看涨，当然值得买。

视家庭如生命的“经济适用男”会将大部分收入都投放在家里，等于是一台低耗能、高产出的印钞机。

“经济适用男”对女友或老婆忠心不二。“公司——家庭”两点一线的生活模式决定了他们没有机会结识红颜知己，关系建立在打个招呼就没什么话可说的基础上，因为这一类型的男人不会花言巧语。

所以说，找到“经济适用男”，就如同捡到一个宝贝。可是，怎样才能锁定这种男人，让他将目光集中在自己的身上呢？以下五招，可供参考：

第一招：做一个温柔天使。

“经济适用男”通常出生在传统家庭，他们希望全世界的女人都能像妈妈一样善良、温柔、贤惠。所以，一旦他们见到这样的女人，就会很自然的生出一种“家”的感觉。然后，会不顾一切地把这个女人带回家，放任她担当温暖家庭里的女掌门。

第二招：衣着简单但不失品位。

“女为悦己者容”，很多女人为了调动“经济适用男”的兴趣，用尽办法想让自己更加漂亮。她们花很多的钱买时髦的衣服，浓妆艳抹，试图让自己看起来绝对够味、够靓。可是“经济适用男”通常都是理工科出身，他们的脑袋没有太多的弯绕，不习惯看五彩缤纷、设计太过复杂的服饰。相对之下，他们更喜欢衣着简单却又不失品位的着装，因为这样会让人觉得更舒服、更自然。当然，我们也可以化一些淡妆，让眼睛看起来大一些，有神一点，往往会起到更好的效果。可是，如果过于攻心计，让自己看起来像个贵妇人似的，“经济适用男”会因为缺乏亲近感而迅速地逃离。

第三招：坦白，不要让他费心地去猜测。

“经济适用男”本身的交际很单纯，他也绝对不会允许自己的女朋友在外面招蜂引蝶。所以，在跟他分享朋友之间的快乐的事情的时候，一定要说明朋友的性别，不能让他去猜。这类男人在工作中很费脑筋，所以生活中的事情，他尽量都会避免复杂。我们只要说明了，那他就会相信。可是如果我们不能坦白，他就会一直猜下去，结果只会让他感觉到疲惫。

第四招：想要抓住他的心，首先要抓住他的胃。

“经济适用男”多是从事IT、建筑设计行业，他们经常不分昼夜地加班。早饭和午餐已经是草草了事了，如果晚上还让他吃泡面，他肯定是要抓狂的。所以，想要抓住他的心，最好能从他的胃开始，每天给他准备一顿丰盛的晚餐，再配上一些饭后甜点，往往就会事半功倍。

第五招：将过去的情感压入箱底。

不管我们曾经有一段多么美好的恋情，也要试着把它遗忘。如果我们的前男友是曾经在他眼里出现过的人，那么从此之后就不要再提那个人的名字。

从心理学角度来说，女性对于“经济适用男”的恋爱想法，其实是一种理想回归，是一种心理的成熟和务实。在不放弃理想和浪漫的前提下，更多地去关注生活和实际性的东西，是对恋爱以及婚姻的家庭倾向性的情感描述。

所以，我们在接受这类恋人和这份感情的时候，就要学会明智判断，合理对待。

火眼金睛识别花心男

爱情的路上，遇上浪漫又专情的男人恐怕是女人最大的运气，大多数女人都免不了要遇上多情又花心的男人。花心男人假如屡屡得手，必然是有恃无恐越发猖狂，同时，越来越把你当傻瓜。所以，尽早识破花心男人，既可维护社会安定，也可维护你的个人尊严。在这个问题上，女人绝不能心慈手软、姑息养奸。

无论如何，花心的男人是女人幸福的一大致命伤，花心的男人带给我们的不幸远远大于他带给我们的激情享受。如果不幸被我们遇上，基本的应对之术是必不可少的。

看他对我们突然去他家的反应

如果他是花心男人，他一定不情愿带我们登他的家门，即使我们要求他这样做，他也会支支吾吾地想法拒绝。我们可径自到他家楼下，打电话给他，解释说出来逛街恰巧路过，然后要求上门拜访他的父母。如果他惊慌失措地出言拒绝，那一定是心里有鬼，即使不是花心，也是难以信任的，和他交往还是小心为妙。

看他在公共场合对我们的态度

花心男人只会在和我们独处时百般亲热，甚至提出越位的要求，而在公共场合，他会装出一副谦谦君子模样，和我们保持距离，更不会把我们当作女友介绍给他的朋友。如果我们在一起时恰好遇到他的朋友，我们应要求他为我们介绍，注意他介绍我们时使用的称谓及他的表情。

看他加班，忙业务时究竟在哪儿

为了有时间和其他女人约会，花心男人经常谎称自己工作忙，需要加班，或者生意上有其他应酬。我们可以打电话到他的单位，看他是否真的在忙工作。这件事也可以让我们要好的朋友去做，这样更稳妥一些。如果结论是他说了谎，那我们就需要重新认识这个男人了。需要指出的是，这一条务必慎重，仅凭本条是没法最终定案的。

看他是否固定时间和我们约会

花心男人往往要多边作战，所以，他会尽量固定和我们约会的时间，这样才不会发生冲突，可以避免差错与误会。我们可选择一个不常约会的时间，不打招呼，突然出现在他的面前。如果他一脸惊喜，说明他心里可能并没有其他的心思，而是随时期盼我们的出现。如果他露出尴尬或惊慌的表情，那这个表情下隐藏的真相就值得探讨了。

看他在我们突然试探时的表情

刚和另一个女人约会完，来到我们的身边，花心男人也许会心怀愧疚，因而，他就会大献殷勤，帮我们洗衣服做家务，或送我们小礼物。我们可向他表示感谢，和他缠绵一番，在他自以为高明而心怀激荡的时候，在他的耳边轻声地说："昨天，我的一个朋友看见你……"如果他激灵一下，急促地问："看见我怎么了？"那就表示他可能心里有鬼。

看他收支状况及消费的凭据

花心男人也不容易，这是一件很费钱的事，所以，即使他的收入不是个小数目，他仍会不时地囊中羞涩，因而偶尔表现出与他的收入不相匹配的吝啬。我们不要出言询问，只需默默观察，注意他钱的去向。如果近期无大件的购物消费，而他的钱包却空得很快，就有必要查一查。或许，他的口袋里有消费的收据，若是那种特别适合男女约会的场所，真相自会不言自明。

看他爱的意趣是否经常改变

男人很容易受身边女人的影响，从而选择不同品位与意趣的衣服，不同品牌的烟、酒等，一旦他突然改变了习惯，就值得我们去仔细观察了。

我们可以买一件饰品给他，嘱咐他时刻都要戴着。如果他约会别的女人，他就一定会摘下这串项链，戴着一个女人送的饰品去和另外一个女人亲热，毕竟是一件挺忌讳的事，甚至，他会换上另一个女人送的项链，那就很难避免疏漏了，我们只需静静观察。

看他的手机状态及接听方式

和一个女人约会的时候，如果另一个女人打电话来，是一件令人头疼的事，所以，花心男人中的老手都会把手机的声音关掉，改为振动。

在和我们约会的时候，如果他的手机没响，却一个人溜到阳台上去接电话，他多半有不可告人的事情。找机会留心一下他手机上的留言与电话，或许会有所发现。

看他身上残留下的香水味道

如果我们平日喜欢擦香水，那么，我们所用的香水味道难免会沾染到男友身上，这样的味道应该是我们很熟悉的。如果有一天他的身上残留着我们认为陌生的香味，那我们就要深思和仔细观察其中的缘由了。

花心男很注意隐藏身上留下来的其他女人的香味，如果我们发现他违反一贯的懒惰习惯，把刚穿不久的干净衣服换掉，或者干脆放到洗衣机里去洗，或许就有问题了。发现容易，关键是对策，我们可以趁他醉酒或熟睡时打电话给他，让他猜猜我们是谁。而这时如果他说出的是其他女性的名字，我们就心中有数了。

看我们周边女人对他的关心度

据调查，花心男常常与我们有来往的女人有牵扯。花心男很狡猾，有时候伪装得很隐蔽，令我们无从发现，但从我们有来往的那个女人身上却往往很容易发现破绽漏洞。女人都有一种独占欲，和别人分享同一个男人是一件挺痛苦的事，所以，我们会在一些细节小事上发现，她对花心男细心而温柔，对我们却躲躲闪闪，甚至抵触，留下几个并不怎么美丽的白眼。如果真的出现了这样的情况，那就没有比这更能说明问题的了。

谎言，要看破不说破

从手势看他是否在说谎

心理学家指出，手势在很多时候是一种无意识的动作，能较为真实地反映说话人的心理状态。

如果我们的恋人在我们面前做如下几种动作时，我们要留心了，他可能正在撒谎。

捂嘴巴

一个人说话时以手或拳掩口，很可能表示他正在说谎。

摸鼻子

这是一种由掩嘴巴转化而来的，做这个动作来掩饰一般表明说谎者比较老于世故的掩饰动作，有的是轻轻在鼻子下方擦几下，也有的是用几乎看不见的细微动作，很快地触摸。

揉眼睛

说话时揉眼睛或者向某人说谎时避免注视对方的脸，这是一种防止眼睛泄密的方式。如男人常常会用力揉眼睛，假如是撒个弥天大谎，他还会把视线转往别处，通常是望着地下；女人则多半在眼睑下方轻轻摸一下，也许是怕把眼睛的妆弄花了。

搔颈

右手的食指搔搔耳垂下边的颈部，也代表说话者正在说谎。心理学家对这种姿势进行了观察，发现了一个很有趣的事实：说谎的人搔颈次数很少低于五次。这种姿势也许是怀疑或不能肯定的信号，表示那人正在想着：对方能否相信我所说的话。

摸耳朵

这是一种比较世故的动作。好像是不经意的动作，实际上是在掩饰自己内心的不安。

除了摸耳朵之外，也有人会揉耳背、拉耳垂或把整只耳朵拉向前面掩住耳孔。

拉衣领或拉链

在和恋人交谈的过程中，如果我们看到对方好像不经意地拉了一下衣领，我们就需要长点心眼，以没有听清为由，让他再重复一遍对自己说过的话。如果对方以前说的是谎言，在接下来的重复回答中会出现支支吾吾、前言不搭后语的现象。这时，再观察一下对方的神态，对方是不是在撒谎，我们就能判断个八九不离十。

美国的研究家们曾用角色表演的形式考察那些对病人的病情故意撒谎的护士。考察结果表明，说谎的护士使用这些手势的频率远远超过对病人讲实话的护士。由此可见，当人们撒谎时，他们的手势便会随之显示出一种下意识的无声信号。留意这些信号，我们会更懂得区分真话和谎言。

从话语里知道对方在撒谎

说谎的人绝不会直接告诉你他说的是谎言，而会想尽办法让你相信他说的是大实话。

例如，他们会说“坦白地说”“说真的”“老实说”这些词来提高自己的信誉度，让别人相信自己，但事实上他们并没有那么诚实、真诚和坦率。

“老实说，这是我能给出的最优惠条件”，但事实上他想表达的意思是“虽然条件并不最优惠，但也许我会让你相信这是”。

“毋庸置疑”，就是有理由怀疑，“毫无疑问”更是个值得提高警觉的词。

“相信我”通常意味着“如果我让你相信，你就会按我的想法去做”。一个人试图说服别人时，使用“相信我”的频率和他说谎的程度成正比。如果讲话人觉得你不相信他，或者他所说的缺乏可信度，他会总把“相信我”挂在嘴上。“真的”“不骗你”这些话也是一样。例如，男人移情别恋了，当他面对女友的质问时，通常会这样说：“相信我，我是真的爱你，我和她是普通朋友。”

听到“只”这样的字眼时要推敲一下，有些人会用“只”来降低后续语句的重要性，以便事与愿违时减轻自己的内疚，或推卸责任。一个男人对一个女人说“我只爱你一个人”，我们都知道一个人一辈子只爱一个人，是概率性事件。就算我们可以保证自己现在只爱她一个人，怎么可以保证未知的今后会不会出现意外或者是变故？如果男人跟我们说这样的话，只证明他抱有极强的目的性，希望通过这句话来获得我们的青睐，继而占有我们。所以听到男人说这样的话的时候女性朋友千万要注意了。

识别谎言的技巧

研究谎言的科学家说，大多数人每天都撒一两个谎。而且，我们极少被抓住，因为这些假话通常都微不足道。在日常交往中我们怎样才能识别对方说出的是谎言呢？

利用情绪与生理变化的关系来识别谎言

利用情绪与生理变化的关系来识别谎言的方法主要有两种。第一种，是让嫌疑人吃稻米做的蛋糕，观察他在强大罪恶感压力下咽下蛋糕的表现。如果嫌疑人被蛋糕噎住，那么他就被认为说谎了。第二种，是“嚼米审判”，即让嫌疑人抓一把炒米放入自己口中，嚼碎后马上吐出来。如果这个人能马上吐出来，则证明是诚实的，反之则是说谎。其原理就是：那些撒了谎且担心被识破的人，心里比较紧张，消化功能受到抑制，唾液分泌会减少，从而吞咽蛋糕和吐出炒米时比较困难；那些诚实的人不会觉得紧张，因而他们的消化系统不会受到抑制，唾液分泌正常，吞咽和吐出食物都较顺利。

英国人通过观察嫌疑人吃面包和干奶酪的顺利程度来判断其是否说谎。可见利用对方的心虚来点破他的谎言是一种行之有效的方法。

用压迫性交谈方式，逼他说出真心话

如果你惧怕别人欺骗你，在与他交谈时，为了在有限的时间内尽可能地得到正确的信息，你不妨使用压迫性交谈方式，这是逼迫别人说出真心话最有效的办法。

压迫性交谈，即是向谈话对象提出令他不快的问题，或是将对方置于孤立状态，使他作出决断的方法。换言之，就是“虐待”对方，将他赶入不利的处境中而观察其反应的方法。在危急的情况下，一般人都会露出赤裸裸的自我，也就是说，平常用来掩饰、表现理智的面具都会脱落，最后暴露出真实的想法。

想了解初次见面的人言辞是否真实，或是他对交谈的话题是否关心，可以用压迫性交谈的方法。其中，故意与对方唱反调，是最常用的一种方法。但是，不论如何探索对方的真意，如果引起对方愤怒的话，就有可能造成负面效果。如果你认为就此与对方断绝关系也无妨，或是自信能平息对方的怒气并恢复良好的关系，那又另当别论。若是情形并非如此，就有必要慎重处理了。

因此，最好的方式是借用第三者来提出反论，以避免自己提出反论时引起对方的反感。无论如何，唱反调是使对方感到不快的交谈方式，最好只在有必要认清对方的真意或人性时才加以运用。

利用对方的心虚辨认出谎言

说谎者在说谎时往往有心虚的感觉。有时候，说谎的人只有一点点罪恶感；有时候，罪恶感会很强烈，以致露出漏洞，使对方很容易揭穿谎言。十分强烈的罪恶感会使说谎的人痛苦难当，会令说谎者觉得说谎很划不来，简直像是受罪。虽然承认撒谎会受到处罚，但是为了要解除这种强烈的罪恶感，说谎的人很可能

会决定还是坦白招认比较好。

说谎者因为这种难以消除的害怕感和心虚感，将会让我们成功地辨认出谎言。

从行为上识破男人的谎言

谎言在日常生活里常常出现，我们都希望和恋人能够真诚相待，坦白直言，但是人的心理总是相对复杂的。我们虽然不能要求对方先真诚，然后再来和自己交往，但是，我们却能够通过心理学的办法来识破谎言，从而回避情感中的种种陷阱。

男人撒谎的讯号：突然对你很好

他突然对你特别好，你就要小心了。平时总是大大咧咧，连自己的生日都会忘记的他今天却突然打电话给你表示关心；一直视浪漫为虚伪的他，却突然买了贴心小礼物送你；突然陪你做他以前最不喜欢的事，或是突然陪你看他不喜欢的电影；要不然就是突然帮你烧饭洗衣，等等。这种变化一定不是空穴来风，极有可能是在消磨自己内心的不安与罪恶感。

男人撒谎的讯号：频繁地找借口

他最近经常不接听电话，三天两头就消失一回，出现后又说单位有急事又走掉了，约会迟到的现象越来越严重，总以塞车当借口，诸如此类的情况，偶尔一两次也就算了，如果太频繁，你可要当心了，他极有可能在刻意隐瞒一些事情。

男人撒谎的讯号：联络不畅

当爱情互动越来越少时，爱情之路必定隐藏危机。社会学家说，通讯科技拉近了彼此的距离，却也拉远了彼此的距离，如果他的通讯设备常常出状况，就得小心彼此心的距离是否越拉越远了。手机总是关机，家里电话总是留言状态，E-mail又常常不回，这些“通讯障碍”代表对方已经想结束你们之间的感情。

当觉察男人可能撒谎时，女人应该怎么办呢？

攻其不备，点破男人的谎言

一个人开心的时候，必然会忘形。如果一段时间以来，你都对他有所怀疑，先不要点破，按捺着不作任何反应，等他放松警惕，然后搜集证据，突然攻其不备地发难，保证他会马失前蹄，一下子无力应对，露出谎言的真相。

叫他发誓，点破男人的谎言

这个方法很简单却也很有效，大部分中国人相信发假誓后，会得到报应。当你怀疑对方说谎时，就撒娇说："我不信，那你发誓！"对方若回一句"干吗那么无聊""我又没做，你干吗叫我发誓"，一语带过，甚至还乱发脾气，那八成是确有其事，不然反应何必那么激烈呢？面对这种情况，你要冷静应对，你是因为爱才怀疑他，而他如果已经不爱了，甚至还用欺骗来对付你，那么你们的爱情也已经失去了存在的价值。

"抽查"他说过的话，点破男人的谎言

说谎会成为一种习惯，有些人就已经养成这种以谎圆谎的习惯，只不过，一个谎容易掩饰，不说，一辈子都无人知道，然而说了十个谎、百个谎、千个谎，连撒谎的人自己都会搞不清楚自己说过些什么。你只要随便"抽查"一件他说过的事，保证他会露出马脚，只不过在"抽查"时，要用点技巧，别让他产生戒心！

问他的朋友，点破男人的谎言

男人最典型的说谎方式，就是用许多根本不存在的借口来忽悠你，而且十之八九都跟他的朋友有关！说谎，一定会含有"虚构"的五大要件：人、事、时、地、物，而只有"人"这个要件存有线索可以追查。当他让你怀疑时，谎话一出，你立即询问构成这个谎言的当事人，十之八九都还来不及串供。另外，平时与对方的朋友"培养感情"，才会有"内线"告知你对方所言是否属实，所以，聪明的女人现在就开始拉拢"战友"吧！

恋爱中，男人会用这样的谎言“欺骗”女人

心理学家称，人是爱撒谎的动物，而且比自己所意识到的讲得更多，平均每日最少说谎25次。经过研究证明，男人与女人说谎的原因更有不同：女人的撒谎是为了让别人过得好受一些，而男人的撒谎是为了让自己看起来更好一些。

在恋爱之际，有些谎言或许并不是有心计的，我们想让对方快乐，也想让自己快乐，谎言则是免不了的。但是，不要一味用动听的谎言去迷惑和蒙骗对方。在日常生活中男人常常会用这样的谎言来“欺骗”女人：

谎言一：“你穿那件衣服真好看！”

男人往往通过这样的撒谎来避免与女人之间的矛盾，也害怕伤到女人的自尊心。

谎言二：“我真的联系过你！”

有时候男人因为别的事情而忘记了给自己的爱人打电话，当被爱人问起的时候，他们为了不引起爱人的大动干戈，于是选择撒这样的谎言。他们认为通过这样的谎言可以让爱人心理平衡，可以减少矛盾的产生。

谎言三：“我不在乎你的容貌。”

说这句话的男人一般情况下都是违心的，当两个人没有见面的时候，男人一再强调不在乎女人的容貌，因为在他们心里还存在对女人容貌的幻想。但是当一个女人的长相让他不满意的时候，他就会主动减少联系。

谎言四：“说吧，我什么都答应你！”

男人往往一激动就会说出这句话，女人可千万不要把他的这句话当真，因为在他说完之后，他也会忘记自己说的话。当我们再次问起的时候，他会说：“我说过吗，我怎么不知道？”或者说：“怎么可能呢？怎么可能什么都答应呢？”或者当女人提出要求

后，男人再来一句："除了这件事，我什么都应你。"此时，我们还有什么可说呢？所以不要相信男人真的什么都会答应你这句话。

谎言五："你是我的唯一。"

男人哄女人的最高明的一句话就是这句"你是我的唯一"，怎么可能？没有谁是谁的唯一，爱着的时候也不是，因为男人除了自己爱的人，还有他的父母家人朋友，女人怎么可能是他的唯一呢？别以为男人对一个女人说这句话意思就是没有了这个人，他就活不下去，这不可能，他活下去的理由有很多，不只是爱人，所以，当一个男人对我们说这句话的时候我们要感激他的爱，但是千万不要信！

谎言六："我一定改！"

当男人在一个女人的面前说出这句话的时候，可以相信他有这个决心，但是不要相信他可以轻易做得到。因为一个人的某种性格，或者已经形成的不良嗜好，是不可能在一天半天改变的，他可能在某个时段会答应为一个人改，但是过了时间，他又可能会回到原来的样子。不要试图去改变一个男人，而是要去改变自己对他的期望。所以男人的这句话也不可以信。

恋爱的时候，对于男人的这些谎言，实际上很多女人都具有很高的识别力，就是所谓的女人的第六感。女人的感情细胞很发达，可以通过一句话或者一个表情来判断出对方是否在说谎。若有不对，女人的"嗅觉"还是比较灵敏的，女人的大脑是多轨的，可以同时获得和分析不同的信息，但是男人的头脑就比较简单，一个时间只能处理一件事情。而且女人对于男人撒谎的内容会记忆得很清楚，所以男人撒谎时稍有漏洞就会被女人发觉。

其实，很多时候，谎言会变成一种无意识的行为，因为人下意识的会从趋利避害的角度来行动。虽然善意的谎言是无可厚非，但是建议还是用心来说话办事，或许会在当时当地会有些尴尬，但是我们总能理解真诚的心。

恋爱时听懂女人的“潜台词”

在恋爱时女人往往喜欢用含蓄、矜持的方式委婉地表现她的意图。因此，女人说话总是拐弯抹角，话中有话。很多时候男人对女人都表示无奈，因为他们不知道女人的话里哪一句是真的，哪一句是假的。聪明的男人了解了女人的潜台词，才能知道她们的真实想法。

“我看上你可不是因为你的钱（或者是你的地位）！”

女人不傻，女人能看上我们，是因为她认为我们很有能力，是一只升值股，值得攥在手里或者认为我们极有责任心。

“你做饭做得真好吃。”

当她这么说的时候千万别只顾着高兴，她的意思是：既然你做饭这么好吃，以后就有人一起做美食了……

“给我讲讲你和你前女友的故事，我不会生气的。”

男人若相信了这句话可就有好受的了。女人天生爱吃醋，哪怕那是过去了500年的事情，等你说完了，她们就原形毕露，要么哭啊闹啊，要么就让你干这干那，还美其名曰“劳动改造”！

“她们都说 ×× 牌子的衣服很适合我。”

没什么好说的，掏钱包吧！

“没关系，我感觉你还不胖。”

如果她真这么说了，只是不想让我们难堪，注意一下自己的身材吧。

“老夫老妻了，我不要什么情人节礼物了。”

如果这话我们相信了，也许要打扫一个月的卫生了！女人总是说归说，如果我们真不买，她会恨死我们！对这种话男人可千万别当真。

“其实，我感觉你应该有自己的‘红颜知己’。”

女人绝对没有这么大方，其实她永远希望我们离所有的女人远远的（除了她自己），这样她才有安全感。如果真有个女同学、女同事给我们个电话，或者短信息什么的，她比谁都关心，一个不小心她就该“醋海扬波”了。

“垃圾桶塞满了，放不下别的东西了。”

这是女人最简单的暗示了：“你把垃圾倒掉，好吗？”

“我今晚没时间做饭。”

她的真正意思是：“今晚，你带我们出去吃饭吧？”

“我们好几个星期都没出去玩了。”

她想说的是：“这个星期，你要带我出去玩。”

“我们需要交流。”

即：“你安排好时间，和我谈一谈，好吗？”

女人的话你可以不懂，女人的潜台词你必须要知道。读懂女人心，先从潜台词开始，男女的共通语言不在表层，而在背后。有了真正的沟通才有更好的发展。

眼睛是台测谎仪

在识破谎言的试验中，大多数人都会注意说谎者的眼睛，看说谎者是否直视自己。持续长久和躲躲闪闪的目光接触都是对方在说谎的重要标志。

一般来讲，谎言研究学者认为：回避目光交流，或是低头不看对方，或是明显地把头偏向一侧，说明这个人不坦诚。

这种说法有一定道理，说谎者也许不会与你对视，他担心这样会增加不安感，于是眼睛就会四处张望，目光游离不定。

确实，如果一个人撒了谎，他在与别人对视的时候，心里必然紧张，就会反映在眼睛里。所以，说谎者本能地转移视线，以消除紧张感。

眼神的判断，有时候也不那么准确。

有一些善于说谎的人，在说谎时眼睛仍然紧紧地盯着对方，显得是那么从容不迫，游刃有余。经常说谎的人也能做得很漂亮。因此，眼睛与对方保持“胶着”状态的人，并不总是诚实的。

关于如何从眼睛中辨别谎言，这里有一个绝招。无论说谎者的演技多么高超，他也无法掩盖这一点。人的瞳孔会随着情绪的变化而相应的放大或缩小。瞳孔的这种变化是人无法控制的，因此只要我们留意观察对方的瞳孔，就能断定他是否在说谎。

除此之外，眼神的方向也能帮助识别谎言。

眼神的方向显示了大脑的不同部位在活动，几乎不可能作假。大多数惯用右手的人在回忆时，使用左脑，眼睛望向右侧；编谎话的时候，用右脑，眼睛望向左侧。简单来说，惯用右手的人说谎时向左看、左撇子说谎时向右看。这个动作是识别谎言的重要信号。

观察他的面部表情

通常，人的面颊的颜色会随着情绪的变化而产生相应的变化。其中，最明显的是变红和变白。

人们最常见的面颊变红经常出现在害羞、羞愧或尴尬等情形中，脸红也是愤怒的表示，愤怒时，面颊瞬时转为通红而不是由面颊中心慢慢扩散开来。当愤怒中的人们想极力抑制自己的怒气和克制自己的攻击性冲动时，其面颊肤色会变得苍白；当人们惊骇时，面颊肤色也会变得苍白。

面颊肤色的变化是由自主神经系统造成的，是难以人为控制或掩饰的，但他所要隐瞒的也可能正是羞愧或惊恐本身。

另外，表情的时间长短也可反映出说谎的印迹。它具体包括以下三个方面：表情的停顿时间、起始时间（表情开始时所花的时间）和消逝时间（表情消失时所花的时间）。

停顿时间长的表情很可能都是假的，比如10秒钟或10秒钟以上的时间，甚至是停顿5秒钟的表情也可能是不真实的。

除了那种极其强烈的情绪感受，比如欣喜若狂、勃然大怒、悲恸欲绝等之外，自然的表情都不会超过4 ~ 5秒钟。而且，即使是非常激动的情绪，其表情也不可能持续太久。只有象征性表情和嘲弄式表情是长时间地存在着的。

表情的起始时间和消逝时间的长短是没有固定标准可言的，如果惊讶的表情是真的，则可能起始时间、停顿时间与消逝时间都很短，加起来还不到1秒钟。

有研究表明，一个人在说谎时很少会笑，即使笑了，也是假装的，强装笑脸。怎样区别真心的笑容和伪装的假笑呢？

真正发自内心的笑，眼睛周围会堆起皱，而强装的笑脸则不会有面部肌肉的配合，看起来十分生硬。

虽然发出了笑声，但眼睛丝毫没有笑意，这是典型的假笑。因为眼睛里的笑意是发自内心的，没有人能装得出来。

那么为什么很多人在说谎时都装出笑嘻嘻的样子呢？唯一合理的解释就是笑脸是装出来的，目的就是为了迷惑对方，隐瞒谎言。

诚实人的笑是无所顾忌的，同时具有感染别人的力量，而说谎者在认为自己需要装出笑脸时，他的笑就不是发自内心的，从中我们就可得出结论：他在说谎。

首先，发自内心的笑会使眼角起皱，而装出来的笑不能牵动眼角的肌肉，即使牵动了也是僵硬的，而且转瞬即逝。

其次，假笑能保持特别长的时间，因为假笑缺乏真实情感的内在激励，所以很难知道其何时结束，而且，常常有眼睛和口、面部表情和肢体动作不一致的情况发生。

再次，对于大多数表情来说，突然的开始和结束就表明人们在有意识地运用这种表情。最后，假笑时，两颊的表情常常会有些不对称，习惯于用右手的人，假笑时左嘴角挑得更高，习惯于用左手的人，右嘴角挑得更高。

伪装的笑容常常与说话的内容、说话的节奏以及说话时的手势不吻合，装出的笑脸往往显得僵硬、不生动。比如当男朋友谎称出差回来，在描述旅途艰辛时向我们一笑，我们应当马上捕捉到其中的破绽。当他笑的次数大大多于平日时，很可能是在掩饰。我们问他，他的新产品展示会进展如何，他笑着对我们说："好极了！"看来展示会进行得并不尽如人意，因为真心的笑容眉毛是随着咧开的嘴角而不扬的。

除了专业的演员，一般的说谎者都很难在笑容上抹去撒谎的痕迹，只要留心观察，我们一定能找到破绽。

男女常用的谎言词典

有一些谎言男人张口就出，几乎不经过大脑，下面把它们列出来，以便你更直观地听出男人的谎言。

男人常用的谎言词典：

1. 其实我刚刚一直在想你。（想着你身体的温柔。）

2. 我绝对不会告诉别人。（哥们儿的人除外。）

3. 你的过去我不在乎。（如果你没做什么坏事的话。）

4. 从来没有人给我这种感觉。（他有健忘症吧！）

5. 没有你，我会疯掉！（等到不想要你的时候，就会痊愈。）

6. 我跟她只是玩玩，我跟她之间没有爱。（他敢说，你敢听吗？）

7. 我不会做出对不起你的事。（他大概不清楚"对不起"三个字的意义吧！）

8. 相信我，我跟她已经分了。（他和另一个女人也是这么说的。）

9. 我绝对不会说谎！（但是也不会说实话。）

10. 你是唯一了解我的人。（不！你一点都不了解他！）

11. 我真的配不上你，你对我真的太好了！（男人乞求原谅的绝招。）

12. 这一次我是认真的！（又是他的口头禅。）

13. 如果没有你，日子怎么过？（过几天看看，他还不是活得好好的？）

14. 我下次不敢了。（下次可能还是这句话）

俗话说："女人的心思最难猜。"女人在说话的时候，大多是口是心非，让人捉摸不透。

让我们来看看下面女人常说的谎言：

1. 我们还是当朋友好了。（我不想做你的女朋友，但是你还有可以利用的价值。）

2. 我想我真的不适合你。（我喜欢的人不是你！）

3. 其实你人真的很好。（可是我不想和你在一起。）

4. 我暂时不想交男朋友。（你不符合我的标准。）

5. 我从来没想过这个问题。（我们根本不可能的，想都不用想。）

6. 你的条件真的很好。（可是还没好到我想要的地步。）

7. 你真的很可爱。（你真的很幼稚。）

8. 别人都说你条件不错啊。（可我从来没这样认为！）

9. 我觉得男女之间是真的有纯友谊的。（对，没错，我和你之间就真的只可能有纯友谊。）

10. 上次迟到真的不好意思。（先迟到给你看，下次我绝对不迟到。）

11. 亲爱的，你累吗？亲爱的，你忙吗？（我们说说话吧。）

12. 今天上班过得太痛苦了。（问问我这一天是怎么过的。）

男人只有熟悉了以上这些"译文"，破解女人语言的密码，才不会被女人拐弯抹角的说话方式弄得糊里糊涂。

爱有时需要理性思考

《爱情保证书》有没有法律效力

恋爱中的人们为了保证两个人之间的感情能长久，可谓想尽了办法，有的人甚至用《爱情保证书》来表达自己对感情的忠诚。

王涛和陈明热恋了几个月了，两个人的感情让周围的人羡慕不已。可是，陈明的单位又传来了有同事离婚的消息，让陈明的心担忧起来。这晚，陈明和王涛约会时，向陈明说出了自己的担忧：“现代人的爱情真是靠不住，我们同事刚结婚不到两年就离婚了，真是说变就变。”王涛说：“你不要对我没有信心，我可以向你保证的。”“保证有啥用。”陈明不在乎王涛的回答。“我写保证书给你，保证我不会离开你。”“这叫什么啊？”“爱情保证书。”王涛很坚决地说，并且真的写出了一份书面保证书。一年后，王涛被派往外地工作。刚几个月，王涛就在外地有了新女朋友，而陈明因为持有《爱情保证书》，对王涛也不再像从前那样小心温柔。终于，王涛回来告诉陈明，他不打算再调回来，准备在他现在工作的地方成家结婚，希望陈明理解，彼此以后还是好朋友。陈明要王涛不要忘了自己写的《爱情保证书》，还说如果王涛执意要分手，她就去法院告王涛，王涛听后很无奈地摇摇头。

这样的《爱情保证书》是不具有法律效力的，恋爱自由作为婚姻自由的一部分，是公民的一项基本权利和自由，任何人均不能以金钱的方式或通过经济制裁等，把他人限制在恋爱关系内。陈明想通过一纸《爱情保证书》的方式来限制王涛的基本人身权利，无疑违背了《婚姻法》的规定。

爱情，是自由的，绝对是个人的事，最多是双方的事，爱与不爱，爱谁，不需要也不可能用一纸保证书来鉴定约束；爱情是一种感觉，刻骨铭心也好，云淡风轻也罢。或是激情倾泻一见钟情；或是细水长流日久生情……不变的，它永远只是一种表达，用言语，用神情，用相思，用行动，用思想——来了就来了，阻挡不住；去了就去了，挽留不了！山盟海誓不是它，信誓旦旦不是它，事先预订不是它，讨价还价不是它……它首先不是去获取，是付出，既非被迫，也谈不上奉献，而是一个人身心表达的需要，表达必须要表达的那种感觉……

一纸保证书又能保证得了什么。当感情不再有时，什么都无法保证。当然，重要的一点，我们要学会对他人负责。在这个世界上没有人敢保证他的爱情是天长地久、完美无瑕的、永不改变的，只是希望人们能记住一点的就是，让爱来也要让爱好好走，勉强不会有好的结果的，是你的终究是你的，不是你的再怎么挽留也没有用的！

同居不等于结婚

女人认为同居是两个人一起为走向婚姻努力，是爱情的升华。男人则认为同居是为了解决需求，虽然爱她，但自己还没有结婚计划，同居是最适合的方式。

吴静与男友同居四年之后终于分手，原因很简单，她要求结婚而男友不同意。吴静和多数女孩子一样，决定跟一个男人同居的时候，基本就已经把自己当作对方的妻子，而且憧憬着将来和对方白头偕老。她不明白，既然他不愿意结婚，为什么还和她同居？难道同居不代表两个人一起为走向婚姻努力？对吴静的男友来说，当然不是。在他眼里，同居的主要目的就是为了解决彼此的需求，他一点也不觉得自己卑鄙，他认为这是大部分男人的想法。他明白同居对男人来说，既可享受婚姻的权利，又不负婚姻的责任，这样的好事，谁会拒绝呢？

通常情况下女人们喜欢同居之后包揽生活中的一切，因为爱他，因为把同居的屋子当成了“家”。但是，谁规定我们必须要承担这些呢？我们只是他的女友，不是妻子，他口头亲昵的“老婆”完全没有任何法律效力。千万不要把自己摆在“老婆”的位子上，时刻记得你作为“女友”的所有权利。

那么同居与结婚到底存在哪些实质性的不同呢？

首先，法律意义的不同。同居是不被法律承认的一种行为，可以随时出于当事人的意愿而终止关系，对双方都具有很大的自由度；而结婚是获得了法律的承认的，是不可以随便解除关系，解除婚姻关系必须要通过一定的法律程序。因此同居到分手只能是凭借个人意愿所作出的行为和决定，而结婚到离婚是受法律保护且拥有法律效益的。

其次，涉及的利益不同。同居时两个人之间缺少共同利益，如果只打算婚前同居一年，也许不会有太大问题，如果是马拉松式的同居，日久天长，我们就会发现这种生活越来越无味，所以你永远得不断地制造那个激情，但是在生活当中你知道激情很难很难存在。所以如果共同利益出现才能继续往前走。而共同利益出现的一个前提条件是结婚，只有在婚姻关系当中才存在共同利益。

再次，情感上的不同。在同居的过程中，大多数的男人还没有一个承担家庭责任的意识，他们通常觉得自己还在围城外自由的徘徊。所以导致同居中的女人常常会有对情感的不确定性和怀疑是否有未来的担心。结婚后就不一样了，男人在心理上会有责任感，他潜意识已经接受了自己开始承担家庭责任的事实；反之，女人在结婚后，通常更有安全感和确定性，因为两个人的家庭和未来都紧紧拴在了一起。

最好，自我约束意识不同。同居中的男女情感，较婚后更自由，更不受约束，在情感抉择时更为干脆，分手更不会给他们未来的生活造成任何障碍，因此他们的自我约束意识会偏差。结婚后，男女双方出轨的成本将大大提高，出轨会让他们不仅背负着道德舆论的压力，更要承担离婚时经济上和生活落差上的风险，这也意味着他们双方自我约束的意识和能力也相对同居男女较强。

正因为以上不同，不管我们的内心有多强大，都请为自己留一条后路。同居只是一种君子协定，随时有不玩的可能。和一个人的承诺比起来，结婚证要可靠得多。

恋爱期间买房，分手如何分

有人说过“恋爱是艺术，结婚是技术，分手是算数”，虽然有调侃的成分，但是现实生活中的很多事例都说明了这一点。

留学归国的常生认识了黄英，两人彼此爱慕，很快就建立了恋爱关系，并在当年购买了一套110平方米的住宅。当时总价接近77万元，为了贷款方便，以黄英一个人的名义办理了所有购房手续。买房时出了40万元的首付，贷款30万元。一年后，两人的关系走到了尽头，那套已升值到110万元的房子让两人产生了分歧。常生说，房子是作为婚房准备的，自己几乎交了全部首付，而且每个月的房贷也是他在还，黄英只是挂了一个名字而已，他现在愿意双倍返还黄英出的那一部分钱。黄英却说，当初是常生为讨自己欢喜，自愿给她买的房子，应该归自己。黄英还认为，常生出的钱属于无偿赠与，不可能要回去。她说常生当初的确往自己的账户上转了40万元，但这其中有买车、旅游等其他花费，她自己也出了一半房子的首付，现在最多只能退一半的首付给常生。

离婚要分割共同财产，这是众所周知的。但是，同居分手后能不能对"共同财产"进行分割呢？专业人士认为，恋爱期间的财产纠纷首先要区分双方是否属于同居关系，如果属于同居关系，期间所得财产就属于共同共有财产，双方都可以主张分割。上面故事中的常生如果能证明买房时自己与黄英有至少6个月以上持续性的共同生活，那么房产可以认定为双方的共同共有财产，在这个前提下，常生才能主张房产的增值部分，否则，房屋的产权就完全属于黄英，常生最多只能要回出资部分。

如今男女婚前同居，先买房后结婚的现象逐渐增加。在买房时，双方考虑到即将结婚，所以有时对房产证上产权人是写一人还是两人并不重视，但这往往为未来的婚姻埋下隐患。

婚前买房，出资的一方有权要求在房产证上写明自己是权利人。因为按照我国现行法律规定，婚前财产各自所有，而房子权属是以房子登记部门登记材料作为行使所有权、处分权等权利的依据。婚前购买的房产如果是双方出资但只有一方姓名，则已经出资但未登记为房子权利人的一方将会在房子的处分、分割中处于不利地位。一旦双方反目，在分割财产时就难免发生争议。所以，无论是感情多好，还是谁买的房子，就写谁的名字。

俗话说“谈钱伤感情”，然而现实生活中，一旦我们觉得“谈钱伤感情”，那结果很有可能会造成“谈感情伤钱”的情况，这一点在购置婚房的时候最明显。总之，在这个多变的时代，在处理房产这类重大资产的问题上，未婚男女还是要多考虑为好。除了婚前买房应依据实际情况进行署名、每一笔资金都应留下收条和借条，来证明自己房款的真正来源是父母而非自己或其他人，另外自己的婚前财产最好能事先公证，从而把各自的财产、债务的范围、权利归属问题都在公证书上说清楚。

约会保卫战：防范约会强奸

近年来，发生在熟人、情侣间的强奸行为有所增多，被称之为“约会强奸”。这种发生在关系比较亲密者之间的性暴力行为，比突遭陌生人的袭击给受害者造成的身心伤害更大，女性应该多注意防范。

警惕幽会陷阱：当你对彼此的关系还无十分有把握时，对他的约会邀请就要有一个分寸：约会地点最好选在一些公共场所，如公园、餐厅等人较多、较热闹的地方，靠环境的帮助进行约束；在话题上也尽量避免涉及太多的隐私内容，以使对方的行为有所限制。

警戒亲密爱人：即便你和他已确定了情侣关系，但如果你还不想与之发生性行为的话，也应在心理和行为上有所警戒。

首先，你应该把自己对“性”的看法及态度，适时、明确地告诉对方，并提醒他，如果要求或强行与你发生性行为，不仅会影响你们的感情，严重的话会毁灭现有的一切。

当你发现对方产生了性冲动而非常不安时，你可以适时地提醒他，或找个借口带他到人多的地方，或谈些别的话题来转移他的注意力。但注意一定不要用简单粗暴的方式拒绝，否则，一方面可能会破坏你们现有的关系，另一方面，如果对方素质不高的话，可能会引发他的暴力倾向。

警醒自身行为：当你在装扮自己时，也须注意男人的一些心理，如：约会时最好不穿过于透明、紧绷、暴露的衣服；言谈中不要谈及过于亲密隐私的话题。当然，举止端庄不一定就能使你避免受到袭击，但至少会克制那些想吃“便餐”的男人的冲动。

理智对待不幸：当你真的遭遇不幸时，隐忍只会让你担负沉重的压力，不利于自己的身心恢复。这时你要做的是：收集证据，尽快报案。心理专家认为，惟有把施暴者绳之以法，才更有利于受害人尽快清除心理障碍。

第二章
婚姻也讲策略

婚前冷静思考，是避免悲剧的良药

处理好恋爱到结婚这一过程

从恋爱的开始，一直到恋爱走向婚姻，这样一个过程才能暂时给爱情画上一个句号，才能说我们的情路走得有了结果。那么，在这样一个过程中，就需要我们思考这样一些问题了：恋爱是从什么时候开始的呢？恋爱的时候都需要经历哪些阶段呢？恋爱多长时间后才比较适合走向婚姻呢？对这些问题，现在来一一回答。

对某人心动了、产生好感了，并不代表我们已经开始恋爱了。因为，这个时候只是单方面的个人感觉罢了，而不是两个人的关系确立。那么，一般情况下，我们会在什么时候恋爱呢？

其实，恋爱发生的时间与年龄并无直接关系，什么时候心智成熟了，人就会开始有谈恋爱的欲望。由于每个人对爱情的定义不同，恋爱的性质也就不同，持有的心态也不同，恋爱的时机也就自然不同了。在什么时候恋爱，主要取决于个人把恋爱看成是什么样的一种过程。

我们都说学生时代的恋情，或者说少年时候的恋情是单纯的、浪漫的、美好的，纯洁得犹如一张白纸，没有过多的杂质在里面。等我们再长大一点，恋爱会因心理和生理的变化而发生改变。在进入社会后，各种压力使我们想恋爱或者正在恋爱时，不得不考虑诸多的因素，就业、家庭、人际关系。尤其是随着工作年限的增加和经历的丰富，爱情里要掺入的因素就会越来越多。许多人评价早恋时常会说:“这么小，懂什么叫恋爱？”因为我们习惯性地把恋爱定义为“长大之后的事情”，那么什么时候才是长大呢？其实，真正地长大不能全部用年龄来定义，而是应该用心智是否成熟来衡量。而心智的发育情况不同，每个人对恋爱的定义也就不同。

了解了恋爱时间后，如果现在我们开始恋爱了，我们的感情会经历一个怎样的过程呢？有位心理学家曾写道：一段成熟的、称得上真爱的恋情必须经历四个时期，那就是共存、反依赖、独立、共生。阶段之间的转换所需的时间不同，而且也因人而异。

在共存这一时期，恋情刚刚开始，处在升温期，两人对提高亲密度的欲求最大；到了反依赖时期后，恋人开始寻求各自的空间，并相互磨合。从表面来看，亲密度似乎下降了，但是只要共存的阶段基础打得好，就能顺利度过；此后就可能迎来独立时期，两人希望对方对自己的干涉更少，能够有更大的私人空间。最后是共生时期，这就是能够一起走到最后的情侣最终达到的状态，恋人间能够相互扶持、相互理解，已经将对方看作是自己生命中的一部分，拥有和对方一起面对未来的勇气和决心，能够理智地处理彼此间的问题，并且一起成长。

但是，由于怀疑、任性、不善沟通等问题，大部分的情感都通不过第二或第三阶段，最后两人分道扬镳。其实很多矛盾只要经过好好沟通都能得到解决，互相信任，勤于沟通，这样经历第二、第三阶段的时间就会缩短，从而顺利地进入幸福的第四阶段。

走进了第四个阶段我们会渐渐发现，两个人之间可能逐渐出现了许多以前不曾有的共同点。或许是相貌上的越长越像，也就是平时我们所说的夫妻相。或许是性格上的磨合、相通，我们本来喜欢脚踏实地的人，而对方一向比较张扬，但两人相爱后，对方竟会不知不觉变成一个踏实人；他本来喜欢活泼的女孩子，却爱上了拘谨的我们，相爱后我们竟越来越活泼。或许是生活习惯上的逐渐统一，走路的步伐有点相似，说话的语气也越来越像。走到了第四阶段的真爱是难得的，并且多数是靠经营得来的。

所以，当两个人的关系已经确定后，就需要走向更成熟的道路——婚姻。很多人因为无法掌控恋爱时间与婚姻之间的关系，而走向了关系破裂，这不得不说是一件可惜的事情。

那么，恋爱多久后适宜结婚？恋爱的时间越长就一定意味着婚姻成功吗？其实，恋爱就是恋爱，不管时间多长，由于角色不变，我们终究不会获得更多的信息。也就是说，只要不改变恋爱的现状，我们是不会了解对方在婚姻中的表现的。

有一项调查显示，从恋爱到结婚所用时间的统计中，90% 左右是 1 ~ 3 年，其中调查的恋爱类型包括一见钟情、经人介绍、自由恋爱和青梅竹马等各种情况。在这四种主要类型中，双方越了解彼此，成功率越低。另一现象是，女性比男性更喜欢恋爱的感觉，希望恋爱的时间更长，但时间长了，反而会觉得越来越不满意了。

所以，一般情况下，恋爱两年后结婚最适宜。因为结婚是一件既需要有激情又要有稳定性的事情，交往 2~18 个月开始谈婚论嫁比较合适，因为任何一段情感超过 36 个月，激情就将大大减退，这其中也有荷尔蒙的作用。两年过后荷尔蒙所产生的激情已然不多，更多的是责任和亲情以及爱的习惯。如果能在恋爱一年半左右开始筹划婚期，无疑可以在最甜蜜的时刻进入婚姻状态，从而增加婚姻的稳固性。

裸婚，男家欢喜、女家愁

相爱的男女感情发展成熟后，自然会决定步入婚姻，开启美好的人生之旅。可随着各种生活成本的极大提高，结婚的成本让众多年轻男女无力承受。“裸婚”一词就应运而生了，裸婚多指恋人为了情感，不买房、不买车、不办婚礼甚至没有婚戒而直接领证结婚的一种简朴的结婚方式。

由于生活压力以及现代人越来越强调婚姻的“自由”和“独立”，“裸婚”也就成为年轻一代们最新潮的结婚方式。尽管裸婚是一种爱的升华，抛开物质和世俗的负累，回归爱情本身，体现幸福的实质。可并非所有人都能接受“裸婚”的行为。

经过调查，男性对裸婚接受的程度要远远高于女性，据网上的初步统计，有80%的男性都赞成裸婚，而70%的女性觉得裸婚不靠谱。从中国的传统民间习惯来说，男人对于家庭来说，责任更重一些。

买房娶媳妇好像依旧是很多人的一个思维定式，男人想要结婚就有可能面临沦为“房奴”的风险，而这个身份一旦背负，恐怕就要很多年去承受这个经济压力。爱情中单纯的女孩，往往会忽略这个压力对于男性作决定时的影响，她们更愿意认为这位先生的决定就是基于浓厚的爱情，而不是为了逃避什么东西。

曾热播的电视剧《裸婚时代》，主人公刘易阳与童佳倩两个人，谈了八年的恋爱却依然未被女方的母亲认可。但由于意外怀孕，两个人不顾一切地结了婚。由于两个人与男方的家长住在一起，从小在优越环境中长大的童佳倩，在男方传统、节俭的生活氛围中感觉到压抑，而男方家长也看不惯这个花钱大手大脚的儿媳妇。

如果说这些生活上的习惯还能适应，那婚后经济上的拮据却给甜蜜的爱情带来了更多的疲惫与无奈。因为没钱，童佳倩未能在公立医院排上号，刘易阳只得让妻子进了一家服务好、水平高、收费更高的私立医院生孩子。为了支付医院的费用，刘易阳参加了地下赛车比赛，不幸被有关部门抓住。

童佳倩生下孩子后，刘易阳为给女儿挣奶粉钱，工作上疲于奔命，忽视了老婆与孩子，加之与公婆关系的不和睦，两个人的感情一度进入危机，直到冲动地办理了离婚手续。尽管最后两人还是走到了一起，可现实中物质的匮乏的确影响了婚姻的质量。

从电视剧《裸婚时代》也可以看出，对于要进入裸婚的年轻人的家长，由于性别的不同，男性家长和女性家长的态度也有很大的差异，女方家长反对的程度远远高于男方家长。

父母都希望自己的孩子能够有一个稳定幸福的生活，尤其是女方家长，当看到自己的女儿就要与一个无事业基础、无固定住所、无物质保证的男人一起生活，怎么可能放下心呢？而对于男方的父母，男人的奋斗是一个必然的过程，如果在这样的过程中有一个相爱的人陪伴着自己心爱的儿子，为什么要拒绝呢？

年轻的女孩们，我们父母的担忧是有道理的。裸婚既然是什么都没有的婚姻，就说明现实生活状况已经是经济基础相对薄弱，我们可以承受物质上的暂时贫穷，却不能不重视对方的人品。所以裸婚更要严格挑选对象，更严格地审查对方的人品、性格等。裸婚，不是盲婚！

面对裸婚，女性朋友需要更多的理性和思考。我们不否认他是以浓厚的爱情为基础才决定进入婚姻的。事业的成功真的有可能是过眼云烟，但是对于一个人人品的认可，对于一个人性格的了解，才是你获得幸福生活的根本。

想要选择裸婚，没有问题。它远胜于为了自己的幸福去压榨父母的那些人，但是婚姻毕竟是现实的，不可能真的有情饮水饱。所以，这件事情在你进入婚姻之前慎重审视一下，想想看，由于传统文化带来的男女责任差异，有可能你亲爱的他在决定的时候，潜意识中也不排除有松一口气的庆幸。对于经济已经不作为参考因素的裸婚朋友，这时候你就更加应该慎重地去审视对方的基本素质、综合状态，这样你的选择才会把握更多一些，也才会让你“裸”得更有价值！

不同的选择，同样的幸福

早婚与晚婚，哪种更好呢？这是许多未婚男女都喜欢问的问题。但换句话说，这就等同于你问是米饭好吃，还是面条好吃一样。没有哪一个绝对好过另一个，这要看哪一个更适合其本人。选择任何一方都会有其长处和短处。

琳琳和乐乐是从小一起长大的好姐妹，从小俩人一起上学放学，甚至读大学都选择了同一所学校，毕业后又在同一所城市找到了工作。不同的是琳琳一毕业就同大学时的男友走进了婚姻的殿堂，如今孩子都已经上幼儿园了。而乐乐还是一个潇洒的单身贵族。

先说琳琳，因为结婚早，生孩子也早，琳琳现在已经从抚养孩子的劳役中解脱了出来。在之后的生活中，她能充分享受工作和个人生活的乐趣。每想到自己还要面临生孩子、坐月子，以及照顾婴儿的“重任”，乐乐现在就很羡慕琳琳。

但琳琳虽然享受目前的生活，但觉得自己的人生也有些遗憾，比如，在花样年华里，她没有谈够恋爱，也没有与单身的朋友们成群结队到处疯玩的经历。很多已婚朋友们挂在嘴边的“自己曾经辉煌的时代”，在琳琳这里是不存在的。的确，她因为早早解决了家庭问题和经济问题，获得了比较稳定的婚姻生活。“但是，既然早晚都要过婚姻生活，何不趁着年轻多享受享受自由的青春岁月呢？”有时候琳琳也会这么想。

再说说乐乐，乐乐现在在外企的工作稳定，而且还有晋升的机会，工作日乐乐高效率的工作，到了周末，她或是享受一个人的咖啡书香，或是约上好姐妹一起疯玩，日子过得既充实又潇洒。乐乐自己认为，对于她这种追求自由的享乐主义者，她对自己现在的生活基本上满意，可是毕竟乐乐年岁也不小了，但是每当被家人或是朋友问到自己的婚事问题，乐乐就有些郁闷了。

从琳琳和乐乐的心理上我们可以分析出，早婚，女人在心理上会产生归宿感。而早婚往往生孩子也比较早，不仅健康状况比较好，产后恢复起来也比较快。等孩子到了进幼儿园的年龄，妈妈可以没有后顾之忧地全力投入工作，而且因为年轻稍加努力就可以跟上社会的发展步伐，更容易找到适合自己的工作。

女人等到年纪稍大一些再结婚，也有很多好处。比如，女人对这个社会了解得多一点，在婆家就不会吃闷亏；另外，女人能把自己在社会生活中学到的经验，用于家庭关系的调整和维系，更好地适应和经营婚姻；最重要的是，年纪稍大一些的女人更能够看清楚男人的真实面目，而不会看走眼嫁给一个非常差劲的男人。

事实上，早婚与晚婚其实是两种生活方式的选择。如今这个时代，推出所谓的“适婚年龄段”似乎没什么意义了，因为大家都根据自身的状况和取向来决定结婚时间。

不能为了结婚而结婚

为了结婚而结婚？这听起来似乎是所有结婚理由中最让人琢磨不透的，那么，什么样的人会为了结婚而结婚？又是什么原因促使他们作出结婚的选择呢？

俗话说得好：“男大当婚女大当嫁。”适婚男女们如果到了一定的年龄还不找对象，家长就会变得很焦虑，尤其是观念比较传统的家长甚至可能对儿女们进行逼婚；有些人在经历了种种困难之后，渴望稳定的生活，所以跟对方短短相处了一段时日，就草率结婚了；也有些人经历了感情挫折，对感情失望。他们错误地认为婚姻里爱和不爱应该是一样的，从而盲目走入婚姻。

这些人迫于现实的想法和压力，草率地走进了婚姻的礼堂，开始了婚姻生活。他们婚姻多半不是建立在爱情的基础之上，而是为了结婚而结婚才进入了婚姻。幸福的婚姻建立在爱与被爱的基础之上的，为结婚而结婚成就不了美满、幸福的婚姻。

杨丽跟丈夫结婚三年了。结婚前，他们对彼此的了解都不多。两人认识的时候，杨丽已经33岁了，她老公也快40岁了，都是受够了家人催婚的人，彼此都对婚姻有很急切的愿望，所以他们很快就结婚了。

在结婚以前，杨丽听别人说她老公很孝顺，没什么脾气，很知道心疼人，而且工作稳定。她觉得有这些就已经够了，自己在婚姻里应该不会太委屈。可是，结婚以后两个人在一起过日子，才发现事情并没有想象中那么简单。她老公是一个很敏感的人，也特别爱吃醋，对她过去的男朋友的信息都很在意，甚至连她手机里一些男性朋友的电话都要统统清除。

在与老公结识以前，杨丽交往过三个男朋友。尽管后来都分手了，但是彼此之间也没有闹得太僵，见了面还是会打个招呼，平时也会在一些公共的场合碰面。如果不巧她见到前几任男友的场面被老公遇上了，他就好像捉奸在床了一样的气愤，甚至还威胁前任男友，让他从自己老婆的生活里消失。

她老公总是疑神疑鬼，一旦杨丽接到了男性朋友的电话，不管对方是谁，他都会抢过电话，对着电话破口大骂。有一次，杨丽的老板打来电话，希望她能赶往公司处理一些紧急事务，可是她老公依然没有放过发泄的机会，把她的老板骂了一通，害得她差点失去工作。

他总害怕她出去跟别的男人勾三搭四。杨丽总是跟他争吵，甚至提出了离婚。可是每到这个时候，老公又像是知道错了一样求她，说是因为自己太在乎她了，所以才会那样的。双方的父母知道了以后，也从中做了协调。可是杨丽总觉得自己跟老公之间隔的东西太多了，他们的婚姻注定不会太长。

因为婚前没有过多的了解，感情上也没有相互磨合，所以杨丽的婚姻生活过得很不开心，甚至可能出现离婚的悲剧。在生活中，类似的例子不在少数。女人在承受过多压力的时候，希望找到一个依靠，这本身并没有错，错的是对这个依靠表现得太急切，行动也过于迅速。

婚姻跟爱情不同，爱情强调的是一种感觉，相对来说不够稳定，而婚姻强调的是一种理性，一种稳定性。婚姻需要爱情的支撑，同时也需要一种责任的束缚。但是，为了结婚而结婚的人，在婚姻中没有爱情作为基础，甚至两个人可能都不能做到充分的了解。有些人在别人面前表现得很好，但是回到家里就会变成另一番模样。所以，有些人适合做朋友，有些人适合做爱人。

两个人在一起生活，并不仅仅是柴米油盐酱醋茶的琐事，还需要精神上的交流。如果婚后连对方想什么都不知道，那么注定了不能很好地沟通和交流，也就不可能做到充分的理解和包容。如果精神上的交流都不能做到圆满，那么婚姻生活也就没有什么幸福可言了。

婚前检查很重要

现实生活中，经常会有女人抱怨：结婚之前什么都好，结婚以后男人就好像变了一个人一样。有的女人自以为在婚前对男人进行了严格的考验，可是婚后还是会出现“看走眼”的现象。这种情况难道就不能避免吗？如果我们在婚前用心检查以下几个方面，就可以将“次品男”从我们的爱情里淘汰出局。

是否有严重家族遗传疾病

家族病经常是间歇性的，有的很多年都不会发作，有的是经常性的，可是因为没办法预料，就只能整天的担心着。

有一篇名为《假如还有明天》的文章中曾写道：父亲患有遗传性心脏病。在他们家，每一代人中都有人在吃饭、睡觉或者走路时毫无先兆地猝然死去。父亲没有把这件事情告诉母亲，因为怕她担心。

几年后，灾难还是发生了。父亲在加班的时候，传达室的人突然喊他接电话，并说是家人打来的。父亲心头一紧，脸色惨白，只朝前走了几步就倒在了地上。母亲赶来的时候，父亲的身体已经冷了，他的脸因恐惧和绝望而扭曲着，双眼不甘心地睁着。医生告诉母亲：亡者死于心力衰竭。

就如同故事中的母亲一样，女人若找了这样的男人做丈夫，恐怕只能整日承受折磨。而且，家族病会遗传，悲剧很可能会在孩子的身上重演。

是否有暴力倾向

电视剧《不要和陌生人说话》中，在厦门担任胸外科专家医生的安嘉和因为有暴力倾向、曾将自己的前妻打到腿骨骨折，前妻不堪毒打，被迫自杀。后来，他又跟梅湘南结婚。同样的悲剧再次上演，他不停地毒打梅湘南，一次又一次地伤害她却又不肯放她走。软弱的梅湘南不想破坏婚姻，总是忍耐，可是她的忍耐只会让她更加痛苦……

安嘉和代表的这类男性，他们有着斯文的外表，在外人面前表现得很儒雅，可是回到家里就会对老婆拳打脚踢，上演家庭暴力的情景剧。

在婚姻问题上，有的女性往往迫于社会与家庭压力，在没有与男友经过长时间的相处就草率结婚。这样快速地走进婚姻虽然解决了终身大事，却也可能为后半生的生活埋下隐患。如果没有经过仔细的斟酌和考验，我们很可能会被表面所蒙蔽。

了解自己对于婚姻的偏好

人们因其价值观的不同，对事物的看法也不尽相同，婚姻也是如此。一个好的婚姻是什么？在每个人的眼里有着不同的概念。

有的人认为嫁个有钱的男人婚姻就幸福，有的人认为嫁个体贴的男人幸福，有的认为嫁个帅哥就是幸福。也就是说，每个人都有自己的“婚姻偏好”，所以女人在考虑婚姻大事时，一定要考虑嫁一个什么样的男人。

古语说：“金无足赤、人无完人。”诚然，我们不可能嫁到十全十美的男人，但一定要嫁个适合自己的男人，根据自己的偏好选择一个最适合我们的男人。所以走进婚姻之前我们首先必须考虑的问题就是，要嫁个什么样的人？什么样的人才适合自己？

假如婚姻一步走错，就可能步步皆错，而且将会给我们一生带来痛苦，所以一定要找个自己熟悉了解的男人才可托付终身。和自己熟悉了解的男人结婚，婚后的生活才能和谐相处。

草率的婚姻，对对方一知半解的婚姻，可能给婚姻带来很多的不便，甚至不幸。比如，婚后当我们发现对方有着自己所不能忍受的缺点时，只会使自己后悔，很有可能导致婚姻的失败，最终苦的还是自己。因此，当我们还不是很了解一个男人时，千万不要决定嫁给他，选一个自己了解、信任的男人来嫁，我们才幸福。

对于婚前男人所说的话不要太过于信赖，男人有一种天性，他为了要和一个女人在一起时，会答应女人提出的任何条件，即使女人说要天上的月亮，他也会说马上摘下来。女人不要相信信誓旦旦的男人，这样的男人往往不可靠。

有个女子嫁了个丈夫，结婚前她丈夫为了得到她，写情书，托朋友，答应她婚后俩人共同做家务，绝不让她独揽家务。并在众朋友面前说他这女友和他是天造地设的一对，是他的最佳拍档。

结果登记没几天男人便成了“将军”，老婆成了他的“奴隶”，早就把他婚前说的体贴话抛到九霄云外了，并且他还以如下理由说和妻子性格不合：

一是妻子要他帮忙做些家务，他说他成长在优越的家庭里，过惯了“衣来伸手、饭来张口”的生活，埋怨妻子不理解他。

二是妻子让他有空时和她聊聊天，他说他是那种喜欢“此时无声胜有声”的境界，抱怨妻子烦着他。

三是他工作特殊，平时已没什么时间陪妻子，妻子很想他有时间时在家陪陪她，谁料他说：两情若是长久时，又岂在朝朝暮暮，他甚至还抱怨妻子尽浪费时间，尤其难以容忍的是他喝醉了睡在大街上，妻子心疼他把他扶起来，他却说性格不合，本来他很想躺在地上，而妻子偏要扶他，直把妻子气得说不出话来。

其实这位女子的丈夫是那种只有自己需要时才需要女人的男人，她嫁了个这样不近人情的丈夫，周围的人也替她难过。

一个优秀的男人一定是说到做到，用行动践行诺言，而不是言而无信、不负责任的人。婚姻所维持的时间本来是日复一日地延长的，而且婚姻要影响我们大半辈子的生活，所以女人在婚前一定要弄清楚自己的“婚姻偏好”，睁大眼睛，慎重挑选好自己的如意郎君。

拥有3种品质的男人让女人更幸福

现代婚姻观认为，爱情的国度里流行三有男人，何谓三有男人？当你的身边的男人身上闪耀着这样的性格亮点：幽默（能够在不同场合表现出自己的性格魅力）、勇敢（敢于尝试，敢于对爱和工作都勇往直前）、懂生活（享受人生的多样和丰富性），那么他就已经被打上了“三有男人”的优质男烙印，成为爱情市场里的抢手货了。

三有，跟金钱和地位没有关系，有的是个性特质和额外奖赏，聪明又坚持，大部分女人都不介意爱上这么一个男人的，他们能带来开心和浪漫。

幽默

幽默是最缺少不了的，日复一日的生活还有工作带来的压力让女人更想拥有一个有趣的爱人。女人都希望找到这么一个能带给自己开心和浪漫的男人做自己的爱情伴侣。

张峰就是凭借自己的风趣抓住了爱情。某天，他在街上偶遇一美女，目测身高168厘米，腿足足就有110厘米，在紧身的弹力牛仔裤的衬托下，那腿部的线条直接就把他电晕了。眼看美女就要走掉了，就是找不到搭讪机会，没有钱包掉在地上，甚至连一张纸片都没有，不能再拖延了，结果他冲上前去脱口而出：“小姐，这块砖头是你掉的吗？”美女愕然之后大笑不已，张峰也就凭借这样幽默的搭讪敲开了爱情的大门。

勇敢

三有男人的勇敢，不同于那些热血盲目青年，就想着到哪里喝个大醉，或者在健身室里练就肌肉块块起，而是不轻易言败，对于光怪陆离的社会，总有自己的一些坚持。三有男人的大胆，还是一颗舒适生活里不安的心，促使他们去探索生活中更深层次的快乐。

懂生活

三有男人的懂生活，是工作之外，懂得花钱去享受一些舒展的生活方式，比如参加派对、品尝美酒、参与网球或高尔夫球活动、偶尔到私人会所、郊外晒太阳、邀约朋友外出度假，等等。他们喜欢的女人也同样会享受生活，而不是独处时就顾影自怜，或是宅在家里大门不出。许多女人都喜欢男人潇洒的生活作风，认为它是浪漫的最佳体现。找一个这样的男朋友，爱情生活中充满了惊喜，幸福在不经意间弥漫。

在这个生活压力逐渐增大的时代里，能给女人带来内心的幸福才是女人真正需要的，而三有男人正是具备了这样的幸福潜质。但是女人，要想征服一个三有男人，你也必须具备三有气质，才能和他找到共同语言，才能长久留住他的心。

选择一个男人，就是选择一种生活方式

婚姻是一场华丽的冒险，如果你选对了陪同你的那个人，那么一路上将会风景无限好，否则与一个不幸的男人共度人生，人生旅途将会失色不少。所以，一定要慎重的选择将陪你度过终生的那个人，别再犹豫了，嫁给那个爱自己的人吧！

尘世中，我们常因“爱我的人”和“我爱的人”而困惑，如果有一天，要我们在他们二者之间选择其一时，我们会选择嫁给谁？我们可以从下面这个故事中得出答案。

金悦嫁给了一个她爱得死去活来的男子，生活得很辛苦。每天金悦会为丈夫打理好一切，不让丈夫操心家务和孩子。她总是挖空心思地讨丈夫喜欢，买高档化妆品打扮自己，参加各类才艺培训，进行各种健身运动，变化着花样让丈夫欣喜。可是，她丈夫心安理得地享受她给予他的一切，却并不在乎金悦的感觉，每天都很晚才回来，对金悦和孩子不闻不问，对于金悦的卖力付出

也从没有一句赞扬，仿佛金悦是个没有感觉、没有思想的家政服务器。

去年金悦的丈夫升职了，成了公司的部门经理，这下可好，三天两头不回家。金悦这回一下子完全崩溃了，每天以泪洗面，生活根本没办法打理，想离婚又放不下他，真是苦不堪言。相反，金悦大学同学阿敏当年选择了她不爱但却爱她的人，当时金悦笑她懦弱，可8年过去了，阿敏的老公一如既往地体贴她、呵护她，现在谁见了阿敏都说她是个幸福的小女人，而阿敏自己也这样觉得，每天轻轻松松、春风满面的，工作也越来越称心如意。

作为一个女人，我们爱上的男人，他却不是那么爱自己，如果结婚了，他只会享受我们的爱和付出，并不会在乎我们为他所做的一切的话他会认为你为他做再多的事都是应该的，他甚至会认为他跟我们在一起，就是对我们最大的恩赐。这样的婚姻不会让女人幸福。

爱应是双向的，虽然说爱一个人是欣赏对方的优点，也包容他的缺点，完整地接受，而不是要求对方完美的表现。但是，对于一个任凭我们用多少热情、多少柔情也感化不了的人，我们还能指望他会心疼、爱惜自己吗？当我们所付出的一切都没有回报，所有的欢乐与痛苦都要一个人默默地承受，试想，这样的单恋是我们想要的吗？

婚姻和爱情的最大不同点就是，爱情仅靠感情就能维持住，而婚姻不仅需要感情，还需要很多实际的东西，比如说经济基础，比如社会认同，等等。爱情是婚姻的前奏，婚姻是爱情的归宿，爱情可以慢慢培养，但嫁人就是要嫁对你好的。

女人嫁给一个爱自己的人是幸福的。在他的面前，我们可以肆无忌惮地撒娇、扮痴；我们可以任性地做任何自己想做的事；在他面前我们可以尽情地放任自己，我们可以不修边幅。因为无论如何，他都会迁就和包容我们。

当我们爱一个人时，会因为他的开心而开心，因为他的悲伤而悲伤；会挂念着他的衣食住行；我们会爱他的全部，包括他的缺点；我们常常会不自信，会担心自己配不上他，而不断地改变自己，努力使自己变成他所喜欢的样子。这样的生活太累了，女人的身子本来就娇嫩，怎能经得起这样的折腾？

当爱与被爱实在难以调和时，请记住：

嫁个他不爱你，而你爱他的，谓之下策；嫁个他爱你，而你不爱他的，谓之中策；嫁个他爱你，而你又爱他的，谓之上策。愿你有足够的幸运，获得至死不渝的爱情。

婚姻定好位，爱才有地位

理想和婚姻并不冲突

很多人都认为婚姻会消磨掉一个人的意志，使人变得没有理想，没有追求。虽然婚后人们会被婚姻中的琐事所牵绊，但不会因此而失掉自己的理想。

如果婚后有一个经济实力强又能体谅人的丈夫，对于妻子来讲是最有力的依靠。父母本来就比较希望得到子女的回报，有了依靠再好不过了。不管方法和过程如何，总之婚后实现梦想的女人很多。就算不是丈夫全力支持，至少婚姻可以带给你经济上和精神上的安定感，对女人来说这是一项莫大的帮助。因此，热情而多梦的年轻人，没必要以影响工作为理由，执意要选择单身。如果你不放弃自己的梦想，能够坚持为梦想而努力奋斗，那么婚姻的力量反而更能让你成为快乐的职业女性。当然，结婚生了孩子的女人再去工作，这是一件十分困难的事情。但是，事业和家庭是两个不同的领域，因此，家庭生活也不会像人想象的那样难以忍受。学习的时候，如果能够交替地使用右脑和左脑，就会减轻你的疲劳，更有利于长时间集中注意力。因为，左脑和右脑在学习中所使用的能量有区别，因此，虽然是一直处于学习状态，但实际上相当于让另一半大脑休息。家庭和事业也是一样。好的婚姻不是人生的坟墓，而是和有实力的同行者一起共同实现梦想的契机。

文慈一直想考取一个自己感兴趣的资格证书。但是，这本来就是一个很难通过的考试，因此，她屡次失败。一直到毕业的时候，她都没能通过考试，最后在一家公司找了份工作。一找到工作，她就觉得梦想离自己愈来愈遥远了。这样过了几年后，她结婚了。丈夫人很好，而且年薪也很高。文慈终于结束了公司生活，重新投入到学习当中。周围的人都说："你丈夫薪水那么高，你可以工作到生孩子之前，之后就当全职家庭主妇，何必结了婚又开始学习呢？"没过多久，她就通过了梦寐以求的考试，也找到了自己喜欢的工作，现在生活得更加愉快。她虽然已经结婚，但还是经过努力的学习考取了资格证书，人们都说她是因为结了婚，才会通过考试的。"不管是做什么事情，投资都是很重要的。其实，我结婚前也想好好地学习，但是，不论从时间上，还是从物质上，我的条件都不允许。父母认为我已经大学毕业了，应该赚钱养家。我只能拿剩下的一点钱，想去听课，又不能去上昂贵的课程，又没钱买好书。不过，结婚后情况就完全改变了，丈夫成了我的后援军。我可以没有负担地投资学费和书费，同时，我把这种投资当成是为了家庭而做的投资，也觉得心安理得。如果没有结婚的话，我可能还在做那件不喜欢的工作呢！"

对于文慈来说，婚后丈夫为她实现自己的理想提供了后援。后援的意思不就是支持吗？从物质和精神两个方面帮助了你，也就是相当于从物质上帮助你，所以让你的心中没有任何顾虑，对于女人来说这是第一位的。另外还要考虑以下几方面：

首先，一定要找一个能与父母有良性互动的男人。如果是过分顺从父母，从来不敢违背父母之意的男人，不论他条件多好，都不能选择他。就算和实现梦想没有什么关系，仅仅是想找个好老公的女人，都应该远离这种男人。就算丈夫再能够体谅妻子，当公公婆婆不能理解你而给你压力时，如果丈夫一点话语权都没有的话，那生活还是会很痛苦。在你真正开始做事之前，你就会先被这个家庭关系给打败。

其次，男人要有兴趣和志向。男人和女人不一样，如果是一个没有进取心的男人，很难默默地支持妻子走向成功，困难的时候，他会先放弃梦想。当然，如果有进取心，但很大男人主义的男人，那应该只会盼望你好好待在家里做个贤内助吧！

再次，勤快的男人才有可能成为真正的后援者。不论其他方面性格有多好，如果他不愿意分担一点家庭琐事的话，很难成为有发展的同伴。一个人全职来做都不容易做好的，就是家庭琐事。能一边做好自己的工作，一边打理好家务的女人更少，同时也不应该这样。当然，如果是丈夫能力特别出众，可以请个佣人来做家务，那就另当别论了。

最后，最重要也是理所应当的是，他必须有支持妻子的意愿。现在还是有很多男人，希望下班回家后，能看到妻子准备好晚餐等他回来。如果两个人都要工作，那丈夫想要的必定不是“工作的妻子”，而是一个“能赚钱的妻子”，如果条件允许，他们都希望妻子能留在家里当个全职的家庭主妇。在这样的现实情况下，如果找到一个真正会因为你努力工作而为你开心的丈夫，那么，你就是个幸福的女人了。

所以说只要我们找到那个支持我们的人，并处理好理想和婚姻的关系，婚姻并不是埋没理想的坟墓，反而是我们实现理想的坚强后盾。

现代婚姻，还需要门当户对吗

一提到门当户对，我们很容易想起旧社会中，男女婚配讲究双方的社会地位和经济地位状况相当，这种的旧式婚姻制度下的门当户对，给许多有情人造成了不幸，也造成了许多婚姻的悲剧。实际上门当户对在今天仍有一定的积极意义，是保证美满婚姻的一个前提条件。

小文和小凯是大学同学，两个人在学校时谈起了恋爱，难分难舍。但毕业后，双方的父母却不同意两人在一起，因为小文家境较好，从小娇生惯养，而小凯则家境贫寒，家庭负担较重。然而两人还是坚持结了婚，可是婚后的琐碎生活让他们的爱情受到了严峻的考验。他们虽然有很多相同的东西，可以一起分享快乐和忧愁，但是，他们有更多不为人知的不同。比如挤牙膏的方式，一个从底部，一个从中间，为此吵了很多次。虽然听起来都是些鸡毛蒜皮的小事，但这样的不和谐多了以后，两人终于意识到，是幼年的生活背景造成了他们不同的生活习惯。而不同的习性只会让一方包容或者隐忍，或者双方都变得不客套。相同的性情使两个人滋生了爱慕和吸引，而相同的生活习惯和思维方式却是两个人不分开的保证。小文和小凯在生活方式和思维方式上的不同注定了他们只有以分手告终。

在这里，我们所说的门当户对是指双方家庭的为人处世、文化素养和家教家风要相近。前两者决定着一个家庭的家教要求，长期的家教又会形成家风，家风会培养形成家庭成员的基本素质及人生价值观。而素质的优劣、人生价值观的不同，反映在对人对己对事的态度不同，甚至会全然相反。爱人之间的相处，离不开对人对己对事的态度，感情融洽与否，婚姻美满与否，寻根究底，都有一个门当户对的问题。

“百年伉俪是前缘，天意巧周全”，什么层次的人，上天便给他配什么层次的伴侣，所以两性之间得以保持整体稳定。现代社会，露西爱上杰克只是好莱坞电影工业一手炮制的童话。正因为是人间难得几回见的童话，《泰坦尼克号》的爱情故事才赚得了无数男女的眼泪。

所以，女人在选择婚姻时，千万不能无视父母门当户对的意见或者建议。父母经历了生活的磨砺，才沉淀出更多的人生经验，他们把眼光投到了现实中更具体的层面，而不是风花雪月的爱情。

幸福的婚姻，男女双方有相同的生活习惯，相同的精神追求与交流，才可能成就一桩幸福、高素质的婚姻。坚持爱情可以超越一切，而无视门当户对的劝告，会为日后的婚姻生活埋下苦果。

爱情的生命力有限，理智开启婚姻之门

离婚率暴涨的今天，很多离婚的人在当初走上红地毯时总是想着从此携手一生，一旦面对惨淡的结局，大家常常埋怨“遇人不淑，所托非人”，那么我们为什么不在开启婚姻之门的时候就理智一些呢？

须知，婚姻不是机会的产物，机会主义婚姻只会成为爱情的粉碎机。在情火炽烈之时，不假思索便作出结婚的决定，这份爱情的生命力便很值得怀疑。时光、人事变迁，情浅爱尽，这其实也正是离婚率越来越高的罪魁祸首。机会主义婚姻只会成为女性的囚笼。家是两个人的宫殿，但它的琐碎湮没了女人。它通过一些细小的事件让女人感受到一种虚无的存在。网友木鱼的遭遇为许多女性敲响了警钟。

木鱼在大学时可谓是风云人物，她长相出众，个性开朗大方，多才多艺，经常在校内大型演出中一展风采，是很多男生追求的目标。可是这样一个优秀的女性，面对爱情和婚姻却异常得幼稚。

一次偶然的机会她结识了一个中年离异男人，身边还有一个读初中的女儿。男人经济实力堪称雄厚，追求木鱼时更是挥霍奢侈。木鱼感情经验并不丰富，她不知道到底该不该接受这个人。木鱼的好朋友劝她“考虑清楚”，但木鱼听不进朋友的劝导，决定“赌一把”。然后跟男人闪电结婚了。

短暂的蜜月结束了，丈夫突然变成了极端大男子主义者，一改恋爱时温柔体贴的假象。把原本属于保姆的家务工作统统交给木鱼，也许只是为了满足他可以任意支配她的变态心理。木鱼很委屈，但只要稍微流露出一点不满，便会招致一顿毒打。他的女儿更不肯承认她这个年轻的继母，无故寻衅是难免的，更可怕的

是这刁钻古怪的小姑娘动不动便向父亲汇报又被后母“虐待”的种种罪状，随之而来的又是一顿拳脚交加。

木鱼苦不堪言，只得逃往另一个城市，断绝了和朋友们的所有联系，希望能够开始新的人生。然而好几年过去，她还是无法走出失败婚姻的阴影，每当有男士向她吐露心声时，她就会避之唯恐不及。她发现自己早失去了追求爱和幸福的勇气，成了一块真正的“木鱼”。

打一个不太恰当的比方，婚姻就像一场射击比赛，在发射之前如果没有仔细地考虑诸多因素，比如风速、枪和子弹有无故障等，便会偏离靶心。女人在决定走入婚姻殿堂之前，不能不深思熟虑，切忌因意乱情迷而妄下决定，更不足取的是为某种利益用自己的婚姻去交换，其结果往往得不偿失，像木鱼这样，空留余恨。

女人在谈恋爱时，应当为目前的恋人绘出一张“素描”。观察他对事业的态度，看他是否有足够的抱负，是否经得起失败，是否有责任感；观察他对生活的态度，看他的办事能力，对金钱的看法，对家务的态度；观察他对亲朋的态度，是否支配欲太强，是否脾气太过急躁，是否自私自利从不考虑他人。当然，最重要的是他对我们的态度，他是否支持我们的学习和工作？他关心我们的一些小细节吗？这样的问题，我们可以根据自己的情况，提出很多，细心体味。如果连这样的问题，你都没有答案，那么还是慎重一些，等一等再去穿上那袭美丽的婚纱。为了未来的幸福，无论如何不能仓促行事。不要把自己的幸福交给机会婚姻。

爱情不是美满婚姻的唯一要素

满脸幸福的男女在结婚典礼上总是向人宣告“我们是因为相爱才结婚的！”事实上，这却是许多人在婚姻选择中最容易犯的错误。越来越多的现实告诉我们，选择终身伴侣绝对不可只以爱为基础，这也许听起来不太正确，但其中有深奥的道理存在，也关系着我们一生的幸福。

的确，恋爱时爱情就是一切，但爱不是结婚的唯一基础，有智慧的女人不可以只用爱来营造一个终身的关系，为了得到幸福，我们需要更多。我们要想拥有一个终身的伴侣，请问自己下面五个问题：

我和他有共同的生活目标吗

结婚后将和一个男人共同生活几十年，那是一段很长的时间，双方计划如何过这段时间呢？男女双方必须有更深更有意义的事情，必须有共同的生活目标。在一个婚姻里有两种情形会发生：双方可以一起成长，或者各自成长。50%的人是各自成长的，要使得婚姻成功我们必须知道在生活底线上，自己要的是什么，然后嫁一个和自己相似的人。

和这个人分享感觉与思想时，觉得安全吗

这个问题和双方关系的性质有关，“觉得安全”意思是夫妻双方能开诚布公地和这个人沟通吗？良好的沟通基础是信任，一方会不会因为表达自己的感觉与思想而遭到处罚或伤害？有人对一个“会凌虐人的人”下了一个定义，那就是某个你害怕对他表达感觉与思想的人。对自己诚实点！确定要结婚的对象是我们在情感上觉得很安全的。

他是个值得敬佩、很特别的人吗

如果对“好人”下了一个定义，那就是某个常力争上游并做正确事的人。所以问问身边的他：他如何利用他的时间？他是个唯物主义者吗？通常一个唯物主义者不会将改善品格列为第一优先的。这个世界基本上有两种人：

一种是致力于个人成长的人，另一种则是寻求舒适生活的人。那种将舒适的生活列为目标的人，会把个人的享受摆在第一位。在与他走上红地毯以前，你必须要知道这点。

他如何对待其他人

促进人际关系最重要的是给予的能力。所谓的给予，是使他人快乐的能力。看看这个人是否很欢喜给予？想想看他对那些他不需要对他们好的人是怎样的情形？例如：侍者，公车司机，清洁夫等。他如何对待父母和兄弟姐妹？他懂得感激吗？如果他对那个给他所有东西的人都不懂得感激，不要期望他会感激我们。如果我们很确定他对别人不好，那对身边的我们也不会好的。

婚后你是否希望改变这个人

有太多女人犯了这个错误，就是希望在婚后“改善”他的配偶。我们可能希望某人在婚后改变，如果我们无法完全接受他现在的样子，就是还没有准备好要结婚。总的来说，约会阶段不应该是困难危险的，症结是我们要多用点策略，千万不可一时冲动感情用事。约会时尽可能的客观，要问一些对整个事情有帮助的问题。

很多人结了婚以后才发现自己选错了人，与其婚后后悔选错了伴侣，不如在婚前少一些对爱情的幻想，多一些现实的理智，为今后的婚姻生活加一份保障。聪明的女人知道“爱情并不是一切”，“只有爱情没有面包”的感情是不会长久的，与其以后由于日子拮据而分道扬镳，还不如一开始就进行明智的抉择。

条件与爱情如何搭配才能成就不后悔的婚姻

在婚姻中，很少有人能做不求回报、无条件地去爱一个人。毕竟爱情不是存在于真空中，而是建立在一定的物质基础之上的。当人们在选择对象时过于重视物质条件，却发现这样的婚姻未必幸福。那么我们如何才能将物质条件与爱情进行合理搭配，成就自己美满的婚姻呢？我们不妨向下面故事中的女主人公学习。

兰玲是一位条件非常不错的未婚女人，漂亮有气质，在一所中学里教书。而且兰玲的父母很富有，到她家提亲的媒婆络绎不绝。从上大学到参加工作，有很多的男士都曾追求她，并希望能够把她娶回家。最后，她选择的候选人是两个完全不同类型的男人。

其中一位是个医生，供职于一家全国著名的医院，前途无量，性格又好，是个找不出一点毛病的人。另外一位是个公司职员，就职于大公司，相貌俊美，为人聪明伶俐，可是，他家里的经济条件不太好。兰玲陷入了迷茫和烦恼中，虽然从感情上兰玲更喜欢公司职员，但是，她觉得还是选医生做老公更好一些。

周围人都觉得，比较现实的兰玲最终会选择医生。但是，令人惊奇的是，她最终选择了公司职员。在一段轰轰烈烈的恋爱之后，她和公司职员终成眷属。结婚至今已过数年，她很满意自己的婚姻生活，过得非常开心。

既然条件比爱情重要，那么为何兰玲最终选择了爱情，她却依然得到了幸福？因为兰玲虽然在爱情方面放了很大筹码，但是，更重要的是，她按照现代人生活的“正确公式”经营了婚姻。

比如，当你想跟某人结婚，你的动机为100。其中男人的自身条件占40，爱情至少要在20以上。剩下的40就要由爱情或者自身条件来填满它。条件占10，爱情占90的婚姻，经不起爱情变淡的危机；条件占90，爱情占10的婚姻，则让双方都感觉不到生活的乐趣；条件占40，爱情占20的婚姻，虽然满足了最小限度的前提条件，但是，没有足够满足任何一种理由，这样就使双方对婚姻失去信心。

兰玲选择的婚姻，条件占30，爱情占70，处于充分必要条件都容忍的范围内，所以她能顺利开始婚姻生活。她认为，因为她真的非常爱她的老公，所以，她心甘情愿努力克服老公相对不足的条件。

天底下没有一个人能完美地满足条件和爱情这两种要求。可是，你必须努力寻找一个在条件和爱情之间达到平衡的人。只有这样，你才有可能在将来营造出更好的婚姻生活。这是非常重要的，也是你这个当事人的权利。谁都没有权利说你“挑三拣四”。

要是碰见一个喜欢的人，就在心里掂量掂量，不要有什么负罪感。看看他的条件能不能弥补你俩稍微欠缺的爱情，或者你和他的爱情是否能弥补他相对不足的条件。

婚后不做“回家”主妇

现实生活中，很多女性在结婚后总是沿着“女主内、男主外”这样一条传统的思维定式确立自己在家庭与社会中的角色，并自觉放弃理想和进取精神，以辅助丈夫的“事业”为名而把精力都用在操持家务和孩子方面，从此不再参与社会竞争，结局却让自己变成了一个迷迷糊糊的家庭主妇，变成一个只关心油盐酱醋和丈夫孩子的市井妇人。

一个女性如果自愿放弃对理想的追求而满足于平庸乏味的生活，那么岁月将很快把她的灵魂腐蚀。而当她们丧失理想或精神支撑以后，她们的神韵、风貌、气质、形象乃至灵魂都因缺乏理想的润泽而在岁月推移中日渐流失。

当今社会，特别是知识女性最怕在婚后或者有了孩子之后做了家庭妇女。现代的知识女性一旦成为全职太太，就很难适应了。她们有能力自己独立生活，真做了家庭妇女之后，在很多方面就会显得孤陋寡闻，与社会脱节，心里会产生一种不甘。这种压抑的心理长期发展，会使人的心理变得不健康。

刘娜就是这样的女人。她曾经这样倾诉自己的经历：

我 2000 年本科毕业，一直从事文秘工作。生儿子时我 30 岁，儿子 1 岁的时候，我本想出来重新工作，但疼爱我的老公却不愿意我再出来奔波，他说：“你还是在家里相夫教子吧，我又不是不能养家糊口。”

老公的收入足以保证我们过上优质的生活。于是，在老公的劝说下，我也就甘心做了家庭主妇，每天带带孩子、牵着小狗遛街、做美容、逛商场超市……很多当年的同学和朋友都羡慕我有好福气，嫁了个好老公，可是我内心却充满了失落和不安。

老公每天都很忙，有时候忙到晚上十一二点才回家，以往在睡觉前我们都会谈谈心，可是现在我发现和老公的共同语言越来越少了，什么政治、财经和人情世故，等等，我根本就跟不上老公的节奏，老公有时候开玩笑说自己是“对牛弹琴”。

与老公沟通少了，我开始担心我们的感情。

有一次老公由于一个项目很重要，连续一个星期都很晚才回家，有两次还喝醉了，身上还有女人的香水味。我缠着他不准睡觉，非得解释身上的香水味哪里来的。丈夫喝得晕乎乎的，只想睡觉，没什么精力和我解释，被我吵得没办法，只好到客厅去睡。但我还是没放过他，不停地问老公：“告诉我，是哪个狐狸精留下的？不说就不准睡。”在我一再纠缠下，老公终于被激怒了，对我大声吼道：“你怎么会变成这个样子？吃饱了撑的，这么多疑，告诉你了我是工作上的应酬，这日子没法过了！”

我也不甘示弱，那一夜我们通宵没睡。第二天老公上班由于精力不好连出了几次错误。回家后他很生气，我们之间发生了更激烈的冲突，我们开始分居了。

冷静一段时间后，我和老公都觉得这种情况主要是我没工作太无聊所致。于是，他让我找一份轻松点的工作。重新工作之后，尽管我的工作很简单，但是我接触社会的面广了，一段时间下来，也交了不少朋友，见识广了，懂的东西多了，和老公聊天的时候，我不再是“有心无力”跟不上节奏，甚至有时还能帮老公出一些主意。

“回家”的女人待在家里难免会胡思乱想。换句话说，如果哪个妻子全身心都“回家”扮演家庭主妇的角色，结果必然导致夫妻在心灵与精神方面日益拉大距离，多年后他们就会变得无话可说。而当夫妻话不投机或彼此听不懂对方在说什么时，分手的悲剧就只是一个时间问题了。所以，妻子们即使为了保护自己、为维护婚姻关系的健康发展，也不应该将身心沉溺在家庭主妇的角色中。她们应该保持着与世界同步的活跃姿态，这样才会使自己始终与丈夫保持着精神层面上的亲和力。

女人，婚后一定要独立

有些女人在结了婚以后，完全安于她在家中的角色，喜欢被保护、被照顾。丈夫的本事使家庭条件较人家优越些，没有吃穿花费的问题，什么事情都依赖丈夫，完全丧失了独立性。刚开始，有些丈夫还能忍受这样的妻子，但时间久了难免会有一些抱怨。所以，如今我们的家庭就算再怎么优越，千万记得不要丧失了独立性。不要再怀有依赖的想法，在现今社会中，即便我们不是一个女权主义者，也至少要独立起来，这会使我们得到很多东西。倘若一味地只知道依赖丈夫，那么最后吃亏的总是自己。

朱莉是一个喜欢照顾家，喜欢孩子，喜欢为丈夫熨衬衫，喜欢做满满一桌子菜等家人的“小女人”。在她还没有结婚的时候，她就一脸温柔地遐想过嫁给一个喜欢的人，和他幸福地度过一生。

生活真的像阿拉丁神灯一样满足了朱莉的愿望。结婚后，收入颇丰的老公给了她一个安逸的家庭，同时让她过上了全职太太的生活。朱莉对这样的生活也十分满意，无忧无虑，不用为生活担心。

朱莉结婚后一直蜗居在家里，很少跟外界接触，繁忙的家务活也让她有些跟不上时代的步伐。有的时候朱莉会陪丈夫参加一些社交活动，那时的她会产生一种强烈的自卑感。她既插不上丈夫与同事有关经济市政的话题，更不了解那些太太们所说的时尚杂志、名牌包包，她整晚只能一个人在那儿傻坐着。这种尴尬经历多了，老公也开始指责起她，经常说她的“精神世界一片空白”之类的话，心酸的朱莉默默流泪。

26 岁那年她离婚了，她哭着说：“我哪知道现在外面的世界变成这样？我一无是处，又有哪个地方会要我呢？”在朱莉的成长过程中，她被教育成女人就是让男人养的，经历了离婚，她才意识到自己必须独立思考，必须自力更生，独立生活。可朱莉本人缺乏为自己奋斗的意愿。一直到她结婚前，她的父母还帮她作所有决定。之后，作决定的人改成了她的丈夫。在精神上，朱莉始终觉得她还只是小孩子，只有小孩子的自立能力。因此，当她必须自己作决定、作选择时，即使是最简单的、有关日常的决定，都会吓坏她，更别提要出去工作了。

朱莉的前夫只给她三年的赡养费，她对朋友说这些话的时候，好像是在说：我只剩三年可活了。似乎在她的字典里，从来没有“自己照顾自己”这个字眼。以后的路，长着呢，后面的苦够她吃的了。

朱莉本身就是一个“小女人”，结婚后老公又有本事，给她创造了优越的生活环境，家庭的优越更让她失去了独立性，只知道凡事以老公为中心，全部依赖老公。这样的婚姻持续到最后只有“无言”的结局。因此，婚后的女人要独立，这不仅仅是指经济上的独立，更重要的获得精神上的满足。

针对朱莉这样在婚后丧失独立性的妻子，也有解决的办法使之变得独立起来。

第一，确信在两性生活中自己仍然拥有独立权利，可以维护自己的尊严。如果我们怀疑自己可能是这种依赖型的女人，不妨再把关于女强人的书读一读，回味一下如何做一个女强人。

第二，克服失落感和被遗弃的恐惧。如果你已感觉到我们有害怕被拒绝和失落的心理，那就下定决心克服这种情感上的弱点。例如向心理医生请教，参加妇女互助会，或是将那些日积月累的情感包袱尽可能加以抛弃。

第三，不要陷入填补情感空白的泥潭。如果对丈夫付出太多却未能获得回报，那我们将难免会觉得不被爱和贫乏。所以请诚实地面对自己，重新评估自己的两性生活。

婚姻不是包治百病的灵药

很多人认为，结婚后男人就会变得有责任心，会改掉婚前的一些坏毛病。实际情况是这样的吗?

和巧云交往一年多的男朋友突然向她求婚，而和心爱的人喜结连理是巧云的心愿，所以她爽快地答应了男友的求婚。但结婚前几天，巧云才发现男朋友有乱花钱的习惯。刚开始约会时，巧云认为男朋友是为了自己才舍得花钱，而且赠送名牌服装和首饰也是讨好爱人的常见手段，不值得奇怪，但到男朋友家后，巧云才发现男朋友家里有很多东西都是凭一时冲动购买下来的。

当她发现连厕所里使用的拖鞋也是名牌时，巧云感到有些讶异。男朋友的父母不是富翁，他本人也只是个平凡的上班族，有着挥金如土的消费习惯的确让人难以理解。

经过巧云的了解，才发现男朋友没有一点积蓄。在巧云面前，男朋友信誓旦旦表示今后一定会改掉浪费的坏毛病，而且周围的人也帮他说好话，最后巧云相信了男朋友的承诺。

但结婚不到两年，巧云就背上了沉重的精神负担，甚至每天都有想离婚的冲动。结婚后，丈夫浪费的毛病不但没有改掉，反而变本加厉，债台高筑，两人也不得不从原来的年租房搬进了月租房。在结婚之前，很多亲戚朋友都说："结婚以后，男人就会改变。"因此巧云开始埋怨曾经为丈夫辩解的亲戚朋友。

一个女孩打算和男朋友结婚时，她的妈妈在答应这门婚事之前，问了她女儿一个问题："我只想问你一句。你认为结婚以后，他有没有需要改变的缺点？如果他的习惯、能力和人品没有任何改变，你还会一如既往地爱他吗？如果你敢保证不后悔，我就同意你们的婚事。"

当时，她不知道该怎么回答，但考虑了一周后，她确信自己不会后悔，所以明确地告诉妈妈自己决定结婚。如果上面提到的巧云，也有这样明智的妈妈，或许她就不必承受那么多痛苦折磨了。

很多人把婚姻当成了包治百病的良药，总认为只要结了婚，不喜欢儿媳妇的婆婆也会变得和颜悦色，花花公子也会疼爱糟糠之妻，天性冷漠的人也会产生家庭责任感，但这些期待如同海市蜃楼，不可能变为现实。

对一个女人来说，婚姻的确是人生的分水岭，但婚姻并不能消除潜在的危机或让人改过自新。如果在结婚前发现了某些问题，就应做好包容这些问题的心理准备。我们不提倡因为一点问题就要放弃婚姻，但看清了问题的婚姻和糊里糊涂的婚姻有着天壤之别。

很多女人一旦确定了结婚的对象，就会变得非常敏感，但很少把发现的问题摆到台面上来处理。她们认为，结婚是人生大事，不能为“小小”的问题而选择放弃，但有些小问题会逐渐变成大问题。当结婚的对象有浪费的毛病、性疾病或者家人不太友善时，如果幼稚地认为结婚后一切都会好转起来的话，那么这些看上去不大的问题，会让你在婚后付出惨痛的代价。

如果结婚的对象有很多让人无法忍受的问题，那么最好不要固执己见地跟这样的男人结婚。如果非结婚不可，那么就必须作好心理准备，事先制订好相关的对策。如果遇到讨厌儿媳妇的婆婆，就应该有决心放下自尊和她相处三年，要不然就放弃结婚的计划吧！

虽然我们应该知道婚姻不是包治百病的灵药，婚姻不仅不能解决所有的问题，反而会在琐碎的生活中引发更多新的问题。但是不要担心，只要我们为自己的幸福着想，协调好这些问题，还是能在婚姻中得到幸福的。

道不同的男女，更和谐

单身男女在找恋人时，总是倾向于与自己志同道合的人，他们认为有共同兴趣爱好的恋人之间更容易交流。其实，他们不知道，那些兴趣与我们全然不同的人，同样也有可能成为我们的灵魂伴侣。

婚姻专家认为，不同兴趣爱好的人们之间更能产生触电的感觉。因此，我们要想找到自己的灵魂伴侣，最好到那些兴趣爱好与自己完全不同的人聚集的地方去。也许我们不能立即找到自己的灵魂伴侣，至少我们会开始体验到对异性产生更多的感觉。将因此变得更加令人赏心悦目，让人渴望得到，而我们自身魅力的增加又将使你更有动力继续找寻灵魂伴侣。

尽管古语说“道不同，不相为谋”，对兴趣爱好相同的恋人们来说，尽管拥有共同的话题，他们之间的话题只限制某些特定的方面与领域，因为他们所共同熟悉的内容，两人各自认为有道理，则有可能发生争执。

不同兴趣爱好的恋人们，由于各自在不同的领域有着独特见解，而对方对此却几乎一无所知。这样，双方都会对对方擅长的知识及观点，产生仰慕、欣赏的心理，这样，在相互欣赏心理的促使下，从而在两人之间碰撞出爱的火花。

勇与露是两个性格与爱好完全相反的人，但他们却是一对甜蜜的情侣。他们的朋友常常会发出感叹地问他们：“你们是完全不同类型的两个人，怎么就走到了一起，而且还如此幸福呢？”

每当这时，勇与露总是对视一笑，然后说：“就因为我们爱好不同，我们才没有什么可发生争执的。”朋友们依然是不解，当然也流露出不信的表情，他们便不再解释。事实上，勇和露结婚一年多来，相处得的确很好，很少发生争执。

勇是一个公司的项目经理，他性格外向，喜欢体育活动，工作之余常常出去与朋友打篮球。而露是一个杂志社的编辑，她性格内向，喜欢一个人安静地看看书、写写字、听听音乐。

平时两个人聊天时，勇就给露讲自己今天遇到了一个什么客户，出现了什么情况，自己是如何处理的。这对单纯的露来说，真是新鲜，自己在杂志社除了看稿子，难得遇到此类事情。露有时也会告诉勇自己的文章又发表了，然后拿给勇看。勇从露优美的字里行间，看到了她内心敏感的一面，会更加疼爱他。

当电视的体育频道有比赛播出时，露开始总是一个人躲在卧室里上上网，看看书。而这时总能听到勇在客厅时一阵叫好的声音，有一次，她终于忍受不了勇的兴奋，走了出去。刚想发脾气，勇看到她走了过来，忙招呼她一起看。露只得忍住气愤坐下，勇知道她不懂，边看边作解说员，从比赛规则到某个队员的特点及个人经历，说得头头是道。露这时才发现，身边这个男人知道的真是不少，而自己对此却一无所知。从此，对勇产生了崇拜之情。两人随着了解的加深，越来越发现，对方值得欣赏的地方越多，因而感情也与日俱增。

勇与露的幸福婚姻，正是建立在因不同的兴趣爱好而产生了相互吸引和欣赏，感情越来越甜蜜。单身的人们，要想找到你的灵魂伴侣，你一定要去那些热衷于某些事情，而这些事情是我们根本不想去做的人常去的地方。

只有当我们去一个新的地方时，才有机会拓展自己的新领域。我们会为那些与我们兴趣截然不同的人所深深地吸引。我们会因他们的出现而兴奋。而这是我们与同类人在一起时绝对不会产生的感觉。

如果你不喜欢跳舞，那么就去上舞蹈课，或者去舞厅跳舞，再或者参加业余舞蹈比赛。如果你不喜欢出去吃饭，那么从现在开始多出去吃饭吧！

如果你不爱运动，那么从现在起就开始去当地的运动场馆，参加体育活动吧。如果你不喜欢去学校，那么参加一些晚间补习班。如果你不喜欢阅读，那么开始逛逛书店或者到图书馆里坐坐。

尝试新的事物实际上赋予我们更多的能量，使我们看上去更具吸引力。单身的男女们在找伴侣时，不要将目光锁定在与自己兴趣爱好完全相同的人身上。要想找到心爱的伴侣，就要敢于尝试做新的事情。

面对父母反对的婚姻，何去何从

俗话说："情人眼里出西施。"的确，恋爱中的人，眼里看到的都是对方最好的一面，即使发现有缺点，也觉得是可爱的。当父母表示反对或者提出异议时，我们总认为父母的经验都是偏见，不顾父母的反对，“赌气”似的去结婚。殊不知，当我们满心以为自己找到了不错的归宿，不幸的婚姻往往由此开始。“不识庐山真面目，只缘身在此山中”，在婚姻这件事上，父母比我们更能够客观冷静的思考，他们积攒了几十年的人生经验，并且充分利用这些经验，预测子女的选择会不会幸福，如果他们觉得不对，就会毫不犹豫地提出反对，即使这样会遭到子女的冤枉、指责甚至冷战，他们也一样会这么做，因为，我们的父母，实在是这个世界上最最关心我们幸福的人。当我们对另一半的选择遭到父母的反对时，不要急着反抗，静下来想一想，究竟是什么地方出了问题。

可云在一次校友联谊会上认识了后来的男友，当时可云读本科，男友是硕士，相貌上看，他们也很般配。俩人毕业后，便商量着结婚。可云的母亲从一开始便不赞成他们的恋爱，苦口婆心地劝她：“这孩子本性并不坏，但你们俩从小是在不同的环境里长大的，你不了解努力拼搏从农村挣扎出来的他，骨子里藏着的欲望和性格上的缺陷。”而可云认为从农村出来的男朋友有志气、上进，又能吃苦，听不进母亲的劝告，坚持要结婚。

真的到了男友农村的家里，可云才明白，自己把婚姻想得太简单了。有一堆老乡满脸堆笑地请他办事，男友也推脱不开，几乎有求必应；吃晚饭，嫂子洗碗便跟可云说：“这两天的碗就我来洗，以后只要你在就你洗了，平时你们不在家，家里大大小小的事都是我和你哥在忙活。”晚上，公婆给他们训话，说下半年就要搬去和儿子一起住，男友满口答应了，其实家里的房子并不宽敞，可云家里还有个妹妹未婚，根本住不了那么多人。可云表露出反对的意思，公婆立刻沉下脸来……

可云忍不住心里的委屈，第二天就坐上火车回家了，男友没有安慰她，而是认为这些都是她应该做的，俩人大吵了一架，男友先提出了分手。

就像可云这样，年轻女孩在谈恋爱时都不愿意受人摆布，特别是不愿意听父母的话。父母越是反对，反而越是坚定自己的选择是正确的，等到真的迈进了“围城”，最初的激情浪漫已经退去，只剩下柴米油盐的平淡日子时，慢慢了解了对方，也看清了自己，这时候才知道父母当初的劝告不无道理。

听听身边有多少女人在感叹“当时真该听妈妈的话”“那时候为什么不阻止我”，父母的人生阅历比我们丰富，当我们被爱情迷昏了头，他们往往能一眼看出两个人不协调的地方。多听听父母的意见，不要因为任性而盲目地反抗父母的劝告。

常听步入婚姻的人说：“结婚并不只是两个人的事，而是两个家庭的事。”的确，一纸婚书联结的不只有两个新人而是双方家庭十几个人，首先就是双方的父母，就算小两口如胶似漆，如果翁婿之间、婆媳之间、双方家长之间不能和睦相处，原本幸福的婚姻也会走向不幸，为自己也为家人，三思而后行。

婚姻是让爱情延续下去

对于爱情和婚姻，《诗经》有云：“死生契阔，与子成说。执子之手，与子偕老。”苏东坡也曾经说过：“结发为夫妻，恩爱两不疑。”婚姻讲求的就是彼此之间的信任和责任。

当爱情走入婚姻的殿堂，已经不只是简单的相爱了，这种爱里蕴含了责任。责任，其实就是爱情的一部分，就如爱情应该成为婚姻的一部分一样。一切的基础在于，你要学会如何去选择爱，如何去对待爱。此时我们会感觉到承担责任也是一件幸福的事。

爱情并不一定能够产生责任。反过来，责任却可以在婚姻中来呵护爱情，爱情如潮水，它总有陷入低谷的时候，这时候如果放弃，就是对婚姻的不尊重，这时候，就需要责任来呵护，婚姻的目标绝不是短暂的幸福，而应当是长久的幸福。有责任而缺乏爱情的婚姻也许并不完美，但他完整而真实，而有爱情却没有责任的婚姻，则必定是短暂的，必定是空洞的。婚姻中有了责任感和使命感，婚姻生活才能变得幸福、和谐、愉悦，才能真正地实现婚姻的意义。

爱情是婚姻的基础，没有爱情的婚姻是不道德的。婚姻，正是因为彼此缔结的责任，才能维持长久，才能真正地实现恋爱时对爱情天荒地老的承诺，才能忠于对一个家庭的承诺。

有些人认为婚姻是爱情的坟墓，他们毅然地选择了单身。婚姻，在这样的人眼里是种束缚，没有办法再在酒吧买醉，也没有办法再肆无忌惮地逛街，不能随便和各样的朋友一起吃饭。一个家，需要按时的回家，需要照顾家人。柴米油盐的平淡，或许会将爱的激情之火慢慢熄灭。各种各样的争吵、为生计的计划，随之而来。

难道这一切真的会让爱情淡化？

其实，婚姻是一种学问，可以让爱情延续下去。

男人是女人的保护神，女人又是男人的贤内助。即使生活会让美好的爱情变得平淡，然而这种真挚的情谊，更能够在经年许久的无数个平凡日夜里变得厚重。婚姻将爱情变成陈年佳酿，越醇越香，相顾莞尔，更易懂得人生相守与离别的人间百味。

女人用炽烈执着的爱温暖了男人疲惫的心，男人用各种浪漫的元素装点了彼此的爱情和生活。有人说婚姻是牢笼，然而这样的婚姻确实甘之如饴，即使是牢笼，相爱的人也会奋不顾身地走进去。婚姻使两个人的爱情之路走得更加长远，与生随行！

成熟的感情才能建立合理的婚姻

一般来说，随着我们年龄的增长，势必会经历更多的事情，因而对于生活的理解，我们拥有了一定的深度。此时，我们的思绪很难受到别人影响，因为我们有了独立判断是非的能力，情感方面也有了自己独到的判断，我们内心会渴望与自己年龄相当的异性相处。

这时，我们通常会有意光顾一些与自己年龄相仿的人会去的地方。比如会突然想起某个以前的同学，通过与同学、校友取得联系，企图会从他们那里得到支持与帮助，从而找到中意的人选。

在找到中意的人选之前，我们需要首先来了解我们自己。这样才能在每一次恋爱后，我们都能够获得约会更高层次的经验，我们的成熟度与辨别力与日俱增。

随着我们变得更为成熟，我们就拥有了更多的智慧和自我控制能力。如果我们以前有不良的习惯，比如吸烟，比如酗酒，最终我们会为心爱的人，来逐渐改变自己不好的恶习，我们会因恋人感受到前进的动力，能够鼓起勇气，扫清生活的障碍，逐渐回归到正常的生活状态之中。

李娜是一家公关公司的职业经理人。她是在一次晚宴上遇到自己现在的丈夫徐刚的，是她的一个朋友介绍他们认识的。

在认识徐刚之前，李娜以为自己已经不需要爱情了，不管是工作还是生活都是在男人之间周旋，由于其工作性质，她常常与形形色色的男人打交道，她认为没有好男人。工作之余不是酒吧里坐就是逛街购物，生活没有方向，只知道挣钱消费，当时她已经厌倦了爱情，只跟男人吃饭、玩耍，不谈爱情，她实在一点也提不起兴趣再次谈恋爱。

此时的李娜已经离了两次婚，之后又谈过几次不成功的恋爱，但她却从徐刚身上发现了与众不同之处。尽管他的形象并不出色，他却是一个成熟稳定、知识渊博、见解独特的人。

徐刚大李娜 5 岁，也许正是他们之间年龄的差距平添吸引力。相对李娜来说，徐刚处理事情稳重而成熟，总是深思熟虑之后再决定。对李娜更是体贴周到，李娜知道，她需要一个比自己更成熟的人去引导自己。

李娜感觉这个就是自己生命中重要的人。这一次，她决定改变自己以前的不良习惯。

当徐刚追求她时，她变得像少女一样羞涩。交往了一段时间，李娜惊奇地发现自己对徐刚深深地眷恋。这时，他们已经交往了半年多，他们的感情并不是一见钟情式的，而是一段时间后才慢慢培养起来的，但是时至今日，十多年已经过去了，而他们的爱情之火仍然继续燃烧着。

李娜与徐刚的感情是在情感成熟之后建立起来的，当男女双方的情感反应都趋于成熟，建立起来的婚姻关系会更稳定，不容易发生变故。可是有些时候，随着年纪越来越大，我们就会认为事情总是千篇一律，变化无奇。我们没有意识到自己想法发生了变化，因而处理事情的态度也没有曾经的冲动。

当男人和女人们对于爱情感到厌倦了，他们不愿意再次卷入感情的旋涡，他们认为每段感情都是千篇一律的。其实不然。这是因为我们重复地走原来的老路。我们懂得越多，我们不知道的也就越多，一旦我们花时间从过去的错误中汲取教训，我们就有理由相信未来的感情一定会更好。

感性与理性并非水火不容

生活中，我们见到的女性不是太感性就是太理性。太感性的女人容易感情用事，甚至是越阻止她越爱得起劲，其结果烈火焚心、痛不欲生；又或者想到什么就立马着手，大张旗鼓、盲目冲动，到最后，满腔热血付之东流，梦想和现实南辕北辙！要么就是太过理性、淡漠如寒冰的女人，别人的生老病死不关她的事，别人的爱恨离别根本不入她的眼，你若说她冷血，她振振有词地说：“生老病死本是人之常情，何必为此悲悲戚戚！”一副不解人间真情的模样，相信所有人在这种女人面前都会心灰意冷、不寒而栗的。做一个让理性和感性完美结合的女人，一定能把握住属于自己的那份幸福。

林徽因是一个美丽而又智慧的女人，她不仅具有诗人的浪漫与灵性，也拥有建筑家的理智和严谨务实的秉性，理性的才思和激情的潜流在她心底合二为一、水乳交融，林徽因一生将美丽做到了极致。同时，在感情上林徽因也照样能够在理性与感性间拿捏分寸，游刃有余。

林徽因在少女时代与徐志摩有过一段情谊。徐志摩的爱是奔放的、热情的，他用他诗人的激情向她献上他的爱慕，他的爱表现得轰轰烈烈，如瀑布瞬间倾泻而下。相信当满腹才华的徐志摩走向她的时候，为她献上动人的诗句，任何一个年少的女孩子都会有一种眩晕的感觉，林徽因当然也不会例外。

然而林徽因最终并未选择徐志摩，而是嫁给了梁思成。林徽因的选择是对的，林徽因与梁思成不仅有感情基础，同时，又有兴趣和专业上的共鸣，他们是志同道合、情投意合的理想伴侣。梁思成的爱虽不似徐志摩般热烈狂放，而如涓涓细流，缓慢但却悠长。林徽因感性浪漫的细胞里还活跃着理性的成分，她选择了宁静致远的梁思成，而把年轻的激情留在了年轻的时光，她的一生没有因为爱情而沉沉浮浮、大起大落，选择了梁思成也成就了她事业辉煌的一生。

若说金岳霖为她终身未娶，这不是林徽因的错。金岳霖对她的深情挚爱已不是她可以阻止得了。如果说当初金岳霖“逐林而居”，她大可以避而不见，那么她死后几十年的时间，天人永隔，这种拒绝该是最彻底的了吧。可金岳霖依旧痴心不改，为她终身未娶不说，就是到了80岁高龄记忆力大幅衰退的时候，仍对她念念不忘。金岳霖的这种痴情程度，林徽因当初要是冷酷拒绝，非但不是爱护，反是一种无情地摧残，对待一个人的深情，有时候需要的不是理智地开导，而是感性地包容和体谅。

林徽因在这样一种深情之下仍能保持理智地克制，维护着家的稳固与尊严，她在得到梁思成与金岳霖的尊敬的同时，也为世人所理解和仰慕。

林徽因是感性与理性收放自如的女性，某位名人曾经说过这样一段话：“男人不需要有深度的女人，只需要有弧度的女人。女人，如果不性感，就要感性；如果不感性，那要理性；如果不理性，就要有自知之明；如果一样都没有，那会很不幸……”女人要感性也要理性，感性与理性完美交融才是成熟的女人。

女人，太感性或太理性都不完美，只有感性与理性交相辉映，才是饱满圆融、生动真实的女人。行走人生，要做就做感性与理性水乳交融的女人。

为什么有些夫妻无法齐头并进

在年轻人中，会出现“夫妻无法齐头并进”的问题。在恋爱、新婚的狂热过后，两人共同生活的挑战开始出现。性格和行为模式中不尽完美的地方开始呈现，而对方本来吸引自己的地方开始褪色，如果两人之中，有一个人固执地坚持“我就是这样的，没有什么不对”，另外一个人即使热心学习，也很快便会对配偶产生“自己提升了，而对方尚在原来的地方”的感觉。年轻人本来就是耐性比较差，因此两人之间很容易便产生冲突，使关系渐渐恶化。

然而这样的问题在中年夫妇里出现最多。中年危机，就是指人到中年之后发现自己什么都已经不如从前，人生的路也开始从上坡变成下坡。心中从而产生很多焦虑，他开始焦急的为将来打算，想想如何度过后半生，是奋发图强，急起直追，还是偃旗息鼓，安享中年。不过很多人都依然选择前者，期望能燃烧自己剩下的能量。同时在这个时候自己会对很多东西的标准升高，而且越来越缺少耐性，甚至会有“放弃过去，重新来过”的念头。

在家庭生活中，如果他对配偶一向便看不顺眼，在这个时候便很容易爆发出来，一些细小的事，都可以成为剧烈冲突的导火线。假如配偶也处于这个阶段，不能谅解和容忍对方，婚姻关系便开始出现破裂的迹象了。这边形成了所谓的中年危机。

让我们分析一下，很明显，不能齐头并进的情况会让人觉得与配偶的距离拉大了，而且已经大到不能够接受了。问题是，自己是否就是“高”而配偶就是“低”呢？有这样差距的婚姻是否就不能维持呢？一些男人事业成功了，富有了，每天接触的人不同了，会觉得自己的太太还是“乡下婆”，开始觉得她配不上自己了；也有一些成功女人自己创业或者在工作单位做到很高的位置，手下数百人，天天口里说的事都会影响很多人，便开始对做教师、技术人员，或艺术家的丈夫不满了。懂得怎样吃西餐、喝葡萄酒的人不一定就是比只爱吃中国菜的人高一些，知识和权力也不能决定对方是否便不如自己。说到底，不是自己高了，而只是自己“不同了”：以前的一套价值观和信念改变了，因此对配偶的要求也就不同了。试想想，假如经过香港1997年的金融风暴和2003年的非典型肺炎风暴，男的事业财富没有了、女的权力地位失去了，他们或许会觉得自己的配偶很好了。

你可能会参加一些学习课程来改变自己，提升自己，但是配偶则仍是维持本来的一套。面对一个停滞不前，一个拼命奔跑的状态，你要做的不是指责和批评。因为在夫妻两性的关系中，一个人对另一个人的指责所产生的负面效果会扩大化。同样的批评，配偶说出来会特别刺耳。

通过学习而改变的人，通常会有很大的收获，而且还会回家帮助配偶也作出好的改变。具体怎么做，他们说：“我会教他怎样想、怎样说话、怎样做事啊！”不过更加聪明的是：“什么都不说，因为你一开口就显示出你懂得一些东西而他不懂，马上便给自己制造一个高于对方的地位了，你应该不说、只做！把你的改变在行为上呈现出来，慢慢对方就会感到你不同了，比以前好了。终于，对方忍不住开口问你，这时，你不可以像打开水闸似的源源不绝地说！因为这又会使对方感受到对等身份受到威胁。你会前功尽弃。你应只说一点点，轻描淡写地说。这样，对方会越来越有兴趣，这时你可以引导对方看看你的课程讲义——这是为了让他产生‘自己学回来’的感觉，然后才与他讨论。”

在平等的沟通讨论之前，应该做的事是：

先制造两人之间的和谐气氛，例如利用晚餐、散步等活动，在这时绝口不提批评的事。在那样的气氛里，两人共同商讨建立一个机制：如果有矛盾冲突出现，应该如何讨论解决。目的是不伤害两人的融洽关系，要在不引起争吵的前提下，共同讨论一些看法不一致的事情。找一些小事情，例如讨论下一个周末去哪里吃饭，去测试那个机制，使之完善。这时，才找一个自己状态较好的时机（也就是心境平和、思维敏捷的时候），去提出你对他/她的一些看法。

很多文字工作者，学术专家等他们的家庭生活都很恩爱，夫妻关系也很正常，生活平淡但是真实。很多女强人、企业女性高管等也能维持良好的工作和家庭的关系。其中肯定有一定的技巧和方法值得我们学习，最重要的，还是需要学会沟通，掌握技巧，只有这样才能达到家庭和谐的状态。

婚姻不窒息，用爱滋养和延续

倾听是婚姻的必修课

在生活中，有不少的男人认为只带给太太美好的东西，他们只愿把成功的荣誉、上等的毛皮大衣带回家。一旦事业进展的并不顺利的时候，他们便想方设法瞒住太太，唯恐她害怕与不安。他们耻于承认自己也会有弱点和失败；他们也从未想过真正幸福的婚姻是，无论福祸，都要与爱人共同分享和承受。

善于倾听的女人，能够给自己的爱人最大的安慰和宽心。但是，生活中也常常见到另一种现象：一些男人很想把他的烦恼说给太太听，但是太太却不想听或者是不知道如何去听。

《福星》杂志曾刊出了一篇对公司员工的妻子所做的调查报告。他们引述一位心理学家的话说："一个男人的妻子所能做的一件最重要的事情，就是让她的先生把他在办公室里无法发泄的苦恼都说给她听。"这个调查报告同时也指出，男人需要的是主动、机敏地倾听，他们通常都不想听什么劝告。

任何一个曾经在外面工作过的女人都可以了解到，如果家里有个人可以谈谈这一天所发生的事情，不管是好是坏，都是很令人欣慰的。因为，在办公室里，常常没有机会对所发生的事情表示意见。如果事情进展得特别顺利，我们也不能在那儿开怀高歌；而如果碰到了困难，最好的同事也不愿意听那些麻烦事，他们自己已经有够多的烦恼了。于是，当辛苦地工作了一天回到家里时，人们往往会有一种一吐为快的迫切心情。

最常发生的事情往往是这样的：丈夫回到家，上气不接下气地说道："老天！亲爱的，今天真是个值得庆祝的日子！我被叫进董事会里，汇报有关我所做的那份区域报告。他们还想听我的，而且……"

"真的吗？"妻子心不在焉地说着，一点也不用心的样子。"那真好，亲爱的，快来！吃点我刚做的酱牛肉吧！对了，我有没有告诉过你，早上来修理火炉的那个人？他说有些地方应该换新的了。你吃过饭后去看一下好吗？"

"当然好，宝贝。噢，就像我刚才说的，董事会听取了我的建议。说真的，起初我真有一点紧张，但是我终于发觉我引起他们的注意了……"

妻子插话道："我常认为他们不了解你、不重视你。哎，对了，你必须和儿子聊一聊他的学习问题，这学期他的成绩实在糟糕透顶，他的班主任说如果儿子肯用功的话，一定可以念得更好的。对他的学习问题，我现在真的无计可施了。"

到了这时候，丈夫才发觉他在这场争夺发言权的战争中已经彻底失败了。于是他只好无奈地把他的得意和酱牛肉一起吞到肚子里，然后解决有关火炉和儿子教育的问题。

难道他的妻子真的如此自私，只在乎自己的问题吗？当然不是，其实，她和丈夫一样，都想找个听众倾诉一番，只不过，也许她把自己倾诉的时间搞错了。其实，她只要耐心地听完丈夫在董事会上所出的风头，把自己的情绪发泄完了以后，就会很乐意地听她大谈家庭琐事了。

善于倾听的女人，能够给自己的丈夫以最大的安慰。想想看，一个文静、不做作的女人对别人的谈话着迷，她所提出的问题又显示出她已经把话中的每个字都消化掉了，这种女人最容易在社会上取得成功，不只是在她先生的男友群里获得成功，而且也在她自己的女友群里获得成功，这是她拥有的一项无法估价的资产。

没有最好的爱人，只有最合适的婚姻

什么叫作“最合适的对象”？最合适的不一定是最好的，更不一定是你最喜欢的。说到伴侣的条件，女人可以开出各式各样的条件，比如：温柔、体贴、有责任感、爱我、孝顺、有钱、有男子气概，或没有不良嗜好、可以养家糊口、学历高、身材魁梧，有的还希望将来的伴侣是医生、律师，也有人喜欢军人……

谈过恋爱或是踏入婚姻殿堂的人都知道，这些条件再好，一对佳偶可能在“年久失修”后仍会变成一对怨偶；当时爱得死去活来，过不了几年，可能就恨得咬牙切齿。温柔体贴在当时也许只是一种假象。有责任感的男人可能要求妻子更有责任感，他总会觉得他所负的责任比妻子的责任沉重而且重要得多。

魏雯到了该结婚的年龄，她每天都在等男友求婚。可是男友却还是一副小孩儿玩心未泯的模样，从来也不提与婚姻有关的承诺、责任。魏雯越来越觉得他靠不住，于是和他分手了。之后母亲为魏雯介绍了一个同事的儿子，对方性格比较内向，不像前男友那样健谈、讨人欢心，不过魏雯和他相处以后发现两人倒是很合得来，兴趣、观念等各方面都很相近。而且对方也是传统型的人，很希望能步入婚姻殿堂。

在两人要谈婚论嫁的时候，魏雯的前男友突然又联系她。他告诉魏雯，经过这几年的沉淀，他内心已经成熟了，而且事业也很有起色，这个时候他越来越觉得魏雯才是他不可缺少的。男友的回心转意让魏雯陷入了矛盾之中，的确从现在看，前男友无论从感情，或者从各方面条件都比现在的男友要好，但是魏雯仔细考虑了一下，两人在很多看法上还是有分歧的，当初交往时就经常吵架，这样的关系进入到婚姻恐怕要更受考验。于是她权衡再三还是选择了现在的男友。两人结婚后，日子虽然平实无奇，但素来喜爱平稳的魏雯感到找到了最合适她的生活。

婚姻是实实在在的生活，它交织着各种琐碎。在这个最真实的世界里，童话是不足为信的，童话中的王子到了现实里，也许就受不了柴米油盐的“熏陶”了。所以，找一个能和你平平安安过日子的人才是最合适的选择。

那么我们该怎样判断一个男人是否适合自己呢，别问他人，也别光凭自己的感觉，有10个因素你必须考虑：

彼此是最好的朋友

彼此都是对方最好的朋友，不带任何条件的，喜欢与对方在一起。

容易沟通，相互信任

彼此很容易沟通，互相可以很敞开地坦白任何事情，而不必担心被对方怀疑或轻视。

有共同理念和追求

两人在心灵上有共同的理念和价值观，并且对这些观念有清楚的认识与追求。

双方认同婚姻关系

你们都认为婚姻是一辈子的事，而且双方（特别强调“双方”）都坚定地愿意委身在这个长期的婚姻关系中。

可以协商解决矛盾

当发生冲突或争执的时候可以一起来解决，而不是等以后才来发作。

幽默相待，彼此开心

相处可以彼此逗趣，常有欢笑，在生活中许多方面都会以幽默相待。

非常了解，互相接纳

彼此非常了解，并且接纳对方，我们知道对方了解自己的优点和缺点，仍然确信自己是被他所接纳。

为人处世，和谐默契

男女双方交往非常理性、成熟，双方都感受到，在许多不同的层面上，你们都是很相配的。

许多人总是在追寻着完美的公主和王子的结合，但是现实生活中，这样的例子实在是太少了。其实，婚姻的幸福在更大的程度上是靠两个人相互维持，而这种维持婚姻的力量，则来源于两人共通的精神和现实的交流。

结婚了，还要接受他的习惯

世界上没有两片完全相同的叶子，更找不到两个完全相同的人。当一个人的生活变成两个人的生活之后，由于原来生活习惯各异，兴趣有别，很可能就会产生这样那样的问题和矛盾，要继续做和美的鸳鸯，就要求夫妻双方在习惯上和兴趣上互相尊重。

婚姻要靠两颗心的吸引，像一磁性相反的吸铁石一样，这种磁性，就是彼此之间密不可分的精神和情感纽带。人的思维都是活跃着的，即使是夫妻，谁也不可能把对方硬绑在自己身上。因此，要想使对方心灵深处得到激发并凝固起深沉而稳定的感情，就要学会互相尊重。

小张和一个女孩认识恋爱三个月后，就闪电结婚了。两个人的条件都不错，可以说是门当户对，无论是工作、学历、长相、谈吐，两个人都是挺配的，熟悉的朋友都说他们是天生一对，祝福他们白头偕老。可半年后，众人却听说两人闹离婚的消息，并且是两个人都很自愿的那种，不是哪一方出轨迫不得已。

原来，是两个人的习惯不合导致了离婚。这种习惯，不是饮食，也不是大的生活方式，而是一个小小的洗脚习惯，况且这种习惯是从小就形成的，难以改变的。男的还算讲卫生，就是不爱洗脚，有时候甚至十天半月不想洗脚，滚上床就睡。因为他来自北方矿区，自小与父母都是这习惯，有时甚至一个月不洗脚。而女的则来自江南水乡，非常爱干净，每天都强迫男的洗脚。开始还好，结婚三个月后，男的懒得理妻子，想洗就洗，不想洗任凭妻子怎样强迫都无济于事。争执吵闹几个月后，甚至闹到分居，他们生活不下去了，只能分手了。

这个例子很有意思，在我们现实生活中，不乏这样的人，正如有人说："结婚不是跟人结婚，而是跟习惯结婚。"这个习惯包括饮食起居、日常生活方式、行事作风，等等。有的人能接受对方的不同习惯，比如大多数妻子反对吸烟，但老公吸烟她也就慢慢习惯了；但有的人是一点都接受不了，比如老公打呼噜，造成了妻子神经质，只要同床她就很难睡好，还有上面不洗脚离婚的极端例子。

无论怎么样，两个人走到一起很不容易。你要和那个陌生人一起生活，还要习惯他的各种习惯，受不了只能折中、放弃，很难说是对是错。不过，和谐的夫妻最重要的一点就是尊重。

尊重的范围很广泛，它还包括生活的情趣、爱好和人格等。当你的伴侣习惯于朝右侧睡的时候，你就不要强迫他朝左侧睡；当你的伴侣习惯于独自看书写字的时候，你就不要强迫他和你说话；当你的伴侣习惯于早晨起床晨练的时候，你就不要强迫他睡觉；当你的伴侣习惯于默默记日记的时候，你不要强迫要看……夫妻关系并不是占有和强迫关系，他不是你的战利品，想怎么处理就怎么处理。

最好的方式，是在不影响双方的大方向上，只要不是太大的缺点，他爱怎么着就怎么着，要让他生活的自由、轻松、愉快，就是最大的尊重。要改变也是慢慢的、逐步的，像春风潜入夜一样，别渴望他一夜翻身。这样，你的伴侣就会逐渐习惯你的存在，慢慢适应你对他的关怀和抚爱，让他知道你爱他，他也乐于去为你改变。

特殊意义的小物品让家庭充满爱意

男女在恋爱时期总会有互送礼物，无论这些礼物是廉价还是贵重，都可以称作是爱的证据。这些证据就会时时提醒你，过去的日子是多么美好，身边的人是多么的爱你。如此一来，你就会以积极的态度来面对生活，并且对家人时时充满感恩之心。

爱的物品可以是任何朴素或美丽的东西，但有一个前提——能时刻提醒你。譬如一本书，一张家人的老照片，一幅挂在墙上的格言，等等，只要对你有意义的即可。如果以前没有，那么你现在可以去花店或商店，买一束花或一件可爱的物品，送给自己的家人或朋友，以表达自己的爱。千万不要小看这些微不足道的物品，它能时时提醒你，你是幸福地爱着他们，也被他们所爱。

霞就非常懂得收藏爱的物品，也许正因为如此，才使她永远生活在幸福中。

一天晚上，霞和一位朋友赴一场宴会，朋友先到霞家等她化妆，霞把首饰一件件地搭配着晚礼服给朋友看，朋友却发现首饰盒里有一枚十分精美的钻戒，霞却一直未动。

“为什么不试试这个？”朋友问。“不，我不戴这个，”霞说道，“一般不戴。”“太贵重？”霞摇摇头。“是你先生给你买的第一件礼物？”霞点点头：“还因为，我不知道这枚钻石戒指的真假。”她微笑着，轻轻地说。

接着，霞说起了这枚钻戒的故事：“那时我们认识不久，我对他的背景几乎一无所知，单因为他这个人就爱上了他，他对我也是如此。定情之后，他说要送我件礼物，于是，一天早上，我收到了这枚钻石戒指。我非常喜欢这枚戒指，就常戴着，从没考虑过它的真假问题。可是我慢慢发现，很多人都对它有兴趣，常常询问它的真假。我答不出来，只好含混过去。也许他平常的打扮和我含糊的态度为大家提供了判断的依据，使得大家都不约而同地认为这是枚假钻戒。然而等到我们结了婚，孩子长到三岁后，他们又突然转变了看法。”“为什么？”“因为他们知道了我先生出生于一个经商世家。”霞笑道，“当初他选择我，他父亲都不同意。他是瞒着父母悄悄与我结婚的。”朋友默默地看着这枚钻戒，“你现在还不知道它是真是假吗？”“不知道。”“干吗不问他？”“为什么要问？是真是假又有什么关系？”霞说，“再说，我也确实不知道应怎样去问，我甚至认为这个问题一旦提出，这枚钻戒无论真假就都已经一文不值了。”

是的，是真是假又有什么关系呢？这枚戒指是先生在贫困时为爱情献出的礼物，别的已经不重要了。

现在霞把它当作爱的物品收藏起来，以此换来的幸福感，难道不比它是一枚价值连城的钻戒更有意义吗？

要记住，当我们的家中充满爱的物品时，就算我们想要发脾气、心情沮丧好像都不太可能了；而当家人看到这些物品时，也会对自己充满爱意，因为我们是如此在意他们，他们会用更丰厚的爱来回报自己的。

适应恋爱与婚姻的落差，让吸引力永不衰退

热恋与婚姻是有很大差别的，从潇洒的单身贵族进入两人世界，由无忧无虑的浪漫跌进琐碎操劳、油盐酱醋的现实生活，许多新婚夫妻，尤其是妻子，容易产生心理不适。

新婚不久的孙小姐本该是最幸福的，但她却是满肚子的委屈。她向朋友抱怨：“恋爱时，男朋友总是主动请求约会，送到家门口；会牢牢记住自己的生日和情人节，并送上精心挑选的红玫瑰，为自己唱歌跳舞，大献殷勤；闹矛盾的时候，不管谁对谁错，他也总是小心翼翼地赔不是。可结婚后，他像变了个人似的，不像以前那么好了，一直都在骗人。”

恋爱时双方都注意给双方以良好的印象，较少显露出弱点和不足。婚后，随着生活的深入和时间的推移，双方各自的弱点逐渐暴露出来，也容易出现感情的摩擦，引起心理不适。因此，新婚夫妻只有及时进行心理调整，才能使夫妻间的“吸引力”永不

衰退。

主动承担家务

结婚以后，需要共同协商的大事是不少，但更多的是柴米油盐的日常琐事。夫妻关系的平等交往表现在家务的共同分担上，主动承担家务的一部分，是丈夫爱护妻子、妻子体贴丈夫的具体表现。

尊重对方的个性特征

一对夫妇，即使是青梅竹马，仍有各自的性格特征。一个善解人意的妻子或丈夫，应该尊重对方的个性特征。这样，婚姻就不是一种禁锢，而是既能充分发挥各自的个性特征、又能互相依恋的温馨之家。

学会包容

夫妻双方要学会相互包容，尽量站在对方的角度去看问题，欣赏对方优点的同时也要接纳对方的缺点。不要太固执，要学会容忍、变通。

经常交流

夫妻间要经常坐下来交换意见，沟通思想，把自己心中的欢乐与苦衷倾诉出来。特别是在逆境的时候，最需要的就是亲人的慰藉。

学会忍耐

夫妻间要学会忍耐，当对方发脾气或发出挑衅信号时，最好采取忍耐和避开的方式，或设身处地地了解其原因，以帮助解脱，而不要受对方情绪的影响，使自己处于情绪恶劣状态。

坦诚相处

爱是一种使人奋发向上的力量。因此，夫妻间应坦诚相处，做到互敬互爱，相互关照，这样比赠送礼物更令人高兴。

适时来点幽默

在适当的时候，恰到好处地开个玩笑，很自然地做个滑稽动作，用笑声打破紧张气氛，转移不良情绪。

婚姻不是爱情的坟墓，而是给了爱情一个遮风挡雨的家，两个人从相识相爱到相依相伴，更多的时光是要享受婚姻的平淡而非爱情的激情，调整好恋爱和婚姻的落差，才能体味到婚姻中的幸福真谛。

用动情的语言增加夫妻生活情趣

学会用动情的语言，能增加夫妻生活情趣，是恩爱夫妻的感情纽带之一。但中国人夫妻间感情不像西方人那样外露，而注重含蓄。但含蓄绝不等于关闭感情的窗口。每个人都懂得不进食会产生饥饿，但许多人不知道缺乏感情交流也会产生“感情饥饿”。拥抱接吻使人得到感情满足，动情恩爱的言语同样使人得到感情满足。医学心理证明：一个人长期得不到感情满足不仅会心情沮丧，而且有可能导致一系列心理障碍和心理疾病。因此，夫妻间善用“动情语言”是至关重要的。

比如说一句“我爱你”，有的时候，可以激活疲惫的爱情。爱有时不需要承诺，却需要真心表白。勇敢地说出你的爱，让对方明白，起码这是在按自己的心意快乐着，你无怨无悔。很多人认为，只有恋爱中的人才需要说“我爱你”，其实对于步入婚姻的爱人，同样需要时常说出你的爱。一句“我爱你”曾令多少人心潮澎湃，热泪盈眶，只需这三个字，任何再多的语言仿佛都成了一种累赘。这三个字在很多人心目中都是很神圣的，尤其对于初识的恋人，想说却不敢或不好意思说，这样的心情相信很多人都经历过。而当时光流逝，岁月匆匆而过，爱情变得有些疲惫和麻木的时候，我们是否还会记得对身边的爱人说这三个字？也许有人认为已经没有必要，也许你太过忙碌忘了还有这三个字，也许你觉得已经说过的话再说一遍已经没有必要，也许你觉得用行动来表示更有意义。但是，你真的错了，这三个字真的是经久不衰的神奇字眼，它在每个人心目中永远都保持着至高无上的位置，所以，永远都不要忘却它的魅力。

所以，何不找个合适的时机，其实，不用怎样刻意制造气氛，清晨，睁开双眼，对着睡眼惺忪的爱人可以轻轻说出来，相信他一定会立马精神百倍，而且保持一整天的好状态。上班临出门之前，也可以抓住某个瞬间，在他耳边轻轻呢喃一句，你一定会看到对方眼中的惊喜和兴奋，你也因此会快乐一整天，关键是，你们的关系也会因此有了新鲜的色彩。或者，当一方烧好了饭菜，另一方衷心地说一句："你辛苦了，你烧的菜真好吃，谢谢！"一方穿上新衣，另一方马上赞扬说："你今天真漂亮（帅）。"出差在外，不妨写几封信，表达平时不易启齿的爱慕之情。一句动情的话语，不仅使人感到舒畅、清爽、甜蜜、兴奋，而且容易激起感情的浪花，避免夫妻间不必要的矛盾发生。因此，无论是少夫少妻，还是老夫老妻，每天都别忘了向爱人表现出你的爱心！

其实，这并不难，只是几句简单的话而已，却可以让两人的生活发生很大的变化，也许你想都想不到。

记住，说这这些话的时候，一定要认真，深情款款，千万不可漫不经心，否则你就是在亵渎这神圣的字眼，而且也会让对方觉得你是在敷衍。如果那样的话，还不如不说。说到底，就是你要用心，是发自内心地感叹抒情，而不是一时的心血来潮，像交一份作业似的匆忙没有心情。找个合适的机会吧，你的爱人在期待你带给他的惊喜。

从罗曼蒂克到锅碗瓢盆的转变

当女人带着美妙多姿的想象和天真烂漫的愿望，步入婚姻的殿堂时，发现在白色婚纱的炫目光影背后，不再有罗曼蒂克的情调，要面对的是平凡、单调的"锅碗瓢盆交响曲"。由天马行空到脚踏实地，理想与现实的极大落差，加之女人天生追求浪漫爱情的心愿，让新婚中的女人陷入了迷茫和困惑之中，使她们产生了适应不良。其实不光是女人，面对这种心理变化与冲突，夫妻双方都必须及时调整。

心理失落感调适

热恋与婚姻是有很大差别的，一下子从无忧无虑的浪漫跌进了琐碎、操劳的现实生活，许多新婚夫妻，尤其是妻子，产生了心理失落感。

其实，并不是男方不好，更不是什么欺骗，只不过他认为，成了家就该养家立业，只卿卿我我怎么行呢？于是他将很大的精力给了工作与事业，自然不像以往那么殷勤了。另外，恋爱时双方都注意给双方以良好的印象，较少显露出弱点和不足。婚后，随着生活的深入和时间的推移，双方各自的弱点逐渐暴露出来，也容易出现感情的摩擦、引起心理失落。

解决这个问题，最关键的是双方要互相理解和体贴，不要强迫别人按照自己的意愿行事；要正确理解并接纳恋爱和婚姻的正常差别，努力达成激情与琐碎生活的平衡。

性格与生活习惯的磨合

新婚之后的一段时间是两个人的“磨合期”。性格需要磨合，生活习惯也需要磨合。生活是由许许多多具体的生活琐事组成的。两个人的家庭出身、文化背景、性格特征、兴趣爱好都不尽相同，生活在一起难免发生矛盾。比如，一方喜欢整洁而另一方喜欢乱放东西；一方不修边幅而另一方有“洁癖”；一方节俭而另一方却大手大脚，等等。所以，许多新婚夫妇经常为鸡毛蒜皮的小事争吵，伤害了夫妻感情，破坏了家庭和谐，甚至会闹离婚。婚后“磨合期”一般至少要半年至一年。

这段时间内，夫妻双方要正确认识“磨合期”内矛盾的必然性，尽量站在对方的角度去看问题，欣赏对方优点的同时也要接纳对方的缺点。不要太固执，要学会容忍、变通，就像富兰克林说的："结婚以前睁大你的双眼，结婚以后闭上你的一只眼睛。"说的就是在婚后要包容对方。

化解自由与责任的冲突

步入婚姻，必须负起应有的责任和义务。恋爱时虽然也需要负起一定的责任，但毕竟比较自由。比如，恋爱的时候男人可以和其他好朋友一起去酒吧喝酒，去 KTV 唱歌。结婚以后就不行了，如果丈夫经常要和朋友一起喝酒、打牌，把妻子抛在脑后，妻子当然不能接受。结婚前，女孩除了享受男朋友的殷勤，回到家还能享受爸爸妈妈的照顾，吃喝不愁。结婚以后，妻子通常在下班后还要做饭，如果下班后就躺在床上吃零食、看电视，全然想不到丈夫下班后的饥肠辘辘，矛盾就难免了。

矛盾是在所难免的，关键是双方要相互体谅，化解责任与自由的冲突。总之，结婚以后，双方都要不能再"为所欲为"，要增强责任心，婚姻才能持久。

婚姻不是爱情的坟墓，也不是浪漫的爱情童话，它是实实在在的生活。生活中不能没有锅碗瓢盆、油盐酱醋，婚姻中的不和谐、矛盾要由夫妻双方共同化解。幸福美满的婚姻需要夫妻共同创造。

婚后磨合，理智对待

热恋中的男女双方，不管他们是以何种方式认识的，到了谈婚论嫁阶段，都对婚后生活充满着美好的憧憬。有句话说得好：热恋中的男女智商为零，虽然说得有些夸张，但表明了恋爱中的男女都比较冲动，感情用事。由于爱慕，他们往往看对方的优点多，而对方的缺点却视而不见，甚至把一些缺点也看成是优点。再加上接触的时间有限，相处不多，彼此都有意识地把自己不好的一面隐藏起来，因而就更难以全面熟悉对方。

结婚以后，夫妻彼此朝夕相处，相互了解的整体性大大增加，原先不可能了解的一些侧面，如吃东西的喜好、睡眠的习惯、特定条件下的感情、生理习性等，都豁然展现在对方眼前。因此，各自的缺点和弱点也都逐渐并充分地暴露出来。

新婚夫妇小马和小丽结婚三个月后，就小吵不断。原来，他们因一些生活习惯发生了一些摩擦。

妻子小丽嫌老公不讲卫生，见到老公的不顺眼处就发飙："你又往马桶里扔烟头了，你知不知道，这样弄得卫生间全是烟味，还会堵住马桶？"

"这有什么，烟味你都能闻了，还怕这点味，我保证给你冲下去。"

冲完马桶，小马过来想亲热："老婆，我冲干净了，赏我一个吧？"说法就把嘴往小丽脸上拱。

"去去去，臭烘烘的，还满脸胡茬，一点不注意个人形象，刮胡子去。"小丽用手去挡。

"这不周末嘛，在家刮什么胡子啊！"

"周末也要刮，我看着不舒服。咦，我发现你以前不是这样啊，怎么变得这么懒了，每天又脏又臭的……"

妻子指责老公，是因为老公婚前婚后变化很大，有点看不懂老公。相比来说，男人在婚前很爱干净，经常检点自己，比如要去约会了，特意穿件好衣服，把皮鞋擦得特亮，在女孩面前表现得很出色。婚后呢，既然发愁的终身大事解决了，他会把更多心思花在工作上，对个人的日常饮食、生活习惯不太在意，从而暴露出好多缺点。

男人变成老公，他的变化是必然的，所以妻子一定要习惯并接受这些改变。如何看待这些婚后才发现的缺点，这是夫妻之间相互适应的第一关。这个问题处理得不好，双方之间树立起一堵墙，维系和增进夫妻感情就无从谈起。

想象中的事总是和现实生活有一定的距离，既然走到一起，唯一的办法是适应现实，努力尝试做一些改变，不苛求对方。所谓的不苛求，就是指如果对方只是在性格、脾气、兴趣爱好、文化素养等方面有所欠缺，那就不能过于计较。世界上的人有各种各样的性格，不能强求别人一定要和自己的想法和态度一模一样。

把你的感谢说出口

工作了一天，拖着疲惫的身体回到家，爱人帮你脱掉外套，换上拖鞋，然后是一杯清凉的饮料，多么惬意；因为工作上的事，与同事闹得不愉快，带着郁闷的心情回到家，绷着一张阴沉的脸，爱人知道你受了委屈，坐在身边听你慢慢倾诉；一杯热茶、一盆洗脚水、一次按摩……这些都体现了家庭的和谐。然而，当你接受这些服务时，是否对他们说了一声“谢谢”？

其实夫妻之间就是这样，一起生活，都在为彼此付出，却很少把“谢”字说出口，即使是心存感激，也觉得没有表达的必要。可是当遇到一点不如意或不顺心的事情时，抱怨、牢骚的话就倾囊而出，没完没了。

古时候就有人提出：夫妻之间应该“相敬如宾”。道谢看似只是一个简单的小细节，却更能体现出两人之间的和美。有些人认为，夫妻之间说礼貌用语就表示生分，其实这样的观点是错误的。夫妻之间的一声“谢谢”，并不是客套，是一种爱的传递、爱的表示。夫妻之间的一声“谢谢”，也表示了夫妻之间那深深的爱恋，不只是友谊，更是情感的另一种诠释。

晓玲一直想开一家服装店，丈夫表示反对，认为晓玲开店后就没有时间照顾家和孩子了，他忙了一天回到家看到的再也不是温馨的灯光和可口的饭菜，那样即使挣再多的钱又有什么意义？晓玲的理由是：我想干点自己喜欢的事有错吗？

两人谁都说服不了对方。最后，晓玲向丈夫承诺：“任何时候都会把教育好孩子、照顾好家庭放在第一位。”丈夫这才不情不愿地同意晓玲开服装店的想法，试验期定为一年。

服装店终于开张了。晓玲每天一大早就出门，经常要弄到晚上十点才能回家。到家已经是精疲力竭，常常连和儿子说话的力气都没有。儿子期中考试没考好，丈夫开始抱怨是晓玲开店疏忽了儿子的学习。晓玲心里很不服气：孩子是我自己一个人的吗？儿子的学习你就没有责任吗？丈夫抱怨的次数越来越多，晓玲难免心生怨气，不免会发生口角争执，在又一次大吵之后，晓玲去了好朋友那儿，向她哭诉自己的委屈和不满。朋友问晓玲："他这段时间整天除了抱怨，别的什么也没为你做吗？"

晓玲听到朋友的话顿然醒悟。她开始回想：自开店以来，每天都是老公做好了晚饭等我回家；每次进货都是老公提前为我买好车票；无论是半夜还是凌晨，都是老公接我送我；出门在外，是老公的短信一遍遍叮嘱我"注意安全"。晓玲忽然想通了，是啊，这样的丈夫，我难道不应该感谢他吗？

隔天是他们儿子的生日，晚上他们一起去饭店吃饭，当着丈夫很多朋友的面，晓玲在饭桌上很真诚地说："感谢老公这些天来对我的支持和理解；感谢他在工作繁忙的情况下，推掉聚会回家做饭照顾孩子。困难总会过去的，家庭幸福永远都是我们心目中的第一。"晓玲看到丈夫的脸慢慢红了，满足地笑了，在他的眼睛里又出现了久违的柔情。

人家都说女人靠"哄"，三句好话，当牛作马也愿意。同样的，男人也是，多说点好话给他听，真诚地对他说一声"谢谢"，矛盾和抱怨就会被化解得烟消云散。夫妻之间最重要的就是能够相互理解和彼此欣赏，只要彼此都能怀着一颗感恩的心生活，生活就会回报我们更多的快乐。

当他为你做了一件事，不管那是需要花很多时间的"大事"，或是很容易做的"举手之劳"，你都可以郑重地表示你的感激。一方面这是很好的习惯，表示别人对你好，你都放在心上；另一方面，这是绝佳的示范，让你的男人也学会对你的付出点点滴滴都放在心头。

在恋爱与婚姻的温差中，找到人生最舒适的温度

有人说："婚姻是爱情的坟墓。"结婚意味着激情的冷却以及爱情的消逝。婚姻真的如此可怕吗？问一下那些甜蜜相守着的夫妇，就会知道有时候爱情与婚姻是可以共同拥有的。婚姻生活远比爱情来得更长久、更细致、更现实。婚姻能够彻底地改变一个人，从外表到内心。爱情和婚姻的温度是不同的，爱情是滚烫的，而婚姻却是温暖的。

所谓婚姻是爱情的坟墓，只能说双方不懂得如何去经营爱情，许多人正是由于无法适应婚姻与爱情的温差，而让双方的感情越走越远。相信当两个人决定结婚前，一定是彼此有感觉的，只是婚后的日子让爱情变平淡了。这仅仅只是因为结婚以后，男人与女人都放下了爱情中的浪漫，投入到工作中去了。婚姻之所以没有了爱情那样鲜明而浪漫的色彩，是因为双方把精力投向了别处，这并不是爱情的消逝，而是对爱情的忽略。只要多花心思在感情上，爱情就能以一种更加温情的面貌与婚姻同在。

女人嫁给一个爱自己的人是幸福的。在他的面前，女人可以肆无忌惮地撒娇、扮痴；可以任性地做任何你想做的事；在他面前女人可以尽情地放任自己，可以不修边幅。但是在享受他的宠溺、迁就、包容时，也不要忘记为他建设一个心灵的栖息地，做他生活中那块最安稳的小岛，让他也能感受到有你的快乐。

每个人的婚姻生活必定伴随很多的磕磕绊绊、吵吵闹闹，有痛苦，有波折，有沮丧，有失意，有彷徨，有误会，很多的遗憾与烦恼交织。很多人沉湎于苦难而不能自拔，选择了放弃这段感情。开始怨天尤人，埋怨命运不公、时运不济、世人不解，这些都只是不懂婚姻这门学问的开脱之词罢了。

婚姻是一门学问，是一门技术，但不像是书本那样的死学问，也不是生产环节的死技术，它像经营管理一样，是一门活学问，是一门活技术。到了情窦初开的年龄，人人都需要学习，人人都需要研究。我们不仅要把婚姻当一门学问、一门技术来学习、来

研究，更要把婚姻当作一项事业来合伙经营，把婚姻的理论知识与婚姻的生活实践相结合。

有些人在婚姻上的失败，并不是找错了对象，而是从一开始就没弄明白，在选择爱情的同时，也就选择了一种生活方式。就是这种生活方式，决定着婚姻的和谐。有些人没有看到这一点，最后使本来还爱着的两个人走向了分手。走进婚姻，不意味着放弃爱情，虽然爱情是热烈的、滚烫的，婚姻是真实的、温暖的。其实，只要二者真正融合，你就会发现这才是人生最舒服的温度。

探寻男女不同的爱情需求

不管男人还是女人，都必须知道对方的情感需求。否则，他们就不能理解对方的一些行为，很可能在无意之中，给伴侣带来伤害。遗憾的是，相当多的男人和女人，都不知道爱情的基本需求。

理解伴侣基本的爱情需求，是改善情感关系的有效武器。女人了解男人基本的爱情需求，她才能知道，男人为何不满。男人知道了女人的基本需求，才能更加关爱女人。当双方的愿望和需求得到了满足，婚姻关系自然就和谐、美满了。

据心理学家研究表明，男人和女人都有 6 种基本的爱情需求。充分理解这 12 种不同的爱情需求，才能行使满足伴侣的使命。

当男人和女人被满足了以上这些基本需求，才能以最好的姿态理解并包容对方，婚姻更加幸福美满。愿望和需求无法满足，一个人就很容易受到伤害。譬如，女人没有意识到，由于她和男人交流方式不当，无法提供有效而及时的支持，就会伤害男人的自尊。她固然关心男人的感受，可是男人和她的爱情需求不同，就很难为男人带来满足感。

婚姻生活中，如果双方无法满足基本爱情需求，双方都将以错误的方式沟通和交流。这无助于情感关系的改善，使两个人更加疏远。因此，这里对 12 种爱情基本作简要解释和说明。

女人需要关心，男人需要信任

男女相处，如果女人能以坦诚的心态面对男人，不让猜自己的心思，并且信任、理解男人，这样会让男人感觉欣慰，并会全力为女人创造幸福的生活。因为此时，男人的第1种爱情需求得到了满足。

反之，如果男人重视女人的感觉，关注女人心情变化，女人就会感受到爱和力量。她觉得，在男人的心目中有着很重要的地位。此时，女人的第1种爱情基本需求得到了满足。

女人需要了解，男人需要接受

理解并善于倾听女人的感受，会让女人心存感激。当然，这并不是要求男人非得对女人的想法和感受一清二楚。其实男人只要从女人的倾诉中，搜集尽可能多的信息，了解、体谅她真实的心境，女人第2种爱情基本需求就得到了满足。

当女人充满爱意地接受男人的一切行为习惯，而不是去试图改变对方，男人才会感觉到女人的爱。因为当他知道自己并不完美，女人不会对他实施改造，而是相信他可通过努力可以获得成功。当男人感觉自己的一切被女人无条件地接受，就满足了他的第2种爱情基本需求。

女人需要尊重，男人需要感激

如果男人能充分尊重女人的感受，处处在意女人的想法，而不是置之不理，女人会非常感激男人的宽容与体贴的。比如，男人记得给女人送花或庆祝结婚周年纪念日，类似的举动，使女人第3种爱情需求——男人的尊重——得到满足。

当男人得到女人的感激他认为自己的努力没有白费，从而大受鼓舞，愿意为女人付出更多心思。女人的感激犹如一剂“强心剂”，使男人浑身充满力量，产生更大的动力，也更加尊重他的伴侣。

女人需要忠诚，男人需要赞美

女人需要来自男人的忠诚，这就要求男人把女人放在优先地位，尽可能地满足她的意愿和想法，这就意味着女人第 4 种爱情需求——男人的忠诚——得到满足。女人将为自己拥有这么一个男人而自豪，从而提高幸福感。因为男人忠诚于女人看得比他的兴趣和爱好更为重要意味着他完全可满足其愿望。

女人的赞美对男人来说，是一种有效的激励方式。当男人被赞美时，意味着他的行为得到了女人的认可，因而心情会变得喜悦。有些女人不知道如何赞美自己的男人，其实，男人值得赞美的优点，涉及他的力量、幽默、坚毅、正直、诚实、浪漫、温和、理解、柔情等传统意义上的美德。女人，不要吝啬，去赞美你的男人吧。

女人需要体贴，男人需要认同

男人的体贴，是对女人自我感觉的肯定。面对女人“无理”的要求，如果男人不进行辩解和反驳，而是给予体贴安慰，女人就能感觉到男人的爱。这时，她的第 5 种需求——男人的体贴——得到满足。

每个男人都有一个英雄情结，尤其是成为自己女人心中的英雄。男人认为，只要女人认可他，就意味着女人承认自己的品质是高尚的。此时，得到认同的男人，便如释重负，也更易认同女人的感受。因为他的第 5 种爱情基本需求得到了满足。

女人需要安慰，男人需要鼓励

女人需要安慰，安慰让她感觉幸福，拥有安全感，深信男人的爱坚定不移。这在日常生活中主要体现为，男人经常向女人展示出关心、理解、尊重、忠诚、体贴的行为，女人渴望安慰的需求也就得到满足。

男人基本的爱情需求，是女人的鼓励。女人应该信任男人的能力，女人切记，不要在言语之间流露出任何不屑之态。只有这样，才能给男人勇气和希望。女人积极的态度，可使男人获得动力，成为真正的自我。他会回报给伴侣更多的爱、理解和安慰。

所谓的基本的爱情需求，言下之意，就是必须先予满足的爱的形式。与此同时，也不排斥其他形式。女人基本的爱情需求，对于男人也同样重要。意思是说，女人需要的 6 种爱的形式，不意味着男人与之无缘。人也需要关心、理解、尊重、忠诚、体贴、安慰。不过，男人首先需要满足其基本的爱情需求，这可为他带来最大的快乐。在此前提下，他才愿意接受其他爱的形式。

婚姻中的男女们，假如你不知如何更好地和异性交往，通过了解本文中 12 爱情基本需求，从而把握好对方的爱情需求，相信它可以大幅度改善你们的情感关系。

父母的爱是成就美好婚姻的一道力量

闯好父母反对这一关

在感情的路上，恋爱中男女分手的原因多种多样，不可否认，父母的意愿有时候起着决定作用。因父母反对而分手的恋情最让人遗憾，幸福，是那么近，可是又是那么遥远。我们的爱情，难道不能由自己做主吗?

其实，父母都是想看到子女幸福的，总结起来，父母反对的理由也无非是怕我们跟了那个人之后，以后的日子过得不好。当我们用事实和行动向反对的父母证明自己的能力和真心，相信，父母会改变看法，祝福我们的。

电视剧《我的美丽人生》在各电视台掀起了热潮。该剧讲述了女主人公王小早如何在男朋友金波的妈妈面前证明自己的能力和人品，最终让原本反对他们交往的金波妈妈接纳这个儿媳妇的故事。

王小早是从农村到城里来打工的小保姆，金波是名牌大学毕业的服装设计师，两个有梦想的年轻人在相遇、相识后坠入了爱河，可是金波的妈妈对他们的这段恋情是相当的反对，心想：“我儿子是名牌大学毕业的，怎么能找一个农村来的小保姆呢。”

面对金波妈妈的反对，王小早并没有轻言放弃，而是用自己的真心来证明自己对金波的真挚感情，她每天给金波妈妈做饭洗衣、料理家务，还让自己的哥哥帮金波妈妈修理电器，当金波妈妈意外受伤，自己更是加倍照顾，久而久之，金波妈妈对小早的态度发生了转变，但是对小早的职业还是不太满意。而在这方面，小早也对自己的事业有细致的规划，从保姆做起，一步步发展人际关系、树立口碑，最后在朋友的帮助下开了一家自己的家政公司，金波妈妈看到小早不仅人品没得说，还这么有能力，最终对小早这个儿媳妇欣然接受。

王小早通过一步步努力最终赢得了婆婆的认可。当然在现实生活中，我们和恋人的父母见一面不足以让其完全了解我们。对方父母依然不相信自己也是可以理解的。这时，不妨给对方的父母做一个约定，给自己一段时间，作出成绩来给他们看。在生活上，也要表现出对对方父母的关心，让他们感受到我们的孝顺。这也许会是一个很漫长的“战役”，所要付出的代价也很大，所以我们在争取一段有阻力的爱情时一定要作好心理准备。

有人说不被祝福的婚姻不是完满的婚姻，的确，如果自己的婚姻得不到父母的认同，确实是一个很大的心结。其实每个父母都希望自己的孩子在结婚后能过上比现在更幸福的生活，从这个角度说，闯好父母反对这一关并不是难事，只有证明自己有给恋人幸福的能力，大多数父母也就会欣然接受了。

新媳妇见公婆，要讲点策略

当男女双方感情进入到两情相悦的状态，通常会被恋人带去见对方的父母。一般男方的家长对女方的人品比较关心。他们大都希望自己未来的儿媳妇温柔、善良、勤快和能干，具有东方传统女性的美德。当然，准儿媳们也不必过于担心自己不擅长家常事务，只要新媳妇虚心请教，婆婆大多高兴给予指导。为了和相爱的人顺利步入婚姻的殿堂，并得到家长的祝福，新媳妇首次见公婆，说话做事还是要讲究一定的策略。

有的男方家长爱子心切，只要儿子喜欢，肯带回家来，那他们简直把新媳妇跟神仙似的捧着。对于这样的家庭，虽然是初次探访，说话时也可以活泼、有趣一些。

“伯父、伯母，我初次来访，你们就把我当闺女一样对待，真让我好感动！”

“自从我和富康谈恋爱以后，他就多次说到你们如何好，真是耳听不如眼见。也怪不得富康说你们好，你们太宠他了，小心把他惯坏了。”

“他曾说过我不如伯母对他好，看样子我还真比不上您的细心，瞧您，吃完饭碗都不舍得让他洗，来，我来帮您吧！”

从上面的例子可以看出，新媳妇可以很自然地使自己成为人家家中的一员，相信对方父母不会拒绝这样热情、懂事的儿媳妇。如果女方找了一位年龄跟自己相差较大的男子做恋人，那么当新媳妇去拜见他的老父老母时，或许会因为他们不大信任而冷淡自己。不必沮丧，不要气馁，因为这是人们很正常的心理状态，新媳妇完全可以用言行让他们感受到自己的诚恳和可信，而千万不要恃小撒娇，惹得他们反感。

“伯父、伯母，你们好！二老身体都还很健康吧，看上去挺硬朗的，也挺精神的，比我想象的要年轻许多。我过完年要到深圳去一趟，你们需要什么尽管说，不要客套！等我什么时候有空闲给你二老一人织件毛衣，我织毛衣的水平还可以，克正身上的毛衣就是我织的，伯母您觉得怎么样？我什么家务活都会干的，所以你们有什么需要我干的，就让克正叫我好了。”

不管对方父母的态度如何，新媳妇都能客观、冷静地对待，这多少包含了对他们儿子的爱，所以他们很快会接受并容纳这个新媳妇的。

有些男方家长本身不善言谈，他们已经习惯了家里面的安静气氛，对什么事情都不会喜怒形于色，就算是未来的儿媳妇上门拜访，他们表面上也不过是多了个客人而已，但在心里面，却在细细地对你评头论足，所以你要作好充分的思想准备来抵挡他们那看似淡漠，实则探寻究竟的目光。

事实上，新媳妇在言谈举止上只要得当，大都可以赢得公婆的认可的。一句话，新媳妇见公婆要表现得既传统又现代。

所谓传统是指他们在做饭、端菜时要主动抬手帮忙；尽量避免纵声大笑、高声喊叫或当着他们的面跟男友亲热；更不可当众训斥男友或者耍性子、任性、撒娇、生气等。所谓现代是说表现出自己年龄的活泼和开朗，能让他们感受到自己的青春气息和色彩，既端庄大方又活泼快乐，表现在说话上要口齿清晰、表情温柔、略显羞涩，并对他们尊重有加。

总之，一个女性最优秀的品德就是宽容大度、和颜悦色、端庄开朗，如果具备这些优点，那么任凭什么样的家门都能叩开；任凭什么个性的父母的心都能打动。

婆媳和睦黄金法则：真心换真心

妻子在过门前都是与亲妈生活在一起的，有直接的血缘关系，感情之深自不必说。有些妻子可能这样认为：我是由我爸妈养活这么大的，过门前公婆也没有给予我什么，我有必要对他们那么好吗？但是妻子不要忘了，丈夫是婆婆“十月怀胎”生下，并且费尽心思把他培养成人，让他娶了你这个媳妇，而你将要和他们的儿子生活一辈子，你不孝顺他们，他们儿子心里能愿意吗？何况，女儿是妈妈心里的小棉袄，可丈夫也是婆婆的心头肉啊！

尊重婆婆，就要理解婆婆的内心世界，看到婆婆值得让你感动的一面，宽容她的“小毛病”。与婆婆时常亲近，你会发现婆婆的许多做法会让你感动不已。

王青是一家证券公司的员工，公司里的许多同事都跟她谈起过婆媳间相处难的事情，但是她却怎么也无法把这些事情和自己联系在一起，她总是这样说："我是一个幸运的人，因为我有个善良的好婆婆。"

王青这样评价自己和婆婆的关系：婆婆虽然没有钱，也没有文化，但是她身上具有中国妇女的传统美德——勤劳善良、艰苦朴素、坚忍不拔。她把精力都放在丈夫和儿孙身上，确实诠释了中国的一句古话：男主外，女主内。她这一辈子很辛苦，很不容易。

王青开始和婆婆相处的时候，的确感到一些不适应。王青说："我妈妈是属于有文化的人，我们在一起有许多共同语言，代沟也不大明显；而和婆婆在一起的时候，经常是一天也说不上几句话。我知道婆婆也不习惯，但我们都在尽量掩饰这种尴尬，彼此都很客套。说实话，那时候，彼此的心是提防和试探的。后来因为一件事，让我和婆婆之间的心理距离缩短了。"

王青的婆婆从小就失去母亲，和父亲生活，虽然家里很富有，心里却感到很孤独，于是就开始吸烟，到现在已经是近40年的老烟民了。可是因为小孙子的出生，她不再吸烟了。这对于一个老烟民来说是很难做到的。王青曾经看到婆婆为了戒烟狠狠打自己的嘴巴，这对她的震动很大。自然而然的，就把婆婆看作自己真正的亲人，那种疏远的感觉仿佛忽然就消失了。

"和公公婆婆相处的这些日子，我发现老人真的很容易满足，你只要稍稍用点心。他们要求的，是精神上的，并不是物质上的。公公婆婆爱听戏曲，我和老公就陪他们看戏曲频道；婆婆喜欢看小品，就买小品的光碟给她；早晨上班前说一句'妈，我走了'，下班时说一声'妈，我回来了'。"

王青孝敬父母的举动也深深感染了孩子。以前孩子吃过饭后，扭头就去看电视或出去玩耍，现在却懂得帮助妈妈收拾碗筷，家里有好吃的东西，孩子知道要先给爷爷奶奶和父母吃，甚至大人身体不适，孩子也懂得陪伴左右，嘘寒问暖。

一个聪明的妻子能够懂得：孝敬并尊重父母，不但是在弘扬美德，锤炼自己的人格，也是为自己的将来打基础。因为“多年的媳妇总要熬成婆”，设身处地想一想，有哪个婆婆不喜欢真心对待自己的儿媳呢？所以，媳妇真心对待婆婆，也一定会收获婆婆的爱护。

常往婆婆耳朵里吹暖风

在家庭生活中，婆媳关系是最微妙，也是最难处的。当这种特殊矛盾被激化后，为了平息“战乱”，说话必须讲究技巧，聪明的女人总是用“暖风”吹得婆婆找不到北，又能维护自己的观点。

张华和李红夫妇平常住在单位，只有周末才回张华家。张华是独生子，母亲特别宠爱儿子，时常挂念儿子，但是老观念使母亲认为家务事是女人的活儿，女人理应照顾好男人。

周末小两口回张华家，婆婆当着儿媳妇的面说，怎么又瘦了，是不是在家什么事都你做，吃得又不好，等等。儿子低着头不知道怎么回答才好。

婆婆的意思很清楚，是责怪儿媳妇没照顾好儿子。

机灵的李红赶忙上前拉着婆婆的手说：“妈，是我不好，这段时间单位加班，太忙了没有照顾好他，都是我不好，您放心吧，从明天起，我给他增加营养，让他尽快地胖起来。”

第二个周日，小两口一回到家，李红就拉着婆婆的手说：“妈，这周我给他做了五顿肉，鸡蛋、牛奶是每天早晨必不可少的。可他好像还是原来那个样子啊，妈妈，您有什么好法子啊？”

婆婆听了儿媳这番话连忙说：“他就是这副德行，吃人参也没有用，可能是祖传的原因吧！瘦得像只猴子，你看他爸不也这样。”说得全家一阵大笑。

面对婆婆的责备，李红并没有与之争吵，而是主动向婆婆承认自己照顾不周，与婆婆进行沟通，从而有效地避免了婆媳矛盾的激化。

李红固然是一个聪明的儿媳，懂得如何与婆婆交流，如何说好婆婆才爱听。可有些儿媳，在自己母亲面前可以说个不停，与婆婆却无话可说，两人之间总感到别扭。要改变这种状况，儿媳妇要学会主动热情，在婆婆耳边多吹点“暖”风。

首先，“妈”字不得太吝啬。

儿媳的一声“妈”，能给婆婆带来无限温暖。有些儿媳惜字如金，“妈”字从不轻易出口。但也有一些儿媳，学孩子的口气，称婆婆为“孩子他奶奶”。如果能把拉家常和称呼连接在一起，效果就截然不同了。你也可以这样说：“妈，这几天天气变得挺冷的，您穿得太少了，别着凉了啊。”“妈，您眼神真好！这么细的针都能穿。”

其次，有些老年人社会交际较少、在家养尊处优，整天把自己禁锢在一个小的范围内，他们很想知道家门以外的一些新鲜事。聪明的儿媳就会借此机会与婆婆沟通，掌握婆婆心理，为处理婆媳间的关系打下坚实的基础。

像对待上司一样对待婆婆

婆媳关系也许是世界上最微妙和难处理的关系。她们爱着同一个男人，也分享同一个男人的爱。她们分别影响这个男人前半生和后半生的生活。丈夫、婆婆、媳妇是世界上最无聊、最琐碎的三角关系，很难掌控，近则不逊远则怨。这个三角中，婆婆这个角色非同小可，她是每一个要恋爱结婚的女人都要遇到的最重要也最难“摆平”的家庭成员。

若干年前，佳佳要结婚时，公婆提出要和他们共同买一处大房子同住，佳佳不愿意。佳佳是很爱丈夫，很想嫁给他，但是她想来想去认为，如果妥协，意味着放弃自己理想的生活和梦寐以求的生活模式，也就是放弃自己终身的幸福。那嫁给这个人还有什么意义？于是她对丈夫说，如果他坚持住一起，她必须选择跟他分手。现在他们在婆婆家附近买了房子，这样既可以方便照顾父母，又避免了天天照面。

佳佳是聪明的，她明白不能试图和婆婆保持“零距离”。现在很多婆婆和媳妇都信奉距离产生美。子女在靠近父母的小区置业，平时有自己独立自由的空间，休息日、节假日到父母家热热闹闹客客套气。乖巧的媳妇在自己家可以是“野蛮老婆”，但在婆婆家要有一个贤淑样，要像对自己妈妈一样对婆婆嘘寒问暖。

要想搞好与婆婆的关系，还要注意不要在丈夫面前抱怨婆婆的不是。即使是丈夫首先开口说他妈妈不好，媳妇也必须坚持沉默是金的原则。婆婆和媳妇，好似一对矛盾共同体。作为儿媳不可能对婆婆没有意见，比如她对你教育孩子横加干涉，她过多地教育她的儿子——自己老公。可是媳妇只能把这些不满藏在心里。在这种情况下，媳妇一定要控制自己的嘴巴，记住丈夫当然可以畅所欲言，因为那是他的妈妈。为了安全起见，沉默原则应该推广到他的每个有血缘关系的亲人。收起对丈夫家庭成员的评论，这将会使家庭的生活顺畅很多。

另外，不要阻止丈夫对家人的付出。凡有责任心的男人，婚后依然会对大家庭有几分惦念。如果妻子想阻止这种牵挂，就会影响到自己的婚姻。聪明的主妇会理解老公的这种情怀，爱他就关心他的家人。不要试图让老公断绝和婆家的关系，他属于你，也属于他的家人。

不和婆婆争“醋”吃

现在，很多男孩都是独生子，母亲含辛茹苦地把孩子带大，好不容易盼他成了家，娶了媳妇，却没想到他“有了媳妇忘了娘”，似乎把所有的爱都倾注在了媳妇身上了。这样，作为母亲的，心里或多或少都会有些失落。

电视剧《婆婆来了》中媳妇小雅与婆婆一度关系紧张，其根源就是与婆婆争“醋”吃。婆婆二十八岁守寡，一个人就那么艰难地带着孩子，所受的苦可想而知。她把这辈子的精力几乎全投在儿子身上，也把后半生的幸福都寄托在了儿子身上，希望他能够孝顺，多为母亲着想。可是，当看到儿子甜蜜蜜地将媳妇接回家，前前后后围着媳妇转，不管是下意识的，还是不知不觉的，她都会觉得是这个与家里不相干的媳妇抢走了自己的儿子。她会在不知不觉中表现出对媳妇的不满，甚至会故意在一些生活的细节上追究，变得苛刻，故意跟媳妇过不去。而身为媳妇的小雅由于母亲早年离开，她没有与长辈相处的经验，不懂包容尊重长辈，对待婆婆的“挑衅”，会找各种各样的办法还回去。于是，这个家就在双方的争斗中不得安宁。后来，双方经过磨合，紧张的婆媳关系成为一对情深的母女。

作为媳妇，应该有一点年轻人的大度，多给予婆婆一些宽容，不要跟她争吃老公的“醋”，要想婆婆不吃醋。作为媳妇在日常生活要注意以下三点：

不要经常在婆婆面前与老公过分亲昵

新婚夫妻之间总是习惯了用一些亲昵的动作来表达爱情的甜蜜，最好不要当着老人的面，老人毕竟是老人，她们有着传统的思想，这就像在外人面前一样，和老公过分的亲热也是对别人的一种不尊重。妻子和丈夫在婆婆面前表现得过分亲热，容易让婆婆觉得儿子是“娶了媳妇忘了娘”，这是所有婆婆最大的心病。老公越是疼爱你，婆婆的失落感和忌妒心可能越强烈。

永远与婆婆同一战壕作战

一般来讲，婆婆很容易把媳妇看成“编外人员”，而心生隔膜，所以为了使婆婆早日接纳自己，媳妇必须要善待婆婆，全方位地使她感受到媳妇甚至比她亲儿子还要向着她。这是婆媳相处的重要一招，百试不爽！

有时不妨适当示弱

儿子是母亲的寄托和依靠，因此，当媳妇进入家门，婆婆会把媳妇视作“竞争者”，潜意识里会对抗媳妇的“入侵”。而这些，正是她心虚、敏感的表现，由此，她才会和媳妇斤斤计较，不肯示弱。

此时，媳妇不妨照顾一下婆婆的不良情绪，遇到一些明明是婆婆做得不好的事情时，媳妇尽可以大度一下，主动认错服输，等到婆婆心气顺了，也就过去了。

一般说来，到成家之前，儿子总是把母亲视为自己最依赖的亲人。但是，一旦儿子结了婚，有了自己的家庭，开始享受到夫妻之爱。而且，儿子在生活中遇到了什么问题，关心他的第一任务就交给了媳妇，而儿子也总是把生活中的酸甜苦辣更多地、更主动地向媳妇倾吐，把媳妇视为“第一参谋”。这时，做母亲的便会感到感情上受到了冷落，加上儿子成家以后同自己的接触较以前大为减少，做母亲的如果不理解，便会埋怨儿子“娶了媳妇忘了娘”，而把一肚子的怨气一股脑儿全发泄到媳妇身上。

总之，真正懂得婆婆心理的女人一定会理解婆婆的这种吃醋，媳妇唯一要让婆婆感觉到的就是：自己不会夺走她的儿子，而是有了自己，能让她的儿子过得更幸福。相信真心为自己儿子好的婆婆们，感受到了我们的真心，一定不会再吃我们的醋了。

过节了，到底回谁家团圆

对于已婚夫妇来讲，过节该去谁家团圆，确实是一个棘手的问题，尤其是新婚夫妇，享受这甜蜜婚姻带来的幸福的同时，相信他们内心也有一丝对父母的惦记，于是，当本该热闹喜庆的节日到来的时候，小两口却为去谁家过年而争吵起来。

新婚不久的小苏和妻子小玲就遇到了这个问题。

丈夫小苏说：“大过年的，如果我们小两口不回我爸妈家过年，屋里就只有老两口，人家家里都喜气洋洋的，我们家里却冷冷清清的，一想到这儿，我心里就不舒服。难道结婚以后，真的就难以兼顾父母了吗？”小苏还说出了自己要求回自己爸妈家过年的原因：“按照中国传统，女方嫁入男方家，就应当以男方为先，过年当然是回婆家啦。再说，如果让街坊邻居知道了我过年没有回家吃年夜饭，他们一定会在背后说三道四，不是说我不孝顺，就是说我怕老婆没出息，那我还有什么面子？”

妻子小玲也有自己的看法：“现在都21世纪了，提倡男人应当有绅士风度，凡事要讲究女士优先。男方应迁就女方，回娘家过年。连这么点小事都要斤斤计较，还怎么彼此宽容地过一辈子。”小玲还说，每年过年都是所有亲戚一起吃年夜饭是一家人多年以来不变的习惯，每年除夕晚上都非常热闹。去婆家，一共只有四个人，一点都感受不到过年的气氛。“说得难听点，爹妈养了我二十几年，如果以后连过年回家吃团圆饭的权利都没有了，那我就离婚。”

小苏和小玲都表示想让对方让步，而且他们两口子也不想为了这个事情影响感情，可是双方还是都不肯让步，现在他们只要碰到结婚的熟人就请教他们是怎么解决这个问题的，原本应该和和气气的年，也因为这个问题而变了味。

那么，到底应该怎样解决这个问题呢？我们不妨来看看下面这几对夫妻是怎么解决的：

解决方式：把父母接到一起过年

丈夫小王是河北人，妻子小张是天津人，两人一毕业就来北京打拼，现在经过几年的奋斗，他们在北京也成了有房有车一族，每逢过年，他们就会把父母接到北京，一家人和和美美的过上个大年。小王和小张一致认为，采取这样的方式过年，既不会每年临近过年就为了过年去哪家吃年夜饭而吵架，两家人家一起吃饭也会更热闹，感情也会更好。

解决方式：轮流回婆家和娘家

丈夫小李和妻子小黄都是北京人，父母也都在北京，这可比那些夫妻二人的父母分在不同城市的夫妻更容易解决这个问题，可是这对80后的小夫妻也没少为这个事情吵架，最终，他们的解决方式是轮流回婆家和娘家，也就是如果去年在小李家吃的年夜饭，那么今年就在小黄家吃，明年就又转战到小李家，以此类推。

小两口对这样的解决方案还是比较满意的，他们说："我们都觉得这样做对双方的家庭都挺公平，两个人的心理也不会有什么不平衡。"

关于过年去谁家团圆这个问题，还是得根据自己家里的情况而定，其实，中国人的家庭意识很浓烈，每个人都会把家视作自己的一部分，爱对方的家人也是两个人爱情的重要组成部分，如果你真的爱他，那么不妨在这个问题上退一步，相信一定会换来你们两个家庭的美满幸福。

只要家庭和睦，用点策略又如何

在家庭内部搞策略？相信很多女人看到这句话都会皱起眉头，发出疑问。因为在她们的观念里，家人就是自己的亲人，对自己的亲人怎么能"耍心眼"呢。应该一是一、二是二，有什么说什么才对。其实不然，在家庭内部要点策略并不见得是坏女人的"招数"。相反，很多时间，这是让家庭更加和睦的灵丹妙药。我们来看一下聪明的赵雪是如何做的。

去年结婚的赵雪，很善于经营婚姻。自结婚以来，她从来没有怠慢过小姑子的生日——去年送了名牌钱包，今年又送了高档护肤品。别人都问她，你对小姑子的生日那么用心干什么？她回答说，那都是为了生活更和谐而进行的投资。原来，赵雪结婚后很快就发现：婆婆是个优柔寡断、耳根子软的人，小姑子却是一个性格强势的人。赵雪与小姑子搞好关系后，赵雪和婆家的关系果然和她预想的一样和谐。在大部分家庭里，若稍有疏忽，小姑子和嫂子之间的关系，很有可能比婆媳大战还令人头痛。但是，在赵雪家里，婆婆要是对媳妇稍显不满，小姑子就立刻站出来帮赵雪打圆场。

赵雪也在公司上班，他们家的生活费使用老公的工资支付，她自己的工资却都存起来。虽然一家人的钱怎么花都一样，但是，她说，自己存折里的大笔存款都是准备买房子的。每当她老公听到她描绘将来的美好前景时，都会说“用你辛苦赚来的钱”云云。

赵雪的做法虽然不是很完美，但是，她给家人留下了顾家的印象。平常她都在外面下馆子，周末还会睡个大懒觉。但是，至少周末的午饭，她还是会好好准备一番的，而且准备的饭菜都是老公喜欢吃的，尽管这些午饭都是用从外面买来的半成品材料做的。她老公也知道，在这顿午饭中只有米饭才是赵雪彻头彻尾亲自做的，但是，这满桌好吃的饭菜至少看着舒服呀。她老公吃得津津有味，还说“还是家里的饭好吃”。

有人问她，平时工作那么忙，什么时候打扫家里卫生呢？

她回答说：“我不怎么打扫，每天擦来擦去也看不出来什么名堂。即使偶尔打扫，也要挑老公能看到的时候做。我不做白干的事。”

赵雪就是这样把自己成功包装成“在外面工作给家庭收入作贡献，又尽全力做好家务活”的媳妇。但是，这“尽全力”的标准很模糊。做到完美是不可能的，所以肯定要挑重点做。评判标准是因人而异的，赵雪的高明之处在于，她只挑那些能够给人留下“全力以赴”印象的事情做，其结果也跟她的预想一样。可是，家务活还是摆在那里的，谁来做？赵雪的情况是，她老公深受感动后挺身而出，帮她完成家务。

像赵雪这样，在婚姻里，学会花一些心思，用一些策略，并不是什么应该批评的事情，相反，这是一种很有技巧的婚姻方式。因为婚姻和恋爱是一样的，它也需要身处其中的人的维护和保修。这种心思或许刻意，但是也表现了我们对待这份关系、感情的重视和珍惜。而当我们肯用心付出时，别人难道还能对一份完美的婚姻、优秀的爱人提出什么异议吗？

孝顺父母无亲疏之分

公婆是丈夫的父母，丈夫也同样有对父母的孝心。要想当一个好媳妇，就应该多为公婆着想，不能对待自己的父母像“活雷锋”，而对公婆像“周扒皮”。

宋冉正为一件事情烦恼。据她说，她婆婆心眼儿十分小，脾气相当大，动不动就爱训斥人。刚结婚时，她们经常吵架，有时一生气，她就收拾行李回娘家住，任凭老公屡次催她回家，她也不想回去。现在生了宝宝，她觉得老跟婆婆这样“对抗”下去也不是办法，一家人不好好地过日子，却因为一些不大不小的事情大动肝火，真是不值得。而且，宝宝慢慢长大，家庭气氛的紧张，哪怕是偶尔的不好，对宝宝的成长来说，也是很糟糕的。她现在真不知如何是好。

在媳妇的眼里，婆婆很少有对的。其实，每个人到年老的时候，都会格外的爱唠叨，爱管闲事。年老的人思维就是与年轻人不一样，他们开始变得任性，变得固执，他们希望得到孩子们更多的关注，更多的宠爱，于是很多人老了老了，行为却像一个孩子，一点也没有了年轻时代的韧劲和霸气。

不要总是将挑剔的眼光放在公婆的不是上，多给予他们一些体谅和关怀，才能消除与公婆间的隔阂，才是丈夫心目中的好老婆。

一个好老婆应该知道，在丈夫的心目中，他的父母绝不会亚于他心目中的自己。如果妻子对公婆不好，丈夫也许不会说什么，但是他的心里一定会觉得不舒服，甚至在感情上觉得妻子是在无理取闹或是不可理喻。所以，一定要好好对待他的父母。不要总是只想着自己的父母，有一点好吃的，赶紧给自己的父母送过去，有一点好用的，也赶紧往娘家送。好媳妇应该对公婆同样的关心和爱护。

孝顺公婆嘴巴要甜一点，行动勤快一些，家里一旦争吵起来，不仅公婆生气，更重要的是自己也生气，大家剑拔弩张的，何必呢？还不如公婆生气时我们态度好一些，虚心接受，婆婆消气了我们再把我们的意见恰当的发表出来，这样不仅关系融洽还会解决问题。

我们要用自己的实际行动表达我们对公婆的爱。我们的父母养大我们不容易，同样公婆养大自己的老公也不容易，我们懂得孝敬自己的父母，爱老公的父母也是理所应当的，这样老公也会爱我们的父母，才会使我们的生活处处充满爱。

人和人之间的相处都是将心比心的。还记得电视台播放的媳妇给婆婆洗脚的公益广告吗？看到妈妈那样做，孩子就会刻意地学习，于是也给妈妈端来了洗脚水。家庭教育至关重要，你的孩子也在把你当成榜样。试想，自己也有老的时候，那时儿女孝顺，岂不美哉！

第三章
分手要靠智慧

分手不难，关键在收放和取舍的智慧

提前识破分手预兆

曾有一句话说“恋爱中的人，智商为零”。陷入情网的人们往往会请朋友指点迷津，“我们现在的情况是这样……是不是完了？”这是因为当局者迷。那么，如果对方真的变了心，不再爱我们了，我们从哪些方面找到蛛丝马迹，及时察觉呢？

首先，对方的目光不再停留在我们身上。

从什么时候开始，对方不再对我们的新衣服啧啧称赞？发型换了，香水换了，都被对方茫然的眼神忽略。这时候我们就要开始思考对方是不是在酝酿分手了。

其实，仔细观察对方是否对我们的外表视若无睹，含情脉脉的眼神没有了，手持玫瑰花在楼下迟迟等待的那个人不见了……

如果这些现象出现，我们就要提高警惕了。但是如果两个人的关系稳固到不需再有激情来点缀，那就不需要追究这些细节，但这两者之间的差别我们还是要分得出来。

其次，如果对方开始频繁使用如下词语：“我很忙”“最近真的很烦”“我哪都不想去”……那么此时，对方已经失去了和我们相处的兴趣。

爱丽前男友第一次加班到12点才回家，是在他们分手的一个半月前。那天正是爱丽的 生日，她在家等了整晚，等来的不是男友为她切生日蛋糕，而是一个敷衍的电话和一句例行公事的“我爱你”。那时候爱丽很单纯，相信男友这样为事业打拼，正是对将来负责的表现。但是接下来的两个星期，甚至周末，男友都没有出现。爱丽打男友的电话时常占线，有时打通了也是说不上几句就借口要开会或“在忙”就匆匆挂电话了。当这些借口都被用得不新鲜时，男友开始直接用三个字解答爱丽的一切问题。“不想去”“不想动”“不想说”。就这样，一直到他从爱丽的生活中彻底消失。

突然频繁地加班，莫名其妙的烦忧，都可能是对方想摆脱我们的借口，之所以不明说，可能是因为对方还不能理直气壮面对我们的指责。拆穿类似谎言很简单，如果是加班，可以以关心对方为名打电话去办公室问候一下；如果真的很烦，那我们作为对方最亲近的人，总是可以分担一些的；等到对方不再找理由的时候，我们就该给自己喊停。收拾好我们的心情，去寻找另一段美好，不要再为不属于我们的感情浪费时间了。

最后，对方的生活计划中没有了我们的存在。

当对方开始制订很多新计划——事业上的、生活上的、储蓄计划、减肥目标，各种各样，唯一的共同之处是——这些计划里，都没有我们的存在。所以在对方开始实施新的计划时，我们要做的就是转身离开。

安妮和男友在一起已经三年，双方家长都已见过面，两人到了谈婚论嫁的地步了，并且确定为结婚共同买一套精装修的小户型房子。

就在这时候，安妮的男友突然开始兴致勃勃地制订一系列的新计划：要在半年内减重 20 磅，五一节的时候去马尔代夫玩一次，两年内升到部门经理的位置，3 年内储蓄到 50 万，然后就自己辞职创业，开家小公司。但是安妮很疑惑：男友安排去马尔代夫，选的是自己工作最忙的时间；而且男友以前一直都说男人胖点说明女友做饭的手艺好，怎么突然要减肥？最不合情理的是3年储蓄50万，本来手里的股票债券加起来，也有二三十万，但那是要用于付房子首期款的，每个月还有按揭，怎么可能节余那么多钱？答案很快就揭晓了，在要付房款的时候，男友却以钱存了银行定期为由让安妮一个人付首付。事已至此，安妮果断地撤掉了购房意向书，也与男友提出了分手。果然没几天，安妮听别人说看见前男友和另外一个长发姑娘亲昵地走在街头，明显是交往颇久了的感觉。

这样的人凡事只为自己打算，碰到这样的人，我们应该当机立断，离开得越快越好。

总之，分手的原因多种多样，表现方式也不同，我们不要让对方已经对自己心灰意冷时，还蒙在鼓里不知情。

分手也要讲风度

恋爱当中，分分合合在所难免，对于不如意的恋人，该分手的就潇洒地分手。不过，分手前你必须考虑周全：分手理由是必不可少的；他可能出现什么反应，会不会走极端；如果他死缠着不放，你有什么退路？

以下几个诀窍，让我们在和恋人分手时不失风度：

找到恰当的分手理由

分手的理由，有些是不能直接和对方说的，比如粗鲁、缺乏温情、缺乏女人味、心眼儿小、不性感等。如果觉得他人还不错，但做不了恋人，可以温和委婉地想个理由，不必伤害对方。万一对方性情暴戾，很要面子，则很可能走极端，威胁我们的人身安全，我们应根据具体情况想个万全之策。

另外，为了不给对方任何遐想的空间，分手的理由必须短而有力。切勿因为害怕对方而犹豫不定，以免使对方误以为还有转机。

小芳不爱她的男友了，却不好意思直说。一天男友请她吃饭，她犹犹豫豫地说："我们性格不合，将来……"还没等她说分手，男友嬉皮笑脸地说："我完全可以迁就你，接受你的性格改造，请相信人是会改变的。"小芳无话可说。结果这段不如意的感情，又拖累了她半年多。

谨慎地选择分手地点

如果对方情绪容易失控，在听到我们说要分手时可能会动拳头，那么我们要谨慎选择分手的地点。最好选择对方工作单位的门口，或是大商店门口和十字街头。这些地方人流较多，又有警察保安巡视，可避免对方情绪失控对自己造成伤害。

杜娟决意与男友分手，她选择与男友第一次会面的地方——一个视野很好的街心花园。她认为这个地方很安全，但是，她忽略了这里是他们有过浪漫情节的地点。结果，她提出分手后，男友苦苦相求，他借景生情，谈及他们以往的甜蜜时光，使杜娟无法当机立断。

分手的地点可能比分手的理由更需要精心考虑，因为任何人都很难接受在感情上被拒绝。

正确把握分手时机

同样，分手的时机也很重要，一定要把握好。我们首先要弄清楚对方目前的状况：对方正处于生命中的哪一阶段？对方是否正专心于事业？如果分手对对方有什么影响？假如我们是因为对方感情旁移而离开他，那就无所谓时机。如果不是这样，而对方又面临被公司解雇或其他危险，这时我们最好暂缓分手。我们可以先疏远对方，待对方重新站起来时再离开。如此，既有大家风范，又避免对方再缠着自己。

如果我们在对方事业处于低谷、经济拮据、情绪低落时提出分手，对方也许会认为生活对他已无意义，会把满腔愤恨汇集在提出分手的恋人身上，失去理智的人，很难想象会做出什么事情。

根据对方不同性格谈分手

对有教养又有帮助的恋人，可以直接对对方说："我们做恋人不合适，还是做好朋友吧！”

对无危险又无做朋友价值的恋人，可以工作忙为由疏远距离、淡化感情，让对方自己醒悟，然后跟对方说：“我们没有那个缘分，还是分手吧。”

对那些霸道、不讲道理的恋人，分手时一定要当着介绍人或长辈的面，并且果断地提出：“我们不要再见面了。”不必把理由说得太细，如果对方进行威胁，我们可以警告对方将要诉诸法律，同时暂时以出差、走亲戚、旅游为由离开一段时间，使对方有一个感情冷却的过程。另外，也可以把这种威胁告诉对方的父母和朋友，请他们好言相劝。但是，一般不能和对方的单位领导说，这样会更加刺激对方的情绪。

对于曾经相爱的两个人来说，爱是最美好的记忆，爱过了，曾经拥有过了，就要学会知足，何必为难对方，让曾经的美好变了味道。回忆是美丽的，让我们珍藏走过的轨迹，握紧现有的幸福。

敢爱也要会分

对女人来说，与男人分手这种事，做得好是格调，做得不好那就是层次问题！你想让他怎么回忆你呢？

让他以后一想起你就觉得愧疚？失败！因为他的潜意识里认为占便宜的是他。让他以后一想起你就觉得分手是种解脱？失败！你在他心里的人际价值为负。让他以后一想起你离开他就愤怒？失败中的失败！那么多年的感情付出，居然最后落个“残忍”的评价。

那么，怎么才算是有格调的分手呢？这么说吧：分手的目的绝不仅是离开他，并且还要让他记住你的好、你们的好……这才是分手的艺术。

首先，你要理性。对事不对人，分手只是对你和他关系的否定，而不是否定他本人。没人会对一个否定自己的人心存美好回忆的，是不是？相反，越到分手的时候越要肯定他的好，还要对他周围的人肯定他的好。一个在分手时还想着保全男人尊严的女人，对任何一个男人来说都是宝。

其次，你要大度。过去的一切，无论谁对谁错，都过去了。告诉他你没有因为和他在一起而后悔，你们的经历是你珍贵的回忆。表情要真挚，语调要哀怨。

再次，你要体贴。尽管分手是你主动提出的，但是你还要体贴。叮嘱他晚上加班要记得吃热夜宵，别老啃汉堡；喝酒不要过量，酒后不要开车：以后一个人了，记得按时吃药：那件黄色西装已经熨烫好了，挂在衣柜里面……

最后，你要坚定。坚定而不失平和，温柔但保持原则。你是来分手的！切忌在他脆弱的挽留下回心转意。别说“其实我还没想好”，分手这种事儿一定要谋定而后动，如果没有考虑好，千万别出手。出尔反尔只会让他觉得你是在以退为进的要求什么，以分手为威胁来让他就范，性质之低劣等同于“一哭二闹三上吊”。

有很多人在和曾经的爱人分手时，一定要争出个孰是孰非，习惯于相互伤害到体无完肤、精神崩溃，可能这样确实更过瘾也更真实，但是彻底地没格调，不适合时尚女人！毕竟，每一段感情都是缘分，我们从中得到更多的应该是回味而不是怨恨。

分开后，应该把对方置于什么位子上

当两个人分手后，曾经让我们日夜牵挂的那个人已经成了过去时，那么我们真的放下这段感情了吗？结束一段恋情并不可怕，大多数人都曾经遇到过，但是分手后我们知道该把对方放到心里的什么位置？是一个念念不忘的情人、是一个知心朋友还是一个不愿再想起的人？找到答案就意味着我们可以洒脱地继续上路，准备好迎接新的爱情。

如果两个人再也擦不出火花，不妨把对方当作好朋友

已经不再是恋人了，我们和对方在一起的时候，关系更像兄

妹，而不是爱得天昏地暗的恋人。听说对方有了新男（女）友，我们不会吃醋，而是会替对方高兴。对方像对待每一位朋友一样真心对待自己，我们可以跟对方谈论生活的任何事。

这样的前男（女）友很可能会发展成我们的“好朋友”，特别是我们和对方之间不再能擦出火花。即使失去了爱情，我们依然可以互相享受对方带来的友情。另外，对方仍然记得你的良好品性，当我们需要对方的时候，他（她）还是会出现在我们身边，给我们支持。

但因为我们和对方太熟悉彼此了，所以很有可能我们会拒绝结识新的男（女）友，我们或许会认为重新了解重新适应这个阶段太累人，还是和对方在一起比较舒服。于是，这就成了一个阻碍。所以一定要记住：对方只是我们的好朋友，而我们的真爱就在不远处。

如果对方对我们有帮助，不妨当作熟人

我们和对方互相关心，但并不需要每天汇报。对方身上有让我们放不下的因素——比如说职业关系或者事业指导等。在感情上我们离得开对方，分手后我们总有些后悔，但再见面后我们又明白了自己当初为什么离开对方。

结束一段恋情并不容易，通常很让人撕心裂肺，但离对方远一些，彼此远离对方的生活，有助于我们冷静下来，看清楚对方的真实相貌。远远地看着对方，我们就会发现原来对方也只不过是个普通人，恋爱时的那些光芒已经褪去。

于是，我们可以坦然地把对方当作熟人，隔几个月见个面吃顿饭，有好玩的事会想着告诉对方，这就够了。

如果对方在扰乱我们，不妨把他（她）彻底从心里抹掉

想到对方现在可能有了新男（女）友就会让我们撕心裂肺。实际上，仅仅想起对方也一样会让我们伤心。为了掩饰自己想要见对方的想法而对朋友说谎，因为我们知道朋友肯定会反对。上

班时，和朋友们在一起时，甚至和新男（女）友在一起时，我们还是会常常想起对方。其实，我们要清楚，有些人和我们在一起会让我们自己折磨自己。如果我们发现以上任何一条符合自己现在的状况，那么趁早让这个折磨人的人从我们心里走开。但困难在于，越是这样让我们痛苦不堪的前男（女）友，我们就越难和对方划清界限——因为对方已经在我们的心底烙下了深深的印记。

而对方矛盾的处世风格让两个人分手后的关系更微妙：也许对方会一个星期以来每天都给自己打三个电话，也许下一个月又突然不见了踪影。我们的心被对方牵得忽上忽下，越得不到就越渴望，而这正是对方想要的。

有时候对方的所作所为并不是为了折磨我们，而是对方离不开被我们爱慕的感觉。对方需要通过我们的感情来证明自己的价值，但与此同时，对方却不会为你做什么。

总之，不管两个人分手后的关系如何，是朋友也好，是陌生人也好，我们要明白，过去的终究是过去，我们要做的就是以积极的心态面对新的生活，迎接新的恋情，而不是沉浸在过去的悲伤之中。

调整心态，看重自己

当男女双方的爱情走到尽头，没有生死离别的感动，更多的是对于对方的爱恨情仇。或许爱情本就是短暂的吧，惊鸿的一瞬，却成就了绚烂的永远，而爱情却也如同烟花一般，灿烂了一时，落幕以后，我们要以什么样的态度面对我们的新生活？

丽敏跟男友在一起三年了，为了男友她甚至把难得的出国的机会都让给了别人。但是她的真心却换来男友的分手，他跟丽敏说："我不爱你了，我爱她，她也爱我，你是我曾经的最爱，可是现在我对你已没有感觉了。"一向坚强的丽敏病倒了。接下来的日子丽敏天天梦到前男友，晚上梦白天想。丽敏不想背负着这样的回忆开始新的生活，但是她忘不掉前男友，也看不到希望，为此丽敏在短短的几个月里变老了很多。

付出真心换来对方变心，的确令人很难受。然而极为难得的，我们即使心如刀割，却心中无恨，体现出我们的善良，以及巨大无比的真爱能量。现在我们该做的，不是沉浸在分手的悲伤中不能自拔，而是应该将这份爱的能量转个方向，回过头来好好爱自己。也就是说，从现在开始，生命中的主角不再是他，我们才该是自己生活中的最佳主角。

那么我们应该怎么调整心态，以减轻失恋带来的负面情绪呢?

首先，遇到心情不好的情况的时候，喝一杯白水，放一曲舒缓的轻音乐，闭上眼睛，回味身边的人与事，对新的未来可以慢慢地梳理，既是一种休息，也是一种冷静的前进思考。

其次，不论在任何条件下，自己不能看不起自己，哪怕全世界都不相信我们，我们一定要相信自己，因为有一句话，如果我们喜欢上了自己，那么就会有更多的人喜欢我们。

再次，保持乐观。学会调整情绪，尽量往好处想，很多人遇到一些事情的时候，本来可以很好解决的问题，正是因为情绪的把握不好，让简单的事情复杂化，让复杂的事情更难。分手了，我们要冷静地分析这个问题，很多时候并不是我们做得不够好，而是对方不知道珍惜。另一方面，分手了，也许有更美好的一段恋情在等着我们。

最后，珍惜身边的人。在失恋的时候，因为心情不好，我们不知不觉会在语言或行动上对周围关心我们的人造成伤害。这时，我们要尽量控制自己的情绪，控制自己的语言，以免伤害到自己亲近的人，这样不仅让自己心情太坏，也让场面更尴尬。珍惜现在身边的一切。

失恋并不可怕，关键是我们要调整心态，看重自己，心态调整好了，我们就会发现幸福就在前方不远处等着自己!

忘记前男友有绝招

在现实生活中，大多数人在分手以后内心都充满了矛盾和痛苦，而且没有办法控制自己的情绪。痛苦的时候，越想着控制就越痛苦，所以我们要尽量学会调控。

以下方法也许能够帮助失恋的女人们缓解内心的痛楚。

心理催眠

不合适的感情，拖延下去只有更痛苦。通常情况下，女人在提出分手的时候很坚决，可是一旦真的分手了，就开始自我烦恼起来了，觉得如果自己放弃一些原则，或者作一些努力，感情还是可以挽回的。有时候，尽管错的不是女人，可是分手之后女人也常常会为对方找借口，觉得当初可能是错怪对方了。这样的心理会让我们一直处于矛盾和内疚当中，心里总想着他，留恋着以前的感情，所以会变得更加痛苦。

既然感情已经走到边缘了，就不要再回头看了。我们需要做的就是时刻提醒自己，对方是不合适自己的。时间长了，痛苦的内心也就被催眠了。

清除回忆

感情的复杂性在于它的难控制，尽管我们很想忘掉，可是经过一起走过的街道，或者到了某些有特殊意义的纪念日的时候，常常会不自觉地想起他。想他的时候，就如同自我麻痹了一样，以前的温馨总是能弥补现在的伤痛。但是不管我们怎么找借口，怎么自欺欺人，他也不会回来了。我们的行为，只会加深自己的痛苦。

清理物品

见物思人是人之常情。他的每一件东西都可能勾起你的回忆，唤起你对他的思念。因此，要把与他有关的所有物品都清理掉，即使是想要保留，也要放在一个平时看不到的地方。

保持距离

离开我们和对方以前经常去的地方，停止自己对他的关心。如果我们暂时忘不掉他，那是很正常的。但是，不管发生了什么情况，都不要给他打电话，更不要约他出来。有些女人在分手了以后会变得格外脆弱，所以常常会找前任男友出来哭诉。其实，这对于自己一点帮助都没有，反而会让自己越陷越深。既然对方已经不想再给我们提供可以避难的肩膀了，那么我们又何必苦苦哀求呢？

自我控制

当人们的心理得不到满足的时候，就会产生失落的情绪。分手的时候，如果压制住自己的感情不去想对方，这个不太容易。可是如果我们从控制自己的行为入手，不再跟他打电话或者约会。即使是想念他，我们也要尽量的控制，比如我们可以转移注意力，看看窗外的风景或者找别人聊聊天。

自我发泄

当人们心理压力比较大的时候，容易暴饮暴食，这也是一种缓解压力的方式。所以，失恋的时候我们不妨去逛逛街，买一些漂亮的衣服，通过释放心里的压力卸掉精神上的负担。

自我升华

有时候，人们产生了欲望不能直接表现出来，就需要将想法变换一种方式来表达。失恋的时候，我们的心里会很痛苦，可是失恋总是有原因的，比如我们可能是因为不懂得经营感情，或者哪一方面没做好让对方嫌弃了，这个时候我们就要化痛苦为向上的动力，尽量弥补自己的不足，让自己逐渐成为一个完美的女人。

思想合理化

内心失落的时候，人们可能会否定对方以换取自己内心的平衡，这就是“酸葡萄心理”。如果实在避免不了内心的痛苦，可以适当地在心里说一些对方的不太优秀的地方，告诉自己他并不是最完美的。但是这种心理要适可而止，因为如果过度，可能会产生嫉恨等负面情绪。

自我转移

做一些我们真正关心和感兴趣的事情。从事我们喜欢的事情能够带给我们巨大的乐趣，从而补偿我们因失败的恋情而感受到的痛苦。

其实，失恋并不意味从此不能得到更好的，不能更幸福。失恋后，面对的将是更多新的选择，也许在这些选择中，我们便会得到一个更爱自己、更适合相依相伴一辈子的人。我们要做的就是忘掉那个曾经伤害过我们的人，去迎接新的恋情。要相信上帝是公平的，关了一扇门，也许就会为我们开一扇窗。

如何开始新的感情生活

在一段感情悄无声息地结束之后，我们的生活还是要继续，感情也不能一直都空白，但是有些人却迟迟走不出感情的伤害，很长一段时间都不能重新树立信心，开始一段新的感情生活。

31岁的时候，张萍和男友分手了。结束这段维系了八年的感情，是她的男友提出来的。他只说了一句“我爱上了另一个女人”，就不再说什么了。张萍不愿意结束这段感情，觉得他们一起经历了太多太多。以前，他出国留学，她一个人照顾着全家的生活起居，男友的父母身体一直不好，很让人费心。张萍为这个家付出了那么多，在最艰难的时候都没有分手，现在日子好过了，却要分手了。她觉得他不过是一时贪玩，被其他女人吸引了，等到新鲜感过了以后，他一定会后悔的。

道理说了一堆，但是他非常坚持。说到最后，他开始恶语相向，以最刻薄的语言刺激着张萍的自尊心。

尽管不愿意，但是张萍最终还是同意分手了。恢复单身以后，张萍告诉自己：一定要坚强，过去的事情就过去吧，不要再想了。可是，尽管一直在劝慰自己，张萍的心上依然有一道伤口，她想开始一段新的感情生活，但是她对男人的信任度已经降低了。“如果一直单身下去呢？”“或者我可以不结婚”……这样的想法总是在张萍的脑海里浮现。

像张萍这样受到过情伤的人，常常会有这样的顾虑：我怎么才能开始新的感情生活呢？不谈恋爱是不是我最好的选择？这些对于未来的提问，不管怎么回答，都可能演变成一种谬论。在我们抱定了单身的想法的时候，总是有一些适合我们的人在我们的眼前浮现。他们让我们看到了希望，看到了幸福。可是一旦我们改变了自己的想法，那些适合我们的人就好像人间蒸发了一样，让我们觉得曾经的幸福不过是一种假象，那些适合我们的人也不过是海市蜃楼。

感情的世界很奇怪，明明是相敬如宾的两个人，却很快形同陌路；整日吵吵闹闹过日子，两天一小架，三天一大架的人，却能够白头偕老。被人们看好的爱情不一定长久，不被人们看好的，有时候反而能够走到最后。情感是我们内心世界的东西，它与客观世界的东西不同。它不是一成不变的，而是需要我们不断变化，不断成熟，从而适应它的变化，配合它的成熟。二十几岁的时候，我们在爱情里往往扮演着享受和索取的角色，可是三十几岁的时候开始变得包容、忍让，变得乐于付出，对待爱人，也常常如同照顾孩子般给予呵护。可是，人是容易被宠坏的，付出得越多的我们往往越得不到对方的珍视。

如果我们一直在恋爱中扮演一种角色，那么总有一天会让对方厌烦。所以，我们要学会在恋爱中制造情趣，会懂得在付出的同时也要适当的索取。爱情从来都不是一个人的事情，一旦感觉到感情的天平向哪一端过度倾斜了，就要想办法调试，而不是任由它发展。

受过伤的人，会因过去的失败误判未来的爱情，所以即使是身边有合适的人，也常常会因为过去的伤口而错过。害怕，让受过伤的人们不敢再投入新的恋情，可是生活总是要继续的，单身并不是我们最好的选择。

如果内心里不去留恋过去，不去为了未来烦心，那么现在的任何事情都不会阻碍我们张开双臂去迎接崭新的情感生活。

分手之后，两人是否还是朋友

相爱的两个人从相识、相知到相爱，由于种种原因，最终不欢而散，在分手时，受伤的一方总会希望还能做朋友。有人说“爱情不在友情在”，但是又有人在质疑：能做朋友，又何必分手？那么，分手后，两个人还可以是朋友吗？

刘艳和前男友分手已经快两个月了，但是她和男友在分手的这段时间里，并没有断绝联系，会常常聊天，有时还一起吃饭，男友还是对刘艳像以前一样好，也会开些玩笑，他们一起看球，看音乐剧，男友会告诉刘艳他看到的一些新鲜的东西，等等。但他们之间没有任何恋爱里面亲昵的举动，刘艳遇到什么困难，男友知道了，就会主动帮她想办法解决。

刘艳一直很困惑，怀疑他们是不是有了合好的苗头，但被男友否定，男友说和刘艳在一起是他已经习惯的事情。于是，他们就这样自然的相处。

面对现在的关系，刘艳在失落之余，觉得释然，他们仍然是最好的朋友。

那么，每一对分手的恋人都可以像刘艳和男友那样成为好朋友吗？我们可以根据不同的情况来确定：

如果两个人在恋爱期间是这样相处，分手后做朋友是很有可能的：

1. 在交往的时候两个人就有良好的沟通，不会常常有情绪性的言语争执。

2. 交往只是一小段时间，因此我们不会产生“你耽误了我的青春”那样的想法。

3. 两个人在交往前就已经是很好的朋友了，分手也和平。

4. 无论是为了什么而分开，两个人都不会因为分手而后悔曾经相爱，而一方因为曾经爱对方而心存感激，永远庆幸曾经认识并且交往过。

5. 因为爱情消逝而和平分手，其目的是为了开展新生活，但彼此的亲切感与信任感仍然不变。

如果两人在恋爱期间这样相处，那么分手后做朋友的可能性很小：

1. 两个人交往超过三年，彼此都觉得大半的青春都被浪费了。

2. 其中一方脚踏两只船才分的手。

3. 两个人以前常常争吵，并且有漫长的冷战。

4. 两个人在金钱上分不清，分手时为了财务而翻过脸。

5. 其中一方在分手后没几个月就有了新男（女）朋友，虽然我们知道那是他的权利，可是我们心里还是不好受。

6. 其中一方在人格上轻视对方，分手是因为发现对方在人品上出现了我们无法忽视的缺陷。

如果我们一旦选择了当好朋友，那么，自己到底该怎么做才能比较合体地出现在对方的面前，或者和对方一同出现在公众场合呢?

首先，千万不能有那种“你还属于我”的心态！给两人一点清静的时间去发展各自的生活，不要一直想证明我们还是对方生活中最重要的事情。如果我们希望别人误以为自己和对方还是一对的话，那么对方再次离开自己的日子就不远了，而且会距离更远，直到咫尺天涯。

其次，不要什么事情都依赖对方。当我们还是继续帮自己的前男（女）友处理一些琐事，久而久之，我们还是会成为对方的保姆而不是朋友。如果我们有什么事情都找对方要答案，这便很容易让对方觉得，自己是累赘。

最后，不要在背后说对方的坏话。如果成为朋友后，我们在背后还是说对方的不是，表面上说，显得自己有面子，但是，这只能让对方更庆幸，和我们分手，他一点都不需要愧疚，一点也不后悔。

分手时通常被甩的一方会觉得不平衡，尤其是在自己付出大把时间精力、心力交瘁后，却没有得到相应的回报，很难走出失恋的阴影，更是在日后也难做朋友。在心理学上，分手就跟失去一位亲人一样痛苦，这段时间容易让人产生偏激、容易生气，然后才渐渐接受分手的事实。所以，分手后是要继续做朋友，还是将他的电话号码从手机里删去，请度过痛苦期，自己心态平和之后再去考虑。

能放下旧爱，才有新转机

如何走出失恋的阴影

失恋，就是恋爱的一方否认或中断恋爱关系，使对方失去了爱情而受到痛苦的心理挫折。这通常发生在那些曾经获得过某种程度、某种性质的“爱”，并为此作出过真心承诺或有较大的物质和精神投入的男女。他们在意想不到的情况下突然或不情愿地与恋人分手，从而体验到一种内心的失落感、伤心感甚至痛不欲生之感。

小文收到男朋友要分手的信整整两周了，她都不知道这两周是怎么过来的，整日神思恍惚，不知身在何处。一遍遍读男朋友去意决绝的信，小文感觉自己的心被一点点撕碎，怎么会这样，她不停地问自己：是我做错了什么，他会如此待我。每一次电话铃声响起，小文都想是男朋友的电话，是不是男朋友要告诉自己，他错了，他后悔了。然而不是，小文知道再也不会接到他的电话，听不到他的声音了，她被绝望包围着，不知这日子怎么过？

小文和男朋友相恋了整整两年，两年的时光，留下了太多的记忆，一切仿佛昨日，历历在目。他们俩曾经是大家心目中如此羡慕的一对，小文一直觉得自己是何等的庆幸，能够遇到他，能今生今世厮守在一起，没有什么能将他们分开。但是现在刚两地工作不到半年，怎么就会变成这样？

小文多想选择一个直接的解脱，她不想再面对这个善变无情的世界，但是她不能，父母在，她得苟活，今生将再不会有这样的爱，爱已随爱人逝去，不再回来。

很多人失恋后的表现像小文一样，对自我否定，并伴随强烈的挫折体验，如虚无感、绝望感，甚至有信念的动摇，怀疑这个“善变无情的世界”。

在人生的道路上失恋是不可避免的，陷入痛苦的泥沼痛不欲生是于事无补的，不如调节好自己的心态，正视失恋，使自己从失恋的阴影中走出来。

正视现实

如果他或她已经真的不爱你了，到了必须分手的时候，不要纠缠着不放，纠缠也许会令对方一时难以逃脱，但却更坚定了其离开的信念；不要再一味地责难，责难也许会让你感觉一时痛快，但却可能粉碎曾经的美好回忆；更不要怪罪自己天生缺乏魅力，活在怨恨里会令你的生活更沉重。既然已得不到所希望的那份真情，又何必再为她或他伤心劳神、浪费感情与青春呢？放弃一段已经死亡的情感，也许痛苦会持续一段时间，但要知道我们又有了新的爱情空间，有了重新选择的机会。

学会宣泄

失恋后，心中的空虚、寂寞会油然而生。此时，最好的办法是找到自己的家人或最好的朋友，向他们诉说悲伤和烦恼。当他们在倾听你的诉说后，会很好地安慰你。如果你不善言谈，那么你可以奋笔疾书，让情感在笔端发泄，释放自己的心理负荷，求得心理解脱。你也可以关门大哭一场，因为痛哭是一种纯真感情的爆发，是一种自我保护性的反应。另外，去打球，去参加文娱活动都能消除心中的郁结，解除失恋带来的心理压力。

自我暗示

失恋了，一点感觉也没有是不可能的，但表面上装作不在乎有利于控制自己的情绪，积极的自我暗示在这时候是非常重要的。你可以这样去暗示自己："对付负心人最好的办法就是让自己好好地活下去！"或者"是不是都要看我难过痛苦？没门！"又或者"他都不在乎了，我为什么要在乎？一定要镇静，什么也没有发生过，只是梦醒了而已。"

自我安慰

有时，也可以适当运用挫折合理化心理作感情转移。一种是"葡萄酸"心理，即缩小或否定个人求而不达的目标的好处，而强调其各种缺点。比如失恋了，就说对方不够优秀，就好像狐狸吃不到葡萄而说葡萄是酸的一样。另一种是"甜柠檬"心理，即不是把目标好处缩小，而是把目前的境况扩大。比如失恋了，可以说这更有利于集中精力学习。这两种方法可以暂时延缓对不愉快的事情真相的接受，直至心理准备完毕，能够正视现实为止。当然，自我安慰只是一种消极的方法，如果失恋后听任这两种心理支配，不能接受现实，那就还没有从根本上解决问题。

移情别恋

及时适当地把情感转移到失恋对象以外的其他人或事上。可以把注意力分散到自己感兴趣的活动中去，因为活动本身就是在冲淡心中的郁闷。如失恋后，可与朋友发展更为密切的关系，可积极参加各种娱乐活动，释放苦闷，陶冶性情；可投身大自然，把自己融化到大自然的博大胸怀。

爱惜自己

要忘掉一段曾经真心付出的感情，绝非一蹴而就的事情。不要太苛求自己，要给自己留出空间与时间。要知道，你的生命不光属于你一个人的，还属于你的亲人、你的朋友和你的工作岗位。

你必须珍惜自己，没有权力自暴自弃。失恋了，不必再挂念那个人了，正好可以多疼惜一下自己。

失恋固然是一件难以接受的事情，付出的感情和失恋后的心疼，或许不是外人可以想象的。失恋虽然不能简单地想忘就忘，但是，我们却不能让这个阶段中的痛苦过分地影响自己。试着开解，试着走出，才是失去一份感情后应该走的路。

要幸福，不要报复

爱情，就像两个人在拉皮筋，疼的永远是后撒手的那个……所以，当爱情已经变味，我们就不必执着。分手了就分手了，一切已经无法回头，何必再想，何必苦苦哀求？更不要报复，要知道，我们的幸福其实就已经是对他最大的反击。

爱情之所以美丽，正是因为它是自由选择的。一个人爱我们的时候是真爱，一个人不爱我们的时候也是真的不爱。这是他的自由，他的选择，我们的人生，不必为他人的自由选择背负责任，一个人有自己的自由和选择。当爱已远走，何必强留？

一个女人，静静坐在化妆台前细致地描绘自己的妆容，一个朋友风风火火地推门进来，满脸掩饰不住的惊慌：你的丈夫和别的女人私奔了。她脸色白了，拿眉笔的手一抖，眉毛有点斜。她对着朋友挤出了一个微笑，接着画自己的眉毛。十几分钟后，她走上了舞台，精致装扮过的脸上带着一如既往的灿烂微笑。在舞台上，她和观众互动，说着轻松的笑话，她让观众十分开心。回到后台，她静静地褪下妆来，仍旧没有淌下一滴眼泪。

这个女人，婚变并没有击垮她的意志，反而激发了她的干劲，创造出无限精彩的人生。而无论她走到哪里，都是笑意盈盈。

当自己爱的人离去，我们不必一边哭泣，一边埋怨自己“他不要我，只是我不够好”，这只是一句蠢话，并非事情的症结所在。或许正是我们的好，让他倍感压力，从而心生去意。他觉得与我们在一起时不能彰显他的强大，他感到了深深的疲惫，渴望挣脱我们的阴影。在如今这个时代，失恋本身已没有那么严重的悲剧意义。失恋不可怕，可怕的是被抛弃后一蹶不振，终生潦倒。失恋所要做的就是应该不动声色，继续生活。

爱情不是单行道，一个人的爱情不是爱情，爱情要在两个人的共同呵护下才能绽放出美丽的花朵。如果其中一人心生去意，注定这朵爱情之花的凋谢。恋爱中的人更具有无私奉献的痴情精神，也更脆弱，也更容易受伤害。在爱情破产之后，我们再怎么恒久地期盼和等待，也只能换来更深的痛苦和寂寞。既然心已走远，弥补和挽留又有何用，还是将目光朝向未来吧，前面路上还会有鲜花和希望，多给自己一次机会，我们会发现风景这边独好。

在感情的世界里，全身而进，也要全身而退。当爱情来临，不要怀疑，全身心地投入到幸福的甜蜜之中，当爱情之花凋零，亦要坚决地抽身离去。别去恨一个人，因为恨也需要力气，对于一段无可挽回的往事，何必再耗费自己的力气呢？不如潇洒地和过去挥一挥手，道一声别，留给对方一个昂然的背影，自己向着前方的幸福走去。

失恋不失志，有更好的明天在等待

爱情是重要的，但它不是生命的全部，人生还有事业、亲情和友情，还有许许多多重要的事情需要我们付出精力去追求，去完成。所以失恋后绝不能从此萎靡不振，失去对生活的信心。

我们应该继续相信生命中会有属于自己的领域，属于自己的幸福，即使遇到暂时的失败，也不应该放弃对爱情的追求。因为失恋就无心工作，从而消沉下去，是一种懦弱的表现。而因为失去了一个挚爱的人而决定一辈子独身，也是不现实的。没有爱情的人生是不完美的，我们应该相信自己还有追求爱的能力和接受爱的勇气，继续去叩响爱情的大门。

失恋不失德

不要因为失恋带来的痛苦和愤怒而去做过激的蠢事，那只是一个人幼稚浅薄的举动，是愚昧无知的表现。因为失恋就想要自杀，甚至心生报复，不但不是解除痛苦的良药，更会造成违反道德人性、触犯刑律的结局。失恋后，与对方的爱情可能逝去不返，但友谊还不能抛弃，基本的做人准则也不能抛弃。

正确的方式是进行换位思考，及时总结教训。如果是对方因为我们的缺点而分手，我们可以站在对方的角度想一想：假如我遇到这样的情人，犯了这样的过错，我能不能容忍？如果可以从自责、自恨到发誓改正缺点，以崭新的姿态去寻求新的爱情，一定会让自己从失恋中得到成长。如果对方因见异思迁、喜新厌旧或其他消极情绪与你决裂，我们不妨这样想一想：既然恋爱时就对我这样，结婚后更不知会是什么样了？这样一来不仅心里舒服，而且会对自己的明天更加有信心。

失恋不失信

如果两个人说好了分手，那么不要再保持着暧昧的联系。尤其是当一方有了新伴侣之后，更要注意保持距离，不能藕断丝连。否则不仅不会让旧情有彻底结束和重新产生新的开始的机会，还会让新恋情也遭受到离间和破坏。

佩琪和前男友分手后，一直还心存幻想，以为总有一天对方还会记起她的好，所以经常半夜三更给前男友打去电话，哭着哀求不要分手。前男友三番两次告诫佩琪，说这样会给他和他的家人带来麻烦，但是佩琪仍纠缠不止。在朋友中间，佩琪的形象慢慢变成一个“死缠烂打”的女人。

李雯正好相反，分手后，男友总是缠着她不放。她没有回头，只是笑着对男友说：“好马不吃回头草，何必单恋一枝花。”她知道，破镜即使重圆，中间也是有一条裂缝，感情是永远不可能修补圆满的。

失恋时，为了挽回局势，绝大部分的人都会不死心，继续纠缠不休。问题是这种不死心的态度换来的却是对方愈来愈多的无奈与厌烦。如果分手了，那就笑着让对方走。生活中有太多的无能为力，我们无法改变的，就顺其自然，微笑面对。

失恋不失望

失恋后要培养乐观豁达的健康心理。振奋精神，把眼光投向未来，而不是死死盯在眼前的爱情挫折上。当然，冷静地分析一下过去失恋的原因，吸取一些教训，有助于心情的开朗。

要认识到失恋首先是一种幸运，其次才是不幸。因为正是失恋证明我们曾经真正的爱过。要知道在这个世界上，一辈子都没有真正爱过的人大有人在。同这些人相比，在人生中我们已经赢得了让人羡慕的一分。尽管后来失去了。但是我们的人生已由此变得丰富，感情由此变得深沉，气质由此变得成熟。

恋爱是一次已完成的选择，失恋面对的是即将而来的选择。在以后的日子里只要有一个能与你心心相印的人，我们就可以回头对岁月说：谢谢，我庆幸那次失恋。不要过分伤心，要相信或许那个真正能给我们幸福的人，正在不远的前方等待。

失恋不失趣。解决失恋的最好办法就是微笑，不管是对自己，对周围的人，还是对对方，都要带着乐观和坦然的情绪，这样对谁都有好处。

很多人失恋就大呼小叫，痛骂自己，感到自己是世界上最无助的人。或者在失恋后就谩骂对方，说对方是没有眼睛的低能儿。这样的举动都是不明智的，要知道，失恋对双方的打击都是一样的。我们痛苦，对方可能要承担双倍的痛苦，不仅要忍受自己失去爱的悲痛，还要承受眼睁睁地看你受苦，却没有办法给予安慰的沉重。一个人心伤得越深，越只会增加自己和对方的不必要的痛苦，根本不能解决什么。

安仪在分手之后，就选择了独自旅行来抒发压抑的情绪。她暂时离开了会触发恋爱回忆的城市和人群，来到一个山清水秀的小镇上休息、散步，和陌生人闲聊来调整自己的状态，重新适应一个人的生活。旅行结束之后，她也用更勤奋的工作等办法来分散注意力，寻求自我解脱。在朋友眼中，她淡定从容，没有因为曾经经历过两个人恋爱的时光，就忘记了独身的自由和轻松。

总之，失恋并不是一件可怕的事情，可如果我们没有正确对待失恋这件事，那么，我们失去的就不仅仅是一段恋情。所以，正确对待失恋，就像梁静茹的歌里唱的一样："分手快乐，祝你快乐，挥别错的才能和对的相逢。"更好的那个人，正在不远处等着我们。

给下一次恋情找个正确的理由

这是一个快餐恋爱的时代，随着汹涌的恋爱潮流，不少曾受过爱情伤害的人正处于矛盾之中，有人一朝被蛇咬，十年怕井绳，有人视爱情为生命，要将爱情进行到底，究竟选择哪种生活方式才是明智的呢？

生活中，失恋是很常见的事。一般在我们真正找到自己的另一半之前，要分手三到四次。我们不能因为曾经失败的恋爱经历而对恋爱有恐惧感。只要相互了解对方的经历、人品性格、情感好恶以及今后的打算，特别是要了解清楚是否情趣相投、志同道合，气质性格和价值观念是否相合。如果是符合自己的要求，双方产生感情。在此基础上的相处才能心心相印，才能美满幸福步入婚姻的殿堂。

同时，要树立正确的恋爱动机。恋爱的重点应放在情趣相投、志同道合方面，这种感情是炽热而持久的。只有建立在真正、深厚的爱情基础上的恋爱，为的是给予对方而不是索取，才会使恋爱的两人感情和谐、融洽，让生活更充实、更幸福。那些建立在图实惠和金钱的平庸交易关系基础上的恋爱是不牢靠的。

因此，恋爱必须以正确的观念为前提，以真挚的爱情为基础，恋爱才会天长地久。最后双方要相互尊重、信赖、谦让、忠贞、理解。

有一位女性讲述了她幸福的恋爱故事：

曾经有朋友好心地提醒过我，再婚夫妻的爱情，不是那么轻而易举就可以得到和保有的。可是我和老公都认为，只要双方努力去做，爱情就能够在互动中进入一个良性循环的轨道。

再婚家庭两大矛盾，一是经济问题，一是子女问题。可是经过我们俩的努力，这两个矛盾都没有发生，四年过去了，我们一家人其乐融融。

虽然在经济上仍然各自为政，也不尽然。其实，花钱给对方买些东西已经成为表达感情的需要。有时候，我们在外面吃饭，老公总是抢着埋单，后来我们约定：轮流埋单，埋单的不许点菜。他张罗埋单时，我只点两菜一汤，吃着顺口的回家就照着做。虽然各自为政，但彼此都为对方着想。

我很快进入了妻子的角色，把家务都尽我所能地担起来，该添置换季衣服了，我和老公带上女儿，三个人一起奔向商场，精心挑选一番后，大包小包，满载而归。就这样，很大程度上促进了我们夫妻的感情。

曾经沧海之后，他和我比任何人都懂得平凡夫妻的幸福来之不易。如果别人问我们，我们反复提到的两个字就是——珍惜和志同道合。

这位女性的再婚是以爱情为基础，并且他们懂得珍惜和志同道合，所以，他们得到了幸福。也许就是再婚的最好理由吧！

有些女人在恋爱失败后，会产生以下几种心理：

藕断丝连心理

如果第一次恋爱时双方感情较好，因一方意外有了外遇或别的原因而分手，虽然没有关系了，但还是会思念对方。当第二次恋爱生活或感情不满意时，就会想起过去的美好，藕断丝连。

对比心理

由于对第一次恋爱不满意，再恋爱时就会想出明确目标，把新男女朋友的缺点拿来跟前任的优点比，这样很容易产生失望。

以上所说的两种心理状态，是每一位恋爱者都需要努力去克服的，如果你存有这些心态，那很可能就为你的恋爱生活埋下不幸的伏笔，所以一定要花一些时间调整好自己的心态，不要急于找下一个恋爱对象，而是要给下一次恋爱找个正确的理由。

女人，如果你认为自己曾被爱情伤害过，但也不要失去对爱情的憧憬，要相信月老总有一天会把属于你的红线放在你手中。

失恋，但不能失去爱的能力

爱情不是一条永远平坦的大道，并不是所有人都能够和自己的恋人走进婚姻殿堂。人们总会经历至少一次，甚至多次的失恋和分手。问题是，失恋后该怎么办呢？是应该陷入悲伤和绝望，还是应该总结经验教训，克服缺点，以新的姿态面对生活？其实失恋的痛会随着时间的流逝慢慢变淡，当我们最终找到那个与自己心心相印的人时，我们会回过头去对岁月说：“谢谢，我庆幸那次失恋。”

对于爱情能够提得起放得下的人，才是一个智者。

我们首先应当对爱情旅程上的挫折有所准备，相信每次挫折都会过去，每次挫折都会以痛苦为代价，收获一笔宝贵的财富。这样，当我们面对失恋时，就会控制自己的感情。一位小伙子谈及自己的失恋时说：“恋爱是男女双方的事，一厢情愿是不行的。对方对你已经关闭了爱情的心扉，中断了恋爱关系，你又何必自作多情、寻死觅活呢！不妨宽容一点，洒脱地和她分手。一次爱的幻灭会使人更新自我，感情更深沉，气质更成熟。只要有充分的自信，爱神会再度来临的。可以失去爱，但不可以失去爱的能力。”

失恋也并非意味着世界末日，二十几岁的年轻人应该勇敢地承受生活中的一切痛苦、幸福。生活是丰富多彩的，各个年龄段的人们都有自己的恋爱方式，爱情并不因一次挫折而一去不回头。

高岚的男友被人抢走后，一度十分痛苦、哀伤。后来，她根据自己的爱好购置了一架照相机，每逢节假日，或与朋友一道或独自一人，投入大自然的怀抱，寻觅绝美的风景。夜晚则坐拥书城，在博大而深邃的知识海洋中遨游。她的摄影水平大有长进，她的相册常在朋友聚会中博得一片赞美，她结交了许多新朋友，视野开阔了，性格也变得开朗、活泼，失恋反而成了她新生活的起点。

失恋的确是一件十分痛苦的事，要走出失恋并非易事。事实表明，许多人在面临这个问题时往往表现得非常茫然，相当一部分人还因此而被惨痛摧垮，从此一蹶不振。专家认为，失恋后要尽力减少再接触，更不要到曾经谈情说爱的环境中去怀旧。

要到一种能陶冶情操、放眼未来的环境中去洗刷忧伤。

恩格斯21岁时失恋了，他就跑到巴塞尔旅游。当他登上禹特利山顶时，头上的蓝天白云，脚下的湖光山色使他心旷神怡，失恋的痛苦顿时消失得一干二净。后来他对人说，向美丽的大自然倾吐爱情的痛苦，可以使自己在大自然的壮丽景色中怡然开脱，融化在生活的情调之中，这就是心理学上所讲的失恋后的情景转移治疗。

利用外部帮助来解除失恋的痛苦也是一条很重要的途径。从情感体验上看，失恋是个人私事；从社会效果上看，失恋也是一种社会问题，处理不好会造成社会危害。比如，有些失恋者因得不到及时的劝导从而走上自杀或报复他人等违法犯罪的道路。所以社会与家庭都要关心失恋者，对他们进行心理抚慰，帮助他们正确认识失恋的原因，使他们早日摆脱失恋的苦恼。

其实失恋也是生活中的一种经历，它会让我们难过、伤心、痛苦。可那也是一种历练，可以从失恋中吸取教训，学会如何去爱，学会被爱。失恋只是失去了一个不爱自己的人，并不可怕，可怕的是失恋后陷入悲伤和绝望，从而失去了爱的能力，那将会是一个非常可怕的事情。因为一旦失去了爱的能力，那么我们将体会不到快乐，体会不到幸福，体会不到难过。我们就会失去所有情绪，我们所经历的只是冷漠、孤僻，人生因此而不再有阳光。

所以能够爱真的是件非常幸福的事情。所以，当我们面对失恋时，应该为获得更多、更博大的爱而奋起拼搏，不要久久沉溺在悲观失望之中。

学会忘记，才能解脱

男女之间的爱情，是美好而单纯，然而就是因为它单纯，所以也脆弱。它往往是迫不及待、无比强烈地开始，但结束的时候也是让人措手不及。如果我们的爱在无望中结束时，请不要悲伤。

一个清秀的女孩失恋了。她来到当初她与以前的男友约会的公园里，伤心地哭了起来，她哭得很悲戚。很多人看她伤心的样子，都耐心的劝导她，可是，别人越是劝她，她越是觉得自己很委屈，她不明白为什么男孩不再爱她了。渐渐的，她逐渐由伤心变成了不甘心，又由不甘心变成了怨恨，她不甘心自己的爱为什么不能换来同样的回报，她怨恨他太狠心、太无情。她越哭越悲伤，难以遏止，陷入强烈的失落、自卑和悔怨中不能自拔。

一个长者知道她为什么而哭之后，并没有安慰，而是笑道："你不过是损失了一个不爱你的人，而他损失的是一个爱他的人。他的损失比你大，你恨他做什么？不甘心的人应该是他呀。再说，他已经不爱你了，你还要伤心、怨恨，来让这份失败的感情来阻碍你今后的生活吗？"姑娘听了这话，忽然一愣，转而恍然大悟。她慢慢擦干泪，决心重新振作，投入新的生活。

是啊，当爱情离我们远去的时候，我们要尽力挽留；当我们无法挽留的时候，最好的处理方式，就是忘掉，忘掉以前的愉快和不愉快。因为任何好的或不好的回忆，对于失恋者都是一种灵魂的刺痛。

当我们学会了忘记，才会真正的解脱，才会学会宽容。有人说，经历了真正的爱之后，人才会成熟。不论结果如何，只要我们真心付出过，坦诚地对待过，也就不会有什么后悔的地方。成熟的心智，才会产生成熟的感情。青涩年华产生的爱情，单纯而无比美妙。但是，它通常很难经得起岁月的考验，很难历练成恒久、深沉的真爱。就让那些过去成为美好的回忆吧。

我们仍然年轻，我们还有很多时间和机会去寻找爱，重新去爱。我们有理由相信，总有一份爱在未来的日子里期待着我们呢。因此，当爱搁浅时，试着放松你的手，也放松你的心灵吧。

卢梭在《忏悔录》里写的一个情节——

当他11岁时，在舅父家遇到了刚好大他11岁的德·菲尔松小姐，她虽然不很漂亮，但她身上特有的那种成熟女孩的清纯和靓丽还是将卢梭深深地吸引住了。她似乎对卢梭也很有“好感”。很快，两人便轰轰烈烈地像大人般地恋爱起来。但不久卢梭就发现，她对他的好只不过是为了激起另一个她偷偷爱着的男友的醋意——用卢梭的话说“只不过是为了遮掩一些其他的勾当”时，他年少而又过于早成熟的心便充满了一种无法比拟的气愤与怨恨。他发誓永不再见这个负心的女子。可是，20年后，已享有极高声誉的卢梭回故里看望父亲，在波光潋滟的湖面上，他竟不期然地看到了离他们不远的一条船上的菲尔松小姐，她衣着简朴，面容憔悴而又黯淡。卢梭想了想，还是让人悄悄地把船划开了。他写道:“虽然这是一个相当好的复仇机会，但我还是觉得不该和一个40多岁的女人，算20年前的旧账。”

不论是谁在遭到自己最爱的人无情离弃和愚弄后，那份悲愤与怨恨都是不难想象的。可是为什么重逢之际，当初那种火山喷涌的怨怒与报复欲没能复燃，却要情不自禁地用一颗同情的心体谅对方。对曾经负情之人再伸出温情之手去拉她一把或选择悄悄走开，这说到底，还是爱。

因为，我们曾经真正地爱过、痛过。那份爱，深入骨髓，温暖过我们的心灵和生命旅程。时间的流水可以带走很多东西，诸如忧伤、仇恨，但永远抹不去最初的那份爱恋在心灵上留下的温馨、美好与感动。那份爱，已如磐石，无法撼动。

学会遗忘，是一种境界，也是一种让自己更快乐的生存技巧。

毕竟，聪明人会明白，我们不能用曾经的痛苦来伤害自己一辈子。尤其是爱情这种让人刻骨铭心的回忆，我们更是不能让它成为我们一辈子的噩梦。如果痛苦无法转化为我们前进的动力和磨砺我们成长的压力，那么，我们就选择遗忘，忘了仇恨、忘了曾经的痛苦，以此来淡化我们心中的悲伤。

怎样从受挫的感情中走出来

没有什么东西是一成不变的，爱情也是。这个世界上一切美丽真实的东西都会变，他们都有一定的生命周期。也许有人说塑胶花就永存不朽，但是它并不是真实存在的有生命周期的花朵，而且还制造环保问题。

爱情里的变化常常是由好变坏，有些人本来不是这么天怒人怨的人，是因经过情感挫折之后才如此的。一直听到不少未婚女子咬牙切齿地指控从前的男友“背叛”，使她们消沉了许多年，不敢再信任感情。也有不少男子，因为初恋情人的变化，对后来每个走进他生命的女人，都抱着忐忑不安的心。

所以，我们要想从恋爱的不幸中走出来，开始我们新的快乐和幸福。同时，我们也需要记住，在进行这种心理调整之前，有十件事情我们一定要尽量避免。

失恋后还花钱给他买分手礼物

他的心已经走了，对他再好也是徒劳，一份感情不是一份礼物可以简单挽回的。不过，如果对方真的因为我们送的昂贵礼物而留下，那么，此人的人品就有待深入了解了。

失恋后想借酒浇愁，最后喝醉酒去找对方

有一个女生分手了很伤心，喝了不少酒，然后去找男友，结果两个人一激动又复合了，一个月后发现还是不合适，还得分手，可是肚子里已经有了孩子，最后自己又多受一道罪。所以，我们需要小心，在酒精的刺激下，指不定会发生什么事情。

因为分手而怀恨在心，到处散播前恋人的不是

此时，心中的痛苦最多和两三个口风紧的亲密友人说说，如果到处诉说，有可能得到的是其他人的背后讥笑，因为并不是每个人都和你一条心，嚼舌头是不少人的爱好。

找对方的长辈诉说自己的委屈

如果他已经决绝地走了，找对方长辈诉说只能起副作用，不管那个长辈曾经对你有多好，都好不过对自己的亲生孩子，而且这时候大部分长辈也会跟着揪心，如果真的心里为对方着想，就别给老人家添乱了。

从此以后不再相信爱情

没有必要，他不好，只能说明他不适合你，但一定有适合你的人。

因为分手打击，想辞掉工作“修养”一阵

许多人失恋的时候，什么样的傻事都有可能做出来，最常见的就是没心思工作或者干脆辞职，这非常不明智。难道你就没有想到失恋加失业，这是雪上加霜。而且一个人闷在家里，更不利于走出黑色心情。

保留对方的照片

如果我们留一两张对方的照片作纪念，问题并不大，但是不要放在眼前，提醒自己曾经经历的快乐和痛苦，最好将这段记忆锁起来，否则，只能越看顾越难受。

分手后照样给对方频繁打电话、发短信

如果分手已成定势，越少联系，心里的这道坎过去的越快！

为了忘却痛苦而开始新感情

此时，旧伤还没有好，开始新感情容易迷了眼睛。

给对方说恶毒的语言

有一个女孩子，和男友分手之后，给男孩子发了很多言语过

激的短信，把两个人本来可以保留的朋友情分也扼杀了。既然分手已成事实，何不留下点美好的回忆？

恋爱前种种，是没有什么好指责的。背叛，言重了。走过生命低潮期，是一个成功的人必备的能力。只有经历过劫难的人，才能真正吸吮成功的滋味。

美国影星米亚·法罗，从前在影界鬼才伍迪艾伦的电影里担纲女主角，也是伍迪艾伦的枕边情人。多年来他们收养了9个孩子，生了一个孩子。

这种看似伟大前卫的爱情，在她和伍迪艾伦厮守12年后，发生了变化。米亚在伍迪艾伦的公寓中，发现他们养女的裸照，才恍然大悟，原来这种“乱伦”关系已经有一年之久。

刚开始时，这位美国神经质女人的代表人物陷入疯狂，几乎崩溃，她控诉伍迪艾伦有恋童癖，并且寄给伍迪艾伦一张不包括他的全家福照片。照片上每个孩子的胸口都刺了一堆针，米亚自己胸前刺了一把刀。

看样子，她真是恨自己“养虎为患”了？

不，她还是坚强地打赢官司，赢得所有孩子的监护权，而且积极地为自己的演艺事业开创第二春，使影评家不得不赞美她的转变，她说：“走出伍迪艾伦多年来为她塑造的神经质小角色，令人欣慰。”

米亚自己也说：“我在混乱和毁灭中终于抓住事实，使我保持清醒，事后我自问：还能演戏吗？在接受新工作的挑战之后，我发现，我还是能把我的工作做好。”

这些曝光率极高的明星人物所承受的压力往往高于常人，对于他们面临的压力都能很好地进行转化，我们为什么不可以？

其实压力多半来自自己。能彻底打败你的除了强劲的敌人，最危险的还是你自己。但是历经折磨而爬起来的人都知道：“成功才是最佳报复。”

美国心理医师们对受挫的情形做的建议是很实际的：

从自己的经验中学习

学习，不要先学会自责。每个人都不完美，我们都有改进的空间。

有人曾经说，婚姻破裂后，接受事实、明白自己也有过失的人，比一直怪对方的人，更能应对转变后的生命过程，也变得更开朗而有活力，也容易有新朋友。婚姻破裂如此，事业失败，也可由此类推吧！懂得爬起来的人才能重登高峰。

容许自己稍微的自怜一番

别骗自己说："我一点也不难受。"最好把令你难受的事写在笔记簿上。再写下你以前不能做、但现在可做的事情。

有时候，再悲哀的事也可以往好处想。

有一次，李义山陪一位刚走出孀居阴影的中年太太，到故乡的海边看夕阳。本来还有些愁容的她，在欣赏夕阳缓缓与海水相接的美景后，忽然转头对他说："如果我丈夫在，我一定一辈子看不到这么美的夕阳。这个时间，我只能在家做晚饭。"

往好处想，没有百分之百的黑暗。

尊重过去

心理学家哈威卡普兰说："记住美好的事，不要变得尖酸刻薄，不然，你只会觉得自己越来越糟，别人也是，这会造成恶性循环。"

当然，说的比做得容易，但不做，未来永远不会有意义。

制订新方向

缺乏原有的助力，或许也意味着不再有绊脚石，你可自由挥洒自己的人生履历表。

重新建立关系

不是每个人的感情都能够天长地久，当一份感情结束后，我们更需要明白的一个道理——我们曾经爱过并因此痛苦过，但这并不代表我们不能再开启爱的新航路。

在工作中奋起，失恋不失志

失恋，是爱情的悲剧，对于许多人来说是一杯浓烈的苦酒，失恋后的男女双方都好像是失了魂、落了魄一般，坐立不安，忧愁痛苦，更有甚者会在心灵深处烙上深深的伤痕，伴随其一生。有些人之所以如此痛苦，是因为人们恋爱时在心理上形成了一种爱的满足感，进而产生了一种依赖和欣慰感。失恋后，这一切不复存在，从而产生严重的心理危机，陷入痛苦绝望、羞愧悔恨等不良情绪中。对于这种不良情绪，不同的人有不同的心理表现：

痴情迷恋型

有些人失恋后仍纠缠于往日的情感纠葛之中，产生严重的失落感和抑郁情绪。这种心态有时会影响身心健康及日后婚恋问题的处理。此型多见于相爱时间较长的或一方对另一方十分痴情迷恋的情况。

自暴自弃型

失恋后封闭自己，陷于孤独压抑、羞愧悔恨的情绪中难以自拔，自我沉沦，自我惩罚，自暴自弃，甚至产生心理危机。

攻击报复型

失恋后有些人会产生一种仇恨心理，这种仇恨大多埋在心里，会随着时间的推移而逐渐消失。但倘若仇恨心理过分强烈，心理无法平衡，则可导致报复心理和行为的产生。这种情况多见于被欺骗、被玩弄后的抛弃者，也见于占有欲强、心胸狭窄、报复心强的失恋者。在现实生活中，因失恋而报复对方的事例层出不穷。失恋后的报复心理和攻击行为有时还会泛化为针对所有异性。

对于大多数人来讲，承受失恋的精神打击都不是一件令人愉快的事，对心理健康的影响都是负面的。但是有的人可以失恋不失志，正视挫折，净化痛苦，从失恋中吸取教训，并不断完善自己。同时，在失恋中崛起奋发，化痛苦为动力，去追求情感的升华、事业的成功。歌德失恋后，写出《少年维特之烦恼》而名垂青史便是一例。

德国伟大诗人歌德才华盖世、风度翩翩，但是他却有一段坎坷的恋爱史。

歌德十四五岁的时候，便对一个名叫格兰脱欣的小姑娘有好感。随着感情的日益加深，歌德起草了一封想象中的格兰脱欣写给他的情书，拿去叫她签名。格兰脱欣觉得有趣，开心地应允了。多情的少年歌德立刻欣喜若狂，堕入情网。

但是之后不久，格兰脱欣离开了此地。歌德悲恸欲绝。这是歌德第一次失恋。

歌德的第二次恋爱是在他到大学求学的时候，他爱上了一家酒馆老板的女儿。然而热恋中的歌德却犯了一个致命的错误——妒忌。当他看到那姑娘在戏院中和别的男子谈话时，非常气恼，以至发狂。酒馆老板的女儿受不了这种感情的折磨，便离开了他。

23 岁的歌德再次离家，到斯特拉斯堡大学学习法律。有一次他在舞会上被美丽可爱的绿蒂迷住了，那个 19 岁的活泼大方的姑娘，也喜欢这位青年诗人。当天下午，歌德去拜访绿蒂，出乎意料地得知她就是好友凯史脱南的未婚妻。歌德陷入烦恼中不能自拔，尽管他的朋友没有怨恨，那位碧眼姑娘亦对他很热情，但是面对不能爱的人，歌德痛不欲生。对于多情的歌德来说，这已是第五次失恋了。他陷入了极端的痛苦之中，曾想拔剑自尽，了此一生。

为了摆脱痛苦使自己坚强起来，歌德离开了这个令他伤心的地方，把精力放在写作上，据歌德本人说，他在四周的时间内写出了《少年维特之烦恼》这部书信体小说，以抵消爱情的痛苦并使自己从自杀的念头中摆脱出来。

失恋是痛苦的，但对于有抱负、理智的人来说，它是可以超脱的。歌德可以说是用奋斗的办法更新“自我”，积极转移失恋痛苦的楷模。这也就是说失恋并不可怕，可怕的是失恋后一蹶不振、万念俱灰。对弱者来说一次失恋可以摧毁一生；对强者来说失恋则是新的开始。我们应该有广阔的胸怀，失恋不失志，尽快从失恋中解脱，在事业上拼搏，在工作中奋起，我们迟早会赢得幸福爱情的。

离婚不是人生的绝路

离婚，只是换一种生活方式

离婚是每一位走进婚姻殿堂的人都不愿意看到的结局。离婚看似简单，但很多离婚的人，在回忆离婚的过程时，却是相当痛苦的，甚至是刻骨铭心的痛苦。

美国著名婚姻心理学家、《离婚岁月》的作者曾说：我们并不认为结婚“好”过离婚，我们同样也不认为离婚“好”过结婚。离婚和婚姻只是社会的组成形式。其实，离婚不是人生的绝路，它是生命中一个美好的开始，而不是一个可怕的终结。

在别人看来，她是一个不幸的女人，下岗，离婚，自己带着一个有病的孩子。她开了一家专卖副食品的小店，风里来雨里去。总有人说;“看，她多可怜啊。”

她却觉得自己是很幸福的，至少丢掉了一个破碎的婚姻。丈夫见一个爱一个，让她伤透了心，这样的男人，怎么还能要？离婚的人难道就不能好好生活？下岗又如何？从前的单位，也是半死不活。1 个月 300 元生活费，不够她和女儿吃饭。她用心地经营着自己的小食品店，因为物美价廉，小店很快被她盘活了。

渐渐地，见到她的人都说，她好像比从前白了、胖了，而且脸上有了光泽。有人问：是不是遇到一个好男人？是不是有了新生活？她笑着说，别人改变的只是你的一小部分，最终彻底改变你的还是自己。当初，她哭过、闹过、寻死过，结果，越来越惨。后来她渐渐明白，除了坚强和微笑，她别无选择。

除了用心经营自己的小店，她还用业余时间报名参加了舞蹈班，她选择了芭蕾，带着她的小女儿一起学芭蕾。尽管她已人到中年，年轻不再，身材有些臃肿，腿没有韧性，但她的一招一式都那样投入。她让人感觉到美不仅仅属于青春，还属于那些对生活热爱和执着的人。

她从少女时就喜欢旅行，一直没有实现，结婚后忙着争吵，更没有时间和心情去享受闲情逸致。后来才明白，那不是自己想要的人生，她应该有另一种活法。于是，她总带着小女儿一起去旅游。

1 年以后，她又准备结婚了。那是一个她学开车时认识的男人，那个男人不光英俊，还是一家企业的副总。他刚刚 30 岁，无婚史。

虽然别人说他们太不相配，猜测她用了什么样的手段才把这个男人哄到手。但对男人来说，她是一件耀眼的珍宝，因为他明白，只有这样热爱生活的女人，才是世界上的珍宝。

婚姻真如脚下的鞋，合不合脚只有脚知道。

如果鞋子本来就合脚，只是不小心掉进了几粒沙子，穿起来才有那么一点不舒服，那事情就很简单，把沙子倒掉便是。而如果新鞋本来就夹脚，只因鞋子款式时尚漂亮，自己才勉强买回来，希望磨合一段时间后，脚就会舒服了。哪曾想，忍着疼痛穿了一段时间的鞋子，脚趾头仍被夹得生痛。看来这双鞋真是不合脚了。

面对这么一双价格昂贵、款式时尚漂亮但又夹脚的鞋子，你是强忍着剧痛，继续穿上它一瘸一拐地出现在众人面前？还是赶紧把鞋子换下，改穿一双合脚舒服的鞋，袅袅婷婷地走街串巷呢？

如何取舍，其实就看你自己！离婚不是坏事，更不是世界末日。离婚，只是换另一种活法罢了。

离婚告诉你爱的真谛

尽管现在女性的社会地位已有了很大的提高，但对于大多数女人来说，婚姻仍然是她们的全部。婚姻中的女人是幸福的、美丽的，从她们那弯弯如月的笑脸里，你会读懂女人的心。她们宁愿一辈子服侍着自己的男人。青春的岁月就这么在劳碌中过去，直到皱纹在不经意间爬满了面容。

每个人都希望自己的婚姻是天长地久的，可忽然有一天，却发现自己站在婚姻关系的边缘。这种生活中不期待的遭遇使人痛彻心扉，尽管单身生活已成事实，但还是无法从离异的阴影中走出来。

曾经，他和她特别相爱。相爱到离开半步就要思念，他亦对她说了很多海誓山盟，但这一切没有挡住他变心的脚步。他还是厌倦了，提出了离婚。

她哭了又哭，求了又求，但是，男人的一颗心没有回来，他说自己不爱了。轻易地就放弃了一段感情，她不许他放弃，于是与他死缠烂打，就是不离婚，抱着鱼死网破的决绝。于是，一所空房子出现了，他常常不回家，回家亦同她形同陌路。10年，他们过了10年没有沟通的生活。

那10年，她形同枯槁，心如死灰，不再唱心爱的歌，不再穿最爱的衣裳，只想在这棵树上吊死自己。

那间大屋子里，没有男人，她独自守着一屋子的寂寞，想等待那个变了心的男人回来，但等来的，是他冰凉的言语和没有温暖的眼神。

终于，她心死了。10年足可以杀掉一个女人所有的情与爱，所以，她终于放弃了。以为自己不会再爱了，最好的青春在等待和折磨中过去了，多么的不甘心啊！可是不久她遇到一个特别爱她的男人，她才知道自己虚度了多少光阴，爱情再来时，她简直不相信自己不还可以光彩夺目，还可以像从前一样开朗，有着花一样甜美的笑容……

她后悔死了，早知如此，何苦把10年光阴赌在一个人身上呢？憔悴了的青春、憔悴了的心，把光阴酿成一杯苦酒，其实，她完全可以把爱调成蜂蜜。

经历了失败婚姻的人总喜欢把自己封闭起来，任凭自己沉浸在悲痛之中，别人的劝慰一律不听。觉得自己是当事人，自己最清楚自己的痛苦，没人能够真正理解自己的心情。他们往往会对爱情丧失希望，对爱情的前景心灰意冷，把自己的心用厚厚的警惕包裹起来，用行动证明着“一朝被蛇咬，十年怕井绳”。

其实，离婚是给自己寻找真爱的一个机会。恋爱时，往往展现的是彼此最好的一面，激情遮蔽了爱的本来面目。结婚后，取代激情的柴米油盐式的平淡生活，真正的爱情不会因为平淡无奇而消失，能在这种细水长流的生活中相互包容与理解的爱情才是真正的爱。

离婚两年后的马莉再次走入了婚姻，她和老公都是第二次婚姻。都有过出城再进城的经历，对第二次婚姻便有劫后余生的珍惜。马莉坦言，在上一段婚姻中，彼此都不懂包容珍惜，离婚后才学会了如何去爱，如何经营自己的婚姻。马莉这样描述自己的第二段婚姻：

他懂得欣赏我，激励我发挥自己的潜能。以前我不太会烧菜，只能简单地将生的做熟，但他每次都可以将我“水煮盐拌”的菜吃得精光，还讨好卖乖地说“老婆做的什么东西都好吃”。为了证明自己也是个“上得厅堂，入得厨房”的新好女人，我学会了烧菜。为了鼓励我，他给菜取名：简单的菠菜豆腐汤是“暗送秋波”；瘦肉丝炒黄豆芽叫“勾勾搭搭”，象形；芹菜馅的饺子，叫“情投意合”，因为是“芹菜投进去一合”就成，谐音。

周末他会趁我睡懒觉的工夫亲自下厨，花三个小时煲上一锅骨头汤，再放上枸杞、红枣、莲子，怕我嫌油，一勺勺地撇去上面的浮油。他说女人过了 30 岁就要经常补补……

这就是我想要的生活，充满烟火气息，平平淡淡又实实在在。只要想到他看我的眼神里充满了疼爱，我就觉得做家务做得再苦再累都值得。

在经历一次失败后，才能领悟到爱情、婚姻的真谛。

离婚，成熟和重塑自我的起点

离婚，不是不在乎，是一切还来得及；离婚，不是福也不是祸，而是人生的又一个岔路口。离婚，其实是一个重塑自我的契机，许多人的经验证明，如果你对外界和自身的反应应对得当，你的思想会更成熟，你的朋友会更多，你的事业会更发达，你的人际关系会更好。

既然已经离婚，已经开始一段不同的人生，放弃自己原有的，创造一个崭新的自己，永远记住的是：唯一不变的是改变。

在周围朋友的眼中，李好无疑是幸福的。她和老公从大学时就开始谈恋爱了。大学毕业后，他们的恋情没有随着毕业而凋谢，而是顺利走进了婚姻的殿堂。

结婚一年后，在丈夫的一次意外的车祸中，李好才知道原来他们之间一直都存在着第三者。当她站在丈夫病床前质问他为什么欺骗自己时，丈夫却轻描淡写地反驳："男人出去找第三者，是因为在自己女人身上存在某种遗憾，这是一种互补缺失的行为，你为什么不问问自己，为什么令自己的男人需要到外面去弥补他需要的东西，不是我不忠诚，是你不够完美。"面对这种厚颜无耻的指责，李好愤怒到极点。他们离婚的效率比结婚还快。李好只想尽快与这个男人脱离关系，哪怕多一天也不愿意。

在离婚后的很长一段时间，李好始终走不出离婚的阴影。她每天都蓬头垢面示人，心里总有个声音在提醒她，你婚姻的失败是因为你不够完美，你并没有自己想象中那么优秀。前夫的责备，不止羞辱了她对爱的付出，更把她的自信踩到谷底。渐渐地，李好的生活环境出现了怪怪的现象，身边的朋友跟她相处时都小心翼翼，特别是已婚的朋友，从来不敢在她面前高声谈笑，或与她分享家庭的快乐。单位的同事也战战兢兢地避开婚姻的话题，本来开开心心地在开某对小恋人的甜蜜玩笑，看到李好来了，大家都很有默契地闭嘴散开。家里人更紧张谨慎，他们把跟前夫有关的所有东西都收起来，连前夫买来的牙签筒都送给楼下的小卖部阿姨，凡是前夫说过爱吃的饭菜，从没再在饭桌上出现过。但很长的时间，李好坚持沉浸在自己的悲伤世界里，并没有留意这些变化。直到有一天中午经过公司的茶水间，无意中听办公室的小姑娘跟前台小姐妹抱怨说："难道她一个人离婚，大家都得变成寡妇吗？都快半年了，整天这么愁云惨淡的，我的心情都快发霉了。"李好才猛然醒悟，原来这半年，自己在别人眼里是这种形象活着，难道这就是自己以后的生活？望着镜子里头发松散、衣着过时的自己，李好对自己说："明天，你要变得不一样！"

当天下班，李好把自己从头发到脚趾彻底地整理了一番，她把头发染了栗子色，订了个皮肤护理的套餐，报名参加了女性形体和社交礼仪的培训课程，回到家把衣柜里的衣服颜色重新调换排列，她对自己说："我的人生，从今天开始，要全新谱写。"

3个月后，李好的生活重新恢复到离婚前的状态，不仅在工作上取得了不俗的成绩，也在一次朋友的聚会中认识了新的男友。

现在回头再看以往的日子，李好觉得自己真是有点傻，婚离了也就离了，何必为了一个生命里的过客苦苦折磨自己。快乐的生活，在于不断寻找生活的快乐！

人们总喜欢把自己沉浸在过往的伤痛中，其实，纵使离婚时有万般无奈，都请当作另外一个开始。然后认真审视，从上一段经历中学到该学的，重新定位自身。

人活着不是为了他人，而是为了寻找智慧充实自我。女人的幸福也不是寄托在哪个男人身上。失去一段爱，可以再寻找另一段爱。幸福靠自己，不靠他人给。提高自身修为，能够获得男人所不能给予的快乐和满足感。任何过去都不会比未来重要，整理好自己重新走上人生的另一阶段吧！你的世界离开谁一样可以正常运转。不要让一个不爱你的男人成为你一生的痛苦和遗憾。

爱情如花，当一朵凋零，另一朵会竞相绽放。爱情如戏，当大幕落下，另一出大戏会即时开演。花谢的凄凉、落幕的冷清，都是短暂的，时间会冲淡锥心的痛，要不了多久，你又可以敞开心扉看云淡风轻。

正视离婚从自我授权开始

走出婚姻的女人，会有很长一段时间停留在旧有的生活里，不能自拔。对她们来说，婚姻的噩梦并没有因为离婚的判决而结束。结束的只是婚姻的法律效力，但是很多离婚“后遗症”仍旧纠缠在她们的内心。

离婚从来就不是一件轻松的、能够迅速完成的事。它是如此一个漫长的过程，并不只是得到一纸法律判决书那么简单。在你得到那张写着“允许离婚”的法律文书后，你的离婚过程其实才真正开始。你需要开始适应孤独，需要开始勇敢地一个人生活。

苏伦是一位单身女性。她曾经经历过一段失败的婚姻，如今的她不仅有着一家自己经营的外贸公司，还顺利步入了第二段婚姻当中。提到刚刚离婚的那三个月，她还是心有余悸。

“刚拿到判决书的那一刻，说真的，我的心情很轻松，特别愉快，因为我终于摆脱了我那可怕的丈夫。可是，一个星期之后，我发觉其实生活并没有像我想的那么好。以前，我起床之后总要先给他准备衣服，熨好西服，然后去厨房准备早餐。可现在，我什么事都不用做，我可以睡得再晚些，然后只用做一个人的早饭。但是，我还是会在固定的时刻醒来，还是会习惯性的往微波炉里放进三片面包。我知道，其实我还生活在原先的世界里。我并没有因为离婚判决书，而走出婚姻的圈。

“那天早上，我又在同一时刻醒来，我对着卧室的大衣镜发呆，我想了很久。然后，我换上衣服，出门去找我的心理医生。我知道我不能这样子下去了，这不利于我今后的生活。后来，我终于能很安然的睡到八点起床，然后吃饭上班。一个人生活的快乐，我慢慢感受到了，我把它作为一种享受。”

的确，两个人生活得久了，也许你已经习惯了每天在家准备可口的饭菜，和家人共享晚间甜蜜的相聚时光，但是你现在要学会只做一个人的饭菜量了；也许你已经习惯了两人同床共枕，但是你现在要学会深夜独眠了；也许你已经习惯了有人为你打理对外的家事，但是你现在要学会一个人去面对外面的世界了……

习惯是一件可怕的事，它常常会让你在循环重复的过程中消去你生命中的勇气和斗志。譬如，你曾经是那么独立的一个女性，但是舒适的温柔乡让你逐渐习惯了依傍和附着。离婚就意味着，从此以后你的人生轨迹开始重写，一切都是新的开始。

其实，完全不用害怕离婚。你可以把这一过程当成是重新发现自己、改变自己的契机。把你所遇到的人生中所有的伤痛想象成你成长中的磨砺和坎坷，那么你会得到比别人更多的财富。这种财富，它直接作用于你的心灵，提高你的心智，使你更接近于成功。

“看着他带着那个女人离开法院时，我真想冲上去杀了他们。我知道这样对我并没有什么好处，但是我还是想这样做。就算我不能杀他们，那我也要恨他们一辈子，要知道我的下半辈子都被他给毁了。”

“我告诉孩子们，他们的爸爸永远都不要他们了，他们再也没有爸爸。孩子们很害怕，都哭起来。但是我要让他们知道，这一切都是他们那个不负责任的爸爸造成的。”

“难道我会没有人爱吗？就算他不爱我了，我照样是有众多的追求者。我每晚都去酒吧，变换不同的新男友。我倒是要让他看看，虽然我离了婚，可是我的魅力还是超群的。我要让他后悔离开了我，让他后悔。”

35岁的刘艳，在离婚两年后，提到当时的情景，还是依旧难抚心中的怒气。

离婚已经是事实，我们要做的是想办法让自己快乐起来，重新找回属于自己的生活，而不是让前夫后悔自己的决定。案例中，刘艳的目的是想让那个负心人后悔离开自己，可是她并没有因此而获得快乐。千万不要拿别人的错误来惩罚自己，否则痛苦的只有自己了。

著名的取舍理论告诉我们：人的生命时间是有限的，为了让生命多一些精彩，聪明的人知道什么该取，什么该放弃。放弃无意义的东西，就等于延长了有限的生命。人的思想是在不断变化发展着的，昨天想的与今天想的肯定不一样，夫妻关系也是如此。两个人从恋爱、结婚到离婚，随着神秘感的消失，思想也会发生着深刻的变化。夫妻双方各自有各自的思想，各自有各自的审美观，在爱情的问题上也没有固定不变的真理。昨天是夫妻，感情就存在；今天分手了，感情也就无从谈起了。不承认现实，生活在虚幻的感情世界中，就是对自己最大的不负责任。

其实，离婚并不可怕。告别一段失败的婚姻，意味着你还有机会重新获得幸福。可怕的是你无法从离婚的阴影中走出。只要你相信自己的能力，努力调整自己的心态，相信一定可以度过那段离婚的时光。

第三篇

可怕的梦和深层心理学

第一章
梦的真面目

梦与意识、潜意识

意识与潜意识的关系

潜意识具有无穷的力量，它隐藏在心灵深处，能够创造魔术般的奇迹。爱默生说:“在你我出生之前，在所有的教堂或世界存在之前，潜意识这种神奇的力量就存在了。这是一个伟大永恒的真实力量，是生命运动的法则，只要你牢牢抓住这个能改变一切的魔术般的力量，就能够治愈你心灵的创伤，愈合你身体的伤痛，摆脱心中的恐惧，摆脱贫穷、失败、痛苦和沮丧。你所要做的一切就是将自己的精神、情感与你所期待的美好愿望结合为一体，富有创造力的潜意识会为你做出安排。”

意识与潜意识具有相互作用，意识控制着潜意识，潜意识又对意识有重要影响。

有这样一个有趣的事例：有位大使与人交谈时，他的一位侍者总在一旁侍候。后来，这位侍者得了神经方面的病，不得不住院治疗。在医院中，侍者居然与病友大谈政治、外交，还提出了许多深刻的见解。大使为之震惊，深为自己埋没了这样一位人才而愧疚，决定任命他为秘书。不料，侍者病好后，再问他有关政治、外交方面的问题时，他竟一无所知。

侍者的表现说明了意识对潜意识的制约作用。侍者在大使与人交谈的过程中，听到了许多政治、外交方面的观点，这些信息都贮存到了他的潜意识中。平时，由于意识的控制，这些认识一直埋藏在大脑深处，难以显现。而当他患病，意识处于迷糊状态时，那些贮存在大脑深处的潜意识开始活跃，于是便与病友大谈起了外交、政治。可当意识恢复正常后，潜意识就又被牢牢地控制住了。这时，再问他政治、外交方面的事情，他就不可能轻易发表见解了。

潜意识的神奇力量被许多伟大的科学家、诗人、歌唱家、作家和发明家深刻了解。

歌剧男高音卡鲁索有一次突然怯场，因为害怕，他的喉咙开始痉挛，无法再唱了。还有几分钟就要出场了，他感到恐惧，大滴汗水从脸上淌了下来。他浑身发抖地对自己说："他们要嘲笑我了，我无法唱了。"他到后台对着那里的人大声说："小我要把大我掐死。""滚出去，小我！大我要唱歌啦！"如此这般后，潜意识回应了他，他镇定地走上台，结果唱得好极了，全场为之轰动。

在这里，大我指的就是潜意识中的力量和智慧。心理有两个层次，一个是有意识的，符合理性的；一个是潜意识的，不符合理性的，卡鲁索显然知道这一点。

意识如同船长，在驾驶台上工作，他指挥船的方向，对机舱的操作员发布命令。机舱的人根据命令操作各种仪表等，他们不用管船向哪个方向行驶，只要执行命令就行。如果船长用他的罗盘发出错误的指令，船就会触礁，操作员只能服从命令，别无选择。船长是船的主人，他发布命令。

同样，你的意识就是你身体、你的周围环境以及你所从事的一切事务的主人。你的意识向你的潜意识发布命令，因为你的意识能作出判断，接受认为是合理的事情。当你的理性（小我）充满恐惧、担忧、焦急的时候，你的潜意识（大我）会以恐惧、绝望等影响你的意识。当出现这种情况的时候，你要像卡鲁索那样，坚定地对非理性的我说："请安静一下，我能控制你，你必须听我的指挥，你（这个小我）不准乱说乱动。”

你每天都在你的潜意识中根据你的思维习惯播种，所以你身体和你的环境所收获的就是你在潜意识中所播下种子的果实。意识和潜意识代表心理的两重性，人的心理好比是一个花园，你就是心灵的园丁。

如果你说：“我不喜欢吃樱桃。”如果你无意中喝了樱桃汁，你就会觉得不舒服。因为你的潜意识对你说：“主人（意识）不喜欢。”这一个例子很好地说明了意识和潜意识之间的区别和各自的工作方式。如果你说：“如果晚上我喝咖啡，我会在夜里 3 点醒来。”因此，一旦晚上喝咖啡，你的潜意识就会暗示你，好像在说：“主人想让你晚上睡不着觉。”你的潜意识每天 24 小时不停地工作，不断地为你效劳，将你习惯思维的果实呈现在你的面前。

心理、精神、意志这些东西最奇妙，看不见，也摸不着，似乎它们本身没有一丝一毫的实际力量。但是，你只要恰当地运用它们，充分掌握激发它们的技巧和方法，借由它们来影响潜意识，就能发挥出你想象不到的巨大的力量，创造出奇迹。

潜意识大师摩菲博士说过：“我们要不断地用充满希望与期待的话，来与潜意识交谈，于是潜意识就会让你的生活状况变得更明朗，让你的希望和期待实现。”只要你不去想负面的事情，而选择有积极性、正面性、建设性的事情，你就可以左右你自己的命运。

梦与潜意识的关系

研究人员认为，梦主要是由潜意识控制的。潜意识是和意识相对的概念。意识在医学、心理学及哲学界有着不同的观点，但一般认为，意识或者心灵，它涉及心理现象的广泛领域，既无处不在，也深奥莫测。意识是人脑所特有的反映内部和外界客观现实的机能，也是人在清醒时对自我和周围事物的觉知状态。

与意识相对而言，无意识则是人未意识到的一切心理活动的总和，是人不自觉的认识和体验的统一，是人脑重要的、辅助性的反映形式，是与语言没有明显联系的大脑皮层中兴奋较弱部位的活动。

潜意识的来源

弗洛伊德认为，精神病与内心被压抑的愿望或观念有关。当受到某种特殊刺激后，这些被压抑的愿望或痛苦就会以不正常的活动形式表现出来，造成精神病。这种被压抑在心灵深处的、平时意识不到的精神活动就叫潜意识。

弗洛伊德将“意识”分为三个部分，即意识、前意识、潜意识。

在他看来，前意识里边的东西，只要借助于注意，就可以进入意识。但潜意识里的内容，想进入意识时，就要受到抗拒。

潜意识是每个人的心理活动的源泉，但我们对它的存在又一无所知。这一人类心理的决定性部分没有时间感、地点感和是非感，它像个婴儿一样对法律、伦理和禁忌一无所知，它只知道自己需要什么，若不设法得到满足绝不罢休。这种冲动在每个人的心灵深处造成一个“追求满足”的固定需要，这就是“享乐原则”。

潜意识藏有我们童年的大概记忆，这些是我们以为早已遗忘了的，但实际上还珍藏着；它还包括我们自己感觉到的秘密、怨恨、爱以及某些强烈而原始的热情和欲望。

一般人并不知道自己的身上居然会有这些不道德的观念和欲望。我们醒着的时候，潜意识因素大大地影响与掌控着我们的日常生活，它影响我们思考感觉和行动的方式；在夜间，它又出现在我们所做的梦里。

潜意识里的东西，还可以通过升华的方式出现在意识里，把那些可能是不道德的违反伦理的强烈潜意识愿望和诉求，利用升华作用而以较能接受的形式出现在日常生活当中。梦是通向潜意识的必由之路。

潜意识的特征

潜意识具有原始性。潜意识是人的精神机构中最初级、最简单、最基本的因素。它的产生早于意识和前意识。意识是经过发展而转化了的潜意识，但是并不是所有的潜意识都能成为意识，这取决于外部环境和潜意识本身的性质。

潜意识具有冲动性。由于潜意识的原始性才使得潜意识具有很强的冲动性、活跃性。潜意识的冲动性来自它的原始性，它在人的心理序列居于领先地位，最先在人的心理活动中出现。

潜意识具有非时间性。

潜意识活动具有非道德性。

潜意识具有非语言性。在潜意识或本我中没有思维的概括能力，它的表达主要是借助知觉材料，并无语言参与。

潜意识的心理意义

潜意识会导致人做梦，而潜意识对清醒时的我们又有哪些意义呢?

观察到自我潜意识心灵的存在。梦能够充分显示出人类体验的两分性——意识能力与潜意识能力。在梦中，我们的潜意识心灵比任何时候都更强烈地具有实体感。此时，对潜意识心灵戏剧化呈现出来的产物，我们可以触摸和感受到。

熟悉自己潜意识心灵。因为意识使我们可以和自己做的梦做有目的的交互作用，所以我们就能够对自己的梦境进行仔细的观察和体验。

承认潜意识是我们心灵的伙伴。

接受“自我”和潜意识之间的关系。

梦既是潜意识的思维工具和潜意识思维的成果，通过对梦的解释，就能挖掘出深藏在梦里的潜意识的高度智慧和丰富的信息资源，帮助我们正确地认识问题和解决问题，走出困境。因此，梦境的剖析对于分析心理以及心理调整都具有重要的意义和价值。

潜意识在梦中是怎样体现的

梦在弗洛伊德的潜意识理论中有着举足轻重的地位，梦的研究证明了潜意识活动的丰富性，是研究被压抑的潜意识的最便利方法，梦的研究可视为研究神经病的引线。

梦不完全是一种躯体现象，而是一种不规则的反应的产物或物理刺激所引起的有意义的心理现象。梦代表一种警告，一种决心，一种准备，代表人的潜意识历程。梦的隐含是一种异常复杂的心理动作，梦的内容的改造是为了满足潜意识的欲望。梦是心灵在睡眠中对前一日或前几日经验的反映，是醒时心理活动的继续。

梦的元素本身并不是原有的思想，而是梦者所不知道的某事某物的化装的代替物。解梦就是利用梦者对这些元素的“自由联想”使它被代替的观念进入意识之内，再由这些观念，推知隐藏在背后的原念。自由联想不仅依赖于解梦者所给予的刺激观念，而且有赖于梦者的潜意识活动，即有赖于当时没有意识到的含有强烈的情感价值的思想和兴趣（即情结）。

梦之所以奇异难解，是由于梦的化装作用，化装的主要动因在于梦的“检查作用”。凡是在梦中较明确的成分之中，出现一种在记忆里较模糊的成分，这便是检查作用的结果。检查作用常用修饰、暗示、影射等来代表真正的意义，而梦的元素中重心的移置和改组则是检查作用的有力工具。可见，材料的省略、更动和改组，是梦的检查作用的活动方式和化装作用的方法。检查作用的本质是自我本能的理性规范对性本能的潜意识冲动加以审查、删略和变形。检查作用和化装作用相互制约，被检查的欲望愈强，化装程度愈大；检查的要求愈严格，则化装愈繁复。化装的功用在于以自我所认可的倾向对夜间睡眠里出现的不道德“恶念”施行检查，即进行内心批判。

梦的工作所回溯的时期往往是原始的或退化的，即退回个体的幼年或种族的初期。幼年的经验在记忆中往往是一个空白，只有通过彻底的分析才能将它们召回。梦的这种倒退作用，不仅是形式的，而且是实质的；不仅将我们的思想译成一种原始的表现方式，而且唤醒了原始的精神生活的特点。这些古老的幼稚的特性，以前曾独占优势，后来却只得退处于潜意识之内。强烈的被压抑的潜意识加上有意识思想的影响，构成了倒退作用的条件。这可视为关于梦的性质的最深刻的了解。

梦是欲望的满足。这是梦的主要性能，这种满足主要指欲望内容的满足，至于某些梦中不快的情感则维持不变。事实上，梦者常常摒斥和指责一些原可产生快感的欲望，这时焦虑就乘机而起，以代替检查作用。焦虑表明被压抑的欲望的力量太大，非检查作用所能制伏。人类的精神生活中颇多“惩罚”倾向，它们强大有力，可视为某些“痛苦”的梦的主因。惩罚本身也不失为一种满足，它满足的乃是检查者的欲望。

一言以蔽之，梦是了解认识潜意识的最重要的途径和渠道。

潜意识具有预测性吗

梦与现实是一对矛盾统一体，二者是密不可分的，离开了梦的现实，将是枯燥而空虚的，梦为现实生活填补了空缺，也帮助人放松了处于紧张状态下的神经；梦的基础来源于现实，离开了现实，梦也将不复存在。

根据事物变化发展的客观规律，事物发展到一定程度后，往后再发生的事会成为一种必然，这种必然原本存在于人的潜意识当中，潜意识是梦的源头所在，梦因此具有预见性。当人们开始着手做一件事时，潜意识就会根据人的本性和种种客观因素对这一事件的发生及其结果作出预测，而人本身并不会真正想到这些，它完全隐藏在潜意识里，不能被人发现，却是真实存在着的。在做梦的时候，这些存在于潜意识里的想法或情景等就会反映在梦境当中。梦醒后的一段时间里，现实世界则有可能发生与梦境相同或类似的事件。

一个学生讲述其初三时的一个梦境。睡前，她在做物理练习题，而临睡前做的最后一道题她并未解出来，由于困倦便沉沉睡去。梦中，她又在做那道物理题，借助了计算器，在就快醒时解出了答案，醒后发现，那道题的正确答案正是她梦到的答案。

该梦者在长时间做同一门功课的题后，思维开始混乱，原本在正常状态下能够解出的题却解不出来了，然而潜意识中存在的智慧却不受影响，于是通过梦的形式传达给梦者。因此，可以看出，潜意识有时也会使梦通过象征的形式向梦者传达信息，所谓梦的预见性实际只是潜意识对现实事物的客观分析的结果。

太过真实的梦会扰乱人的正常思维，使梦幻与现实混淆。生活节奏较快、长期从事脑力劳动的人一天中接触的事物大都是与自己工作有关的，而很多事物也在经历的过程中逐渐进入潜意识中去，而梦者本身并不会感觉到这一点，只有进入梦境之后，这些早已被储存在潜意识中的东西才会被反映出来，而反映在梦中的场景却像自己经历的一个真实事件。梦者醒后一般不会对整个梦记忆得很深，往往在一段时间以后，当回忆某件事或某个细节时，将会分不清到底是梦还是现实。如果这样的情况频繁发生，则会扰乱人的正常思维。导致这种情况的原因在于梦者本身，因为这样的人的生活长期都处于一种固定模式下，很少接触相对新鲜的事物。如此便使潜意识中储存的信息相对单一，便不能构成丰富多变的梦境。梦与现实生活联系十分紧密，使人愉快的梦可以保证人健康积极地度过一整天；与现实太过类似的梦不但不会使人在睡眠中放松自己，反而会增加压力，使人变得消极并且思想受束缚而机械化。

在《梦的解析》一书中，弗洛伊德提出梦是人的欲望的反映，与愿望有关，然而较为现实的（即通过努力可实现的）愿望很少在梦中有所反映，幻想中非现实的愿望则会频繁在梦中得以实现，而且这种愿望必须是长时间存在于人的脑海，而非短暂的冲动。同样，每个人也都不同程度地对某一个或几个事物而感到恐惧，那些使人长时间感到恐惧的事物也会为梦所反映出来。比如，小孩会经常梦到大灰狼、鬼怪等一些大人常常为他们描述的事物；长期为一种病所折磨的患者则会梦到与自己的病有关的事，而这样的梦常常表现为噩梦。不论是由愿望引起的梦还是由恐惧的事物引起的梦，都经常与现实相反，即反梦。虽然与现实相反，这样的梦却对人有很大的启示作用，尤其由恐惧产生的梦，它往往能揭示梦者自己本身未意识到的缺点与不足，以警示梦者需要改进。

潜意识的内容与它相对应的梦是有因果联系的，因此将潜意识转化为前意识可以控制人不做某个梦。通常潜意识都是不能被人感知的，人并不知道自己的潜意识中有些什么，也无法感知它的存在。而前意识即我们通常所说的意识，人的日常行为、语言等都受它的支配。梦是潜意识的产物，即梦来源于不可感知的潜意识而基本不会以其他形式或途径产生梦。由此可以发现，人类可以控制自己不去做某个梦，办法就是将潜意识中存在的事物转化为前意识，如此便会使一些事物从潜意识里分离出来进入可被感知的前意识，从而切断梦的来源这条途径，使人不会做与这个事物相关的梦了。

一个人每天都要经历很多事情、得到很多知识，如此积累起来，便构成了丰富多彩的人生。然而正是如此，也构成了与现实脱轨的怪梦。目前心理学家已经发现，智者所经历的这种梦比较多，造成这种现象的原因就在于智者拥有多于常人的智慧和更为丰富的人生体验。人的一生所经历到的大部分都会在梦里有反映，经历的事物越多、越丰富，能够被梦反映的也就越多，然而梦者处在睡眠过程中时不具有逻辑思维能力，不能合理有序地将各个事物安排好，只有任凭大脑随机将几个事物联系在一起，这种联系不存在因果、包含与被包含、先行后序等，只是无序地排列。无序排列的事物越多，梦就会越复杂、越离奇，而这些与现实脱轨的怪梦实际上是毫无意义可言的。

通过梦境了解潜意识的波动

弗洛伊德认为，梦是对愿望的满足，不过，这种愿望在梦中的表现，有时是直接的，有时是间接的，有时则是以相反的形式出现的。有一次，弗洛伊德的一个朋友的夫人，做了一个来月经的梦，这样的梦她过去几乎没有做过，她向弗洛伊德讨教。弗洛伊德告诉她，夫人做这个梦意味着内心深处存在着“有月经就好了”的想法，如果反过来看的话，这个梦可以解释为夫人目前的月经暂时停止了。这位夫人听后惊讶地告诉弗洛伊德，自己正处于妊娠期，她对弗洛伊德的解释异常钦佩。应该说，像这样内心潜意识的欲求，在梦中按其本来面目直接或不很曲折地表现出来的情况，其判断是比较容易的。当然，由于梦的本质和机制十分复杂，许多内容对于人类来说，还是未知世界，所以，难以解释的梦仍然不少，甚至占梦的大多数。但是，按照弗洛伊德的精神分析方法，还是可以解开不少神秘之梦的锁结。

弗洛伊德的助手费兰斯分析一位女性梦见一只小白狗被绞死的梦的例子，曾被许多书引用。费兰斯经过分析后认为，这条小白狗实际上是这位太太所讨厌的妹妹的形象。在分析梦的过程中，这位女性说出了一些情况，她对烹调很擅长，并且有时还亲手勒死鸽子、小鸟等来烹饪，但她绝不认为这是件愉快的事情，所以很想辞去这项工作。当费兰斯问她是否有特别讨厌的人时，她说出了妹妹的名字，并义愤填膺地说起了妹妹对她丈夫“就像训练好了的鸽子一样”，使她十分厌恶。她在梦中勒死小白狗的方法同勒死鸽子的方法实际是一样的，而鸽子、白狗其实都已拟人化了，很可能就是她妹妹的形象。果然这位太太在做此梦之前曾与妹妹激烈争吵，还把妹妹从她房间里赶了出来，骂道：“滚出去，但愿别让狗咬着我的手！”分析到此，女士承认，她确实有过“妹妹死了就好了”的想法，而她的妹妹身材矮小，皮肤白皙，就像小白狗一样。

梦是潜意识得以发泄的最佳场所，有人说：“若以梦中的行为做出判罪的依据，那么人人都是罪犯。”这类似的看法其实柏拉图在其名著《理想国》中就有阐释。他认为在梦中“……人们会犯下各式各样的一切愚行与罪恶——甚至乱伦或任何不合自然原则的结合，或弑父，或吃禁止食用的食物等罪恶也不除外，这些罪恶，在人有羞耻心及理性的伴同下，是不会去犯的。”所以，弗洛姆在其著作《梦的精神分析》中说：“柏拉图与弗洛伊德一样，把梦当作我们内心无理性野兽天性的表现。”但是，弗洛伊德又认为，人们在梦中也不是完全肆无忌惮的，由于“检察官”或“看门人”的作用，梦境常得经由化装后才能象征性地呈现出来。所以弗洛伊德在《精神分析引论》中说：“梦的表面意义无论是合理的或荒谬的、明了的或含糊的，我们都不会理会，这绝不是我们所要寻求的潜意识思想。”

同样的梦境可能因梦境分析者对其显意、隐意及象征意义有不同的理解，其解释的结果也就可能迥然不同，甚至大相径庭。所以心理医生在为被分析者解梦之前都必须对其生活环境、生活习惯、心理状况有个大致了解。对不熟悉的被分析者可通过交谈或自由联想而掌握线索。我们可以科学解梦概括为：“解梦者可根据解梦的需要，询问这类梦境的出现是经常的或偶然的，做梦者的体会是什么，做梦者平时对梦是否有兴趣，做梦者生活的顺递，再结合做梦者的性别、年龄、素质强弱、性格、职业、服装、音容笑貌、近期生活状况等方面综合分析，得出结论。”与其说解梦是一门科学，还不如说解梦是一门艺术。正如弗洛姆在《梦的精神分析》中说的：“它正如其他任何艺术一样，需要知识、才能、实际操作与耐心。”

梦是潜意识的象征性语言

对梦的解释过程就是对显梦的逆向翻译过程，这个过程与梦者制造梦境的过程相反，是对梦的还原。只有了解梦的制造过程，才能准确地理解梦的心理含义。尽管梦有一个精确的逻辑，用分析还原的方式把梦的显意转化为潜意识的文本即梦的隐意时，其意义具有唯一性。但是，就同一个梦来说，梦的意义却可以进行扩展。梦的精确逻辑与梦的意义的可扩展性两者并无矛盾。因为基于弗洛伊德式的分析还原解梦方法是一种客观层面的解梦，其要义即将梦的内容“打碎”或“拆散”，将其还原为梦者对外部情境或对象的记忆。但在精神分析大师荣格看来，做梦者才是所做之梦的全部原因，做梦者就是全部的梦，所有梦的细节都表现了梦者没有意识到的种种内心矛盾、体验、倾向和看法。

要想通过梦的解释准确聆听心灵深处的声音，必须了解梦的象征意义。梦是潜意识的象征性语言，这种象征通常以图像化的“素材”和“场景”呈现出来，但就象征本身而言并不具备单一的意义，只能根据梦境的具体需要来确定。对梦中出现的各种象征的理解是准确解梦的关键，梦中一般有两种不同的象征类型，即“偶发性象征”和“普遍性象征”。

偶发性象征是一种在象征与所代表的某物之间没有内在联系而只具有某种偶然联系的象征，这种偶然联系往往只有梦者本人才能理解，它与梦者本人的生活事件有直接的关系。例如，某人在某个城市曾经有过一段非常恐惧和沮丧的经历，以至于在以后的日子里当他听到这个城市的名字就会与恐惧的情绪联系在一起，如同他把自己快乐的情绪和另一个让他经历快乐的城市名字联系在一起一样。

普遍性象征是这样一种象征：在特定的文化背景下，象征与所代表的东西（意义）之间具有普遍的内在关联，这种关联深深地根植于人类情绪与情感体验的共同经验中，并为所有人或大多数人所理解。例如，梦中出现的蛇、太阳、水火、河流、桥梁与道路、房屋、车、人们熟知的各种动物、生活中人类共有的某些物品如电视机等，这些象征的心理意义不仅容易理解，而且不同的人对其意义的联想内容基本相同。

下面是一位受困于幼年情节而不能进入恋爱状态的女孩子的

一个梦，梦中表达了对爱情充满憧憬与迷惘，梦中使用的象征几乎全部是普遍象征。

一个光线朦胧的时刻，我在像是一个生长着竹林和矮小梅树的寺庙的后花园，有翻墙者（不该进来的人但不是小偷）进来，我想阻止他们，没想到他们人多势众，我骑上一匹高大结实的枣红马一路飞奔，逃离他们的追赶……

梦中的许多事物的象征都能唤起人们共同的心理体验和联想。但尽管属于普遍象征，由于象征具有多重意义，因而象征在某一梦中出现时，其确切意义往往需要补充两方面的资料才能最终决定，一是梦者本人的自由联想资料，二是梦的象征在意义上的关系是否符合梦自身的逻辑结构，因为梦具有精确的逻辑结构，而不是思想碎片的随意拼凑，解梦者须综合考虑这些因素才能对一个梦的完整意义进行准确解读。例如，“寺庙”包含的意义很宽泛，可以指“修身养性的场所”，也可以指“远离尘世的精神世界、单身并压抑的自我、没有异性光顾的身体”等，而在这个梦中，寺庙的准确含义只能解释为“梦者没有异性光顾的身体”，生长着竹林和梅树的后花园则指“隐秘的性器官”和“充满情感期待的内在的精神世界”。这样，“翻墙者为什么不是小偷”也就得到了合理的解释，暗指“强行侵入她身体和隐秘的情感世界的男人”。

所以，无论象征的意义多么的复杂和难以把握，放到特定的梦境中，其意义通常具有单一性或一致性。从这个意义上说，梦具有自身严密的逻辑结构和精确的心理意义，而并非可以随意理解的潜意识语言。偶发性象征与普遍性象征之间并无明显的界限，象征的意义受制于文化与亚文化的差异性，当一个偶发性象征被大多数人理解或者成为大多数人的经验以后，就变成了普遍性象征。一位来访者梦到自己与上司说话，嘴里吐出的却是玉米粒，“玉米粒”的象征意义就难以理解，其实这个象征与“骂人”有关：在梦者的故乡，用粗俗的语言说话的人被称为“玉米棒子”。

梦者实际上是在以伪装的方式来表达自己对那位上司的不满。

解梦需要进入潜意识吗

有一位外国作家，写了一个神秘的故事，故事的梗概是这样的：

主人公是一个水手的儿子。在他很小的时候，他第一次随大人上船去玩。

他伏在甲板上看海，忽然他看见在船后有一条很大的大鱼。他指给别人看那一条大鱼。但是没有人看见这条鱼。

大家想起来一个传说，说海里有一种怪物形状像鱼，一般人看不见。如果一个人能看见它，这就是不祥的，这个人将因它而死。

从此这个人不敢再到海上，不敢再乘船。

但他经常走过海边，每次他走到海边，都能看见这条鱼在海里出现。有时他走在桥上，就看见这条鱼游向桥下。他渐渐习惯了看到这条鱼，但是他从不敢接近这条鱼。就这样他生活了一生。

在他很年老，面临死亡的时候，他终于忍不住了，决定到鱼那里去，看看到底会发生什么。他坐上一条小船，划向海里的大鱼。

他问大鱼："你一直跟着我，到底想干什么？"大鱼回答："我想送给你珍宝。"他看到大量的珍宝。

他说："晚了，我已经要死了。"

第二天，人们发现他死在海上。

作家说，这个故事是从他做过的一个梦中得到的灵感，我们知道，很多故事都是作家的较深层的潜意识的产物，那么，我们将这个故事当作一个梦的例子，来解析一下人类的潜意识。他看见在船后有一条很大的大鱼，他指给别人看那一条大鱼。但是没有人看得见这条鱼。在中国古代，也有类似的说法："察见渊鱼者不祥。"在这里的海是潜意识的象征，海像潜意识一样，浩瀚无边又深不可测，隐藏着无数的奥秘。大鱼就是大海的奥秘，是潜意识中的精神的象征，直觉的象征，大鱼可以看作我们所谓的潜意识中想要的却得不到的事物。

有些人和一般人不同，他们更容易见到自己潜意识中的内容。天才的艺术家就是这样一种人。

如果一个人进入了自己的潜意识，他就注定了不能过一般人的生活。进入潜意识中是有危险的。如果你的潜意识里存在着心理矛盾，你无力解决这样矛盾，又贸然介入太深，你的心理平衡就会受到威胁。精神疾病患者实际上就是进入了潜意识。精神病人会听到我们听不到的声音。而他们把这当成真的存在，不知道这只是一种象征形象而已。精神病人就是“醒着做梦而又把梦当成真的人”。天才的艺术家也说是可以进入潜意识的人，正是在潜意识中他们才获得了那么多新奇的想象。所以天才艺术家很像精神病人，他们和精神病人的区别在于：精神病人已经完全不会和一般人沟通了，艺术家还会；精神病人在潜意识的世界里充满了恐惧等，天才艺术家在潜意识世界如鱼得水。

那个孩子看到别人看不见的鱼，就让大家担心他，如果一个人能看见它，这就是不祥的，这个人将因它而死。这种担心是有道理的，他也可能成了精神病人，也可能成了艺术家，即使成了艺术家，他也可能像许多艺术家一样饥寒交迫，像凡·高一样几乎饿死。

于是，他不敢再到海上，不敢再乘船。

“但他经常走到海边，每次他走过海边，都看见这条鱼在海里出现。有时他走在桥上，就看见这条鱼游向桥下。他渐渐习惯了看到这条鱼，但是他从不敢接近这条鱼。就这样他生活了一生。”也许他从此找了一个一般工作，像一般人一样生活，但是他经常走到海边，体验潜意识和艺术的冲动，也许还玩过艺术，但是他不敢让自己投入大海。

在我们的潜意识里，固然有危险，更有无尽的珍宝。如果那个人早进入它，他也许已经是艺术大师了，而且他的心灵一定可以更丰富了。

我们解梦，就是进入大海。不过，不是自己盲目闯进去，是在解梦技术这一指南针的指导下进入，我们可以没有多少风险，而得到极大收益。

梦是打开人格最深层的钥匙

在弗洛伊德眼中，梦是一种精神现象，是一种心理活动，是一种愿望实现，是一种清醒状态精神活动的延续。梦并非空穴来风，梦亦非毫无意义，也不是意识昏睡，梦是被压抑的愿望经过伪装的满足。

“梦可以告诉你想隐藏些什么和隐藏的动机，解梦之人要拼接梦，并找出邪恶之源。”这句话是惊悚悬念大师希区柯克 1945 年拍摄的电影《爱德华大夫》中的经典台词。这部心理学领域电影的开山之作，是电影史上第一批以精神分析学为主题的影片之一。蓝色的音乐，萧瑟的寒风，冷漠的石碑，零落的枯枝，黑白的简单色调叙述了一个贯彻弗洛伊德理论的悬念迭生的心理分析故事。

故事发生在一个精神病疗养院，默奇逊院长即将退休，医学界著名的爱德华医生前来继任。新来的爱德华年轻英俊，风度翩翩，身上笼罩着的个性魅力以及学术光环让美丽的女主角心理医生康斯坦丝情愫萌动。然而，之后的相处中，康斯坦丝渐渐察觉到爱德华的异常举动，他忘记自己书中阐述的理论，看见印有黑色竖纹的白色布料会头晕，遇到病人出血几近昏厥……随后，大家得知真正的爱德华医生已经遇难，而来者是伪装的，是一个被某些可怕的事情困扰的失忆症病人——约翰·布朗。约翰忘却了自己的身份，爱德华医生女秘书的供词更使他背负了谋杀的罪名。

康斯坦丝凭着爱与心理学特有的直觉认定约翰不是凶手，她试图用精神分析的方法帮他回忆起隐藏在记忆深处的真相。警察的追捕迫使两人躲避至康斯坦丝的老师阿历克斯家中，正直善良的心理学家收留了他们并帮助康斯坦丝一起治疗约翰，他们希望通过剖析约翰的梦境找到真正的凶手。

约翰的梦是影片的核心剧情，解梦则是剧情高潮，影片多处成功地运用了弗洛伊德的解梦原理，解梦过程的精湛以及梦的解释重组令人拍案叫绝。弗洛伊德认为，梦不像其表面显示的那样只是一堆毫无意义的表象，它是通向潜意识的捷径，是打开人格最深层的钥匙。通过对梦进行分析，可以揭示出被人压抑到潜意识中的过去事件。人具有两种心理机能：原发过程和继发过程，前者以梦为代表，以凝缩、移置和象征为特点，毫不顾忌时空规范，并用睡眠时满足欲望的幻觉来缓解本能的冲动；后者以日常清醒的思维为代表，严格遵循语法和形式逻辑。

梦是一种象征，每一个象征都是不可忽视的细节，是破译和重组整合的关键。约翰梦中所出现的每一件物品、摆设，每一个人，每一个动作，每一句对话仿佛都具有特定含义。梦由人的意识产生，约翰的梦境与现实息息相关，白色屋顶代表雪山、络腮胡男子代表爱德华医生，与络腮胡赌博时他得到 21 点纸牌代表纽约 21 点赌场，呵斥络腮胡滚出他地盘的蒙面男子就是凶手，凶手扔出的变形车胎轮子代表左轮手枪……当把梦境和现实联系起来就会发现那些看似天马行空的梦其实就是现实世界中凶案发生的反照。

谋杀发生在爱德华与约翰滑雪时，为了让约翰彻底摆脱噩梦，康斯坦丝和他来到滑雪场，危急关头，约翰终于忆起儿时情形，摆脱了犯罪情结。原来约翰年幼时与弟弟玩耍，失手把两岁的弟弟从楼门外台阶两旁的滑台上推下去摔死了。适逢寒冬，大雪纷飞，尽管这只是一件意外，但它给约翰幼小的心灵所造成的伤害却是无比震撼而强烈的，从此噩梦开始伴随着他，令他备受心灵的自我谴责与折磨，一直影响了他的童年、青年时代。他心底的内疚感一直存在，尽管事情已过去 20 多年，似乎一切都已忘记，但两条平行线条（代表着门前的两个滑台）对他仍然起着某种作用，让他莫名地紧张恐惧。

当他与爱德华医生一起滑雪，爱德华忽然被人枪杀，现实中的情境——雪地、白光、滑雪板、笔直滑雪道接近了他潜意识的情绪源，童年的体验和眼前的感受合而为一。那一刻，他意识完全混乱，深信自己就是杀人凶手，为了逃脱“罪责”，他开始扮演爱德华医生的角色，同时仍然无法摆脱潜意识里可怕情境的困扰。警察按约翰提供的线索找到了爱德华医生的尸体，但他仍然无法摆脱谋杀的指控。默奇逊院长一句失言，令康斯坦丝如梦方醒，联系约翰的梦境，整个案件终于水落石出，真正的凶手就是在医院工作了 20 年、无法接受自己被爱德华接替的默奇逊医生。

电影中解梦被赋予了新的意义，即让有心理障碍的人了解自己潜意识行为产生的原因，通过让他面对自我来克服心理障碍。解梦，找出它的隐义，就能恢复部分潜意识心理内容，并将其置于理性分析中。梦以幻觉和伪装形式表现被压抑的内容，它使不为人承认的愿望获得部分满足。梦的来源是潜意识，意识的愿望只有得到潜意识中相似愿望的加强，才能成功地产生梦。每个梦都是愿望的实现，即以伪装形式表达或满足某种潜意识的欲望。

梦与心理学的关系

梦与心理的关系

人的心理活动是神经系统高级部位——脑的功能，而梦则是心理活动的一个方面，并且人白天的一切心理活动都会影响到夜晚梦中的心理活动。因此，梦也是心理活动中必不可少的部分。

人的心理活动是一个十分复杂的大脑生理活动，它最基本的特征之一，就是能够反映人的情绪。情绪是人类最基本的对外界反映的特征之一，它是人类大脑神经生理反应与“意识”整合时产生的。当外界的反应冲动从扣带回向大脑皮质扩展时，心理过程便渗入了情绪色彩。

人白天心理活动中的情绪，在夜晚的梦中也同样反映出来，正如人们常说的“日有所思，夜有所梦”。梦的内容千奇百怪，梦中人义愤填膺，或焦虑不安，或沉浸在幸福甜蜜之中。经过不少科学家长期的研究，一般认为，梦是有一定精神基础和物质基础的。它是人类精神活动的一种方式，是现实生活中内容的折射与反光。

人的心理活动都在梦境中表现出来，只不过这种心理上表现有点经过变形而展现于人的梦中。要研究表明，情绪与梦境有关。例如喜者多梦欢乐愉快；怒者多梦焦躁不安；忧者多梦心绪不宁；悲者多梦凄楚哀怨；惊者多梦惊心动魄、惶恐胆怯；信鬼神者，多梦妖魔鬼怪；梦境杂乱混沌者，心中多不安与担忧。还有一些梦与个人愿望、思想活动有关，这些思维的痕迹已深深地印在脑海里，睡眠时又重新反映出来。

梦可以起到“安全阀”的作用，也就是说，如果在睡眠中，人类机体冲动得到发泄，醒后就会约束自己的言行，能更好地适应现实的困难和处境。如果不让某人在睡眠中做梦，这个人就会在白天表现出异常言行，甚至产生犯罪危害社会的行为。

梦，实际上是自己演给自己看的小品，就像一个人在自己观看电视一样，他总会去找那个自己最喜欢的看，他看的内容多多少少可能与这个观看者有些类似或是他向往的地方，这正是你心理上或心灵中发生反映的结果。一个人可能在自己的梦里找到自己，梦虽然是假的，却不会欺骗你。

人在做梦的时候，大脑皮质是在极低水平下工作的，对事情的分析有时是错误的，记忆中也可能充满着缺陷或残缺不全。所以梦中的自我同现实中的自我有时看起来是分割的，没有连续性。但作为同一个大脑，有的心理学家认为，梦中的自我仍然在关心着白天的事情，不过只是用了不同的方式来看待这个问题而已。人在梦中，是以一种奇特而复杂的生活回忆着他的过去和预演着未来。

所谓发现现在的自己，在心理学上称为自我，也就是意识当中的自己，我们称为“清醒我”。当然，现今心理中的是自我，但是在心理学上，我们所要探测的心灵，比现在这层自我更加深刻。

由于潜意识被压抑在内心深处，被封闭起来，所以平常人们无法发现它。它存在的证据是，当压抑的力量薄弱时，这个无意识的心灵就会来到有意识的世界。人在睡觉时，自我压抑力量较弱，无意识的心灵便容易浮上意识层面。这正是表现在梦里，所以梦是平常自己压抑着的另一面。

梦是一种奇妙的心理现象，虽然身体处于睡眠的状态，但脑海里，却如同清醒般地拼命思考着。现实生活中不可能发生的事情，在梦境里却都有可能实现。虽然是做梦者本身自导自演，观众也仅限于本人，但每一次却仍有新的剧情发展。让人不可思议的是，几乎所有人在起床后不久，就无法完全记得做梦的内容。因此，做梦是否为我们心灵的自身心理生理上的需要，就成为科学家们的研究热点。

另外，研究人员也尝试别的实验，就是把睡到一半的实验者突然叫醒，唯一区别的是，这一次是在他尚未产生梦境便打断其睡眠。同样观察他们在白天的行为，则没有发现较异常的变化。

众所周知，梦是“看”的东西。在清醒时的感情可由言语、动作行为来表现，但在梦中有情感表现，就只能“看”。它常是由欲望、恐惧、爱情、嫉妒、矛盾等因素纠结的部分组成。

人在清醒的时候，常能以较冷静、理性、明确的态度处理自己的感情、压抑自己的行为。但在梦境里，那种抑制力在降低，因而会作出平时不敢想象的行为。因此，梦扮演着将自己心底真实的情感，转化成为一个视觉影像，再传达出来的角色。由于梦境里全然是视觉化的影像，因此，我们则可能通过心理分析着手，来发现“睡梦我”心灵底部的真实意义。

梦的补偿与心理平衡作用

在对梦的研究过程中，人们发现梦具有心理平衡作用。人们平时被压抑的个性会在梦中得到释放，现实中无法实现的愿望也能在梦中得到满足，这在一定程度上能够缓解人们的心理压力。也就是说，梦的心理意义在于补偿，通过梦，潜意识可以指出或补充意识活动的不足，使精神活动更加完善，也更加充实，从而使整个心理功能趋于稳定。

心理学家荣格也肯定了梦的心理补偿作用，这是一种内在的自我平衡调节系统。比如，很多心理医生在临床实践中会发现：幸福的人常做悲伤的梦，闲适的人常做紧张的梦，抑郁的人常做快乐的梦，满足的人常做失落的梦。荣格认为，梦的作用是补偿，如果一个人的个性发展不平衡，当他过分地发展自己的一个方面，而压抑自己的另外一些方面时，梦就会提醒他注意这些被压抑的方面，从而完善、充实人们的精神世界。这样的梦将会有利于人们的身心健康，能使心理及行为更为趋于和谐。

例如，当一个人过分强调自己的强，不表达自己的弱，即他只表现自己的强悍、勇敢的气质，而不承认自己也有温情，甚至软弱的一面时，他也许就会梦见自己置身于某种令人手足无措、异常惊恐的场景里，这种梦境就是对他的个性的平衡。

梦对人脑的调节作用主要表现在两个方面：一方面，舒缓平和的梦境可以帮助人们调节清醒时紧张忙碌的心理状态；另一方面，苏醒时某些不能得到满足的欲望可以在梦中实现。相应的，如果人们无梦或者少梦，那么可能会出现两种情况：一方面，白天的紧张情绪若不能通过做梦得以修复，那么长期紧张的状态会导致人的心理崩溃；另一方面，人们会因为累积过多的难以实现的欲望而饱受折磨。所以，哲学家尼采所说的“梦是白天失去的快乐与美德的补偿”正是对上述理论的精炼概括。

具体来说，由于人在梦中以右脑活动占优势，而苏醒后则以左脑占优势，在机体 24 小时昼夜活动的过程中，清醒与睡梦的状态交替出现，可以达到神经调节和精神活动的动态平衡。因此，梦是协调人体心理世界平衡的一种方式，特别是对人的注意力、情绪和认识活动有较明显的作用。

梦是大脑调节中心平衡机体各种功能的结果，做梦也可以维持大脑的健康发育和正常思维的发展。做梦能使脑的内部产生极为活跃的化学反应，使脑细胞的蛋白质合成和更新达到高峰，而迅速流过的血液则带来氧气和养料，并把废物运走，这就使得本身不能更新的脑细胞会迅速更新其蛋白质成分，以准备来日投入紧张的活动。所以，可以说，做梦有助脑功能的增强。

脑中的一部分细胞在清醒时不起作用，但当人入睡时，这些细胞却在"演习"其功能，于是形成了梦。梦给人痛苦或愉快的回忆，做梦锻炼了脑的功能，梦有时能指导你改变生活，还可部分地解决醒时的冲突，将使你的生活更加充实。

做甜蜜的美梦，常常会给人带来愉快、舒适、轻松等美好的感受，使其头脑清醒、思维活动增强，这有助于人的消化和身心健康，对稳定人的情绪、促进和提高人的智慧活动能力、萌发灵感和创造性思维都有所裨益。

上述理论也可以用来解释现实生活中很幸福的人为何常常做糟糕的梦：人的担忧多半来源于消极的自我暗示，总是认为自己现在拥有的东西可能会失去，认为自己随时会"出事"，心理学家把这种自我暗示看成一种自我预言，因为很多抱有此类想法或经常做这类梦的人最后可能真得会"出事"，但这"事"绝非是梦惹的祸，而是人自身不断重复暗示的结果。所以，改变一个人对梦的解释，在解梦时自己安抚自己，尽量以合理、积极的态度去认识梦境就可以改变梦给人带来的心情。

梦中的自我

自我是一个人潜在意识的原形，现在正被个性发展的需要所叠加。人有一种尽可能排斥兽性和阴影的倾向，然而人格完整的秘密深深隐藏在自我之中。人的潜意识和未来密切相关，做梦者可能第一次在梦中看到一种使之振奋的自我形象，这种形象可能会成为自我完整的个性的象征。

梦境，是你本身自我心灵中的一个舞台，因为心灵中的奥妙只有自己才清楚。做梦的大脑与白天清醒时的大脑是同一个脑子，只不过是有左右脑的区别而已。在这个梦中舞台上，登场人物中可能每个角色都是你所认识的，都是你所熟悉的人。然而，也有完全不认识的陌生人，也有些是曾见过却叫不出名字的人。

重要的是，做梦者是决定谁出场谁不出场的人物，即使是不具任何意义的小角色，也必须由做梦者来决定。换句话说，梦中的登场人物不仅具有深层的意义，而且所演出的或令人惊心动魄，或扣人心弦的故事，大多与个人过去的经历，现在的体验以及对未来的设想有关。

大多数梦都具有一定的象征性和隐喻性，描述了做梦者生活中人际关系的某些重要特色。梦中双关语是重要的信息，而且由于多是视觉双关语，很容易明白。不过有些双关语或隐喻就没有那么简单了，要通过更多的发问才能发现它真正的意义。

隐喻性的思考方式对于了解梦的真正隐含信息有关键的效用。如果你确能欣赏并把隐喻看成一种表现风格，那么你就能比较灵活的了解梦境。当一个人运用智慧解破梦中的隐喻或双关语时，获得的乐趣本身就是梦境体验的收获。心理分析的目的，就在于去发现隐喻与双关语的意义以及梦中象征动作的意义，并利用它们对今天的生活产生积极的影响。

梦是大脑的潜意识和意识两个层面之间的对话——它们很微妙地讲着不同的语言。尽管有意识的大脑可能认为自己已经理解了潜意识在梦中说的话，但事实上它像一位缺乏经验的翻译那样，经常未能准确地理解和解释那些语言真正的含义。为此，我们要想做好自我心理、心灵的翻译，就要深入了解梦的表现形式。

梦境与情绪象征

梦是人的情绪舞台。每当白天的活动结束后，人对这些活动的感受并没有结束，而是留待梦中分解。梦境所表现情绪的好坏，将会影响第二天起床时的心情：是去迎接世界给我们的挑战，还是逃避出现在我们面前的困难呢？

有实验表明，梦以两种方式表达情绪：第一种是渐进式，其中的梦境由一个走向另一个，做梦者在其中总是取得最后的成功，即使是从坏事开始；第二种是重复式，梦境也由一个到另一个，但每一个梦境都有某种相似性，做梦者总是摆脱不掉不愉快的情绪梦。

在白天，我们的情绪可以尽情地表现或发泄，而梦中的我们采用什么手段来表现自己的情绪呢？梦中的情绪是经过了加工的，多采用象征、夸张以及其他方式来表现，虽然与白天的实际情况可能在具体形式上有所区别，但梦中的情绪却和白天的情绪大多在本质上保持着一致性。

另外，还存在另一种情况，某些人在现实生活中可能会有一些不符合自己道德观念的情绪。白天，他们无法把这些情绪正常表达出来，于是便会通过梦境来传达，这些情绪在梦境中有时候可能表现得非常明显，有时候却需要通过隐晦的象征方式。

例如，生活中的酸甜苦辣影响着人们的情绪，人难免会有喜怒哀乐，但是在现实生活中，我们的情绪可能无法得到有效的宣泄。比如，一个人与他人发生矛盾时，可能会争执几句，绝大多数的人迫于外界环境，为了维护自己的形象，虽然生气但可能也只是发发牢骚作罢，但在梦里，他们便可能与人争吵、怒骂甚至打斗，这种愤怒的情绪与白天的怒气是一致的。

再比如，一个人梦见自己的奶奶去世了，她十分悲痛。做梦者在白天确实接到过家人的电话，得知奶奶生病的事实，于是她晚上做了这个梦。正常来说，这个梦可以理解为她担心奶奶会因病去世，如此来看，梦中的情绪反应的应该是她真正的情绪。她因这个梦焦躁不安，即使获知奶奶病情好转之后依然非常痛苦，于是她去向心理医生寻求帮助。心理医生在与她交谈的过程中发现，这个人与她的奶奶关系非常不好，因为一些事情双方积怨很深，所以，在她奶奶还未去世的情况下，她的这个梦可能隐含着她希望奶奶死去的想法，并且她也正是因为意识到了这一点，所以承受着自己对自己的道德谴责，并感觉到不安与焦虑。如此看来，一个人梦中的真正情绪也可能是隐晦的，婉转的，是需要深入挖掘的。

科学家将做梦者梦中的情绪在一定范围内作过记录和统计，主要形式包括这几种：忧虑，包括恐惧、焦虑和迷惑；愤怒和挫败感；悲伤；快乐；激动，包括惊讶。其中忧虑的情绪占绝对优势，比例为40%；愤怒、快乐和激动各占18%；悲伤最少，占6%。所以，梦中的心态64%为消极的或不愉快的（忧虑、愤怒、悲伤），而积极愉快的（快乐），仅占18%。

另外，梦的形成与人们的思想观念和心理状态及体验等心理活动的关系最为密切。根据临床观察，心情平静则梦也平淡宁静；心情紧张不安则梦也恐怖可怕；心情郁闷则多做烦恼的梦。总之，梦常常能够体现梦者的情绪和心态。

梦反映做梦者的矛盾心理吗

内心的矛盾常常出现在一些恐惧的梦或焦虑的梦中。火车就要开了，你急着要赶车，但是就是跑不动。有人追你，你要逃走，但是就是跑不动。恶鬼来了，你想搏击，但是手却抬不起来……这是一种很可怕的感觉。

弗洛伊德早就指出，这种梦反映着梦者内心中的矛盾。

他心灵的一部分想逃脱，想赶上火车，而心灵的另一部分却不想逃脱，不想赶上火车，这时就会出现想跑跑不动的情况。同样，遇见鬼动不了也是因为心灵的另一部分不想动。

总是如此吗？这不敢保证，但是我们遇到的这类梦境总是如此解释。动不了是由于内心矛盾。

例如一个女孩梦见同班一男生持刀冲过来，她想跑却跑不动。为什么，因为她一方面害怕那个男生会“袭击”她，另一方面却又希望他能“袭击”她。

在梦中干什么事总出错也往往反映出内心的矛盾。例如前面引用的荣格所说梦例：一个校长梦见赶火车时，不是这个忘了就是那个丢了。最后好容易出了门路上又走不动。

原因是他内心中有另一个声音告诉他，不要这样急于追逐名利。

有一个女孩，提供了这样一个梦例。“五一”假期中她原想去一男朋友那里参观牡丹花，但终未成行。结果“五一”后她经常梦见自己不远千里去找男友。

总是历经千辛万苦，梦见自己清晰地见到男朋友学校的校门，但不知为什么总见不到他。于是拼命拨电话找男友的寝室。但是男友不是去上课就是在很多人的大操场上踢球，反正就是见不到他。接下来又梦见男友打电话说他来看她，但当她急急忙忙去接男友的时候，却又在约定的地点找不到人了。

这种一直无法见面的梦的意义代表什么呢？这个女孩通过最近的心理变化，找到了梦的答案。她说：“我自己急于见到他，向他说明一些误解，所以总是梦见去找他。但我又唯恐见到他，他不能原谅我，不能冰释这些误解，所以梦中无论如何努力总也见不到他，是潜意识中害怕见到他。”

这种又想见又怕见的矛盾，就引出梦见去找但是找不到的情节。

还有一种情况，走不动代表一种否定。弗洛伊德有这么一个例子：

“我因为不诚实而被指控。这个地方是私人疗养院和某种机构的混合。一位男仆出场并且叫我去受审。我知道在这梦里，某些东西不见了，而这审问是因为怀疑我和失去的东西有关。因为知道自己无辜，而且又是这里的顾问，所以我静静地跟着仆人走。在门口，我们遇见另一位仆人，他指着我说‘为什么你把他带来呢？他是个值得敬佩的人’。然后我就独自走进大厅，旁边立着许多机械，使我想起了地狱以及地狱中的刑具。在其中一个机器上直躺着我的同事，他不会看不见我，不过他对我却毫不注意。然后他们说我可以走了。不过我找不到自己的帽子，而且也没法走动。”

这个梦中细节的意思，我们已经无法破译。因为弗洛伊德没有说明做梦者当时的具体情况。但是我们仍旧可以看到，这个梦如同一部欧·亨利式的短篇小说，在结尾处突然翻转。在梦的前边，他一直自认无辜，而且仆人也认为他无辜，甚至审查者最后也相信了他无辜。但是，在他可以走了的时候，他的“有罪”却使他走不了了。

因此这梦的意思正是：尽管人人都以为你无辜，你也自以为无辜，但你不是。

说到底这仍是一种内心矛盾，内心中一部分认为自己无辜，而另一部分反对。

费慈·皮尔斯是完型心理治疗的创始人，他发展出优势者对抗劣势者的观念。安·法拉戴在诠解梦的时候，把这些观念作了进一步的发挥，并加入秘密破坏者的观念。

简言之，皮尔斯把我们心中权威命令“应当”做的事，视为优势部分——无懈可击的完美主义者。如果我们凭着冲动，正要做出某些不“该”做的事时，这一部分则会正告我们，将会发生可怕的结局。例如，一个人一方面在用功读书另一方面又想去溜冰。她梦见不去溜冰实在是虚掷宝贵光阴，而做这个梦的那段时间里，她正处于“认真读书”的痛苦冲突中，那优势的部分威胁：“如果你胆敢去溜冰，那么未来投身科技领域的生涯规划将付诸流水。”她相信优势部分的命令，也就是说，如果她把精神放在溜冰上，就不可能完美。她很害怕即使稍微心动，随便去溜个冰也将前功尽弃，成为一名不入流的溜冰艺人。她的重要个人需求——让精力与创造力有个宣泄管道，遭到强烈否定。而她人格中的另外部分则化身为劣势者。

而她的心声却说："我要溜冰！"在她远离运动的日子里，这个念头经常出没。一到晚上，这个劣势部分就以做梦的方式嘲弄她，在冰地上愉快滑行、舞蹈。劣势部分代表着遭到优势部分打压的基本需求，它会自行反抗，甚至以打击优势部分而满足自己。

法拉戴所谓的神秘破坏者，可能是优势部分，也可能是劣势部分，他们以神秘的方式在梦中让我们受挫。如果梦中事情遭受挫折，你可以把这个破坏者拟人化，问他为什么安排暴风雨，把你的车子吹离路面。假如你错过班机，遗失钱包。触不到近在咫尺的人物，那就是秘密破坏者在梦中作怪。如果它对你提出的问题有了回应，而且是用强烈批评性的口吻，要求你应该如何如何；假如你不听，它又警告你将会有如何如何的灾祸。那么可以确定，这是优势部分的夸张演出，正在反映你的生活中的困扰。

反之，如果秘密破坏者语多抱怨，自认受害，摇尾乞求优势部分放它一马，那么，这种抱怨会破坏你的意向，不让你遵守优势部分要求的，正是你的劣势部分。

梦都是自私的吗

梦是大多数时候都有自己在，但是也有少数时候梦里没有自己，好像在讲别人的事。不知你有没有过这种梦。梦里你像看电影一样，看别人在干这干那，或者干脆你就梦见看电影，一大段梦全是电影。

其实那全是在说你自己的事，电影的故事也是在说你的事。十有八九那主人公就是你的化身，当然也可能电影是某一个配角是你的化身，但是那可能性较小。因为谁不愿意做主角啊，在生活中做主角不容易，但是在梦里反正没人和你争，你何必不做主角。

这样说究竟有什么证据呢？当然有，根据就是每次有人讲完这样的梦，解梦师都能找出那个人物实际上是他自己的象征。有人说梦里我不是在看电影吗？怎么同时又成了剧中人？实际上这一点也不奇怪，这就叫“客观地看自己”，是自己的一部分看另一部分，或者，是现在的自己看过去的自己，就好像一个人看自己的录像片一样。你有没有过这种梦，一开始是看电影，看着看着，你变成了电影中的一个人了，如果你有过这样梦，你就应该懂得我的话了。你后来变成的那个人，从一开始就是你自己。电影就是你的内心生活的真实反映。

很多心理咨询师会在热线电话咨询时，经常遇到这种情况；某个人打电话说她的一个朋友有某种心理问题，问应该如何解决。在这种情况下，多数心理咨询师都不会去让那个朋友亲自来，因为谁都不愿承认自己有心理疾病，往往会借“朋友”的名义来掩饰。

解梦师都会自然地询问一些常规的问题，你的朋友年龄多大了？她的家庭是什么样的？她的工作如何？慢慢地，咨询师会随意地省略主语并问一些只有有这个心理问题的人自己才能回答的问题，比如，是不是早晨起来时心情最好？或者，忍不住要不停洗手，那么在外边没有水的地方呢？不洗心里什么感受？这时咨询者就会不知不觉忘了她是在谈“朋友”的事，而渐渐地融入了咨询师所创造的聊天氛围内，一点点说出自己的心事。

梦中由“看电影”变成自己参与，由电影中的人转为自己，这个过程和一开始掩饰自己的身份，在取得信任之后再说出自己的问题的情况是一样的。

有一个女孩子的梦非常具有典型色彩。她和男友恋爱，遭到了父母的反对，于是在梦中，爸爸妈妈被姐姐送到精神病院去了。爸爸把自行车锁弄开，和妈妈，还有“我”一起逃走了。

一开始似乎说的全是爸妈姐三人的事，爸妈被送到精神病院，而逃走时也只需要他俩逃走，为什么突然加上一句“还有我”呢？说穿了，前面用爸妈代表男朋友和自己。被关的毕竟还是她自己。说着说着，梦就把实话说出来了“还有我”。这个梦还是讲自己而不是讲爸妈和姐。

还有些梦，虽然是有自己在场，但所涉及的事，却与自己关系很小，是一些国家大事甚至国际上的事件。例如墨西哥爆发甲流的时候，有人梦见他变身成为记者去写报道。然而，事实上，他一直在担心自己在国外的亲人患上甲流，希望尽早知道消息。写报道是新闻和消息的象征，代表着第一时间的意思。

在梦中，潜意识就是那么自私。我们知道，自私就容易隐藏一些秘密，所以有些梦不要只看表象，这就是梦的象征给我们提出的难题。

梦可以辅助于心理治疗吗

心理治疗又称精神治疗，是以良好的医患关系作为桥梁，运用心理学的技术与方法治疗病人心理疾病的过程。简单地说就是：心理治疗是心理治疗师对人的心理与行为问题进行修正的过程。

心理治疗与精神刺激是相互区分的，是相对立的。精神刺激是用语言、动作给人造成精神上的打击、精神上的创伤和不良的情绪反应；心理治疗则是用语言、表情、动作、态度和行为向对方施加心理上的影响，解决心理上的矛盾，达到治疗疾病、恢复健康的目的。

利用梦进行心理治疗由来已久，在2000多年前的古希腊就已经出现了最早的梦的分析治疗诊所，但是，把“梦”作为心理治疗的素材，把“梦的解析”引入心理学领域，并开创了一种新的心理疗法的是精神分析学大师弗洛伊德。自弗洛伊德创立梦学系统知识以来，运用解梦来进行心理治疗开始得到普及。弗洛伊德首先在心理治疗中给了梦很高的地位，继而荣格又在心理治疗中提到了解梦这一方式的重要意义，今天的心理咨询与治疗中运用的解梦技术和理念多半源自这两位心理学大师。

做梦就像一种自我谈话和自我交流，一个人在梦中经历的具体场景和流露出的情感体验与他在清醒时的自我反省、自我陶醉、自我批评非常相似，因而可以说梦是人类在夜晚沉思的一种特殊方式。人们在梦中梦到的景象，很多是对恐惧、忧闷等心理的反映。通过解梦，找到梦所代表的真正意义，可以找到心理治疗的办法，从而对梦者的情绪进行疏导。

梦可以成为由某种病态意念追溯至往日回忆间的桥梁，然后利用对这些梦的解释来追溯病者的病源，从而实现对患者的治疗。这就是梦与心理治疗的简单关系。

通过解梦解决患者的心中的难题已经日渐得到人们的认可，一些医院甚至准备开设“梦的解析”专科门诊。

前文已经提到的电影《爱德华大夫》是梦治疗的心理学经典案例。影片中康斯坦丝和她的老师正是通过梦治疗的方法成功破解了爱德华大夫被杀之谜。

电影中出现了大量“我来给你解梦，那样你就知道你是谁了”“女人能成为最出色的心理分析专家，但一旦坠入爱河，就可能是一个典型的病人”这类的台词，细节中也显示着弗洛伊德最基础的心理学术语和图解。

临床心理学专家徐光兴博士在他的《解梦九讲——心理咨询与治疗的艺术》一书中具体分析了电影《爱德华大夫》的重要启示，即在梦的心理治疗过程中需要把握住 4 个因素。

第一，梦中的活动性质。

梦中出现的所有场景和细节，哪怕是一句话或者一张纸都含有一定的活动性质，在梦的心理治疗或咨询中，一定要注意这种梦境隐含着一种什么样的活动性质。所以，患者必须尽量详细地描述自己的梦境，而解梦者需要仔细聆听、记录，并做出准确的分析。例如在电影《爱德华大夫》中出现了与赌场有关的梦境，这个场景揭示了一种犯罪情结冲动和不可告人的谋杀行为。

徐光兴博士说：“对梦的活动性的准确把握可以解解梦的含义，从而揭示当事人内心的矛盾、欲求、需要等，或者象征当事人的人生历程，就如某种‘电影’或者剧本的预演或重演。”

第二，梦中的人格特征。

一个人在梦中的性格特征可能与现实中截然相反，还有一些人甚至会出现双重或多重人格。人在梦中出现的与现实背离的人格，可能是当事人自己都未曾发现或拒绝承认的。电影中的约翰便是如此，他时而是著名的心理分析治疗大师，时而是谋杀犯，这两重角色让他精神饱受折磨，痛苦不堪。

第三，梦中的场景。

梦中的场景和环境往往能够表明当事人的文化教养、趣味、家庭状况等生活资料，也可能代表他希望自己拥有的出身或生活环境。通过这一点可以判断当事人的生活状况以及他过去的一些经历。梦中的一些场景虽然可能是虚构的，但里面往往掺杂了他个人的记忆和情感、希望和恐惧等，所以，徐光兴博士认为在梦的心理治疗中还必须注意梦中的情感因素。

第四，梦中的情感因素。

很多人在梦醒之后可能会忘记具体的情节，但大多数人都记得梦中的情感体验，所以当事人表现出的情感特别需要提起注意。

正所谓“梦由心生”，梦境中出现的景象和人物，以及情绪、心态，经常代表做梦者的心灵发展和体验，通过解梦者对解梦系统分析，就能发现梦境的象征性或隐含性意义，从而帮助那些遭遇了心理难题的人找到解决问题的方法。

梦中的心灵感应现象

梦与心灵感应的关系引起了研究者们的浓厚兴趣。很多人都可能曾经有过这样的体验：这个场面或事件似曾相识，可在现实生活中自己并没有这样的经历，其实，这是发生在梦中的体验。

比如，某中年男子病情急险的时候，他远在海南上大学的弟弟，多次来电话询问家中是否有什么事情发生。家里人为了不影响他的学业，告诉他没有什么事情发生，可他觉得心里非常难受，总是觉得家中有什么事情隐瞒着自己，放假后他才知道当时哥哥病重的真相。他说当时心里有一股难以忍受的痛苦，预感到家中有什么重大的事情发生。

诸如此类的案例还有很多，这种现象常发生于有血缘关系的亲人或相爱的情侣之间，在双胞胎之中发生的频率更高。

1960年，约翰先生和他的太太琼斯还在英国工作。一天晚上，琼斯做了一个奇怪的梦：她在房中熟睡，突然听到有人在呼唤自己，她努力使自己清醒起来，分辨出那是她的双胞胎弟弟汤姆的声音，于是她睁开了眼睛，看到汤姆正站在离自己不远的咖啡桌旁，还穿着飞机驾驶员的制服，但令她惊恐的是，汤姆的脸上一片空白，没有眼、耳、口、鼻。琼斯很害怕，正在这时，汤姆的身影摇晃起来，并渐渐地远去，直到毫无痕迹。

琼斯被吓醒过来，很长时间她无法确定那是不是一场梦，直到她的丈夫也醒过来并安慰她。当时，汤姆正在纽约经营包机服务事业。第二天，琼斯赶紧给家里打了一个电话，得知家中并没有什么事情才安心。两年之后约翰和太太回国，琼斯和弟弟聊起了那个梦，没想到汤姆大惊失色，告诉她大概两年前自己确实经历了一次危险的飞行，当时他的双擎飞机的两个引擎都坏了，飞机向下猛冲，在即将坠地的时刻一个引擎突然发动，这才幸免于难。

这就是心灵感应。心灵感应属于超心理学的范围，现代超心理学研究认为，心灵感应有两层意思，一种是预言性的心灵感应，即做了梦，在后来的某时某地竟发现一种现实景象跟该梦中出现的景象一模一样，这种现实景象就是预言性的心灵感应；另一种就是在时间上梦中的景象与现实某处发生的景象完全吻合的心灵感应。

梦的预示作用，其实就是对我们未来生活的一种预演，它让我们先在心理的层面上对未来的生活有一个准备。作为生命运动中的物质性和统一性的客观存在，心灵感应（或心灵传感）现象是与生俱来的，是人自身潜在的智慧，是绝大多数普通人的潜能并非极少数人才有的天赋。

曾经有这么一个事例：一个年轻女子做过这样一个梦：她母亲睡在起居室里的一张折叠床上，她则睡在毗邻的一间卧室里的某个位置上，低头看着一位好朋友的尸体躺在那张折叠床上，什么东西都很准确。她和母亲都以同样的姿势站立着。她说："她是我最好的朋友。"

做梦之后刚刚一个月，不幸的事发生了。但是和梦中的情况恰恰相反，那位好朋友没有去世，而她的母亲却在睡觉时心脏病发作去世了。后来她的朋友走进屋子，她们各自站在和梦中一样的位置上——她以同样的声调说出了那句话。

弗洛伊德认为，古老的信念认为梦可预示未来，也是有一定道理的。荣格曾说过："这种向前展望的功能……是在潜意识中对未来成就的预测和期待，是某种预演、某种蓝图或事先匆匆拟就的计划。它的象征性内容有时会勾画出某种冲突的解决……"

梦的预示作用越来越真实地显现在人们的面前，尽管在梦学的悠悠发展史中，人们及一些科学家忽略甚至否定了这种作用的存在，但是，越来越多的心理学家与生理学家在长期的探索中，以无可争议的科学实事和梦例肯定并解释了梦的这种预示作用。

梦的心灵感应的另一个内容就是梦与现实事件发生的"共时性"，也就是说是"有意义的巧合"。

梦的心灵感应现象常发生在相互关心、熟悉的人之间。曾有国外的研究者发现，心灵感应最明显的是孪生姐妹或姐弟，当其中一方遭到不幸时，另一方常有典型的同样部位的不适感或梦中心灵感应。没有血缘关系的夫妇也会有心灵感应的梦，在长期的身心共同交流的生活过程中，彼此相互产生了心灵上的共鸣，因而会产生梦中的心灵感应。

虽然梦中的心灵感应反映了一些信息，但是有时它又歪曲了这些信息。有象征性的梦中，歪曲的过程甚至更加巧妙。

尽管有许多例子已经表明梦有时暗合未来的事或心灵感应，

但我们还是应该对这类事抱有求真务实的态度，我们在相信这些神秘体验的事实的同时，要从科学的角度与范畴去解解梦的真正含义，有的目前我们不可能尽善尽美地解说，但我们可以放在以后的历史中，让后来的人们去研究和探索。

从目前的科学研究结果来看，梦中的心灵感应是人类的一种自身存在潜能与天赋，它并不是少数人的本事，通过后天特殊的训练与开发是完全可以人人都能达到的。并且梦的预示功能也许就是爱因斯坦所说的四维空间的一种效应，其实质就是人脑的一种潜在功能。若按照中医天人相应的观点来看，这些神秘的体验无非是天人相通、天人相应的一种具体表现罢了，并没有什么神秘性可言。

有关心理的梦例解析

林某一直想当一个作家，他写了很多的作品。28 岁的他现在在某公司当经理，可是至今还没有发表过像样的文学作品，但是他还是不断地在写作，最近他做了一个梦，梦境是这样的：

梦中我感觉自己在一家理发店里，有许多人在排队等待理发，这理发店又小又暗，整个场景给人一种像暗黑色油画的感觉，而且显得相当肮脏。在我的前面有两个人排队，他们都坐在我的右边，而且都在埋头看报。理发师却先叫我理发，他好像认识我，我似乎也来过这个理发店。因为还没有轮到我，但是理发师却先叫我理发，我感到有点不好意思和不安，我感觉理发师好像要讨好我，我就走过去坐在椅子上。这时才发现，整个理发店只有我一个人，我前面的镜子很陈旧，镜子上的水银因为潮湿而变得花花的，我根本看不清镜子里的我……后来不知怎么回事，我出去了，沿着街一边走，一边看商店的橱窗，我觉得自己好像在找剪子来剪自己的头发，可是就是没有找到，我似乎听见“嘶嘶”的声音，忽然我对自己说“气球爆开了”。

这个梦境中梦者到理发店理发，理发是一种清理，表示梦者需要整理一下自己的头发，这样可以干净、漂亮，但是“这个理发店又小又暗，整个场景给人一种像暗黑色油画的感觉，而且显得相当肮脏”，所谓干净之处不干净，这显然提示着一种挫折，就象征着梦者自己现在的状态，拼命想当作家，但是一直没有发表出像样的作品。本来理发是要排队，自己的前面有两个人，但是理发师却先叫自己理发，自己“感到有点不好意思和不安，我感觉理发师好像要讨好我”，实际上这是一种“自我夸大”，但是梦者坐在椅子上准备理发，却发现面前的镜子里“我根本看不清镜子里的我”，这是进一步地对“自我的否定”，就好像一个孩子要知道自己的形象，他会在镜子面前手舞足蹈地表现自己，这是一种“自恋性的心理状态”，一种童心未泯的象征。后来干脆自己跑到街上去找“剪子来剪自己的头发”，就跟一个小孩一样，不让大人来管自己，小孩在大人面前常常说“我自己来做”，这显然是一种退行行为。

梦者又回到了童年，梦境的最后，梦者意识到了自己的问题，自己的理想是很难实现的，所以自己跟自己说“气球爆炸了”，一切希望犹如气球一样破灭了。这个梦境充分体现了梦者的心理幼稚和追求成熟之间的内心矛盾冲突。

催眠与解梦

掀起催眠法的“盖头”来

催眠是以人为诱导（如放松、单调刺激、集中注意力、想象等）引起的一种特殊心理状态，其特点是被催眠者自主判断、自主意愿活动减弱或丧失，感觉、知觉发生歪曲或丧失。在催眠过程中，被催眠者遵从催眠师的暗示或指示，并作出反应。以一定程序实施暗示，使接受暗示者进入催眠状态的方法就称为催眠术。

催眠开始于一种暗示感应，它是改变意识控制水平的一组最初的活动。借助它，能使受暗示者对外部的注意力分散减到最小，并只集中在暗示的刺激上，相信自己正进入一种特殊的意识状态。这里，暗示感应包括想象特定的经验，或对事件的反应进行视觉化。重复地进行这种暗示感应活动，会使感应程序暂时固定下来，就像个人生活习惯一样，使受暗示者很快进入催眠状态。典型的暗示感应程序会使人进入深度放松状态。例如，催眠表演给人留下的深刻印象，实际上不在于催眠师的力量，而在于被催眠者的可暗示性。个体之间存在可暗示性上的差异，从根本没有反应到完全有反应。

在我们的日常生活中，是不是经常有这样的事发生呢？当我们聚精会神地看一部电视剧时，会不知不觉地沉浸于剧中情节，心情随主人公的悲欢离合而时喜时悲；有时清晨来到办公室，本来精神飒爽、心情愉悦，过了一会儿却变得烦躁不安；到商场逛街购物，回家一看，有很多东西都是可有可无的，连自己也不知道为什么买了这么多没用的东西，浪费了很多钱……我们对这些现象无不感到莫名其妙。然而，从心理学角度来看，这是人们受到暗示作用的结果。

的确，在现实生活中，当我们被某些东西连续、反复地刺激，尤其是言语的诱导，会使你从平常的意识状态转移到另一种特殊的意识状态，而在这种特殊的意识状态下，将比平常更容易接受暗示。

也有人认为，催眠状态犹如聚精会神做某件事的情景。正如哈佛医学院催眠专家弗雷德·弗兰克所说，催眠术只是将人们分散在各处的精力和思想聚集起来，这并不是处于昏迷状态，也不是处于睡眠状态，而只是像当你聚精会神地沉浸在一项工作中或阅读一本小说时，几乎难以听见别人对你所说的话一样。

生理学是如何研究催眠现象的

目前，在催眠现象的生理学研究方面，由于缺乏足够的实验依据，尽管有不少学者都对催眠的生理机制提出了自己的看法，但到目前为止，对催眠现象的生理学研究仍然处于较低层次的水平上。接下来，我们分别简要介绍3个简单、可靠的生理学研究。

巴甫洛夫的研究

巴甫洛夫学派依据高级神经活动学说，从生理学角度对催眠的实质作了较为详细的解释。

巴甫洛夫认为，催眠是一种一般化的条件作用，把引入催眠状态的刺激语看成是一种条件刺激。巴甫洛夫发现，给关在实验室的狗一种单调重复的刺激，狗也会渐渐入睡或出现四肢僵直。巴甫洛夫认为催眠词也是一种单调重复的刺激，而且是描述睡眠现象的内容，所以催眠词作为一种与睡眠有关的条件刺激，使大脑皮层产生选择性地抑制，也就是从清醒到睡眠过程的中间阶段或过渡阶段，催眠是部分的睡眠。后来对这一观点又有进一步的修正解释，认为催眠状态是注意力高度集中的一种形式，催眠状态下被催眠者只能与催眠师保持单线交往，这种感觉相当集中，好比中心视力集中注视于事物时清晰而精细，而周围的视野区域虽较宽广，但精密度就低且模糊。日常生活中最常见的催眠体验，诸如全神贯注于一本有趣的书刊杂志或倾注于感人肺腑的影片、戏剧时就会失去正常的时空定向，忘却周围的一切。但目前大多数人认为，用这种局部的生理学来解释，尚缺乏令人信服的客观生理指标和针对性的实验依据。睡眠脑电图与催眠状态下的脑电图，仍未取得一致的足够证据以说明催眠是部分的睡眠。

涅甫斯基的研究

苏联生理学家涅甫斯基，对正常人催眠状态时的脑电活动进行了研究。当被催眠者闭眼，刚进入催眠状态时，低振幅的 α 波增高，高振幅的 α 波略为降低或不变，脑电波形出现了 α 波的节律均等状态，故被称为节律均等相。

随着催眠程度的加深，脑电活动会减弱，α 波和 β 波都降低，呈低小的脑电生物曲线，为最小电活动相。在催眠很深的阶段，可出现频率为 4 ~ 7Hz 的 θ 慢波。在这一时期，言语暗示和直接刺激会引起催眠梦，使 α 节律恢复和加强。

当被催眠者唤醒后，脑电图仍与催眠前一样，α 波和 β 波都恢复了正常的节律。

脑电波的变化，成为人是否处于催眠状态及其深度的客观指标。

罗日诺夫的研究

罗日诺夫等人对被催眠者在催眠过程中，对言语刺激和直接刺激的反应进行了比较研究。他发现存在着两条规律：其一，随着从较浅的催眠状态过渡到较深的催眠阶段，感应的选择性范围逐步缩小，被催眠者大脑中抑制过程的广度和强度逐步增加。其二，随着催眠程度的加深，言语作用的生理影响增加了，直接刺激的功能降低了。

随着催眠程度的加深，抑制的强度和广度逐渐增加。由此带来的结果是，随着催眠状态的第一阶段向第二阶段过渡，第二阶段向第三阶段过渡，感应选择性的范围按顺序缩小。

另外，在催眠的第一阶段，当大脑半球皮层的主要细胞群还保持着正常水平的兴奋性时，言语刺激在大多数情况下引起的反应要比直接刺激小。进入嗜睡状态后，对言语作用的反应，大致等同于或略大于对直接刺激的反应。在催眠的第二阶段，对言语作用反应量的增大是反常相次数增多的结果，这就为相当弱的言语刺激建立了良好的基础。

心理学是如何研究催眠现象的

催眠现象除了具有一定的生理基础，还是一种心理现象，因此不少学者从心理学的角度去探讨、解释和研究催眠现象，并提出了一些观点。

暗示是催眠现象的关键所在

暗示是催眠现象的关键所在，它们之间有着紧密的关系。

暗示是个体对外界信息做出相应反应的一种特殊心理现实。

从这个概念出发，暗示的实现总是存在着实施暗示与接受暗示两个方面。之所以说它是特殊的心理现象，因为从暗示的实施一方来说，不是说理论证，而是动机的直接“移植”；从接受暗示的一方来说，对实施暗示者的观念也不是通过分析、判断、综合思考而接受，而是无意识地按所接受的信息，不加批判地遵照执行。

暗示对人体生理活动、心理及行为状态，都会产生深刻的影响。当个体接受暗示后，不但可以改变随意肌的活动状态，而且也可以影响其他肌体的功能。由于这个原因，消极的暗示能使人情绪低落甚至患病或加重症状，积极的暗示能够使个体的心理、行为及生理机能得到改善，增强对疾病的痊愈和康复的信心，达到治疗的目的，从而成为一种治疗方法。

个体接受暗示的能力叫作暗示性。暗示性的高低因人而异，与催眠感受性有密切关系，催眠感受性高的人暗示性也高。

催眠的整个过程和暗示规律之间具有高度的稳定性，也就是说只有催眠师严格按照暗示的规律，催眠才能取得成功，否则就会失败。那么，暗示有哪些规律呢？

第一，暗示的定义。《心理学大词典》上是这样描述暗示定义的：“暗示就是用含蓄、间接的方式，对别人的心理和行为产生影响。暗示作用往往会使别人不自觉地按照一定的方式行动，或者不加批判地接受一定的意见或信念。”

第二，暗示的种类。按性质可分为积极暗示和消极暗示；按形式分为自我暗示和他人暗示；按对方所处的精神状态可分为醒觉暗示和催眠暗示；按施加暗示者的意图可分为主观暗示和客观暗示。

第三，暗示的生理表现。当个人接受暗示的程度达到最大时，逻辑意识和批判意识的最高机构——大脑皮层基本处于抑制状态，仅剩下某个“警戒点”的部位尚保持兴奋性。

第四，暗示的条件。暗示只有具备一定的条件才能发生作用，这些条件具体包括：催眠师应具有一定的权威性，也就是能让人充分信赖，该权威性的程度与暗示的效果成正比；在被暗示者与施行暗示者之间应具有一个融洽、轻松的心理氛围；催眠师要以含蓄、温和、间接而又坚定的语言与动作等来实施暗示；被暗示者应将注意力高度集中于某一明确的对象。

第五，暗示的障碍。人类具有本能的受暗示性，同时也具有普遍的反暗示性。这种反暗示性可能来源于自我保护的本能、个人的习惯、个性特征以及各种理性的思考，等等，主要表现为个体对暗示刺激具有认知防线、情感防线与伦理防线。暗示能否奏效，取决于能否克服这些防线的阻碍。克服的办法不是强行突破，而是与之取得协调。

催眠过程是受暗示性与反暗示性能量对比的过程。催眠师应用坚定的信心和耐心、反复的语言对被催眠者进行反复暗示，以此促成被催眠者的受暗示性的增加，反暗示性的减弱。同时要求他放松，直到被催眠者完全进入催眠状态为止。

综上所述，可以认为催眠现象本来就是由暗示造成的，从某种意义上说，催眠术就是施行暗示的技术，没有暗示，就没有所谓的催眠。从暗示这一催眠的心理机制入手，可以使我们对催眠现象有一定程度的了解。

第三意识——催眠状态的意识

所谓意识，就是人脑对事物的反映，一般是指自觉的心理活动。能动性、自觉性、有目的性构成了意识的典型特征。人的意识具有第二信号系统，它是中枢神经高度发展的表现。学者们还认为，意识具有两大功能：即意识是主体对客体的一种自觉、整合的认识功能，同时也是主体对客体的一种随意的体验和意识活动的功能。

所谓无意识，通常指不知不觉、没有意识到的心理活动，它同第二信号系统没有联系，不能用语言来表达。无意识也具有两大功能：即无意识是主体对客体一种不知不觉的内心体验功能，也是主体对客体一种不知不觉的认识功能。

催眠状态中人们所持有的心理状态，既不是睡眠时的无意识状态，也不是清醒时的意识状态。它是一种特殊的、变更了的意识状态，我们暂且把它称之为“第三意识状态”。

催眠与睡眠不同，并非处于无意识状态。

首先，在典型的无意识状态中，没有第二信号系统的参与，也不会有完整的、合乎逻辑的言语活动。而在催眠状态中，仍可产生一些具有自觉能动性性质的活动。例如根据催眠师的指令，被催眠者可以流畅地遣词造句，有条有理地说出心中的喜悦与烦忧。

其次，催眠的临床实践表明，在催眠状态中，被催眠者仍有一个警觉系统存在着。这一警觉系统一般不起作用，只是一旦来自外部的指令严重违背了被催眠者的伦理道德观，该系统便立即启动，产生抗拒暗示的效应作用。倘若催眠师的指令严重有悖于被催眠者的人格特征、道德行为规范，或者触动了被催眠者最为敏感的压抑、禁忌时，便会使被催眠者感到焦灼不安，甚至发怒和反抗。例如，曾经有一位催眠师曾下指令要求被催眠者去偷别人的钱包，却遭到一直顺从的被催眠者的拒绝。

这表明，在催眠状态中，人并不是完全无意识的。

为什么说催眠状态中的意识不同于清醒状态中的意识呢？清醒时的意识状态，其典型特征是自觉性、能动性，以及有目的性；而在催眠状态中，尤其是在深度催眠状态中，这些特征几乎荡然无存。关于催眠条件下人的意识不同于清醒时的意识，这是绝大多数心理学家所公认的，这里就不多说了。

综上所述，我们可以确认，在催眠状态中，被催眠者在宏观上是无意识的，即缺乏自觉能动性，意识批判性极度下降；在微观上却是有意识的，即语言能力及警觉系统的存在，等等。催眠状态中人所处的是一种特殊的意识状态。这种状态既有清醒意识的特征，也有无意识的特征，但却不是它们二者中的任何一个。因此，在意识的连续体上，它处于中间的位置，完全可以把它独立出来，而成为科学研究的对象。它兼有二者的成分，但又不是二者的简单相加，更不是只有依托二者才能生存。它有自身的特殊性质，也有其独特的机制，所以催眠状态下的意识属于第三意识。

如何运用催眠法解梦

催眠是以催眠法诱使人的意识处于恍惚状态下的一种现象，处于催眠状态下的人面部表情与人的睡眠状态时的表情类似，可出现暗示性的梦幻觉或梦幻想。催眠状态由于更能接近人类精神恍惚状态，意识显然存在，但自发的意识活动几乎全无，处于万念俱空的心境中，使之对任何暗示都不会感到矛盾，会不加批判地接受，而在清醒状态情况下的人则会对来自任何方面的暗示都带有批判色彩地接受。

与睡眠不同的是，在催眠状态下的人的意识并没有完全消失。他能听懂并接受催眠者的暗示，而且当催眠者在他处于中浅度的催眠状态向他提问时，他能“迷迷糊糊”的准确回答问题；最后是在不加暗示诱导时，他的听觉、温觉、痛觉等感觉都不会出现反常现象。

在催眠实验研究中，人们发现能使人产生催眠作用的大脑主要是右脑，而人的右脑中恰恰是产生梦境的发源地。

利用催眠术，可以将正常人导入深度催眠状态。这时，给对方一个暗示，他马上就能呈现出做梦样的心理活动，甚至比做梦时的表现更生动。他不但有表情，会哭或笑，而且会配合各种行动和符合理性的语言，一问一答地进行着“梦”——催眠梦。

催眠法能让人真正地做到“白日梦”。这个梦从精神分析的观点去看，显然具有象征性意义。因为，在催眠状态下，人的意志力减弱，监督和防范意识也被减弱了，人们在催眠状态下失去自我批判能力，潜意识的东西当然会溜出来，而表现于被催眠者当时的行为和语言之中，这是与催眠梦的差别。

熟睡时，潜意识的愿望出现在梦境里，而能由做梦者讲出来，让分析家们进行分析。这是一种间接的方法。催眠梦则不然，它能被催眠者直接观察到和听到。

催眠法能使人退行，受催眠者梦游着退行到幼儿时期，这时他做着孩提时的梦，将当时的经验再现出来。这一点在精神分析看来尤为重要，但每个人不太可能都在睡眠梦中重现幼时的经历。

当然幼时的感受会出现在每个人的梦里，只是它早已伪装过了。而利用催眠法退行所得来的知识却不同。它能发挥出超常的记忆力，而将苏醒时被意识认为早已遗忘的事情和感受重新回忆起来，在催眠状态下梦游式地展现在我们面前。

找到了心理矛盾，自然可以通过暗示在患者苏醒以后也能意识到当时的感受，这样一来病症也就没有了。催眠梦是直观的，一目了然于医者面前，重现着往日的经历。它没有伪装，将潜意识的东西直接暴露于我们面前。

当然，有时候来源于意识的抗拒作用相当巨大，所以催眠梦往往以象征性意义展现在我们面前，需要我们做深入细致的分析才能有结果，但不论怎样，催眠梦比从睡眠梦得来的知识更深，也更容易让医者接触到他的过去，起码治疗时间会大大缩短。

实施催眠解梦的 6 个步骤

用催眠的方式解梦，需要解梦者让梦者完全信任，并令他进入睡眠状态。那么，需要哪些步骤呢？以下列举一些，以作读者的参考。

询问解疑

了解被催眠者的动机与需求，询问他对催眠既有的看法，答他有关催眠的疑惑，确定他知道催眠时哪些事情会发生并没有不合理的期待。很多时候，催眠者可能要花点时间做个催眠简介，因为大多数人对催眠的了解很少，这很少的了解中又大部分是误解。

诱导阶段

催眠者运用语言引导，让对方进入催眠状态。一般而言，常用的诱导技巧有眼睛凝视法、渐进放松法、想象引导、数数法、手臂上浮法等。

深化阶段

深化即是在诱导放松的过程中进一步入静。这时，可以提醒被催眠者在脑海中重复回忆某句话或某物，或者想象着某种可以使自己大脑平静下来的场面。比如，被催眠者想象着自己处在一个充满人群或商店的大厅中，随即踏上升降梯，飘飘然来到另一个四周安静无人、光线柔和的地方，仿佛这里除了自己以外再无别人。在这里，身体一会儿漂浮，一会儿下沉，直到达到理想的深度。或者，被催眠者想象自己沐浴在毛毛细雨之中，雨珠轻轻地从自己头上往下淋，身体逐渐漂浮起来，若有若无，好似进入美妙的仙境。

指令

指令也就是为达到某一目的而不断地重复某一字句，或者，告诫被催眠者平时想去做而又难以做到的事。比如，被催眠者想减肥，想使自己达到理想的体形和体重。这时，你可以指令被催眠者想象自己站在一面大镜子前，在镜子里，可以见到自己焕然一新的、十分理想的形象，你不断地向被催眠者加重语气："如果我达到了那种理想的体重，会显得更精神、更美丽。一旦我体内的营养够了之后，我就不会再有饥饿感，不再多吃东西了。这样，我就会保持美好的体形和充沛的精力……"然后让其对梦境进行回忆和叙述。通过提问，对梦境进行解析。

苏醒

苏醒就是从恍惚中复苏过来。尽管一般人从恍惚中复苏过来不会太困难，但专家们还是告诫人们，在催眠一开始时，就应想好怎样复苏。可用磁带作催眠、指令、复苏，或者事先准备好一个闹钟或定时器之类的东西，以免进入"沉睡"。还可以采用自我复苏的方法，心里想着：当我慢慢地从1数到5时，我便会从恍惚中苏醒过来。数 1 时，我身上的肌肉开始复苏，和清醒时一样；数 2 时，我就能听到四周的声音；数 3 时，我的头可以渐渐抬起；数 4 时，我的头脑越来越清醒；数 5 时，我便可以睁开双眼，复苏如初了。

恢复清醒状态

当催眠者完成了一次施术活动后，一项必须做的重要工作就是将被催眠者由催眠状态恢复到清醒状态中来。在这一步骤中，需要注意以下一些问题。

无论被催眠者到达何种程度的催眠状态，或者甚至是乍看上去几乎没有进入催眠状态，恢复清醒状态这一步骤都是必不可少的。这一点至关重要。

在使被催眠者恢复到清醒状态之前，必须将所有的在施术过程中下达的暗示解除（催眠后暗示除外）。例如，催眠者若在催眠过程中下达了被催眠者的手臂失去痛觉的暗示，而又不解除，那就会给被催眠者带来很大的麻烦，甚至是不必要的痛苦。

在被催眠者清醒以后，有些人可能会有一些轻微的头痛、恶心的感觉，甚至极少数人还会有一些抑郁等不良反应。一般来说，这些感觉很快就会消失。如一段时间后仍不能消失，催眠者可再度将其导入催眠状态，对上述症状予以解除。

在被催眠者清醒以后，催眠者与被催眠者的谈话中应以下面暗示为主，即暗示被催眠者各方面感觉都很好，不会有什么不适的情况。即使有，也会很快消失。若因催眠者本身自信心不强，反复问被催眠者："你真的醒了吗？头痛吗？"这种带有高度消极暗示性质的发问，反而会诱发被催眠者的种种不安、恐惧的心理。

催眠就是唤醒潜意识吗

关于潜意识，弗洛伊德有一个十分形象的比喻，人的心灵即意识组成，仿佛一座冰山，露出水面的只是其中一小部分，代表意识。而埋藏在水面之下的绝大部分则是潜意识，人的言行举止，只有少部分由意识掌控，其他大部分都由潜意识主宰。

意识是指我们理性行为的精神活动，包括逻辑、分析、计划、计算等。而潜意识的功能有：控制基本生理功能（心跳、呼吸）、记忆、情绪反应、习惯性行为，创造梦境、直觉。这些，还只是科学家们目前可以发现到的功能。临床催眠学认为，潜意识有六大功能：本能、记忆、习惯、情绪、能量、想象力。

本能

如对高血压患者进行催眠，给予患者看到红点就会减缓心跳、血压降低等催眠后暗示。当患者清醒后，看到红点就会有如此反应。而在深度催眠中，给予止痛暗示可以确实止痛麻醉。曾有实验给予被催眠者被火烧与被冰冻的暗示，而在被催眠者皮肤上确实出现烫伤与冻伤的痕迹。

记忆

在深度催眠实验中，可以暗示被催眠者忘记自己的名字或生日，而被催眠者会回想不起来自己的名字或生日。而给予回溯的引导，被催眠者可以回想起同年中早已遗忘的事情。著名的案例是来自知名精神科医师米尔顿·艾瑞克森，他帮一位被催眠者催眠，被催眠者竟然回想起二十五年前看过的一本书中的内容，还能准确地说出其页数。

习惯

我们会有意识地学习某些行为，当熟练到某种程度就会进入潜意识中，成为一种习惯反应。如骑自行车，刚开始时可能会注意控制把手与脚蹬，但当熟练到某种程度就会自然而然的反应，不再需要意识的控制。同样的，不良习惯也来自于此，如抽烟、袜子乱丢等也是如此。

情绪

情绪的反应非常快速，且能自由控制，这是属于非理性的部分。情绪可说是一种信息，将心智的信号传达出来以便作出反应。

有位女士非常怕狗，原因是幼年时被狗咬过。因此，她看到狗时内在就会立刻传出恐惧的信号，以避免她再度受到伤害。

能量

一般认为人的身体内有一种无形的能量运作，如中国所说的气。而德国医师威尔汉·瑞克早年与弗洛伊德学习心理分析，而后研究人类身体与心智的运作。他认为人的身体中有一种电磁能，称为生物能，此种能量会影响人的心灵与身体机能，而开启了后代生物能分析学派的大门。透过催眠，可进行此种能量的调节，进行身心治疗。

想象力

想象力比知识更有力量！想象力并非理智逻辑所能了解的，属于潜意识的范围。小说、电影、戏剧等，虽然阅读者或观众并非亲身接触，仍然能受到影响，可以说是另一种催眠形态。

潜意识作用说指出，催眠现象的原理在于催眠者设法减弱了被催眠者的意识作用，使被催眠者的潜意识部分显现出“开天窗”的状态，并使被催眠者的潜意识由此“天窗”接纳暗示。也就是说，在催眠状态中，被催眠者被动地接受暗示，主要是其潜意识对催眠者的暗示进行感应，所以没有自觉性与自主性，完全听从于催眠者的命令。若在清醒状态，意识作用占主导地位，潜意识被压抑下去，则不再感应暗示。

潜意识作用说还指出，加强潜意识作用，减弱意识的作用，使被催眠者处于易接受暗示状态的一种最好办法是“节奏刺激”。所谓“节奏刺激”就是指对被催眠者的眼睛、耳朵或皮肤反复做单调的刺激。这样，会使大脑的思考力减弱，从而被催眠者产生精神倦怠、昏昏入睡的状态。并且，这种单调枯燥的“节奏刺激”，仅仅集中于大脑的一部分，而其他部分抑制住了，使大脑的一部分产生兴奋状态，形成“天窗”状态，这样就容易导入催眠状态。

第二章
身体语言泄露深层心理

不仅要听他说什么，更要看他做什么

点头如捣蒜，表示他听烦了

点头是最常见的身体语言之一，它可以表达自己肯定的态度，从而激发对方的肯定态度，还可以增进彼此合作的情感交流。点头能够表达顺从、同意和赞赏的含义，但并非所有类型的点头姿势都能准确传达出这一含义。点头的频率不同，所代表的含义就有可能不同。

缓慢地点头动作表示聆听者对谈话内容很感兴趣。当你表达观点时，你的听众偶尔慢慢地点两下头，这样的动作表达了对谈话内容的重视。同时因为每次点头间隔时间较长，还表现出一种若有所思的情态。如果你在发言时发现你的听众很频繁地快速点头，不要得意，因为对方并非就是赞同你的观点，他很可能是已经听得不耐烦了，只是想为自己争取发言权，继而结束谈话。刚刚大学毕业的明宇去一家单位面试，负责面试的是一个年轻女孩。问了几个常规问题后，她话锋一转问起明宇的兴趣爱好。明宇随便聊了几句法国小说，张口雨果闭口巴尔扎克和她聊了起来。年轻考官好像很感兴趣，对他不住地点头，明宇仿佛受到了鼓舞。话题轻松，聊的又是明宇的“强项”，他有些有恃无恐，刚进大学那阵子猛啃过一阵欧洲小说，觉得还真帮上大忙。见考官这么有兴致，明宇当然奉陪。眼看临近中午，年轻的面试官不住地点头、不停地看表，明宇还没有停下来的意思，原定半小时的面试，他们谈了一个多钟头。面试结束，考官乐呵呵地说："回去等消息吧。"明宇也乐呵呵地说："希望以后有机会再聊。"明宇回去悠闲地等，最终也没有等到复试的通知。从这个例子可以看出，听众在你发言的时候不停地点头，往往不是对你十分赞同，而是觉得你说话太啰嗦，他只是想借助这个动作让你不用再多说。明宇在表达的时候不顾及他人的肢体语言传达出的感受，一厢情愿地侃侃而谈，如此会错了意又怎么会有好的谈话效果？同时，经过心理学家的实验证实，当对方做"点头如小鸡啄米"这个动作时，当他快速的点头的时候，他其实很难听清你在说什么。被父母唠叨的小孩子身上也能经常见到这样的动作，当父母说"你不能……"的时候，孩子会频频点头，嘴里叨念着"知道了，知道了"。这样的动作恐怕真是答应得快、忘记得更快了。

如果对方是真正赞同地点头，他会在你说完话后，缓慢地点头一下到两下，这样表示他是在用心听你说话。如果他希望你继续提供信息，他会在你谈话停顿时，缓慢而连续地点头，他是在鼓励你继续说下去。点头的动作具有相当的感染力，能在人的心里形成积极的暗示。因为身体语言是人们的内在情感在无意识的情况下所作出的外在反应，所以，如果他怀有积极或者肯定的态度，那么他说话的时候就会适度点头。

一条眉毛上扬，表示对方在怀疑

眉毛的主要功用是防止汗水和雨水滴进眼睛里，除此之外，眉毛的一举一动也代表着一定的含义。可以说，人的喜怒哀乐、七情六欲都可从眉毛上表现出来。

毕业论文答辩会上，小吴发现自己在陈述时，一名评分教授一条眉毛一直上扬。这一动作让小吴分外紧张，她开始强烈地怀疑自己的论文水平。答辩结束以后，很多同学都说到了一条眉毛上扬的教授。看来这个教授在听每个人的答辩时都眉毛上扬。

如果这位教授只对小吴做出了这个表情，那么表示他是在怀疑，可能是因为他并不认同小吴的论点。但所有的同学都开始反映这个问题时，眉毛上扬的动作很可能就只是他的一种习惯。两条眉毛一条降低，一条上扬，它传达的信息介于扬眉和低眉之间，半边脸激越、半边脸恐惧。如果你遇到一条眉毛上扬的人，表示他的心情通常处于怀疑的状态，也说明他正在思考问题，扬起的那条眉毛就像是一个问号。

每当我们的心情有所改变时，眉毛的形状也会跟着改变，从而产生许多不同的重要信号。眉飞色舞、眉开眼笑、眉目传情、喜上眉梢等成语都从不同方面表达了眉毛在表情达意、思想交流中的奇妙作用。观察对方眉毛的一举一动在第一次见面时就可以把对方的性格猜个八九不离十，你若是精明人就很容易捕捉以下的细节：

低眉

低眉是一个人受到侵犯时的表情，防护性的低眉是为了保护眼睛免受外界的伤害。

在遭遇危险时，光是低眉还不够保护眼睛，还得将眼睛下面的面颊往上挤，以尽最大可能提供保护，这时眼睛仍保持睁开并注意外界动静。这种上下压挤的形式，是面临外界袭击时典型的退避反应，眼睛突然被强光照射时也会有如此的反应。当人们有强烈的情绪反应，如大哭大笑或感到极度恶心时，也会产生这样的反应。

眉毛打结

指眉毛同时上扬及相互趋近，和眉毛斜挑一样。这种表情通常代表严重的烦恼和忧郁，有些慢性疼痛的患者也会如此。急性的剧痛产生低眉而面孔扭曲的反应，较和缓的慢性疼痛才产生眉毛打结的现象。

耸眉

耸眉可见于某些人说话时。人在热烈谈话时，差不多都会重复做一些小动作以强调他所说的话，大多数人讲到要点时，会不断耸起眉毛，那些习惯性的抱怨者絮絮叨叨时就会这样。如果你想通过对方的面部表情了解一些潜在的信息，眉毛就是上佳的选择。

轻抬眉毛

《老友记》里的主人公之一乔伊，因其丰富、幽默的面部表情给观众留下了深刻的印象，他不善言辞，经常话到嘴边却不知道用什么词语来表达，但他丰富有趣的面部表情却准确地传达出了自己的想法，仅仅是眉毛上的动作就有很多种。当他遇到自己心仪的美女时，会微笑着，轻抬一下眉毛，不用说话，对方就知道他对自己有好感。

轻抬眉毛的动作从远古时代就已经广泛使用了，当你向距离稍远处的人打招呼的时候，会不由自主地使用这个动作，迅速地轻轻抬一下眉毛，瞬间后又回复原位，这个动作可以把别人的注意力引到你的脸上，让他明白你正在向他问好。

眉毛虽然只是人面部一个很小的部分，但作用却很大，它的一动一静，都会在无形中透漏你的心境。

不停地敲桌子，是因为有话要说

你是否有这样的经历，当你和同事争论某个问题的时候，他会不停地敲桌子，然后说，静一下，听我说两句。是的，他不停地敲桌子，是因为有话要说。如果你是一个会议的发言人，当你在滔滔不绝的时候发现有的与会者在不经意地以指尖轻敲桌子。那么你千万不要觉得对方是在向你表达赞同或者恭维，这表明他在思考，他在等待发言。当你在进行业务解说，发现客户有这个动作的时候，你就该考虑停下来，把话语权交给他，以免客户不耐烦。

传播学家研究发现，手上的小动作往往比有声语言更能传达出说话者的心意，因为作为一种可视的沟通形式，它比语言传递得更远，而且不会受到那些有时会打断或淹没话语的噪音的干扰。所以，有时候手势是一种独立而有效的特殊语言，它能传递一些我们熟悉的讯息。比如，拍手表示激动或赞成，而把小指和拇指放在耳朵边上表示需要打电话；大拇指朝上表示赞同或钦佩，大拇指朝下则表示不赞同或鄙视对方；伸手表示想要东西，手背在后面表示不想给予。

除敲桌子之外，还有一些不自觉的小动作，也能暴露行为动作者内心的真实状况：

不停地摸耳朵

如果他人在和你交谈的过程中，对方频繁地摸耳朵或拉耳垂，这表明他厌倦了你的滔滔不绝。他做这个动作是想告诉你，他很想开口谈谈自己的意见。

把玩手腕或手腕上的物品

如果你正在和他人交谈，发现他正在把玩手腕或手腕上的物品，这表明对方内心充满犹豫，他正在考虑诉说他内心的想法，这表明他内心很挣扎，有话要说。

微张嘴唇

如果和你交谈的人，几次三番的微动嘴唇，却没有发出声音，这表明他有话要说。他内心很想表达自己的想法，所以自然张嘴欲言。可是出于礼貌，他没有打断你的话。

用手指或手上的东西做画线动作

如果你正和他人交谈，发现他用手指或利用手上的东西在桌上做画线动作，这表明他有话想说可是又不能打断你，他不停地动作表明他很焦急。此时你还不停止说话，他的额头甚至会出现汗珠，手上动作的频率会更快。

手势里蕴含大量的信息，是随着说话者所表达的内容、具体的环境以及在某种感情的支配下，自然而然地流露出来的。因而，从某种程度上来说，手势是人的第二张面孔，传达着丰富多彩的信息。

频繁拨弄头发，心中紧张不安

不知道你是否注意过，人们在处于紧张的状态时总是会下意识地做出一些小动作，而这些小动作能够泄漏出很多内心信息。例如，你和朋友交谈时，他总是不时地拨弄头发，这是他的大脑发出了信息："心慌！安抚我一下吧。"是的，就像小猫小狗感觉害怕时会舔自己的毛发一样。人类频繁地拨弄头发，也表示心中紧张不安。

如果留心观察儿童的身体语言，你会发现，小孩子犯错误被父母或老师发现之后，经常会做出这样的动作——站在大人面前，身体不动，只是用手不停地拨弄头发，通常还带着无辜的眼神，表现出十分紧张的神态。仿佛在说"我错了，我会不会挨打呢"，因此，太频繁地拨弄头发，不是说这个人没有洗头发、头皮很痒，而是他内心极度不安，缺乏自信，需要用频繁地拨弄头发来掩饰心中的不安和不确定感。对这样的动作最常见的解释是当事人感到疑惑、不安、甚至有点焦躁。小葛是个纨绔子弟，和莉莉结婚后稍有收敛。可是有一天，小葛又彻夜未归，早上回家，他发现莉莉整晚没睡。莉莉站在窗口，红肿着双眼，质问道："你是不是又去夜店了？这个家你还要不要了？"从未见过莉莉发火的小葛有些慌乱了，他不停地拨弄头发，说："我，我没去夜店啊，你相信我！"从上面例子可以看出，尽管小葛嘴上否定了莉莉的猜想，但他手上的动作却表明了他的不安、顾虑。细心观察，在人们面对紧张的时候，总会通过一些小动作将情绪透漏给你。让我们看看其他的一些体现紧张的小动作：

不停地清嗓子

你会发现，很多人原本嗓子没有不舒服的感觉，可是在准备比较正式的演讲前，他会不停地清嗓子。这不是怪癖，只是紧张的缘故。不安或焦虑的情绪会使喉头有发紧的感觉，甚至发不出声音。为了使声音正常，他就必须清嗓子。这也是有的人说的“紧张的连声音都变了”的原因。如果你遇到说话不断清嗓子、变声调的人，这表示他们非常紧张、不安和焦虑。

狠狠掐烟或任烟自燃

抽烟有时会被认为是缓解紧张、压力的方法。生活中，你常常可以看到这样的动作，有人在烟没有抽完的时候，忽然把烟头狠狠掐灭或是把它搁在烟灰缸上任其燃烧。其实这样动作的潜台词常常也是压力、紧张、焦虑。

屁股底下坐了球儿

每个人在当学生的时候大概都被老师说过：“你能不能好好坐着？你屁股底下坐球了？”当你和别人聊天时，如果发现他坐立不安，那就表明他感到有压力或不安，有时候无聊也会有这样的动作。

很多动作看起来很平常，实际上也是紧张不安的表现。比如撕纸、捏皱纸张、紧握易拉罐让它变形，等等，并且你可以发现，当一个人的紧张感、不安感严重的时候，这样的动作出现的概率更大。人们似乎希望借这些动作来缓解，同时稳定情绪。

头枕双手，一切都在他掌握之中

高度自信的动作能够反映大脑的高度舒适感和绝对自信。你可以尝试一下头枕双手这个动作，当你做这个动作时，是不是腰挺得很直？是不是有一种长高了的感觉？对，要的就是这种优越感。这是一种袒露胸脯、表现力量的体势。它代表着自信和无所不知，那些自我感觉高人一等，或是对某件事情的态度特别强势、自信的人，就会经常做出这个姿势。仿佛在对旁人表示，“我知道所有的答案”，或是“一切都在我的掌控之中”。

一般情况下，头枕双手的姿势经常见于管理层的职员，刚得到晋升的经理也会突然开始习惯于做这个姿势，尽管他在被提拔之前很少做出这种姿势。通常是管理者在他们的下属面前做出这个姿势，很少见到面对自己的上级做出这个姿势的职员。

某公司职员们发现刚刚晋升的销售部经理突然间有了这样一个习惯动作，当他坐在自己的椅子上时，喜欢把头向后仰，然后用双手枕住，使得双臂弯曲折在脑后，形成一个类似于羽翼的形状。于是，很多职员偷偷讪笑他越来越有领导范儿了。

晋升以前，经理并没有经常做出这种头枕双手的姿势，但新的地位却让他养成了这个习惯。由此可以证明，经理对他的现状感到满意和舒适，他感觉一切都在他的掌握之中。

头枕双手的姿势不仅可以显示出当事人自我感觉良好，还可以表现他想要获取支配地位的心态。研究还发现，男人更喜欢用这种身体姿势。你和人交谈的时候，如果他是采用这种姿势的，那代表他的心里有些高你一等的想法。通常他是想给你施压，或者故意营造出一种轻松自如的假象，以此麻痹你的感官，让你错误地产生安全感。

生活中表现自信和掌控的体势很多，例如双手放在背后，同时双手紧握，抬头挺胸，下巴微微扬起，这个动作表达的含义和头枕双手相类似。做这个动作往往与权威、自信和力量相伴相随。摆出此种姿势的人是将脆弱、易受攻击的咽喉、心脏、脾胃暴露在你的视线之下，这样做显示了他无所畏惧的胆魄，他有一种“一切都在我掌握”的优越感。

在生活中，只有那些有着骄傲的自信、“艺高胆大”的人才敢于做这样头枕双手、倒背手紧握的动作。他们将自己的胸脯袒露给你，正是想向你表明自己的自信和力量，这样的姿势强化了信心、权力、权威的色彩。

拥抱自己是一种自我安慰

很多人在面对压力的时候，他会将手臂交叉并反复用双手摩擦肩膀，好像很冷的样子。看到这样的动作，我们会联想到母亲抱住孩子的情形。这是一种能产生安全感的动作，它能让人感到平静。拥抱自己这一动作常见于女性，当她们沮丧、害怕的时候，常常把自己抱住，身体上的亲密接触可以消除恐惧，获得安全感。随着年龄的增长，成年人不能像小孩子一样再向别人索求拥抱。这是当她们得不到亲人、朋友的安慰时，采取的一种自我安慰的方式。

职场新人小媛上班第一天就遭到了老板的责骂，她沮丧地回到家里。把自己关在卧房，双手抱膝坐在床上，并且把头紧紧地埋在怀里。这样蜷缩成一团的姿势让她的身型显得格外娇弱。

在遭受挫折或者遇到悲伤的事情时，有些人通常会采取这样的姿势来安慰自己。这种给自己的拥抱是对童年记忆的一种回忆。在他们的幼年时期，如果遇到难过的事情，或者处于一种紧张的气氛中，他们的父母或看护人就会将他们拥进怀中，用温馨的怀抱舒缓他们悲伤、不安的情绪。长大以后，当他们感到紧张不安的时候，他们常常会模仿长辈的动作来安慰自己。比如情境再现中的小媛就是这样，在完全私人的场合里，她的身体语言很明显地表达出了她的内心独白，此刻的她极需要一个温暖的怀抱，就像小时候妈妈的怀抱一样。

一般来说，我们很少能看到成年人在公开场合做出明显的拥抱自己的动作，比如双臂交叉，紧紧抱于胸前，或者像情境再现中的小媛的蜷缩怀抱姿势，因为公开场合会让所有的人都看到他们内心的恐惧。

如果你与女性接触，会发现她们往往会用一种更为隐晦的方式来替换这种过于明显的肢体语言，如单臂交叉抱于胸前的姿势。这是一种隐晦的自我拥抱，她们只使用一只手臂，让它在身体前部弯曲后抓住另一只手臂，从而在自己与你之间形成一道障碍，拒绝你靠近，看起来就好像是在拥抱自己，其实这也是给她们缺乏安全感的心灵带来一丝安慰。

我们在车站候车处或者电梯等场合经常见到有人做出拥抱自

己的动作，因为这些场合通常围绕在身边的都是陌生人。在这种情况下你会发现，女性会更容易产生强烈的不安感，她们会紧紧地拥抱自己。另外，在参加一些社交活动或工作会议时，也常见有人做出这种动作。因为这种姿势可以与其他人保持一定的距离，表露出动作者内心的不安与缺乏自信。

自我抚摸是为了寻求安慰

当人们处于紧张、情绪低落、遭遇挫折时，会不自觉地借助各种不同形式的自我抚摸来安慰自己，给自己打气。例如用手挠挠头皮、梳理一下头发，并抚摸后颈，女性则通常会双手环抱着身体，用手摩挲手臂，这正是寻求被保护、进行自我安慰的典型动作。每个人都有亲密接触的欲求，这方面女性的欲求大于男性，儿童的欲求大于成人，小孩子如果跌倒或者受到其他伤害，第一个反应就是让妈妈抱抱，身体上的亲密接触可以消除恐惧，获得安全感。随着年龄的增长，成年人不能像小孩子一样再向别人索求拥抱，人们无法随时随地得到亲密接触，因而以自我抚摸来满足亲密接触的需求。常见的自我抚摸动作有以下几种：

头部区的抚摸

比如抚摸额头、挠挠头皮、抚摸头发、用手托头，等等。一般做出这样动作的人，多半内心感觉无聊、孤独，心事重重，他们做出这样的动作，就是为了鼓励自己或寻求安慰。

颈部区的抚摸

抚摸颈部的前方、后方。女性尤其喜欢抚摸颈部前方，当她们听到使内心不安的事情时常常不自主地用手掌盖住自己的脖子前方靠近前胸的部位。这样的动作很像我们小时候受到了惊吓，妈妈用手抚摸我们的颈部区，说道：“拍拍，拍拍就不害怕了。”

手部的抚摸

摩挲自己的手背、吸吮手指、咬指甲等。当你发现有人出现这些下意识动作时，可以给对方适当的安慰和身体接触。但是不能太过，轻轻拍一拍对方的肩是最适度的安慰。因为虽然做这些动作是渴求接触的表现，但他们强烈的戒心依然会反感你过度的接触。

脸部的抚摸

例如用手抹脸、轻捏脸颊，双手捧着脸。做这样动作的人，多在思考中，他们内心孤独，希望通过自我抚摸获得安慰。

间接自我抚摸

有些动作看起来与自我接触扯不上关系，实际上也是一种间接的自我抚摸。比如撕纸、捏皱纸张、紧握易拉罐让它变形，等等。这种间接的自我抚摸也刺激到了人们的触感。并且你可以发现，当一个人的挫折感或者不安感越重的时候，这样的动作出现的概率更大。人们似乎希望借这些动作来发泄，寻求安慰，同时又稳定了情绪。

模仿你打哈欠，是“认同你”的开始

我们经常说打哈欠会传染，通常一群人中有一个人有了这个动作，其他人就会竞相效仿。关于原因，科学家们还不是很清楚。但身体语言专家亚伦皮斯认为哈欠是一种模仿行为。应该说打哈欠是最显著的模仿行为之一：只要一个人打哈欠，他身边的那些人就会接二连三地打哈欠。模仿行为并没有固定的行为，最初的动作者可能是随意的一个动作，但后来者使用了跟他一样的动作。比如撩起耳边的头发，抚摸另一只手的手背，等等，我们不讨论这些动作本身的含义，而是探究后来者进行模仿的这个事实的含义。

对肢体语言同步现象的研究显示，如果人们彼此之间有着相似的情绪，或是具有相同的思路，他们就很可能互相产生好感，而且会开始模仿对方的肢体语言以及面部表情。也就是说，模仿的产生不仅仅是外在的，正是因为内在的某些相似性，人们才会从“打哈欠”这样的动作开始模仿，而反过来从模仿里，他们也就能找到“同类者”，也可以说是在寻找跟他们志同道合的人。

跟他人保持“同步”是人与人之间的一个纽带。有一个有趣的说法是，当我们还是子宫中的胎儿时，就已经开始学习“同步”。因为我们的身体功能和心跳节奏都会尽量与母亲保持一致。所以，模仿可以说是人类与生俱来的一种倾向。

模仿使人安心

我们和陌生人打交道时，通常我们会仔细观察他们是否会“模仿”自己的行为与姿势。如，一个哈欠，一个手部动作，等等，因为，如果他们对你的肢体动作进行模仿，就代表着他们认同了你，接受了你，这是建立友善的关系的开始。所以，当我们看到对方模仿自己时，就好像看到了自己的朋友，心里产生一种亲切感。

比如一个刚认识的朋友到你家里做客，他可能会感觉到很拘谨，尤其是在餐桌上。他会很担心自己的习惯和你家里不合拍，于是他会小心谨慎地先看看你和家人怎么做，然后模仿你们的做法；或者是刚转到另一个学校的学生，课间休息时就会感觉很不安，于是他就可能观察其他的同学都在干什么，如果发现大家都出去进行体育活动，想要迅速融入这个集体的人也会克服自己的紧张走出教室，做出活动姿势，并在心里期待其他的学生能够邀请他加入。

模仿获取认同

模仿就是人类的一种社交工具，它能够帮助我们的祖先成功地融入群居生活之中。不仅如此，模仿还是最为原始的学习方法之一。理解模仿行为的含义是肢体语言学习中最为重要的课程之一，因为这是其他人向我们传达首肯或好感的最显而易见的方式。同样，我们也可以通过模仿其他人的肢体语言，直接而便捷地让他们感受到我们的善意。

一个高明的推销员曾经对同行们这样说，当客户开始模仿你的动作时候，就是他们认可你，认可你产品的前奏，这时，你不妨假装不经意的模仿客户的动作。从而彼此的认同感就会增加，最终客户将接受你向他们推销的产品。模仿为什么会获得认同感，一个很可能的原因就是，人都有自恋的情绪。模仿在这里被视为一种恭维的暗示，被恭维的人就很容易解除防线，接受外人的建议。

被模仿者才是主导者

有模仿行为，必然存在着被模仿的原始行为。虽然两者都有着相似的表象，但内部体现出来的权力差别却是很大的。模仿也可以看作是一种学习行为，对方在学习你的一举一动，而促使他这样做的原因是他对你的尊敬，或者喜爱，他认为你身上有比他更优势的地方。所以，优势地位是在被模仿者这一边的。小王想找老李借钱，于是他来到了老李家。他没有首先就表明来意，而是跟他们聊天。然后小王发现，老李很爱模仿妻子的动作。当妻子叹气时，老李也紧接着叹气；当妻子喝茶时，老李也端起了杯子。于是小王把主要对象确定在了李太太身上，向她表明了借钱的愿望，并且阐述了一系列理由并作出按时还钱的保证。小王很注意观察夫妻之中是谁在模仿谁，因为这可以揭示出谁家庭权力更大或者能够作出最终决定的人到底是丈夫还是妻子。如果妻子首先做出某些动作，不管这些动作有多么细微，如交叉双腿、手指交缠或是做出思考的姿势，只要这个男人跟着模仿，那么你就可以确定让这个男人作出决定是毫无意义的——因为他根本就没有作决定的权力。

模仿改善关系

模仿也可以影响其他人对你形成的印象。如果一位老板期望与一个拘谨紧张的员工建立亲善关系，并且营造出轻松的谈话氛围，那么他可以通过模仿这个员工的肢体语言来达到这个目的。对方就会觉得你很平易近人。

不过需要说明的是，能在双方间产生亲和感的模仿动作，都应该是没有攻击性的，也不应该是炫耀意味过浓的姿势，否则将会引起不快和反感。

眼睛，让他的心底一览无余

瞳孔扩张，表示对你的谈话感兴趣

日常生活中我们很容易观察到别人的手势、坐姿、表情等身体语言，而对于眼睛的观察只是停留在暗淡无光或是炯炯有神的层面上，其实人的瞳孔里还有很多值得我们去发掘的信息。人的眼睛通过数条神经与大脑连接，它们从外部获取信息，然后通过神经把信息传递给大脑。受到刺激的大脑又反馈信息给瞳孔，于是人的心理也就在瞳孔上表露出来。如果说眼睛是心灵的窗口，那么瞳孔就是窗内的风景。

美国芝加哥大学研究瞳孔运动的心理学家埃克哈特·赫斯发现，瞳孔的大小是由人们情绪的整体状态决定的。如果有一天，你兴致勃勃地和某人聊天，发现他的瞳孔扩张，认真聆听你的谈话，这表明他对你的谈话非常感兴趣，你可以继续发表你的言论。晓月在电脑城卖电脑，她向顾客推荐新产品时，她会一边介绍，一边留意顾客瞳孔的变化，如果她发现顾客在听她讲解的时候瞳孔明显变大，心里就会暗自窃喜，因为她知道她的推销成功了，顾客对她的谈话和她推荐的商品都很感兴趣，她会把价钱要得很高。从例子可以看出，当一个人对你的谈话内容感兴趣的时候，会在他的瞳孔上有所反映。当一个人处于兴奋、高兴的情绪状态时，其瞳孔就会明显变大。反之，当一个人处于悲观、失望的情绪状态时，其瞳孔就会明显缩小。据此，细心的你可以通过他人瞳孔的变化发现生活中其他的有趣现象。

例如，一个性取向正常的人，不管是男人还是女人，只要他们看到异性明星的海报，瞳孔便会扩张；但若看到同性明星的海报，瞳孔就会收缩。同样，当人们看到令人心情愉快或是痛苦的东西时，瞳孔也会产生类似反应。比如，看到美食和政界要人时瞳孔会扩张；反之，看到战争场面时瞳孔会收缩，在极度恐慌和极度兴奋时，瞳孔甚至可能比常态扩大4倍以上。婴儿和幼童的瞳孔比成年人的瞳孔要大，而且只要有父母在场，他们的瞳孔就会始终保持扩张的状态，流露出无比渴望的神情，从而能够引来父母的持续关注。

一般来说，当人们看到对情绪有刺激作用的东西时，瞳孔就会变化。赫斯还指出，瞳孔的扩张也与心理活动密切相关。例如，某个工程师正在冥思苦想努力解决某个技术难题时，当这一难题终于被攻破的那一刹那，这位工程师的瞳孔就会扩张到极限尺寸。

很多玩牌的高手之所以能屡战屡胜，最主要的原因就在于他们善于通过观察对手看牌时瞳孔的变化来揣摩对方手中牌的好坏。他如果看见对方看牌时瞳孔明显扩大，则可基本断定对方拿了一手好牌，反之，当他看见对方看牌时瞳孔明显缩小，据此他又可以断定对方的牌可能不太好。如此一来，自己该跟进还是该扔牌，心里也就有底了。如果对手戴上一副大墨镜或太阳镜，那些玩牌的高手可能会叫苦不迭。因为他们不能通过窥探对方瞳孔的变化来推断对手手中牌的好坏。如此一来，他们的获胜率肯定会直线下降的。

这一点还体现在青年男女约会上，如果你的约会对象在注视你的时候，眼神温柔、瞳孔扩大，那基本可以断定他是喜欢你的。关于瞳孔扩张的这一发现被研究引入了商业领域，人们发现瞳孔的扩张会令广告模特显得更有吸引力，从而吸引更多的顾客购买商品。因此，商家通常将广告照片上模特的瞳孔尺寸修改得更大一些，有助于提升产品的销量。

有句老话说，在和别人说话时，要看着对方的眼睛。是的，如果他在和你交谈时，瞳孔扩张，那真要恭喜你，这表明他对你的谈话很感兴趣。下次，要“好好看看对方的瞳孔”，因为瞳孔从不说谎。

走路时视线向下的人凡事精打细算

孔子曾说过：“观其眸子，人焉廋哉！”意思就是说，想要观察一个人，就要从观察他的眼睛开始。因为眼睛是人的心灵之窗，所以，一个人的想法经常会由眼神中流露出来。而研究发现，一个人的视线，尤其是单独走路时无意识流露出来的视线，总会在无意间展露内心的意识以及喜好。

正常人在走路时视线是在前面大概 3 ～ 6 米的位置，角度通常是 75 度，在有人告诉你有危险或自己感觉到有异常时，人走路的视线角度会发生很大变化，可能在前面一米左右，角度非常小，步幅自然减小，以应对突发的变化。但是，如果你细心可以发现，生活中很多人在平时走路时视线都是向下的，颇有走自己的路，让别人去说的味道。这类人往往小心谨慎，凡事精打细算。这样的人都比较内向，他们为人谨慎、多疑，看似无心，实则总是在思索。与他们交流，你能感受到，他们对于能带来实质性收获的交流感兴趣，重视家庭生活。

在与人交往的过程中，如果你希望深入了解他人的喜好、秉性，你就需要多留意他人的视线。以下就来讨论不同的视线区域可能代表他人的哪些特质。

走路时视线朝上

这样的视线，通常会配合轻快悠闲的步履，头微微上仰，双手插在口袋里。如果你在路上遇到他，他可能还哼着小曲儿。这类人往往个性质朴，活得轻松自然，喜欢自然界的一切美好事物。一朵花、一只小狗、一顿晚餐，都能为他带来身心的满足。

走路时习惯平视

这类人个性认真，凡事喜欢就事论事，多半不喜欢拐弯抹角，不喜欢浪费时间，这类人属于务实派。

走路时盯着某物直瞧

平时很容易见到这类人，吸引他们目光的可能是一支笔、一只猫。其实，吸引他们的不是这些东西，真正吸引他的通常和他正处理的事务相关。这类人往往专注力强，此时，他正沉浸在自己的世界里天马行空，这类人喜欢谈论目前手头上正在进行的事务。

走路时喜欢东张西望

在走路时喜欢东张西望的人，往往专注力不强，这类人很容易受到外界的干扰，总是漫不经心，好奇心比较重，喜欢新鲜的人、事、物。如果你和这样的人讨论问题，他往往会反复问相同的问题。是的，他根本没有仔细听。这就是小时候老师常常批评的"注意力不集中"。

总之，每个人走路时的视线区域是不同的，了解这些细微差别，你就可以从这些司空见惯的动作里透视人心。

避开视线、延长眨眼时间是讨厌的信号

视线表达了一种关注感，被视线关注的人会自然地用心聆听凝视者的话。而视线还有其他的魔力，透过视线，你可以了解他人的心态和情感。

当你发现别人竭力避开你的视线或者延长眨眼时间的时候，肯定是有什么事情让他们觉得不对头。他也许是不喜欢你，或者对你不感兴趣；也许是在自我保护，或者有事隐瞒；也有可能是不知道怎么面对你，或者仅仅是害怕你。

如果对方快要跟你的眼神交会时，突然避开你的视线，虽然表面上没有拒绝跟你说话，但却已经散发出不想再继续交谈下去的信息了。既不想再听你说话，也没有认同你的意思。如果某人避开视线故意让你看出来，这样的人就比较极端，这是对你抱有敌意与嫌恶，而且毫不隐藏地表现出来。如果在谈话期间视线一直不肯和你的视线交汇，恐怕是因为对方讨厌你，也有不想被你

所左右的意思在里面。

心理学家达尼尔曾说过这样一句话:“敢于与对方做眼神接触表现了一种可信和诚实;缺乏或怯于与对方进行眼神接触可以被解释为不感兴趣、无动于衷、粗蛮无礼,或者是欺诈虚伪。”事实也往往如此。一家医院在分析了收到的大约 1000 封患者的投诉信后归纳出,大约 90% 的投诉都与医生同患者缺乏眼神接触相关,而这种情况往往被认为是“缺乏人道主义精神或是同情心”。

为什么有些人和你说话你会感到不舒服?而有些人和你说话却会令你感到不自在,还有一些人在和你说话时甚至会让你怀疑他们的诚信?这是因为眼睛能够透视人们内心的想法。会面的两个人如果彼此较多地注视对方的眼睛,那就代表他们彼此之间都很感兴趣,或者对所谈的话题有热情。相反如果话不投机,彼此之间就会尽量避免注视对方,这样可减轻紧张的形势。

当然,如果他不喜欢你,也可以通过延长眨眼时间来传达讨厌你的信号。在正常的条件下,一个人眨眼的频率是 1 ~ 3 次 / 分钟,每次闭眼的时间也仅仅为 1/10 秒。但是,在某些特殊的情况下,为了特定的目的或是为了表达特殊的情感,一个人可以故意延长他眨眼的时间。如果你凑巧遇到某个人对你做出此种姿势,就得留意他此举的含义了。

这里所说的拉长时间,并非他迅速的眨眼,再隔很长一段时间之后进行下一次的眨眼动作,而是每一次眨眼动作的时间被拉长。要实现这个目的,人们在每次眨眼时,眼睛闭上的时间就要远远长于正常情况的 1/10 秒。

为什么会出现这种的情况?他自己可能并没有意识到这个动作,只是潜意识里这样做了。事实上是因为他对你感觉厌倦,他觉得与你谈话很无趣。我们在谈话中如果发现对方对自己做出这样的动作,我们就需要提醒自己是否谈话内容实在不能引起他的兴趣。因为这种动作表明他已经不想再跟你继续讨论下去,所以他每次眨眼时眼睛会闭上两到 1 ~ 2 秒甚至更长的时间,希望你从他的视线中消失。如果你发现你在讲话时，你的听众开始有了拉长眨眼时间的行为，甚至同时伴有哈欠，你就可以结束这次讲话了。

难怪美国哲学家埃默森说：“人的眼睛比嘴巴说的话更多，不需要语句，我们就能从彼此的眼睛了解整个世界。”

握手时一直盯着你的人，心里想要战胜你

在西班牙斗牛的节目中，那些被激怒的公牛会在进行角斗之前，把眼睛瞪圆了一直盯着对方。在这点上，人类也是一样。世界上大多数国家的人都不会对不熟悉的人进行直视，一直盯着对方会被认为是没有教养的表现，甚至被看成是一种故意挑衅的行为。当某人和你握手时，一直直视你，甚至盯住你不放，这其实是对你的挑衅，他的心里是想要战胜你。

目光接触是非语言沟通的主渠道，是获取信息的主要来源。人们对目光的感觉是非常敏感、深刻的。通过目光的接触来洞察对方心理活动的方法，我们称之为“睛探”。目光接触可以促进双方谈话同步化。在对方和你交谈时，如果他用眼睛正视你，你可以更有效地理解他的思想感情、性格、态度。同时，通过“睛探”，可以更好地从对方的眼神中获得反馈信息，及时对你的说话进行必要的调整，通过这样的审时度势，一旦发现问题，可以随机应变，采取应急措施。

如果遇到和你握手时一直盯着你的人，并且他对你的注视时间超过 5 秒，他除了想在心理上战胜你之外，往往还对你有一种威胁。这种盯视还会被用到其他场合。例如，警察在审讯犯人的时候通常对他怒目而视，这种长时间的对视对于拒不交代罪行的犯罪者来说有着无声的压力和威胁。有经验的警察常常用目光战胜罪犯。

可见，即使是罪犯也不喜欢别人用眼睛紧紧盯住自己。因为被人紧盯住之后，心里就会产生威胁和不安全感。事实上，在你

和对方握手、交谈时，如果遇到长时间盯着你的人，由于他眼神传递出来的信息产生了副作用，你从他的视线中是感受不到真诚、友善、信任和尊重的。

在生活中，人的角色是多样的，眼神之间可以传递不同含义的讯息，而影响一个人注视你时间长短的因素主要有 3 点：

文化背景

文化背景不同的人注视对方的时间可能存在很大的差异。在西方，当人们谈话的时候，彼此注视对方的平均时间约为双方交流总时间的 55%。其中当一个人说话时，他注视对方的时间约为他说话总时间的 40%，而倾听的一方注视发言一方的时间约为对方发言总时间的 75%；他们彼此总共相互对视的时间约为 35%。所以，在西方国家中，当一个人说话时，对方若能较长时间看着对方的眼神，这会让说话的人感到非常高兴。因为他认为对方这样做，说明对方很在意他的讲话，或者是很尊重他。但是，在一些亚洲和拉美国家中，如果一个人说话时，对方长时间盯着他看，这会让他感到不舒服，并认为对方很不尊重他。比如，在日本，当一个人说话时，如果你想表示对他的尊敬之情，那么你就应该在他发言时尽量减少和他眼神的交流，最好能保持适度的鞠躬姿势。

情感状态

一个人对他人的情感状态（比如喜爱，或是厌恶），也会影响到他注视对方时间的长短。比如，当甲喜欢乙时，通常情况下，甲就会一直看着乙，这引起乙意识到甲可能喜欢他，因此乙也就可能会喜欢甲。如此一来，双方眼神接触的时间就会大大增加。换言之，若想和别人建立良好关系的话，你应有 60% ~ 70% 的时间注视对方，这就可能使对方也开始逐渐喜欢上你。所以，你就不难理解那些紧张、胆怯的人为什么总是得不到对方信任的原因了。因为他们和对方对视的时间不到双方交流总时间的 1/3，与这样的人交流，对方当然会产生戒备心理。这也是在谈判时，为什么应该尽量避免戴深色眼镜或是墨镜的原因。因为一旦戴上这些眼镜，就会让对方觉得你在一直盯着他，或是试图避开他的眼神。

社会地位和彼此的熟悉程度

很多情况下，社会地位和彼此熟悉程度也会影响一个人注视对方时间的长短。比如，当董事长和一个普通员工谈话时，普通员工就不应该在董事长发言时长时间盯着他，如果那样的话，他就会认为你在挑战他的权威，或是你对他说的某些话持有异议。这样一来，肯定会在他心里留下不好的印象。所以，和领导或上级谈话时，最好不要长时间盯着对方，你可以采取微微低头的姿势，同时每隔 10 秒左右和他进行一次视线接触。不太熟悉的俩人初次见面时，彼此间眼神交流的时间也不宜太长，如果一方说话时，另一方紧紧盯着对方，这肯定也会让对方感到非常不舒服。

游离的视线暴露内心的不安

在日常生活中我们经常能遇到这样的情形，当你遇到一个眼神闪烁不定，东张西望的人，你会感到他忧心忡忡。甚至你会觉得他心中可能隐藏着某些事，或者是背着你做了对不起你的亏心事。这种担心是有科学根据的，就心理学而言，游离的视线往往会暴露内心的不安，往往是对方不愿意让你看到内心映射的表现。也就是说，隐藏着不想被你知道某些事的可能性非常大。

主持人挑战赛第九场，挑战者正在进行电视演讲。观众们发现 2 号挑战者的眼神左右游移，这使得他像在东张西望一样。这种动作和表情引起了观众的反感。事后，记者对他进行了采访，他说，太紧张了，心里很不安，眼睛有些不知道往哪看了。

挑战者在演播厅里的举动是因为他内心很紧张、不安，而他又想和观众保持眼神互动交流，所以不停地转换视线，以求和更多人的视线汇合一下。但他的动作由电视信号传递出去，更多的场外电视观众就会认为他的眼神很不规矩，东张西望的神情也令人生厌。

视线的游离往往是人内心活动的反映。在与人交谈的过程中，如果遇到东张西望的人，你该多留意一下他的视线变化，或许你可能从中了解到更为真实的东西。要知道，东张西望所透露出来的内心独白是：“外部环境很陌生，我需要认清它并找到安全逃跑路线。”如果你不相信，可以看看动物的反应。很多动物被带到一个陌生的环境中，它们的视线就会上下左右四处扫视。而且动作相当明显，甚至伴有头部转动的动作。而一旦受到惊吓，它们会立刻循着自己刚刚锁定的路线奔逃，一刻也不迟疑。这证明它们在东张西望中就已经安排好了逃跑路线了。人类在新的环境中的环视动作比动物隐蔽得多，但摄像机还是能记录这些不安的眼神。所以，东张西望的神情是人们对于眼前的人或事缺乏安全感的表现。

游离的视线在很多时候是内心不安的表现，这里也有一类更为特殊的群体。在医学上，有些人被称为“视线恐惧症”患者，他们在与别人发生视线接触后，往往会立即转移自己的视线。因为他们觉得对方的眼光太过于强烈，从而使自己的眼睛不由自主地东张西望，这会让他们感觉非常不舒服。与此同时，他们的心理也处于一种矛盾的状态之中，一方面，他们想如果与对方进行对视，会不会使对方感到不快。另一方面，又想自己若是进行视线转移，对方会不会看透自己的心理。在这种进退两难的矛盾状态之中，他们越是焦急不安，就会使眼神更加左右游离，强烈不安的心理情绪就越严重。一般来说，此种类型的人，他们之所以会产生“视线恐惧症”，归根结底，是因为他们缺乏自信心。他们往往是通过别人眼中反映出的自己来认识和确认自己的存在与价值。

生活中，还有一些其他的视线可以传达不同的信号。例如：瞳孔偏到一旁的目光伴随着压低的眉毛、紧皱的眉头或者下拉的嘴角，那就表示猜疑、敌意或者批判的态度。你在公司会议上发表见解时，如果发现你的老板和同事大多用这样的视线来看你，你就得警醒了。可能是他们对你本身有意见，或者对你的说话内容表示不屑。不管是哪一种，你的主张都没有办法打动别人。而女人们通常喜欢用这种视线表达感兴趣的意思。同时伴有眉毛微微上扬或者面带笑容，那就是很有兴趣的表现，恋爱中的人们经常将之作为求爱的信号。

眼睛这扇天窗时刻都在向外界传播着内心世界的种种信息。当你看到有人不停地左顾右盼，目光游离，那么你就可以断定，他的目光是在告诉大家，“我内心不安”，或“心怀不轨”。

爱憎有因，癖好识人

喜欢暖色或冷色

色彩是物质反射出来的光线在大脑中的反映，不同的色彩带给人不同的感受。例如白色让人感觉冰冷，而蓝色能够使人镇静，由于不同颜色带来的视觉效果是不同的，因此，每个人都有自己偏爱的颜色，而人们偏爱的颜色和他们本身的性格密切相关。

各种不同的颜色大致可以分成暖色和冷色。暖色，例如红色、橙色、粉色等，可以使人联想到火焰和太阳等事物，让人感觉温暖。冷色，例如蓝色、绿色、紫色等，这些颜色能让人联想到水和冰，使人感觉寒冷。暖色和冷色给人带来两种截然不同的心理效果，喜欢暖色的人和喜欢冷色的人当然也有不同的性格。

总体来说，喜欢暖色的人行动力强，而喜欢冷色的人安静内向。前者就像他们喜爱的颜色一样充满热情和活力，喜欢和人分享自己的见闻和经历，常常在很短的时间内和人成为好朋友。他们好奇心强，乐于接受新鲜事物，但有时也会“三分钟热度”，缺乏持久性。工作上，一旦下定决心就着手实施，做事情干净利落，很少优柔寡断。他们虽然也有情绪化的一面，但是不会把不开心的事情一直放在心上，总是相信明天会更好。

相比之下，喜欢冷色的人的性格偏内向，喜欢独自一人思考而不是与人交谈。朋友聚会时，他们总是安静地坐在一边，偶尔和一两个朋友攀谈一番，但如果你想把他们拉到舞池中间去动起来，绝对需要花一番工夫。他们的生活中不会有太多新鲜刺激的事情发生，而且他们也很害怕遭遇各种临时状况，安静而平稳的生活比较合适。工作之外的时间他们通常都自己待在家里看书或者看电影，如果你想引起他们的注意，千万不要炫耀你的最新款手机或者名牌包，这只会让他们觉得你很俗气。

仅仅把颜色分成冷色和暖色似乎有些笼统，让我们来看看具体喜欢每种颜色的人都有哪些性格特点。

喜欢白色的人是态度认真的完美主义者。白色被认为是完美无瑕的，白色在全世界都被视为崇高、神圣的颜色，喜欢白色的人对白色的纯粹和美感十分向往，他们偏爱白色的衣服、白色的家具和白色的装饰品。无论对于工作还是生活都有比较高的追求，特别对于细节十分重视，容不得半点疏忽和差错，对自己要求严格，对别人则显得有些吹毛求疵，因此常常引起不愉快，然而他们严格的自律精神和认真的工作态度总是能够得到欣赏。

喜欢灰色的人善于平衡局面，追求稳定感。灰色是黑色与白色的混合色，给人暗淡、消沉之感，因此年轻人中很少有喜欢灰色的。喜欢灰色的人通常比较稳重，不会过度兴奋，彬彬有礼而又不失分寸，善于掌控局面协调人际关系。

喜欢黄色的人是上进心强的挑战者。黄色很容易让人联想到太阳的颜色，因此黄色也总是和阳光、温暖、希望这些词联系在一起。喜欢黄色的人理性而上进心强，在工作中总是有独树一帜的想法，喜欢挑战新鲜事物，具备走向成功的能力和推动力。

喜欢粉色的人温柔敏感、依赖心强。粉色是温柔的象征，让人感觉幸福和甜蜜。很多从小生长在富裕家庭中的人都喜欢粉色，尤其是女性。喜欢粉色的人多半性格温和，敏感而容易受到伤害，他们多半习惯了别人的照顾，因此依赖性也比较强，同时也有很多浪漫的幻想，向往完美的爱情和人生。

喜欢红色的人热情健谈、行动力强。红色具有让人神经兴奋的作用，可以激发人的竞争意识和战斗力。喜欢红色的人活泼好动，运动神经发达，说话有时口无遮拦，很容易感情用事。当然他们的热情和健谈也增加了许多魅力，身边总是有很多朋友。

喜欢蓝色的人谦虚谨慎、爱好和平。蓝色让人想起纯净的天空和湖水，喜欢蓝色的人为人谦逊，十分有礼貌，凡事都会做周全的考虑，绝不是头脑冲动的人，工作中喜欢制订周密的计划然后严格执行。他们爱好和平、不好斗，有时显得有些懦弱。

爱读小说或报纸杂志

读书一直以来都是人们重要的消遣方式，人们从书中解答疑惑、获得力量，而一本好书往往能够影响一个人对事物和人生的看法。因此，一个人看的书往往能够反映出他目前的心理状态。

喜欢读言情小说的人感情细腻、生性敏感，能够和书中的人物同悲同喜，在生活中善于体察别人的感受，比较善解人意。同时也有些多愁善感，常常触景生情；喜欢读侦探小说的人善于逻辑推理分析，喜欢挑战思维上的难题，在生活中有很强的洞察能力，他们也有很强的好奇心，喜欢探索未知的新鲜事物；喜欢读武侠小说的人内心有非常浓厚的英雄情结，希望自己能够打抱不平、出人头地，他们富于幻想，感情丰富，有很强的正义感，但有时显得固执；喜欢读恐怖小说的人，懒于思考，而是靠恐怖刺激的情节激活自己的脑细胞，他们很少从身边的人和事中寻找乐趣。然而他们心态很好，不会因为书中的恐怖情节影响自己的心情。喜欢读科幻小说的人对新兴的科学技术非常着迷，具有天马行空的想象力，喜欢做各种假设，例如关于未来世界、外星人入侵，等等，不讲究实际，经常在幻想中过日子。

相比之下，爱读报纸杂志的人更加理性。这类人不想把时间花在虚构的小说当中，每天的例行事件之一就是读报纸杂志，渴望及时了解政治、经济、文化等各个方面的新鲜讯息，他们喜欢思考各类社会事件和社会现象，对于新近发生的事情有很强的好奇心，常常对社会时事发表自己的见解。这类人通常勤于思考，喜欢分析周围的人和事，擅长进行逻辑分析。

喜欢读名人传记的人雄心勃勃。身边有很多朋友爱看名人传记，历史上著名的军事家、政治家，国内外著名的财经名人都是大家关注的焦点。爱看名人传记的人如果不是为了写论文而搜集材料，就一定是崇拜有加并且想要变成像对方那样的人，以男性居多。他们有很强的上进心，想要成就一番事业，不甘心过平凡的生活，因此从名人传记中读取别人成功的经验，把名人当作自己的榜样。在他们看来，如果想要成功就要像成功人士那样思考和行动，名人传记则是了解这些人的最佳途径。并且，他们从这些成功者的艰辛奋斗经历中获得强大的精神力量，鼓励自己不懈努力。喜欢读历史书籍的人平时喜欢思考，不喜欢胡扯、闲谈，宁愿花时间做一些有建设性的工作，而不想去参加无意义的社交活动。喜欢看漫画书的人通常童心未泯，不喜欢把生活看得太复杂，他们喜欢单纯的人际关系和简单利落的做事方式，有时对别人不加防备因而容易吃亏。喜欢读时尚杂志的人非常在意自己的外貌，十分顾及自己的面子，在日常生活中会尽力改变自己在别人心目中的形象。

爱看谈话节目

如今，电视节目已经成为人们最普遍的娱乐消遣，各种节目类型层出不穷，不同性格的人对于电视节目的选择也有所区别。许多人爱看综艺节目、相亲节目，而另外一些人却对此类节目不屑一顾，他们热衷谈话类节目。谈话类节目中主持人和嘉宾通常围绕某个时下的热门话题展开讨论，大家各抒己见，常常针锋相对、讨论激烈。爱看此类节目的人通常对时事新闻非常感兴趣，十分享受思考和辩论中各种观点交锋的乐趣。他们思维缜密但略显偏执，凡事是非分明、爱好争论，一旦有人和自己意见不同就一定要讨论明白、分出高下。这类人非常善于从事逻辑性强的工作，喜欢挑战思维上的难题。从其他的电视节目类型当中，我们也可以了解一个人的爱好所在。

爱看大型综艺节目的人通常乐观开朗，胸襟开阔，生活中的小矛盾和不愉快都不会放在心上，善于看到事物好的一面，因此也总是无忧无虑的样子。常常大大咧咧，缺乏谨慎和细心的态度，戒备心弱，常常因为心软或者疏忽大意而吃亏。

爱看体育竞赛节目的人竞争心强、喜欢接受挑战。他们喜欢享受比赛中的刺激，内心有强烈的打败对手的欲望，而且心理素质较好，压力越大表现越佳。在工作中往往争强好胜、追求卓越，面对困难如同游戏，喜欢在竞争中获得乐趣。

电视节目之外，一个人喜爱的电影类型也能反映出个性特点。一些人非常喜欢看动作片、枪战片，这类影片中有大量的激烈打斗、飞车追逐、爆炸等场面，惊险刺激而血腥暴力。喜欢看动作片的人不但不会因此情绪沮丧或者恐惧害怕，反而当作是释放压力的过程。这类人通常凡事都能想得开，情绪稳定不易受外界事物的刺激而变化，因此每天都过得很快活。

喜欢看悬疑片和恐怖片的人，通常生活平顺而乏味，因此想要体验前所未有的刺激和战栗。和喜欢动作片的人相似，他们是乐观开朗的一些人，情绪不会受到影片情节的影响，只是把它当作消遣的方式。他们把现实和电影中的世界分得很清楚，当旁边的人蒙着头大叫恐怖时，他们会漫不经心地送上一句：“电影都是假的，怕什么！”

喜欢看都市爱情故事的人，通常对爱情和婚姻抱有美好的想象，他们不喜欢看到现实中丑恶的令人沮丧的一面，常常把自己投入到电影的情节中去体验另一个世界。爱看这类唯美爱情故事的人在生活中也很爱幻想，有点逃避现实的倾向。

喜欢看家庭剧的人通常有很强的伦理观念，喜欢讨论家庭中的各种是是非非，另一方面他们也是非常恋家的人，会把工作之外的大量时间都用来和家人相伴。他们没有很强的企图心，对生活的要求不太高，最大的心愿是家庭和睦、大家平安健康。

从宠物看主人

宠物可以说是现代人生活中很重要的一部分，我们身边总是不乏爱猫爱狗人士，如果仔细观察会发现，性格不同的人所选择的宠物也不太一样。心理学研究表明，每个人都喜欢与自己相似的人，每个人也都喜欢与自己相似的动物。人们倾向于喜爱与自己长得相像或者和自己共有某种性格气质的动物。过去，大多数人家里养狗，如今养猫的人也越来越多，我们可以从不同的宠物身上知道主人的心理特点。

喜欢猫的人内心向往慵懒而高贵的生活。猫和狗不同，它不会主动讨好你，如果你想逗它玩还得看它心情如何，它也不负责看家，偶尔捉捉老鼠，白天就在外面悠闲地散步或者干脆趴下来晒太阳，俨然一位骄傲的公主或者王子。喜欢猫的人也具有类似的性格特质。他们不喜欢奉承讨好别人、言不由衷，说话总是直来直去，不太懂得照顾别人的感受，带有几分忧郁的气质。与人交往时，他们表现得比较内向安静，不太善于和陌生人打交道，如果你对他们太热情，他们反而会讨厌你。他们对朋友的选择也很挑剔，他们的戒备心很强，很少有人能够走进他们的内心世界，因此，他们身边的朋友不是很多，在他们看来，只要有一两个知心好友足矣。

生活方式上，他们希望拥有一份体面而轻松的工作，那种经常需要讨好别人、低声下气的工作，或者常常加班没有周末的工作都绝不是他们可以接受的。他们非常重视休闲生活和发展业余爱好，工作只是生活的一部分，为工作牺牲掉难得的周末时光是违背他们内心原则的事情。

与喜欢猫的人相比，喜欢狗的人通常性格外向，对待他人亲切热情。他们常常都很快乐，和同事朋友相处融洽，也善于和人打交道，他们喜欢去热闹的地方，一个人孤单地度日使他们最不能忍受的。

如今也有很多人喜欢养鱼，喜欢鱼的人也有独特的一面。大多数的鱼的记忆很短，只有几秒钟，当他们从鱼缸的一头游到另一头时，大概已经忘记自己曾经到过这个地方，一切又是崭新的。喜欢鱼的人也总是无忧无虑的样子，他们活在自己的世界里，不容易受外界的刺激和诱惑，世俗的名利对他们来说并不重要，不会因为别人的大房子、进口轿车而眼红。有时他们显得有些缺乏进取心，不喜欢竞争，但是如果你有这样的朋友，也千万别拿他和别人的成就作比较。他们通常安静而内向，或许不爱运动，但是有着天马行空的想象力。同样，他们不喜欢太热情的交往方式，但是他们会很真诚、很用心地对待朋友。

还有人喜欢养乌龟、蜥蜴等小动物。这类动物大多温驯可爱，总是慢吞吞的，常常在一个地方可以待上一两个小时，它们的身上有很厚的外壳。喜欢这类动物的人戒备心比较强，对别人的看法比较敏感，因此，身边的朋友不是很多，和他们打交道要循序渐进，注意说话的分寸并且不要太热情。

第四篇

可怕的心理问题和精神病理

第一章
特异行为、不良嗜好的心理透视

和别人不一样就是异类吗

疯狂购物也是病

现代女性大多数都有购物的嗜好，然而有的女性表现得特别疯狂。专家将这类有疯狂购物癖好的人称为“购物癖”患者。据研究，“购物癖”患者一般有以下典型症状：当不购物时，人会感到浑身无力、高兴不起来，总有一种说不明白的“不满足感”；当购物癖发作时，人还会变得焦虑不安、无所适从。但是一旦步入商场等能够进行购买活动的地方，这些人就会变得兴奋起来，对周围的一件件商品显示出极大的热情，甚至不顾自己的经济承受能力买下自己喜欢的所有商品。然而，在回到家后，她们又会有新的“不满足感”。如此恶性循环，情绪变得更加恶劣。

最近一次关于国内消费的调查结果显示，在极端情绪下消费的女性高达46.1%。而早在3年前，美国加利福尼亚州立大学在一次类似的调查中也发现了相同的问题。这次调查还发现，男性情绪化消费的比例也达到了17.4%，但购物狂多数依然是女性。

女性一般都有购物嗜好，这种嗜好进一步发展就可能成瘾，变成一种强迫性的购物行为。虽然有购物癖的人也知道强迫性购物结局并不美妙，比如，房间里堆满了大量无用的商品，最后负债累累，但是她们还是忍不住要疯狂购物。女性强迫性购物有一个特点：她们在抑郁、焦虑、疲惫和有负罪感之时会更加疯狂地购物。

大多数购物上瘾者起初都是为了平衡一下情绪，而后逐渐变成了一种习惯性的强迫行为。还有的人认为工作就是为了赚钱，赚钱就是为了享受，所以在有了条件后，他们往往难以控制欲望。而放纵欲望，或者因为种种压力而逃避到欲望里，也是形成疯狂购物的一个心理原因。

为了平衡情绪或缓解压力去疯狂购物，或许能在买东西的过程当中感到快乐，很多人说："去大肆采购一番，然后想尽办法把钱花光，心情也就好了。"但这并不是宣泄无奈的最佳方式，购物也不应该被拿来当作"心药"。

事实上，购物癖患者每次买完东西后都会感到非常后悔，物品一旦到手就失去了吸引他们的魅力。长此以往，购物癖患者会掉入自卑的恶性循环中去。而这时他们除了再通过购物来发泄这种压抑的情绪之外，无法再用别的外在的物质刺激来填补内心的空虚。

有购物癖的人在生活中往往心理素质比较差，容易紧张和焦虑，而每次看到自己买了很多根本用不着的东西后，他们的心情会更加郁闷。

疯狂购物还容易让人在面对生活中的压力时产生逃避心理。购物癖患者到商场购物时，常常感觉商场给他们提供了展示自我的舞台，他们会受到服务员的重视，服务员都会关注他们、赞美他们，对他们的能力给予肯定，使他们暂时逃离生活。但是一旦离开了商场这个特定的环境，就会别的什么也不能激发他们的工作、生活热情，反而会平添更多的烦恼。

有购物癖的人并不都是有较高收入者，相反，绝大多数人往往经济条件并不好，而因疯狂购物使他们浪费了大量的金钱，所以这类人往往会破坏自己原本幸福美满的生活。大部分有购物癖的人，都因沉溺此恶习而受苦，他们的家人也同样受煎熬。购物只能缓冲现实中的压力，如果问题的根源解决不了，可能会产生更大的压力，还可能带来经济负担。

在某电视台做编导的王小姐平时工作很忙，虽然收入不错，但是很少有可以自由支配的时间。所以一旦哪天不用工作，她就会抓紧时间去逛商场，将上千元的毛衣、皮鞋、外套提回家。虽然衣橱已塞得满满当当了，但她还是很高兴，觉得这是对自己前一段辛苦劳作的犒赏。

刚工作不久的小谷尽管挣钱不多，但她有时也能把几千元钱在几个小时内花完，虽然买回的东西多是没用的首饰和衣服，有时还可能花几百元买支口红送人。

文文说她和丈夫发生矛盾后，多数时候都是花钱消气。想和朋友说，又觉得大家都有压力，因此不愿把自己的不快带给朋友；想和父母说，又不愿让他们担心；想和丈夫讲，急性子的她和慢性子的他是越讲越生气，一时半会儿根本讲不通，还会徒增更多的烦恼。如果用家里的东西来发泄，有些是爱情纪念品，舍不得破坏，而且最后的“战场”还得自己来打扫。说来说去也只有让自己的不满发泄到外界才能两全其美。于是，她生气时就会出去逛，平时想吃的甜点放松地吃，平时想买的衣服放开地买，平时舍不得去玩的地方尽情地玩……总而言之，只要能让自己的情绪发泄出去，做什么都行！等到钱花得差不多了，自己的情绪也慢慢平息了。但事后，再看那些买来的东西，她常常会心疼：当时怎么就下得了狠心呢？

具有购物狂心理的人有时候会一反常态地出手阔绰，不仅无节制地消费，甚至有人会做出到大街上撒钱的疯狂举动。

疯狂购物是一种非理性的表达，偶尔一次还可以，但是一旦形成了恶性循环，后果将不堪设想。所以选择这种满足方法时，一定要有个限度，对自己的购物需求要有准确判断。不要一旦自己不高兴、空虚或工作中遇到挫折时就去购物，以免陷入恶性循环中，永远也找不到解决问题的真正方法。

专家建议：人们可以用改变购物模式的方法矫正购物狂热行为。

绝不在生气的时候进行购物，因为在这个时候购物只是为了发泄怒气。

别在悲伤的时候进行购物，因为情绪波动会抑制人的判断能力。

不要在怀旧的情绪中买东西。

不要为了赶时髦买东西。

不要把购物当成一种消遣。有许多漂亮的公园可以用于消磨时间，你可以去风格独特的街道散步，或者培养一些业余爱好。但是，不要把你的空闲时间用于逛商业街。

按你的购物清单进行购买。只在你确实需要购买东西的时候才去买东西，即使去也不要做过多的闲逛。如果发现自己有超出清单进行购物的冲动，应当尽快离开。

将你全部的信用卡从你的皮夹子中拿走，只留一张信用卡。清理那些由特殊商业部门发行的信用卡，你只需要一张卡，能用于急需就够了。如果你真想做到不负债，就必须清理可有可无的信用卡，只保留一张。

制订用现金购买一切物品的政策，如果你没有现金，就不要购买。当你去商业街的时候，不要带信用卡，只带少量的现金，足够买你计划购买的东西、一杯咖啡加上打一个电话的钱就够了。

在任何地方，一旦有购物的意图，就可以运用“替换法”。方法很简单，那就是你买一样东西就必须丢掉另一样东西。如果你买新衬衫，你的旧衬衫之中的一件就必须丢掉；买了新的钻孔机，那么，旧的那个就应该捐给慈善机构；买一套新盘子，就应将旧盘子抛弃；如果你买新的灯具，已经拥有的那一个就必须淘汰。

当你想买东西时，先问你自己：“为了买这件物品我要放弃什么，食物还是一罐煤气？我为什么买这件东西？我真需要它吗？这件物品在我从现在开始到未来 3 个月的购物优先权列表上占据什么位置？这在我从现在开始到未来两年的个人重大财产表上占据什么位置？我现在已经有多少这种东西？一个人需要多少？”稍作休息后，别买任何东西就离开商店。如果1个小时后你还想买这样东西，就应用“替换法”：你打算用这样东西换掉什么？你打算扔掉什么为这样东西腾地方？

购物确实能带来快乐，但无论是释放压力、消磨时间还是排遣寂寞，消费都不是根本办法。建立可信赖的人际关系、进行适量的运动、养成良好的生活情趣等才是解决个人心理不畅的正道。

开灯睡眠的心理成因

生活中，我们常常看到一部分婴儿在夜晚时因害怕而啼哭，只有开灯的时候，他们才会甜甜地睡去。其实这种害怕黑暗的情形不仅仅发生在婴儿身上，许多成年人也有同样的问题，他们在夜间会将房间布置得灯火通明，然后才安心地睡去。这种病症被称之为“开灯睡眠癖”。

开灯睡眠癖是指在夜晚睡觉时必须开灯，且在睡眠状态下也不能熄灯，从而形成了对灯光的依赖。

开灯睡眠癖是一种不良嗜好，其病理实质是对黑暗的恐惧。这种对黑暗的恐惧大半是从幼年期开始的。因为在此期间，儿童们好奇心很强，喜欢听有关鬼、神的故事。而这类故事的背景、内容及人物的出现，又常常是在晚间或平常人所看不到的黑暗中，以显示其生动性和神秘性。久而久之，儿童们便将对妖魔鬼怪的恐惧与黑暗联系在了一起，形成了对灯光的依赖，导致不敢关灯睡觉，这是开灯睡眠的一个主要原因。其次，在某一黑暗的情境中意外遭遇到可怕的事情，或在黑夜做了一个噩梦，这些恐怖的经历如果未能及时排遣，也可能造成对黑暗的恐惧。

有位21岁的男大学生，夜间无论何时都不敢走进屋内的地下室。白天他无所谓，但一到晚上就控制不住，他自己也承认毫无道理。后来发展到不敢关灯睡眠，即使跟别人同住一室他也要开灯。而一关灯，他就吓得哇哇大叫，闹得同屋的人莫名其妙。一次，父亲强迫他去地下室，他竟昏倒在石阶上。带他看过心理医生后大家才知道，原来在幼年时，一次他在邻家听小朋友讲了一个有关鬼怪的故事，描写一位巨人，专吃10岁以下男孩的心，喝他们的血，挖他们的眼。听完故事后他满怀恐惧蹒跚归家，当时天色已黑，只有些许星光照路。而他所在之处虽然离家很近，但是中间却有一条荒僻山道。正在这时，他突然发现一个巨人向他走来，他顿时两腿发软，昏倒在地。实际上，他所遇见的是一个农民，农民由城内归来，背着箩筐，所以在黑暗中显得特别巨大。再加上这位农民喝了几杯酒，步履踉跄，因而看起来更像一个张牙舞爪的巨人。他的昏倒并未惊动这位农民，他在地上昏睡了足足半个小时，才被家人发现抱回家。但从此他便对黑暗产生了极大的恐惧，夜晚不敢关灯睡觉。再后来，他又听说某家住宅的地下室里，一对男女因做了丑事被人发现，结果女的羞愤自杀。不道德的行为和罪恶的感觉以及黑暗、地下室联系在一起，更使他产生了对黑暗的恐惧。

那么，如何矫治开灯睡眠癖这种严重的心理问题呢？从心理学的角度而言，可以采用两种方式解决问题：

一是可采用认知领悟疗法。对患者进行辩证唯物主义和无神论的教育，说明鬼怪并不存在，其对鬼怪的惧怕而产生的对黑暗的恐惧只不过是一种幼年时期的幼稚情绪反映，从而使患者从认识上减轻对黑暗的恐惧。如上例，应向患者说明那天晚上他所碰到的并非巨人，而是某位活生生的农民，并在说明教育之后重演那天晚上的一幕，以从认知上、潜意识里消除患者的恐惧。

二是可采用系统脱敏疗法。根据患者对黑暗的恐惧程度建立一个恐怖等级表，然后按照从轻到重的顺序，依次对其进行系统脱敏训练，不断强化，直到其能关灯睡眠为止。例如，对上例患者，可先由数人一起关灯谈话，到数人一起关灯静坐，再到两人一起关灯睡眠，再到一人关灯静坐……最后一人关灯睡眠，从而根治这种心理障碍。

抑制不住的恐慌

恐惧症又称恐惧性神经症，是以恐惧症状为主要临床表现的神经症。恐惧对象有特殊环境、人物或特定事物，每当接触这些恐惧对象的时候，患者就会立即产生强烈紧张的内心体验。这种恐惧的强烈程度与引发恐惧的情境通常都很不相称，令人难以理解。如果对下列 7 条问题中的 2 条以上持肯定回答，那么就可能患有恐惧症：乘坐公共汽车或者地铁时，是否会有焦虑不安、紧张恐惧、孤立无援的感觉？乘坐飞机时，是否会担心飞机掉下来自己被摔死？对商店、广场、摩天大楼等人群聚集的地方是否有害怕的感觉？小时候看到别人被刺伤，是否从此以后就对剪刀有了恐惧心理？是否极度害怕自己的皮肤和动物接触，怕被染上疾病？在公共场合被人注意的时候是否感到害怕？在公众面前讲话时，是否有谨慎紧张、大汗淋漓、口干舌燥的感觉？

恐惧症患者神志清醒，常常明知自己的恐惧是不切实际的，因为引起恐惧反应的事物或情境实际上对自己往往并无威胁或伤害，也知道其他人并不会因这些事物或情境而感到恐惧。因此这种恐惧是不合理的，是一种异常的表现。但是一旦患者遇到类似情境，就会反复出现恐惧情绪，不能自我控制，并且产生回避行为。而脱离该情境，症状就会逐渐缓和消失。

一般来说女性比男性胆小，所以恐惧症患者女性多于男性。恐惧症多发生于青少年或成年早期，而且发病较急，往往在某一事物或情境面前有过一次焦虑和恐惧发作以后，该事物或情境就会成为恐惧的对象。

很多患者的恐惧症是因为潜意识里的自卑所致，尤其是患社交恐惧症的人。根据国外调查，恐惧症患者的父母或同胞患神经症的较多，所以遗传因素是恐惧症的发病原因之一。恐惧症患者的性格特点常偏于高度内向，表现为胆小、怕事、害羞及依赖性强。另外，强烈的精神刺激也会诱发恐惧症，如夫妻分离、亲人死亡、意外事件、恐吓事件等。

赵婷今年14岁，某校初二学生。每当春天百花盛开时，她的情绪就会非常低落。而究其原因，就要追溯到她很小的时候了。那还是在赵婷7个月时，她母亲抱着她去亲戚家参加婚礼。刚进新房，院里就响起了鞭炮声。一只小花猫蹿上桌子，把插着花的花瓶碰倒并摔碎在了地上。赵婷见此情景非常害怕，大哭起来。10个月时，奶奶抱她在院子里玩，一走近院里种的牡丹花她就大哭起来，怎么哄也不行，而抱她离开花，她就不哭了。1岁时，家人又带她去串门，发现她一看见别人家床单上的花卉图案和花瓶里插的花就放声大哭。家里人这才意识到赵婷怕花，但并未对此多加重视。

但是，随着年龄的增长，她对花的惧怕程度不但没减轻，反而更加严重了。4岁时，她和村里的一群孩子跟在出殡的队伍后面看热闹。当她发现棺材上的大白花和人们佩戴的小白花时，立刻转身没命地往家里跑，跑到家里已经面无血色了。奶奶焦急地问她："发生了什么事？"她惊恐异常得答道："花追我来了！花张着嘴追我来了！"逗得全家人哄然大笑。6岁时，她上了学前班，刚一去就赶上欢度国庆节，排演文艺节目。她们班女同学的节目是手持纸花跳舞，这下可触犯了她的忌讳，说什么她也不肯参加排演。以后她又渐渐发展到了只要是花就害怕的地步，无论是布上、纸上的花卉图案，还是纸花、塑料花、鲜花，她都怕得不得了。近几年，城市绿化有了进展，很多街旁绿地上栽种了各种鲜花，令人赏心悦目。可这对赵婷来说却非常可怕，她在上学的路上，为了躲开那些"可怕"的鲜花，竟不得不绕道走未种花的偏僻路。时间一长，同学们都知道她怕花，于是常开玩笑似的故意往她身上扔花，吓得她面色苍白、手脚冰凉，甚至上课时也不能集中注意力听老师讲课，而总是东张西望，唯恐窗外有人把花扔进来掉在她身上。在她的心里，花是那么可怕，使得她生活不宁、成绩下降。

案例中赵婷表现出来的症状是典型的恐惧症。对付这种病，企图用“这些害怕是没有道理的”这一类话去克服害怕的情绪是不可能的，唯一的办法就是让当事人接受心理治疗。

心理医生治疗恐惧症有许多种方法，常用的有认知疗法、行为疗法和强迫疗法。认知疗法对患者的刺激强度最弱，强迫疗法最强。

认知疗法是通过解释、疏导，告诉患者他之所以对某种物体、情境或人恐惧，是由他自己的主观意念所致。所以，要消除恐惧症，就要勇敢地面对引起恐惧的事物，学会控制、调节自己的害怕情绪。

行为疗法主要采用系统脱敏法。其基本原则是交互抑制，即在引发焦虑的刺激物出现的同时，让患者做出抑制焦虑的反应，这样其恐惧感就会削弱，最终切断刺激物同焦虑反应间的联系。

强迫疗法实际上是行为疗法的一种，又称为满灌法。医生会让患者直接面对患者恐惧的对象，利用巨大的心理刺激对患者进行强迫治疗。这种方法必须由富有经验的心理医生在对患者做出谨慎的评估后进行，因为强迫疗法对患者的心理刺激非常强烈，容易使患者产生其他心理疾病，但是疗效非常显著。

此外，催眠疗法和药物疗法也经常用于治疗恐惧症。精神分析师会将患者催眠，挖掘患者心灵或记忆深处的东西，研究患者是否经历过某种窘迫的事件，从而试图寻找到患者发病的根源。这种疗法时间长，花费也比较大。药物疗法是比较常用的，但是不如心理疗法能够根除恐惧症。

心理饥饿引发“暴食症”

世事有法度，不吃是病，狂吃也是病。诚然，美食是每个民族和时代都不能缺少和拒绝的文化。但是，有人因为心理的痛苦和生活的压力，依赖暴饮暴食来排遣现实问题，却使美食成了健康杀手。暴饮暴食不仅使人食之无味，而且涉及心理和生理的双重伤害，所以，为了健康，我们应告别暴饮暴食。

爱吃零食是许多女孩子的共同特点。闲暇时，一包包、一袋袋各种各样的零食的确会让人惬意无比，女孩子偶尔满足一下食欲也无伤大雅。然而这种“爱好”若是过了头，整天不停地抓着东西往嘴里塞，疯狂暴食，那就有些不正常了。尤其当这种贪吃现象与心情变化联系在一起时，就更应该考虑是不是存在某种心理障碍，患上了暴食症。

张洁是一名大学生，最近她就出现了这种暴饮暴食而不能自制的毛病。她每天都要去商店买一大堆零食，无论在寝室、教室还是半路上，她都吃个不停、嚼个不停。一走进食堂就更无法遏制食欲，凡是食堂卖的食品她都要吃一遍，吃了饺子想吃包子，吃了包子想吃烙饼，看到小点心又要吃小点心，非要吃到胃被撑得难受才肯罢休。如果想吃的东西没吃到，她就会没心思上课或上自习，晚上连觉都睡不好。

由于不断地暴食，她的身体明显发胖，变得越来越臃肿。张洁苦恼不已，一再发誓再不吃零食，再不滥吃了。但一走进商店或食堂她就又无法控制自己，尤其是心情不好时就吃得更凶。但由于吃多了消化系统负担很重，所以她老是昏昏欲睡，上课打不起精神，晚上也不想上自习，而是早早就睡觉了，这使得她的学习成绩直线下降。为此，她内心十分痛苦，几乎对自己失去了信心，苦闷之中她对生活多了一些失望。

其实张洁的病因来自于幼年。她很小时，被寄养在奶奶家，奶奶同叔叔、婶婶住在一起。叔叔有一个比她小 1 岁的女儿，她与堂妹一起睡，一起玩耍。随着年龄的增长，她渐渐发现周围的人都特别喜欢堂妹，在众人面前人们总是夸奖堂妹长得漂亮、逗人喜爱，有好吃的、好玩的东西也都愿送给堂妹，却常常把她冷落在一边。

她的父母每隔一段时间会到她奶奶家看她一次，每次来都会给堂妹带漂亮的衣服或其他礼物。堂妹虽然年纪较张洁小，但个子却比她高，因此她常常是捡堂妹穿剩下的衣服来穿。这一切深深地刺伤了她幼小的心灵，她恨堂妹，恨周围的人，更恨自己的父母，认为连自己的父母都嫌她长得丑而不喜欢她，不给她买漂亮衣服和玩具，让她穿堂妹穿过的衣服，进而又恨父母为什么将她生得这么丑。

从那时起，张洁的心里就产生了一种报复的念头。这显然是她对幼时被人歧视的一种补偿，但最后，她却养成了这样一种习惯——喜欢用无节制地进食来排解内心的苦闷。

张洁的做法当然是错误的甚至是幼稚的，然而，无独有偶，暴食的行为也出现在为了逃避失恋之痛的张洁身上？

因为失恋，柳红开始了暴饮暴食的生活。她不能停止吃东西，一不吃东西，她心里的痛苦就好像不能忍受。本来她就不是身材很好的女人，这样暴饮暴食的生活使她每次都吃到不能再吃，只能倒头大睡，所以她的身材更加臃肿了。

开始的时候她没在意，心里只关心怎么度过这段最难熬的失恋。她心想只要让自己的心不再为这件事痛苦，什么代价都可以付出。但有一天，当她洗完澡站在镜子前，忽然在镜子里看到了一个臃肿衰老的女人，满身都是赘肉，皮肤松弛。

她也曾想过控制，可暴饮暴食已经成了习惯，每次想控制一下的时候，一想起镜子里的身体，她就觉得自己没什么希望了，于是就又放弃了控制的努力。

就这样每天她带着沉甸甸的胃和自己肥胖的肚腩来去，更是一点信心都没有了，活得越来越像一个没有性别的饕餮动物。

因为心里痛苦或者压力过大而依赖暴饮暴食解决内心问题，这是一种嗜吃症，是女性中常见的心理疾病。嗜吃带来的问题是肥胖，而这会使得女性在两性婚恋领域失去竞争优势，并给自己带来更大的心理压力，从而更加依赖食物生活，并变相地产生了更加压抑的问题。

暴食症可能是由于女性的生活习惯和身体机能的特点造成的。这种问题在广泛的女性群体中有各种程度的发病状况。要解决这个问题，一方面要求助心理医生，另一方面还是要靠自我救治。因为这些问题的根本原因是社会生活的压力所致，如果作为个体不能对抗压力，不能正确对待自己的生活，就不能得到根本的解决。

心理引导

首先应当确认你的生活习惯中是否存在这种不良倾向，甚至已经构成了心理病症、造成了生理影响。如果确认，那么你就该认识到这不仅是一种不良的生活习惯，而且是会愈演愈烈的恶性循环，将会对你的身体和生活造成更严重的影响。

从心理治疗的角度讲，在你有了一个正确的认识后，应当果断地给自己心理暗示，比如面对过量的食物时，你应该想，第一，你的身体并不需要这么多的营养；第二，你的胃口其实并没有获得享受，这样过量进食是一种受罪。

援助

出现暴食症的女人大多性格孤僻、内向，容易产生抑郁、紧张情绪。所以在面对你的问题时，你最好向信任的人求援。寻找一个你最信任的朋友或亲人，将你的情况和盘托出，和她（他）谈论你的感受，请她（他）帮助你、监督你改善这种状况。

患暴食症的女人特别喜欢躲避别人的视线，要克服这种不良的习惯。你最好找一个人和你同住，让你的生活时时都在别人的关注之下，这对你是一个非常好的监督。

运动

食欲可以通过运动来有效地克服。尤其是不正常的食欲，有时是因为生活慵懒、身体机能不健康造成的，所以健康的生活习惯，尤其是舒缓、适度的运动可以让你远离食欲的困扰。同时运动还可以让人心情舒畅，性情变得开朗活泼，大大缓解暴食症。

恋爱

女人都说，恋爱时最容易减肥，因为那时候人会处于一种不自觉的亢奋状态，每日睡眠时间减少，也不会有很强烈的食欲。有的人还很形象地描述那种感觉是“皮肤下的每根毛细血管都活跃着”。恋爱时，由于精神系统的活跃，造成新陈代谢加快，整个身体机能也处于一种相对亢奋的状态。所以在这种状态下，人可以有效地克制食欲。

选择朋友

学会选择朋友是非常重要的。如果身边只有一些重视外表的朋友，这样的友谊是不会长久的。多结交几个有思想的朋友，他们会给你带来意想不到的快乐，并会在你控制不住自己食欲的时候对你发出忠告。

正确认识饮食

饮食是人们赖以生存的基本需求。每个人每天都必须摄入一定的食物来维持自己的需要。所以，要把吃饭当成是一种很正常的事情。

“强迫症”引发反复的强迫性行为

强迫症是一种常见的精神疾病，患者会在主观上感到有种不可抗拒和被迫无奈的观念、情绪、意向或行为上的存在。

晶晶今年 14 岁，是一名中学生，有些胆小、害羞。她本来是一名成绩优秀的好学生，朋友也很多，家庭条件也还不错，一直生活得很幸福。但很长一段时间以来她都被一种怪癖困扰着，这不仅影响到了她的生活和学习，还让她陷入了极度紧张的状态。

刚开始，她认为自己手上有灰土、细菌等，故每天洗手几十次，后来逐渐发展到无数次，明知无此必要，但她就是控制不住。她还反复擤鼻涕，强令母亲给自己洗衣服，晒干后仍需再洗一次。此外，她还总是害怕书中有脏东西，以至于不敢看书，以致学习成绩也明显下降。

最近，她开始不敢在厕所内系裤带，因为她怕脏东西被系在裤内。另外，她还怕空气中的灰尘，甚至有时别人在擦地或脱衣服时，她也认为脏东西会飞到自己身边来。对此，她非常苦恼，出现了明显的焦虑症状，甚至开始悲观厌世，继之表现为强迫性疑虑，整日陷入了精神紧张状态，乃至不能坚持上学。

晶晶的清洗症状出现在两年前。那时有一次她去同学家玩，刚开门就见一条狗突然猛扑过来，两只前爪搭在她的双肩上。她当即被惊吓得高声惨叫，此后就表现出精神不振的状态，还时常发呆、觉得很孤独、入睡困难、多梦等。继之，她感觉袖筒和前胸部有灰，便不时地用手拍打。两个月后她认为手上也有了灰土、细菌等，于是便开始了不断的清洗行为。

晶晶的症状即是强迫清洗，俗称洁癖，属于强迫症的最常见临床表现，占了强迫症患者的一半。强迫症一般包括强迫观念，如强迫怀疑，以及强迫行为，如强迫清洗。和有严重洁癖的人生活，家人会忍无可忍，患者本人也觉得痛苦不堪，因为他们能察觉自身的问题，却无法自我摆脱，因而活在长期的、慢性的焦虑中，有人甚至曾因不堪煎熬而自杀以寻求解脱。

强迫症的特点是有意识的自我强迫和反强迫并存，二者强烈冲突使病人感到焦虑和痛苦。病人体验到观念或冲动来源于自我，但违反自己的意愿，虽极力抵抗，却无法控制。

强迫症的临床表现分为强迫观念和强迫行为两种。

强迫观念是在脑海中反复出现一些思想、观念、冲动，患者明知这些东西不应该出现，但是却无法摆脱，并为此十分苦恼不安。如对自己言行的正确性产生怀疑的强迫性怀疑；反复对已经发生过的事件、说过的话、做过的事进行强迫性回忆；脑海中反复出现从一个观念联想到另外一个观念的强迫性联想；对日常生活中的一些现象刨根究底的强迫性穷思竭虑；对一些事物出现担心或厌恶，或担心自己愿会对别人出现不理智行为的强迫性情绪；

反复体验到要做某种违背自己愿望的强迫性冲动等。

强迫行为是指反复出现刻板行为或仪式性动作，它一般继发于强迫思维，是为了减轻强迫思维时的内心痛苦的结果。患者知道那些反复出现的想法或行为是没有必要的，甚至觉得荒谬可笑，但就是控制不住，为此内心很苦恼。国外有专家对70例强迫症患者的症状进行分析发现，强迫性清洗的出现率为85%，如洗手、洗澡、刷牙等；重复性仪式动作的出现率为51%，如重复进门与出门、起立与坐下、重复词句、重复阅读；强迫性检查行为出现率为46%。其他症状的出现率分别为：强迫性计数为18%，强迫性整理或排列为17%，强迫性收藏行为为11%，多虑为13%，害怕伤害自己或别人为4%。

需要指出的是，像反复检查门锁这种强迫心理现象在大多数人身上都曾发生过，如果强迫行为只是轻微的或暂时性的，当事人不觉得痛苦，也不影响正常生活和工作，就不算病态，也不需要治疗。但如果强迫行为每天出现数次，且干扰了正常的工作和生活，就可能是患了强迫症，就需要治疗了。

据心理学研究，强迫症与遗传有较密切的关系。在调查中发现，强迫症患者的父母中有约5%～7%的人患有强迫症，远高于普通人群。另外，由于遗传同时还影响一个人的人格特征，而人格特征又在强迫症的发病中起一定作用，因此可以确定强迫症与遗传有关。

此外，精神分析学家认为，强迫症是强迫性人格的进一步发展。行为学家则认为，强迫症的产生是由于刺激反应出现过多重复导致焦虑，使中枢神经系统兴奋和抑制失调，从而导致异常习惯的形成，病理性认识和反射的建立使冲动、思维和行动拘泥于固定的行为学习模式。

心理社会因素也是引起强迫症的重要原因，尤其对于正处于发育期的青少年来说，这一因素体现得更为明显。这一时期的青少年生理发育迅速，在竞争激烈的社会交往中出现的不适应现象可引起强迫症状的产生。而工作紧张、家庭不和睦及夫妻生活不尽如人意等也可使患者长期紧张不安，最后诱发强迫症的出现，其症状的内容与患者面临的心理及社会因素的内容有一定的联系。另外，意外事故、家人死亡及受到重大打击等也会使患者焦虑不安、紧张、恐惧，从而诱发强迫症的产生，该患者症状的表现形式与其精神创伤有直接的联系。

强迫症并非无药可救，心理专家提示治疗该症的关键在于患者能否勇敢理智地面对它、战胜它。在日常生活中，患者不妨深层解剖自己，从起因入手，采取顺其自然、凡事不追求完美、多参加集体活动等方法来适时宣泄心中的紧张和焦虑心情，想办法转移自己的注意力。

当出现不可克制的强迫现象时，家人要帮助患者用意念努力对抗强迫现象，使患者紧张恐惧的心情放松，告诉患者这种行为没有任何意义，并分散患者的注意力。当然，做到这点是非常不容易的，要有毅力。经过反复训练，多数患者的强迫现象会逐渐消失。

对单纯用意念不能对抗的强迫现象，可以采用“行为对抗疗法”帮助矫正。对抗疗法基本上是一种操作性条件反射过程，它把对抗刺激与强迫行为反复多次结合，从而形成一种新的条件反射，使之与原来的强迫行为相对抗，进而消除患者原有的错误行为。

对于严重的强迫症患者，应采用药物治疗。由于强迫症状影响了日常生活，因此必须进行药物治疗。

神秘的“社交恐惧症”

有些人内心渴望同他人交往，以获得精神上的满足，但在实际生活中与别人打交道时却充满了恐惧，这就是社交恐惧症。社交恐惧症通常起病于青少年时期，男女都可能出现。青少年渴望友谊，希望广交朋友，但有些青少年一到具体交往时，如找人交谈或者别人与自己打交道时，就会出现恐惧反应。表现为不敢见人、和陌生人交谈会面红耳赤、神经会处于一种非常紧张的状态。它往往会泛化，严重者拒绝与任何人发生社交关系，只想把自己孤立起来。显然，这会对人的日常工作和学习造成极大妨碍。

“社交恐惧症”也被称作“社交焦虑障碍”，它是以害怕与人交往或当众说话、担心在别人面前出丑或者处于尴尬境况而尽力回避社交活动为主要症状表现的一种恐惧感。恐惧的对象可以是某个人或某些人，可包括除了某些特别熟悉的亲友之外的所有人。

社交恐惧症是由于害怕别人给予不好的评价使自己感到发窘、狼狈不堪，从而从行为上表现出避开与他人的接触和交谈，而不是害怕无法离开某处。社交恐惧症患者害怕的社交情境往往不易回避，因此该症对个人生活的影响往往非常明显。通过下面的案例我们将能更清晰地认识它：

小羽是一个懂事、听话的女孩，个性比较内向、敏感。两年前读高中时，有一天路上与老师相遇，她感到紧张，没有抬头和老师说话，便低着头匆匆走过。旁边有一同学看到了这一情形，对她说：“你怎么不和老师说话，老师直用眼看你呢。”小羽听后深感内疚，第2天到学校时，不敢抬头看那位老师的眼睛。后来她的症状逐渐加重，连别的老师的眼睛也不敢直视了，进而发展到连普通人的眼睛也不敢看。偶尔与别人目光相遇，她便会感到特别紧张，心跳加快，全身冒汗，并认为自己的表情肯定很尴尬，会引起别人的耻笑。从此，在路上骑自行车或走路时，她总是低着头，唯恐看到别人的目光。由于紧张、心情不安，小羽上课无法专心听讲，学习成绩下降，结果没有考上大学。后来她的症状更加严重，以致都不敢出门。她为此感到非常痛苦，不得不求助于心理医生。

大多数人在众人面前发言、面对老师或领导时都会有些紧张，这是一种正常的现象。但是上述案例中，小羽的紧张已经超出了正常的范围，她在感到紧张的同时还有心跳加快、出汗症状，且会回避别人的目光，回避接触人。她害怕与别人对视，恐惧自己会有丢脸的言谈举止或表情尴尬，并且已经达到了社交恐惧的程度。

多数社交恐惧症患者起病于青少年，常为逐渐起病，无明显诱因，也有的是在一次羞辱的社交经历之后急性起病。

社交恐惧症的特点是强迫性的恐怖情绪，患者会想象出恐惧对象自己吓唬自己。

某大学有一女生性格内向，自尊心强，处事谨小慎微。她总以为别人时刻在注意她、评价她，因而总担心自己会出什么差错，让人瞧不起。后来，她爱上了某男生，但又不敢表露，还怕别人知道这个秘密。一次，有同学开玩笑说："我知道你爱上他了，你别藏在心里！"她一听就心里发慌，担心别人对她评头论足。此后，她见人就躲闪，一有人与她聊天她就面红耳赤、心慌意乱、语无伦次，以至于最后见人就害怕。

社交恐惧症是后天形成的条件（制约）反射，可分为两种情况：一是"直接经验"。有道是"一朝被蛇咬，十年怕井绳"，青少年在交往过程中屡遭挫折、失败，就会形成一种心理上的打击或"威胁"，在情绪上产生种种不愉快的甚至痛苦的体验，久而久之，就会不自觉地形成一种紧张、不安、焦急、忧虑、恐惧等情绪状态。这种状态一旦定型下来，形成固定的心理结构，就会使人在以后遇到新的类似刺激情境时便旧病发作，产生恐惧感。二是"间接经验"，如看到别人或听到别人在某种交往情境中遭受挫折、陷入窘境，或受到难堪的讥笑、拒绝，自己就会感到痛苦、羞耻、害怕，甚至通过电影、电视、小说、广播、报刊等途径也可以得到这种经验。他们会不自觉地依据间接经验来预测自己会在特定社交场合遭受令人难堪的对待，于是便紧张不安、焦虑恐惧。这种情绪状态一旦泛化，就导致了社交恐惧症。

社交恐惧症是一种因心理因素造成的心因性疾病，只要积极治疗，就是可以治愈的。

改善自己的性格

害怕社交的人多半比较内向，所以应注意锻炼自己的性格。多参加体育、文艺等集体活动，尝试主动与同伴和陌生人交往，在交往的实际过程中逐渐去掉羞怯、恐惧感，使自己成为开朗、乐观、豁达的人。

消除自卑，树立自信

对自己应有正确的认识，过于自尊和盲目自卑都没有必要，事事处处得体、求全责备也是没有必要的。可以暗示自己“我只不过是集体中的一分子，谁也不会专门盯住我、注意我一个人的”，从而摆脱那种过多考虑别人评价的思维方式。要记住：我并不比别人差，别人也不过如此。以此来增强自信。

转移刺激

即暂时转移能引起社交恐惧症的外界刺激，因为外界刺激总会在一段时间内消失，而其条件反射在头脑中的痕迹也会逐渐淡漠，有时还可完全消除。

掌握知识

尽管都懂得开展社交的主要意义，但是对于相当一部分人来说，其对有关社交的知识、技巧和艺术，以及相关的社会学、心理学和传播学知识却掌握得不够。所以应全面地掌握有关知识，真正明白道理，这对消除社交恐惧是大有裨益的。

系统脱敏疗法

一般做法是：先用轻微的、较弱的刺激，然后逐渐增强刺激的强度，使行为失常的患者没有焦虑不安反应，并逐渐适应，最后达到矫正其失常行为的目的。可引导青少年患者先与家人接触，再与亲朋好友接触，然后再与一般熟人接触，最后与陌生人接触，这样一步步地引导脱敏，并通过奖励、表扬使其正常行为得以巩固。

吸毒者的心理剖析

在生活中，我们都有可能发现一个特殊的群体，他们嗜毒成性，债台高筑，极度消沉。他们在吸毒的时候可以忘却尘世的一切纷扰，过后又会陷入深深的忏悔和痛苦。

吸毒过去一直被认为是道德或法律问题。但随着心理科学的发展，人们开始从精神卫生角度探讨这一问题，认为有些对吸毒缺乏自制力的人可能是源于心理上的病态，而非仅仅由于缺乏道德观念。吸毒者大致可分为 3 种类型：

消遣性吸毒，是指偶然地、有限地使用某种毒品。

毒品滥用，意为过量服用某种毒品。

毒品依赖，是指毒瘾已经养成，吸毒者已经在生理、心理上“被钓上了钩”，并主动地寻找毒品。

染上吸毒嗜好的原因有社会因素和心理因素两大方面。受环境的影响是吸毒的主要原因，有些成瘾者是由于癌症患者反复使用吗啡止痛，会引起其对吗啡类毒品的依赖等。少数成瘾者是因各种原因被人引诱、强迫使用后而上瘾的。

从心理学的角度而言，染毒往往是出于好奇心。因为新鲜好奇，听别人说吸食之后会产生美妙的感觉，所以禁不住也想试一试，从而沾上了吸毒行为。调查资料显示，初中生开始吸毒，多数是由好奇心引起的。同时有些吸毒者为了娱乐和消遣，把吸食毒品当作吸烟、喝酒一样，用来满足消遣和享乐的需要。有些青少年会在社交场合或者是单独休闲环境下把吸毒当作一种精神上的享受。由于青少年的虚荣心理，为了自我显示，他们把吸毒看作是一种“高贵的”气派。当然从众心理作祟也是一个重要原因。所谓“从众”，就是人家怎么干，自己就跟着人家怎么干。青少年喜欢从众，看到朋友在吸毒，自己也就跟着吸了。有一位中学生谈到他开始吸毒的行为时说：“我原来就吸烟。有一天，一个朋友给我一支烟，我看它不像烟，就问朋友是什么。他说，你吸吧，反正比你吸的那种烟要好多了。我想，反正都是烟，吸就吸吧。

就这样，吸了没几支就上了瘾，再也戒不掉了。”还有一部分人吸毒是为了摆脱烦恼和忧愁。有些青少年碰到挫折，处于焦虑不安的心境，为了消除内心的烦恼和忧愁，就通过吸毒寻求暂时的解脱。

毒品是一种很特殊的麻醉心灵的东西。吸毒者在吸食毒品的过程中会产生一种虚幻的、舒坦的感受，似乎一切烦恼和忧愁都能够解脱。愉快的幻觉和短时间的欢乐效果，使吸毒者进入了飘飘欲仙的欣慰状态。这种感受和体验进而会牢牢地吸引青少年，使青少年无法摆脱继续达到这种状态的需要，这就是吸毒者对毒品的心理依赖性。

当吸毒者误入歧途、开始吸毒时，他们的人格心理也开始扭曲、变态。吸毒青少年的主要人格特征包括：缺乏自尊心、自信心，常自我蔑视、自我嘲笑、自暴自弃，对生活持得过且过的态度；情绪消极，喜怒无常，有时狂妄自负、忘乎一切，有时焦急紧张、恐慌不安，稍遇不顺心的事就暴跳如雷、怒火大发；经常寻求高强度的感官刺激，特别对宣扬色情、暴力和恐怖的书刊、音像制品津津乐道，百般效仿；常多日闭门不出、沉默寡言，或借故寻求僻静独处的生活环境；对外界议论敏感、多疑，心胸狭窄，报复心重；听不得别人的批评意见，一旦被触及“痛处”就常伺机报复；歪曲辨别是非的客观标准，不承认美好的事物、优良的传统、能催人奋进的价值观念，认为“人活着就是为自己，为吃喝玩乐”；对现实不满，对社会的强化管理不满，并经常借故发泄，有较强的逆反心理和冒险性；对同事或家人感情冷漠，思想疏远、关系紧张，不关心别人，不愿帮助别人；常同情和支持有偏激行为的人和事，宽容这类人的缺点和错误，有较强的虚荣心；轻视他人的合法权益，藐视国家的法律法规和政策，对自己的违法犯罪行为心存侥幸。

总之，人一旦沾上毒品就足以毁灭自我，这种毁灭不仅仅是对身体的摧残，更是对心灵的创伤。因此，为了使自己的生活美好一些，每个人都应尽量避免这种祸害人的东西。而对于身边的吸毒者，则要表示一份关心，劝慰他们早日摆脱毒品的阴影。

畸形心理下的“恋物癖”

恋物癖是指经常反复地收集异性使用过的物品，并将此物品作为性兴奋与满足的唯一手段的现象。患者大多数为男性，也有女性患者，多为异性恋者。

温勇出生于干部家庭，是独生子。其父严厉而专横，在家说一不二，全家人都得顺着他，否则就要遭到责骂，甚至殴打。因此，温勇自幼胆小，性格内向，寡言少语，喜欢与小女孩玩耍。一次在给小女孩系鞋带时，那双红色的高跟鞋马上带他进入了一个五彩世界，他感觉心里特别愉快。上初中以后，他经常借故接触女生，并情不自禁地寻找机会看女孩子的红色高跟鞋。高中毕业考进大学后，他学习成绩挺好，对红色高跟鞋的依恋也与日俱增。他自己内心对此非常苦恼，但由于对所学的专业有兴趣，加之学习紧张，他的注意力暂时还放在学习上，这种心理也还未表现得太突出。但大学毕业到了工作单位后，8 小时工作之外便无所事事，寂寞无聊之时，他时常回忆小时候和女孩们一块玩耍的愉快经历。每当这个时候，他心里便涌上一股想触摸女性鞋子的强烈念头。

从此以后，每当出门看到年轻女性的红色高跟鞋他便激动不安，常不能控制地设法去触摸。有时在商店看到，他便痴痴地呆看许久，内心则激动不已，觉得浑身舒服。由于怕被别人讥笑，他只好将这种冲动压抑在心里。但有时他感觉自己无法控制这种冲动，便在上班时痴痴地看女同事穿的漂亮鞋子，弄得女同事一见他就躲得远远的。尽管他在单位表现积极，工作认真，业绩也很好，但单位同事对他的评价却并不高，领导也为此找他谈了几次话。

随着时间的流逝，他内心的这种欲望变得愈来愈强烈，在对女性衣饰的迷恋不断增强的情况下，他邪念萌生。他心想：要是抢一些鞋子，放在宿舍里，就不用上街去看了，岂不更好？既可随时取出抚摸，又可捧在手中嗅闻，不出屋门就能享受女人的温情和香气。于是，有一次他抢了一位年轻女孩穿在脚上的鞋。看到女孩倒在地上惊魂未定的样子，他心里有些懊悔，但又觉得很满足、很痛快。

后来，单位同事给他介绍了女朋友，尽管他为此兴奋了几天，但他发现触摸女友的红色高跟鞋并不能找到往日那种既刺激又兴奋的感觉，所以他仍控制不了自己想触摸其他不认识的异性的红色高跟鞋的欲念。于是，他“恶习不改”。女朋友发现了他的这种癖好后，被吓跑了。他心里虽然有所懊悔，但仍忍不住这种念头。他的这些异常行为在同事间也引起了种种非议。经过一番理性的思考，在强烈的懊悔和痛苦情绪的支配下，温勇终于鼓起勇气，决心求治。

对于像温勇这样的患者，可成为他们的恋物种类很多，包括身体的各部分以及身上各种无生命的物品。常见的异常恋物可分为两类：一类为器物，包括衣着及随身所带物品，如内衣、内裤、手套、鞋袜、手帕、裙子、外衣、发卡、项链，以及雕像、画像等；一类为身体各部分及有关物体，包括正常的部分如头发、脚、手、乳房、臀和非正常部分如跛足、斜眼、麻面、六指等。广义的恋物癖还包括某些视觉性和嗅觉性对象异常，如情景恋和臭恋。前者在某一特定场合会产生性兴奋反应，后者则多在闻到异性体臭时产生性兴奋反应。

恋物癖的产生，大致有以下几个方面的原因：

许多患者的恋物癖行为与青春期的社会文化环境影响和性经历有关。在初、高中阶段，男女接触较少，特别是在初中阶段，男女生连话都很少讲，这样便使得一些青少年将自身的性冲动转向了一些异性的象征物。

恋物癖患者一般都有性心理发育异常的特点，其中有些患者性格内向，在两性关系中往往扮演不成功的男性角色。而由此产生的内心冲突引起了其强烈的焦虑，并进而使其通过心理防御机制将性冲动目标转移到了女性用品上。

大部分患者恋物癖行为的产生，最初是与某种偶然事件联系在一起的，但经过几次反复后，便成了一种病态的条件反射。如某男青年一次在地上躺着时，一位风韵十足的女性将一只脚放在了他身上。这一偶然的动作竟激发起他的性欲，以致该男子成了一个终身的恋足癖者。

此外，性知识缺乏、好奇和意识方面的某些问题也是形成恋物癖的原因。

恋物癖是一种典型的性变态现象，虽说恋物癖患者并非全是道德败坏、流氓成性之人，但这种恋物行为有违正常的社会习俗，有碍社会道德的正常发展和个人的心身健康。

前文案例中的温勇喜欢和女孩一起玩，尤其对女孩的红色高跟鞋感兴趣，以至于他走在街上就总注意女人的红色高跟鞋，还会有性冲动。这是因为温勇在青春发育期时对性有着极大的兴趣，但无法通过正常的渠道排解，所以只好压抑。同时，他的家庭富裕但缺乏温馨，和父母没有交流，这更使得他因在青春期得不到正确、健康的性启蒙教育而容易出现错误的性经历，从而对以后的生活产生了极坏的影响。

患者欲克服这种有违伦理道德的恋物情结，必须积极投入与异性间的交往，走正常的性宣泄途径。具体解决方法有：降低体内的雄性激素水平，让性欲降低到可以控制的水平，遏止自己走向性变态；建立理性的生活态度，树立正确的人生观，积极投身学习、工作和社交活动，充分发掘自己的潜能，争取实现自我的价值，寻找更高层次的心理满足；避免接触淫秽色情物品，培养广泛兴趣，陶冶情操，正确对待自己的性渴求、性欲望；树立正确的恋爱、家庭、婚姻道德观；重塑性格，促进人格成熟。社会应对这些高危人群实施监控，并应及早干预，及早帮他们求助心理医生，以防患于未然。

常见的心理问题及应对策略

贪婪心理

贪婪是一种常见的心理问题。“贪”的本义指爱财，“婪”的本义指爱食，“贪婪”指贪得无厌，意即对与自己的力量不相称的某一目标过分的欲求。与正常的欲望相比，贪婪没有满足的时候，反而是愈满足，胃口就越大。古人用“贪冒”“贪鄙”“贪墨”来形容那些贪图钱财、欲望过分的行为，认为是“不洁”“不干净”“不知足”的。贪婪并非遗传所致，是个人在后天社会环境中受病态文化的影响，形成自私、攫取、不满足的价值观而出现的不正常的行为表现。这一点，在那些沦为腐败分子的官员身上体现得较为典型。一般而言，贪婪心理的形成主要有以下几个方面：

错误的价值观念

认为社会是为自己而存在，天下之物应皆为自己拥有。这种人存在极端的个人主义思想，是永远不会满足的。他们会得陇望蜀，有了票子，想房子；有了房子，想车子，永不休止。

行为的强化作用

有贪婪之心的人，初次伸出黑手时，多有惧怕心理，一怕引起公愤，二怕被捉。一旦得手，便喜上心头，屡屡尝到甜头后，胆子就越来越大。每一次侥幸过关都是一种条件刺激，会不断强化他的贪婪心理。

攀比心理

有些人原本也是清白之人，但是看到原来与自己境况差不多的同事、同学、战友、邻居、朋友、亲戚、下属、小辈，甚至原来那些比自己条件差得远的人都发了财，心理就不平衡了，觉得自己活得太冤枉，由此也学着伸出了贪婪的双手。

补偿心理

有些人原来家境贫寒，或者生活中有一段坎坷的经历，便觉得社会对自己不公平。一旦其地位、身份上升，就会利用手中的权力索取不义之财，以补偿以往的损失。

功利心理

一些人把市场经济看成金钱社会，拜金成为他们的信条；一些人有失落感，认为“今天这个样，明天变个样，不知将来怎么样”；一些人滋长了占有欲，把市场等价交换原则引入现实生活中，“有权不用，过期作废”，从而引发以权谋私、权钱交易等。

虚荣心理

一些教工、官员曾经表现较好，可一旦地位变了，权力大了，讨好的人多了，就开始飘飘然起来。他们失足犯罪，往往不是为金钱所惑，而是被胜利冲昏头脑，自我膨胀，被见风使舵的人利用，混淆是非，放弃原则，经受不住权力和地位的考验。

侥幸心理

有不少贪官明知贪污受贿国法不容，但又认为自己作案并非明火执仗，吃得下，擦得干净，即使被发现也不容易被抓到把柄。贪污能“天衣无缝”，受贿只有“你知，我知”，只要满足行贿人的要求，他不举报就不会出事，就是出了事也未必抓住直接证据，未必定得了罪。这种心态导致犯罪分子自我欺骗，我行我素，随着作案次数的增多，胆子越来越大，因而越陷越深。

贪婪之心并非生来就有的，是后天形成的，因此它是可以矫治的。异化的环境与文化可以改变一个人的心理，那么正常的环境与文化同样可以矫治一个人的心理。矫治贪婪，可以用以下几种方法：

第一,二十问法。

这是一种自我反思的方法，即自己在纸上写出20个“我喜欢……”。全部写下后，再逐一分析哪些是合理的欲望，哪些是超出能力的过分的欲望，这样就可明确贪婪的对象与范围。最后对造成贪婪心理的原因与危害作较深层的分析。

第二，警戒法。

古往今来，仁人贤士对贪婪之人是非常鄙视的，他们撰文作诗，鞭挞或讽刺那些索取不义之财的行为。想消除贪婪心理的人，应牢记那些诗文和名言格言，朝夕自警。经常想一想那些因为贪婪而遭杀头之罪的贪官污吏，以此为戒，改正贪婪心理。

第三，知足常乐法。

在生活中不能对自己的期望过高，自己的需求和欲望要和自己的能力及社会条件相适应，不要贪图虚荣、讲攀比，内心要想到知足常乐。生活中你应该明白：即使你拥有整个世界，但你一天也只能吃三餐。这是人生思悟后的一种清醒，谁懂得了它的含义，谁就能活得轻松，过得自在。

虚荣心理

莫泊桑小说《项链》中的玛蒂尔德，在虚荣中耗尽自己的青春岁月。关于虚荣心，《辞海》有云：表面上的荣耀、虚假的荣誉。此最早见于柳宗元诗：“为农信可乐，居宠真虚荣。”心理学上认为，虚荣心是自尊心过分的表现，是为了取得荣誉和引起普遍注意而表现出来的一种不正常的社会情感。虚荣心是一种常见的心态，因为虚荣与自尊有关。人人都有自尊心，当自尊心受到损害或威胁时，或过分自尊时，就可能产生虚荣心，如珠光宝气招摇过市、哗众取宠，等等。

虚荣心与赶时髦有关系。时髦是一种社会风尚，是短时间内到处可见的社会生活方式。虚荣心强的人为了追赶偶像、显示自己，也模仿他们的生活方式。

虚荣的心理与戏剧化人格倾向有关。爱虚荣的人多半为外向型、冲动型，反复善变、做作，具有浓厚、强烈的情感反应，装腔作势、缺乏真实的情感，待人处世突出自我、浮躁不安。虚荣心的背后掩盖着的是自卑与心虚等深层心理缺陷。具有虚荣心理的人，多存在自卑与心虚等深层心理的缺陷，为了一种补偿，竭力追慕浮华以掩饰心理上的缺陷。

几十年前，林语堂先生在《吾国吾民》中认为，统治中国的三女神是“面子、命运和恩典”。“讲面子”是中国社会普遍存在的一种民族心理，面子观念的驱动，反映了中国人尊重与自尊的情感和需要，丢面子就意味着否定自己的才能，这是万万不能接受的，于是有些人为了不丢面子，通过“打肿脸充胖子”的方式来显示自我。

林语堂先生的“打肿脸充胖子”与培根的哲学有很大的相似之处，培根说:“虚荣的人被智者所轻视，愚者所倾服，阿谀者所崇拜，而为自己的虚荣所奴役。”德国哲学家叔本华说:“虚荣心使人多嘴多舌；自尊心使人沉默。”虚荣心强的人，在思想上会不自觉地渗入自私、虚伪、欺诈等因素，这与谦虚谨慎、光明磊落、不图虚名等美德是格格不入的。虚荣的人为了表扬才去做好事，对表扬和成功沾沾自喜，甚至不惜弄虚作假。他们对自己的不足想方设法遮掩，不喜欢也不善于取长补短。虚荣的人外强中干，不敢袒露自己的心扉，给自己带来沉重的心理负担。虚荣在现实中只能满足一时，长期的虚荣会导致非健康情感因素的滋生。

虚荣心理的表现是多方面的：对自己的能力、水平过高估计；处处炫耀自己的特长和成绩，喜欢听表扬，对批评恨之入骨；常在外人面前夸耀自己有点权势的亲友；对上级竭尽拍马奉承；不懂装懂，打肿脸充胖子，喜欢班门弄斧；家境贫寒却大手大脚，摆阔气赶时髦；处处争强好胜，觉得处处比人强，自命不凡；把生活中的失误归咎于他人，从不找自身的原因；有了缺点，也寻找各种借口极力掩饰；对别人的才能妒火中烧，说长道短，搬弄是非，等等。

这一类型的人表面上表现为强烈的虚荣，其深层心理就是心虚。表面上追求面子，打肿脸充胖子，内心却很空虚。表面的虚荣与内心深处的心虚总是不断地在斗争着：一方面在没有达到目的之前，为自己不尽如人意的现状所折磨；另一方面即使达到目的之后，也唯恐自己的真相败露而恐惧。要克服虚荣心理，需做到以下几点：

树立正确的荣辱观

即对荣誉、地位、得失、面子要持一种正确的认识和态度。人生在世界上要有一定的荣誉与地位，这是心理的需要，每个人都应十分珍惜和爱护自己及他人的荣誉与地位，但是这种追求必须与个人的社会角色及才能一致。面子“不可没有，也不能强求”，如果“打肿脸充胖子”，过分地追求荣誉，显示自己，就会使自己的人格受到歪曲。同时也应该正确看待失败与挫折，“失败乃成功之母”，必须从失败中总结经验，从挫折中悟出真谛，才能建立自信、自爱、自立、自强，从而消除虚荣心。

在社会生活中把握好比较的尺度

社会比较是人们常有的社会心理，但在社会生活中要把握好比较的尺度、方向、范围与程度。从方向上讲，要多立足于社会价值而不是个人价值的比较，如比一比个人在学校和班上的地位、作用与贡献，而不是只看到个人工资收入、待遇的高低。从范围上讲，要立足于健康的而不是病态的比较，如比实绩、比干劲、比投入，而不是贪图虚名，嫉妒他人表现自己。从程度上讲，要从个人的实力上把握好比较的分寸，能力一般的就不能与能力强的相比。

学习良好的社会榜样

从名人传记、名人名言中，从现实生活中，以那些脚踏实地、不图虚名、努力进取的革命领袖、英雄人物、社会名流、学术专家为榜样，努力完善人格，做一个“实事求是、不自以为是”的人。

如果你已经出现了自夸、说谎、嫉妒等行为，可以采用心理训练的方法进行自我纠偏。即当病态行为即将或已出现时，个体给自己施以一定的自我惩罚，如用套在手腕上的皮筋反弹自己，以求警示与干预作用。久而久之，虚荣行为就会逐渐消退，但这种方法需要本人超人的毅力与坚定的信念才能收效。

要想从根本上解决虚荣心理，关键不在于如何消除它，而在于如何改善它，诱导它走向有用的方面去。虚荣只有用到有利于人类的事业上去，它才有利而无害。

嫉妒心理

嫉妒是痛苦的制造者，在各种心理问题中对人的伤害最严重，可称得上是心灵上的恶性肿瘤。弗朗西斯·培根说过："犹如毁掉麦子一样，嫉妒这恶魔总是暗地里，悄悄地毁掉人间美好的东西！"

何谓嫉妒呢？心理学家认为，嫉妒是由于别人胜过自己而引起的一种情绪的负性体验，是心胸狭窄的共同心理。嫉妒不是天生的，而是后天获得的，嫉妒有三个心理活动阶段：嫉羡——嫉优——嫉恨。这三个阶段都有嫉妒的成分，而且是从少到多，嫉羡中羡慕为主，嫉妒为辅。嫉优中嫉妒的成分增多，已经到了怕别人威胁自己的地步了。嫉恨则把嫉妒之火已熊熊燃烧到了难以消除的地步。这把嫉恨之火，没有燃向别人，而是炙烤着自己的心，使自己没有片刻宁静，于是便绞尽脑汁想方设法去诋毁别人。嫉妒实质上是用别人的成绩进行自我折磨，别人并不因此有何逊色，自己却因此痛苦不堪，有的甚至采用极端行为走向犯罪深渊。

一般说来，嫉妒心理有以下几个基本特点：

嫉妒的产生是基于相对主体的差别

这个相对主体即嫉妒主体指向的对象，既可以是具体人，也可以是人和某一现象，亦可以是某一集体或群体，例如单位与单位、家庭与家庭之间的嫉妒。那种相对主体的差别既可以是现实的客观差距，比如财富和相貌的差距；也可以是非物质性的差距，比如才能、地位的差别；亦可以是不真实的幻想出来的差距，例如总感觉室友之间特别亲热；还可以是对将来可能会遇到的威胁和伤害的假设，例如上级对于下级才能的妒忌。

嫉妒具有明显的对抗性，由此可能引发巨大的消极性

嫉妒心理是一种憎恨心理，具有明显的与人对抗的特征。嫉妒心理的对抗性来源于比较过程中的不满和愤怒情绪。而且，这种对抗性常常带来对社会的巨大危害性。

嫉妒心理具有普遍性

嫉妒是一种完全自然产生的情感，古今中外，没有哪个社会和国家的居民完全没有嫉妒心。在社会现实生活中，一旦看到别人比自己幸运，心里就“别有一番滋味”。这“滋味”是什么呢?就是嫉妒心理的情绪体验。我们每个人都会这种经历。

嫉妒心理具有不断发展的发泄性，且无法轻易摆脱

发泄性是指嫉妒者向被嫉妒者发泄内心的抱怨、憎恨。一般来说，除了轻微的嫉妒仅表现为内心的怨恨而不付诸行为外，绝大多数的嫉妒心理都伴随着发泄行为，并且这种发泄的欲望具有无法轻易摆脱的顽固性。培根曾经幽默地引用古人的话说：“嫉妒心是不知休息的。”嫉妒是与私心相伴而生，相伴而亡的，只要私心存在一天，嫉妒心理也就要存在一天。

此外，嫉妒心理另外几点值得注意之处是：嫉妒是从比较中产生的，必涉及第三者的态度；地位相等、年龄相仿、程度相同的人之间最可能发生嫉妒；是否出现嫉妒心理还与思想品质、道德情操修养有关，等等。

虽然嫉妒是人普遍存在的也可以说是天生的缺点，但我们绝不能忽视它的危害性。有关嫉妒的危害，我国的传统医学早就有过论述。《黄帝内经·素问》明确指出：“妒火中烧，可令人神不守舍，精力耗损，神气涣失，肾气闭塞，郁滞凝结，外邪入侵，

精血不足，肾衰阳失，疾病滋生。”心理学家弗洛伊德曾经说过：“一切不利影响中，最能使人短命夭亡的，是不好的情绪和恶劣的心境，如忧虑和嫉妒。”嫉妒心理可以危害人们的身心健康。美国有些专家通过调查研究发现，嫉妒程度低的人在25年中仅有2%～3%的人患有心脏病，死亡率只占2.2%。而嫉妒心强的人，同一时期内竟有9%以上的人患有心脏病，死亡率也高达13.4%。由于嫉妒情绪能使人体大脑皮质及下丘脑垂体促肾上腺皮质激素分泌增加，造成大脑功能紊乱，免疫机能失调，从而使自身免疫性疾病以及心血管、周期性偏头痛的发病率增加。医学家们还观察到，嫉妒心强的人常会出现一些诸如食欲不振、胃痛恶心、头痛背痛、心悸郁闷、神经性呕吐、过敏性结肠炎、痛经、早衰等现象。

嫉妒破坏友谊、损害团结，给他人带来损失和痛苦，既贻害自己的心灵，又殃及自己的身体健康。因此，必须坚决、彻底地与嫉妒心理告别。

上面的情况在我们的身边不止一次地发生，然而我们却常常只当故事来听、来看。其实，嫉妒的杀伤力远远超过我们的想象，每当心中怀着一股嫉妒之火时，伤害最大的就是自己。

要想使自己的生活充满阳光，我们必须走出嫉妒的泥淖，学会超越自我，克服嫉妒心理。

开阔胸怀，宽厚待人

19世纪初，肖邦从波兰流亡到巴黎。当时匈牙利钢琴家李斯特已蜚声乐坛，而肖邦还是一个默默无闻的小人物，然而李斯特对肖邦的才华却深为赞赏。怎样才能使肖邦在观众面前赢得声誉呢？李斯特想了个妙法：那时候在演奏钢琴时，往往要把剧场的灯熄灭，一片黑暗，以便使观众能够聚精会神地听演奏。李斯特坐在钢琴面前，当灯一灭，就悄悄地让肖邦过来代替自己演奏。观众被美妙的钢琴演奏征服了。演奏完毕，灯亮了。人们既为出现了这位钢琴演奏的新星而高兴，又对李斯特推荐新秀的胸怀深表钦佩。

自我认知，客观地评价自己和他人

当嫉妒心理萌发时，或是有一定表现时，应该积极主动地调整自己的意识和行动，从而控制自己的动机和感情。这就需要冷静地分析自己的想法和行为，同时客观地评价一下自己，从而找出一定的差距和问题。当认清了自己后，再评价别人，自然也就能够有所觉悟了。

自我宣泄

嫉妒心理也是一种痛苦的心理，当还没有发展到严重的程度时，用各种感情的宣泄来舒缓一下是相当必要的。

在这种发泄还仅仅是处于出气解恨阶段时，最好能找一个较知心的朋友或亲友，痛痛快快地说个够，暂求心理的平衡，然后由亲友适时地进行一番开导。虽不能从根本上克服嫉妒心理，但却能中断这种发泄性朝着更深的程度发展。如有一定的爱好，则可借助各种业余爱好来宣泄和疏导，如唱歌、跳舞、书画、下棋、旅游，等等。

快乐可以治疗嫉妒

快乐之药可以治疗嫉妒，是说要善于从生活中寻找快乐，正像嫉妒者随时随处为自己寻找痛苦一样。如果一个人总是想比起别人可能得到的欢乐来，我的那一点快乐算得了什么呢？那么他就会永远陷于痛苦之中，陷于嫉妒之中。快乐是一种情绪心理，嫉妒也是一种情绪心理。何种情绪心理占据主导地位，主要靠人来调整。

少一份虚荣就少一份嫉妒

虚荣心是一种扭曲了的自尊心。自尊心追求的是真实的荣誉，而虚荣心追求的是虚假的荣誉。对于嫉妒心理来说，它更要面子，不愿意别人超过自己，以贬低别人来抬高自己，正是一种虚荣，是一种空虚心理的需要。单纯的虚荣心与嫉妒心理相比，还是比较好克服的。而两者又紧密相连，相依为命。所以，克服一份虚荣心就少一份嫉妒。

猜疑心理

猜疑心理是一种狭隘的、片面的、缺乏根据的盲目想象。猜疑是基于一种对他人不信任的、不符合事实的主观想象，是人际交往过程中的拦路虎。具有猜疑心理的人与别人交往时，往往抓住一些不能反映本质的现象，发挥自己的主观想象进行猜疑，而产生对别人的误解；或者在交往之前对某人有某种印象，在交往之中就处处用这种成见效应与对方接触，对方一有举动，就对原有成见加以印证。虽然猜疑心理有种种表现，但我们可以发现其共同的特征，即没有事实根据，单凭自己主观的想象；抓住“毛皮”，忽略本质，片面推测；不怀疑自己的判断，只是相信自己，怀疑他人，挑剔他人。具有猜疑心理的人把自己置于一种苦恼的心态中，对别人采取不信任的态度，严重的甚至对自己的感觉也产生怀疑。

猜疑心理往往导致心理偏执。这种人常常敏感固执、谨小慎微，事事要求十全十美。这样不仅危害自己，也危害他人。

在平时的生活工作当中，有时遇到一些自己不了解的事情，一般人都会进行一些猜测与怀疑，这是人之常情，没什么大不了的。但是，如果对任何事都持怀疑态度，并常常无端怀疑，不去辨别真假，只相信自己的想法、自己的猜测，这是成了多疑。这种现象在我们生活的周围并不少见。

一般的猜疑，大多是在判断错误的基础上产生，一旦搞清真相后，也能自己纠正，这些都是正常的状态。但也有的人的猜疑是一种心理偏异。易于产生猜疑的人大致有以下几种：

性格敏感多疑的人

他们总是疑神疑鬼，见别人在说悄悄话，或别人无意朝他多看了几眼，就以为他们在讲自己的坏话；看到别人的脸色冷漠，就疑心他人对自己有什么不满；领导安排工作，自己不在其中，就会认定是领导对自己有成见……这种人整天耿耿于怀、胡思乱想，使自己的人际关系十分紧张，使周围的人们对他敬而远之。

在特殊境遇下的人

这类人“一朝被蛇咬，十年怕井绳”。如有的人被骗上当以后会变得疑虑多端，会因怕再上当受骗而不相信任何人；有的人因自身的人生道路比较坎坷，看到过多的社会黑暗面而形成多疑的心态，错误地认为人间没有真情在。这种人在与人交往中，通常表现为比较冷漠、孤僻、怪异，如不及时改变自己的心态，会形成心理偏差和障碍。

思想修养和道德水平不高的人

他们有的是私心较重者。有人说，“猜疑心与人的私欲成正比例，私欲越大，猜疑心就越强”。如权欲重的人，总怀疑有人要赶他下台、抢班夺权；金钱欲大的人，总怀疑别人要抢他生意、分他的钱财。他们十分警惕，非常敏感，“疑人者，人未必皆诈，己则先诈矣”。他们总是以恶意去判断他人的行为，即使是他人一个善意的行动，也被认为是出于卑劣的动机，正是“以小人之心，度君子之腹”。不加强自我意识修养的人，为人处世一切以个人为中心，遇事斤斤计较、患得患失，与人交往心胸狭窄、固执己见，经常会疑心生暗鬼。

不善与人交往的人

不善与人交往的人，很少与别人交流思想、沟通感情，往往不愿把自己心里的疑惑说出来，而是藏在内心，冥思苦想，越想越疑，越疑越想，有如“作茧自缚”，在猜疑的泥沼里愈陷愈深，无法解脱心中的疑团而自我烦恼。

遇事不愿做调查与了解的人

英国哲学家培根说：“猜疑的根源产生于对事物的缺乏认识，所以多了解情况是解除疑心病的有效办法。”容易猜疑的人常常是固执己见的人，他们根据自己的一点印象就下结论，并常常会感情用事，不去作调查了解，也不是理智地作判断，只是相信自己的猜想与判断。

轻信与道听途说的人

《三国演义》中的长坂坡一战，刘备所部被曹军打得七零八落。正在慌乱之中，糜芳又报告说："赵子龙反投曹操去了！"张飞一听，便猜疑赵云背信弃义，立即大怒，要立即过去杀掉赵云。尽管刘备告诫他："休错疑人……子龙此去，必有事故。吾料子龙必不弃我也。"张飞仍是不信，径自带领二十铁骑，到长坂坡寻杀赵云。其实，赵云是为了救甘、糜二夫人和刘备的儿子阿斗，才匹马单枪，杀回乱军之中。幸亏简雍亲眼看见，并报信给张飞，这才避免了一场误会。

猜疑的人通常过于敏感。敏感并不一定是缺点，对事物敏感的人往往很有灵气，有创造力。但如果过于敏感，特别是与人交往时过于敏感，就需要想办法加以控制了。具体可采用以下几种方法：

培养自信心

每个人都应当看到自己的长处，培养起自信心，相信自己会与周围人处理好人际关系，会给别人留下良好的印象。这样，当我们充满信心地进行工作和生活时，就不用担心自己的行为，也不会随便怀疑别人是否会挑剔、为难自己了。

学会自我安慰

一个人在生活中，遭到别人的非议和流言，与他人产生误会，没有什么值得大惊小怪的。在一些生活细节上不必斤斤计较，可以糊涂些，这样就可以避免自己烦恼。如果觉得别人怀疑自己，应当安慰自己不必为别人的闲言碎语所纠缠，不要在意别人的议论，这样不仅解脱了自己，而且还取得了一次小小的精神胜利，产生的怀疑自然就烟消云散了。

用理智力量克制冲动情绪的发生

当发现自己开始怀疑别人时，应当立即寻找产生怀疑的原因，在没有形成思维之前，引进正反两个方面的信息。现实生活中许多猜疑，戳穿了是很可笑的，但在戳穿之前，由于猜疑者的头脑被封闭性思路所主宰，却会觉得他的猜疑顺理成章。此时，冷静思考显然是十分必要的。

及时沟通，解除疑惑

世界上不被误会的人是没有的，关键是我们要有消除误会的能力与办法。如果误会得不到尽快地解除，就会发展为猜疑；猜疑不能及时解除，就可能导致不幸。所以如果可能的话，最好同你“怀疑”的对象开诚布公地谈一谈，以便弄清真相，解除误会。猜疑者生疑之后，冷静地思索是很重要的，但冷静思索后如果疑惑依然存在，那就该通过适当方式，同被疑者进行推心置腹的交谈。若是误会，可以及时消除；若是看法不同，通过谈心，了解对方的想法，也很有好处；若真的证实了猜疑并非无端，那么，心平气和地讨论，也有可能使事情解决在冲突之前。

自私心理

自私同样是一种较为普遍的病态心理现象。“自”是指自我，“私”是指利己，“自私”指的是只顾自己的利益，不顾他人、集体、国家和社会的利益。自私有程度上的不同，轻微一点是计较个人得失、有私心杂念、不讲公德；严重的则表现为为了达到个人目的，侵吞公款、诬陷他人、铤而走险。贪婪、嫉妒、报复、吝啬、虚荣等病态社会心理从根本上讲，都是自私的表现。

自私心理的表现主要有：

不讲社会公德，损人利己，极端自私。

嫉妒成性，以自我为中心，目中无人，容不得他人。

垄断技术，剽窃成果，把集体、国家利益和成果攫为己有。

以权谋私，以钱谋私，做权钱交易。

自私心理形成的原因是多方面的，在这里仅从主客观两方面来分析。

从客观方面看，地球上各种资源的数量、种类、方式在占有和配置方面都存在许多不平衡、不合理之处。另外，病态文化的沉积和社会监督不严，也为自私心理的滋长创造了条件。

从主观方面看，个人的需求若是脱离社会规范的不合理的需求，人就可能会倾向于自私。人的私欲是无限的，正因如此，人的不合理的私欲必须要受到社会公理、道义、法律的制约。

自私心理有如下的特点：

深层次性

自私是一种近似本能的欲望，处于一个人的心灵深处。不顾社会历史条件的要求，一味想满足自己的各种私欲的人就是具有自私心理的人。

下意识性

正因为自私心理潜藏较深，它的存在与表现便常常不为个人所意识到，有自私行为的人并非已经意识到他在做一件自私的事，相反他在侵占别人利益时往往心安理得，也因为如此，我们才将自私称为病态社会心理。

隐蔽性

自私是一种羞于见人的病态行为，自私之人常常会以各种手段掩饰自己，因而自私具有隐秘性。

自私作为一种异常心理，是可以演变的。作为自我来说，最有效的方法就是心理调适。具体来说有如下方法：

内省法

这是构造心理学派主张的方法，是指通过内省，即用自我观察的陈述方法来研究自身的心理现象。自私常常是一种下意识的心理倾向，要克服自私心理就要经常对自己的心态与行为进行自我观察。观察时要有一定的客观标准，这些标准有社会公德与社会规范和榜样等。加强学习，更新观念，强化社会价值取向，对照榜样与规范找差距。并从自己自私行为的不良后果中看危害找问题，总结改正错误的方式方法。

多做利他行为

一个想要改正自私心态的人，不妨多做些利他行为。例如关心和帮助他人，给希望工程捐款，为他人排忧解难等。私心很重的人，可以从让座、借东西给他人这些小事情做起，多做好事，可在行为中纠正过去那些不正常的心态，从他人的赞许中得到利他的乐趣，使自己的灵魂得到净化。

厌恶疗法

这是心理学上以操作性反射原理为基础，以负强化作为手段的一种治疗方式。具体做法是：在自己手腕上系一根橡皮筋，一旦头脑中有自私的念头或行为时，就用橡皮筋弹击自己，从痛觉中意识到自私是不好的，然后使自己逐渐纠正。

自闭心理

凯思·柯林斯说："把自己封闭起来，风雨是躲过去了，但阳光也照不进来。"自我封闭的人将自己与外界隔绝开来，很少或根本没有社交活动，除了必要的工作、学习、购物以外，大部分时间将自己关在家里，不与他人来往。自我封闭者都很孤独，没有朋友，甚至害怕社交活动。自我封闭的心理现象在各个年龄层次都可能产生，儿童有电视幽闭症，青少年有因羞涩引起的恐人症、社交恐惧心理，中年人有社交厌倦心理，老年人有因"空巢"（指子女成家）和配偶去世而引起的自我封闭心理。

有封闭心理的人不愿与人沟通，很少与人讲话，不是无话可说，而是害怕或讨厌与人交谈，前者属于被动型，后者属于主动型。他们只愿意与自己交谈，如写日记、撰文咏诗，以表志向。自我封闭行为与生活挫折有关，有些人在生活、事业上遭到挫折与打击后，精神上受到压抑，对周围环境逐渐变得敏感，变得不可接受，于是出现回避社交的行为。自我封闭心理实质上是一种心理防御机制。

自我封闭心理与人格发展的某些偏差有因果关系。从儿童来讲，如果父母管教太严，儿童便不能建立自信心，宁愿在家看电视，也不愿外出活动。从青少年来讲，同一性危机是产生自我封闭心理的重要原因。该危机是青年企图重新认识自己在社会中的地位和作用而产生的自我意识的混乱，即指青年人向各种社会角色学习技能与为人处世策略，如果他没有掌握这些技能与策略，就意味着他没有获得生活自信心以进入某种社会角色，他不认识自己是谁，该做些什么，如何与他人相处。于是，他就没有发展出与别人共同劳动和与他人亲近的能力，而退回到自己的小天地里，不与别人有密切的往来，这样就出现了孤单与孤立。从中年人来讲，如果一个人不能关心和爱护下一代，为下一代提供物质与精神财富（还应包括整个家庭成员），那他就是一个“自我关注”的人。这种人只关心自己，不与他人来往，或者自我评价低而懒于与人交往。从老年人来讲，丧偶丧子的打击，很易使人心灰意懒，精神恍惚，对生活失去信心，不能容纳自己，常常表现为十分恋家。

自我封闭的心理具有一定的普遍性，各个历史时期、不同年龄层次的人都可能出现，其症状特点有：不愿意与人沟通，害怕和人交流，讨厌与人交谈，逃避社会，远离生活，精神压抑，对周围环境敏感。由于他们的自我封闭，所以常常忍受着难以名状的孤独寂寞。众所周知，人类的内心世界是由感情凝结而成的，所以我们才能在邻居或朋友之间建立起诚挚的友谊，才能在夫妻间建立起美满的婚姻和家庭，社会也才能通过感情的纽带协调转动。

如果一个人总是将自己封闭在一个狭窄的交际范围内，对自己、对社会都没有好处，所以自闭的人都应走出自我封闭的限制，注意倾听自己心灵的声音，并大胆表现它的美好和幸福。

走出自我封闭的限制，你就要多交些朋友，多开展些社交活动。自闭的人应保持身心的活跃状态，以积极的生活态度待人处世，树立确定可行的生活目标，既对明天充满希望，又珍惜每一个今天；正确对待挫折与失败，以“失败为成功之母”的格言来激励自己，信念不动摇、行动不退缩；乐于与人交往，加强信心与情感的交流，增进相互间的友谊与理解，得到勇气和力量；增加适应能力，培养广泛的兴趣爱好，保持思维的活跃。

为了使自己生活得更快乐、更有意义，请走出自我封闭的限制，重视自己的内心世界。为此，我们要做到以下几个方面：

顺其自然地去生活

不要为一件事没按计划进行而烦恼，不要为某一次待人接物时礼貌不够周全而自怨自艾。如果你对每件事都精心策划以求万无一失的话，你就会不知不觉地把自己的感情紧紧封闭起来。

我们应该重视生活中偶然的灵感和乐趣，快乐是人生的一个重要价值标准，有时能让自己高兴一下就行，不要整日为解决某一项难题而奔忙。

不要掩饰自己的真实感情

如果你和挚友分离在即，你不必为了避免让他人看到自己流泪而躲到洗手间去。为了怕人说长道短而把自己身上最有价值的一部分掩饰起来，这种做法没有任何道理。生活中许许多多的事都是这样，需要遵从你的心，听取你心灵的声音。

信任他人

如果你对新结识的人表现冷淡，这往往意味着你对他人的信任感已被自我封闭的重压毁灭了。那么，你就不会从你周围的人群中获得乐趣。

这时，你应该放松自己紧张的生活节奏，不妨和初次见面的人打打招呼；或者在你常去买东西的小店里和售货员聊聊；或者和刚结识的新朋友一道参加郊游。努力寻找童年时交友的感觉，信任他人和你自己，而不要每时每刻都疑窦丛生。

学会对自己说“没关系”

孩子们常常发出无缘无故的笑声，他们的烦恼从不闷在心里。而我们成人却常常会被生活中各种各样伤脑筋的事压得喘不过气来。生活中真有那么多的烦恼吗？其实，许多事并没有什么大不了的，只是我们把它放大了而已。我们要学会对自己说“没关系”，这样我们的生活里就会常常充满开怀的笑声。

偏执心理

偏执，生活中并不少见。所谓偏执，是指人的意见、主张等过火。多存在于青少年中。性格和情绪上的偏激，是为人处世的一个不可小觑的缺陷，是一种心理疾病。偏执的人往往是极度的感觉过敏，对侮辱和伤害耿耿于怀；思想行为固执死板、敏感多疑、心胸狭隘；爱嫉妒，对别人获得成就或荣誉感到紧张不安，妒火中烧，不是寻衅争吵，就是在背后说风凉话，或公开抱怨和指责别人；自以为是，自命不凡，对自己的能力估计过高，惯于把失败和责任归咎于他人，在工作和学习上往往言过其实；同时又很自卑，总是过多过高地要求别人，但从来不信任别人的动机和愿望，认为别人存心不良；不能正确、客观地分析形势，有问题易从个人感情出发，主观片面性大；如果建立家庭，常怀疑自己的配偶不忠，等等。持这种人格的人在家不能和睦，在外不能与朋友、同事相处融洽，别人只好对他敬而远之。

偏执在情绪上的表现是按照个人的好恶和一时的心血来潮去论人论事，缺乏理性的态度和客观的标准，易受他人的暗示和引诱。如果对某人产生了好感，就认为他一切都好，明明知道是错误、是缺点，也不愿意承认。偏执的人在行动上往往莽撞从事，不顾后果。例如那些自认为“讲义气”的青年，当他们的朋友受了别人“欺侮”时，他们往往二话不说，马上就站出来帮朋友打架，把蛮干、鲁莽当英雄行为。

一些青少年由于知识经验不足，辩证思维的发展尚不成熟，不善于一分为二地看问题，往往抓住一点就无限地夸大或缩小，自以为看到了事物的全部，极易出现以偏概全的失真判断，导致错误的结论。尤其是中学生正值青春期，内分泌功能迅速发展，大脑皮质及皮质下中枢的兴奋度常迅速地增强或减弱，从而形成情绪的波动不安，出现偏激认识和冲动行为。

偏执的人，不能正确地对待别人，也不能正确地对待自己。见到别人作出成绩，出了名，就认为那有什么了不起，甚至千方百计诋毁贬损别人；见到别人不如自己，又冷嘲热讽，借压低别人来抬高自己。处处要求别人尊重自己，而自己却不去尊重别人。在处理重大问题上，意气用事，我行我素，主观武断。像这样的人，干事业、搞工作，都是成事不足，败事有余，在社会上也很难与别人和睦相处。

偏执的人喜欢走极端，是因为其头脑中有着非理性的观念，因此，要改变偏执行为，首先必须分析自己的非理性观念。如：

"我不能容忍别人一丝一毫的不忠。"

"世上没有好人，我只相信自己。"

"对别人的进攻，我必须立马予以强烈反击，要让他知道我比他更强。"

"我不能表现出温柔，这会给人一种不强健的感觉。"

现在对这些观念加以改造，以除去其中极端偏激的成分。

"我不是说一不二的君王，别人偶尔的不忠应该原谅。"

"世上好人和坏人都存在，我应该相信那些好人。"

"对别人的进攻，马上反击未必是上策，而且我必须首先辨清是否真的受到了攻击。"

"我不敢表示真实的情感，这本身就是虚弱的表现。"

每当故态复萌时，就应该把改造过的合理化观念默念一遍，以此来阻止自己的偏激行为，有时自己不知不觉表现出了偏激行为、事后应重新分析当时的想法，找出当时的非理性观念，然后加以改造，以防下次再犯。

除了在思想上调整自己，我们还有必要从认识上提高自己。

从书籍中获得抚慰

法国数学家、哲学家笛卡尔说过：“读一些好书，就是和许多高尚的人谈话。”实验表明，经常阅读伟大人物的传记，更能使那些固执的人得到心灵上的慰藉。丰富的知识使人聪慧，使人思想开阔，使人不至于拘泥于教条的陈规陋习。但是应该注意的是，越有知识越要谦虚，这是做人的美德。为人处世要尊敬和信任他人，多培养宽容的态度。要和勤奋好学、谦虚谨慎、品德优良的人多交往，养成虚心向别人求教的习惯。

克服虚荣心，培养高尚的情趣

人无完人，谁都会有缺点和错误，这用不着掩饰。我们要以真诚的态度来对待生活，要树立远大的目标，追求美好、崇高的东西。不要整天把心思放在修饰打扮和赶时髦上。更不要夸夸其谈，不懂装懂。

加强自我调控

要善于克制自己的抵触情绪，以及无礼的言语和行为。对自己的错误要主动承认，不要顽固地坚持自己的观点。如果意识到了平日里自己的行为有些偏执，那么，提醒自己不要陷于“敌对心理”的旋涡中。事先自我提醒和警告，处世待人时注意纠正，这样会明显减轻敌对心理和强烈的情绪反应。要懂得只有尊重别人，才能得到别人尊重的基本道理。要学会对那些帮助过你的人说感谢的话，而不要不痛不痒地说一声“谢谢”，更不能不理不睬。要学会向你认识的所有人微笑。可能开始时你很不习惯，做得不自然，但必须这样做，而且要努力去做好。要在生活中学会忍让和耐心。生活在复杂的大千世界中，冲突、纠纷和摩擦是难免的，这时必须忍让和克制，不能让仇恨的怒火烧得自己晕头转向，肝火旺盛。

善于接受新事物

固执常和思维狭隘、不喜欢接受新东西，对未曾经历过的东西感到担心相联系。为此我们要养成渴求新知识，乐于接触新人新事，并学习其新颖和精华之处的习惯。

大千世界，茫茫人海，冲突和不顺在所难免，戒除偏执和克制不可改变的事实是成功者的箴言。

常见的人格障碍

依赖型人格障碍

有一对夫妇晚年得子，十分高兴。他们把儿子视为至宝，捧在手上怕摔了，含在口里怕化了，什么事都不让他干，儿子长大以后连基本的生活也不能自理。一天，夫妇要出远门，怕儿子饿死，于是想了一个办法，烙了一张大饼，套在儿子的颈上，告诉他饿了就咬一口。但是等他们回到家里时，发现儿子已经死了，他是饿死的。原来他只知道吃颈前面的饼，不知道把后面的饼转过来吃。

依赖型人格障碍是日常生活中较为常见的人格障碍，依赖型人格对亲近与归属有过分的渴求。这种渴求是强迫的、盲目的、非理性的，与真实的情感无关。依赖型人格的人宁愿放弃自己的个人兴趣、人生观，只要他能找到一座靠山，时刻得到别人对他的温情就心满意足了。依赖型人格的这种处世方式使得他越来越懒惰、脆弱，缺乏自主性和创造性。由于处处委曲求全，依赖型人格障碍患者会产生越来越多的压抑感，这种压抑感会使他渐渐放弃自己的追求和爱好。

依赖型人格障碍的表现特征

在没有从他人处得到大量的建议和保证之前，对日常事务不能出决策。

无助感，让别人为自己作大多数的重要决定，如在何处生活，该选择什么职业等。

被遗弃感。明知他人错了，也随声附和，因为害怕被别人遗弃。

无独立性，很难单独展开计划或做事。

过度容忍，为讨好他人甘愿做低下的或自己不愿做的事。

独处时有不适和无助感，或竭尽全力以逃避孤独。

当亲密的关系中止时感到无助或崩溃。

经常被遭人遗弃的念头所折磨。

很容易因未得到赞许或遭到批评而受到伤害。

具有上述特征中的五项，即可诊断为依赖型人格。

心理学家霍妮在分析依赖型人格障碍时，指出这种类型的人深感自己软弱无助，有一种“我真可怜”的感觉。当要他自己拿主意时，便感到一筹莫展，像一只迷失了港湾的小船，又像失去了父母的小孩。他们理所当然地认为别人比自己优秀，比自己有吸引力，比自己能干，无意识地倾向于以别人的看法来评价自己。

依赖型人格障碍的成因

依赖型人格源于个人发展的早期。幼年时期儿童离开父母就不能生存，在儿童印象中保护他、养育他、满足他一切需要的父母是万能的。他必须依赖他们，总怕失去了这个保护神。这时如果父母过分溺爱，鼓励子女依赖父母，不让他们有长大和自立的机会，以致久而久之，在子女的心目中就会逐渐产生对父母或权威的依赖心理，成年以后依然不能自主。缺乏自信心，总是依靠他人来作决定，终身不能负担起承担各项任务、工作的责任，形成依赖型人格。

依赖型人格障碍的治疗

习惯纠正法。依赖型人格的依赖行为已成为一种习惯，治疗首先必须破除这种不良习惯。你可以每天做记录，记满一个星期，然后将这些事件按自主意识强、中等、较差分为三等，每周一小结。

对自主意识强的事件，以后遇到同类情况应坚持自己做。例如某一天按自己的意愿穿鲜艳衣服上班，那么以后就坚持穿鲜艳衣服上班，而不要因为别人的闲话而放弃，直到自己不再喜欢穿这类衣服为止。这些事情虽然很小，但正是你改正不良习惯的突破口。

对自主意识中等的事件，你应提出改进的方法，并在以后的行动中逐步实施。例如，在制订工作计划时，你听从了朋友的意见，但你并不欣赏这些意见，便应把自己不欣赏的理由说出来。这样，在工作计划中便渗入了你自己的意见，随着自己意见的增多，你便能从听从别人的意见逐步转为完全自主决定。

对自主意识较差的事件，你可以采取诡控制技术逐步强化、提高自主意识。诡控制法是指在别人要求的行为之下增加自我创造的色彩。例如，你从爱人的暗示中得知她喜欢玫瑰花，你为她买一枝花，似乎有完成任务之嫌。但这类事情的次数逐渐增多以后，你会觉得这样做也会给自己带来快乐。你如果主动提议带爱人去植物园度周末，或带爱人去参观插花表演，就证明你的自主意识已大为强化了。

依赖行为并不是轻易可以消除的，一旦形成习惯，你会发现要自己决定每件事毕竟很难，可能会不知不觉地回到老路上去。为防止这种现象的发生，简单的方法是找一个监督者，最好是找自己最依赖的那个人。

重建自信法。如果只简单地破除了依赖的习惯，而不从根本上找原因，那么依赖行为也可能复发。重建自信能从根本上矫治依赖型人格障碍。

第 1 步，消除童年不良印迹。依赖型的人缺乏自信，自我意识十分低下，这与童年期的不良教育在心中留下的自卑痕迹有关。

你可以回忆童年时父母、长辈、朋友对自己说过的具有不良影响的话，例如："你真笨，什么也不会做""瞧你笨手笨脚的，我来帮你做"等，你把这些话语仔细整理出来，然后一条一条加以认知重构，并将这些话语转告给你的朋友、亲人，让他们在你试着干一些事情时，不要用这些话语来指责你，而要热情地鼓励、帮助你。

第2步，重建勇气。你可以选做一些略带冒险性的事，每周做一项，例如：独自一人到附近的风景点做短途旅行，或者独自一人去参加一项娱乐活动或一周规定一天"自主日"，这一日不论什么事情，决不依赖他人。通过做这些事情，可以增加你的勇气，改变你事事依赖他人的弱点。

自恋型人格障碍

自恋型人格在许多方面与戏剧型人格的表现相似，如情感戏剧化。二者的不同之处在于，戏剧型人格的人外向、热情，而自恋型人格的人却内向、冷漠。自恋型的人过分看重自己，对权力与理想式的爱情有非分的幻想。他们渴望引人注目，对批评极为敏感。在人际交往中，这种人很难表现出同情心。

自恋型人格障碍的表现特征

1. 对批评的反应是愤怒、羞愧或感到耻辱（尽管不一定当即表露出来）。

2. 喜欢指使他人，要他人为自己服务。

3. 过分自高自大，对自己的才能夸大其词，希望受人关注。

4. 坚信他关注的问题是世上独有的，不能被某些特殊的人物了解。

5. 对无限的成功、权力、荣誉、美丽或理想爱情有过分的幻想。

6. 认为自己应享有他人没有的特权。

7. 渴望持久的关注与赞美。

8. 缺乏同情心。

9. 有很强的嫉妒心。

只要出现其中的 5 项，即可诊断为自恋型人格。

自恋型人格的自我中心特点大多表现为自我重视、夸大、缺乏同情心、对别人的评价过分敏感等。他们一听到别人的赞美之辞，就沾沾自喜，反之，则会暴跳如雷。他们对别人的才智十分嫉妒，有一种“我不好，也不让你好”的心理。在和别人相处时，很少能设身处地理解别人的情感和需要。由于缺乏同情心，所以人际关系很糟，容易产生孤独抑郁的心情，加之他们有不切实际的高目标，容易在各方面遭受失败。

自恋型人格障碍的成因

自恋型人格障碍患者通常在童年时期受到过多的关注和无原则的赞赏，同时又很少承担责任，很少受到批评与挫折。自恋型人格障碍的最根本的动机是得到他人的赞赏与爱，然而，因为他们对他人的冷漠和藐视，而常常被他人所拒绝。这恰好是他们害怕得到的恐惧的后果。

自恋型人格障碍的治疗方法

第一，解除自我中心观。自恋型人格的最主要特征是自我中心，而人生中最为自我中心的阶段是婴儿时期。由此可见，自恋型人格障碍患者的行为实际上退化到了婴儿期。朱迪斯·维尔斯特在他的《必要的丧失》一书中说道：“一个迷恋于摇篮的人不愿丧失童年，也就不能适应成人的世界。”因此，要治疗自恋型人格，必须了解那些婴儿化的行为。你可把自己认为讨人嫌的人格特征和别人对你的批评罗列出来，看看有多少婴儿期的成分。

还可以请一位和你亲近的人作为你的监督者，一旦你出现自我中心的行为，便给予警告和提示，督促你及时改正。

第二，学会爱别人。对于自恋型的人来说，光抛弃自我中心观念还不够，还必须学会去爱别人，唯有如此才能真正体会到放弃自我中心观是一种明智的选择，因为你要获得爱首先必须付出爱。

弗洛姆在他的《爱的艺术》一书中阐述了这样的观点：幼儿的爱遵循“我爱因为我被爱”的原则；成人的爱遵循“我被爱因为我爱”的原则；不成熟的爱认为“我爱你因为我需要你”；成熟的爱认为“我需要你因为我爱你”。维尔斯特认为，通过爱，我们可以超越人生。自恋型的爱就像是幼儿的爱、不成熟的爱，因此，要努力加以改正。

生活中最简单的爱的行为便是关心别人，尤其是当别人需要你帮助的时候。只要你在生活中多一份对他人的爱心，你的自恋症便会自然减轻。

强迫型人格障碍

在日常生活中，我们会发现一些儿童或成人会不由自主地去数钟声、台阶，甚至天上的星星；全神贯注地思考某个名词、韵律或典故；一遍遍认真推敲写就的文稿；废寝忘食地探索某个公式、假说或定理；一丝不苟地按顺序起床、进食、上班和入睡；反复洗手等这些现象就叫强迫现象。这些人难以容忍些微的过错和失误，不允许丝毫的杂乱和污秽。他们讲究整洁和秩序，一切都要仔细检查，反复核实。这实际上成了他们的优点：做事认真可靠，遵时守信，井井有条，只不过灵活性有些逊色而已。这些固定刻板的行为对他们而言已经习以为常，不会给他本人带来任何痛苦，并且可以通过注意力的转移或外界的影响而中断，也不会伴有焦虑。

其实，在我们每个正常人身上，都会多多少少地出现一定程度的强迫现象，这些属于正常的心理现象。当强迫思考或行为总是纠缠着你，操纵着你，使你欲罢不能，无从回避，就有可能演变成为强迫性人格障碍，甚至强迫性神经症。强迫型人格障碍是一种性格障碍，多见于尚属成功的男性，男女比例约为 2 ∶ 1，主要特征是苛求完美。

强迫型人格障碍的表现特征

强迫型人格障碍者特征如下：

1. 做任何事情都要求完美无缺、按部就班、有条不紊，因而有时会影响工作的效率。

2. 不合理地坚持别人也要严格地按照他的方式做事，否则心里很不痛快，对别人做事很不放心。

3. 犹豫不决，常推迟或避免作出决定。

4. 常有不安全感，穷思竭虑，反复考虑计划是否得当，反复核对检查，唯恐疏忽和差错。

5. 拘泥细节，甚至生活小节也要“程序化”，不遵照一定的规矩就感到不安或要重做。

6. 完成一件工作之后常缺乏愉快和满足的体验，相反容易悔恨和内疚。

7. 对自己要求严格，过分沉溺于职责义务与道德规范，无业余爱好，拘谨吝啬，缺少友谊往来。

患者状况至少符合上述项目中的3项，方可诊断为强迫型人格障碍。

强迫型人格的最主要特征就是苛求严格和完美，容易把冲突理智化，具有强烈的自制心理和自控行为。这类人在平时缺乏安全感，对自我过分克制，过分注意自己的行为是否正确、举止是否适当，因此表现得特别死板、缺乏灵活性。责任感特别强，往往用十全十美的高标准要求自己，追求完美，同时又墨守成规。在处事方面，过于谨小慎微，常常由于过分认真而重视细节、忽视全局。怕犯错误，遇事优柔寡断，难以作出决定。他们的情感以焦虑、紧张、悔恨时多，轻松、愉快、满意时少。不能平易近人，难于热情待人，缺乏幽默感。由于对人对己都感到不满而易招怨恨。

强迫型人格具体行为表现有3个方面：

第一，心里总笼罩着一种不安全感，常处于莫名其妙的紧张和焦虑状态。如门锁上后还要反复检查，担心门是否锁好，写完信后反复检查邮票是否已贴好，地址是否写对了，等等。

第二，思虑过多，对自己做的事总没把握，总以为没达到要求，别人一怀疑，自己就感到不安。

第三，行为循规蹈矩，不知变通。自己爱好不多，清规戒律倒不少。处理事情有秩序、整洁，守时，但对节奏明快、突然来的事情显得不知所措，很难适应，对新事物接受慢。

强迫型人格障碍的成因

强迫型人格障碍一般形成于幼年时期，与家庭教育和生活经历直接相关。父母管教过分苛刻，要求子女严格遵守规范，绝不准许其自行其是，造成孩子生怕做错事而遭到父母的惩罚的心理，从而做任何事都思虑甚多，优柔寡断，过分拘谨和小心翼翼，逐渐形成经常性紧张、焦虑的情绪反应。一些家庭成员的生活习惯，也可能对孩子产生影响，如医生家庭，由于过分爱清洁，对孩子的卫生特别注意，容易使孩子形成“洁癖”，产生强迫性洗手等行为。另外，幼年时期受到较强的挫折和刺激，也可能产生强迫型人格。有研究还表明，强迫型人格与遗传也有关系，家庭成员中有患强迫型人格障碍的，其亲属患强迫型人格障碍的概率比普通正常家庭要高。

强迫型人格障碍的治疗

顺其自然法。强迫型人格的主要表现是把冲突理智化，过分压抑和控制自己，因此强迫型人格障碍的纠正主要是减轻和放松精神压力，最有效的方法是顺其自然，不要对做过的事进行评价。比如担心门没有关好，就让它没关好；桌上的东西没有收拾干净，就让它不干净；字写得别扭，也由它去，与自己无任何关系。开始时可能会由此带来焦虑的情绪反应，但由于患者的强迫行为还远没有达到强迫症的无法自控的程度，所以经过一段时间的训练和自己意志的努力，症状是会消除的。

当头棒喝法。“棒喝”是借用禅宗中的“德山棒，临济喝”的说法。德山常以大棒惊吓学生，使执迷不悟的学生顿然开悟，而临济则以模棱两可的问题问学生，学生犹豫不能作答时，临济则大喝一声以示警醒。当一个人过分执着于经典与规矩时，就会对多变的现实感到无所适从。强迫型人格障碍患者已经习惯于按教条办事，在某种程度上像个机器人。而要改变这种状况，就要发现生活中的独特事件，用新的观念和解决问题的新思路、新方法，来改变墨守成规、循规蹈矩的习惯。

分裂型人格障碍

有一位著名的数学家，曾在科研领域作出过卓越的贡献，并以他的名字命名了一个数学定理。尽管他在科研事业上出类拔萃，然而他却是一个人格障碍患者。他性格孤僻内向，成天关在小房间里看书学习，演算公式，攻克难题，几乎谈不上有社会交往和人际交往。他为人沉默寡言，兴趣索然，生活随便，给人一种“古怪”的印象。40 岁左右才在家人催促下结了婚。结婚时不知如何操办家具布设，婚后不知道上街购买生活用品。由于过分内向离群，对外界反应不灵敏，社会适应性很差，多次发生车祸，造成严重的后遗症。他所表现出的这些人格特征，心理学上称之为分裂型人格障碍。

分裂型人格障碍一般表示为：内向、孤僻、胆小、懦弱、自卑、害羞、沉默寡言、不爱交往、不关心别人对他的评价、缺乏知己、行为怪癖（但尚能使人理解）。他们尽管没有丧失对现实的认知能力，但社会活动能力差，又缺乏进取心，常静坐沉思，沉溺于幻想之中。自我中心倾向明显，对人态度冷淡，怕见生人，不主动与人打招呼，也不愿意介入别人的事，尤其回避那些竞争性情境。几乎没有自信心，害怕在别人面前讲话做事，往往话到嘴边就犹豫起来，吞吞吐吐，浑身紧张，手足无措；做作业、写文章或干别的事都不愿意让别人看见，害怕被人耻笑。

分裂型人格障碍的表现特征

1. 有奇异的信念，或与文化背景不相称的行为，如相信透视力、心灵感应、特异功能和第六感等。

2. 奇怪的、反常的或特殊的行为或外貌，如服饰奇特、不修边幅、行为不合时宜、习惯或目的不明确。

3. 言语怪异，如离题、用词不当、繁简失当、表达意见不清，并非文化程度或智能障碍等因素所引起。

4. 不寻常的知觉体验，如一惯性的错觉、幻觉、看见不存在的人。

5. 对人冷淡，对亲属也不例外，缺少温暖体贴。

6. 表情淡漠，缺乏深刻或生动的情感体验。

7. 多单独活动，主动与人交往仅限于生活或工作中必需的接触，除一级亲属外无亲密友人。

符合上述项目中的 3 项的人，可诊断为分裂型人格障碍。

从以上的诊断标准我们可以看出，分裂型人格障碍患者主要表现出缺乏温情，难以与别人建立深切的情感联系，于是，他们的人际关系一般很差。因而，大多数分裂型人格障碍患者独身。患者对别人的意见漠不关心，对别人的赞扬、批评，均无动于衷，过着一种孤独寂寞的生活。其中有些人，也有一些业余爱好，但多是阅读、欣赏音乐、思考之类安静、被动的活动，部分人还可能一生沉醉于某种专业，作出较高的成就。但从总体来说，这类人生活平淡、刻板，缺乏创造性和独立性，难以适应多变的现代社会生活。

这类人的内心世界却极其广阔，常常想入非非，但常常缺乏相应的情感内容，缺乏进取心。他们总是以冷漠无情来应付环境，以“眼不见为净”的方式逃避现实，但他们这种与世无争的外表不能压抑内心的焦虑和痛苦。

分裂型人格障碍的成因

分裂型人格障碍的形成与人的早期心理发展有很大的关系。婴儿出生后，有很长一段时间不能独立，需要父母亲的照顾，在这个过程中，儿童与父母的关系占重要地位，儿童就是在与父母的关系中建立自己的早期人格的。在成长过程中，尽管每个儿童不免要受到一些指责，但只要他感觉到周围有人爱他，就不会产生心理上的偏差。但如果终日不断被骂、被批评，得不到父母的爱，儿童就会觉得自己毫无价值。更进一步，如果父母对子女不公正，就会使儿童是非观念不稳定，产生心理上的焦虑和敌对情绪，有些儿童因此而分离、独立、逃避与父母身体和情感的接触，进而逃避与其他人和事物的接触，这样就极易形成分裂型人格。

导致分裂型人格的主要原因是个体不能适应环境。有分裂型人格的人在青少年时期一般都有较强的自尊心和进取心，但由于各种原因使他们经常遭受挫折、失败、屈辱，尊重长期得不到满足，因而自卑、怯懦、胆小等特点逐渐发展、强化和巩固下来，成为他身上稳定的人格特征。他们好高骛远，能力不足，或缺乏合作经验，因而遭受挫折；缺乏机会，与他人合作不好，人际关系不融洽，因而很少获得成功；经常受到家长过分的苛责和打骂、教师或上级过分严厉的批评指责；受环境压抑或社会观念影响（如遗传决定论、宿命论等），承认自己天资不如人；以时运不济来解释自己的处境，聊以自慰。其结果必然助长自卑心理。性格内向，不好交往，使他们不了解周围的人，别人也不了解他们。他们难以得到他人同情、谅解和帮助，于是自卑、怯懦、胆小和内向等人格特征更加强化巩固。

分裂型人格障碍的治疗

兴趣培养法。兴趣是指积极探究某种事物而给予优先注意的认识倾向，并具有向往的良好情感。因此兴趣培养有助于克服兴趣索然、情感淡漠的人格。具体做法如下：

提高认知。要求本人有意识地分析自己，确定积极人生的理想和追求目标。应使其懂得这样一个道理：人生是一个乐趣无穷的愉快旅程，每一个人都应该像一位情趣盎然的旅行家，像欣赏宇宙万物那样，每时每刻都在奇趣欢乐的道路上旅行，这样才能充满生活乐趣和前进的动力。

社会实践。创造条件，有意识地接触社会实际生活，扩大接受社会信息量，促使兴趣多样化。

参加兴趣小组活动。这是培养兴趣的较好形式，内容有绘画、书法、音乐、舞蹈、艺术、体育锻炼、科技活动等。

自我调适法。分裂型人格常从童年期形成起就存在于人的一生，很少改变，而且各种表现比较稳定，不易发生衰退。迄今无特殊药物治疗这种病态人格。不过有分裂型人格的人智力尚属良好，有的人还能获得杰出成就，中外一些艺术家、哲学家和自然科学家也有患分裂型人格障碍的。因此，有这种人格症状的人不要自卑，要勇于承认自己的人格缺陷，注意多与他人接触，不要总是担心会被人耻笑或误解；要尽量轻松愉快地与人谈话、交往，在与人交往中跟他人相互了解，争取得到他人的理解和帮助，用友谊来取代孤独。此外，必须摒弃遗传决定论、女不如男和宿命论的观点，努力实践奋斗，以勤补拙。要相信“世上无难事，只怕有心人”这句至理名言。只要选准适合自己特长和条件的奋斗方向，经过自己努力，一定能够有所成就。

另外还可以通过饲养自己感兴趣的小动物来激发生活的情趣，实现自我满足感和改善其冷漠的心态。

第二章
突破意志障碍，轻松前行

突破意志障碍

不被回忆所控制

靠怀念过去来逃避现实，确是一种无益的习惯，其结果往往是使人逃避成熟的思考，而进入一种虚无缥缈的幻想境界。

一个夏天的下午，在纽约的一家中国餐厅里，奥里森·科尔在等待着，他感到沮丧而消沉。由于他在工作中有几个地方出现错误，使他没有做成一项相当重要的项目。即使在等待见他一位最珍视的朋友时，也不能像平时一样感到快乐。

他的朋友终于从街那边走过来了，他是一名了不起的精神病医生。医生的诊所就在附近，科尔知道那天他刚刚和最后一名病人谈完了话。

“怎么样，年轻人，”医生不加寒暄就说，“什么事让你不痛快？”对他这种洞察心事的本领，科尔早就不意外了，因此他就直截了当地告诉他使自己烦恼的事情。然后，医生说：“来吧，到我的诊所去。我要看看你的反应。”

医生从一个硬纸盒里拿出一卷录音带，塞进录音机里。“在这卷录音带上，”他说，“一共有三个来看我的人所说的话。当然没有必要说出来他们的名字。我要你注意听他们的话，看看你能不能挑出支配了这个 3 个案例的共同因素，只有 4 个字。”他微笑了一下。

在科尔听起来，录音带上这3个声音共有的特点是不快活。第一个是男人的声音，显示他遭到了某种生意上的损失或失败。第二个是女人的声音，说她因为照顾寡母的责任感，以至于一直没能结婚，她心酸地述说她错过了很多结婚的机会。第三个是一位母亲，因为她十几岁的儿子和警察有了冲突，而她一直在责备自己。

在3个声音中，科尔听到他们一共6次用到4个文字："如果，只要。"

"你一定大感惊奇，"医生说，"你知道我坐在这张椅子里，听到成千上万用这几个字作开头的内疚的话。他们不停地说，直到我要他们停下来。有的时候我会要他们听刚才你听的录音带，我对他们说：'如果，只要你不再说如果、只要，我们或许就能把问题解决掉！'"医生伸伸他的腿。"用'如果''只要'这4个字的问题，"他说，"是因为这几个字不能改变既成的事实，却使我们面朝着错误的方面，向后退而不是向前进，并且只是浪费时间。最后，如果你用这几个字成了习惯，那这几个字就很可能变成阻碍你成功的真正的障碍，成为你不再去努力的借口。"

"现在就拿你自己的例子来说吧。你的计划没有成功。为什么？因为你犯了一些错误。那有什么关系，每个人都会犯错误，错误能让我们学到教训。但是在你告诉我你犯了错误，而为这个遗憾、为那个懊悔的时候，你并没有从这些错误中学到什么。"

"你怎么知道？"科尔带着一点辩护地说。

"因为，"医生说，"你没有脱离过去式，你没有一句话提到未来。从某些方面来说，你十分诚实，你内心里还以此为乐。我们每个人都有一点不太好的毛病，喜欢一再讨论过去的错误。因为不论怎么说，在叙述过去的灾难或挫折的时候，你还是主要角色，你还是整个事情的中心人……"

在医生的开导下，科尔终于意识到，自己沉浸在过去错误的阴影中，还没有真正走出错误，并用积极上进的态度去改变现在的处境。医生告诉科尔，他患上了严重的“怀旧病”，而采用“如果”“只要”这类字眼是“怀旧病”的重要特征。

应该说，一个人适当怀旧是正常的，也是必要的，但是一味地沉湎于过去而否认现在和将来，就会陷入病态。

每个人都应当谨记：昨天就像使用过的支票，明天则像还没有发行的债券，只有今天是现金，可以马上使用。今天是我们轻易就可以拥有的财富，无度的挥霍和无端的错过，都是一种对生命的浪费。

这世上再也没有什么能比今天更真实了。

不要回避今天的真实与琐碎，走脚下的路，唱心底的歌，把头顶的阳光编织成五彩的云裳，遮挡风霜雨雪。每一个日子都向人们敞开，让花朵与微笑回归你疲惫的心灵，让欢乐成为今天的中心。如果有荆棘刺破你匆匆的脚步，那也是今天最真实的痛苦。

只有把持今天，才能让生命感知生活的无边快乐。

都是依赖惹的祸

有些人经常持有的一个最大谬见，就是以为他们永远会从别人不断的帮助中获益。力量是每一个志存高远者的目标，而依靠他人只会导致懦弱。力量是自发的，不依赖于他人。坐在健身房里让别人替我们练习，我们是无法增强自己肌肉的力量的。没有什么比依靠他人更能破坏独立自主的了。如果你依靠他人，你将永远坚强不起来，也不会有独创力。要么抛开身边的“拐杖”独立自主，要么埋葬雄心壮志，一辈子老老实实做个普通人。

一个登山者，一心一意想登上世界第一高峰。

在经过多年的准备之后，他开始了新的旅程。但是，由于他希望完全由自己独得全部的荣耀，所以他决定独自出发。他开始向上攀爬，时间已经有些晚了，然而，他非但没有停下来准备露营的帐篷，反而继续向上攀登，直到四周变得非常黑暗。山上的夜晚显得格外的黑暗，这位登山者什么都看不见。到处都是黑漆漆的一片，能见度为零，因为月亮和星星又刚好被云层给遮住了。即使如此，这位登山者仍然继续不断地向上攀爬着，就在离山顶只剩下几米的地方，他滑倒了，并且迅速地跌了下去。跌落的过程中，他仅仅能看见一些黑色的阴影，以及一种因为被地心引力吸住而快速向下坠落的恐怖感觉。

他下坠着，在这极其恐怖的时刻，他的一生，不论好与坏，也一幕幕地显现在他的脑海中。当他一心一意地想着，此刻死亡是正在如何快速地接近他的时候，突然间，他感到系在腰间的绳子，重重地拉住了他。他整个人被吊在半空中……而那根绳子是唯一拉住他的东西。

在这种上不着天、下不着地、求助无门的境况中，他一点办法也没有，只好大声呼叫："上帝啊！救救我！"

突然间，天上有个低沉的声音回答他说："你要我做什么？"

"上帝！救救我！"

"你真的相信我可以救你吗？"

"我当然相信！"

"那就把系在你腰间的绳子割断。"在短暂的寂静之后：登山者决定继续全力抓住那根救命的绳子。

第二天，搜救队找到了他的遗体，已经冻得僵硬，他的尸体挂在一根绳子上。他的手也紧紧地抓着那根绳子……在距离地面仅仅 1 米的地方。

新生命的诞生是从剪断脐带开始的，生命所受到的最大束缚就来自于它对"绳子"的依赖性，人类注定只有靠自己才能获得自由，"你的命运藏在你自己的胸里"，如果你依恋那根"绳子"，你至死也不会明白为什么自己会那么卑贱地离开这个世界。

"在这个世界上最坚强的人是孤独地、只靠自己站着的人。"这是挪威著名戏剧家易卜生对于人所作出的一个断言。穿越世纪的风尘，这句话依然掷地有声，因为它揭示了一个亘古不变的真理：你的命运只藏在你自己的胸里，你就是主宰一切的上帝。

用自己的脚走路

生活中最大的危险，就是依赖他人来保障自己。“让你依赖，让你靠”，就如同伊甸园的蛇，总在你准备赤膊努力一番时引诱你。它会对你说：“不用了，你根本不需要。看看，这么多的金钱，这么多好玩、好吃的东西，你享受都来不及呢……”这些话，足以抹杀一个人意欲前进的雄心和勇气，阻止一个人利用自身的资本去换取成功的快乐，让你日复一日原地踏步，止水一般停滞不前，以至于你到了垂暮之年，终日为一生无为悔恨不已。

而且，这种错误的心理，还会剥夺一个人本身具有的独立的权利，使其依赖成性，靠拐杖而不想自己一个人走；有依赖，就不会想独立，其结果是给自己的未来挖下失败的陷阱。

美国总统约翰·肯尼迪的父亲从小就注意对儿子独立性格和精神状态的培养。有一次他赶着马车带儿子出去游玩。在一个拐弯处，因为马车速度很快，猛地把小肯尼迪甩了出去。当马车停住时，儿子以为父亲会下来把他扶起来，但父亲却坐在车上悠闲地掏出烟吸起来。

儿子叫道：“爸爸，快来扶我。”

“你摔疼了吗？”

“是的，我自己感觉已站不起来了。”儿子带着哭腔说。

“那也要坚持站起来，重新爬上马车。”

儿子挣扎着自己站了起来，摇摇晃晃地走近马车，艰难地爬了上来。

父亲摇动着鞭子问：“你知道为什么让你这么做吗？”

儿子摇了摇头。

父亲接着说：“人生就是这样，跌倒、爬起来，奔跑，再跌倒，再爬起来、再奔跑。在任何时候都要全靠自己，没人会去扶你的。”

从那时起，父亲就更加注重对儿子的培养，如经常带着他参加一些大的社交活动，教他如何向客人打招呼、道别，与不同身份的客人应该怎样交谈，如何展示自己的精神风貌、气质和风度，如何坚定自己的信仰，等等。有人问他："你每天要做的事情那么多，怎么有耐心教孩子做这些鸡毛蒜皮的小事？"

谁料约翰·肯尼迪的父亲一语惊人："我是在训练他做总统。"

雨果曾经写道："我宁愿靠自己的力量打开我的前途，而不愿求有力者的垂青。"只要一个人是活着的，他的前途就永远取决于自己，成功与失败，都只系于自己身上。而依赖作为对生命的一种束缚，是一种寄生状态。英国历史学家弗劳德说："一棵树如果要结出果实，必须先在土壤里扎下根。同样，一个人首先需要学会依靠自己、尊重自己，不接受他人的施舍，不等待命运的馈赠。只有在这样的基础上，才可能作出成就。"将希望寄托于他人的帮助，便会形成惰性，失去独立思考和行动的能力；将希望寄托于某种强大的外力上，意志力就会被无情地吞噬掉。

为了训练小狮子的自强自立，母狮子故意将它推到深谷，使其在困境中挣扎求生。在残酷的现实面前，小狮子挣扎着一步一步从深谷之中走了出来。它体会到了"不依靠别人，只能凭借自己的力量前进"，它逐渐成熟了。

真实人生的风风雨雨，只有靠自己去体会，去感受，任何人都不能为你提供永远的庇荫。你应该掌握前进的方向，把握住目标，让目标似灯塔般在高远处闪光；你应该独立思考，有自己的主见，懂得自己解决问题。你不应相信有什么救世主，不该信奉什么神仙或皇帝，你的品格、你的作为，你所有的一切都是你自己行为的产物，并不能靠其他什么东西来改变。

一位父亲和他的儿子出征打仗。父亲已做了将军，儿子还只是马前卒。又一阵号角吹响，战鼓擂响了，父亲庄严地托起一个箭囊，其中插着一支箭。他郑重地对儿子说："这是家传宝箭，佩戴在身边，你将力量无穷，但千万不可抽出来。"

那是一个极其精美的箭囊，用厚牛皮打制，镶着幽幽泛光的铜边儿，再看露出的箭尾，一眼便能认定是用上等的孔雀羽毛制作的。儿子喜上眉梢，贪婪地推想箭杆、箭头的模样，耳旁仿佛嗖嗖的箭声掠过，敌方的主帅应声落马而毙。

果然，佩带宝箭的儿子英勇非凡，所向披靡。当鸣金收兵的号角吹响时，儿子再也禁不住得胜的豪气，完全背弃了父亲的叮嘱，强烈的欲望驱赶着他呼一声就拔出宝箭，试图看个究竟。骤然间他惊呆了——一支断箭，箭囊里装着一支折断的箭。

“我一直带着断箭打仗呢！”儿子吓出了一身冷汗，必胜的信念仿佛顷刻间失去支柱的房子，轰然坍塌了。

结果不言自明，儿子惨死于乱军之中。

拂开蒙蒙的硝烟，父亲拣起那支断箭，沉重地说道：“不相信自己的意志，永远也做不成将军。”

能够充分发挥一个人的潜能的，不是外援，而是自助；不是依赖，而是自立，如果你总是让其他力量推着才能前行，那么，你的生命意义将归于零。

有这么一则希腊神话：

一个马车夫正赶着马车，艰难地行进在泥泞的道路上。马车上装满了货物。

忽然马车的车轮深深地陷进了烂泥中，马怎么用力也拉不出来。

车夫站在那儿，无助地看着四周，时不时大声地喊着大力士阿喀琉斯的名字，让他来帮助自己。

最后阿喀琉斯出现了，他对车夫说：

“把你自己的肩膀顶到车轮上，然后再赶马，这样你就会得到大力士阿喀琉斯的帮助。如果你连一个手指头都不动一动，就不要指望阿喀琉斯或其他什么人来帮助你。”自助者天助，完全依赖别人的恩赐是不可能的，只有你自己首先尽力而为，别人对你的帮助才能最终解决问题。

你，就是主宰一切的神灵。一个人，即使驾着的是一匹羸弱的老马，但只要马缰掌握在他的手中，他就不会陷入人生的泥潭。人只有依靠他自己，才能自视配得上最高贵的东西。

独立自主的人最可爱

善于驾驭自我命运的人，是最幸福的人，正像康德所说："我早已致力于我决心保持的东西，我将沿着自己的路走下去，什么也无法阻止我对它的追求。"最高的自立是追随自己的心灵，确定自己是正确的，不被任何人的评断所左右的精神上的自立。

剑桥郡的世界第一名女性打击乐独奏家伊芙琳·格兰妮说："从一开始我就决定，一定不要让其他人的观点阻挡我成为一名音乐家的热情。"

她成长在苏格兰东北部的一个农场，从8岁时她就开始学习钢琴。随着年龄的增长，她对音乐的热情与日俱增。但不幸的是，她的听力却在渐渐地下降，医生们断定是由于难以康复的神经损伤造成的，而且断定到12岁，她将彻底耳聋。可是，她对音乐的热爱却从未停止过。

她的目标是成为打击乐独奏家，虽然当时并没有这么一类音乐家。为了演奏，她学会用不同的方法"聆听"其他人演奏的音乐。她只穿着长袜演奏，这样她就能通过她的身体和想像感觉到每个音符的震动，她几乎用她所有的感官来感受着她的整个声音世界。

她决心成为一名音乐家，于是她向伦敦著名的皇家音乐学院提出了申请。

因为以前从来没有一个聋学生提出过申请，所以一些老师反对接收她入学。但是她的演奏征服了所有的老师，她顺利地入了学，并在毕业时荣获了学院的最高荣誉奖。

从那以后，她就致力于成为第一位专职的打击乐独奏家，并且为打击乐独奏谱写和改编了很多乐章，因为那时几乎没有专为打击乐而谱写的乐谱。

至今，她作为独奏家已经有十几年的时间了，因为她很早就下了决心，不会仅仅由于医生诊断她完全变聋而放弃追求，因为医生的诊断并不意味着她的热情和信心不会有结果。

“在这个世界上最坚强的人是孤独地、只靠自己站着的人。”这样的人即使濒临绝望，也依然能认清自己和世界，进而改变自己的所有本质，超越自身和一切的痛苦，进入真正自主的世界。赤橙黄绿青蓝紫，谁都应该有自己的一片天地和特有的亮丽色彩。你应该果断地、毫不顾忌地向世人宣告并展示你的能力、你的风采、你的气度、你的才智。在生活道路上，必须善于作出抉择，不要总是踩着别人的脚步走，不要总是听凭他人摆布，而要勇敢地驾驭自己的命运，调控自己的情感，做自己的主宰，做命运的主人。

一位成功人士回忆他的经历时说：“小学6年级的时候，我考试得了第一名，老师送我一本世界地图，我好高兴，跑回家就开始看这本世界地图。很不幸，那天轮到我为家人烧洗澡水。我就一边烧水，一边在灶边看地图，看到一张埃及地图，想到埃及很好，埃及有金字塔、有埃及艳后、有尼罗河，有很多神秘的东西，心想长大以后如果有机会我一定要去埃及。

“看得入神的时候，突然有一个大人从浴室冲出来，胖胖的围一条浴巾，用很大的声音跟我说：‘你在干什么？’我抬头一看，原来是我爸爸，我说：‘我在看地图。’爸爸很生气，说：‘火都熄了，看什么地图！’我说：‘我在看埃及的地图。’我父亲跑过来‘啪、啪’给我两个耳光，然后说：‘赶快生火，看什么埃及地图！’打完后，踢我屁股一脚，把我踢到火炉旁边去，用很严肃的表情跟我讲：‘我向你保证！你这辈子不可能到那么遥远的地方！赶快生火！’

“我当时看着我爸爸，呆住了，心想：我爸爸怎么给我这么奇怪的保证，真的吗？这一生真的不可能去埃及吗？20年后，我第一次出国就去埃及，我的朋友都问我：‘到埃及干什么？’那时候还没开放观光，出国是很难的。我说：‘因为我的生命不能被别人设定。’自己就跑到埃及旅行。

“有一天，我坐在金字塔前面的台阶上，买了张明信片寄给我爸爸。我写道：‘亲爱的爸爸：我现在在埃及的金字塔前面给你写信，记得小时候，你打我两个耳光，踢我一脚，保证我不能到这么远的地方来，现在我就坐在这里给你写信。’写的时候感触很深。我爸爸收到明信片时跟我妈妈说：‘哦！这是哪一次打的，怎么那么有效？一脚踢到埃及去了。’”

在宇宙的中心，回响着那个坚定神秘的音符：“我”，如果你听从它的呼唤，致力于你所决定保持的东西，那么你必将突破别人对你的设定，牢牢掌控你的命运。正如泰戈尔所说：“我存在，乃是所谓生命的一个永久的奇迹。”

克服拖延有法可循

生活中，你搁置了多少想法、多少梦想、多少计划，这一切都源于你的决定没有坚决地付诸行动。而你又为自己的拖延找到了多少借口。所以，人生在世，我们要美好地活着，就意味着拒绝拖延，今天的事今天做。

告诉自己“这件事可以缓一缓”“我今天已经做了很多事，可以奖励自己放松一下了”“明天什么事也没有，不如明天做”“今天天气很难得，不能待在屋里”的时候，要注意了，你已经滋生了拖延的习惯。

如果你是个办事拖拉的人，你大概在浪费大量的宝贵时间。这种人花许多时间思考要做的事，担心这个担心那个，找借口推迟行动，又为没有完成任务而悔恨。在这段时间里，他们本来能完成任务而且早应转入下一个环节了。

所以，一定要找到可以有效对付拖拉作风的方法：

确定一项任务是否非做不可

当我们感觉一项任务不重要，做起来自然会拖拖拉拉，若是这项任务真的不重要，就立刻取消它，而不是既拖延又后悔。有效分配时间的重要一环，是取消可有可无的任务。应该从你的日程表中把乱糟糟的东西清除。

把任务委托给其他人

有时候，任务是能完成的，但是你不喜欢做。你不愿意可能与你的兴趣或专长有关，这时如果你把任务委托给一个比你更适合做、更乐意做的人，你和他就都成了赢家。

确定好处与优势，立即行动起来

我们往往因为看不到完成一项任务有什么好处而拖拖拉拉。也就是说，我们做这项任务时付出的代价似乎高于做完之后得的好处。应付这个问题的最佳办法是从你的目标与理想的角度来分析这个任务。如果你有个重大目标，那你就比较容易拿出干劲去完成有助于你达到目标的任务。

养成好习惯

许多人的拖延已经成了习惯。对于这些人，一切理由都不足以使他们放弃这个消极的工作模式去完成一项任务。如果你有这个毛病，你就要重新训练自己，用好习惯来取代拖延的坏习惯。每当你发现自己有拖沓的倾向时，静下心来想一想，确定你的行动方向，然后给自己提一个问题："我最快能在什么时候完成这个任务？"定出一个最后期限，然后努力遵守。渐渐地，你的工作模式会发生变化。

"明天"是魔鬼的座右铭。整个历史长河中不乏这样的例子，很多本来智慧超群的人，留下的仅仅是没有实现的计划和半途而废的方案。对懒散的人来说，明天是他们最好的搪塞之词。

有两句充满智慧的俗语说得好：一句是"趁热打铁"，另一句是"趁阳光灿烂的时候晒干草"。

很少有人注意到自己通常在什么时候比较懒散倦怠。有的人是在晚饭后，有的人是午饭后，还有的在晚上 7 点钟以后就什么都不想干了。每个人一天的生活往往都有一个关键时刻，如果这一天不想白过的话，一定不要浪费这个时刻。对大多数人而言，早晨几小时往往是这一天会不会过得充实的关键时刻。

拖延是一种疾病，对那些深受拖延之苦的人来说，唯一的办法就是作出果断的决定。否则，这一疾病将成为摧毁胜利和成就的致命武器。通常来说，爱拖延的人就是失败的人。

拖延是一种错误的生活

“明天，明天，还有明天”，很多人总是在这样的自我安慰中度过一个又一个今天，殊不知，时间滔滔不息地奔赴终点，当你把今天应该完成的事拖到明天去做时，这个“明天”就足以把你送进坟墓了。

深夜，一个危重病人迎来了他生命中的最后一分钟，死神如期来到了他的身边。在此之前，死神的形象在他脑海中几次闪过。他对死神说：“再给我一分钟好吗？”死神回答：“你要一分钟干什么？”他说：“我想利用这一分钟看一看天，看一看地。我想利用这一分钟想一想我的朋友和我的亲人。如果运气好的话，我还可以看到一朵绽开的花。”

死神说：“你的想法不错，但我不能答应。这一切早已留了足够时间让你去欣赏，你却没有像现在这样去珍惜，你看一下这份账单：在 60 年的生命中，你有 1/3 的时间在睡觉；剩下的 40 多年里你经常拖延时间；曾经感叹时间太慢的次数达到了 10000，平均每天一次。上学时，你拖延完成家庭作业；成人后，你抽烟、喝酒、看电视，虚掷光阴。

“我把你的时间明细账罗列如下：做事拖延的时间从青年到老年共耗去了 36500 小时，折合 1520 天。做事有头无尾、马马虎虎，使得事情不断要重做，浪费了大约 300 多天。因为无所事事，你经常发呆；你经常埋怨、责怪别人，找借口、找理由、推卸责任；你利用工作时间和同事聊天，把工作丢到了一旁毫无顾忌；工作时间呼呼大睡，你还和无聊的人煲电话粥；你参加了无数次无所用心、懒散昏睡的会议，这使你睡眠远远超出了20年；你也组织了许多类似的无聊会议，使更多的人和你一样睡眠超标；还有……”

说到这里，这个危重病人就断了气。死神叹了口气说：“如果你活着的时候能节约一分钟的话，你就能听完我给你记下的账单了。哎，真可惜，世人怎么都是这样，还等不到我动手就后悔死了。”

每个人的生命都是有限的，当拖延成为你的习惯时，死神也就在不知不觉中来临了。你可以给自己时间，但生命却不会给你时间，正如中国古代诗人李商隐所吟诵的“人间桑海朝朝变，莫遣佳期更后期”。

人为什么会被“拖延”的恶魔所纠缠，很大的原因在于当认识到目标的艰巨时所采取的一种逃避心理，能以后再面对的就以后再面对，只要今天舒服就行，拖延就这样成了“逃避今天的法宝”。而逃避是弱者最明显的特征。

有些事情你的确想做，绝非别人要求你做，尽管你想，但却总是在拖延。你不去做现在可以做的事情，却想着将来某个时间来做。这样你就可以避免马上采取行动，同时你安慰自己并没有真正放弃决心。你会跟自己说：“我知道我要做这件事，可是我也许会做不好或不愿意现在就做。应该准备好再做，于是，我当然可以心安理得了。”每当你需要完成某个艰苦的工作时，你都可以求助于这种所谓的“拖延法宝”，这个法宝成了你最容易也是最好的逃避方式。

拖延自己的时间，往往有1/3的原因是自我欺骗，另外2/3是逃避现实。之所以坚持自己这样的拖延行为，还因为你自己从其中得到了一些“好处”：

通过拖延，你显然可以不去做那些令自己感到头疼的事，有些事情你害怕去做，有些事情你想做又害怕行动。

欺骗自己的各种理由让你心安理得，因为你觉得自己还是个实干家，也许就是慢一点的实干家。

只要能一拖再拖，你就可以永远保持现状，无须力求改进，也不必承担任何随之而来的风险。

你厌倦生活，你抱怨说是其他人或一些琐事让你情绪消沉，这样你便轻松摆脱责任，并且推卸给客观环境。

你通过拖延时间，让自己在最短的时间内完成工作，如果做得不好，你会说："我时间不够！"

你找借口不做任何没把握的事情，以避免失败，这样你觉得自己还真不是个低能的人。

就这样，拖延成了你用来逃避的通行证，你和社会上千万人一样像草木般活着，遇到任何困难都不当机立断，任其耽误下去。

人的本质都是懦弱的，从这一点上说，拖延和犹豫是人类最合乎人情的弱点，但是正因为它合乎人情，没有明显的危害，所以无形中耽误了许多事情，因此而引起的烦恼，实在比明显的罪恶还要厉害。你拖延得了一时，却拖延不过一世，今天你利用拖延这张证件避免了危险和失败，但这样做又能达到怎样的目的呢？在你避免可能遭到失败的同时，你也失去了取得成功的机会。

拖延吞噬你的成功

你的抱负和梦想，是怎么化为灰烬的？是拖延，如果你打算用你的白日梦和你从没按时履行过的计划表来实现梦想，等待你的只有生命的损耗和机会的擦肩而过。

李明大学毕业，干过很多工作，但是每个工作维持的时间都不超过 3 个月，原因是李明自小养成一个拖拉的坏习惯，干什么事都是今天推明天，明天推后天，推来推去什么事也没干成。就拿当初考大学来说，要不是他妈妈天天逼着学习，至今恐怕还在复习呢！就因为这个毛病，李明求职过的很多公司都辞退了他，谁也不愿和一个"三天打鱼，两天晒网"、办事拖拖拉拉的人共事。

不久，李明又去一家公司求职，这家公司也觉得李明有市场策划的才能，决定经试用后再录用他。巧的是这家公司也让他用半个月的时间搞个市场策划。这次李明吸取了上次的教训，决心改掉自己办事拖延的坏毛病，他安排用一周时间搞市场调查，用5天时间写出规划，3天时间进行修改。这样，用不到15天就能完成工作任务。开始几天李明不辞辛苦地奔波于各大市场进行调查，可没坚持几天，拖延的老毛病又犯了，10天过去了材料还没动笔写，一天经理要看他写的市场策划材料，他推脱还不到交稿时间。经理见到交稿时间只有3天了，还没出成稿，嫌他办事拖延，对工作极不认真，就对他说："你也不用写了，从明天起你就不用来上班了。"这个公司又因为李明办事拖延把他给解雇了。

或者你目前还没遭遇到李明的惨败，但是你是不是有着这样一种经历：清晨，闹钟把你从睡梦中叫醒，想着自己所订的计划，同时却感受着被窝里的温暖，一边对自己说"该起床了"，一边又不断地给自己寻找借口——再等一会儿。于是，在忐忑不安之中，又躺了5分钟，甚至10分钟。

类似的情况在我们的生活中经常会遇到，如果哪天你把一天的时间记录一下，会惊讶地发现，"拖延耗掉了我们很多的时间"。很多情况下，拖延是因为人的惰性在作怪，每当自己要付出劳动时，或作出抉择时，我们总会为自己找出一些借口、安慰，总想让自己轻松些、舒服些。有的人能在瞬间果断地战胜惰性，积极主动地面对挑战；而有的人却深陷于"激战"的泥潭，自己被主动性和惰性拉来拉去，不知所措，无法定夺……时间就这样被一分一秒地浪费了。其实拖延就是纵容惰性，也就是给了惰性机会，如果形成习惯，它会很容易消磨人的意志，使你对自己越来越失去信心，怀疑自己的毅力，怀疑自己的目标，甚至会使自己的性格变得犹豫不决，养成一种办事拖拉的工作作风。

当然，有时拖延是因为考虑过多、犹豫不决造成的。比如，有一方案即使在会议上已经通过，经理还在考虑万一职工有意见怎么办，万一上级领导有看法怎么办，非要再拖它半月 20 天才去实施，诸如此类的事情每一天都在我们的身边发生。

适当的谨慎是必要的，但谨慎过头就是优柔寡断，更何况很多像早上起床这样的事是没必要作任何考虑的，所以，我们要想尽一切办法不去拖延，而不是想尽一切借口去拖延。绝不能让“我是不是可以等一等”的念头控制自己。

爱默生曾说：“紧驱他的四轮车到别的星球上去的人，倒比在泥泞的道上追踪蜗牛行迹的人，更容易达到他的目标！”当你准备把今天的事情放到明天去做时，你应该想想到底有多少明天在等着你，到底有多少机会在等着你，今天的太阳明天还会升起吗？

走出过去的阴影

你仍生活在过去的阴影当中吗

在往下读之前，请先回答下面具有启发性的问卷调查表。

1. 你经常以同样的方式讲述以前的经历吗？

A. 人们用呆滞的目光看着你，礼貌地倾听着，但你却毫不在意，继续讲下去

B. 当谈及某些你想要发表个人看法的事情时，你会时不时地讲一些

C. 有时人们会问到你的过去，但你倾向于拒绝回答

D. 当话题与过去的事情相关时，你会时不时地讨论一番

2. 你经常抱怨你年轻时与现在的物价差别吗？

A. 经常

B. 有时

C. 你记不清以前的物价到底是多少

D. 一点也不在意

3. 很多年以前，你失去了一个心爱的宠物，你会?

A. 你再也没有心情喂养宠物，因为你不能面对失去它的痛苦

B. 从那以后你已经接着喂养宠物，但不再是同样的宠物

C. 你没有再喂养宠物，因为你对它已失去兴趣

D. 从那以后你已经接着喂养同一种宠物，并同样地喜爱它

4. 你喜欢尝试新鲜事物吗？如食品、时尚产品、旅行或新的体验等?

A. 你喜欢坚持你所知道的和喜欢的事物

B. 你有时尝试新鲜事物

C. 你不会总是倾向于尝试任何特殊的食品、产品或体验，只是随遇而安

D. 你有着广泛的兴趣，好奇心强，喜欢冒险

5. 数学老师告诉你说，你在数学上没有什么前途，再继续这样教你没有任何意义。对此你会怎样处理?

A. 你相信他所说的，没有继续学习数学

B. 你用足够的精力去学数学，以求勉强通过

C. 你尽量避免数学，即使它限制了你的选择

D. 你找到某个以正确的方式教导你的人，所以你数学方面的欠缺从没有阻碍你的发展

6. 别人对你的诽谤或消极言论是否对你产生影响?

A. 你记忆非常深刻，从没有忘记

B. 你尽力去忘记它们，但它们有时仍会在头脑中浮现

C. “我为什么会为别人的想法而苦恼呢？”

D. 你会回忆此类的事情，直到它们从你头脑中完全消失

7. 你崇尚于学习、研究新信息和新知识或是提高和增长你现有的技能和知识水平吗?

A. 你从不读书、参加培训，或者看教育性节目，你崇尚实际的生活

B. 你喜欢阅读和观看电视上的节目

C. 你认为正式的学习无关紧要，而且浪费时间

D. 你喜欢学习和研究，如果有机会就参加培训，而且总是在不停地读书

8. 你接受新知识的能力有多强？

A. 人们经常说他们已经告诉你某些事情，但你没有记住，或者你没有认真听

B. 有时你发现自己无法接受新知识

C. 你不是经常有足够的兴趣

D. 你喜欢接受新思想，挑战自己，学习新知识并加以应用

9. 你思考时有多少想法是关于现在的？

A. 你经常做白日梦，回忆过去或计划未来

B. 你思考现实的生活，但你还是想着过去的很多事情

C. 你思考现实的生活，过去的就过去了

D. 你尽量思考现实的生活，但你会从过去当中吸取一些特殊的教训

10. 你健忘吗？

A. 你的长期记忆要好于短期记忆，你常常忽略每天的一些细节或信息

B. 你会记住一些，同时也会忘记一些

C. 你感觉记东西非常困难，除非你把事情都写下来并排好顺序

D. 你会记住重要的事情

11. 你是否认为自己有时会一次又一次地面对同样的情况或问题？

A. 是的，非常肯定

B. 是的，有些事情确实会再次发生，但并不是你有意要让它们发生的

C. 不是，你尽量继续生活，忘记过去，从不重复

D. 当这种情况发生时，你尽量理解并找出重复的部分

12. 在一段新的感情关系开始不久后，你是否发现对方会让你想起以前的那个他或她？

A. 你只经历过一段认真的关系；或者，是的，他们（她们）确实具有相同之处

B. 你尽量选择不同的对象，但有时他们（她们）之间的共同点要多于你所想象的

C. 每个人都是不同的

D. 有些东西是不同的，有些东西是相同的；你尽量理解是什么在驱使着你的选择

分析

把所有相同的选项都加起来：

A ____________　　B ____________

C ____________　　D ____________

你受过去影响的程度有多大？很少人只选择一个相同的选项；阅读下面对每个选项的评论，参看你所选的两个或两个以上相同的选项。

选 A 最多：这种人在他们的早期生活中有过特殊意义的经历，不管什么原因，他们当时没有能力完全处理。比如，你可能搬到一个新地方，放弃了原有的生活；你遇到过损失或困难，你没有与别人讨论过此事，当时你也没有能力解决，或者年轻时你只有依靠自己。在观念上你可能很保守，抵制改变，不愿接受新信息，因为你发现那样会令你不安，感觉受到威胁。你可能不喜欢挑战自己的传统观念。当处于安全状态时你可能会接受改变，但你不喜欢强加给自己的事情。

选 B 最多：你受过去的影响比你意识到的要强烈。它们会慢慢地影响你并分散你的注意力。可能有些过去的事情需要你关注和理解。你是否已经摆脱它们，或已经对它们失去感觉，或这些年来你在逃避回忆，或你告诉自己不要那么幼稚，适应它们就行了？你并不像你想象中的那么有逻辑思维，你还受到不可自控的

感情的影响。给自己一些空间去思考你的真实想法和感受，你会发现事情还可以用不同的方式解决。

选C最多：你对过去的事情有着非常固执的态度：过去的事情已经过去，你不想再受它们的影响。为了不受它们的影响，你在竭尽全力与过去的事情保持距离。这会阻止你接受新信息和改变，无法适应新环境，你无法忍耐任何事情威胁到你精心维护的现状。如果它们确实影响到你，你并不会因为它们而茫然不知所措，你可能已经有能力轻松地处理它们。

选D最多：你是个富有洞察力的人，你能够意识到过去生活对你的影响。你尽力从过去的经历中吸取教训，并且对解决你所意识到任何重复出现的情况非常感兴趣。你非常清楚自己的过去，以及它把你塑造成什么样的人——这便是所谓的“传记能力”。

走过的脚印

有这样一句名言：“生活越艰难，你就会变得越发坚强。”德国哲学家尼采也曾说过：“那些没有毁灭我的经历会让我变得更加强大。”你对这样的说法有什么见解？

这是解决改变和抚平伤痛的一个办法。生活就是由一系列的阶段组成的，每个阶段都是因重大的“分裂”而结束的。这些“分裂”是生活周期的自然组成部分：比如，长大离开家庭、拥有孩子、到达中年、有能力对付必须面对的重大挑战。每个“分裂”都会宣告过去的结束，新的开始。在这些时期，人们都会改变以便有能力适应并融合到新的现实。有时人们会由于压力而暂时不知所措或病倒。这种改变的过程在本质上是令人痛苦不堪的，因此，我们会希望时间停止，任何事情不再改变，也不会再继续出错。但事实上，改变的过程本身没有任何错误，只是我们不喜欢它而已。我们除了要生存下去，还要成长、改变和提高，就像人类进化一样。我们会变得更加复杂，掌握更多技能、能力，培养更强的理解和反应能力；我们会变得更加有耐心和富有远见。回忆从小时候起你经历过的所有重要的事情，你从中吸取到哪些教训？

我们持续不断地成长和发展取决于我们充分体验生活中每件事情的能力，不会有失败的感觉，也不会主动逃避这些经历。当一个人真诚地面对所发生的事情时，他或她会发自内心地去解决它们，并从中明白一些道理，这便是一种成长。这会让你培养一种能力和信任感，你将有能力回答生活向你提出的任何难题。我们需要信赖、幽默感、友谊和自律，并希望它们在前面的旅途上支持我们。

你从过去的经历中得到哪些特殊的能力、远见和技能？

1. ______
2. ______
3. ______
4. ______
5. ______
6. ______
7. ______
8. ______
9. ______
10. ______

移情的陷阱

移情现象发生在所有的人际关系当中，包括感情关系。当我们和别人交往时，我们往往会通过从过去的经历得出的观点去理解它，这时就会发生移情。多数情况下，我们对此并没有注意。在密切的人际关系中，移情的作用会越发激烈。这意味着你不会去听从某些人现在说的话，而是听从他们（她们）已经说过的话，当然两者会有细微的差别。你对他们（她们）的看法会影响到自己的期望。在细微的层次上，我们“希望”某些人会以过去同样的方式表现，以便于我们会有一如既往的感觉，即使事实上并不如此。在人际交往中，这种误解常常会招致争论和不愉快的事情的发生。

建立于过去的期望会导致一概的消极想法：你在过去是沮丧和孤独的，所以未来也是如此，但你不会相信任何期望保持现状的人。“自我实现预言”的说法就是从这里得出的。

李琳的男友要求她把垃圾清理出去，他正在忙着修理电视机的遥控器。李琳的第一反应是生气，她非常愤怒——他怎么可以坐在睡椅上对她如此呼来喝去；然后她感觉非常厌烦——每次都是她清理垃圾，而他却很少帮她做任何事情。李琳有份全职工作，而且还要去大学上课，但男友却认为在晚上除了清理他留下的垃圾以外她没有什么可做的。

李琳已经 33 岁，居无定所，她的生活方式与父母如出一辙。家里没有很多钱，但为了让她和妹妹李娜拥有她们想要的东西，让她们受到良好的教育，父母非常努力地工作。李琳和李娜学会了音乐，并得到了她们想要的东西。李娜考上了音乐学院，而李琳却违背了父母的期望，他们认为她应该非常出色。当离开学校后她没有朝着职业人的方向发展，而是去印度旅行，几年内换着各种各样的工作和男友。李琳清晰地记得父母早期的婚姻生活：妈妈总是在努力工作，为一家人作出牺牲；而爸爸回到家后则总是坐在电视机前，等着妈妈准备好晚餐。

爸爸还要求妈妈为他准备好一切，而且从不帮忙做家务。李琳还记得爸爸经常唠叨，叫她帮妈妈干活，而他却总坐在那里。她讨厌爸爸让妈妈干这干那的方式，当她懂得男女应该具有平等地位后，她便批评和否定爸爸消极和疏远的行为。

当李琳的男友高强让她清理垃圾时，她所听到的不是一个简单的请求，而是她生命中所有男人的声音，包括她的爸爸。她憎恨他们一贯地懒惰、剥削，利用女人的善良仁慈。她决定不再忍受，她告诉高强要么他自己清理垃圾，要么就离开。

高强把视线从刚刚修好的遥控器转移到她身上，他不明白李琳所说的，或者为什么突然间她会如此气愤，然后就请她再说一次。

“你听到了，”李琳说，“我对你的呼来喝去感到极为厌烦，每周都是我清理垃圾，你从没有帮过我。我不需要你告诉我什么时候去做。你总是坐在那里，整晚上看体育节目，而我却要购物、做饭、清理，你甚至不问我是否需要帮助。”

“喂！”高强说，“别太认真，我的意思是提醒你清理垃圾——你告诉我让我提醒你。我已经修理好电视遥控器，它只需要更换电池，就这样。我本以为一会儿我们要一起看你想要看的电影呢！”

他已经变得苍白无力，当李琳这样攻击他时他经常有不安的感觉，他不知道到底哪出了问题。他发现这会给他带来很大的压力。在他小的时候父母经常吵架，他们最后就是以离婚而告终。

如果高强和李琳能够充分地意识到各自的问题，他们会在这方面寻求帮助，因为他们之间的冲突对双方来说都非常严重，以至于不能清楚地思考。高强的经历近乎是一场灾难，他的妈妈坚持要求爸爸离开家庭。李琳也重新回忆了十几岁时她对爸爸的愤怒，正如当时她亲身感受到的。在这点上他们的反应可能会终结双方的感情关系，除非他们都后退一步，并且弄明白他们对彼此的愤怒与目前的情况没有任何关系。他们没有意识到已经陷入了过去的阴影，他们都认为这是对方的“错误”。

忘记过去，寻找全新的体验并不是件容易的事。我们都经历过感情关系并彼此相互影响，在某种程度上这都有助于我们培养和铸就自己的个性。但过去的事情总是阻碍着我们欣赏和享受现在所拥有的。回忆过去是一个不容易摆脱的习惯。现在有许多自助计划，以及建议放开过去、继续向前发展的方法。但你怎样放开过去呢？它不像听起来那么简单，因为我们总是固执地坚持自我感觉，即使灵活的变通会让生活更加美好，但我们还是倾向于以一贯的方式行事，这会让我们感到安全和熟悉。为什么？我们只是不知道怎样变得不同而已。

忘记过去旧有的伤口并不完全等同于将所有的事情都抛之脑后。忘记或“我不知道怎样思考和讨论过去的事情”，这些都只是在逃避压力或痛苦。这种企图靠拒绝面对现实来逃避痛苦经历的方法不会让你永久地忘记伤口。我们可以抵触或否认某些经历对我们产生的影响，或者当别人提及时我们会急躁敏感，但这些经历仍然是压力的潜在来源。

李琳和高强确实在努力思考问题到底出自哪里，因为他们都和亲近的朋友谈论了此事，而且高强的一个老朋友认为他在感情关系中正处于一种类似于恐惧和泄气的状态。他是家中最小，也是对父母打架感到最为恐惧的孩子。他告诉李琳当她向他喊叫时他感到非常不公平。他感觉自己已经尽力分担他们共同的责任，做饭和清理垃圾只是不属于他的工作而已。在他的家庭中，妈妈承担所有的家务，他对自己的厨艺一点信心都没有。李琳这种气势汹汹的对抗方式让他感到非常不安。

在他们互相交流想法时，李琳泣不成声，因为他们谈及一些真正重要和痛苦的问题。他们都意识到没有必要再重新扮演父母的角色。李琳还第一次明白了一些事情，因为父母从没有向她解释过：妈妈对爸爸如此照顾是因为他患有肌痛性脑脊髓炎，他每天都非常疲惫，而且饱受病痛的折磨。爸爸对妈妈承担如此多的家务也感到非常内疚，这也是他要尽力让孩子们过上幸福生活的原因。李琳意识到高强对她的心情非常敏感，很难处理她对抗的态度。她说服了高强让他放弃对自己原有的看法，而且高强也同意如果她对他的厨艺不过多批评的话，他会帮更多的忙。这次对话拉近了彼此之间的距离，因为他们学会了怎样更好地去理解对方。

痛苦或不安的回忆

你如何知道自己是否受过去的影响？你是否已经处理好你的生活经历，并最终让它们“成为过去”？或者你是否“遗忘”而没有再次回忆它们，并把它们摆在正确的位置？在生活中任何特殊的时刻，我们都会以不同的观点看待过去的经历。如果我们对任何经历的看法是固定而不可改变的，那是因为你还没有回忆和思考它。如果我们能综合对过去的认识和理解，我们便能自由地作出改变和进行新的选择。

在生活中，你有没有对你造成压力、痛苦甚至精神创伤的回忆？它们可能会是每天生活中的日常事情，比如，小时候经历的失败或失望，一段不愉快的经历，难以确定生活方向；如果涉及精神上的创伤，比如痛失亲人，被忽视、受虐待或被出卖的经历，那么情况可能会更加严重。

痛苦回忆的测试

在生活中令你感到最痛苦的回忆是什么？请列举 5 个，它们可以来自于生活中的任何阶段。不用过多地思考，简单写下你头脑中想到的即可。

1. ____________________
2. ____________________
3. ____________________
4. ____________________
5. ____________________

现在你对这些回忆是什么感觉？选择下面其中的一项。

A. 我克服了发生过的事情，现在已经不再受它的影响

B. 有时我仍会思考发生过的事情，但不管怎样它并不会影响我

C. 有时我仍会思考一些事情，而且我知道它们已经影响着我的生活和我作出决定的方式

D. 我不能忘记所发生的，我几乎每天都会仔细地思考它

E. 我仍会做噩梦，或幻觉重现；我不断地感到恐惧，比如在去某些地方或做某些事情时感到非常恐怖

分析

如果你选择 A 或 B，这意味着在过去的经历和感情关系上你仍有一些没有解决的问题。即使你能很好地应付，但它们会影响你的一些行为和态度。这种影响只是细微的，与以前的事情没有关系。然而有时候如果谈到一些话题时你会非常小心。有时当亲近你的人体会你的态度或行为时，他们会觉得你有些奇怪，很难完全明白你的感受，就像是你不允许他们谈论没有遗忘的一些回忆，不允许把它们和现在的你放在一起。

如果你选择 C，这意味着你是一个爱思考的人，而且对自己有很深的了解。这已经让你颇为受益，因为随着时间的过去，你已经学会在头脑中把事情理顺，把它们放在正确的位置。这些体会还可以让你具备帮助他人的能力。

如果你选择 D，这意味着你的一些回忆只得到部分解决，你会发现以某种方式提高解决过程的速度会更加有效，以便于抑制这些不安的回忆影响你。这样做会极大地提高你的生活质量。

如果你选择 E，这明显标志着在思考一些没有得到完全解决的经历时，你需要帮助。为什么不试着探索哪种帮助对你最有用？是什么在拖延或阻碍着你寻求帮助？面对过去痛苦和恐惧的经历而产生的不安绝没有你想象的那样糟糕，只要你选择有能力的人以合适的方式支持你，问题就会迎刃而解。最糟糕的事情都已经发生了，把它们和盘托出，然后将它们放置在正确的位置，不要再胡思乱想。

继续前进的秘密

解决过去的回忆、失败和改变并不等同于遗忘过去，继续前进，好像什么都没有发生。痛苦的伤口会从过去保持到现在，治愈它是生活中一项艰巨的任务。有时人们会认为他们要做的就是继续做下一件事情，并避免任何不安的回忆或回声（类似于在你头脑中不断响起而又让你不安的声音）。继续前进便是正确的决定。比如，他们可能觉得在一间看起来有些像父母住所的房间居住会让他们找到童年时的感觉。或者某人曾给过他们柠檬汽水，他们小时候讨厌柠檬，于是他们会讨厌一切带有一点柠檬味的东西，并且会煞费苦心地避免吃任何带有柠檬味的食物。避免柠檬是在逃避现实的行为。试问：那段回忆怎样对你产生如此强烈的影响?

精神治疗专家称这样的回忆为“屏障记忆”。这种回忆代表着一整套的感觉、回声和深刻的回忆，它们与那些没有得到完全处理和理解的经历有关系。它们仅是“发生了”，就像是我们吃下的食物，在我们的内部系统中不停地乱转，因为我们不能对它们进行新陈代谢。像这样的回忆就需要我们耐心地思考和理解；我们需要回忆并思考它们对我们产生怎样的影响。如果能做到这些，我们的生活经历便会成为个人力量的源泉。

回忆过去

我们所有人很早就会形成一些核心观念，它们在某些情况下影响着我们的自尊心和自信心。它们不是我们通过自觉思考而得到的体会，而是我们的本能，这形成于我们的经历，以及小时候成年人对我们的教诲。这些隐藏于内心的核心观念的问题是：我们并没有完全意识到它们的存在。它们确实处于隐藏状态。只有一些非常了解你的人能体会到它们的存在，你自己可能从没有意识到你多么依赖于这些看待事情的方法。这些观念的另一个问题是它们是过时的古董、遗物，它们是在你小时候，或者非常年轻，或你的世界观还非常狭隘时所养成的。

它们是你应对生活的决策。它们使你避免以全新的角度去应对任何新情况，现在它们又阻碍你学习怎样解决自己的问题。在复杂、多层次的现实世界中，它们对于你——一个成年人来说，起不到任何帮助的作用。

过去你是否拥有自认为不可改变的核心观念？小时候，你有没有听别人说你是个坏小孩，淘气、丑陋、笨拙、不受欢迎、没人理睬?

陷入困境

我们每个人都会时不时地陷入困境。在这种情况下你无法前进，好像一种无形的力量在把你拉向相反的方向。每次当你付出艰苦努力前进的时候，其他的一些事情便会阻碍你。有时你只能听天由命，因为你已经力不从心。有时保持沉默，什么都不做是非常明智的，因为你不会把情况搞得更加糟糕。但有时你则需要摆脱成规旧俗，以自己独特的方式行事。保持惯例还是摆脱成规，哪个需要你付出更多的精力？这完全取决于你所处的情况。

（1）思考你在过去生活中陷入困境的一次经历，你尽力走出困境并继续前进。

（2）当时是什么帮助你作出行动的决定？

（3）现在什么会帮助你作出行动的决定？

正如一位名人说的那样：在某种意义上，每个出口同时又是一个入口。

打破成规

打破成规是件容易的事情，它会帮助你走出困境继续前进。当然每个人在这方面都有自己独特的方法，下面列举的方法就能经常起到改进的作用。

更换环境。你可以去不同的地方，或你从没有去过的地方，或者让你有自信、产生良好感觉的地方。如果你暂时不能更换住所，那就去度假。如果你不能度假，那就出去玩一个周末。如果你不能玩一个周末，那就做一些新颖、不同的事情。比如，做一些挑战自己的事情，或者从中可以领会到新知识的事情。你难道不喜欢吗？重要的是你要做自己喜欢的事情。

收拾和整理东西。你不一定整理整个房屋，而是一部分，甚至是一小部分，让它给人一种新鲜、明亮、整洁的感觉。摆放你最喜欢的一些物品，或者更换成新的物品。你要相信这个空间是你从事新的活动，实现梦想或计划的地方。这个地方能够赋予你灵感，让你拥有积极的思想。

扔掉一些废弃物。

做 2 ~ 3 件你由于某些原因而推迟了一二天的事情，它们可能让你感到困难或乏味。你可以去做，但不要马上做太多。比如，到邮局送一封信。

随意地做一些善事。比如施舍别人一些东西，或帮他们解决困难。这可能完全出于自己的利益考虑，只要这样做能让你感觉更加良好。

微笑。研究表明，经常微笑的人在内心会感觉更好一些。

寻找生活中的一些笑料，比如喜剧电影等。如果你的人生经历就是一个喜剧，那么它是怎样进行的呢？

与某些没有任何烦恼的人讨论你的情况，注意不是那些可能会同情你、鼓励你，与你为伴的人。同时与几个人讨论，他们更有可能为你提供更多的解决方案，而不是同情你的悲惨遭遇。

使自己所处的环境充满鼓舞人心和提升情绪的音乐、香气或者你喜爱的氛围。这种良好的氛围对某些人会起作用：“醒来后，闻到咖啡的香味。”

锻炼身体，如果可以的话最好是户外锻炼，除非你已经习惯于每天到体育馆内锻炼。

冒险。你可以尝试解决一些困难，承担更多的工作，以挑战自己的极限。争取能够取得一鸣惊人的成绩。这会让你摆脱其他困难给你带来的痛苦，并增强你的自信心。

变换参照物。这涉及创新思维和重新定义的问题。从一个全新的角度去审视你面临的困难。以第一人称“我”写下你的问题。然后，转换成第三人称“他”或“她”，从一个完全不同于自己的角度写下问题。比如，如果你是一位 32 岁的城市单身女人，那么就从一位 55 岁的农村已婚老太太的角度去叙述故事。这听起来是否荒谬可笑？这当然会让你以一种完全不同于自己的角度看待生活和问题。

思考生活中一次走进死胡同的经历。返回到原来的路上会怎么样？那样会有什么样的感觉？你是怎样重新恢复方向感的？

你非常喜欢去做，而又没有做的事情是什么？

思考小时候真正让你受挫的事情。你是如何解决它们的？现在是否遇到过任何与你的解决问题方法类似的事情？你能以不同的方式解决它们吗？

在什么情况下你感觉最好？

最好的方法是自己研究出的创新方法。

沮丧

沮丧是使人们走进过去阴影的主要原因之一。许多人都没有意识到自己曾有过沮丧的经历。在 4 ~ 5 个成年人中，就有 1 个在生活中的某些方面因为沮丧而痛苦。这种情况在许多不同国家和文化中都是真实存在的，城市中的概率可能会高一些。许多人都没有意识到自己会如此沮丧。这就是为什么人们陷入困境而不能自拔的原因。沮丧在我们这个时代被公认为是“严重的疾病”，每个国家都有上百万名患者，可是他们并不具备诊断和治疗这种“疾病”的能力。况且承认自己沮丧还是件为难的事，仿佛陷入沮丧是种失败，这种感觉在 25 岁到 44 岁之间的人群中最为普遍，严重的患者还会有漠视自己、自残甚至自杀的可能，而且女人比男人的患病率要稍高一些。

沮丧就是困扰在过去的阴影当中，不能让自己解脱。不管你走到哪里，沮丧的心情就会跟到哪里。沮丧是一种危险的“疾病”，因为它会逐渐销蚀乐观和希望，让人们变得消极、无助，没有能力采取有效行动以便有所改进。患者感觉唯一的选择就是躺在床上，拒绝帮助，不可救药。

沮丧会逐渐销蚀内心的动机和力量。你对一切都保持漠视、冷淡的态度，你成为自己最大的敌人，家人也对你失去耐心。你失去了所有的雄心或期望，你所能做的只有得过且过。你低估自己的能力，感觉自己没有资格参与竞争，你可能需要更加努力地工作来弥补这种自卑。你感觉行动缓慢，不想走动或锻炼。人们告诫你要面对现实，保持积极乐观的态度，不要总带着沮丧的心情去思考现实的问题。

事实上，沮丧是很正常的。它是你在生活中遇到困难时所作出的完全合乎逻辑的反应。当你尝试去打开的门都已经紧闭时，你选择放弃也合情合理。陷入沮丧标志着你走进了一个死胡同。你不可能继续前进，因为你认为自己要走的路已经行不通。沮丧是对困难的一种本能反应，它既可以来自内心也可来自外界。许多人因为消极的事情而变得沮丧，比如失去工作或患上严重的疾病。但有时没有明显的外界因素人们也可能会沮丧，因为他们总是在低落的情绪中生活。他们喜欢内省，感受孤独，并且对自己要求严格。

我们陷入沮丧的原因会有很多种。生活中必须面对的失败、改变、疾病、残疾，或在某些方面你与别人的不同；没有成就感，没有机会在新的领域施展自己的才华；由于承担责任和义务而陷入某种困境或感情关系；活着是为了别人，而不是为自己，或者生活总是按照别人的意志而不是自己的意志进行；感觉孤立，不能从一个群体获得高质量的互动和反馈，没有归属感；即使好消息也可能会让你暂时感到沮丧，因为它意味着告别原来熟悉的生活方式。

现实中有各种不同的沮丧。有时孩子沮丧是因为他们不能解决某些事情，而在他们需要帮助时又得不到认可或理解。当他们成年后这种感觉可能会发展为长期的沮丧。有些人在童年时经历过严重的紧张性刺激，比如失去爸爸或者妈妈，或家庭分裂，他们成年后也经常陷入沮丧。有时没有任何原因，人们也会陷入沮丧，他们的内心可能受到无法得到理解的复杂问题的困扰。

最后，只有你自己才能找到走出困境的道路，别人能做的就是对你表示理解和支持，而不是评价你。他们在你没有准备的时候用好言好语相劝所产生的只有不良影响，因为这种解决办法和弄虚作假没什么两样，这不能解决潜在的问题。因为你正在努力抗争，与困难达成妥协，或者与生活中失去作用的自我认同感相妥协。

王云是一名汽车推销员，在一家大型代理公司工作。他是全家的经济来源，而且他有良好的客户基础。他是一个乐观、有所成就的人，他和妻子有一个可爱的女儿。然而，有件事一直困扰着他，他的朋友或同事对此都毫无所知：自从他6岁时起，他就在私下写诗。他清楚地记得，爸爸告诉他这样做非常荒谬可笑，没有人依靠写诗过日子。他得到了每个人都在期望的东西：成功的事业、成为优秀的丈夫和爸爸。这也是他期望中的一大部分。王云和妻子在物质上也非常满足，家中的每个人过得都非常开心。而原来写诗的念头不断在他头脑中回荡，他也告诉自己这很幼稚和可笑。他时不时地写一些诗，但又很不好意思让别人看见，甚至是他的妻子。他在私下参加诗歌比赛，这让他感到非常难堪。他得了二等奖，但就连妻子都不知道他的这些行为。他嫉妒有创意的人，他不知道为什么那些人只靠文字、音乐、涂料就能创造出艺术并取得成功，他们并不向人们销售商品。事实上，他对那些待在家中做一些创意而不是拥有一份真正工作的人总是有点吹毛求疵。就像他的爸爸一样，他不让儿女在非职业活动上“浪费时间”，他的家庭也是把工作成就放在首位。

如果王云长期忽视自己写诗的愿望，它就会发展成疾病。它不会消失，而是会让王云变得十分沮丧。沮丧的病症迫使他作出相应的改变，以便他能够实现自己这个受到忽视的愿望。在王云的例子中，他可以被形容为“内向诗人”。王云开始走下坡路，他发现自己早上很难起床，他不想保持他的营销目标，不回答公司的呼叫；他在家中变得脾气暴躁，偏僻孤独。他希望能放弃工作，到大学里学习有创意的写作，但这并不是一个能够公之于众的愿望。妻子和女儿渐渐适应他的改变，而忙于她们自己的生活。她们认为王云只是心情不好，于是就不再理他。没有人意识到他在快速地下滑，他没有任何依赖，于是酗酒便成为他的嗜好。

你在精神上可能长期处于一种死胡同的状态，你在出色地完成别人对你的期望，比如，你可以扮演一个模范丈夫和父亲的角色，但你却从没有时间考虑自己的事情。如果你的表现符合家人的愿望，他们会对你非常满意。但这意味着你在渐渐地消失，你开始出现症状，如头疼，或内心感觉出现问题；你开始大量酗酒，随意地做一些计划来转移自己的注意力，你还可能传出一些败坏名声的风流韵事；你开始变得急躁、焦虑、偏僻、孤独；你思维混乱，失去自信，不明白为什么不能摆脱痛苦。

沮丧也会随之带来危险。它告诉你，你所做的或你的生活方式并不完全适合你。它说明你存在甚至连自己都没有想过的期望或利益的冲突，你的成规正在慢慢消磨你。这其中也蕴藏着一些道理：它不想让你再这样继续下去，你要承认某种潜在问题的存在，它需要得到你的理解。

在王云的例子中，他的沮丧最后以良好的结果而告终，因为他找到了走出沮丧的方法。妻子陈芳认为王云肯定是工作压力太繁重，于是建议他休息一段时间。为了请假，他需要得到医生的病例证明。医生马上就看出他低落的情绪，他已经不是原来的王云。她（医生）建议王云吃一些抗抑郁药。医生对他思想状态的认真分析在某种程度上让他感到些许宽慰。但一听到要吃药，他马上摇头。他生病甚至是头疼时他都不喜欢吃药，他不喜欢自己的头脑受药物控制。医生也了解他这个习惯，然后建议他接受心理咨询。咨询服务的想法也让他感到不安，他坚持自己用不着咨询。医生质问他，建议他“把心中的话说出来，不要把它们全都隐藏在内心”。他能和谁交谈呢？他思考过这个问题，他感觉不想和任何人交流，但他可以把心中的话写下来。医生一直在读一篇名为《写作治疗》的期刊文章，她同意让王云离开一段时间，只要他一个月后回来后清楚地说明他所做的事情。

她还推荐了几本读物，书名列举在文章的最后，它的标题为“写下你内心的呼声”。

结果，王云发现自己非常喜欢这种写作练习，他甚至都不想停下来。他写了很多，看上去他已经迷上了写作。因为这在治疗上是合理的，他这样做是为了他的家庭，他不觉得这是在自我放纵、浪费时间，他以前本来也可以这样做。他通过文学写作走出了沮丧，因为写作是他真正喜欢的事情，他以前从未给自己写作的机会。最后，他找到了回到诗歌创作的途径，并决定在网络上学习诗歌课程以掌握一些写作技巧。王云的女儿和妻子对他转变成一个着迷的诗人倍感困惑，但她们还是接受了这个事实，这样他会感觉更好一些。他的女儿，受到他这种态度的鼓舞，也让他看了一些她写的故事。最后，王云开始通过发表他的故事和诗歌而取得更多成就。只要他有时间写作，他就会更加积极地面对生活。

沮丧测试

下面是26种沮丧的症状，由于我们处于一种变化不定的状态，它们时不时地都会在我们身上有所表现。如果在过去的3个月中你表现出了5个或者更多的症状，这证明你已有些沮丧；任何1 ~ 2个症状本身并不代表着沮丧。

1. 在过去的3年里，你必须去面对各种各样的痛苦，如痛失亲人、离婚、与女友分手、搬家、失败、改变、身体疾病等。

2. 你感觉生活没有乐趣，或者你对过去喜欢的东西失去兴趣。

3. 你每天的某个时候都会感觉情绪低落、无聊、痛苦、沮丧。

4. 你上午感觉非常糟糕。

5. 不管你得到多少休息，你还感觉疲倦、沉重、没精打采。

6. 你不参加任何体育锻炼。

7. 你体重超重或过轻，并对此无能为力。你对任何食物都没有胃口，或者你会毫无节制地吃东西以提高情绪，如含糖类食品。

8. 你持续不断地或无节制地饮酒，饮酒量大大超过自己所需求的范围。

9. 你经常长时间担心、思考你的问题或受问题困扰，并到处来回走动。

10. 在别人对你提供有建设性的建议时，你经常争辩或抵制。

11. 你经常哭。

12. 你每天在看电视或其他乐趣上至少用去一个小时，它们的主要作用是帮你逃避目前不良的感觉。

13. 你不能很好地料理自己，比如你的身体健康或外表穿着等。

14. 你经常耽搁时间，并因此而惹麻烦。

15. 你意识到你需要对某些事情作出重大改变，即使只是在内心深处，但你没有能力处理它。

16. 你感觉没有实现愿望或梦想，或者你"打算"去做的某事总是让你感到焦虑。

17. 你不让自己去培养任何充满激情的兴趣或参加你喜爱的活动。

18. 你私下一直想去做某件事，但你又不允许自己去做。

19. 你感觉你需要作出重大的妥协，比如从事你不喜欢的工作，而不是去满足让自己充满激情的兴趣。

20. 你和某个不爱你、不喜欢你或不尊重你的人一起居住或工作。

21. 别人说你非常消极，愤世嫉俗，吹毛求疵。

22. 你大部分时间都是自己独处，或没有太多亲近的朋友。

23. 你经常感觉自己被误解，或与大多数人存在不同，这让你略感不安。

24. 你不怎么外出活动，除非你认为真的有必要。

25. 你感觉自己陷入生活的困境当中，但你又不能帮助自己走出困境。

26. 你非常缺乏自信心或自尊心，这一直妨碍着你做任何事情。

此外，如果医生诊断你为沮丧，需要抗抑郁药物治疗时，你可能还存在更多你并没有完全意识到的症状，它们在临床上是可被诊断出的。

分析

你所存在的症状数目：

5 ~ 7 个：你可能正陷入轻微到中度的沮丧中。重要的是你要理解并找出它的起因，并确保它不再困扰你。你需要鼓足勇气去摆脱它。你可以进行一次长途旅行，改变周围环境，或者放弃一些你知道自己不需要继续做的事情。

如果你明白了沮丧的起因，并且有信心及时处理它，那么它便不会十分严重。

8 ~ 12 个：你可能正陷入中度的沮丧，即使你可能还没有这样的意识（有时人们太适应于某些习惯，因为他们意识不到错误出自哪里）。重要的是你要向别人寻求一些帮助，比如医生、好朋友、治疗专家，以便于你对自己的沮丧采取治疗行动。如果你忽视它，它便会继续困扰你。

12 个以上：这是中度到严重沮丧的标志。重要的是你要勇敢面对那些阻止你取得成功的问题。你还可能沮丧到非常严重的程度，你可能已经对生活的一些方面失去希望，不再相信更美好的生活。所以重要的是你要寻求帮助，以全新的态度面对生活。

逐步地走出沮丧

如果你陷入沮丧，下面就是你要做的第一件事。查问自己，思考 5 件能够帮助你建立良好感觉的事情，并确保在今天、明天、后天、下周去实践它们。这些事情只能是小规模的，比如做一桌可口的饭菜，预订一次按摩，或者计划会见一位特别要好的朋友。这些只是渺小的进步，但这些进步则可能是一次全新旅程的开始。

重要的是你的态度，你要努力帮助自己走出沮丧，你需要对自己保持一种友善、耐心、理解的态度。你不需要自责，或忽视一些痛苦，或对自己要求过于严格，这样你永远无法走出沮丧。

1. ______________________________
2. ______________________________
3. ______________________________
4. ______________________________
5. ______________________________

现在检查自我破坏的可能性。写下你感觉无法行动，或者没有能力在接下来几天实践这些建议的理由。当你写完这些理由后，仔细思考它们，观察什么人或者什么办法能够帮你解决这些障碍。

1. ______________________________
2. ______________________________
3. ______________________________
4. ______________________________
5. ______________________________

休息片刻！你值得拥有更加美好、更加充实的生活；但是，你必须循序渐进，一点一滴地积累小的进步，最终让这些期望变成现实。

损失和痛苦

沮丧在表现形式上类似于痛苦，两者在很多症状上都有相同之处，比如悲伤、无聊、痛苦不堪、绝望、没精打采。然而，沮丧和痛苦重要的不同就是：沮丧几乎总是涉及没有得到解决的自尊心问题。陷入沮丧的人总会责怪自己，他们看不起自己，总是低估自己的能力。最近失去亲人也会让他们自责，感到内疚。比如，他们觉得原本应该为逝去的亲人做更多的事情，或者他们只要做一些不同的事情，他们的亲人可能就不会离开。但在痛苦的过程上，失去亲人的痛苦只是暂时的，他们通常会随着时间的过去更加注重现实。

失去我们心爱的人是最令人痛心的经历。每个人的处理方式都不尽相同，虽然一些研究痛苦的专家把痛苦的过程定义为“人们在可以意识到的程度上经受苦难”，比如否认、生气、内疚、被迫接受、大病；但事实上人们在处理痛苦的方式上是非常个人化的。没有什么“正确”的方式使人陷入痛苦或“从痛苦中恢复”，没有人具备足够丰富的想法为你在这方面提供真正有所帮助的建议，除非他们自己经历过这种痛苦，即使是这样，他们的方式也不一定会适合你。当你正处于痛苦时，诸如“时间会让你忘却痛苦”这样的话不但无益，还会起到不良作用。

然而，与那些经历过类似失败并且处理得当的人交谈一番也会让你在心理上得到很多安慰。

很多人觉得他们应该“克服”因为失去亲近的人而承受的痛苦，他们认为如果在几年后对此仍然感到烦恼或摇摆不定的话，他们就会表现出脆弱的一面。有时其他人安慰他们，忘记已经逝去的人，但这起不到什么帮助的作用，而且也不现实。你和那个人（不管他已经逝去还是活着）的关系，对你来说非常重要，你不会仅仅因为不能再看到他们而将他们排除在生活之外。你与逝去的人仍保持着某种关系。他们可能已经离开，但这种关系还在发生作用，你没有必要消磨自己，放弃自己原有的生活。你需要以自己的方式保持一种持续的关系，以便于你生活在完全属于自己的生活中。因为失去某个特殊的人而过着不完全属于自己的生活，这便是你需要解决的问题。

创伤后的心理伤痛

那些已经受过外伤的人可以很快地从外伤对身体的影响中恢复，比如遭受强奸、暴力袭击、龙卷风或其他事故。然而，有些人则很难从感情和心理上的伤害中恢复过来，这种伤害可能会持续几个月或几年的时间。他们可能会患上创伤后应激障碍或创伤后压力心理障碍症（PTSD）。很多人可能没有意识到自己会轻微地患有这种综合征。治疗PTSD的症状非常类似于解决损失造成的影响。在精神上受到伤害的人需要明白到底发生了什么事情。他们需要面对这种痛苦的感觉，包括悲伤、绝望、内疚、羞愧、生气、羞耻、无助或恐惧。重要的是他们要有能力重新回顾所发生的故事，他们当时对它的感觉以及解决方式。他们需要恢复把握自己的感觉，需要与善解人意和能够转移悲伤情绪的人谈心，向他们倾吐并希望他们能够理解这种心理上的伤痛。

如果受伤的人以前已经有过破坏性的生活经历，比如童年时代的损失，那么他患有的PTSD症状会进一步恶化。如果这样的话，他就需要重新回忆这些早期的经历，并把它们写入已经发生的故事当中。如果他在事情发生后不久就能找人谈心，他就会在克服伤痛上得到帮助，他最后也能体会到经历所蕴含的意义，或者从中吸取到教训，他也会因此而获得生活的重生。痛苦的经历会导致感情上的巨大变化，它会让人们重新审视生活中的一切，以不同的方式思考自己。它还可能让人们感到孤立无援，因为他们在经历中感受到孤独。写下或谈论自己的经历是帮助他们重新认识自己，保持人际关系的基础。心理学家弗洛伊德曾说："一件没有得到充分理解的事情会不可避免地重新出现，就像一个没有被安置好的鬼魂，在秘密没有解开，咒语没有破除之前，它是不会停下来的。"

第五篇

可怕的自我心理分析

第一章
透视身心，发现以前不知道的自己

遇见未知的自我

真正的人生从认识自我开始

自我是一个非常重要的核心概念。人的一生，无论主动或被动、清醒或模糊，都是在实现自我的过程中。自我意识是人对自己的认识、评价和期望，也是对自己的心理体验。自我意识包括期望自己成为什么样的人，自己要达到什么样的目标，在对自己充分认识的基础上对自己的一生有什么规划。

什么是“自我”？关于自我你一定听过很多种定义：一些人说，自我是每个人身上真实的东西；另一些人说，自我只是一种幻觉；还有一些人说，自我是一种有待塑造的东西，等等。

在历史学家眼中，人与社会同时产生，社会是人的集合体，人之所以愿意集合在一起，起初是为了觅食、狩猎，后来是为了抵御外来侵略。人的社会化程度越高，能力就越大。但是，社会发展的本身也同时改变着人们，如社会因素常常使人刻意打扮自己、掩饰自己，甚至刻意表现出不真实的“自己”投入社会。

人最真实的东西就是人的自我。认识自我固然不易，但接受自我则更加困难，因为自我中往往包含了人性的光明与黑暗、崇高与卑劣的全部成分。

真正伟大的创造性活动都是“反自我”的，只有克服了自我的限制才有创新。思想和艺术都是如此，不懂得这一点就成不了伟大的思想家或艺术家。

有的人，由于不认识自我，一辈子做了许多可悲而又愚蠢的事。现今还有许多青年人，由于不认识自己，稍微经受一点挫折就悲观、失望、苦恼、抱怨、彷徨，在自暴自弃、无所作为中把时光白白地浪费掉。

因此，真正的人生是从认识了自我才开始起步的。只有认识了自我，才能找准自己的位置。有些人所以成功，就是因为自始至终能够找到自己的位置，看到自己身上的缺点和不足，然后付诸行动，并不断改进和完善自己，使自己更加积极向上，充满活力。人最危险的是找不到自己的位置，尤其是在自己出了名、有了一定地位的时候，更难知道天有多高、地有多厚。

人生如爬山，有的人还在山脚、有的人正在山腰、有的人已经爬到了山顶。此时的你，不论是在山的什么位置，都要把自己放在山的最低处，时刻严格要求自己，不断提高攀登技能。否则，你将重蹈“龟兔赛跑”的覆辙，甚至落得个粉身碎骨或身败名裂的下场。

人只有认识了自我，才能发掘自己的潜能。其实，每个人都是优秀的，差别就在于如何认识自己、如何发掘自己和重用自己。很多时候，我们都不相信自己，总认为别人比我们强得多，任何一件事都要得到别人的肯定才认为是正确的。

我们可以羡慕别人的才能和幸运，但同时，我们也不要浪费自己的才能。时间对我们来说是有限而宝贵的，我们要立即开发自己的潜能。只有当你发掘了自我，利用了你的巨大潜能的时候，你的价值才能成为真实的和可靠的。

人的潜能有三。一是求知的潜能。人的求知过程非常辛苦，要开发出“知”的潜能，秘诀在于每天学习新事物，并持之以恒。人生的道理其实很简单，能立定志向，生命就会转弯；能持之以恒，生命就会脱胎换骨并最终赢得美好的结果。许多值得我们羡慕和崇拜的人，大都是在认知上掌握了正确方向，然后持之以恒的人。

二是情感的潜能。人的情感有两方面，其一是人与人之间的亲情、友情和爱情；另一方面是审美的情操。情感一方面能带给你无穷的活力，产生多彩多姿、充满戏剧性的情节，另一方面也能给你带来挣扎、痛苦和烦恼。当你遇到痛苦和烦恼时，可转移到情感的另一方面——培养审美的情操。因为你受到美的感动，就会觉得自己无论再怎么苦都值得，随之就会化解生命中的痛苦。但要警惕，审美只可以对情绪作一种调解，但绝不能用来代替现实生活。

三是意志的潜能。就是只有在立下意志后我们才能觉悟到自己有了主动权。这样才能化被动为主动，把自己的生命掌握在自己手上，塑造成自己喜欢的人格类型。

人只有认识了自我，才能征服自己。苏格拉底说："未经审查的人生没有价值。"懂得征服自己是一种清醒，善于征服自己是一种智慧。征服自己，改造主观世界，不仅能够促进自我的修炼和完善，还能促进自我的提高和升华，使人真正走向成熟，赢得内在的力量，从而推动人生走向胜利，趋于圆满。而一个从不主动去征服自己，一味"跟着感觉走"的人，便很难去征服世界、很难夺取人生的辉煌。

我们要从哪里开始认识自己呢？你不可能回到婴儿时代来从头开始，也不能慢慢学习认识，只有从心理层面去认识自己，看清当下的你，唤醒那个沉睡的真实的你。你需要明白，任何知识都属于过去。过去的事情是是时间累积的结果，它受到传统和记忆的驾驭，已经被打上了人们的是非好恶的评判烙印，因此沉溺于过去只能让大脑在他人的观点中陷入困境。然而大多数人都活在过去，喜欢回忆往事，而且对于活在过去已经感到满足了，因此他们才会崇拜那些代表过去的知识，崇拜那些博学、智慧的人，相信那些教义、信仰或理论，总是在他人的身上去寻找自己生活的意义，就亲手为自己打造了一副思维的枷锁，变成了他人思维的附属品，丧失了自己的独立性和自由。只有当你埋葬了过去，不再执迷于知识与经验的引导，倾听自己内心最真实的呼唤，你才具备了唤醒无所拘束的“我”的条件。

我们的生活是自由的、开放的，当你侧耳倾听、全神贯注于美好的事物时，你的心应该远离先入为主的偏见，不被概念、词语或属性所干扰，你的内心也无任何冲突、恐惧、矛盾和占有。只有在你的心非常纯粹时，你才能真正找到那个无所拘束的“我”。

认识充满潜力的自己

很多人总是如此感慨：“如果给我一个机会，我也能……”把自己的命运系在一个未来的机会上，殊不知没有人会主动给你送来机遇，机遇也不会主动来到你的身边，只有你自己去主动争取。成大事者的能力之一是：有机会，抓机会；没有机会，创造机会。这些你都做到了吗？你知道你的身体内部蕴藏着多大的潜力吗？

麦克与迪克两兄弟是快餐业的开创者。他们的父亲是位制鞋工人，兄弟俩毕业后不愿继承父业，外出寻找新的就业机会。后来他们选择经营汽车餐厅。

当时，美国的餐饮业都是一家一户小本经营的，很少有什么突破。麦氏家族上一代人中没有人经营过餐馆，没有相关的经验背景。或许正因为如此，他们脑子里没有什么框框。这也就是为什么他们可以在传统的餐饮服务业中敢于打破常规，进行开创性经营的原因之一。

1937 年，在美国洛杉矶东部巴沙地那，一间小小的汽车餐厅开张了。这是一间小得不能再小的餐厅，兄弟俩自己煎着热狗，调着牛奶，准备了十几把带有伞顶的椅子，还雇了三个年轻人，让他们到停车场招揽客人。当时的美国，汽车已经比较普及，开车路过的人，到汽车餐馆买个热狗再要点饮料，急匆匆地吃一点儿就忙着赶路。

兄弟俩的餐馆生意还不错，几年后他们又开了一间更大的汽车餐馆。这是一间与当地汽车餐馆在经营特色上有一些不同的餐馆。建筑形状呈八角形，前脸儿是一个落地的大窗，餐馆里没有桌子，只有几个凳子。这座造型十分奇特的建筑和开放式的厨房引起了人们的好奇。在开张后的几年，这里成了当地人，特别是年轻人最爱去的地方。正是这间餐厅，使兄弟俩成为当地新贵。他们俩每人年平均收入 5 万美元，这足以使他们进入当地的上流社会了。

不久，城里同样的汽车餐馆逐渐多起来了。由于餐馆多，相互竞争很厉害，那些服务员自认为奇货可居，要的报酬很高，而且很不听使唤。如果不是麦氏兄弟在汽车餐饮业里积累了一些经验，加上对餐饮业还很有感情，他们早就打退堂鼓了。兄弟俩发现，自己在经营上有一个误区：人们一听到汽车餐厅，就会想到这是一种出售廉价食品的地方。这时候，他们哥俩想进行一项别的经营者想都不敢想的改革。他们通过对几年来经营收入的分析研究，发现有 60%的收入来自汉堡包，而不是排骨。尽管他们在排骨上做的广告比汉堡包多得多。于是，他们把汉堡包制作改为现场制作，并将肉馅一类的熟食加入到汉堡包中。就是这么一个谁都没想到的改革，推动了世界快餐业的一场巨大的革命！

每个人都有与生俱来的潜能，但是许多人终其一生，也不知道如何找到打开思路的钥匙，发动前进的引擎，全速奔向成功。从未发现自己的潜力是人生最大的遗憾。正如一位作家所说：“1 角硬币和 20 美元若沉在海底的话，毫无区别。”它们的价值区别，只有当你将它们捞起并使用时才显现出来。同样，只有当你深刻地认识了自己并发挥你无穷的智慧时，你的价值和才能才会体现出来。

人的身体里面潜伏着巨大的力量，只有得到特殊情况的激发才能很好地发挥出来。就如当有人遇到某种意外事件或灾祸时，一般人都会奋不顾身地去救伤者。每个人都具有潜在的英雄品格，而意外事件和灾祸不过是催化剂，使人有了显露这种品格的机会。我们常常看到一个人在灾祸临头时做出的事情是令人惊叹的。因为人体内都存在着巨大的内在力量，所以人人都能做成不朽的事业。而一切真实、友爱、公道与正义，也都存在于这内在的力量中。这些力量，你在当下若能够发现并加以利用，便可以帮你成就你所向往的一切东西。

学会接纳自我

找回自我的一个有用途径就是接受现实的自我：不但接受我们的优点，还要接受我们的不完美。大多数人对自我都有两种解释，都对自己描绘出两幅图画：在一个房间里高高挂起自己崇高的画像，画像色泽明快、笔触华丽，既没有阴影，也没有对比；而在另一个房间里，我们却挂起自责的画像，就像小说《道林·格雷的画像》那样稀奇古怪的讽刺画，色彩阴暗，绿色和黑色的色块扭曲变态，看不出光亮，也看不出任何立体的浮雕感。

我们不应该将这两幅画像放在两个彼此隔离的房间内，必须将它们摆在一起，在凝视的目光下渐渐让它们融为一体。我们心情愉快舒适的时候，就不愿意承认自己有罪，不承认自己心怀仇恨，不承认自己没有羞耻心，不承认这些缺点正是我们的天性。而我们情绪低落的时候，就不愿意相信自己确实拥有美德，不愿意相信我们取得过杰出的成就。

所以，我们要从现在开始描绘一幅新的画像，认识和接受真实的自我。人类是相对的生物，没有绝对可言，人的一切行动都会存在瑕疵。但在现实生活中，有很多人都希望做到绝对的完美，这种现象实在是屡见不鲜。

在所有人的心灵深处，存在着一个小暴君，企图成为批评家或者烈士。我们渴望主宰世间万物，对他人百般诋毁，让他人受苦受难。这些现象的确是有害的，但它们可以服从于人性中的优点，我们也必须始终让人性的善战胜人性的恶。

许多人之所以不幸，是因为他们认为，哪怕邪恶的念头或情感偶然出现在脑海中，他们也会立刻堕落为恶魔。实际上，不要害怕我们有一两种见不得人的念头，这并不一定让人堕落，只有将这些念头付诸行动才是可耻的。我们一定要明白，拥有一些不值得称颂的想法，并不一定会让一个人变得卑鄙。

200年前，埃德蒙·伯克就告诫世人，要警惕把罪恶普遍化的想法，只有极少数人是罪犯，不能对整个种族做出危险的定论。200年后的今天，我们同样应该防备将个人的行为放大到整个群体的危险性。应该知道，虽然有时候我们对自己和他人有一些侵略性的想法和敌对的情绪，但没有必要因此觉得自己就是一个没有道德、被人唾弃的贱民。一旦你能这样想，便打开了通向美好自由的大门。当我们直面这些负面的情感时，没有必要装出一副道貌岸然的样子，要真正地面对自己！你会发现，倔强地认为自己是完美的这种傲慢想法，才是我们内心的最大敌人。不要要求自己十全十美，不要要求自己拥有天使般的美德。这种直面现实的谦虚态度，有助于我们实现心灵的宁静。

这是个多元化的世界，不同民族、不同文化，百花齐放，各种差异巨大的风俗和观念同时并存。这种对多元性的接受同样也应该应用到我们对自己的看法上。

查尔斯·史蒂文森曾说过："这个世界包罗万象，我相信我们都应该像国王一样过得幸福喜乐。"这种有趣观点和以上所述的人生态度结合起来，可以让我们发现生活更深层次的含义。

只要对自己抱着接纳的、开放的态度，就可以学会坦然面对自己沮丧的心情、残忍的想法、敌视的态度等负面情绪，就可以意识到，虽然我们经常会出现这样或那样的坏念头，但这些情绪会瞬间消逝，不会永存我们的心间。

一旦开放对自己的看法，无论是顺境还是逆境，我们都能泰然处之，而不是逼迫自己去追求看似崇高、实际上永远无法到达的完美，如果你真的舍弃一切去追求绝对的完美，最终等待你的只有无尽的绝望。每个人的个性不同，失败的原因千奇百怪，成功的理由也多种多样。我们不仅要努力工作，奋力为了胜利而拼搏；心底也要明白，对于失败和成功要有同样的心理觉悟。

找回失去了的自我

我们都会相信：我们每个人都有属于自己的社会角色，但我们很难相信这种角色扮演久了以后，有可能走不出来，使我们丧失人生中最美好的时光。美国超级畅销书《盔甲骑士》中讲述了这样一个故事：

一位心地善良、英勇善战的骑士，他屡立战功，受到国王和百姓的赞赏，获得了一副金光闪闪的盔甲。骑士身披闪耀的盔甲，随时准备跳上战马，向邪恶的人挑战，杀死作恶多端的恶龙，拯救遇难的美丽少女……即使在家里，他也穿着轧轧作响的盔甲自我陶醉，吃饭睡觉都不愿意脱下，时间久了，甚至连他美丽的妻子朱丽叶和可爱的儿子克里斯托弗都记不清他的面容了，最后连他自己也忘记了自己的真面孔。

有一天妻子对他说："你爱盔甲远甚于爱我。"她和儿子准备离开他了，这时，骑士才感到惊慌，他想脱下盔甲，可是盔甲已经生锈，再也脱不下来了！骑士请求全国最有名的铁匠帮忙，却还是无功而返。骑士终于意识到问题的严重性，于是他做出了一个重大的决定，到远方寻找能解开盔甲的人。在国王的小丑乐袋的指点下，他决定去漫无边际的大森林中寻找亚瑟王的老师、神秘的魔法师默林。

从此，骑士在默林的指导下开始了解脱盔甲、寻找自我的征程。就像那个快乐的小丑乐袋所说的那样——万般痛苦须遍尝。骑士在历经沉默之堡、知识之堡和志勇之堡后，终于在真理之巅放下自己人格的面具，发自他内心深处的泪水最终融化了已经锈蚀的盔甲。

正如骑士一样，我们在繁忙的世间，在日复一日的生活和工作中，为保护自己，穿上了沉重的盔甲。终于有一天，我们会和骑士一样，发现它竟然再也脱不下来了，所以在这个世界上才有如此之多的“骑士”终日在外征战，渐渐遗失自我。正如李嘉诚先生所言：“骑士习惯了成功，没有注意到盔甲已开始生锈。”

因为这些盔甲，我们再也感受不到一个吻的暖意，再也闻不到空气中飘来的花儿的清香，再也无暇聆听触动心扉的大自然的天籁……最可怕的是，我们自己对这种种“感受不到”的无动于衷。

骑士也许不比我们多数人聪明，但他比我们多数人都要勇敢。为了认识真正的自我，为了学习如何爱自己、爱别人，他穿过沉默、知识和志勇三座古堡，靠自信战胜了战胜“疑惧之龙”，终于踏上了真理之巅，重获自由的身体。当读到骑士借由全然自由的心灵，最终体会到与宇宙融为一体的奇妙感受时，一路跟随骑士或喜或悲、或哭或笑的我们，在掩卷的那一刹那，也不禁为之动容。

其实，人生就是一个不断找回自我的过程。世人一味追求外物的时候，很少有人能够去注意自己，并意识到自己的重要性。丧失自我，是现代人痛苦的根源。一个人如果失去了独特性，丧失了对自我生活的理解，那就意味着他对这个社会来说可有可无，谁都可以代替他。

当没有人主宰自己的灵魂时，灵魂就会盲从别人。生命可贵之处在于做自己，走自己的路。你无法取悦每一个人，如果你试着去取悦每一个人，那你将会失去自我。

人的自我认定往往是受经验的影响或听从别人的看法。你要把什么套在自己身上，给自己贴上什么样的标签，你就会成为什么样的人。你怎样认定自己，你就会有怎样的人生。

我们要努力找回失去了的自我，认识自己的品质，认识自己的能力，认识自己的快乐，走出平庸，真正踏上人生的征途。

通过“乔韩窗口”认识自我

美国心理学家Jone和Hary提出的关于人自我认识的窗口理论，被称为“乔韩窗口”理论。他们认为，人对自己的认识是一个不断探索的过程。因为每个人的自我都有4部分：公开的自我、盲目的自我、秘密的自我和未知的自我。通过与他人分享秘密的自我，通过他人的反馈减少盲目和错误，人对自己的了解就会更多，也更客观。

那么如何认识自我呢？认识自我的渠道主要有3种：

从自己与他人的关系中认识自己

与他人的交往，是个人获得自我认识的重要来源，他人是反映自我的镜子。从幼年到成年，我们从简单的家庭关系扩展到外面的友爱关系，进入社会又体会到复杂的人际关系。聪明而善于思考的人能从这些关系中用心向别人学习，获得足够的经验，然后按照自己的需要去规划自己的前途。

但是，从与他人的关系中认识自己也要注意一些问题。

第一，跟别人比较的是我们做事的条件还是我们做事的结果？比如有些学生来到大学学习，认为自己家庭条件和经济基础不如别人，一开始就把自己置于次等地位，进而影响了学习时的心态和情绪。其实，我们应该比较的是大学时代的学习成绩和毕业后各自所取得的成果，而非各种客观条件。

第二，跟他人比较的标准是可变的还是不可变的？经常有人认为自己不如他人，他们关注的常常只是身材相貌、家庭背景等条件，而对于大多数人来说，这些条件是很难改变的，所以把这些条件作为比较的标准是没有实际意义的。相反，那些对大多数人来说通过自身努力有可能得到改变的因素，才应该被作为与他人进行比较的标准。

第三，和什么样的人相比较？是与自己条件相类似的人，还是个人心目中的偶像或不如自己的人？与什么样的人进行比较，对我们的心态和后续行为的影响很大——与条件类似的人比较只能使人安于现状，与不如自己的人比较则会盲目自信，所以，确立合理的比较对象对自我的认识尤为重要。

从“我”与事的关系中认识自我

从“我”与事的关系中认识自己，即从做事的经验中了解自己。我们可以通过自己所做过的事，所取得的成果、成就看到自己身上的缺点和优点。

对那些聪明又善用智慧的人来说，成功、失败的经验都可以促使他们再成功，因为他们了解自己，有坚强的品格特征，又善于学习，因而可以避免重蹈失败的覆辙；而对于某些比较脆弱的人，因为只看到失败反映出的负面因素而使其更失败。这也是常见的现象。因为他们不能从失败中学到教训，改变策略追求成功，而且挫败后形成害怕失败的心理，不敢面对现实去应付困境或挑战，甚至失去许多取得成功的机会；而对于一些自大的人而言，成功反而可能成为失败之源。他们可能因为成功便骄傲自大，以后做事便自不量力，往往遭受更多的失败。

从“我”与自己的关系中认识自我

从“我”与自己的关系中认识自我看似容易，其实做到这一点是非常困难的。我们可以从以下几个角度去试着认识自己：

第一，自己眼中的我。个人眼中观察到的客观的我，包括身体、容貌、性别、年龄、职业、性格、气质、能力等。

第二，别人眼中的我。在与别人交往时，从别人对你的态度、情感反映而感觉到的我。不同关系的人，不同类型的人对自己的反应和评价是不同的，它是个人从多数人对自己的反映中归纳出的认识。

第三，自己心中的我，也指自己对自己的期待，即理想中的我。

我们可以通过自己眼中的我、别人眼中的我、自己心中的我这三个“我”的比较分析，来全面认识自己，进而完善自己。

世界接受的是我们对自己的评价

世界只接受我们自己对自己的评价。如果你坚持相信生命是孤苦的，没有人爱你，那么，你的世界很可能真的孤苦和没有人爱——因为你自己躲在阴暗处，太阳自然照不到你。然而，如果你愿意抛弃这种信念，相信“到处充满了爱，人们爱你，你也爱别人”，并坚信这种新的信念，那么你的世界就会变成另一种模样。可爱的人将会走进你的生活，原先就在你生活中的人也会变得更加可爱，你会发现，你更容易向别人表达你对他们的爱。

你有没有这样的经历？你遇到某个人，而且一看就知道你不喜欢他，因为他长得像曾经伤害你的人。不管他做了什么，都只是在加强你对他的这种错误评价。其实，真正相处下来，也许当初这个让你一看就烦的人，实际上很可爱的。所有对他的评价，只是你内心给自己的结论。烦恼也是如此，真正的烦恼也是自己给自己的。

一位心理学家为了研究人的烦恼的来源，做了一个有趣的实验。他让参加实验的志愿者在周日的晚上把自己对未来一周的忧虑与烦恼写在一张纸上，并署上自己的名字，然后将纸条投入烦恼箱。

一周之后，心理学家打开了这个箱子，将所有的“烦恼”还给其所属的主人，并让志愿者们逐一核对自己的烦恼是否真得发生了。结果发现，其中90%的烦恼并未真正发生。随后，心理学家让他们把过去一周真正发生过的烦恼记录下来，又投入烦恼箱。

三周之后，心理学家再次把箱子打开，让志愿者重新核对自己写下的烦恼，这次，绝大多数人都表示，自己已经不再为三周之前的烦恼而烦恼了。

在这个实验中，我们都会发现：烦恼原来是预想的很多，出现的却很少；自认为沉重到无法负担，转瞬也便如骤雨急停。人生的烦恼大都是自己寻来的，而且大多数人习惯把琐碎的小事放大。

“月有阴晴圆缺，人有悲欢离合”，自然的威力，人生的得失，都没有必要太过计较，太较真了就容易受其影响。人到世间上来，不是为苦恼而来的，所以不能天天地板着脸，伤心、烦恼、失意……这样的人生毫无乐趣可言，所以，我们应该培养自己乐观、积极、进取、欢笑、喜悦的个性，快乐地在工作于生活，远离忧愁、悲伤、苦恼，如此活在人间才有禅意、才有价值。

在生活中，我们往往很容易被一些鸡毛蒜皮的琐事牵绊，反而忘记了自己的初衷，难免自生烦恼。这正是“野花不种年年开，烦恼无根日日生”。

作家吴淡如女士曾经在她的文章中提到过这样一组数据：

我们的烦恼中，有40%属于杞人忧天，那些事根本不会发生；30%是无论怎么烦恼也没有用的既定事实；另12%是事实上并不存在的幻象；还有10%是日常生活中微不足道的小事。也就是说，我们92%的烦恼都是自寻烦恼，活该你烦恼；只有8%的烦恼勉强有些正面意义。

吴淡如问她的读者：“看了这些数据，你要不要删除你92%的烦恼？”是啊，看了这些数据，我们是否应该主动删除自己那92%的烦恼呢？

佛经上说，魔鬼不在心外，魔鬼就在自己的心中。古代的思想家王阳明也说：“擒山中之贼易，捉心中之贼难。”由此，星云大师告诫我们，自己的敌人就在自己心里，贪嗔痴疑慢、消极懈怠、忧愁烦恼，无一不是阻碍我们精进的心魔，能将其降伏者，也只有我们自己。

爱上独一无二的自己

我们的头脑心灵、眼睛、耳朵、双手、头发、嘴唇都是与众不同的。言谈举止和我完全一样的人以前没有，现在没有，以后也不会有。虽然四海之内皆兄弟，然而人人各异，我们每个人是独一无二的造化。

的确，我们每一个人都是独一无二的造化。如果我们活着，却不知道爱自己，就如同把自己放逐到一件孤独的、被剥夺了爱的囚室。试想一下，如果我们整天陷于内疚、羞愧、冷漠的情绪中，陷入不断的自责中，我们如何好好地爱别人，又如何享受别人带给我们的爱呢?

爱上自己，首先要认识自己。认识自己从照镜子开始，哪里是缺点，自卑感是从哪里来的，自己拥有什么、追求什么、想要变成什么样的人……如果把视线从真实的自我移开的话，真实的人生就永远不会开始。

庙里新来了一个小和尚，他积极主动地跑到方丈面前，殷勤诚恳地说:“我初来乍到，先干些什么呢?请前辈指教。”方丈微微一笑，对小和尚说:“你先认识一下寺里的众僧吧。”

第二天，小和尚又来见方丈，“寺里的众僧我都认识了，下边该干什么呢?”方丈微微一笑，洞明睿智地说:“肯定还有遗漏，再接着去了解、去认识吧。”

三天过去了，小和尚再次来见方丈说:“寺里的所有僧侣我都认识了，我想有事做。”方丈微微一笑:“还有一人，你没认识，而且，这个人对你特别重要。”

小和尚疑惑地走出方丈的禅房，一个人一个人地询问着、一间屋一间屋地寻找着。在阳光里、在月光下，他一遍遍地琢磨、一遍遍地寻思着……不知过了多少天，一头雾水的小和尚在一口水井里忽然看到自己的身影，他豁然顿悟。

天真的小和尚用了三天去认识别人，却用了更长时间去醒悟、去认识自己。

爱上自己，其次要按自己喜欢的方式去生活。因为我们要想生活得幸福，必须懂得秉持自我，按自我的方式生活。如果你一味地遵循别人的价值观，想要取悦别人，最后你会发现“众口难调”，每个人的喜好都不一样，失去自我，便会是自己人生中痛苦的根源。

在这个纷繁忙碌的世界，每个人似乎都是行色匆匆，不曾停留片刻，静下心来倾听一下自己内心的声音。这种时候，我们应该扪心自问：我在追寻着什么，我又得到了什么，而自己又处在茫茫宇宙中的哪一个位置？是的，忙碌和疲惫已经让我们迷失了自己，忘了自我的存在，而真正的爱自己要学会愉悦自己。

由于破产的打击，人生对基尔来说已索然无味了。

在一个晴朗的日子，基尔找到了牧师。牧师耐心听完了基尔的倾诉，对基尔说："我给你看样东西。"他向窗外指去。那是一排高大的枫树，在枫树间悬吊着一些陈旧的粗绳索。他说："60 年以前，这儿的庄园主种下这些树，他在树间牵拉了许多粗绳索。对于嫩弱的幼树，这太残酷了，因为创伤是终生的。但是，结果是完全不同的。眼前这棵粗壮的枫树根本看不出什么疤痕，所看到的是绳索穿过树干——几乎像钻了一个洞似的，真是一个奇迹。"

"关于这些树，我想过许多。"牧师接着说，"只有体内强大的生命力才可能战胜像绳索带来的那种终生的创伤。对于人而言，有很多解忧的方法。在痛苦的时候，找个朋友倾诉，找些活干。对待不幸，要有一个清醒而客观的全面认识，尽量抛掉那些怨恨、妒忌等情感负担。有一点也许是最重要的，也是最困难的：你应尽一切努力愉悦自己，真正地爱自己。"

在繁忙的生活中，如果累了，倦了，就停下来，认认真真地审视一次自己。问问自己，喜欢现在的生活方式吗？最想做的事情是什么？对什么职业最感兴趣？最近是不是有什么想学的东西？什么才是你最大的业务爱好？累了的时候最想以怎样的方式休息？孤单的时候会想起谁……认真回答这些问题的过程，就是一个审视自己的过程，一次关心自己内心的机会。给自己这样一个机会，你会更懂得爱自己。

爱自己就是向自己敞开胸怀，使自己能感受周围和自身的一切；爱自己就是愿意接受自己所做的一切，不加任何评论或批判；爱自己就是给自己以足够的重视与关注，以使自己能常常和自己接触；爱自己就是做自己生活以及所经历、所领悟和所发现的事物的主人，并对其承担责任；爱自己就是学会珍视身边的点点滴滴。

自我的形成

大多数人认为，在人出生时，自我就已植入人类自身的本质，自我的特征是早已形成的，而且永远不会改变。

其实，“自我”并不是先天赋予的，而是在人们的后天生活中逐渐形成的。人的自我并不是静止不变的产物，一旦从“神”的脑海中蹦出来，就已经完全成熟。恰恰相反，我们只有历经千辛万苦才能形成理智成熟的“自我”，而且在这一旅途中我们将会遇到重重困难，并要与之做艰苦奋战，最终才取得了胜利。自我的实现是一场连续的战斗，在这个不间断的过程中，我们一次次赢得胜利，在我们的心脏最后一次跳动之前，这种胜利永远无法取得最终的大获全胜。

刚开始，我们面对的是一片混乱的场面。我们的眼睛所看到的，是各种朦胧的光影和模糊的形体。我们的耳朵所听到的，是安慰我们的轻声细语，或者是吓得我们魂飞魄散的大声吼叫。当我们站稳脚跟时，那焦虑不安的心灵才得以渐渐平静，开始学着制订出世界的秩序模式。我们的情感没有任何的保护，完全暴露在外，非常容易受到伤害，而我们所觉察到的各种对立和紧张的情绪，就像电闪雷鸣一般划破了成人世界的天空。

在阴暗的角落里，总是潜伏着各种危险，我们还总是感到莫名袭来的强烈负面情感，就好像大草原上刺骨的寒风一样让人发抖。在父母为我们搭建起的爱之王国中，当我们的优先权受到威胁时，妒忌和控制欲等情感就会紧紧抓住我们。换句话说，眼看着新生的弟弟妹妹，我们心中沉睡许久的嫉妒和疑忌就可能会突然爆发。恐惧和愤怒、不安和痛苦，慢慢遮挡住我们成长过程中那一道道动人的明媚阳光，使我们的生活黯然失色。

随着时光穿梭，在这个童年的小小岛屿上，我们慢慢变成了岛屿的主人，但随后，我们就会被赶往一个陌生的新世界——学校。在学校这个小小世界中，我们既被五光十色的事物吸引，同时又对不确定的万千变化感到可怕。与周围小伙伴的竞争关系、人与人之间令人尴尬的力量悬殊、青春发育期的烦躁考验、各种大大小小的挫折与失败，这一切都会阻止我们去直面、去拥抱在成长的旅途中让人悲喜交加的插曲。在这种心态下，我们不禁渴望退回童年时期，想要恢复童年时期的天真无邪，将自己完全封闭保护起来，永远与世隔绝。

处于青春期阶段的孩子常常会不想长大，而渴望回到童年时代那个让他深深迷恋的特权王国。这是因为他在这个王国里遇到的竞争比青春期要少很多，而且他的经历已经让他足够应付童年时代的难题。

从情感上说，人生的每个新阶段都具有破坏性，它迫使我们在残垣断壁中捡起还有价值的砖瓦、让我们利用自己早先已经得到的宝贵而又零碎的经验，一点点搭建起新的建筑，以更好地适应人生的新环境。

等我们逐渐适应环境的变化，进入成年阶段以后，我们就会意识到自己已经失去了童年时期的各种特权，并心安理得地接受这种损失。这时我们就会正视与同时代人的竞争，并学会快乐地将真实的自我勇敢地展现在他人面前。我们就会学会忍受等待接受惩罚时内心的焦虑，学会平静地期待即将到来的挫折。我们就会认识到，道路就在自己脚下，事已至此，我们再也没有退路，一旦我们胆怯后退，就会带来更多的痛苦和不幸。

坚持自我，别总拿别人当镜子

做人永远要以自己的意志为转移，不要总是效仿别人，必须懂得坚持自我。很多失败者之所以会失败，是因为他们对自身的宝藏视而不见，反而拼命地去羡慕别人，模仿别人。殊不知，成功的真谛就在于坚持自我。

古语说“以铜为镜，可以正衣冠；以人为镜，可以明得失”。意思是说，每个人都是一面镜子，我们可以从别人身上发现自己，认识自己。然而，如果一个人总是拿别人当镜子，那么那个真实的自我就会逐渐迷失，难以发现自己的独特之处。

作家杏林子有本《现代寓言》，里面有这样一个故事：

话说有一只兔子长了三只耳朵，因而在同伴中备受嘲讽戏弄，大家都说它是怪物，不肯跟它玩。为此，三耳兔很是悲伤，时常暗自哭泣。

有一天，它终于作了决定，把那一只多出来的耳朵忍痛割掉了。于是，它就和大家一模一样了，也不再受到排挤，它感到快乐极了。

时隔不久，它因为玩游戏而进入另外一片森林，天啊！那边的兔子竟然全部都是三只耳朵，跟它以前一模一样！但由于它少了一只耳朵，所以，这里的兔子都嫌弃它、不理它，它只好怏怏地离开了。在它看来只要和别人不一样，就是错的！

故事中的那只兔子总把别人当成自己的标准，结果总是使自己陷入尴尬的境地。在现实生活中，这样的人不在少数，他们总是把别人当成自己的标准，总是在一味地模仿中失去了自我。

每个人都有自己生活方式与态度，都有自己的评价标准，人们可以参照别人的方式、方法、态度来确定自己采取的行动，但千万不能总拿别人当镜子。总拿别人做镜子，傻子会以为自己是天才，天才也许会把自己照成傻瓜。

胡皮·戈德堡成长于环境复杂的纽约市切尔西劳工区。当时正是“嬉皮士”时代，她经常追赶流行，身穿大喇叭裤、头顶阿福柔犬蓬蓬头、脸上涂满五颜六色的彩妆。为此，她常遭到附近人们的批评和议论。

一天晚上，胡皮·戈德堡跟邻居友人约好一起去看电影。时间到了，她依然一副嬉皮士打扮，还是那一头阿福柔犬蓬蓬头。

当她出现在她朋友面前时，朋友看了她一眼，然后说："你应该换一套衣服。"

"为什么？"她很困惑。

"你扮成这个样子，我才不要跟你出门。"

她怔住了："要换你换。"

于是朋友转身就走了。

当她跟朋友说话时，她的母亲正好站在一旁。朋友走后，母亲走向她，对她说："你可以去换一套衣服，然后变得跟其他人一样。但你如果不想这么做，而且坚强到可以承受外界嘲笑，那就坚持你的想法。不过，你必须知道，你会因此引来批评，你的情况会很糟糕，因为与大众不同本来就不容易被接受。"

胡皮·戈德堡受到极大震撼，她忽然明白，当自己探索一条可以说是"另类"的存在方式时，没有人会给予鼓励和支持，哪怕只是一种理解。当她的朋友说"你得去换一套衣服"时，她的确陷入两难抉择：倘若今天为了朋友换衣服，日后还得为多少人换多少次衣服？她明白母亲已经看出她的决心，看出了女儿在向这类强大的同化压力说"不"，看出了女儿不愿为别人改变自己。

人们总喜欢评判一个人的外形，却不重视其内在。要想成为一个独立的个体，就要坚强到能承受这些批评。胡皮·戈德堡的母亲的确是位伟大的母亲，她懂得告诉孩子一个处世的根本道理——拒绝改变并没有错，但是拒绝与大众一致是一条艰辛而漫长的路。

胡皮·戈德堡这一生始终都未摆脱"与众一致"的议题。她主演的《修女也疯狂》是一部经典影片，而其扮演的修女就是一个很另类的形象。当她成名后，也总听到人们说："她在这些场合为什么不穿高跟鞋，反而要穿红黄相间的跑鞋？她为什么不穿洋装？她为什么跟我们不一样？"可是到头来，人们最终还是接受了她的影响，学起了她的样子。

倘若今天为某个人换衣服，往后的日子里，也就不知要为多少人换衣服。换来换去，还有自己吗？做人亦如同穿衣，不能改来改去；否则，也就不会有自己了。做人永远要以自己的意志为转移，人活一世，不可能让所有人满意，重要的是要保存一个真实的自我。其实，生活中原本就没有什么一成不变的条条框框，只要你坚持按自己的方式生活，世界也会随着你变。

取悦世界前先肯定自己

如何取悦自己与如何使自己高兴是两码事，取悦自己就是懂得自我欣赏、自我陶醉，使自己有成就感、优越感；更重要的是要对自己有信心。实际上，取悦自我更多的时候是一种态度。生活美学专家金韵蓉在她的心灵励志作品《谁能写出玫瑰的味道》中，曾讲过一些取悦自我的经历。

这几年，不管是在写作还是在不同场合分享生活经验时，我都喜欢提到“态度”这个东西。其实这是有缘由的。因为在我这几十年的生命历程中，有过两次和它有关的“刻骨铭心”的痛楚和觉醒经验，因而促使我能比较深刻地去看待它。

第一次是我刚上大学时。记得那天我在台北的街头等公交车，站在我身旁的是一位金发碧眼的年轻外国男性，估计是来我们学校的交换生或是来学中文的。等车的时间有点儿长，这位外国男性可能为了打发时间，因此转头问我读的是哪个科系。由于还不太有和外国男性直接对话的经验，我当时紧张得完全记不得我念的科系的英文该怎么说，所以结结巴巴地答不上来。

没有想到就在我满脸通红、结结巴巴的过程中，那个没素质的外国男性居然用十分鄙夷的眼光斜看着我，并冷冷地撂下一句话：你确定你是大学生？然后就转过头去，再也不瞧我一眼！从那天之后，我就发誓要好好把英文口语学好，但那时我还没有领悟并学到“态度”。

第二次惨痛经历是在巴黎。

为了省下地铁钱，我在巴黎时每天都背着大大的书包走三站地往返于学校和住处之间。通往学校的路上有一排精致的商店，每天我背着书包，浏览商店的橱窗，走着走着就到了，因此不觉得路途遥远。在那排商店中，有一间十分精致美丽的服装店，每天“瞻仰”那家服装店的橱窗里所陈列的漂亮衣服，是当时手头拮据的我的一个小小的虚荣梦想。

有一天早上上学时，我兴奋地发现这家服装店挂出了换季打3~5折的告示，当时就想，嗯，也许下课回来的路上可以进去看看（此前虽然每天经过，可我从来没敢走进去过）。

当天下午4点左右，我终于走进了这家美丽的小店。小店里除了左右两排吊挂的衣服之外，小小的店中央还摆了两个堆满衣服的花车。许多法国女人在那里挑选并试穿衣服。我怯怯地走近花车，怯怯地看看价格吊牌，怯怯地拿起一条长裤，并怯怯地询问店员我能否试穿。

当时那条长裤并不合身，我因此又拿了另外一条，可惜还是不合身，就在我伸手从花车里准备拿第三条长裤时，当着众人的面，那位没素质的法国女店员竟挡住了我的手，冷冷地说：你不可以再试穿了！

我当时只觉得全身的血液都冲到了脸上，身体因羞耻而轻微地颤抖。在一阵晕眩中，我慌乱地拿起收银台边挂着的一串项链，几乎是以“玉石俱焚”的心情，花了120法郎买下了它，然后几乎是脚不着地地逃离了商店。我为自尊所付出的代价是：连续两个星期只吃得起干干的法棍面包！而那串铭刻着羞辱、依照当时物价所费不菲的项链，早就被我下意识地给丢失了！

满怀着受伤和羞辱的心情离开了那家商店之后，灰蒙蒙的天空正下着毛毛细雨，我一路跑回住处，和着雨水，我的脸早已被泪水完全浸湿。

当天晚上，心情稍微平复之后，我躺在床上强迫自己回想下午的情景，强迫自己找出问题的原因：为什么别人都可以一再试穿，而我却不能？为什么她敢用这种态度来对待我？最后，我明白了，因为我“允许”她这么对待我！因为我的态度、我的神情、我的举止都告诉了她——“你可以欺负我”。

从这件事情之后，我开始学习并慢慢地变得坚强，我从疼痛中看到了相信自己和肯定自己的重要，也了解了在平衡的人际关系中得先学会取悦自己再取悦别人。

尽管生活有些压抑低沉，但人生并不因此而日暮途穷。在取悦别人的同时，更多的人学会了在生活的琐碎中寻找简单的快乐，在枯燥的岁月中感受平淡的幸福，尽管这些快乐和幸福像火柴划出的光芒，短暂而微弱，但在他们的内心中，还是摇曳出了蓬勃而永恒的春意。也许，这是一种无奈的战斗精神；也许，在生活的夹缝中，活得的确有些委曲求全。但正是因为这样一种妥协，在备尝了取悦别人的乏味和枯燥之后，一转身，他们发现竟因此而成全了自己，平平稳稳地过完了一辈子。

勇于突破自我界限

在每个人的成长道路上，想要获得心智的成熟，必须勇于突破自我界限。很多人的一生都未实现这种突破，他们貌似成人，有时也小有成就，但直到寿终正寝的时候，其心理仍远未成熟，从未获得真正的独立。

心理成长的过程极为缓慢，有时又极其隐蔽，除了大步跳跃以外，还包括进入未知天地的无数次小规模跨越——例如，8 岁的孩子第一次独自骑车到遥远的郊区商店购物；十七八岁的孩子第一次与异性约会等。如果认为这些经历算不上冒险，那你显然是忘记了当初有类似经历时，心中强烈的紧张感和焦虑感。即使是心理最健康的孩子，他们初次步入成人世界，除了兴奋和激动，想必也不乏迟疑而胆怯。他们不时想回到熟悉、安全的环境中，想做回当初那个凡事依赖别人的幼儿。成年人也会经历类似的矛盾心理，年龄越大，越难以摆脱久已熟悉的事物。

美国励志心理医生 M. 斯科特 · 派克在其心理励志著作《少有

人走的路》中记载了这样一次体验：

13岁时，我在离家很远的菲利普斯·艾斯特中学就读，这是一所很有名气的男生预科中学（我的哥哥也在这所学校里上学），也是公认的明星中学。学校毕业生大多都会考入常春藤名校，毕业后如愿步入社会精英阶层。拥有这所顶极中学的教育背景，人生之路可谓光明。我的家境还算富裕，父母有财力让我接受最好的私立教育，这使我充满了安全感。奇怪的是，我刚刚进入中学，就觉得与那里格格不入。那里的老师、同学、课程、校园、社交乃至整个环境，都让我难以适应。似乎除了努力学习，以便开拓美好的未来，我没有任何选择。经过两年半的努力，我益发觉得生活失去了意义，情绪也更加消沉。最后一年，我几乎整天睡觉，仿佛只有睡觉才会感觉舒适和自由。现在回想起来，我当时整天昏睡，可能恰恰是我在潜意识中，为即将到来的跨越作出准备。

在三年级春假，我一回到家，就郑重地向父母宣布："我不打算再回那所学校了。"父亲说："你不能半途而废。我为你花了那么多钱，让你接受那么好的教育，你不明白放弃的是什么吗？"

"我也知道，那是一所好学校。"我回答说，"可是，我不打算回去了。"

"你为什么不想法去适应它呢？为什么不再试一次呢？"我的父母问。

"我不知道，"我沮丧地说，"我也不知道为什么讨厌它。我只知道，我再也无法忍受下去了。"

"既然这样，那你告诉我们，你到底打算怎么办？你好像没把将来当一回事。你有什么样的个人计划呢？"

我依旧沮丧地说："我不知道，反正我再也不想去上学了。"

父母大为惊慌，只好带我去看心理医生。医生说我患了轻度忧郁症，建议我住院治疗一个月。他们给了我一天时间，让我自行作出决定。那天晚上，我痛苦不堪，第一次有了轻生的念头。既然医生说我患有轻度忧郁症，那么住进精神病院，就似乎是合情合理的事。

我哥哥在那所学校很适应，为什么我却不行呢？我清楚无法适应学校完全是自己的责任，我顿时觉得自己是低能儿。更糟糕的是，我觉得自己和疯子没有两样。父亲也说过，只有疯子才会放弃这么好的教育机会。回到艾斯特中学，就是回到安全、正常的环境，回到被社会认可、对个人前途有益无害的王国。可是，我的内心告诉我，那不是适合我的道路。就眼下看来，我的未来非常迷茫，充满了不确定的因素。放弃上学，势必给我带来意想不到的压力，我该怎么办呢？我执意离开理想的教育环境，是不是果真精神失常了呢？我感到害怕。

就在沮丧的时刻，仿佛神谕一般，我听到一种声音，一种来自潜意识深处的声音："人生唯一的安全感，来自于充分体验人生的不安全感。"这声音给了我莫大的启示，尽管我的想法和行为与社会公认的规范不相吻合，甚至使我看上去像个疯子，但我应该选择自己的路，于是，我终于安然睡去。第二天一早，我就去见心理医生，告诉他我决定不再回艾斯特中学，我愿意住进精神病院。就这样，我纵身一跃，进入了未知的天地，开始了我的独立人生，自行掌握我的命运。

其实，在生活中，每天都要经历不同的变化：不同的人、不同的事件、不同的感觉，对于心灵而言，这都是极好的滋养。心智的成熟不可能一蹴而就，需要经历过各种小步跳跃，偶尔也会出现意想不到的大步跳跃。上述案例中的"我"离开艾斯特中学，无疑是告别传统模式的价值观。很多人从未有过大规模跳跃，也就无法实现真正意义上的成长。尽管他们看上去像个成年人，心理上却仍对父母有很大的依赖性。他们沿袭上一代的价值标准，做任何事都要得到父母的"批准"，即使父母早已离开人世，他们心理上仍旧难以摆脱依赖的情结，从来不能真正主宰自己的命运。

心智的成熟，除了突破自我界限，还需要自尊自爱。原因是：首先，敢于追求独立自主，本身就是自尊自爱的体现。只有尊重自己，才不愿得过且过，只有尊重自我的个性和愿望，才敢于冒险进入未知领域，才能够活得自由自在，且使心智不断成熟，体验到爱的至高境界。我们成家立业、生儿育女，绝非仅仅为了满足他人的愿望。放弃真正的自我，我们就无法进入爱的至高境界。至高境界的爱，必然是自由状态下的自主选择，而不是亦步亦趋、墨守成规，不是被动消极地抗拒心灵的呼唤。

自尊心的成败论

自尊自信是人们最重要的心理素质，人贵有自尊。小时候，学校就教给每个学生要培养自尊心，要维护自我的尊严，因为它是我们获取成功和快乐的源泉。

在一所中学里，老师以入学时的成绩作为依据，将刚刚入学的初一年级的学生分为两类：快班和慢班。但是这位老师却把分数较低的同学分到快班，而把分数较高的同学分到慢班，并且对学生讲快班是成绩较好的同学，而慢班则是成绩比快班稍差一点儿的同学。

学期结束时进行的一次期中考试中，结果大大出人意料，在同样的教学水平下却发生了很奇怪的事情：分到快班的同学平均成绩超过了慢班。也就是说，入学时成绩靠后的学生在半学期后的成绩明显超过了入学时考高分的学生。

为什么会出现这样令人吃惊的事？原因很简单，这就是自尊心的威力。那些分到快班的同学有了学习的信心，于是拼命地学习；而慢班的同学却真的认为自己以为比别人差，低人一等，他们的自尊心受到了打击，于是产生了自卑感，因此学习也就没有什么动力。

生活中，每个人都按照自己的理想来设计不同的人生规划，或者说被动地规定要实现一定的目标，但在实现的过程中总会遇到种种困难，一旦失败，我们就感觉到自尊心受到强烈的打击，并为自己的失败感到羞愧。但很少有人知道，自尊心是导致失败和产生羞愧的原因。所以我们一定要了解自尊心是什么，有什么作用，这样才不会失败。

自尊是一种觉得自己能够应付生活中的基本挑战，值得享受快乐的感觉。它有两个组成部分：能力感和价值感。这两者都很重要，缺少其中的任何一个，自尊就会很低。我们每一个人都会作出对自己的评价，有赞许也有批评，自尊则表达了一种对自己赞许的态度，标志着个体对自己能力、身份、成就、价值的信心，它也是对我们价值的评判，往往通过个人对于自我的态度表现出来。相比于自我赞许，大多数人更喜欢依靠他人的赞许来维持自己的自尊：如果得到他人的赞赏，他们就会感到无比自豪；若是遭到他人的否定，那么他们将感到沮丧和悲伤。其实，这不是真正的自尊，也并不能带来成功和快乐。

缺乏自尊常常会导致焦虑，这还不是自然的焦虑，比如说你从极高处往下看时会产生焦虑，这很自然，因为这是人的天性。不健康的焦虑，指的是那些毫无缘由的焦虑，我们可以称它为自尊焦虑。比如你半夜突然醒来感到毫无缘由的焦虑，或者日常生活中经常感到一种焦虑感或恐惧感，却不明白是为了什么，这通常是缺乏自尊的表现。若是我们时刻关注自己，时常在评估自己，一旦对自我的评价显示不够格或者很低，通常就会导致抑郁和焦虑。

在某种程度上，我们觉得成功会降低自尊。每次我们获得成功或者被表扬，我们的自尊就会增加。但很快，它又回到了最初水平甚至更低，为了重新提升它，我们就需要比以前更多的表扬。这就好像推石头上山，我们努力将石头从山脚推到了山顶上，可能还没来得及高兴，石头就从山顶滚到了另一边的山脚下，甚至是更深的山沟里。

很少有人不会在这样连续的挫折中感到自尊心受伤，这就是人生的真实状况：人生无常，一个人不可能永远在高处，也不可能永远在低处，他不是在攀高，就是在下滑。如果你只想攀高，不要下滑，那么你就没有获得真正的自尊，也终究要失望，终究要使自尊心受挫。

如何拥有正确的自尊心？我们需要诚实地省察自我，评估你现处何地以及要往何处去，永远不需要担心我们会被拒绝、被遗弃，完全地了解自己、爱自己，坦然自在地生活。

唤醒最真实的自己

自知之明

哲人说："诚实地向自己展开自己，这是人生一道优美的风景线。"自知，就是要知道自己、了解自己。常言道："人贵有自知之明"，把人的自知称之为"贵"，可见人是多么不容易自知；把自知称之为"明"，可见自知是一个人智慧的体现。人之不自知，正如目不见睫——人的眼睛可以看见百步以外的东西，却看不见自己的睫毛。

自知之明，是人们探索自我心灵的起点，没有这一点，也就谈不上心灵的成长。同样，自知之明开始于谦逊，离开了谦逊，自知之明便无从谈起。抱有一种谦逊的态度，我们才能更好地认识自己，才能更加深刻地了解我们心灵深处的本来面貌。

孔子问子贡："你和颜回哪一个强？"子贡答道："我怎么敢和颜回相比？他能够以一知十；我听到一件事，只能知道两件事。"

生物遗传密码的千差万别，造就了每个人的优点和缺陷，后天教育与环境的差异更是造就了不同的志趣、性格和风采。其中既有迷人之处，又有遗憾之处。它可能是爽朗、是幽默、是仁慈、是热情、是勤快、是深沉。当这些"自我"能真实地表露出来时，其魅力一定动人。牵强自己，一味要求自己与令我们羡慕的人看齐，常常会丧失美好的东西，而流于尴尬与痛苦。

子贡的自知是明智，子贡的从容更是胸怀博大。他虽不及颜回闻一知十，却以其独特的人格魅力享誉千古。

自知之明对我们来说非常重要，我们只有对自己有了清醒而正确的认识，有了客观而中性的评价，才能更好地完善自我。

美国军方曾进行过这样一项研究：成功者都具有什么样的品质？研究人员从军队不同部门选出 12 位成功人士，把他们集中在一起进行测试。这些人年龄大约三四十岁，有男有女，表面看上去都很普通，家庭也一般，但他们都取得了令人瞩目的成就。

在对他们进行的大量测试中，有一项尤其引人注目。这项测试要求他们按先后顺序写下三样东西——生活中需要完善的三样东西。

就是这样一项简单的测试，第一个交卷的人竟花了 40 多分钟，许多人则花了 1 个多小时。尽管看到同组的多数人都已交卷，有些人仍一丝不苟地做完了问卷。更令人想不到的是，在每个人的答卷上，虽然选项各不相同，但几乎无例外地都写上了自己的缺点。

歌德说：一个目光敏锐，见识深刻的人，倘若还能承认自己有局限性，那他离完人就不远了。成功的人之所以能够成功，很大程度上在于他能及时地认识到自己的缺点。一个木板参差不齐的木桶，它所能容纳的水量的多少，不取决于最长的那块木板，而取决于最短的那块。这就是管理学中的“木桶理论”。同样如此，一个人的成功不在于他有多大的优点，而在于他能分析自己的弱势，并巧妙将其转变为自己的优势。

另外一种情况是，有的人也能清醒地认识到自己的缺点，但他要做的不是弥补或转化，而是想方设法地掩盖。他们会随时随地、不惜代价，尽一切努力去维护他们外在的完美形象。如果有任何东西威胁到他们的形象，有任何迹象表明他们的某种不足，他们往往不是根据这些迹象去修正自己，而是着手消灭掉这些迹象。

为了让自己成为身心健康的人，我们有时不得不付出一些代价，放弃一些自信，不要总感觉自我良好。我们应该永远爱自己，珍视自己，要有自知之明。

保留一分纯真

当人们初临人世的时候，以一颗纯真的初心，新奇地观望这个世界，享受这个世界带给他的每一丝欢乐。但经过岁月的洗礼之后，能保留这些纯真的人却很少，世事沧桑，我们都变得自私自利，所有属于人本身的纯朴消失得不留一丝痕迹。

从前有一个老人和一个小孩生活在一起，这个老人从来不教孩子各种礼仪和做人的道理，只是让他自然而然健康地成长。

有一天，一个云游四方的僧人在老人的家中借宿，见孩子什么也不懂，于是教了他很多礼仪。

孩子很聪明，很快就学会了。晚上，孩子见老人从外面回来，于是恭敬地走上前去问安。老人十分惊讶，就问孩子：“是谁教给你的这些东西？”

孩子如实回答：“是今天来的那个和尚教我的。”

老人马上找到和尚，责备说：“和尚你四处云游，修的是什么心性啊？这孩子被我捡来养了两三年，幸好保持了他一片天然可爱的本心，谁知道一下子就被你破坏了！拿起你的行李快出去吧，我家不欢迎你！”

是啊，小孩秉持天然个性成长，和尚却用俗礼污染，和尚被赶走不冤。由此可见，能够保留孩子般的天真，使他自自然然地生活，不为世俗的规矩所约束，能够给他带来莫大的快乐。但生活中又有几人能做到如孩子般天真自然呢？

孩子的心是纯真无瑕的，是天真可爱的。它可以用天底下最美的语言去描述，却不能用金钱去衡量。因为童心是无价的。一个童心未泯的人，才是感悟生活真谛的人。只要拥有童心，你就会用积极的心态面对人生，面对生活中的每一次失败和挫折，你就会发现这个世界到处充满了爱。也许我们不再拥有天真烂漫的童年，但一定要保持那颗童心，只有保持一颗童心的人，才是一个真正意义上的人。

在宫崎骏的《哈尔的移动城堡》里，索菲虽然被变成了90岁的老太婆，却还保留着小女孩的天真和纯洁。这部漫画要表达的就是永远的童心，容颜可以苍老，心灵却可以永远年轻。

泰戈尔把孩童的赤子之心比作也空中的一轮新月，没有受到任何污染，像一轮新月那样纯洁、美丽、温柔和宁静。

泰戈尔赞美童心，绝非想抒发自己的亲子之情或表现天伦之乐，而是想探索和宣扬"年轻的生命""对于世界的价值"。他在《新月集》中主张：人们应该像儿童的心灵那样纯洁，像儿童的世界那样理想，那样自由。在泰戈尔看来，孩子的世界是没有受到任何邪恶势力的玷污的，是没有矛盾和冲突的，更是自由的。

作家刘再复在他的新作《独语天涯》里写道："回归童心，这是我人生最大的凯旋。当往昔的田畴重新进入我的心胸，当母亲给我的简单的瞳仁重新进入我的眼眶，当人间的黑白不在我面前继续颠倒，我便意识到人性的胜利。这是我的人性，被高深的人视为浅薄的人性，被浅薄的人视为高深的人性。此刻我在孩童的视野中沉醉。大地的广阔与干净，天空的清新和博爱，超验的神秘和永恒，这一切，又重新使我向往，扬弃了假面，才能看到生命之真和是世界之真。我的凯旋是对生命之真和世界之真的重新拥有。凯旋门上有孩子的图腾：赤条条的浑身散发着乡野气息的孩子，直愣愣地张着眼睛面对人间大困惑的孩子。"

俗世之中的人们往往为了功名利禄而终日奔波劳累，殊不知再多的财富、再高的地位也是"生不带来死不带去"。在对功名利禄的争夺中，你争我夺，搅起红尘漫漫，使人彻底迷乱其间，看不清前途所在，看不清祸福，看不清生死，对于生活的意义、生命的价值也彻底惑然，自我迷失，万千的烦恼也应运而生，纠缠着人们的身心。

要想摆脱这万千的烦恼，重返欢乐无忧的境界，你需要找回你的一颗初心。想要找回你那颗丢失已久的初心，你不妨向着童心靠拢，多和孩童玩耍，去找回你逝去的童真稚趣。

直面疮疤是对自己最大的尊重

奥地利心理学家维克多·弗兰克在其著作《活出意义来》中说："每个人都被生命询问，而他只有用自己的生命才能回答此问题；只有以'负责'来答复生命。因此，'能够负责'是人类存在的最重要的本质。"人生于世，就像需要自己赚钱养活自己一样，永远不要指望别人为我们买单。无论处境好坏，都是自己的行为所造成的，为自己的行为负责，是对生命最大的尊重。

在南太平洋番地考斯特岛上，有一种古老的仪式：人们需要通过高空弹跳取悦神灵，以确保山芋丰收。

弹跳者仔细挑选地点，用树枝及树干来搭盖高塔，用藤蔓把跳台捆束妥当。每个弹跳者要为搭盖工程负责，如果有任何差错，没有任何人会代他负责。

弹跳者要选择自己使用的跳藤，寻找恰到好处的长度，让自己在以头朝下脚朝上的姿态坠落时，头发刚好擦到地面。跳藤太长，就会有一次致命的坠落；太短则会把弹跳者弹回平台，这样可能会对他的收成有不利的影响。

在弹跳的当天，弹跳者爬上自己搭盖的跳台，绑上自己挑选的藤条，然后纵身跃下。弹跳者可以在最后一刻放弃弹跳，这样也不会被认为是件耻辱的事，但大部分人愿意做这件事，愿意100%为自己的行为负责。

既然所有的行为都是自己的选择，便应对其负全责，即便是出现了差错，也绝不推脱，而是要勇敢地承担起自己的责任。我们不可能杜绝错误的发生，却能在错误发生后直面"疮疤"，勇于承担。

总是愿意面对成就、逃避失误，这是人之常情。但不能正视错误的人，无异于容忍自己的那块短板永远存在，而且有越来越短的趋向。直面疮疤，是一种对自己负责任的表现，它是一种智慧，同时也是一种勇气。能否正视错误、承担责任，是优秀人士与平庸者的显著区别。

李森和彭宇是速递公司的两名职员。他俩是工作搭档，干起事来一直都很认真，也很卖力。领导一直对他俩很满意，但一件瓷器的出现改变了他们的命运。

李森和彭宇负责把一件很贵重的瓷器送到码头，老板反复叮嘱他们要小心。不料，送货车坏在了半路。彭宇说："出门之前你怎么不把车检查一下。"李森什么也没说，只是背起邮包，一路小跑，终于在规定的时间赶到了码头。

这时，彭宇说："我来背吧，你去叫货主。"他心想，如果客户看到此事并告诉老板，说不定还能加奖金呢。他只顾想奖金了，李森递过来的邮包没接住，"哗啦"一声，邮包掉在了地上，瓷器碎了。

"你怎么搞的，我没接你就放手。"彭宇大喊。

"你明明伸出手了，是你没接住。"李森辩解道。

他俩都知道事情的严重性。果然，老板对他俩进行了严厉的批评。

事后，彭宇偷偷对老板说："老板，是李森不小心弄坏的。"老板平静地说："谢谢你，我知道了。"

于是，老板把李森叫到办公室，询问缘由。李森把事情的原委从头到尾说了一遍，最后说："这件事情是我们的失职，我愿意承担责任。另外，彭宇的家境不太好，如果可能的话，他的责任我也来承担。我一定会弥补我们造成的损失的。"老板听完，让他回去等待处理的结果。

几天之后，老板对他俩说："公司很器重你俩，想从你们当中选择一个担任客户部经理，不料却出了这样的事情。也好，让我们更清楚了谁更合适。我们决定由李森担任这一职位，因为，一个能够勇于承担责任的人是值得信任的。彭宇，你明天不用来上班了。”

“老板，为什么？”彭宇问。

“其实，瓷器的主人已经看见了你俩在递送瓷器时的动作，他跟我说了他看见的事实。还有，我也看到了问题出现后你们两个人的反应。”

彭宇在“趋吉避凶”的选择中，不仅失去了升职的机会，而且连工作也丢掉了，他最大的问题就在于逃避责任。其实，犯错并不可怕，最可怕的是永远说不出那句“我错了”。有的人犯了错，连承认的勇气都没有，还为自己找一个冠冕堂皇的理由：男子汉大丈夫说不低头就不低头！好像承认错误就是失败、丢面子的事情，而坚持错误就是男子汉的表现。其实不然，列宁说过：“认错是改正的一半。”只有用反思的眼光去正视那些过失的“疮疤”，才能为其“消毒”，也才能谈得上弥补过失的“动手术”之举。

切忌每天只顾埋头于手中的事情，很少抽出时间平心静气地思考一下自己的生活。一天天过去，日复一日地重复着相同的生活，日子就这样在忙碌中蹉跎，碰到自己生命中的疮疤，不要避之不及，唯恐再在自己的伤口上撒把盐。因为这样伤口不仅不可痊愈，很有可能会在生命的紧要关头狠狠刺你一下，而且这本身是对自己生命的不尊重。我们应该做的是，做任何事情都坦荡磊落，错了就是错了，正视它，改正它，才能得到自己内心的认可。

纯然的观察

人们常说“视而不见”“充耳不闻”，意思就是对身边发生的事太过习以为常，慢慢地甚至会忽略掉其中的真义。这样的看和听，并不是真正的观察。

有一次，克里希那穆提和几位朋友一起在印度乘车旅行。司机驾着车，克里希那穆提坐在他旁边的位置，还有三位先生则在后座热切地讨论“觉察”的问题，并不断问克里希那穆提的意见，甚至那位司机后来也加入了他们的讨论。有一刻，司机稍稍分了一下神，不幸的是，车子已经轧过一头来不及闪到路边的山羊。然而所有人都没有觉察到这一幕，他们仍然在激烈地讨论觉察力，丝毫没有意识到自己刚刚扼杀了一个生命。克里希那穆提问这三位致力于“觉察”的先生有没有注意到刚才所发生的事，他们居然感到惊讶万分。

我们许多人都如此，对于外在或内在的事物常常浑然不知。稍有耐心和敏锐觉察力的人也必须投入全身心的注意力，才能看到绿树红花、山川河流、鸟唱虫鸣的美，也才能看到其他人身上善良的美德和伟大的博爱。为什么必须投入“全身心的注意力”才能够觉察？存不存在一种纯然的观察——纯然地看、纯然地听、纯然地爱，从而消除观察者和被观察者之间的区分？

纯然的观察到底指的是什么？纯然的观察指的就是要放下自己的自我中心感，全心全意地觉察自己和外界。如果你很想让自己全心全意地觉察，这个状态就无法持续下去。你很想探讨觉察的问题，你还想找到答案，于是有一个声音在耳边不断提醒你：“我在思考，我要找到觉察的答案”，这样你就成了一位刻意的观察者，你和真相之间已经因这个目的性筑起了一道墙，它还会使你的注意力偏离正确的轨道。这就是为什么自以为很认真地在探讨觉察的问题，却又不能观察到眼前被碾死的山羊的原因。真正能完全解决问题的是纯粹的心灵，它能让你在没有意识到观察者的情形下观察，只要观察就可以了，不要加入你作为观察者过去的经验、记忆和知识，而且你必须亲自去观察，而不是透过别人的眼睛。

如果你想从已有的经验去观察一个东西，你就不会是自由的，或者说只要存在观察者和被观察者的鸿沟，你就不能够专注地去认识。你是否曾受困于作为观察者而产生的艰难观察？你是否曾经不依赖任何联想或既定的知识，好好凝视过一个对象，譬如一棵树，甚至是你的寂寞和痛苦？当你最亲爱的亲人死去的时候，你能够看着寂寞，观察寂寞，而不带任何过去的记忆，也没有观察者地观察吗？你在看一件事情的时候，可以不带任何偏见、概念、判断和字眼去观察，才能看到它之所以为它的原因和屏障。试试看，身临其境、全神贯注地观察一棵树，会是一种什么样的经验？你会发现在那份强烈的感受之下，观察者就消失了，只剩下了专注本身。心不在焉的观察，才会有观察者与被观察者的区别。

要完全了解某样东西，我们必须做到纯然的观察。但是这很难做到，因为我们已经习惯于心不在焉。例如你看见一朵花或一棵树，你首先想到的是："它是一朵玫瑰花"，或者"它是一颗梧桐树"，然后分析它的叶子、颜色。你在给它们命名的时候，其实你已经停止了观察。如果你能全神贯注于一件事情，观察者就消失了，只剩下了一股专注力，也就是最高形式的智慧。它是我们对待问题的专注力，也是我们解决问题的能量。这种心智状态显然是完全寂静的，而这种寂静只有在完全专注和纯然观察时才会出现，它不是靠修炼得来的。

内省的力量

世界著名灵性大师克里希那穆提曾说：当我们通过内省进入到毫无觉知的过程后，我们的心智才能够释放出巨大的、自由的能量。

内省的具体含义是什么？我们所说的内省是看自己的内在，内心的意念和想法，并检查自己。我们为什么要检查自己呢？为了改进、改变、改良自己，为了使这个"我"成为另一个优秀甚至卓越的"我"。假如我们意识到自己的内心充满了愤怒和嫉妒，我们就要全身心地投入内省的行动当中，去寻找愤怒和嫉妒的缘由，看清它们的真相，从而改变或消除它们，以恢复内心的和谐与宁静。如果没有要改善自己的内省行为，我们就不会去重新认识自己，那么我们永远也不会看清那个真实的"我"。

检视自己是好的，它可以让我们进行自我觉知，然而内省的结果总是夹杂着失望和批评。因为凡是有内省的地方，也就有需要自我改善的地方，这必然存在一个期望目标。如果我们改善的目的没达到，我们可能就会感到失望、沮丧、失落和悲伤。由此来看，内省似乎总是伴随着消极情绪。其实内省一开始就注定要伴随着失望了，因为我们一般都习惯安于现状，只有迫不得已的时候才会想到改变，尤其是改变自己。或者有一部分受到启发的人想要改变，但也总会缺乏改变的勇气和决心。那些过分自信和自恋的人，更不可能积极主动地去改变自己了。只有那些敢于查看内心、揭露自身缺陷的人，才会一次又一次地去识别和谴责消极的东西，不断地去检查自己，也才能促使自己向更好的方向进步。

之所以说内省需要极大的勇气，是因为在内省的过程中人们的内心很容易产生冲突。内省以自我为中心，它是一个没有释放的过程，它企图将真实的存在转变成某种未知的东西。“我”总是在检视某个情绪或状态，不满意的时候还要改变它。等到第一次改善成功后，我们又会对它不满，因此我们总是在变与不变的二元冲突之中，难以释怀。

内省还必须面临高度紧张状态的挑战，因为我们想要改变、提高和完善自己，所以我们总是不断地提醒自己，要时刻注意自己的言行举止是否得当、是否得到他人的赞赏、是否符合社会的标准，这样我们的内心就随时处在一种高度紧张的状态中。我们的心总是充满着忧郁、焦虑、担忧的情绪，小心翼翼、如履薄冰，从来就没有轻松、自由过。这样的心智是多么迟钝和愚蠢！当我们在和别人交往的时候，我们不得不压抑那些自认为龌龊、消极的想法，独处的时候头脑又不停地谴责、批判它们，这样我们根本就没有真正地静下心来好好观察那些意念，也没有静静地观察过自己。这只能制造更多的冲突，所以内省是不断积累冲突的过程。

在拥有了内省的勇气之后，我们需要寻找内省的方法。内省的方法很多，最简单的方法是让自己独自静心读书，写下心得体会，此外还有记日记、冥想、祷告，等等。比如，读书的时候，拿一支笔，边读边写下自己内心的感受，既可在书的空页（如果是你自己的书）上写，也可写在笔记本上，当然也可直接敲进你的电脑里。你会发现这个习惯一旦养成，它会成为你很好的内省方法。它让你把自己瞬间的思绪变成文字，强化你的记忆，变成你的智慧宝库。将来哪一天你打开它，会发现它很有用。或者，你已完全忘记它，重读它让你再次思考，你会惊喜如初。长此以往，你的灵性将在这样简单的内省过程中得到升华，通过内省进入到毫无觉知的过程后，我们的心智也就能够释放出巨大的、自由的能量。

观察者就是被观察者

观察者如果突然了悟所有的被观察者其实都是他自己时，那么他和一些自己创造出来的意象和情境之间的冲突就消失了。他就不会总是先入为主地去评判某个事物，而是视一切东西为自己的再现。

有位师父每天早晨都会给门徒进行一番开示。有一天，当他走上讲台，正要开讲时，有一只小鸟飞到窗台上，开始唱起歌来，唱得那么美妙悠扬，怡然自得。唱完了以后，小鸟拍拍翅膀就飞走了，师父若有所思地说道:“早晨的开示到此结束。”

假如当时我们也在那个开示会上，我们是全心地去听那只小鸟的歌声，还是仅仅看到它的白色羽毛、棕色尾巴去判断它是喜鹊、杜鹃或黄鹂？它是一个等待被认识的对象，我们是不是已经把自己建立在一个观察者的位置上，把小鸟当作一个被观察者进行观察？在我们进行这些思维活动的时候，就已经建立起了一个印象，我们对小鸟的观察于是也建立在这些经验之上了。人们习惯在第一眼看到一个人时，就立刻生起喜欢或不喜欢的反应，这就是为什么在日常生活中我们非常看重第一印象的原因。这好恶的情绪，主要来自于我们的文化、素养、社交、嗜好以及我们后天形成的性格，它和事物的真实面目并不是一回事，甚至，观察者产生的这些印象阻碍了我们和对象的沟通。

观察者是印象的制造者，是记忆、知识及观念的累积，是一堆抽象的概念。当我们说“我认识你”，这表示我们只认识昨天的“你”，对目前真实的“你”其实是一无所知的。你站在我们面前，我们所看到的也只是我们对你的印象罢了，这个印象的好坏还建立在你以前对我们的好与坏的交往之上。你对我们的各种反应累积成为印象，贮存于我们的记忆中形成了你。总之，我们习惯观察他人的一举一动，透过他人的行为来认识他人。

然而，通过这种观察得到的印象，往往给予了我们偏离真相甚至错误的提示，阻碍了我们和他人进行真实的接触。因此，我们心中必须抛开先入为主的观念或意象，才能接触到真实的生活。而我们一向都是透过经验这样的一个中心点来观察和判断事情的，这样，观察者和他的所观之物就分裂为二了。我们所有的人际关系通常都建立在思想塑造的印象之上，因此我们常常无法看到真正的对方，所以我们的人际关系才会出现矛盾和冲突。在沟通和交际等认识的过程中，只要存在观察者、经验者、思想者的加入，你心中的痛苦、你对自我的执着就会为自己对自身和他人的观察制造一个又一个的隔阂。

对自然界的观察也是如此。当我们看着天上的星星时，是我们这个观察者正在看星星，灿烂的星光在天上汇成星河，我们还把看到的星星联想起来想象成狮子、牧羊、天蝎等星座。我们从未抛开先入为主的印象去看人看事，所以我们也永远无法了解自己与星星之间、我们与丈夫或妻子之间，以及我们与朋友之间的隔阂，这也是我们无法了解什么是美、什么是爱的原因，也是我们产生悲伤的原因。

但是当我们明了悲伤就是这个“我”，观察者本身就是悲伤，我们自己就是悲伤的始作俑者，那时悲伤就会终止。“我”制造了悲伤，感觉到悲伤的也是“我”，所以“我”其实就是悲伤。这就是说，如果我们非要把悲伤当成是被观察者，那么观察者就是被观察者。当观察者就是被观察者时，就是整合的状态。要整合观察者和被观察者，需要很警觉、很有智慧的意识，这是难以经验的事，因为我们已经习惯了把它分离。当观察者与被观察者都归于寂静时，既无自然界，也无观察者，那是一种完全的、彻底的空寂，这空寂就是美。

人生是为心的修行而设立的道场

生活中，我们无休止地追求金钱、地位、名誉，乐此不疲。此外，盼望出人头地，也是人生的动力之一。这当然不应一律加以否定，但是在我们拼命追逐这些东西的时候，也时常会向自己提出这样的疑问：“人类活着的意义到底是什么？”对于这个最根本的疑问，日本“经营四圣”之一的稻盛和夫作出了这样的回答：提高心地，修炼灵魂。

稻盛和夫认为，人生是为心的修行而设立的道场。人生的目的就是在灾难和幸运的考验中磨炼自己的心志、磨炼灵魂，造就一颗美丽的心灵。他认为人之所以来到这个世上，是为了比出生时更为进步，或者说是为了带着更美一点、更崇高一点的灵魂死去。

人生在世苦难多，这样的苦难，是对修炼灵魂的一种考验，也是锻炼自我人性的绝对机会。所谓今生，是一个为了提高身心修养而得到的期限，是为了修炼灵魂而得到的场所。

在稻盛先生的人生经历中，除了取得事业上的巨大成功，他一直践行着“提高身心修养，磨炼灵魂”。稻盛和夫在42年的商业人生中，缔造了京瓷和第二电两个世界500强公司。稻盛和夫留给世界的财富，除了是在追求全体员工物质和精神两方面幸福的同时，也为人类社会的进步和发展作出了贡献。

京瓷尽量让员工持有股份，这是因为稻盛和夫不单单把员工当作劳动者，而且把他们视为同志和合作伙伴。1984年，稻盛把自己 17 亿日元的股份赠予 1.2 万名员工。稻盛的做法十分罕见。与美国梦大相径庭，稻盛和夫的想法和做法，纯粹是一个“日本梦”，让满怀理想振兴企业的人有了一个新的坐标。

在 1985 年，他投入所持京瓷公司的股票和现金等个人财产 200 亿日元成立稻盛财团，创设了“京都奖”。每年在全球挑选出在尖端技术、基础科学、思想艺术等各个领域取得优异成绩、做出杰出贡献的人士进行表彰，颂扬他们的功绩。

1997 年，65 岁的稻盛和夫身患胃癌，匆忙手术的两个月后，宣布退居二线，只担任名誉会长，并正式皈依佛门。自皈依佛门后，稻盛和夫将大部分时间用于慈善事业和到世界各地演讲。

稻盛先生有着“奉献于社会、奉献于人类的工作是一个人最崇高的行为”的个人信念，他不仅在事业上取得了巨大的成功，而且在这个过程中也磨炼了自己高尚的灵魂和崇高的人格，受到了人们的尊敬。

无论一个人创造了多少物质财富，它们都只限于今生，即使积攒再多也带不到来世去。今生之物只限于今世消受。如果说今生之物中有一样永不灭绝的东西，那就是“灵魂”，只有属于灵魂的才是永远的。因此，我们应该在今生这个期限内不断修养心灵，为提升自我存在的意义做出努力。

改变一下心灵的运行轨道

快乐需要一颗善于发现的心。如果不能发现快乐，那就需要改变一下心灵的运行轨道。

一个心存快乐的人，不会因为尘世间各种纷扰而破坏那份对美好事物的憧憬，他总会发现世界的种种可爱之处，在每一个早晨，都让自己的心灵滚动着露珠。

一个快乐的人善于装饰自身，也挚爱自己的家庭，他将生命的每一个时刻都看作是一种享受：认真地品读一本自己喜欢的书、亲自为家人做他们爱吃的炸酱面……

快乐的人不会在还没有办事情的时候就会想到一大堆的困难，而是兴奋地、努力地去做好它，想到成功时的喜悦就会使他信心大增。

快乐，简单而朴实，有时候自行车的车轮声也是美妙的歌曲，有时候再动听的音乐也会让你生烦，快乐不是某个人所专有的，而是在于这个人的心态简单，充满着美好的愿望。

生活中很多事情是无法改变的，能改变的只是自己的心态，同样一件事情在不同人的身上却有着截然不同的反应，有的人会一直愁眉不展，有的人依然和往常一样积极进取。

快乐不在于一个人拥有了多少，而在于一个人能够承受多少，在于一个人能够拥有多大的胸襟——我们在抱怨自己的衣服不够多的时候，抱怨自己不够有钱的时候，可否想到那些甚至还穿不上衣服、吃不饱饭的人们。然而，当我们面带怜意地看着他们的时候，却发现他们并没有我们想的那样愁眉不展，他们依旧天天很纯朴、很自然地对你微笑，这就是一个富有而不快乐的人与一个贫困却快乐的人的差别。

人之所以不快乐，是因为常常会把精力全集中在对生活的不满之处，而我们更应该做的是把注意力集中在开心的事情上，这样就可以更多地感受到生命中美好的一面，对生活心存感激。

快乐是紧紧地抓住现在，让昨天所有的阴霾烟消云散，只留下理性的经验教训做今天快乐的基石；把明天的杞人之忧挡在门外，只让幸福的憧憬走进落地之窗，让自己尽情享受当下的人生。

快乐似一杯清茶那么清香，似一点星光那么宁静，似一抹朝霞那么绚烂。做一个快乐的人，就要有对负面消息进行过滤的能力，不要让它们在自己的大脑中存在很长的时间，因为这些负面的消息可能在一段时间内影响一个人的情绪。

不管遇到什么事情，快乐的人总会换一个角度去思考问题，改变自己心灵的运行规则，轻松地处理问题，而不是整天活在恐惧或者沮丧之中。

第二章
释放心灵，延长自己的生命长度

和自己的心灵来一场对话

正视心灵中的阴影

心灵的阴影包括许多内容：胆怯、贪婪、恼怒、自私、懒惰、丑陋、轻浮、脆弱、报复心、控制欲……总之，那些存在于我们身上，我们又极力掩饰和压抑的特质，全都属于心灵阴影的范畴。

这些特质并不会因为我们的否认而消失，只会在潜意识中隐匿起来，悄悄影响我们对自己的认同感。当我们偶然接触到自身阴暗面的时候，第一反应往往是想要逃避，想撇清与这些消极特质的关系，哪怕花费大量的时间和金钱也在所不惜。然而，恰恰是这些特质最需要我们去关注，因为面对与改变它们，可以给我们带来最宝贵的收获。

如果我们故意忽视消极特质的存在，它们就会以各种形式尽量唤起我们的注意，当我们的注意力稍微松懈的时候，它们就会立即从潜意识里重新浮现出来。为了压抑它们，我们就需要付出大量的精力，而这种付出完全没有意义。

诗人罗伯特·布莱把阴影形容为“每个人背上负着的隐形包裹”。布莱认为，在生命的前几十年里，人们总是把越来越多的东西塞进包裹里，努力想把包裹填满；而在生命的后几十年里，又会努力把包裹清空，以减轻肩上的负担。

大多数人都对自己内心的阴暗面感到恐惧，不愿正面以对，殊不知，只有拥抱心灵的阴影，找回完整的自我，我们才能获得真正充实幸福的生活。把知识和经验混为一谈，或许是信息时代人们最大的误区。我们往往觉得自己知道某件事情，就不愿去切身体验。对内心阴暗面的探寻，并不是知性的活动，而是用心去体验、去感觉的过程。许多人参加过心理培训课程之后，觉得自己已经什么都知道了，但是他们并没有用心去体验自我，所以也就难以获得任何实质性的收获。要追求光明，就必须体验阴暗；要追求自由，就必须体验完整的自我。这样的体验过程并不是一蹴而就的，而必须是长期的、连续的。不管你承不承认，你的内心必然有阴影，任何人都避免不了。如果你意识不到这一点的话，不妨问问你的家人、朋友，让他们把你心中的阴影指给你看。但是那些被我们刻意压抑的特质，总能找到机会显露出来，让周围的人们看见。

承认和接纳完整的自我，意味着平等对待自己的每一项特质，既不刻意彰显，也不刻意压抑。单是大声说出来“我知道我的控制欲很强”并不够，还必须了解控制欲能给我们带来什么，接受它的馈赠，用包容的眼光来看待它。

很多人以为，天赐的东西必然是完美的。实际情况并非如此。要达到天人合一的境界，就必须拥有完整的自我，而完整是美与丑、善与恶、积极与消极的调和。只有接纳了自己内心的阴影，我们才能得到它的馈赠。

小时候的我们会常常听大人们说，世界上的人可以分为好人和坏人两种。像大多数孩子一样，我们总是努力表现自己好的特质，把那些坏的特质掩藏起来，不让长辈和其他亲人乃至周围的人们发现。随着年龄的增长，越来越多的人进入了我们的生活，我们需要掩饰的东西也就越来越多。

总有人对我们说，不要生气，不要自私，不要小心眼，不要贪得无厌。不要，不要，不要……我们越来越觉得自己一定是个坏人。我们下定决心彻底改掉这些“缺点”。于是就开始努力。努力的结果是，我们逐渐淡忘了这些“缺点”的存在。淡忘的结果是，它们内化成了我们心中的阴影。

等我们长到十几岁的时候，内心的阴影已经在潜意识中埋藏得如此之深，以至于我们整个人都变成了一颗定时炸弹，消极的因素随时都有可能爆发出来。在压抑缺点的同时，我们也压抑了与它们对立的那些优点。我们感觉不到自己的美，因为花了太多的精力掩饰自己的丑。我们无法以自己的慷慨为荣，因为这慷慨不过是掩饰贪婪的幌子。我们撒谎欺骗别人，也欺骗自己，与自己的内心世界完全断绝了联系。

我们之所以要接纳和包容内心中的阴影，为的是找回完整的自我，结束生活中的痛苦，让自己不必再欺骗自己，也不必再欺骗整个世界。现代社会经常会给人一种假象，似乎只有完美的人才能得到幸福。许多人在追求完美的过程中损失惨重，却总是难以如愿。为了装出一副完美的样子，我们的身体、精神和心灵都承担着重压。我遇到过许多被病痛、失眠、抑郁症和人际关系问题所困扰的人，这些人从表面上看来都很完美——从不对别人发脾气，从不做任何自私的举动，甚至祈祷也是为了别人。其实，这些人并不是没有愤怒、私心和欲望，只是这些消极因素受到的压抑太严重，在他们的潜意识里隐藏得太深，以至于他们自己和别人都无法意识到它们的存在。他们从小接受的教育要求他们先人后己、无私奉献，因为“这才是好人应该做的”。结果，在努力做“好人”的同时，他们逐渐丧失了完整的自我。对于这些人来说，最重要的是从这种状况中解脱出来，重新认清自己。他们只有学会原谅自己，允许自己在适当的时候表现出私心和欲望，才能建立起真正的自尊和自爱。

我们每个人都具有积极与消极两方面的特质，我们必须承认这些特质的存在。善与恶、好与坏、光明与阴暗、强大与脆弱、诚实与欺瞒——我们的内心就是这些特质的矛盾统一体。如果你觉得自己太过脆弱，那你就需要寻找脆弱的对立面，让自己变得更有力量；如果你被恐惧困扰，就必须在内心中寻找勇气；如果你总是受人欺辱，那你就需要在内心中找出发生这种情况的原因。你必须敞开心扉，承认自己既有优点也有缺点，既有光明的一面也有阴暗的一面。只有从容接纳黑暗的人，才有资格接纳光明。

透视心灵，拥有完整的自我

约翰·威尔伍德在《爱与觉醒》中把人的内心世界比喻为一座城堡。想象一下，你的心是一座雄伟壮丽的城堡，里面有宽敞的走廊和数以千计的房间，每个房间都是完美的，每个房间都与别的房间截然不同，里面藏有一件独一无二的珍宝。每个房间都代表了你内心中的一种特质，整座城堡就是所有这些特质的统一体。小时候，你可以无所顾忌地进入每一个房间，无论房间里有些什么东西，你都会大胆踏进去。你的整个城堡沐浴在爱的光芒之中。

然后有一天，大人们进入了你的城堡，告诉你有几个房间并不完美，不应该作为城堡的一部分。他们说，要想让城堡变得完美，你必须把这些房间的门锁起来。你听信了他们的话，照他们所说的做了。随着年龄的增长，越来越多的人开始造访你的城堡，由于各种各样的原因，你锁上的门越来越多，城堡里不再是一片光明，而是出现了越来越多阴暗的角落。因为当你觉得房间里的东西达不到他人和自己的要求时，当你对房间里的东西感到恐惧或羞耻时，就会锁上房间的门。同时，你也会访问别人的城堡，如果发现自己所拥有的某个房间别人都没有，你就会把这个房间锁起来。而且，当你所信服的人告诉你某扇门应该锁上时，你就会照他们说的去做。

不知不觉间，你的城堡变得面目全非。你再也不能像小时候那样自由出入于每一个房间。有的房间过去曾让你感到自豪，而现在，你却巴不得让它们消失。你无法否认它们的存在，因为它们是城堡本身的一部分。然而，随着岁月的流逝，上锁的房门会被灰尘和蛛网湮没，你全然忘记了这些房间的存在。你甚至都没有意识到这一切的发生，因为别人总是给你提出各种各样的意见，告诉你一座完美的城堡应该是什么样的，在这一片嘈杂声中，你很容易忽视内心的声音。最后，你把自己心灵的活动空间限制在不多的几个房间里，全然忘记了城堡原本有多么大、心灵可以多么自由。

城堡中的每个房间，都对应了你内心中的一种特质，有积极的，也有消极的。爱与恨、美与丑、勇敢与怯懦、优雅与粗俗、无私与贪欲、健康与病弱，都存在于不同的房间之中。每个房间都是整座城堡不可或缺的一部分，并且每个房间都有与之对立的另一个房间。人们最大的幸运就是，不满足于在有限的几个狭小的房间里度过余生，而是本能地去探索、去寻找、去重新发现与开启那些上了锁、被我们遗忘的房间。

城堡的比喻是为了让人们认识到，自己的内心世界确实非常广阔。我们每个人的心都是如此，只要我们愿意敞开心扉，就可以看到内心城堡的全貌。我们往往不敢打开那些锁着的门，因为不知道门后面藏着什么，更害怕打开门发现自己所不能接受的东西。结果，我们不是去探索门后面的秘密，而是故意欺骗自己和别人，假装锁着的门和房间根本就不存在。但是，如果你真的想改变自己的生活现状，就必须克服心中的恐惧，走进城堡，把所有锁着的门一扇扇打开，去深入探索自己的内心世界，找回所有曾经被你遗弃的东西。只有这样，你才能重新拥有完整的自我。

否认会让情绪触电

投影是一种很有趣的心理现象，可惜绝大多数人都不了解其原理。我们会不自觉地用潜意识去影响周围的人，让他们表现出我们所压抑的特质和情感，或是把容易表现出这些特质和情感的人吸引到我们身边，这就是投影的机制。投影是人们潜意识的一种防御机制，因为我们的某些特质和情感受到了意识的压抑，它们无法在我们自己身上自由地表现出来，所以就只能诉诸他人和外物。例如，怀有强烈自卑感的人，往往会觉得周围的人都很自卑。当然，我们之所以会把消极的特质投影到某些特定的人身上，也是因为这些人本来就比较容易表现出这样的特质。这样的人最容易触发我们的潜意识，让我们把自己压抑的东西投影到他们身上。

换个角度来讲，我们在别人身上注意到的特质，都是我们自己所具有的。我们不妨打个这样一个比方：假设你的胸前有一块芯片，上面布满了成千上万个电极接口，每个接口都代表了你的一种特质。那些你所承认、所接纳的特质对应的接口，会被盖板保护起来，所以很安全，不会轻易漏电。但是那些你压抑、拒绝的特质对应的接口，则没有盖板的保护，当容易表现出这些特质的人接近我们时，他们身上的电极就会自动插进我们的接口，引起我们的注意。例如，如果我们刻意压抑自己心中的愤怒，就会把暴躁易怒的人吸引到我们身边。我们会一边压抑自己的愤怒，一边鄙视那些暴跳如雷的人。因为我们拒绝承认自己心中的愤怒，所以只能把愤怒投影到别人身上，只有这样，我们才有重新认识和接纳这种情感的机会。

对于我们投影到别人身上的消极特质，我们会感到本能的嫌恶。如果你觉得别人傲慢得令人讨厌，就说明你在刻意压抑自己心中的傲气——或许你在生活中经常会不自觉地表现出傲气，或者你拒绝承认自己在某些情况下会变得傲慢。如果你意识到自己对别人的傲慢非常反感，就必须仔细检视自己的生活、体察自己的内心，问自己这样的问题：“我什么时候曾经傲慢过？我现在是否很傲慢？我将来是否有可能变得傲慢？”假如不经仔细思考就草率地给出否定的答案，那么这种态度本身就是傲慢的表现。如果你能够承认和接纳自己心中的傲慢，就不会对别人的傲慢感到非常反感，因为在你身上，傲慢的接口已经被盖板保护起来了。

不要成为伪装大师

印度灵性大师克里希那穆提曾说：我在自己年轻的时候，总是把大大咧咧、满不在乎的态度作为保护自己的黏土壳。似乎只要对自己说一句“这一切我都不在乎”，什么样的事情都可以挺过去。当我开始探索自己的内心世界时，这层黏土就裂开了一条缝隙，让我得以窥见里面金子的颜色。然而，只有当我学会理解这层黏土存在的意义，以及它的具体成分——我用来保护自己的各种观念和情感时，才能最终打破它，让内心世界重放光芒。

其实，每个人的心中都有这样的黏土壳，你心中的黏土壳，就是你用来展示给别人看的那层外壳。藏在外壳之下的那些特质，就是你内心的阴影。阴影的内容，往往与我们所展示给别人的面具截然相反。有些人表面上无比坚强，内心却非常敏感；有些人表面上风趣幽默，内心却非常悲观；有些人表面上和和气气，内心却非常暴躁；有些人表面上聪明伶俐，内心却总觉得自己非常愚蠢。许多时候，我们的外壳实在太过完美，不仅骗过了别人，也骗过了我们自己。要想透过面具检视自己的内心世界，我们必须首先意识到这一点。当我们感到不满意、不高兴、不痛快的时候，就是我们的面具与内心阴影在相互冲突。

要想改变这种冲突与矛盾的生活现状，我们必须首先改变自己对面具所持有的错误观念。我们必须承认面具本身的积极意义——它保护我们的心灵免遭伤害，而不应该一味把外壳当成妨碍自己实现梦想的阻力。毕竟，我们展示给别人的面具也是自己的一个方面，也是我们内心世界的一部分。

疾病是一种身体语言

疾病是一种身体语言，是我们和自己的身体进行对话的一个途径。有位心理学家曾这样描述过自己的经历：

有一天下午，我出诊去看一位病人，开车回来的途中，胃里突然产生痉挛性的疼痛。一般人认为，胃痛的原因，可能是吃错东西、消化不良或情绪过度紧张。不，那时我觉察到自己的胃痛属于另一种状态。于是我问我的胃：“你想告诉我什么？一定有很重要的事情，是我没有注意到的，所以你想提醒我，对不对？”

后来，我就在心里收到它想说的话——当然，它没有对我说：“亲爱的！我是你的胃，我现在要告诉你的是……”而是收到了一些信息——你陷入了一种矛盾的状态。

事实上，我当天出诊的病人家境艰难，但他又想请一位菲佣，因此，他希望我帮他开具诊断书，想用诊断书申请残障手册，获得生活补助。我很想帮忙，可是在当时的医疗制度下，申请的条件愈趋严格。碍于法令规定，我犹豫不决，因此产生许多矛盾。那时，我假装矛盾不存在，表面上看起来很平静，可是内心已经有了潜在的焦虑。

于是我的胃告诉我：“我帮你承受焦虑情绪无所谓，但你还是要去面对问题！否则到时不管你同意还是拒绝他，彼此都会受到伤害。”当接收到这个信息后，我就告诉我的胃：“谢谢你，你真是一个仁慈的胃！不仅要为主人消化食物，还得承担主人的情绪。”

我们的胃不只是为了生理上的需要而分泌胃酸，或帮忙把食物消化。有时为了安定情绪、平衡心志，它也会“说话”，向我们发出警告。

身体的每一个器官都是我们忠诚的朋友。如果你吸食毒品，朋友会不顾一切地阻止你，可那时的你会觉得这样下去必将自我毁灭吗？可能不会。如果你打算去抢劫，朋友清楚你一定会沦落到不是逃亡就是死亡的下场，必然想尽办法阻止你，也许整夜劝你，不让你睡觉，以致你头昏眼花，无法加入同伙的行列，或把你反锁在房里，让你出不了门。身体正是这样的一个朋友！

身体是主动而有智慧的，也是人们最忠实的朋友，它帮助我们健康地成长。身体上的生理、病理现象，都是身体语言，只因自我常忽略心灵的智慧和忠告，所以心灵才会通过身体传达信息给我们。从这个角度看，身体上任何和疾病有关的征兆，都是我们的心灵在试图与我们的意识对话。

比如那位心理学家突如其来的胃痛，是心灵在对他发出警告：

"你现在遇到了冲突，你想帮助他，又担心会触犯法令，以致心里失去往日的平静。你应该要去面对这件事，寻求可行的方式解决。" 正如案例中的那位心理学家所言，如果不是因为心灵通过胃痛向他传达讯息、发出警告，那么他将无法真正面对此事。

我们的身体永远为了自己最大的利益作打算，为了我们的最佳状态而运作，因此身体的绝大部分疾病都可以诠释成一种心灵的语言。事实上，我们的身体一天到晚呵护备至照顾着我们，想尽办法让你的生活质量维持良好状态，它通过各式各样的信息提醒我们：你绝对不是在孤军奋战。

可是，大多数人忽视了身体想要传达给我们的信息，认为身体不过是一台精巧的机器，稍不留神就会感冒，甚至得糖尿病、高血压或是癌症等较严重的疾病。但是我们的身体不是一个被动的机械装置，它有能力能动地降低不利因素对我们的影响与伤害，当它表现出异常时，肯定是不利因素超过了我们的身体的承受能力，所以我们应该对身体语言予以重视。

疾病是一种身体语言。每个人的身体永远都是为人们的最大利益作考量，它对人们绝对百分之百忠实，时刻为你的身心平衡而运作。

自恋是心理失调的一种表现

拉·洛克福库德说过："自恋是比世界上最善于欺骗的人更加善于欺骗。"《韦伯斯特辞典》把自恋界定为第六种贪得无厌的情感。自恋是人们心理失调的一种表现，具有自恋心态的人唯我独尊，爱惜自己达到了病态的程度。只愿享受，不愿付出；只要求权利，不愿尽义务；只追求权力，不愿负责任；只相信自己，不相信他人；只爱自己，不爱他人……凡此种种，都是自恋心态的表现。因此，自恋的人很难与他人发展出任何有意义的人际关系，容易陷入孤独之中。自恋和孤独，经常如影随形地结伴出现。此外，还可能与自恋结伴而行的，是自卑和忧郁。

莎士比亚在其喜剧著作《第十二夜》第一幕第五场中描写了这样一幕：

在希腊神话之中，有一名美少年叫作纳西瑟斯。某日，口干舌燥的他来到森林深处，发现一潭清冽之泉。当他弯下身探近水面时，发现水精灵也正探出美丽的面庞，仿佛注视着他。因此，纳西瑟斯情不自禁地爱上了泉水里的美丽精灵。事实上，那只是他自己在水中的影子，但纳西瑟斯却不知道自己一直深深爱着的水精灵其实就是自己的倒影。他整日在水边流连，最后终于溺死水畔。不久，泉水边开出一朵清雅的花儿，这就是纳西瑟斯的化身——水仙。

莎士比亚在这里明确地阐明了一个心理学概念——自恋。文章中的纳西瑟斯是一个典型的自恋狂。由于缺乏安全感，他贬低身边所有的人以突显自己，结果完全没有人喜欢他，而这就进一步加深了他的不安全感，使他更不快乐了。他从自己的身边找不到快乐，也无法与他人正常相处，这种情形给他带来了不少困惑，最终限制了他的思想和情感。

一个极度自恋的人，常常以自我为中心，常常觉得少了他们，地球就不会转动。虽然我们倡导人人都应该爱自己，但是爱得过度就危险了。自恋者嗜好自我欣赏，又很在乎别人是否关注自己，并且期望得到别人的认同或赞美，但因为缺少与他人正常沟通的能力，所以活得很辛苦。

在极端自恋者心中，他只把自己当作人，而其他人都是“物”。他只关注自己的感受和利益，对其他人或其他生物严重缺乏同情心，“感同身受”对他们来讲是非常陌生的，这使得他可以毫不犹豫地去伤害其他人或其他生物。

极端自恋者心中有一个幻觉：他是完美的，天上地下唯他独尊。他是永远正确的，如果事情有什么不对，那一定是别人的错。这种完美的幻觉是极端自恋者最核心的心理机制，他会尽一切努力去维护这个完美幻觉。但是，来自最亲密的人，譬如恋人的挑战会极大地冲击甚至颠覆这种幻觉，这让极端自恋者产生恐惧，所以不惜以杀人的方式去阻止这种冲击与颠覆的发生。

既然极端自恋者把自己当作完美的，那么在他们的观念里，一切责任只能是由别人来负，而自己没有丝毫不是。所以，一旦遭遇到重大挫折，极端自恋者必然会为自己的挫折寻找责任人和替罪羊。亲密关系中的挫折是极端自恋者最在乎的，而恋人、配偶或情敌无疑是他们最容易找到的责任人和替罪羊。不过，因为特别在乎亲密关系，极端自恋者则更倾向于先去寻找其他的替罪羊，譬如情敌。

莎士比亚在其喜剧《第十二夜》中为人们提供了最好治疗自恋的药方，那便是慷慨、坦荡的品质和开朗的个性。莎士比亚用他反复提及的慷慨、仁慈和无私的主题来提醒我们：当对自己的关心不再处于优先的地位，生活的烦恼就会离我们而去，高山会变成平地，河川也会改变河道。只有用慷慨、坦荡、开朗这些积极因素来平衡心理上的过分自恋，自恋者才有可能摆脱心理失衡的状态，从而改变自恋的心态，能够尊重与关注他人，与他人正常交往。

及时清空心灵的垃圾

每过一段时间，我们都要清理一番家里的物品，有保存价值的留下、意义不大的就把它们卖掉，甚至干脆扔进垃圾桶。这种清理让人感到无比快乐，每做一次就让人有一种丢掉了包袱的轻松感。

人的心灵其实也像一个家，它的容量也是有限的。不管你名气有多大，职位有多高，也不管你拥有多少金银财宝，你都无法突破这种限定。而人生在世难免有挫折、失败和不幸，也难免有烦恼、寂寞和孤独，这些东西就像旧书报和废手稿一样，它们于你的人生毫无用处，却侵占了大量的生命空间，如果不及时清理掉，它们就会慢慢膨胀，让你的心灵备受困扰。

一位气色很差的年轻人去看医生，他向医生抱怨生活的无趣。诊断后，医生发现他的身体毫无问题，觉察到他的内心有问题。医生就问年轻人：“你最喜欢去哪个地方？”“我喜欢海边，不过已经很久没有去过了。”年轻人回答。医生于是说：“拿这三个处方到海边去，你必须在早上 9 点，中午 12 点和下午 3 点分别打开这三个处方。你必须同意遵照处方，不到时间不得打开。”

这位年轻人身心俱疲地拿着处方来到了海边。他抵达时刚好 9 点，他赶紧打开处方，上面写道：“专心倾听。”他开始用耳朵去注意听，不久就听到了以往从未听见过的声音——他听到了波浪声，听到了不同的海鸟的叫声，听到了沙蟹的爬动声，甚至听到了海风的低诉。他感到一个崭新、令人迷恋的世界向他展开双臂，这使他安静下来，他开始沉思、放松。

中午时分，他已陶醉其中，很不情愿地打开第二个处方，上面写道：“回想。”于是他回想起儿时在海滨嬉戏，与家人一起拾贝壳的情景……怀旧之情汩汩而来。

到下午 3 点时，他正沉醉在尘封的往事中，温暖与喜悦的感受使他不愿去打开最后一个处方，但他还是拆开了。“回顾你的动机。”他开始自省，回想生活工作中的每件事、每种状况、每个人。他很痛苦地发现所有的抱怨只不过是自己的负面情绪使然，对工作和生活的抱怨使得自己错失了很多美好的东西。他终于找到了自己不开心的真正原因。

现实生活中，有些人好像从来就没有过顺心的事或顺利的时候，任何时候你与他在一起，都会听到他不停地抱怨。他们把每一件不顺心、不如意的小事都堆积在心里、挂在嘴边，搞得自己的心态和情绪都很糟。在这样一种状态下，他们自己很烦躁，也把别人搞得很厌烦。

“万事如意”不过是人们对生活的良好祝愿，是很难实现的。人生不如意之事十有八九，现实生活中，人们所面对的总是一些不尽完美的事情。我们虽不可能保证事事顺遂，但可以做到坦然面对，该放则放，不要把一些“垃圾”堆积在心里，把乌云挂在脸上，把牢骚挂在嘴边，否则你就会变成不受欢迎的人。

心灵不是堆积“垃圾”的地方，否则对自己负面影响极大，因此我们必须及时清空自己的坏情绪。对情绪的控制完全可以取决于我们自己，积极主动地去面对于解决问题，就能使得我们的情绪不会被别人所左右。很多乐观的人并不是万事顺遂，而是他们都善于控制自己的情绪，让自己活在快乐之中。人生在世，总会遇到很多悲伤与痛苦，如果不能掌控自己的情绪，我们就会成为负面情绪的奴隶。斯摩尔曾经说过：“做情绪的主人，驾驭和把握自己的方向。”

那么，我们要如何清空自己的坏情绪呢？总结前人的经验，我们归纳出以下可供选用的方法：

说出你的想法

如果确信别人的某个请求是不合理的，你应该说出来。例如，当人们请求你帮他们做事情而给你造成困扰时，你通常很难说“不”。首先，考虑一下你是否能够做，或者愿意做他们要求你做的事情。如果你不能做或不想做，就要学会委婉有效地拒绝他人的请求。

避免争执

每个人都可能遇到过与朋友、家人或同事在某个问题上出现意见分歧或发生冲突的情况。这种情况下，争执会给我们带来严重的负面情绪，但冷静、克制会帮助我们缓解与克服这种负面情绪。

自我激励

承认你能从错误中吸取教训，下一次更正。告诉自己：“我已经做得很好，对我来说已经足够好了。”“金无足赤，人无完人。”“即使我失败了，人们仍会喜欢我。”这些积极的自我激励和暗示，能够帮助我们克服挫折和失败带来的负面情绪对自己的消极影响，积极地面对与解决问题。

不要让错误成为心中永远的疙瘩

世界上没有完美的人，我们每个人都会犯错误。所以如果我们做错了事，就要认真地找出原因，吸取教训，争取今后不再犯同样的错误就好了。而不应该时刻纠结于过去的错误，陷入负面情绪里难以自拔，甚至因此影响了正常工作与生活，就后悔莫及了。

学会过好每一天

要过好每一天，我们就要学会计算自己的幸福、计算自己做对的事情，而不是关注那些不幸和失误。我们要在计算中懂得取舍，世界上的事情总是有舍才有得，而一点都不肯舍或样样都想得到则只会导致一事无成。

学会正视现实

面对无法改变的事实，最好的办法就是客观地去接受它。不管发生什么事情，哪怕是天大的事情，也要对自己说："不要紧！"风雨之后总会有彩虹，天不会总是阴的。自然界是这样，生活也是这样。请记住：正视现实和积极乐观的态度，是解决任何问题、战胜任何困难的第一步。

给予自己积极的暗示

在每个人的生命中，每天都会发生各种各样的事情，这些事情就像我们生命中的坐标一样，它们或深或浅或明媚或黯淡的色调，构成了我们的人生画卷。

尽管在人生的岁月里，起伏不定常常带给人们不安全感。但是，只要我们面临这些变化时多给自己一些积极的心理暗示，以有一颗强大乐观的心去面对，想方设法去解决问题、改变不满意的状况，再大的磨难也无法压垮我们。

1960年，哈佛大学的罗森塔尔博士曾在加州一所学校做过一个著名的实验。

新学期刚开始，校长对两位教师说："根据过去三四年来的教学表现，你们是本校最好的教师。为了奖励你们，今年学校特地挑选了一些最聪明的学生给你们教。记住，这些学生的智商比同龄的孩子都要高。"校长再三叮咛：要像平常一样教他们，不要让孩子或家长知道他们是被特意挑选出来的。这两位教师非常高兴，更加努力教学了。

一年之后，这两个班级的学生成绩是全校中最优秀的。知道结果后，校长告诉这两位教师真相：他们所教的这些学生智商并不比别的学生高。这两位教师哪里会料到事情是这样的，只得庆幸是自己教得好了。

随后，校长又告诉他们另一个真相：他们两个也不是本校最好的教师，而是在教师中随机抽出来的。

这两位教师相信自己是全校最好的老师，也相信他们的学生是全校最好的学生，这种积极的心理暗示，才使教师和学生都产生了一种努力改变自我、完善自我的进步动力。这种企盼促使他们将美好的愿望变成现实，这就是心理暗示的积极作用。

心理暗示是我们日常生活中最常见的心理现象，它是人或环境以非常自然的方式向个体发出的信息，个体无意中接受这种信息，从而作出相应的反应的一种心理现象。暗示是在无心理对抗的情况下，通过议论、行动、表情、服饰或环境气氛，对人的心理和行为产生影响，使其接受有暗示作用的观点、意见或按暗示的方向去行动。暗示有着令人们不可抗拒和不可思议的巨大力量。

但是，心理暗示有积极的一面，也有消极的一面，不同的心理暗示必然导致人们不同的选择与行为，而不同的选择与行为必然会有不同的结果。有人曾说："一切的成就，一切的财富，都始于一个意念。"你习惯于在心理上进行什么样的自我暗示，就是决定你成与败的根本原因。你是成还是败，关键要看你从这两种性质截然不同的心理暗示中选择哪一面、使用哪一面。每个人都应该给自己以积极的心理暗示。任何时候，都别忘记对自己说一声：

"我天生就是奇迹。"本着上天所赐予我们的最伟大的生命馈赠，积极暗示自己，你便开始了成功的旅程。拿破仑·希尔给我们提供了一个自我暗示公式，他提醒渴望成功的人们：要不断地对自己说"在每一天，在我的生命里面，我都有进步"。

积极的自我暗示能让我们用一些更积极的思想和概念来替代过去陈旧的、否定性的思维模式，这是一种强有力的技巧，一种能在短时间内改变我们对生活的态度和期望的技巧。

我们可以通过有意识的积极自我暗示，将有益于成功的积极思想和意念作为成功的种子，播撒到潜意识的土壤里，并促使我们在走向成功过程中减少因考虑不周和疏忽大意等招致的破坏性后果。

打开心门的四种秘密武器

研究表明，50% 的幸福指数是由所谓的人类与生俱来的幸福"设置点"来决定的，10% 是由我们生活的环境来决定的，而剩下的 40% 则完全是由我们自己来决定的——做事的方式、抗压能力、选择如何度过一生，等等。

我们完全可以靠自己的力量来提高幸福指数。通过改变认识事物的方式，就可以让你内心的声音变得更加积极……

享受生活，找到活着的目标，就会使你在情感这所房子里的每一个房间都感觉很快乐（将你的生活比喻成一个大房子，不同的房间代表着生活中不同的区域：卧室代表浪漫，办公室代表工作和金钱，客厅代表友谊，等等）。改变一下以往作决定时的方式，便会在一定程度上提高幸福指数。适当调整心态或者看待事情的角度，对于提高自己的幸福指数是很有意义的。当以下 4 种习惯融入我们的生活中时，我们就一定可以收获更大的快乐。

奉献太多并不好

航空公司告诉乘客：一旦发生危险，先戴上氧气罩再去帮助旁边的人，这无疑是正确的。这不是自私，而是自我保护。在日常生活中帮助别人也是一样，需要先保护自己、确保自己具有帮助他人的能力。

给予很伟大，尤其是付出时间的时候，但是有时候太多的给予只会被白白浪费，无法对任何人产生好处。当我们明白这点时，应该坚决地对要求自己作无谓贡献的人说“不”。要为自己腾出时间来培养兴趣爱好，总之要做一些让自己开心的事。只有当我们有能量的时候，才是合格的奉献者。所以，无论是参加集体活动、晚饭后出去散步、早上起来游泳、在家中读报纸，还是做其他一些自己感兴趣的事情，都会使我们重新焕发光彩。

要想更好地生活、工作并为他人提供帮助，我们就必须学会减轻自己的压力，太多的“你应该”必须被更多的“我想要”来代替。我们应该这样想：只有自己足够强大了，才能更好地帮助别人。内心的我与外在的我是同样重要的。要时刻谨记自己的底线，只有保持理智和快乐，才有利于身心健康。

享受当下这一刻

当我们还是小孩的时候，可能最喜欢享受漫长的下午，和小伙伴们在操场上玩，而妈妈和她的朋友们就这样看着我们。假如我们有足够的时间去探索那里的每一寸土地，多自由！那一定会是每个人童年生活中最快乐的时光。但现在，我们是否能这样耐心地享受和孩子在一起的时光，而不是急匆匆地催促他们？对于自己的事情，我们是否也都是停不下来的快节奏呢？我们不妨偶尔在去公园的路上停下来弯腰去看看毛毛虫，这可能远比匆匆赶到公园荡秋千有趣。慢下来，用心去享受每一刻时光，这会使你在心满意足的同时对生活具有支配感，因此很容易能够萌生幸福感。

给自己空间和时间

无论你周围有多少人，每个人每天都需要有私人的时间和空间来调整自己。时间是自己给自己的唯一礼物，这个礼物可以使我们更加快乐，忘却痛苦。它不会花费你任何东西或要求你们去任何地方。

即使是小孩子，也需要拥有自己的时间与空间来关照自身。更何况每天承载着诸多压力的我们呢？我们可以在游泳或者慢跑时享受自己特有的时间。在那些平静的时刻，驱除所有的烦恼，只想象能让自己快乐的事情。

发生冲突没有关系

有一件事情我们需要学会：当人们与我们就某件事有不同意见，或者亲友之间生气时，最艰难的事情就是把那人叫出来，然后一起讨论这个问题。

但是，一旦我们这样做了，就会感觉释然。当我们和同伴一起谈论这件事时，要告诉他：他对你来说很重要，而且你想要打破这种僵局。在谈论过程中，我们不要再责备对方，并让对方知道我们自己对此事感到很愧疚，或者告诉对方自己在这件事中受到的伤害；要仔细听对方讲完自己的意见，再阐述自己的观点。

研究表明：与朋友进行良好的沟通，对于维持友谊和提高自身幸福感尤其重要。孔子曰：君子和而不同。我们的意见不需要与朋友完全相同，只要找出彼此意见中相同的部分和不同的部分，通过沟通与朋友保持不同意见并向对方学习，这对于维系和谐的交往和深厚的友谊是必要的。

平衡心灵的秤杆

一个人的内心往往会关系到他的命运，人们要想时刻都过得愉快，那就得让自己的内心永远都在自己的掌控之中。你拥有什么样的内心，就拥有什么样的生活能量，这种能量将决定你是否能获得幸福的人生。

有人把世界上的人分为两种：幸福的人和不幸的人。这两种人在本质上并没有什么区别，只是他们在日常生活中所拥有的心情不同，准确地说，是对内心的控制能力有所不同。那些幸福的人，并不是他们的人生道路是多么一帆风顺，也不是他们的能力有多么超群，只是因为他们善于控制自己的内心，能在狂风暴雨中看到美丽的彩虹，甚至能在一败涂地中预见到美好的将来，并时刻保持一种良好的心理状态，不因为暂时的困厄而沮丧甚至自暴自弃。

相反，一个不幸福的人，也并不是真的像他们所说的那样缺少运气，甚至像某些人认为的那样“老天无眼”，没有保佑自己，原因仅仅是这种人不会控制自己的内心，任自己的负面情绪跟随发生的事情恣意放纵。

总而言之，幸与不幸就在两个字——内心。内心处于平衡状态，人们就会感到幸福；相反，则感觉不幸福。平衡的内心是指一个人能够控制自己的思维和情绪，使自己处于一个良好的心理状态，能够冷静平和地看待事物。生活中的非理性因素实在是太多了，以至于我们常常会因为这些非理性因素的影响而控制不住自己的内心，导致了一些原本不该发生的事情。经过分析，这些困扰人类多年的非理性因素有如下几种：嫉妒、愤怒、恐惧、抑郁、紧张，还有狂躁和猜疑。这些都是再平常不过的心理因素了，然而这些看似平常的心理因素，却往往可以决定一个人的成败得失。

一位哲人曾经说过：一个人的内心就是一个人真正的主人，要么你去驾驭生命，要么是生命驾驭你，而你的内心将决定谁是坐骑，谁是骑师。平衡的心态有利于人们实现更多的自我价值，相反，失衡的心态则会妨碍自我价值的实现。

一个乐观开朗的人，他做事一定是很积极的，不管是工作中还是在生活上，都能很好地完成任务、达到目标。因此在同样的时间里，这类人自我价值的实现也就相对比较多，自我价值实现得越多，自我肯定的成就感也就越强，这样就能拥有好的心情，形成一个良性循环。相反，一个悲观、抑郁的人，整天愁眉苦脸地面对生活，不管做什么事情都不积极，甚至错误百出，那么他的自我价值就会实现得越来越少，自我否定的因素就会不断增加，这样也就使他的心情更加消极抑郁，成了一个恶性循环。因此，有人说，积极的心态会创造幸福的人生，而消极的心态则让人生充满阴霾。

曾经有两个人在沙漠的黑夜中行走，水壶中的水早就喝完了，两人又累又饿，体力渐渐不支了。在休息的时候，其中一个人问另一个人："现在你能看到什么？"被问的那个人回答道："我现在似乎看到了死亡，似乎看到死神在一步一步地靠近。"发问的人却微微一笑，说："我现在看到的是满天的星星和我的妻子、儿女等待我回家的脸庞。"

最后，那个说看到死亡的人真的死了，就在快要走出沙漠的时候，他用刀子匆匆结束了自己的生命，而另一个说看见星星和自己妻子、儿女脸庞的人，靠着星星的指示成功地走出了沙漠，并成了人们心目中的英雄。

人们在生活和工作中面临着太多的问题，忙碌在发现、遭遇和解决问题的途中，于是，在与旁人的不断比较中，就容易出现心理失衡。

面对心理失衡，我们需要的是心理补偿。综观古今中外的强者，其成功的秘诀就在于善于调节心理的失衡状态，通过心理补偿逐渐恢复平衡，直至增加建设性的心理能量。

有人打了一个颇为形象的比方：人好似一架天平，左边是心理补偿功能，右边是消极情绪和心理压力。你能在多大程度上加重补偿功能的砝码而达到心理平衡，你就能在多大程度上拥有了时间和精力，信心百倍地去从事那些有待你完成的任务，并有充分的乐趣去享受人生。

那么，我们应该如何去加重自己心理天平上心理补偿的砝码呢？

首先，要有正确的自我评价。情绪是伴随着自我评价与需求的满足状态而变化的。所以，人们要学会随时正确地评价自己。有的青少年就是由于某些需求得不到满足，得不到肯定的自我评价，加上未能进行必要的反思、调整自我要求与客观现实之间的距离，因而始终处于郁闷或怨恨状态，甚至悲观厌世，最后走上绝路。由此可见，人一定要学会正确估量自己，对事情的期望值不能过分高于现实。当某些期望不能得到满足时，要善于劝慰和说服自己，不要为之过于遗憾。生活中处处有遗憾，也处处有希望，希望安慰着遗憾，而遗憾又充实了希望。正如法国作家大仲马所说："人生是一串由无数小烦恼组成的念珠，达观的人是笑着数完这串念珠的。"从这种意义上来说，没有遗憾的生活，才是人生最大的遗憾。

为了能有自知之明，人们需要正确地对待他人的评价。因此，经常与别人交流思想，得到他人的指导和帮助，是人们求得心理补偿的有效手段。

其次，必须意识到你所遇到的烦恼是生活中难免的。心理补偿是建立在理智基础之上的。人都有七情六欲，遇到不痛快的事自然不会麻木不仁。不理智的人喜欢抱屈、发牢骚，到处辩解、诉苦，好像这样就能摆脱痛苦。其实这往往是白费时间，现实还是现实。明智的人勇于承认与面对现实，既不幻想挫折和苦恼会突然消失，也不追悔当初该如何，而是认为人生中本就会有很多不如意，并非是老天跟自己过不去。这样，挫折带来的心理压力就会减轻，从而能够使自己尽快平静下来，客观地对事情作出分析，总结经验教训，积极寻求解决的办法。

再次，在挫折面前要适当进行心理调节，这有助于我们在逆境中进行心理补偿。例如，实验失败了，要想到失败乃是成功之母；若被人误解或诽谤，不妨想想"在骂声中成长"的道理。

最后，在做心理补偿时也要注意，自我宽慰不等于放任自流和为错误辩解。一个真正的达观者，往往是对自己的缺点和错误最无情的批判者，也是敢于严格要求自己的进取者和乐于向自我挑战的人。

与自己的心灵对话

你懂得呵护自己的心灵，并时常与它对话吗？这个世界上，每个人都有缺陷，世界没有完美的人。不跟自己过不去，是一种精神的解脱，它会促使我们从容地走自己选择的道路，做自己喜欢的事。和自己的心灵对话，这既是对自己的爱护，又是对生命的珍惜。

曾有人问古希腊大学问家安提司泰尼："你从哲学中获得了什么呢？"答曰："同自己谈话的能力。"同自己对话的过程，就是发现自己的过程。通过与自己的对话，我们能够发现另一个更加真实的自己。

法国大文豪雨果说："人生是由一连串无聊的符号组成的。"的确，我们生活中的大多数时光都在很普通的日子里度过，但是有时看似很正常的生活插曲，又难免让我们有点儿浑噩、有点儿疲惫、有点儿怨恨……

所以，我们都希望有一个天底下最了解自己的人，能够坐下来静静倾听自己心灵的诉说，能够在熙来攘往的人群中为我们开辟一方心灵的净土。可面对芸芸众生，"欲将心事付瑶琴，弦断有谁听"？

事实上，我们自己就是自己最好的知音。世界上还有谁能比自己更了解自己呢？还有谁能比自己更能替自己保守秘密呢？当我们烦躁、无聊的时候，不妨试着和自己的心灵对话。

那时他刚刚参加工作，厂领导决定让他和其余5个年轻人去森林深处做护林员。他愉快地背着行李进驻到了莽莽原始森林的深处。

那是怎样原始而远离尘世的森林啊，每一棵树都生长了几百年，林间的落叶堆积得厚厚的，弥漫着一缕缕远古的腐殖质的腥臭，许多粗大的树干上都生满了斑斑驳驳的青苔。那些鹿和狼等动物还没有见识过人，它们对他一点也不害怕，只是好奇地远远望着他。他们每一个人看护的林地足有方圆30多千米那么大，林区没有一户人家，也没有一条路，到这里生活，他像突然被抛弃到了世界尽头，从现代社会里被剥离出来，一下子成了原始人。

临去之前，熟悉的人对他说，到原始森林里去生活，最重要的是要时常记住自己和自己说话，否则，三年五年过去，恐怕就连话也不会说了。他听了，心里很好笑，一个说了 20 多年话的人，怎么会突然不会说话了呢？但刚到这原始森林里生活了半个月，他就明白了，人们的告诫并不是危言耸听。因为这里远离尘世，没有人和他说话，他来了半个月，除了面对莽莽林野吼过几首歌，自己连半句话也没有说过。如果这样下去，总有一天，自己肯定会变成一个不会说话的哑巴。他害怕了，于是，他开始尝试着同自己说话。他对着自己的影子说："你好！"

后来，他对着大树滔滔不绝地说话，对着林间啁啾的小鸟说话，对林地里的小草和野花说话，对汩汩流淌的小溪说话。夜里，躺在窝棚里，他一个人对着自己的心灵说话。开始的时候，任他怎么说，自己的心灵只是那么默默地倾听，一句话也不说，一点反应都没有。过了一段时间，他发觉心灵会同自己对话了，就像一个耐心的朋友——有时他说话，他的心灵在倾听；有时他的心灵在说话，他的耳朵在倾听。

两年多后，他和其他 4 个护林员回到林场里，他惊讶地发现，除了自己，其余 4 个人已经不会说话了。别人同他们说话，他们只是沉默地瞪着眼睛听，然后不声不响地转身走了。但他不同，他不仅话语流畅，而且每句话都清新而充满哲思，后来他用笔把自己的话记录下来，成为字字珠玑的灵性散文，频频发表在报纸杂志上，他成了一位小有名气的作家。

人们很奇怪，同在大森林形影相吊的孤独生活，为什么那些人成了"哑巴"，而他却成了一位充满哲思的作家？当人们问他时，他笑笑说："因为我常常和自己的心灵对话，而他们却没有。"

是啊，哪一位伟人不是常常和自己的心灵对话呢？只有和自己的心灵对话，你才能够听到上帝的声音；只有和自己的心灵对话，你才能够听到生命和灵魂的声音；也只有和自己的心灵对话，你才能够常常自省，才能听见自己渐渐走近成功的声音。

让心灵退入自己的灵魂中，使自己与自己亲密接触，静下心来聆听来自心灵的声音，问问自己：我为何烦恼？为何不快？满意这样的生活吗？我的待人处世错在哪里？我是不是还要追求工作上的成就？我要的是自己现在这个样子吗？生命如果就这样走完，我会不会有遗憾？我被生活压垮或埋没了没有？人生至此，我得到了什么、失落了什么？我还想追求什么……

这样，在自己的天地里，通过与自己的对话，你可以慢慢修复自己受伤的尊严，可以毫无顾虑地“得意”，可以剖析自己、感动自己、征服自己。与自己对话，是成熟的体现，也是呵护、放飞与升华心灵的有效途径。

生活方式决定生命的长度

放弃生活中的“第四个面包”

非洲草原上的狮子吃饱以后，即使羚羊从身边经过，也懒得抬一下眼皮。瑞士奶牛也是一样，只要解决了吃饭问题，它就会闲卧在阿尔卑斯山的斜坡上，一边享受温暖的阳光，一边慢条斯理地反刍。

有一位作家非常赞赏瑞士奶牛和非洲狮子的生存哲学，他说，假如你的饭量是 3 个面包，那么你为第 4 个面包所作的一切努力都是愚蠢的。

王立有一个做医生的朋友，几年前到一个宾馆去开会，一眼瞥见领班小姐，貌若天仙，便上前搭讪。小姐莞尔一笑，用一种很不经意的口气说：“先生，没看见你开车来哦。”这位朋友当即如五雷轰顶，大受刺激，从此立志加入有车族。

后来他们在一起吃饭，几杯酒下肚之后，这位朋友告诉王立，准备把开了一年的小面包卖掉，换一部新款的高档轿车。然后又问王立买车了没有。王立老老实实地回答“还没有”，而且称在看得见的将来也没有这种可能性。他同情地看着王立：“唉！一个男人，这一辈子如果没有开过车，那实在是太不幸了。”

这顿饭让王立吃得很惶惑。因为按他目前的收入水平，买部好车，他得不吃不喝地攒上好几年。更糟的是，若他有一天终于买上了汽车，也许在他还没有来得及品味“幸福”滋味的时候，一个有私人飞机的家伙就会同情地对他说：“作为一个男人，没开过飞机太不幸了！”那他这辈子还有救吗？

这个问题让王立坐立不安了很长时间。如何挽救自己，免于堕入“不幸”的深渊，让他甚是苦恼。后来，他无意中看到了证严法师在一次讲法时说的一段话：有菜篮子可提的女人最幸福。因为幸福其实渗透在我们生活中点点滴滴的细微之处，人生的真味存在于诸如提篮买菜这样平平淡淡的经历之中。我们时时刻刻拥有着它们，却无视它们的存在。

王立恍然大悟。原来他的这位医生朋友在用一个逻辑陷阱蓄意误导他：没有汽车是不幸的；你没有汽车，所以你是不幸的。但这个大前提本身就是错误的，因为“汽车”与“幸福”并无必然的联系。

在一个成功人士云集的聚会上，王立激动地表达了自己内心深处对幸福生活的理解：“不生病，不缺钱，做自己爱做的事。”会场上爆发了雷鸣般的掌声。

成功只是幸福的一个方面，但并不是幸福的全部。人们对成功的需求是永无止境的，没完没了地追求大家普遍认同的来自外部世界的物质诱惑——大房子、新汽车、昂贵服饰等。尽管它们可以在某些方面使我们得到快乐和满足，但是这些东西最终带给我们的是患得患失的压力和令人疲惫不堪的混乱。

2000多年前，苏格拉底站在熙熙攘攘的雅典集市上叹道：“这儿有多少东西是我不需要的呀！”同样，生活中也有很多看起来很重要的东西，它们与我们幸福并没有太大关系。

我们不能对物质排斥，毕竟精神生活是建立在物质生活之上的，但不能被物质约束。面对这个已经严重超载的世界，面对已被太多的欲求和不满压得喘不过气的生活，我们应当学会用好生活的减法，把生活中不必要的繁杂除去，好让自己过一种自由快乐的生活。

努力自爱，身心跃动

亚健康是当今社会最让人头疼的问题之一，越来越多的人进入了亚健康状态，他们经常感到疲乏，不仅胃口不好，还失眠，主观上觉得身体很不舒服，到了医院却查不出什么毛病，找不到原因。

很多人认为亚健康无关紧要，他们认为这种状态尽管有些不好，但还不至于到影响正常生活的地步。这样的想法是错误的。在亚健康状态中，有两种情况特别要引起重视，一种是“潜病态”，另一种是“前病态”。潜病态是指人体内已有潜在的病理信息，但尚未出现临床症状，也查不出器质性病变。长期以来，人们对潜病的病理信息一直不易或未能识别，现在已经可以借助多种手段识别，然后，采取必要措施将疾病消灭在萌芽状态；前病态即存在于人体内的病理信息已有所表露，但临床上尚不能明确诊断，任其发展便成为疾病。所以说，亚健康是一种动态的，它有可能会引发更严重的身体问题。所以我们必须要给予重视。

为了避免亚健康，为了将已经存在的亚健康状态引向健康，努力自爱，身心跃动，让自己的身体健康起来就显得尤为重要了。而且世间有千千万万的人，就因为对身体不曾注意与留心，以致“壮志未酬身先死”，他们毁掉了自己有所作为的可能性。他们的生活变得枯燥而乏味；他们在身体正该强壮的时候，已经是“老态龙钟”了。

“壮志未酬身先死，长使英雄泪满襟”，这是纪念诸葛亮的两句诗。诸葛亮是三国时期一位足智多谋的政治家、军事家。他“鞠躬尽瘁，死而后已”的精神不知感动了多少仁人志士。为了统一天下、结束混乱的局面，诸葛亮六出祁山，但终因身体不佳而未能完成统一天下的重任。

所以，我们一定要注意自己的身体健康，避免健康透支。假如我们在饮食上能够注意营养平衡，能够过一种简单而有节制、有规律的生活，我们就没有经常服药的必要。但是许多年轻人因为工作关系，中午往往会站在小食堂的柜台旁很匆忙地吞一块夹肉面包、喝一杯牛奶就算了事，以为这样一来，时间工作两不误。殊不知，假如他们从容地吃一顿营养而可口的午饭，餐后再休息一会儿，待食物得以消化再继续工作，这对于自己的身体和其它各方面，都是大有裨益的。

另外，人们还可以通过体育锻炼的方式来改善身体状况、提高自身的免疫力。科学合理地锻炼身体，不仅可以增进健康，增强人的体质，而且还可以达到延年益寿的功效。但是每个人要根据自身的情况，切不可超越自己身体承受的限度，或不顾环境的变化而一成不变，要因人而异、因地制宜地去锻炼自己的身体。

叫停喋喋不休的心

熙熙攘攘的社会，一定程度上造就了人们喋喋不休的内心。我们的心何时能够停止唠叨，内心何时能没有冲突和恐惧？

一个女孩有一次生病急诊住院，在医院输液。当时才刚过凌晨五点，注射室里只有她和一位中年妇女以及一位上了年纪的老太太三个人。因为输液时间太长，于是她们就聊了起来。中年妇女是因为糖尿病而输液，虽然她一直配合医生的治疗，但是还没能根治，她说生活太使人忧愁了。

女孩开玩笑地问：“你是不是愁钱啊？”

中年妇女却说：“我并不缺钱，就是不知道为什么一天到晚都在奔波劳碌着，心里面从来没有闲下来过。现在才五点钟，就得早早来医院输完液，因为待会儿要赶回家照料小孙子起床，给儿子儿媳做早餐，然后再送孙子去幼儿园。忙完这些我还要上班，办公室里也总有忙不完的工作，处理不完的人际关系。总之，整天都有忙不完的事，心里边总得想着这样那样的事，尽管想的都是些小事，但如果不去想，心里边又很难受。”

对面的老太太这时接过话：“你要是总是想那么多事情，病怎么能好呢？你看这春暖花开的季节，赶紧放下心里面所有的东西，什么也别想，到外面踏青赏花去，让自己的心休息休息，总是这么喋喋不休地烦恼着，不病也憋出病来了。”

有的时候，我们会觉察到自己的心总是在喋喋不休，持续不断地冒出毫无意识、缺乏逻辑、含糊不清、混乱嘈杂的妄念，就像水一样自动地溢出来。即使我们知道这不是理性的思考，也知道这些妄念会消磨我们的能量——让我们自己神经兮兮，弄得我们身心俱疲，胡思乱想既没目的又无意义，可是我们就是无法停止唠叨。

而无论你在思考什么：工作、事业、你的爱人、孩子和你的财物，只要你的心永远充满着念头，需要有事情做，就会唠叨不休、焦灼不安。如果我们的心老是唠叨不休，我们就会浮想联翩，就不能看见事情的真相，例如总是回想过去的错误，又预想未来的苦难，设想并不一定发生的种种。此时恐惧就会乘虚而入，你的心还存在支离破碎的妄想，而恐惧却已全副武装地侵袭，因此你的生活才会越来越乱，病痛才不能消除。只有在内心平静时，你才能看见生活里的恐惧、琐碎。如果你的心不再那么忙碌，不再为自己的困扰和焦虑喋喋不休，你就能安心地去认识自己从而享受生活。假如你说“我要了解它、控制它、除掉它、停止它”，其实你已经又开始喋喋不休了。

等到哪一天你遗忘了时间，能够轻松地放下家里所有的柴米油盐，平静地去欣赏街边的花草树木，并且随时准备融入到山川河流当中，头脑自然而然地就能够抛弃那些妄想杂念，心就停止了喋喋不休。等到你全然觉察和了解意识的结构、快感、悲伤和绝望，而脑细胞也变得平静了，也许你的心就能够到达纯然寂静的境界。

找出生命中最重要的人

生活中少不了交际和处世。人际交往占据了我们生活中大部分的时间和精力。我们生活中的人际关系，主要包括个人人际关系与职业场人际关系，如与朋友、亲人、同事、上级、客户以及其他我们珍视的人的关系。要简化生活，我们就要从简化自己的人际交往入手。著名的“二八”法则为我们简化人际交往指出了一条有效的途径。

“二八”法则在人际关系上为我们带来了以下几个推断：

在我们全部的人际关系中，20% 的关系，给了我们 80% 的价值。

对于产生 80% 的价值的 20% 关系，我们所付出的关注远不到 80%。

没有朋友，我们几乎无法成就任何事，大部分人在选择朋友时并不谨慎，甚至根本不注意，以为朋友反正会出现。大部分人选了错误的朋友，也选了太多，而没有善加使用，奉行“二八”思考法的人，会小心选择少数朋友，以达到目标。

因此，如果愿意的话，可以写下 20 个生命中很重要的人，就会看到，他们的重要程度超过 80%。只要你能和他们很好地相处，得到他们很好的对待，你的生活无疑是幸福的。遗憾的是，很多人会忽视生命中最重要、最难遇到的人，反而看重一些无关紧要的人和事，将过多的精力、时间、金钱和感情浪费在上面。多年以后蓦然回首，才恍然大悟，自己把最宝贵的时间投入到最无益的事情上，把最宝贵的感情投入到错误的人身上，而此时，后悔已经来不及了。

衣柜满了，需要清理与调整，以便腾出空间给新的衣服。同样，你的交际网也需要经常清理，使之更加简化，对你更有用。

国际知名演说家罗莎女士曾经请造型顾问帕朗提帮她做造型设计。罗莎女士说："整理出来的衣服总共分成3堆：一堆送给别人；一堆回收；剩下的一小堆才是留给自己的。有许多我最喜欢的衣物都在送给别人的那一堆里，我央求帕朗提让我留下件心爱的毛衣与一条裙子。但她摇摇头说道：'不行，这些也许是你最喜爱的衣物，但它们却不适合你现在的身份与你所选择的形象。'由于她丝毫不肯让步，我只得眼睁睁地看着自己的大半衣物被逐出家门。我必须学着舍弃那些已不再适合我的东西，而'清衣柜'也渐渐地成为我工作与生活的指导原则。不论是客户也好，朋友也好，衣服也罢，我们必须评估、再评估，懂得割舍，以便腾出空间给新的人或物。我也常用这个道理与来听演讲的听众分享，这是接受并掌握生命、生涯不断变动的一种方法。"

清理交际网的道理也和清除衣柜类似。帕朗提容许罗莎女士留下的衣服，当然是最美丽、最吸引人，也是剪裁最得体的。舍永远不是件容易的事，虽然有遗憾，但从此拥有的都是最好的。

我们认识的人当中，有多半都是泛泛之交。有的人整天忙忙碌碌，认识很多人，为了应付与那么多人的交际而叫苦连天。人的精力是有限的，我们不求自己的交际网怎么大，但求要好、要精。想要织就一张好的人际网，人们大致可采用下列步骤：

筛选：就像打扑克的"埋底牌"，把有用的留在手上，无用的埋掉。我们可以采用把有直接关系、间接关系或没有关系的分别记录。

排队：就像打扑克的"理牌"，对认识的人进行分析，依哪些是重要的，哪些是比较重要的，哪些是次要的，根据自己的情况排队。由此可以根据不同的级别进行有重点的维系和呵护。

随时调整：世界上的一切事物，都处于不断地运动、变化和发展之中，人际关系也是如此。需要不断检查、修补和调整，尤其是针对个人的发展、环境的变化或人员的情况进行及时调整，构筑最新、最有效的交际网。

不要让“情谊”成为你的包袱

在我们的人际交往和处世过程中，情面是一个比较敏感的话题。生活中有很多“身不由己”的事情，明明是自己不愿意做的事情，碍于情面，咬紧牙关也要勉强为之。久而久之，它们成了交往中甩不掉的包袱，往往是表面上满脸堆笑，内心中却苦不堪言。那么，我们要怎样才能甩掉情面的包袱，走出交往中的人情误区呢?

小包是一家高新技术公司的老板。几年来，由于市场瞄得准、技术开发战略决策恰当、科技人员力量雄厚、经营管理科学，使得企业产值和利税大幅度上升，经济效益极好。因而引得许多人都想往这个单位钻。

一天，他的一个老上司打电话，想给他推荐一个职员，看他能否接收。碍于面子，小包就让老上司带着求职者来面试。面试结果，发觉很不理想。进入公司吧，养了个庸才，而且会造成公司进入制度破坏，进入口子过大过松，影响公司长远发展，不接收吧，老上司以前待自己不错，也不好拒绝。思前想后，小包想出了一个比较合适的处理办法。

小包首先请老上司和那个求职者了解一下公司工作室各人员忙碌的情况和做事的难度，以及进人规章制度。接着向老上司汇报了以前在老上司指导下的发展情况，以及目前的承包合同指标。

“老上司，前几年，在您的指导下，公司发展很快，公司上下都非常感谢您的理解和支持。去年年初，我们按照您的指示修订和加强了管理制度和岗位用人制度，效果非常好，希望您能继续指导。对于您介绍的这个小伙子，所学与我们不对口，公司研究没有通过，也是怕影响今年的承包指标完成。如果没有找到别的适合单位的话，可先告诉我，我再想办法让他去试试其他合适的工作。您看这样好吗？”

事例中的小包通过让当事人来现场了解实际情况，明确地说出事实——开诚布公地拒绝了热心的老上司和想靠门路谋得职位的求职者，即使不拒绝，求职者也很可能会畏缩。小包以老上司指导而订的制度，既大大赞扬了老上司，给了他很大尊重，同时又以制度和合同指标给老上司指出了“两难”境地。此外，以本单位不适合，还有别的单位可能接收，留给对方一个后路。这种拒绝法既不驳别人情面，又不为难自己。

可以说，情面已经成为很多人生活中甩不掉的包袱，大部分人觉得原本简单的生活也因此而变得复杂和不堪忍受。如果你要让自己的生活重回简单，你就要灵活处理生活中的人际交往，不要让面子成为你生活的包袱。

查看你的“应该”清单

生活中的大部分问题，无非都是这样几类：身体上的疾病、与人相处上的障碍、亲密关系的失调、工作上的不顺、物质上的匮乏、精神上的苦闷。大多数人都知道他们的生活中有各种各样的问题，但是他们却不知道这些问题都来自于自己的思想。由于思想的不正确，这些问题乘虚而入。

有一位心理学家这样讲道：

当有人向我诉苦的时候，我往往会问他们一些基本的问题：你是做什么工作的？你现在的经济状况怎么样？你上次分手是因为什么原因？当我听他们诉说的时候，我会观察他们的身体姿势和面部表情，更会用心聆听他们的每一句话。

思想和语言会创造出我们未来的环境，每当我听到别人诉说自己的问题时，我就已经准备好了要去理解他们的问题。我们的语言表达出我们的思想，有些时候我们所使用的语言却和我们所描述的经历不相符，这时候，我们要么是不知道真相，要么是在说谎。

我会给每个人一支笔和一张纸，让他们写下五六句话，以表明自己应该怎样做。有些人会拿着笔半天也写不出一句，有的人则洋洋洒洒写一大篇。然后，我让他们念自己写的句子，当他们读出“我应该怎样”的时候，我会问他们：“你为什么应该这样？”而他们的回答通常很有趣，“因为我妈让我这样做”“因为如果不这样做我怕不够好”“因为我想追求完美”“因为每个人都这样做”“因为我太高了”“因为我太矮了”“因为我太胖了”“因为我太瘦了”“因为我太笨了”……这些回答都向我们展示了他们的信念，以及他们自认为的自己的缺点。

对这些答案我们不必作任何评论，而是和他们讨论“我应该”这三个字。可以说，“我应该”是人们所有语言中最有害的词语，每当我们说“我应该怎样”的时候，其实是在承认我们错了。我们一直在错，过去错了、现在错了、将来还会错。而我们真的错了吗？没有。我们可以有更多中选择，不一定非要按照你想的“你应该”去做。

在这个故事中，我们不妨这样想，让我们把“应该”这个词从自己的字典里删除，换作“可以”。“可以”这个词让我们有更多的选择余地，而且让我们永远不会有所谓的错。把“应该”换成“可以”，重新读你写下的句子。以“我真心希望我可以”来开头，这样的表达方式带来了新的希望。然后问问自己，“为什么我还没有这样做呢？”你会听到不一样的答案，“因为我不想这样做”“这样做会让我害怕”“我不知道怎么去做”“我没有能力”等。这样一来，你就会发现，这么长时间以来自己一直让自己去做的事情，其实是你不想去做的，那些事情常常是别人对我们的要求，是别人认为我们“应该”做的事情。当你认清这一点的时候，你就可以把那样没有做好的事抛开不理。不必耿耿于怀，不要受别人的摆布，活出自己的洒脱才是当务之急。

生活中有些人往往强迫自己做不喜欢的工作，仅仅是因为他们的父母认为他们“应该”成为一名律师或者会计；有些人常常感到自卑，仅仅是因为别人告诉他们应该更聪明、更有钱、更有能力。现在，请看看你的“应该”清单上，哪些是你的真心希望，哪些是你能够丢弃的负担。当你开始丢弃那些负担的时候，你就不会把那些达不到的理想当成是自己的错误，一切的压力也会就此消失。新的生命正在向你展开怀抱。

让大脑散散步

人们经常抱怨，自己的脑子总是胡思乱想，尽想一些没用的东西。实际上，就像我们的心脏在一刻不停地跳动那样，只要我们活着，我们的大脑就会一刻不停地思维。不论所想的内容是否有用，大脑总在不停地想着各种事情，即使睡眠的时候，我们还会做梦呢！

当我们工作或学习的时候，大脑所进行的联想是一种有目的的、受意志控制的联想，在意志的控制和支配下，联想可以帮助我们解决许多具体问题。当我们忙完了一天的事情、躺在床上快要睡着的时候，大脑从一天的紧张工作学习中摆脱出来，这时大脑会暂时失去意志控制而毫无目的地、天南地北地胡思乱想；我们也就在这胡思乱想中渐渐睡去。这种没有意志控制的胡思乱想，就是自由联想。

自由联想除了可以在睡前出现外，还可出现在白天。如当我们没有什么重要的事情急着要做的时候，我们可能会暂时闲下来，坐在那里不知不觉地进入自由联想状态，这时或许会给自己编一段故事，自己变成了白马王子或白雪公主，或在想象中自己变成了一位武功高强的好汉大侠，这常被称作“白日梦”。自由联想有时还会出现在上课的时候，如老师正在绘声绘色地讲解朱自清的散文《荷塘月色》，自己听着听着，不知不觉便开始了自由联想，眼前好像真的出现了月光下的莲花，四周静极了，耳边隐约响起了秋虫的呢喃……

尽管我们经常是为了解决某些问题而进行着有意志控制的、有目的性的联想，可只要稍有空闲，大脑就会自动进入无意志控制的、无目的性的自由联想状态。自由联想占去了我们每天相当多的时间。但是，自由联想绝不是在浪费时间，也并非是没有规律的、没有逻辑的乱想，它是对客观事物的反映。同时，自由联想并非完全没有意义，它经常表达了我们内向的深层愿望。所谓没有意义，经常是人们太急功近利了，只要是眼前用不上的事物，就武断地认为是没意义。而实际上，自由联想的事情经常是我们真正关心的问题，经常是与我们的生存现状休戚相关的最重要的事。

自由联想则如同散步。散步可以让身体得到积极的放松和休息，而自由联想则可以让我们绷紧的大脑神经得到积极的休息。大脑在自由联想时可以变得异常活跃，可以从眼前的具体事务中摆脱出来，让自己思考那些比眼前的琐事更重要、更深远的事情，能够让内心的愿望充分展现出来，让自己看到我们平时所忽略了的内心真实面貌。我们完全可以给自己的心灵划一个“特区”，告诉自己什么都可以想，什么又都可以不想，让自己更加自由地联想，使我们的心变得更加宽广、更加明亮。经常进行自由联想，会使我们的大脑更具有创造力。我们在自由联想的同时也敞开了自己的感情，能够使我们的心情和身体同时得到放松，从而起到心身和谐和健康的作用。

那么，如何通过增强自由联想进而提高大脑的创造力及工作效率呢？首先应充分认识自由联想的客观存在性和它的积极意义，对自由联想采取认可与悦纳的态度。然后可以每天至少花 10 分钟的时间进行自由联想练习。练习时让自己坐在一个较为安静的环境中，这时放弃任何对思维的控制，对思维不提任何功利和实用的要求，彻底放开大脑进行完全的自由联想。此时，我们可以怀着一颗好奇之心跟随大脑去散步、去遨游，看大脑能将我们带去什么地方：可以是我们从来没有去过的世外桃源，令我们激动不已，也可以是阴暗幽深的峡谷，让我们感到些许恐惧。但无论想到那里，实际上都在我们心里，我们可以任自己在心灵的世界里畅游，去发现我们心中的美景和一切秘密。当然，我们也可以稍有目的的去联想，如给自己编一段爱情故事，让自己构想一篇大侠历险记，也可以想象自己正在跟随太空探险队向火星飞去……

经过一段时间的自由联想练习，我们的大脑就会变得非常活跃，特别富有创造力，思维也变得特别灵活。如果你不相信的话，你可以做一个测验：在你第一次开始进行自由联想训练前，眼前摆一台录音机，你闭上眼，想到什么立刻就说出来，只用简单的词来说，最后统计，一分钟共说出了多少个单词。以此来检查大脑自由联想的速度和能力。这既是一个简单的自由联想的检测方法，也是一个自由联想的自我训练方法。经过一段时间的自由联想训练之后，再对大脑的自由联想能力进行测试，会惊喜地发现，每分钟自由联想能够说出的单词数量已有了大幅提高。如果一个人的联想功能增强了，他平时的工作学习效率也会随之大幅提高。

快节奏是现代人的焦虑之源

如今，一个快字成了生活重心，生活节奏之快有目共睹，人们常会因此而抱怨自己忙得像个永不停歇的陀螺。美国精神病学会也发现，一种名为“快节奏综合征”的心病正在全球悄悄蔓延。人们行色匆匆，说话风风火火，吃饭风卷残云。白岩松曾在书中写道：“我们行走得太快了，以致把灵魂都丢在了后面。”现代人的生活节奏就像上紧的发条，马不停蹄。

快节奏的生活给现代人的情绪带来了恶劣的影响，你肯定也有过这样的经历：莫名其妙地发脾气、烦躁。

其实，这些坏情绪都是压力带给你的，当压力越来越大，你的情绪也就越来越差。然而，这还不是最可怕的，一旦压力超过了你的心理承受极限，大脑神经系统功能就会紊乱，出现失眠、头痛、焦虑、强迫、心慌、胃部不适等精神症状和躯体症状，进而引发身体疾病。

陈先生是一家企业的营销主管，每年的销售任务都很重，同行业竞争又特别激烈。他觉得自己都快成了“空中飞人”了，一个城市接一个城市地出差，没有节假日，有时候午饭都没时间坐下来吃。最近他经常感到胸闷不舒服，刚开始没有太在意，后来，情况更加严重，出现气短、心跳加快、出虚汗等现象，到医院检查才知道得了冠心病。

生活中，像陈先生这样的人还有很多。由于工作节奏的不断加快，人们身不由己地过着超速和超负荷的日子，许多人在不知不觉中损害了自己的身心健康。人们不得不时时刻刻想着自己的工作，累了、倦了、病了也要坚持，因为他们害怕一旦慢下来、停下来就会被别人超越，那么以前的努力就全白费了。在这种思想的控制下，人的精神处于越来越紧张的状态。受压抑的感情冲突未能得到宣泄时，就会在肉体上出现疲劳症状，甚至引起心理的扭曲变态，导致心理疲劳。在此种情况下，一旦发生弹性疲乏，势必造成精神上的崩溃。

长期从事快节奏工作的人还会出现神经衰弱的各种症状，例如，烦躁不安、精神倦怠、失眠多梦，以及心悸、胸闷、筋骨酸痛、四肢乏力、腰酸腿痛等其他症状，甚至可能引发高血压、冠心病、癌症等疾病。

健康是人一生最重要的资本，没有了健康，纵然有再多的财富也是枉然。人们通常可能忽视了快节奏对人的负面影响，意识不到快节奏往往是焦虑之源。而焦虑会使一个人老得更快，摧残他的容貌和身体。焦虑会使我们的表情难看，会使我们咬紧牙关，会使我们的脸上产生皱纹，会使我们老是愁眉苦脸，会使我们头发灰白，有时甚至会使头发脱落。焦虑甚至会使最强壮的人生病。

当我们忧虑的时候，思想激烈碰撞，无法形成一个定式，最终只会丧失作决定的能力。可是，如果强迫自己接受现状，先有了一个精神准备，那我们就能够衡量所有可能的情形，进行细致的考虑，使我们的思想能够充分集中，去想办法扭转局势。

因事情过多而焦虑的人，要根据自己的实际情况安排好生活。明确什么时候应该做什么事，不随意变动。最好每天列一份详细的计划表，把需要做的事情按照轻重缓急排个顺序，先把最重要的或时间最紧的做完，不那么紧急的可以往后放。这样才能腾出时间让大脑休息。

回家，把工作关在门外

生活中，每天总有干不完的事。但是，你有没有仔细想过，如果天天为工作疲于奔命，最终这些让我们焦头烂额的事情也会超过我们所能承受的极限。

世界上并不存在十全十美的工作，但富有意义的生活却掌握在我们每个人的手中。工作是工作，生活是生活，两者应该尽可能地区分开来。一个懂得简单生活之道的人能够把握好生活的节奏，掌握住工作和生活的平衡。

事实上，工作永远都是忙不完的，完成了A任务，还有B任务、C任务……何时是个了结？况且有些工作不可脱离其他岗位的配合而孤军奋战，甲废寝忘食，势必连带着乙丙丁等。如此联动的结果，将使他人牺牲休息的权利。偶尔这样倒还可被接受，如果长期如此，往往会怨声载道。

对于普通员工来说，除非上司命令加班，否则下班之后应立即转换角色，尽情享受生活乐趣。如果你不是普通员工，除非任务十万火急，否则，不但不要强求下属加班或带任务回家，自己也不能搞疲劳战术。工作实绩与工作时间未必成正比，延长工作时间是事倍功半的笨办法，摸索工作规律，寻求高质量、高效率完成任务的有效途径，才是明智之举。文武之道，一张一弛，会休息才会工作，会工作才有效率。

詹森是一个很敬业的主管，差不多每天都是马拉松式地工作着。不但他个人如此，甚至要求下属和他一起共同进退。其中一个叫彼得的下属，也是抱着“工作就是生活的全部”的态度。直至有一日，彼得的儿子跌伤了脚，皮外伤固然不碍事，问题就出在儿子对他的态度犹如陌生人，若即若离，并拒绝接受他的安慰。

经过这件事，彼得受到很大打击，他发现原来一直错过了生活中最重要的东西，那就是与家人的亲密关系。为了补救这关系的缺口，他和上司詹森商议，寻求解决方案，而且大前提是：“以工作素质来评价我的能力，而不是以我逗留在办公室的时间作为表现的准则。”

我们要知道，工作与生活是两回事，应该用两种不同的态度来看待。工作上，不管你是医生、律师、会计、出纳、司机，你演的只是职务的角色；而回到真实生活里，你要演的是自己，这个世界上有很多有趣、有意义的事，值得去发现、去探索、去研究，工作只是其中的一部分而已，我们千万不能因为只顾工作而失去生活、失去快乐，那样是得不偿失的。

工作并不是生活的全部。一位懂得简单之道的人不应当把工作看得太重，以免为之背上太过沉重的包袱，这样你才能享受更轻松的生活和更高效的工作。

用好你的“生理节奏”

在我们日常的工作和生活中，除了每天能力状态的规律性波动之外，我们还可以观察到较长时间段里的生理规律：生理节奏。通过生理节奏管理，我们可以解读体内的生物钟，了解其规律，通过主动调整，使自己的能力与其自然波动相适应：

在低点周期和临界日，我们养精蓄锐，放松休息，多做重复性工作、回避不愿见的人和令人头疼的问题。与此相反，在高点周期则要大干一番。这时候适宜作出决定，重新部署工作，贯彻自己的意图。管理好自己的生理节奏，可以让我们更好地掌握自己的时间和身体，享受更轻松、更简单的工作和生活。

那么，究竟什么是生理节奏呢？

比奇睁开了眼睛，才不过清晨五点钟，他便已精神饱满，充满干劲。而他的太太却将脸深埋在枕头底下。

比奇说：“过去 15 年来，我们俩简直几乎没有同时起床过。”

像比奇夫妇这样的情况，并非少见。

我们的身体像个时钟那样复杂地操作，而且每个人的运转速度也像时钟那样彼此略有不同。

比奇是个上午型的人，而他的太太则要到入夜后才精神最好。

很久以来，行为学家一直认为导致这种差别的原因是个人的怪癖或早年养成的习惯。直到20世纪50年代后期，医生兼生物学家霍尔堡提出了一项称为“时间生物学”的理论，此一见解才受到挑战。霍尔堡医生在哈佛大学实验室中发现某些血细胞的数目并非整天一样，视它们从体内抽出的时间不同而定，但这些变化是可以预测的。细胞的数目会在一天中的某个时间比较高，而在12小时之后则比较低。他还发现心脏新陈代谢率和体温等也有同样的规律。

霍尔堡的解释是，我们体内的各个系统并非永远稳定而无变化地操作，而是有大约一个周期。有时会加速，有时会减慢。我们每天只有一段有限的时间是处于效率达到巅峰状态。霍尔堡把这些身体节奏称为生理节奏。

生理节奏和我们生活的方方面面都密切相关：健康、事业、家庭生活、社会活动、闲暇时间和运动等，它的应用可以说是无限的。日本和美国的许多企业利用生理节奏原理，短时间内就把事故率减少了30%、50%甚至接近60%。

此外，生理节奏理论还可以成为各类职业人士追求简单生活，提高工作效率的好帮手。我们可以利用生理节奏规律帮助自己更好地规划生活。但是，你首先必须知道如何去辨认它们。霍尔堡和他的同事们研究出以下这套方法，可以帮助你测定自己的身体规律：

早上起床之后一小时，量一量你的体温，然后每隔4小时再量一次，把最后一次量度时间尽量安排在靠近上床时间。一天结束时，你应该得到5个体温度数。

每个人的体温变化不同，而结果亦异。你的体温在什么时候开始升高？在什么时候到达最高点？什么时候降至最低点？你一旦熟悉了自己的规律之后，便可以利用时间生物学的技术来增进健康和提高工作效率。

我们的生理节奏到达最高峰的时候，做体力工作便会得到最佳的成绩。对大多数而言，这个最高峰期大约持续4小时。因此，你应该把最花费气力的活动安排在体温最高的时候进行。

至于从事脑力活动的人，时间表则比较复杂。要求准确性的任务，例如教学工作，最好是在体温正向上升的时候去做。大多数人体温上升时间是在早上8点或9点，对比之下，阅读和思考则在下午2点至4点进行比较适宜，一般人的体温在这段时间会开始下降。

生活方式决定身体的康泰

众所周知，生活方式与健康有密切关系。据世界卫生组织报告显示，健康有四大决定因素，一是内因，即父母的遗传因素，占15%；二是外界环境因素，共占17%，其中社会环境占10%，自然环境占7%，即内因外因共占32%；第三是医疗条件，占8%；第四是个人生活方式的影响，占60%。总的来看，遗传因素和环境因素对人体健康的影响共占32%，而医疗条件和生活方式这些可以被人们控制的因素，对健康的影响竟高达68%。并且，在我们能够控制的后两种条件中，个人生活方式的因素占了68%中的60%。由此可见，人们如果努力去形成健康的生活方式，那么很多人将会远离疾病的困扰。医学家预言：大约在2015年，发达国家和发展中国家的人的死亡原因大致相同——生活方式疾病将成为人类头号杀手。这个预言唤起了大众对生活方式与生命长度之间关系的关注。

意大利山区有一个叫坎普迪米里的小村庄，那里的居民以长寿著称。当地人认为，健康不需刻意追求，长寿的经验就是生活简单。在该村的850名居民中，有10人超过100岁，50多人在90岁以上，还有很多超过80岁的老人，仍显得格外健康和精力充沛。据说20年前，当地曾有一家医院，因10多年没有一个病人上门而被迫关门。

有人认为当地人长寿的原因可能与清新的空气和水源有关。因为坎普迪米里数百年来都以矿泉水闻名，这些矿泉水可以预防血管硬化。还有人认为当地人长寿与他们的健康饮食有关，他们常吃的食品主要包括橄榄油及新鲜的自制面包、意大利粉、胡萝卜、洋葱、西红柿、海鲜、橄榄油炒蜗牛、青豆、豌豆等。

103岁的玛吉说："避免喝碳酸饮料、咖啡和任何含有烟碱和咖啡因的物质，每天坚持锻炼。我在早饭前和早饭后都要慢走1.6公里，并在健身房骑车大约10公里，还坚持举5磅重的哑铃。"当地居民普遍认为，他们没有刻意追求长寿，只是简单的山区生活习惯使他们健康长寿。一位104岁的老人表示："我们只是呼吸新鲜的空气，饮用清纯的泉水，进食健康的食物，过着非常平静的生活和享受子孙满堂的安乐日子。"此外，热爱生活和劳动也是他们长寿的原因之一。

瑞士一家研究机构通过对荷兰1000名老年人进行的调查得出结论，生活方式可决定寿命长短。健康长寿的秘诀在于心态乐观、饮食均衡和生活有规律。

生活方式因素，又称为健康行为因素，它包括嗜好（如吸烟、酗酒等这些生活方式因素）、饮食习惯、风俗、运动、精神紧张、劳动与交通行为等。

对于都市人来说，生活方式又怎么影响了我们呢？我们可以通过选择更健康的生活方式，而将生活方式对自己的消极影响降到最低吗？

从养生的角度来看，健康合理的生活方式主要面对酒、色、财、气的挑战。这"四惑"，一个比一个厉害。良好的生活方式就是远离这"四惑"，建立对健康的心理、合理的膳食以及对自己生理周期的正确认识，要经常注意这些方面：

最科学的食谱能保证营养均衡

日常生活中，每天的膳食必须保证糖、蛋白质、脂类、矿物质、维生素等人体所需的营养物质一样也不少。同时，还应当注意克服两种不良的膳食倾向：一是食物营养和热量过剩；二是为了某种目的而节食，以致食物中某些营养素和热量不足。这两种错误都足以导致身体出现亚健康状态。具体说，一个健康的成年人每天需要1500卡路里的能量，工作量大者则需要2000卡路里的热量。不断补充营养是保持精力充沛的前提。

认识自己的生理周期

除此之外，每个人的心理状态和精力充沛程度在一天中是不断变化的，有高有低。大多数人在午后达到精力的高峰，但也不乏个人差异。每个人应找出自己的精力变化曲线，然后合理安排每日的活动。

注意休息

目前，国外一些公司规定职员必须午睡，以保证工作效率，午睡时间宜在半小时左右，关键是质量。睡时最好能平躺在床上或沙发上，使身体伸展开来。不要趴在桌上睡，这种体位容易使空气受限，颈部和腰部的肌肉紧张，醒后很不舒服，易发生慢性颈肩病。

第三章
放慢身心，唤醒自己的正能量

不被情绪所左右

平衡的情绪让你充满能量

情绪是十分强而有力的力量。情绪能够激励你实现自己的命运、克服最严重的创伤，也会让你因为小挫败而动弹不得，但生命总是会带来惊喜。对于外在的世界，你只能尽力控制。不过，你随时随地都可以选择控制及平衡自己的情绪。

当强烈的情绪占据你整个人的时候，你可能并不能很好地控制自己的情绪，但是你也不必任凭情绪的摆布。你也不需要继续停留在不愉快的情境里，认为自己没有足够的热忱、勇气或决心摆脱旧习，踏上自己的命运之途，而无法继续向前。

你不可能完全控制自己的情绪，了解这一点很重要。每个人都有不顺遂的时候，我们都会经历创伤，这是正常人生的一环。人有生离死别，恋情有结束的时候，沮丧的事情会发生。有时候，你正经历负面的感觉，例如愤怒或悲伤；有时候，包括自信或快乐等正向感觉并不如你期待的那么强烈。然而，一旦你培养出平衡情绪的能力，意外状况就不会轻易将你击倒，而且你能更迅速地恢复正向的看法。

当情绪平衡时，你不会有什么情绪方面的问题。无论你处在何种情境下，都会觉得很不错。你乐意做事、体贴周到、待人和蔼亲切，因为你接触到最崇高的自我，心中充满了爱。你对未来抱持乐观，不会怀着悔恨回顾过去。你知足、平和，以平常心接受事实，同时充满能量、热忱积极。

当这种感觉失去时，你会认为那是因为人生变了调，但事实并非如此。你可能在高速公路上错过了出口，莫名浪费了20分钟折回原处，或者你打开信用卡账单，发现这个月已经超支了。但这些事情都不至于让你大发雷霆、压力超大或害怕恐惧。

在情绪平衡时，我们会由衷感恩。相信自己拥有的天赋和人生中所有美好的事物，而且对于眼前的任何问题都会正面看待。觉得应该要对这个世界有所贡献，心中充满了正面的想法。然而，当情绪失衡时，我们就会把全部的注意力集中在生活中不可行的事物上，而不是放在可行的事物上。

芮妮开车载着她7岁的儿子放学回家。她心事重重，因为有很多账单等着要付。她先生的身体一直不好，无法工作，因此他们靠抵押贷款度日。情况确实很糟糕，需要她好好考虑，但是并不需要她时时刻刻担心。

在开车途中，她的儿子说树叶的颜色变了，枫叶的种子被抛到空中，就会像直升机一样旋转下来……芮妮几乎没听懂儿子说的话，因为她一直在思考自己的财务状况。

芮妮遇到红灯停下车时仔细看了看儿子，突然觉悟到自己错过了什么。她不停地担心，使她无法真正聆听孩子说话，无法和他有所互动。在只为自己的问题苦恼的过程中，她已经习惯了只把儿子的话听进一半。芮妮明白自己需要摆脱心中的恐惧，选择一种不同的情绪。

芮妮有好几种选择。她可以感觉：

感激自己有时间和儿子相处，以及跟儿子很亲近。

聆听儿子的心里话使她心生喜悦。

好奇且真正关心儿子的日子是怎么过的。

相信自己有能力处理自己的财务危机。

事实上，只要她选择体会任何情绪，她都可以立即体验到。但即使无法完全抛开心中的焦虑，也不需要让焦虑操控自己的情绪。因为担心生活上的某一层面而使自己的心情完全沉浸在那样的情境中，就等于压抑了自己可能感受到的任何正向情绪。

我们每个人都曾经遭遇过和芮妮类似的忧虑，无论当时的情绪如何，我们就是不舒服。但是通常，仅仅是在心中渴望能感觉好过一点，就足以激励我们使自己的情绪平衡。

挖掘你的 10 种正面情绪

爱

爱曾经被形容为摧毁黑暗的一道明亮白光，使我们从内在散发出光芒。当我们允许爱的光芒向外照耀时，我们不仅丰富了自己的人生，同时也振奋了他人的人生。向苦恼或失意的人表达关心，在这些人受到激励、调高自己命运开关上爱的音量的时候，你可以观察那种神奇的效果。这种情绪使我们感觉有活力、充满生气、无畏且满怀希望——即使黑暗包围我们的时候也一样。一点点的爱就能鼓励我们将一切转换成爱，因为我们知道爱的感觉有多惊人，而且感受到爱的强大力量。

爱之所以拥有如此难以置信的力量，原因之一在于爱的传递及扩散很迅速且效果持久增长。当你本身创造出爱的感觉时，其他人会受到激励，也同时转换到爱的轨道上。他们的爱会影响与其互动的人，然后这种情绪会持续散布。

爱可以协助你克服任何逆境，因为它带来宽恕和同情的力量。爱让你看到他人身上的优点，并帮助他们看到自己身上的长处。同时，爱也让你宽恕自己。当你体验到爱的时候，任何障碍都不能阻止你继续走下去，因为爱替你加油。它就像是世界上最有营养的食物，让你觉得自己浑身充满了正向的能量和慈悲。

爱会治疗并激励每一个接触爱的人。因此，调高爱的开关，解决问题的方法就会出现，因为你愿意接受每一个正向的可能性。

创造力源自于内心神圣的爱。

无比幸福

我们全都希望自己快快乐乐、兴高采烈或无比幸福。当你感受到纯然的喜悦时，你体验到正向的能量激增，这种能量使你想跳舞、唱歌、开怀大笑。

让自己感到无比幸福是深层的治疗——不仅对你而言如此，对你周围的每一个人也都是这样。此外，拥有一种高层次的快乐能够使你开放心胸，了解到你也可以协助他人。你可以运用简单的方法帮助人们调高他们的喜悦控制杆，包括一抹微笑、一次触动或只是几个字。

自信

自信是相信自己，同时相信自己拥有把想要的东西拿到手的能力。你想要的东西可能不会正好在你期待的时候出现，或是以你想象的形式到来，但是一定要相信，自信是一种相当强而有力的情绪，会改变你的感受，把你盼望的东西带给你。别让自己觉得没有自信，也别让其他人觉得你没有自信。只有你知道自己有什么样的能力、对自己的目标拥有什么样的热情。你的自信像一股强劲的顺风，将你推向你的命运。

无论面对哪种挑战，自信会使你振奋，帮助你存取所有的个人资源。自信会让你了解自己的许多才能，而且能够利用这些才能改善你的处境。如果你丢了工作，你会记得自己所有的优点、才能，以及与其他人的关系，这些人能够帮助你找到一份更好的新工作。

和谐

和谐是一种你的心灵不仅联结周围的人，同时也联结地球上每一个人的感觉。即使房间里只有你一个人，你也永远不孤单。感觉有必要和他人交谈或互动的需求，有时候的确很耗神，而孤独可以使人充满能量（对内向的人来说，这点尤其真确）。然而，即使在你独处的时候，积极联结美妙人生的那股力量还是存在，只要你能够让自己意识到这一联结，它就会为你注入正向的能量。你不会再看到分隔你和其他人的那些墙壁和门户，你会了解到，虽然看起来我们都是单独的个体，但我们就像是大海里的一颗颗水珠，是大海的一部分。

联结感与和谐感在工作上尤其重要。在最强大的公司里，员工都是凝聚成一个团队，彼此鼓励，互相帮助，每个人都会尽力而为。

平静

平静时，就好像沉浸在一个美丽、静止、温暖的池子里，池里有创意、爱和喜悦。如果你感觉到安详平静，就表示你是放松的、专注的，也非常清楚自己的情绪、想法和身体的感觉。你可以不带批评或烦恼地观察它们，轻松接受任何你所处的情境。让自己处在平静的状态里，答案和想法会很容易出现在你心中，因为你愿意接受各种可能性。

如果你想实现你的命运，但是不知该如何动手，请放慢速度，调整到平静的情绪里。没多久，你就会清楚自己接下来要实行的步骤。平静的情绪除了会替你召唤机会，还会吸引和谐的情境和人士到你身旁，这会使你更能够保持平静、充满创意。

惊奇

小孩子很容易感受到惊奇，因为对孩子而言，一切都是新鲜的。但是身为大人，我们把许多事情都视为理所当然了，于是我们可能厌倦，可能忘掉自己有能力体验简单事物蕴含的惊奇，以及生命中伟大的奥义。

在一个极度熟悉的情境里仍能激发好奇感是非常重要的。好奇感让我们不断提出新问题，并有新的发现。如果苹果电脑创始人史蒂夫·乔布斯在开发苹果电脑之后，就不再体验惊奇、惊叹和好奇，那今天你就看不到 iPad 了。录制过许多唱片的伟大音乐家，多年来慎重调高好奇心和惊奇的音量，一次又一次重塑他们的事业，制作出和几年前一样清新、有独创性且令人兴奋的新音乐。好奇和惊奇，永远不嫌老。

灵感

在了无新意的情境里，灵感就如一股清新的空气，吸引非凡的创造力。当你有灵感的时候，你的热情沸腾，决断力无止境，因为无论你的使命是什么，你都在不断吸收激励你坚持使命的构想和能量。无论你遭遇到什么问题，都会找到解决或避开问题的方法。你觉得周围的所有事物都会启发你，到处都找得到灵感：街上发生的某件事，无意中听见的一句话，转台时在电视上看到的一个影像，或是脑子里突然出现的一个想法。

灵感也会帮助你感受决心。每个构想在某个点上都是激进的，但是无论是什么样的构想，得到启发的人都会相信那个构想，进而实现那个构想。灵感可以非常强而有力，增强心中必然的感觉，不管你遇到哪一种障碍，它都会使你继续向前迈进。

慈悲

当你调高慈悲的音量时，你会觉得很不错，周围的人也会更容易选择慈悲的感觉回报你。你散发出具有感染力的喜悦和同情。你激发自己的创造力，找到聪明的方法，表达你心中奇妙的慈悲感。

并不是所有人都会因为你的关心而振作起来，但是，不管怎样，你可以享受对人慈悲的那种愉快感。

任何形式的服务或慈善工作都是慈悲的行为，会帮助你实现你的命运，因为你正在帮助其他人实现他们的命运。和不富有的人分享你的财富（无论分享的是金钱还是时间），会让你激发自己的正向感觉。当你付出时，请抛开期待。做个诚实、慷慨的人，不要算计自己会获得什么样的回报，计算回报的想法会制造出缺少的感觉。俗话说：“真心行善不望报必有善果。”怀抱慈悲的真心付出一定会得到回报，那就是喜悦。

富足

许多人对富足的情绪并不熟悉。富足会让你觉得爽朗、慷慨，因为你的杯子是满溢的。如果你有钱，你会享受并聪明地使用它，因为在富足的情绪状态里，你自在安逸地拥有金钱，并运用它为自己和这个世界创造更多的财富。你感谢你所拥有的一切，并渴望和他人一起分享。

无论你认为自己当下缺少什么，你都可以在你的人生里创造一种富足和知足的感觉。你可以说："我拥有的已经够多了，而且一向如此。我会随时在各方面激发富足感。"当你产生富足的感觉时，就会吸引富足。

勇气

勇气通常是一种和信心密不可分的情绪。最勇敢的人并不是从未体验过恐惧的人，而是如美国知名插画家苏珊·杰弗斯所描述的"感觉到恐惧且无论如何会付诸行动"的那种人。他们作了主动的选择，把恐惧转变成信心，而这么做使他们能够调高勇气的音量。他们并不是看不到危险，而是以正确的态度来看待危险，稳步前进。

勇敢的人感觉到不公平的行为时会大声说出来。他们会自在地分享自己的感觉和看法，支持别人或支持他们认为是对的事情。他们知道风险，对于自己可以处理任何随之而来的后果深具信心，也相信他们一定会感受到看见目标实现的喜悦。

勇气就像喜悦一样有感染力，大家都想体验伴随勇敢而来的强烈胜利感和爱意。当一个人变得有勇气并将勇气表达出来时，其他人也会受到激励。第一个大声说话的人要有相当大的勇气，但是其影响力会逐渐扩散到其他人身上，于是继续保持勇敢就会比较容易。

当你感受到勇敢时，也同时开发了自己的创造力，因为你不再被恐惧或忧虑所蒙蔽。你看到了机会，同时也看到自己的机智。

冲动情绪急刹车

在 2006 年世界杯足球赛决赛中，法国球星齐达内在加时赛的最后 10 分钟用头冲撞对方球员，用一张红牌为自己的世界杯生涯画上了句号，并导致整个球队把冠军拱手让给意大利。据说，当时他是受到对手挑衅才情绪失控的。

暂且不论这件事的对错，但冲动是一种最无力也最具破坏性的情绪，它给人带来的负面影响可能远远大于我们的想象。

使自己生气的事，一般都是触动了自己的尊严或切身利益，很难一下子冷静下来，所以当你察觉到自己的情绪非常激动，眼看控制不住时，可以及时转移注意力，自我放松，鼓励自己克制冲动的情绪。

怎样才能使你的火气平息呢？

有一种理论认为，把火气发泄一通，将会使你的感觉好受一些。但是，这是一种最糟糕的做法，而且根本就行不通。心理学家为此向人们提出了一种名为“重新判断”的方法，即自觉地从一种比较积极的角度去看待他人对你的“冒犯”。当你遇到有人超车时，如果你能对自己说：“这个人大概有什么急事。”或者说：“也许我的车开得的确太慢了。”那么，你就不至于发火了。研究表明，“重新判断”的确是一种极为有效的控制不良情绪的方法。

空间距离的调整，也不失为一个好方法。当我们意识到自己对一件事或一个人忽然感到气愤而可能失去控制时，应该马上离去，“眼不见心不烦”。比如，你到商店去买东西，遇到售货员爱理不理，会渐渐愤怒起来。这时，你最好再选一家商店。英国心理学家布洛认为，美感取决于人与审美对象之间的距离的远近。实际上，恶感也是如此。

也可以想象自己的嘴上贴了一个“密封胶带”，反复告诉自己当发怒的时候千万别立刻发泄，否则就会伤了自己。愤怒是人的一种弱点，而不是很多人认为的勇气，大胆和勇敢，不是动辄发怒，而是强壮和保持沉默。心灵真正的强大就是能够保持沉默，而并非暴躁和敏感。

还可以事先制作标志物提醒自己。比如，林则徐在堂上挂上“制怒”的字匾。这样，在他怒气将发未发时，看到这两个字就会及时控制住自己。你不能挂匾，但可以写座右铭或请旁人提醒，在怒火将燃时就扑灭它。

息怒还有一个良方，就是“坐下来”。人坐着的时候，血液循环和新陈代谢的频率和速度都不如站着的时候快。实验表明，一个人在情绪激动时，血液中去甲肾上腺素的含量明显增高，这种血液成分会大大加快血液循环，使人活力倍增。而当一个人全方位地舒展他的躯体和四肢以后，随着活动空间的大幅度扩展，他的血液循环又进一步得到加速的刺激，从而使争吵时所需要的生理能量获得阶段性的供应。发脾气是一种情绪发泄，在生理上依赖于一定的能量供应。如果我们能抑制自己的生理能量供应，怒火的程度与幅度也会随之下降。“坐下来”，所以能成为息怒良方，其原因也就在此。

最后，还要说的是，并不是单纯控制住冲动的情绪事情就结束了，我们一定要在冷静下来之后重新思考，努力打开心结，搞清楚自己为什么会有冲动的情绪，为什么不能从一开始就看开点，为什么不能很好地控制情绪……找到情绪冲动的根源，就有利于人们从源头减少冲动的机会。

色彩是最便宜的心理治疗师

色彩美化人们的生活，如果没有色彩，生活就会变得黯然失色。不仅如此，色彩还能给你带来蓬勃的生机，使人精神振奋、心情愉快。

据说，“二战”时，英国曾有资本家雇用工人搬运弹药箱。笨重的弹药箱大山般压在工人们的血肉之躯上，让他们步履维艰，有些工人甚至因此被累死。然而，他们如此付出，得到的薪酬却少得可怜。大家实在受不了了，便向资本家提出要求：要么加薪，要么减少劳动量。狡诈的资本家当然不肯接受，但又害怕工人们罢工影响到自己的利益。于是，便想出了一个招数：把原本是黑色的弹药箱染成了淡蓝色。当工人们扛起淡蓝色的弹药箱时，觉得比以前轻多了，以为资本家给他们减少了工作量，于是，也就不再提加薪的事了。

在人们的观念中，监狱似乎是一个毫无生气的地方，失去自由的犯人们也总是过着灰暗压抑的生活。满负荷收容状态会严重影响犯人的情绪，犯人斗殴等案件数量大增，对犯人的改造极为不利。为了改善服刑环境，心理专家建议改变犯人的服装和床单的颜色，因为色彩会对他们的情绪、心理和行为产生积极影响。心理专家认为，目前日本监狱黑白条纹的睡衣和黄绿色的制服缺乏亮色，如果换成薄荷绿和浅蓝色就能让犯人的精神面貌看起来更加积极；而且床单的橘红色和绿色条纹色彩冲突较大，会让犯人的情绪变得紧张、富有攻击性，如果换成棕色这样的暖色调会有助于睡眠，这种办法对犯人的心情将会起到良好的调节作用。

我们不难发现：色彩会影响人的情绪，作用人的心理，通过心理作用又影响到生理，所以色彩对人体的身心都会有很大的影响。不同的色彩引起不同的心情，既可以令人心情平静，又可以让人兴奋；既能产生温暖的感觉，又能产生凉爽、寒冷的感觉。不仅如此，色彩还能影响人的智力和注意力。

下面是颜色和情绪的一般对应关系：

黄色：最能振奋员工精神，使他们集中注意力，甚至会刺激他们产生更多灵感。

淡蓝色：容易令员工感到抑郁并难以全神贯注地投入工作。

紫色：有助于稳定情绪，减轻压力，发掘创造潜能；但它特有的放松作用会让人在处理问题时变得轻率。专家建议，在从事非创造性劳动和使用精密机械的工作场合不宜使用紫色。

红色：能令人热情、兴奋，使心跳加快，久看导致情绪急躁易激动。这实际上是使交感神经系统兴奋性增强。如果办公场所装修以红色为主色调，员工会变得敏感易怒。

绿色：令人心境趋于平和，帮助员工平衡血压和眼压并缓解视觉疲劳。作为办公室主色调，能令人高度集中精力和长时间伏案。

黑色：令人反应迟钝，容易疲劳，完成任务的积极性会显著降低。

浅蓝色：能使人镇静，心率减慢。

在日常生活和工作中，如果我们能合理地选择适当的色彩来布置、美化环境，就有利于我们控制不良情绪，这必将对我们的学习、工作、生活及身体健康带来意想不到的好处。

在愤怒控制你之前控制愤怒

耶鲁大学心理学教授坎门这样说："人们普遍有这样一种感觉：世界正逐渐包围他们，这么多的人几乎把他们吞噬掉。我们感到无能为力。突然间，我们怀疑任何一人都无法解决我们众多的问题，于是我们生气了。由于挫折失败导致爆发怒气。"

现在，愤怒似乎成了现代人的一种通病。在人们的眼中到处充满了忙碌和重复的事情，面对毫无变化的生存和工作环境，人难免烦躁，脾气就随着变坏。然而，一次两次的爆发后，如果你还不加以克制，那么演变下去，你就会养成暴躁的习惯。我们并非生活在真空中，因而人生总会有阻力、有逆境，如果遇到不如意的事情就如爆竹一样炸裂，那么恐怕不仅仅会使身体受伤，还会使人际关系恶化，甚至毁了自己的前程。

1943年，"二战"著名将领巴顿在去战后医院探访时，发现一名士兵蹲在帐篷附近的一个箱子上，显然没有受伤。巴顿问他为什么住院，士兵说："我觉得受不了了。"医生解释说他得了急躁型中度精神病，这是第三次住院了。

巴顿听罢大怒，多少天积累起来的火气一下子发泄出来，他痛骂了那个士兵，用手套打士兵的脸，并大吼道："我绝不允许这样的胆小鬼躲藏在这里，你的行为已经损坏了我们的声誉！”

第二次来，巴顿又见到一名未受伤的士兵住在医院里，顿时变脸，问：“什么病？”士兵哆嗦着答道：“我有精神病，能听到炮弹飞过，但听不到它爆炸（炸弹休克症）。”

巴顿勃然大怒，骂道：“你个胆小鬼！”接着打他耳光：“你是集团军的耻辱，你要马上回去参加战斗，但这太便宜你了，你应该被枪毙。”说着抽出手枪在他眼前晃动……

很快，巴顿的行为传到艾森豪威尔耳中，他说：“看来巴顿已经达到顶峰了……”

狂躁易怒的性格，使本来很有前途的巴顿无法再进一步，面对有心理障碍的士兵，不是认真了解情况，加以鼓励，而是大打出手，完全失去了一个指挥官应有的风度修养，破坏了自己在人们心目中的形象，因此失去了攀上事业顶峰的机会。一个人的弱点总是在发脾气的过程中暴露出来的，它往往成为人们崩溃的前兆。谋略和战斗力也会在愤怒的情绪中消散，所以我们应该尽量保持客观与冷静的态度，这对于良好地为人处世至关重要。

我们常会因为一些事情陷入愤怒之中，愤怒是人没有控制住的冲动，具有很大的破坏力，同时对人的健康也有很强的杀伤力。人们在愤怒时，会失去正确的判断力，理解力也会下降，容易做出一些无法挽回的错事。对此，你可以试试下面的方法，降低“愤怒指数”：

容忍克制

俗话说：“壶小易热，量小易怒。”动辄发脾气、动肝火是胸襟狭窄的表现。有一位心理学家给了人们这样的忠告：“气量大一点吧，如果我们每件事情都要计较，就无法在这大千世界里生活下去。”要保持克制，就必须有很高的修养，有修养的人才是有克制力的人。一个胸怀坦荡的人，是绝不会为一些区区小事而随意发火的。即使遇到不顺心的事或受到不公正的待遇时，也能做到心平气和地讲道理，从而解决矛盾。

保持沉默

有一位智者曾经这样说过："沉默是最安全的防御战略。"当意识到自己要发火时，最好的办法是约束自己的舌头，强迫自己不要讲话，采取沉默的方式，这样会有助于冷静头脑。让沉默成为一种保持身心平衡、抑制精神亢奋的灵丹妙药，不借外力而能化解怒气。

及时回避

面对生活中可能刺激我们生气的人物和环境时，只要条件允许，不妨采取"三十六计，走为上策"。这样，眼不见、心不烦，火气就消了一半。

自我提醒

快要发火时，只要还能自我控制，就要试着用意识驾驭自己的情感，警告自己："我这时一定不能发火，否则会影响团结，把事情搞砸。"心中默念："不要发火，息怒、息怒。"这样坚持下去，就会收到一定的效果。

转移注意力

根据一项心理学研究，在受到令人发火的刺激时，大脑会产生强烈的兴奋灶。这时如果人们有意识地建立另外一个兴奋灶，用它去取代、抵消或削弱引起发火的兴奋灶，就会使火气逐渐缓解和平息。例如，转移话题、找些开心快乐的事情干，听让自己愉快的音乐、戏曲，阅读引人入胜的小说、诗歌，出去走走等。

愤怒的情绪难以完全避免，但我们只要理智地对待，学会掌握各种制怒的方法，愤怒伤身的事是可以减少的。赶快收敛你的愤怒，化戾气为祥和，让愤怒的火山在即将喷涌的那一刻熄灭，转化为一种平和的力量，这样才能在生命里盛开宁静的百合花。

不做情绪的奴隶

你曾经有过这样的经历吗？考试前焦虑不安、坐卧不宁？受到老师、父母批评后眼前一片空白？和同学朋友争吵后，买一堆不合时宜的东西泄愤？

像这类举止，偶尔一次还不要紧，如果经常这样，可就要小心了！因为不知不觉中，你已经成了情绪的奴隶，陷于情绪的泥淖而无法自拔，所以一旦心情不好，就“不得不”坐立不安，“不得不”旷工、“不得不”乱花钱、“不得不”酗酒滋事。这样做不仅扰乱了自己的生活秩序，也干扰了别人的工作、生活，丧失了别人对你的信任。

对有些人而言，情绪这个字眼好比洪水猛兽，唯恐避之不及！领导常常对员工说：“上班时间不要带着情绪。”妻子常常对丈夫说：“不要把情绪带回家。”……这些都在无形中表达出了人们对情绪的恐惧及无奈。因此，很多人在坏情绪来临时，往往莽莽撞撞，处理不当，轻者影响日常工作的发挥，重者使人际关系受损，更甚者则可能导致身心疾病的侵袭。

美国著名心理学家丹尼尔认为，一个人的成功，只有20%是靠智商，80%是凭借情商而获得。而情商管理的理念即是用科学的、人性的态度和技巧来管理人们的情绪，善用情绪带来的正面价值与意义帮助人们成功。

真正健康、有活力的人，是和自己情绪感觉充分联系在一起的人，是不会担心自己一旦情绪失控会影响到生活，因为，他们懂得驾驭、协调和管理自己的情绪，让情绪为自己服务。

当你明白自己的情绪不对劲后，你要去认识有哪些责任是自己应该负责却没有做好的，又有那些责任是外在的原因造成的。比如，你因迟到遭到上司的罚款处罚，心情很沮丧。那你就要追问自己：“此事是自己的原因还是外部的原因？”如果是属于堵车之类的外部原因，那么不必太在意。如果是自己动作慢，常起晚的原因，那就要改变习惯而不是谴责自己。如果因此养成了良好的习惯，那领导的处罚也是值得的。

通常情况下，人们会将自己遭遇的不幸归因到外界，比如，上司批评自己是因为一直就看不惯自己，而这种假想出来的不公平感会让人的情绪雪上加霜。此时，如果你能够及时地消除对方的“假想”，并现身说法，定可以帮助对方卸掉一个沉重的包袱。

此外，对于已发生的事情，可能已经对现实造成了一定的影响，比如你说错了一句话，可能得罪了上司。你除了要认识到无论前面发生了什么，都属于过去外，还要帮助自己寻找一些解决问题的具体措施。比如，要如何做才能减轻自己给领导造成的负面印象？怎样才能让领导重新信任自己？为此，你可问自己几个问题：

1. 这件事的发生对自己有什么好处？

2. 现在的状况还有哪些不完善？

3. 你现在要做哪些事情才能达成你需要的结果？

4. 在达成结果的过程里，哪些错误你不能再犯？

当人面对自己有危险的事情时，会产生恐惧、担忧、焦虑，而一旦思索了解决问题的方法，正是帮助自己增强对事情的“可控制力”，你的负面情绪也就会得到缓解。

长期的消沉情绪对整体各系统的功能有极大的影响，怎样摆脱和消除不良心理情绪呢？美国密歇根大学的心理学教授兰迪提出了 7 种比较有效的方法：

1. 针对问题设法找到消极情绪的根源。

2. 对事态加以重新估计，不要只看坏的一面，也要看到好的一面。

3. 提醒自己，不要忘记在其他方面取得的成就。

4. 不妨自我犒劳一番，譬如去逛街，逛商场，去饭店美餐一顿，听歌赏舞。

5. 思考一下，避免今后出现类似的问题。

6. 想一想还有许多处境或成绩不如自己的人。

7. 将自己当前的处境和往昔作一对比，常会顿悟“知足常乐”。

说到心情，人总觉得那是一种看不见、摸不着的东西，一个人什么时候拥有什么样的心情，恐怕只有自己知道。那么怎样才能对自己心情有个具体了解、以便好好地管理它呢？现在就让大家掌握一种办法。

借助物理的光谱、波谱以及色谱的概念，我们假设人类的心情也有这样一条“谱”，且把它记录下来加以研究。

好，现在就行动。请准备一张白纸和一支铅笔，测一测你的心情。

首先，用铅笔在白纸上画一条直线，然后从左到右在直线上平均画出 10 个刻度，分别写上 1 至 10 的数字。

接着，把你认为的坏心情用熟悉的词汇描述一下：痛苦、忧伤、悲哀、愤懑、沮丧、烦躁、郁闷。再用同样的方法表达心情一般的时候：麻木、索然无味、平淡、宁静。让我们满怀憧憬，想象一下你所期待的好心情：欣慰、满足、愉悦、感恩、激动、兴奋、幸福。

然后，请从这些词汇或者你认为更合适的词汇中挑选 10 个，以你的理解，按照不同程度的心情由低向高排列，并标注在相应的数字刻度下。

①痛苦；②沮丧；③郁闷；④索然；⑤平淡；⑥宁静；⑦欣慰；⑧愉悦；⑨兴奋；⑩幸福。

最后，评价一下你现在的心情，请在心情谱上选择与你心情相对应的词汇。如刚遭遇不幸，非常痛苦，你的心情指数就是 1；若是觉得没劲，情趣索然，你的心情指数就是 4；假如衣食无忧、家庭和睦，心情介于宁静与欣慰之间，你的心情指数就是 6.5；而要是刚买了车，加了薪水，或者孩子上了重点中学，比较兴奋，你的心情指数就是 9。

由于每个人的感受不同，所以即使遇到同样的事，心情反应的程度也是不同的。比如同样是新婚燕尔或是金榜题名，有的人可能感觉非常幸福，也有的人仅感到愉悦而已。

明白自己身处“监狱”才能逃出“监狱”

美国心理励志著作《情绪的力量》一书的作者佩吉·麦科尔在其书中称，每个人心中的负面情绪为自己建造了一座监狱，只有明白自己所处的监狱，你才能逃出监狱。为了说明这个问题，作者回顾了自己的经历。

“回顾青少年时期，当时的我可悲、寂寞、没有安全感。悲观的感觉限制了我，而且就像许多有烦恼的人一样。我喝酒，因为喝酒让我觉得好些，暂时好一点。短暂的几个小时里，酒精会让我忘掉自己的痛苦，体验到自信和快乐，可是第二天，所有负面的感觉就会全力反击，然后我发现，自信又再度消失了。我不知道要如何替自己的悲哀寻找一个比较永恒的解决办法。

“有好几年的时间，我既气愤又沮丧，没有人出面帮我整顿我的人生。我太不成熟了，以至于无法对自己的选择负起责任，而且将自己的问题和悲观的感觉怪罪于大家。我等着有人突然跳出来拯救我，但等得越久，我的人生就变得越难以控制，我就变得更加害怕、更加沮丧，对自己的感觉也越来越差。我的日子大多耗在悲哀里，不知道我有能力改变自己的感觉和自己的人生。

“17 岁那年，是我最低潮的时候，当时我已经和受人欢迎的足球校队队员戴夫交往将近 3 年了。戴夫第一次约我出去时，我既惊讶又高兴，因为我无法想象为什么他想和我在一起（当时我的自我价值感相当低）。戴夫对我热情如火，不久后便要我当他的女朋友。

“知道他爱我，让我抱着某些希望，以为有一天快乐和幸福会完全取代我的痛苦感，我并不明白唯有‘我’才能替自己创造那些情绪。某一天，戴夫告诉我，他希望我们的关系能够‘休息’，而且他已经开始和另一个女孩约会了。

“我已经觉得自己很糟糕了（现在想起这件事，这可能就是他和我分手的主要原因），感觉人生好像不值得过下去似的。当时的我深信自己再也不会开怀大笑、微笑，或者再也不会感到喜悦。

就像许多人一样，我认为快乐是当好事发生在我们身上时，我们如魔法般地坠入一种状态。当时的我并没有想到，快乐是某种我们为自己创造的东西，而且即使在人生面临挑战时，我还是能够觉得满足。

“几年的时间过去了，我和许多异性交往，也享受过几段长期的恋情，但是这几段恋情从来没有给过我任何持久的安全感或稳定感。我需要我的男朋友们不断给我保证，还一直担心他们是否会欺骗我。最后，无论一开始那段感情多么美好，最后全都被我的局促不安给破坏了。

“因为男人无法给予我所追求的快乐和平静，于是我试着通过工作和赚钱获得快乐和平静。身为打工一族，我喜欢用钱去买一件最流行、要价 50 美元的牛仔裤，拥有花钱的能力让我对自己有好感。高中毕业时，我拥有一份销售计算机的工作，穿着套装，和客户谈公司产品的优势。我喜欢在赚取稳定收入的同时，还能够影响客户的决定。

“不过这份工作并不是一直那么顺遂。我很沮丧，我服务的那家公司里的所有一切和公司的经理们都不对劲儿。我认为他们的态度讨厌死了，而且我讨厌别人告诉我该怎么做。我很不开心，并且归咎于他们。他们要我去参加表现改进计划，而我一无所获，因为我看不出工作上有什么困难是我造成的。我从一个部门换到另一个部门，寻找更好的合作伙伴和工作，但是似乎所有的事都无法调整我的态度或让我变得快乐。

“再一次，我向自身以外寻找问题的答案。我认为，如果我可以安排理想的工作环境、完美的男朋友，还有其他一切都配合得当，我就会觉得自己的人生好极了，就不需要再忍受不安全感、愤怒、嫉妒或是悲伤。我仍旧不了解，无论我走到哪里，我都带着自己的不幸，为自己制造了一座‘监狱’。

“有一天，公司为了一年一度的提升士气活动，请来一位名叫鲍勃·普罗克特的励志专家。我发现自己坐在第一排（现在坐在第一排对我而言是正常的行为，但是在当时绝对不是，当时的我不喜欢被人注意，除非我认为引人注意是有必要的），在专心聆听鲍勃演讲的时候，我觉得他提到的许多事情很有道理。他卓越的才华和智慧令我敬畏，当他讲到下面这句话时，我体验到我的第一个顿悟：除非你知道自己身处‘监狱’之中，否则你逃不出‘监狱’。

“他这句话的回响似乎贯穿我整个身子，我觉得自己非常兴奋。我突然明白自己其实住在一座‘监狱’里，一座由恐惧感构成的‘监狱’，黑暗、冰冷，而我就是创造那座‘监狱’的人。

“我的负面情绪并不是很极端或是到了无法控制的地步，可是一种持续的不安全感一直折磨着我，令我觉得卑微而不重要，而且经常害怕失败（就是因为这样，我气势汹汹地抱怨别人工作时态度傲慢）。在内心最深处，我没有自信。当然，我拥有一份不错的工作，但是我只是接受了开放给我的机会，所以我并不认为我的成功是因为自己的关系。我不敢梦想自己真正想做的事。我害怕如果我立下一个目标而没有实现，那种失望会是精神崩溃。

“至于感情方面，我的态度是‘不过如此’，而且当时的我确信爱情等于痛苦。难怪我只是一股脑儿投入自己的工作，那是我认为自己可以控制的一部分人生，即使这样，我还是打心底里害怕会搞砸。我没有目标或命运感，只有一种挥之不去的焦虑，无论我的人生是什么，我最好尽力而为，希望我寻找的快乐有一天会奇迹式般出现。

对自己的命运没有憧憬，没有感觉，我的确是生活在一座‘监狱’里。鲍勃·普罗克特的话引起了我的共鸣，我在心中一遍又一遍地仔细思考他的话。有一天，我站在市中心，在办公室附近一条繁忙的街道上，当时，云层突然散开了，一道道阳光温暖了我的脸庞。我有一种排山倒海的感觉，我要做某件大事，针对许多像我一样既不快乐又困惑的人，让他们的人生作出正向的大转变。我对这‘某件事’没有一点概念，但是既然我知道我在一座‘监狱’里，而且有一条更理想的道路等着我，我就决定打破自己的限制，创造快乐的人生。

“我明白我拥有这座‘监狱’的钥匙，也就是要由我掌控那些令我沮丧、阻碍我快乐的毁灭性情绪。我知道，如果我做得到这一点，我就会找到激励我向前的自信、热忱和乐观。我以前并不知道如何控制自己的感情，但是我很清楚，学习控制感情是我最重要的挑战。”

的确，在这个世界上本来就不存在完美的生活，人们如果想要生气、想要不满，总会找到合适的借口，但同时，如果想要快乐、想要知足，也同样能够找到借口，关键在于你如何把控自己的情绪。我们要有意识地努力培养自己的价值感，对人生感到乐观，而且比以前更有安全感。勇敢地面对自己难熬的负面情绪，从中了解自己能做什么，主动选择更正向的感觉，来取代负面情绪。

好心情可以“装”出来

有一天，弗雷德感到意气消沉。他通常应付情绪低落的办法是避不见人，直到这种心情消散为止。但这天他要和上司举行重要会议，所以决定装出一副快乐的表情。他在会议上笑容可掬、谈笑风生，装出心情愉快的样子。令他惊奇的是，他不久就发现自己不再抑郁不振了。弗雷德并不知道，他无意中采用了心理学研究方面的一项重要新原理：装作有某种心情，往往能帮助我们真的获得这种感受——在困境中较有自信心，在事情不如意时较为快乐。

在心理学上有个术语，叫“假喜真干”，就是假装自己喜欢，并且付出实际行动。美国著名教育家戴尔·卡耐基提出：“假如你‘假装’对工作感兴趣，这态度往往就使你的兴趣变成真的。这种态度还能减少疲劳、紧张和忧虑。”

有位办公室秘书，经常要处理许多烦琐的书信文件，还要抄写和打字，工作枯燥无味，却经常累得精疲力竭。后来她想：“这是我的工作，单位对我也不错，我应该把这项工作搞得好一些。”于是决定假装自己喜欢这项工作。

此后，她发现一个重要事实：如果假装喜欢自己的工作，那么，真的就有点喜欢它了。而且，一旦喜欢起自己的工作，就能做得更有效率。并且，由于工作得好，她被提升了。她说现在她总是高高兴兴地超额完成任务，而这种心态的改变所产生的力量，实在是她最重要的大发现，确实神妙无比。

心理学中有个重要的原理：扮演一个角色会帮助人们体验到他所希望体验到的情绪——在情况捉摸不定时，要更加自信，在事情搞糟了的时候，要更加快乐。

几十年来，心理学家都认为：除非人们能改变自己的情绪，否则通常不会改变行为。我们常常逗眼泪汪汪的孩子说“笑一笑呀”，结果孩子勉强地笑了笑之后，跟着就真的开心起来了。情绪改变导致行为改变。心理学家艾克曼的最新实验表明，一个人总是想象自己进入某种情境、感受某种情绪，结果这种情绪十之八九真会到来。一个故意装作愤怒的实验者，由于“角色”的影响，他的心搏率和体温会上升。

一个人在烦恼的时候，可以多回忆愉快的时候，还可以用微笑来激励自己。当然，要真笑，要尽量多想快乐的事情。高声朗读也有帮助，只是读书时应有表情，且要选择能振奋精神的作品而非忧郁之作。

利用有意识的动作来改变我们的心情，利用心情来改变我们的行为，这是帮助我们度过生活中困难时刻的有用方法。英国诗人艾略特曾说：“行为可以改变人生，正如人生应该决定行为一样。”如果我们能记住这句格言并遵照它去做，我们就能获得更充实、更快乐的人生。

消融冷漠，去除人体“病毒”

冷漠，就如同在人体内注入了病毒，它带来的痛苦是让人难以忍受的。孤独、冰冷、无助的感觉，会让人感到无法适从。拥有冷漠的心理的人，会对什么事情都不感兴趣，做什么事情都觉得无味，而且内心很脆弱、很孤独，总是觉得世间很大，却没有自己的容身之所。

卡耐基曾说：“如果你要别人喜欢你，或是改善你的人际关系，如果你想帮助自己也帮助他人，请记住这个原则：真诚地关心别人，去除冷漠这个病毒。”

有两个重病人同住在一间病房里。房子很小，只有一扇窗子可以看见外面的世界。其中一个病人的床靠着窗，他每天下午可以在床上坐一个小时，另外一个人则终日都得躺在床上。靠窗的病人每次坐起来的时候，都会描绘窗外的景致给另一个人听。从窗口可以看到公园的湖，湖内有鸭子和天鹅，孩子们在那儿撒面包片、放模型船，年轻的恋人在树下携手散步，人们在绿草如茵的地方玩球、嬉戏，上面则是美丽的天空。另一个人倾听着，享受着每一分钟。一个孩子差点掉到湖里，一个美丽的女孩穿着漂亮的夏装……室友的诉说几乎使他感觉到自己亲眼看见了外面发生的一切。

在一个晴朗的午后，他心想：为什么睡在窗边的人可以独享外面的风景呢？为什么我没有这样的机会？他越是这么想，越觉得不是滋味，就越想换位子。这天夜里，他盯着天花板想着自己的心事，另一个人忽然醒了，拼命地咳嗽，一直想用手按铃叫护士进来。但这个人只是旁观而没有帮忙——他感到同伴的呼吸渐渐停止了。次日早上，护士来时那人已经停止了呼吸，他的尸体被抬走了。不久，这人开口问护士，他是否能换到靠窗户的那张床上。他们搬动他，将他换到了那张床上，他感觉很满意。人们走后，他用肘撑起自己，吃力地往窗外张望……

窗外只有一堵空白的墙。几天之后，他在自责和忧郁中死去。

他看到的不仅是一堵冷漠的墙，还有自己心灵的丑恶。

在所有能够破坏友谊的因素中，冷漠与自私是来自人灵魂深处的丑恶。人活在世界上，最重要的不是被爱，而是要有爱人的能力。如果不懂得爱人，又如何能被人所爱呢？朋友，丢掉你的冷漠，打开你尘封的心，释放心中的爱吧！你的生命会因爱而更精彩！爱是医治心灵创伤的灵药，爱是心灵得以健康成长的沃土。

怎样才能消除冷漠的心态呢？答案是热情，热情是消融冷漠的一剂良药。

肯定热情

永远也不要失去应有的热情。若你能保有一颗热情之心，那么，冷漠就会消融，就会给你带来奇迹。两个具有相同才能的人，必定是那个更具热情的人会取得更大的成就。

许多人都或多或少有自卑感，常常低估了自己，对自己失去了信心，缺少热情。每个人都应该相信自己的健康、精力与忍耐力，这种自信会给予你极大的帮助。热爱自己，肯定自己的热情，就会帮助你获得成功。

培养热情

消融冷漠需要培养热情。培养热情需要遵循以下几个步骤：

第一，深入了解每个问题。要对什么事情都具有热情，要学习更多你目前尚不热爱的事物。了解越多，越容易培养兴趣。有兴趣就有热情，自然就驱赶了冷漠。

第二，做事要充满热情。你热心不热心或有没有兴趣，都会很自然地在你的行为上表现出来，没有办法隐瞒。比如，微笑活泼一点，眼睛要配合你的微笑才好，当你对别人说“谢谢”的时候，也要真心实意、充满热情。

你的谈话要真挚热情。说话热情的人都会受到欢迎。当你话语充满热情时，你自己也会变得很有热情。你必须时时刻刻活泼热情，这样才能消除冷漠。

满足他人愿望

每一个人，无论默默无闻或身世显赫，文明或野蛮，年轻或年老，都有成为重要人物的愿望。这种愿望是人类最强烈、最迫切的一种目标。只要满足别人的这项心愿，使他们觉得自己重要，你就会因为减少冷漠变得热情起来，同时，你也会因此而很快就步上成功的坦途。

采取热情行动

热情就是将内心的感觉表现到外面来。当我们以热情面对社会、面对工作、面对生活，热情行动，世界才能消除冷漠而更加温馨。

积极的心态是健康的营养品

为自己准备一颗健康的心灵

人人都希望自己能够拥有成功的人生，那么怎样才能拥有成功的人生呢？成功是一个人自我实现的过程。以下为一名成功人士必须具备的条件：

1. 有积极进取的人生态度。
2. 有强健的体魄。
3. 有大无畏的精神。
4. 对未来的成就充满希望。
5. 拥有良好的人际关系。
6. 有信心和懂得运用这信心。
7. 愿意与人分享自己的成就。
8. 愿意以博爱的精神去工作。
9. 胸襟阔大，能容人容物。
10. 有良好的自律性。
11. 有了解他人和世事的智慧。

由以上条件我们可以看出，一名成功人士必须拥有健全的人格和健康的心理。

如今，有很多人都知道劳累过度、奔忙、焦虑、忧郁过度会影响健康，可这些人还是继续这样做，可以说他们在心理上都是处于亚健康状态的。即便在金钱、名誉、地位上获得了成功，但忽视了心理健康，这样的人生归根结底是不成功的。

何谓成功的人？那些既拥有心理健康，又拥有身体健康，在事业、精神等各个方面都和谐一致的人，才是真正健康成功的人。

除此之外，良好的心态也是至关重要的。心态是自己真正的主人。驾驭生命还是被生命驾驭，是由有自己的心态决定的。在人生的旅途中，有数不尽的坎坷泥泞，也有看不完的春花秋月，拥有一颗健康的心灵将最终决定你的人生轨迹。

方晴是某机关的女职员。今年 27 岁的她出身于农民家庭，父母均无文化。她自小勤奋好学，家中对她寄予的希望很大，她也想依靠自身的努力使父母生活得更好一些，因此，她自小就埋头苦读，从小学到高中、到大学，她学习都很好。但由于一心读书，方晴很少交朋友，根本没有什么知心伙伴，因此，方晴常感到很孤单、很寂寞。尤其是参加工作后，在机关上班，工资较低，仍旧无法接济父母，她心里经常自责。

另一方面，她很难与人相处，总是一人独来独往。她也很想与人交往，但又不敢，也不知道怎样去结交朋友。经人介绍，她和某同事结婚，但两人感情基础不好，常为一些小事吵架。因此，两年来她有一种难以言状的苦闷与忧郁感，但又说不出什么原因，总是感到前途渺茫，一切都不顺心。即使遇到喜事，方晴也毫无喜悦的心情。过去很有兴趣去看电影、听音乐，但后来就感到索然无味，工作上亦无法振作起来。

她深知如此忧郁、愁苦会伤害身体，但又苦于无法解脱，而且还导致睡眠不好、多噩梦及没胃口。有时她感到很悲观，甚至想一死了之，但对人生又有留恋，觉得死得不值，因而下不了决心。

消极的心态让方晴徘徊在生与死的边缘。她的痛苦，也许你已有所体验。现代社会是一个高度竞争的社会，我们很容易就被卷入各种利益的相互交合碰撞的旋涡之中，这势必会影响到我们的心态，而心态的好坏与否对于一个人来说至关重要，它会影响一个人在日常生活中的办事效率，甚至会影响到人的身心健康。

每个人对待事情的心态不同，结果也不同。成功的人经常用最积极的思考、最乐观的精神、最丰富的经验去控制人生，相反，失败的人通常因为失败的经验而自暴自弃。事物都存在正反两面，它们是共存的，选择如何正确看待人生，是看积极、明亮的一面，还是看消极、阴暗的一面，是至关重要的。虽然我们无法阻止阴影的一面存在，但我们可以选择去看光明的一面。唯有如此，我们才能看到希望。

总之，健康的心理是一个人获得成功的重要条件，也是衡量一个人是否成功的一个标准。所以，人们要想获得成功，就必须先培养自己健康的心理。

带着一颗健康的心灵前行，让心灵先到达你想去的那个地方，接下来我们要做的，就是沿着心灵的召唤前进了。听从心灵的召唤，走自己的路，我们的人生才会由自己做主。为了自己的信念，在心灵深处坚持不懈，这就好比在心里嵌上了火红的太阳，还会惧怕表面上的雨雪风霜吗？

别让焦虑啃噬你的健康

焦虑是一种没有明确原因的、令人不愉快的紧张状态。适度的焦虑可以提高人的警觉度，充分调动身心潜能。处于焦虑状态时，人们常常有一种说不出的紧张、恐惧或难以忍受的不适感，主观感觉多为心悸、心慌、忧虑、沮丧、灰心、自卑，整日忧心忡忡，似乎感到灾难临头，甚至还担心自己可能会因失去控制而精神错乱。在情绪上，整天愁眉不展、神色抑郁，似乎有无限的忧伤与哀愁，记忆力衰退、兴味索然、注意力涣散；在行为方面，常常坐立不安。

心理学研究表明，导致焦虑的原因既有心理的因素，又有生理因素的参与，同时，人的认知功能和社会环境也起重要作用。焦虑是每个人都有的情绪体验，要防止它成为病态，就要寻找各种舒缓压力的方式，而说出来便是排解焦虑最好的方法之一。面对焦虑，面对真实的自己，是化解焦虑的最佳良药。让我们一起化焦虑为成长的契机，做个自在的现代人。

张明山是一名中学老师，前几天他遇到了一件奇特而又有点可笑的事。

那天晚上，他都已经快睡着了，突然接到一个陌生妇女打来的电话，对方的第一句话就是"我恨透他了！"

"他是谁？"张明山奇怪地问。

"他是我的丈夫！"张明山想，噢，她是打错电话了，就礼貌地告诉她："你打错电话了。"

然而，这个女人好像没听见似的，继续说个不停："我一天到晚照顾孩子和生病的老人，他还以为我在家里享福。有时候，我想出去散散心，他都不让，而他自己天天晚上出去，说是有公事，谁会相信……"尽管这中间张明山一再打断她的话，告诉她，他并不认识她，可她还是坚持把话说完了。

最后，她对张明山说："您当然不认识我，可是这些话已被我压了很久，现在我终于说出来了，舒服多了。谢谢您，打扰您了。"

这件事情似乎比较可笑，其实也有辛酸的一面。这个女人因为积压了过多的焦虑，已经到了非发泄不可的程度。为了自己心理的健康，她只好急不择人，随便找人发泄一气了。还好，张明山的倾听让她暂时得到了情绪的缓解。这个女人是让人同情的，如果她不及时发泄，也许会出现精神错乱，甚至更可怕的恶果。

焦虑不安的情绪就像大水，你不让它发出去，就像往水库里蓄水，只能越涨越高，在心理上形成了一个强大的压力，这势必会造成精神的忧郁、孤独、苦闷和窒息。如果这股暗流强大到一定程度，就会冲破心理的堤坝，某种变态的行为，甚至导致精神失常。对于这样的情绪，最好的办法是疏导，而不是堵塞。因为堵塞只能是暂时的，达到一定程度就会造成“决堤”，那时情况失控，就更严重了。

每个人的一生都会产生数不清的意愿和需要，但最终能实现、能满足的并不多。一旦这样的意愿和需要被压制，势必会引起人们负面的情绪，就会产生一种负面的心理能量。这种能量只有通过其他的途径才能释放出去，它自身不会丝毫的减少，这就好像物理学中的能量守恒定律。即使你在压抑、克制阶段意识不到它的存在，也只说明它从显意识层转移到了潜意识层，但对你的影响仍然存在，而且一直在找机会真正的发泄出去。

如果你感到焦虑、苦闷，闷在心里不是一个好的解决之道，最好找一个合理的方式把它发泄出来。但在发泄过程中要注意，尽量不要指责别人。你可以把它转移到另外一件对任何人都无害的事上，例如听音乐、做运动、自言自语、写日记、找心理医生等。

别让浮躁葬送你的美好人生

忙碌的工作、紧张的生活是现代社会的一个明显特征，而这一普遍社会现象也造成了人们普遍的浮躁心理。如今，人们不能再像过去一样，一壶酒，几碟菜，海阔天空地聊天，而是追求速度、效率和解决方法的捷径。

浮躁是现代人的一种普遍心理现象。浮躁的人做事情往往既无准备，又无计划，脑子一热、兴头一来就动手去干。他们不是循序渐进地稳步向前，而是恨不得一锹挖成一眼井，一口吃成个胖子。结果必是事与愿违，欲速则不达。

古时候有兄弟二人，一个沉稳一个浮躁，他们都很有孝心，每日上山砍树卖钱为母亲治病。有一天，他们与酒仙邂逅，并且得到酒仙教给他们的一种酿酒的妙法：可用四月的小麦、八月的高粱、九月的稻谷、十月的大豆、腊月的雪水，放入千年紫砂土筑成的陶瓮，再用初夏第一张看见朝阳的新荷覆盖，密封七七四十九天，鸡叫三遍后方可启封。

兄弟二人各按照神仙教的办法做了一缸。等到四十九天鸡叫二遍时，老大耐不住性子打开缸，一看里面是又臭又黑的水，便生气地洒在地上，老二坚持到鸡叫三遍后才揭开缸，里面是又香又醇的酒。

当然，这仅仅是个故事而已，却说明了一个深刻的道理：成功与失败，平凡与伟大，往往没有多大的距离，而就在一步之间。咬紧牙关向前迈一步就成功了；停住了，泄气了，只能是前功尽弃。这关键的一步体现的就是坚韧的较量，是意志力的较量。很多时候，成功往往就是一个剔除浮躁、坚守自我的过程。

显微镜的发明者名叫列文虎克，他曾经在荷兰德夫特的市政厅门房干了几十年的门卫工作。为了让时光不会因在门卫这个无所事事的岗位上浪费掉，他选择了学习用水晶石磨放大镜片，磨一副镜片往往需要几个月的时间，为了不断提高镜片的放大度数，他一面总结经验，一面不间断地磨着。尽管人们不愿干这种单调重复的劳动，但他并不厌倦，几十年如一日。

直到第60年时，列文虎克终于磨出了能放大300倍的镜片，使人类第一次发现了细菌。于是，他成了举世闻名的发明家，被当时欧洲乃至世界科技界颇具权威的英国皇家学会吸收为正式会员，受到了英国皇家的奖励。

我们难以想象，在60年的岁月里坚持一种单调的重复劳动需要多大的韧性。而列文虎克凭着自己几十年坚忍不拔的努力和探索，终于发明了令世界震惊的显微镜，人类从此打开了微观世界大门，可以更好地认识自然、驾驭自然。

古人云："锲而不舍，金石可镂。锲而舍之，朽木不折。"成功人士之所以成功的重要秘诀就在于，他们将全部的精力、心力放在同一目标上。许多人虽然很聪明，但心存浮躁，缺乏意志和恒心，到头来只能是一事无成。

无论何事都需要一个过程，而浮躁心理会阻碍我们的成功。很多时候，我们的理想最终成为空念，就是因为我们的内心浮躁，不能以平和稳定的心态去追求成功导致的。所以，对于浮躁心态，我们必须采取一些措施：

1. 要培养行动的计划性。事前的周密计划，使行动按照计划一步步、有条不紊地进行。很多浮躁情绪，都是在事前准备不足或计划不周的情况下发生的。

2. 办事前进行自我暗示。办事前，心中默念“沉着，再沉着”“冷静，再冷静”。在这样的心理暗示下，慢开口、后动手，这样就会取得较好的效果。

3. 要讲究办事的条理性。条理性和计划性应当是并存的。当有许多工作都需要做时，要分清轻重缓急，先做最迫切的事。禁止毫无条理地把各项工作摆到一起，杂乱无章地乱忙一通。如果办事缺乏条理，这件事还没做完，又急着去做那件事，眉毛胡子一把抓，其结果只能是越急越糟，一件事也做不好。

4. 生活要有节奏。应当给自己规定严格的生活制度，规定每天起床、就寝、用餐、工作、学习及其他业余活动的时间，增强生活的规律性和节奏感。严格的生活制度和生活秩序，正确的工作制度和工作秩序，对于帮助我们形成条理性和规律性，培养不慌不忙、从容不迫的行为习惯，克服急躁情绪，都有很大的作用。

生活中，无论是名不见经传的普通人，还是声名显赫的成功人士，都容易被暂时的胜利冲昏头脑，在浮躁心理的驱使下步入歧途。所以，我们一定要戒除浮躁心理，不要让它葬送了美好的人生。

抑郁是心灵的“流感”

抑郁是一种很常见的情绪障碍，是一种感到无力应付外界压力而产生的消极情绪，常常伴有厌恶、痛苦、羞愧、自卑等情绪。

近年的医学研究发现，抑郁症是最常见的心理疾病，在全世界的发病率约为11%，所以有人把它称为心灵的“流感”。从其高发病率和发生的不可预测性来说，这个比喻还算贴切；但是从它的危害来看，它比普通感冒却要严重得多，需要引起人们更多的重视。

对大多数人来说，抑郁只是偶尔出现，历时很短，很快就会消失。但有些人则会经常地、迅速地陷入抑郁的状态，并且不能自拔。当他们的抑郁一直持续下去，愈来愈严重，以致无法过正常的生活，就会变成抑郁症。

而且对于抑郁的人来说，所有的劝说都不能穿透那面把自己和世人隔开的墙。在这封闭的墙内，抑郁者不仅拒绝别人哪怕是极微小的帮助，而且还用各种方式来惩罚自己。在抑郁这座牢狱里，拥有抑郁的人同时充当了双重角色：受难的囚犯和残酷的罪人。

人们该如何面对抑郁呢？“抑郁就像一个身着黑衣的贵妇。她如果出现，就不要把她赶走，而是要请她坐在桌旁，并聆听她想说什么。”瑞士心理学家卡尔·荣格这样告诫人们。

每一个人的内心都是一个宇宙，而每一个抑郁者的内心则都有着更为丰富的声音，这些声音蕴含着他们头脑中固有的思维方式。而正是这些固有的思维方式，决定了他们对自己和世界的感受。

一位即将拿到博士学位的女士描述了自己抑郁时内心出现的声音：

每一次情绪抑郁时，都有一种天崩地裂般的受打击的感觉，我开始以一种完全不同的眼光看待世界。这种变化会在一小时之内发生。我一下子变得消极和悲观起来。我回头审视过去，觉得自己所做的一切都一文不值，即便曾快乐过，也觉得跟幻觉一样。我所做过的一切真实得就跟西部片的虚假外表一样。我开始相信真实的自我其实是毫无价值、有很大欠缺的。

另一个被抑郁症折磨的患者这样描述她的内心世界：

我躺在床上，什么也做不了，但深深的忧伤和悲观一直在持续和蔓延。我的躯体无比沉重，我似乎陷入无底的黑洞之中。

我产生了对亲人的愧疚感：我还能履行我的责任和义务吗？我就像在一座玻璃钟罩内，看到外面有人、有东西、有风景，但我却被隔离了。然而，我的面孔仍在微笑。我想参与进去，但我做不到，因为走路、上街、离开家都越来越困难了。

夜里也是如此，我再也无法正常休息，失眠常常折磨着我。即使能够入睡，可怕的噩梦也不时向我袭来。我感到生活是如此艰辛、如此压抑，残酷得难以忍受。为了逃脱这种沉重的感觉，我在严重抑郁的时刻，想到了自杀，而且也做过自杀的尝试。头脑里始终想着死亡和自杀——但我却没有对人说过这件事。

大多数抑郁者的内心都曾有这样的独白，他们承受着情绪低落、消沉、绝望、不能做事情的痛苦。更为严重的是，这些情绪的背后是对自己无声的看法，他们失去了价值感和意义感，认为自己微不足道。他们没有信心做事，认为自己没有能力，沉浸在自我苛责和自我打击之中。

处在抑郁之中的人，就好像透过一张网看外面的世界。以这种心态看待世界，任何事物似乎都处于被网线牵绊的障碍之中。一旦你的生活中罩上了这张网，消极的思想就产生了，情绪低落导致消极的思想和回忆，消极的思想和回忆又加重情绪低落。如此反复下去，便形成了一个持久而日益严重的抑郁恶性循环。

抑郁是禁锢人心灵的枷锁，它不断困扰着人们，使人不能在现实的世界中调适自我，只能渐渐地退缩到自己的小天地里，以逃避抑郁。抑郁在现代生活中虽然很普遍，但并不是没有办法医治，经过妥当的调适后，大多数人都可以恢复正常、快乐的生活。下面就介绍几种有效的疗法：

听音乐解抑郁

音乐能直接进入潜意识领域，所以它是驱除心理疾病的最佳治疗手段。大量研究表明，音乐的旋律、节奏和音色通过大脑的感应，可以引发情绪反应，从而对心理状态产生影响。

当你感到孤独无助，得不到别人的理解，缺乏主动性，对任何事、人、物均提不起兴趣时，最好的宽心方法是：每天听3遍贝多芬的音乐，如《第二交响曲》。其他作曲家的作品可能有不同的医疗功效，如拉赫玛尼诺夫、柴可夫斯基的作品能使你恢复信心等。音乐疗法简便易行，而且没有任何副作用。

把你的抑郁喊出来

目前流行的喊叫疗法能从我国中医的传统气功疗法中找到源头，其中有一个功法是“哼哈吐纳法”。其步骤是：

1. 找一个空旷处，放松站立，首先深深吸入一口气。在吸气的同时，左、右手握拳，右拳抬起，高过头顶，虎口向自己。

2. 呼气，瞪眼发出“哼”的声音，尽量延长，同时紧握拳。待气出尽以后，再用最后的力发出“哈”音，同时两手尽量张开。

3. 第二次呼吸。在吸气同时，手势同上；呼气时，瞪眼，两手尽量张开，同时发“哈”音。气出尽时，再用最后的力发“哼”音，同时握紧拳。在做哼哈吐纳的同时，想象那些曾经有过的不愉快的事，发泄怨恨、不满的情绪。

放松地生活

抑郁的人缺乏摆脱躯体和精神所处的警戒状态而使自己安静下来的能力。按照下列几个简单的步骤进行练习，能使你身心放松：

选择一句话、一句祷告词，作为入静的口诀；选择舒服的姿势安静地坐下或躺下；闭上眼睛；肌肉放松；缓慢而自然地呼吸，呼气时默念你选择的口诀；如果你思想走神，想法回到口诀上来；坚持练习10～20分钟；每日至少1次，最好做2次。

沐浴阳光，活动身体

多接受阳光与多进行运动，对于抑郁的人改善情绪状态非常有利。多活动活动身体，可以使心情得到放松，阳光的照射也可以或多或少地改善人的心情。

忧心劳神需自省，为谁辛苦为谁忙

认真审视一下你的时间的货币价值，回顾一下你是如何花费时间的，这也许能显示出你的生活是否缺少平衡性。按一个星期计算，你的工作时间是多少？用于陪伴家人和朋友的时间是多少？用于自己的休闲、运动、健身的时间有多少？用于精神层面享受的时间又是多少？你是否忙得不可开交，以至于一旦面临危机时就只能手足无措地仓促祈祷，或失魂落魄地苦思冥想？

如果你想知道在自己的生活中这种差距有多大，可以用一个简单的方法快速计算出来。拿出你的计划或日程表，再拿出你的支票簿或信用卡对账单，看一看过去几周内你的时间和金钱都用在了哪些方面，它们是否就是对你最重要的东西？

遗憾的是，许多人对这个问题的回答都是否定的，而且后果也清楚地体现在他们的生活中。大多数人能在人生的几个重要的组成部分之间获取平衡并受益匪浅，这几个重要的组成部分为：朋友和家人、健康运动、家园、个人自我发展、职业或事业、精神领域的享受。

老陆今年 47 岁，是天津某大学的一位教授。他 37 岁那年，妻子在一次车祸中不幸去世。太太撒手人寰，只留下一个 10 岁的儿子和老陆相依为命。人们都说，你还年轻，再娶一个吧，一个男人还带个孩子生活多不容易啊！

可是老陆有自己的想法，他内心深处已经容不下别的女人，因此这么多年来一直都是单身。他是个忧患意识极强的人，对于未来总是充满一种莫名的不安。

老陆常想：孩子今年才 20 岁，我已经是快退休的人了。等他大学毕业之后，我怎么也应该给儿子买套房子吧？而天津的房价也不便宜，自己虽是大学教授，可是这么多年来也没有额外收入，光靠工资是无论如何都买不了房子的。

于是，47 岁的老陆开始为儿子将来的房子奔波。他在朋友的帮助下，成了一家报社的专栏作者。老陆经常为了写稿子而通宵达旦。常年的作息紊乱，使他患上了严重失眠症。老陆白天还得给学生上课，因此他每晚都特别渴望能睡好，可越想睡就越睡不着，整天在为睡眠挣扎着……

人越是竭力追求尽善尽美，就越感到焦虑、敏感，最终形成精神交互作用，产生失眠症。

平衡的生活才是幸福的生活，虽然事业在大多数人的生活中占有最大的比重，但是在生活有规律的基础上，留出时间与朋友和家人相聚、参加健身运动、精神领域的享受、安居家园、自我发展也是同样重要的。记录时间日记，能让你看清楚你的时间是如何分配的；也能让你明白你的生活究竟在哪里失去了平衡。如果你对自己的生活状态不清楚，那你永远也无法掌握或调整生活的天平。